长江治理与保护科技创新丛书

SERIES OF SCIENCE & TECHNOLOGY INNOVATION
FOR CHANGJIANG RIVER REHABILITATION AND PROTECTION

碾压混凝土筑坝技术

李家正　李文伟　编著

U0382088

中国水利水电出版社
www.waterpub.com.cn

·北京·

内 容 提 要

本书针对水利水电工程碾压混凝土筑坝技术特点，全面、系统介绍了碾压混凝土原材料组成、配合比设计、新拌和硬化碾压混凝土性能、施工工艺特性及质量控制，内容涵盖基础理论、试验方法、设计理念、工程实例，并突出介绍了粉煤灰、磷渣粉、矿渣、钛渣等工业固体废弃物作为筑坝材料在长江流域水利水电工程大规模资源化利用的研究成果及应用情况，反映了目前国内碾压混凝土筑坝技术的最新进展和水平。

本书内容具有较强的实用性，可为水利水电工程建设、管理及科研等相关从业人员与高等院校师生提供借鉴与参考。

图书在版编目（ＣＩＰ）数据

碾压混凝土筑坝技术 / 李家正，李文伟编著. -- 北京 : 中国水利水电出版社，2021.10
（长江治理与保护科技创新丛书）
ISBN 978-7-5170-9952-9

Ⅰ．①碾… Ⅱ．①李… ②李… Ⅲ．①碾压土坝－混凝土坝－筑坝 Ⅳ．①TV642.2

中国版本图书馆CIP数据核字(2021)第193936号

书　　　名	长江治理与保护科技创新丛书 **碾压混凝土筑坝技术** NIANYA HUNNINGTU ZHUBA JISHU
作　　　者	李家正　李文伟　编著
出 版 发 行	中国水利水电出版社 （北京市海淀区玉渊潭南路 1 号 D 座　100038） 网址：www.waterpub.com.cn E-mail：sales@waterpub.com.cn 电话：(010) 68367658（营销中心）
经　　　售	北京科水图书销售中心（零售） 电话：(010) 88383994、63202643、68545874 全国各地新华书店和相关出版物销售网点
排　　　版	中国水利水电出版社微机排版中心
印　　　刷	天津嘉恒印务有限公司
规　　　格	184mm×260mm　16 开本　27.75 印张　675 千字
版　　　次	2021 年 10 月第 1 版　2021 年 10 月第 1 次印刷
定　　　价	**145.00 元**

丛书序

长江是中华民族的母亲河，是世界第三、中国第一大河，是我国水资源配置的战略水源地、重要的清洁能源战略基地、横贯东西的"黄金水道"和珍稀水生生物的天然宝库。中华人民共和国成立以来，经过70多年的艰苦努力，长江流域防洪减灾体系基本建立，水资源综合利用体系初步形成，水资源与水生态环境保护体系逐步构建，流域综合管理体系不断完善，保障了长江岁岁安澜，造福了流域亿万人民，长江治理与保护取得了历史性成就。但是我们也要清醒地认识到，由于流域水科学问题的复杂性，以及全球气候变化和人类活动加剧等影响，长江治理与保护依然存在诸多新老水问题亟待解决。

进入新时代，党和国家高度重视长江治理与保护。习近平总书记明确提出了"节水优先、空间均衡、系统治理、两手发力"的治水思路，为强化水治理、保障水安全指明了方向。习近平总书记的目光始终关注着壮美的长江，多次视察长江并发表重要讲话，考察长江三峡和南水北调工程并作出重要指示，擘画了长江大保护与长江经济带高质量发展的宏伟蓝图，强调要把全社会的思想统一到"生态优先、绿色发展"和"共抓大保护、不搞大开发"上来，在坚持生态环境保护的前提下，推动长江经济带科学、有序、高质量发展。面向未来，长江治理与保护的新情况、新问题、新任务、新要求和新挑战，需要长江治理与保护的理论与技术创新和支撑，着力解决长江治理与保护面临的新老水问题，推进治江事业高质量发展，为推动长江经济带高质量发展提供坚实的水利支撑与保障。

科学技术是第一生产力，创新是引领发展的第一动力。科技立委是长江水利委员会的优良传统和新时期发展战略的重要组成部分。作为长江水利委员会科研单位，长江科学院始终坚持科技创新，努力为国家水利事业以及长江保护、治理、开发与管理提供科技支撑，同时面向国民经济建设相关行业提供科技服务，70年来为治水治江事业和经济社会发展作出了重要贡献。近年来，长江科学院认真贯彻习近平总书记关于科技创新的重要论述精神，积极服务长江经济带发展等国家重大战略，围绕长江流域水旱灾害防御、水资源节约利用与优化配置、水生态环境保护、河湖治理与保护、流域综合管理、水工程建设与运行管理等领域的重大科学问题和技术难题，攻坚克难，不断进取，在治理开发和保护长江等方面取得了丰硕的科技创新成果。《长江治理与保护科技创新丛书》正是对这些成果的系统总结，其编撰出版正逢其时、意义重大。本套丛书系统总结、提炼了多年来长江治理与保护的关键技术和科研成果，具有较高学术价值和文献价值，可为我国水利水电行业的技术发展和进步提供成熟的理论与技术借鉴。

本人很高兴看到这套丛书的编撰出版，也非常愿意向广大读者推荐。希望丛书的出版能够为进一步攻克长江治理与保护难题，更好地指导未来我国长江大保护实践提供技术支撑和保障。

长江水利委员会党组书记、主任

2021 年 8 月

丛书前言

　　长江流域是我国经济重心所在、发展活力所在，是我国重要的战略中心区域。围绕长江流域，我国规划有长江经济带发展、长江三角洲区域一体化发展及成渝地区双城经济圈等国家战略。保护与治理好长江，既关系到流域人民的福祉，也关乎国家的长治久安，更事关中华民族的伟大复兴。经过长期努力，长江治理与保护取得举世瞩目的成效。但我们也清醒地看到，受人类活动和全球气候变化影响，长江的自然属性和服务功能都已发生深刻变化，流域内新老水问题相互交织，长江治理与保护面临着一系列重大问题和挑战。

　　长江水利委员会长江科学院（以下简称长科院）始建于 1951 年，是中华人民共和国成立后首个治理长江的科研机构。70 年来，长科院作为长江水利委员会的主体科研单位和治水治江事业不可或缺的科技支撑力量，始终致力于为国家水利事业以及长江治理、保护、开发与管理提供科技支撑。先后承担了三峡、南水北调、葛洲坝、丹江口、乌东德、白鹤滩、溪洛渡、向家坝，以及巴基斯坦卡洛特、安哥拉卡卡等国内外数百项大中型水利水电工程建设中的科研和咨询服务工作，承担了长江流域综合规划及专项规划，防洪减灾、干支流河道治理、水资源综合利用、水环境治理、水生态修复等方面的科研工作，主持完成了数百项国家科技计划和省部级重大科研项目，攻克了一系列重大技术问题和关键技术难题，发挥了科技主力军的重要作用，铭刻了长江科研的卓越功勋，积累了一大批重要研究成果。

　　鉴于此，长科院以建院 70 周年为契机，围绕新时代长江大保护主题，精心组织策划《长江治理与保护科技创新丛书》（以下简称《丛书》），聚焦长江生态大保护，紧扣长江治理与保护工作实际，以全新角度总结了数十年来治江治水科技创新的最新研究和实践成果，主要涉及长江流域水旱灾害防御、水资源节约利用与优化配置、水生态环境保护、河湖治理与保护、流域综合管理、水工程建设与运行管理等相关领域。《丛书》是个开放性平台，随着长江治理与保护的不断深入，一些成熟的关键技术及研究成果将不断形成专著，陆续纳入《丛书》的出版范围。

　　《丛书》策划和组稿工作主要由编撰委员会集体完成，中国水利水电出版社给予了很大的帮助。在《丛书》编写过程中，得到了水利水电行业规划、设计、施工、管理、科研及教学等相关单位的大力支持和帮助；各分册编写人员反复讨论书稿内容，仔细核对相关数据，字斟句酌，殚精竭虑，付出了极大的心血，克服了诸多困难。在此，谨向所有关心、支持和参与编撰工作的领导、专家、科研人员和编辑出版人员表示诚挚的感谢，并诚恳欢迎广大读者给予批评指正。

《长江治理与保护科技创新丛书》编撰委员会

2021 年 8 月

碾压混凝土自诞生以来就具有卓越的技术经济优势，在水利水电工程中得到越来越广泛的应用。碾压混凝土坝属于典型的环境友好型大坝，它独特的工艺和材料体系及产生的巨大经济效益使其成为引领未来混凝土产业发展的新型力量。

中国于 1986 年建成第一座碾压混凝土坝——福建坑口碾压混凝土重力坝以来，经过几十年的努力，已成为碾压混凝土坝建设速度最快、建成数量最多、筑坝经验最丰富、工艺创新最广的国家。在工程实际中不断消化、吸收、改进，逐步发展形成了具有中国特色的碾压混凝土筑坝技术，即防渗结构类型多样、低水泥用量、高掺掺合料、复合外加剂、低 VC 值、满管溜槽快速入仓、大仓面连续浇筑、斜层碾压、数字监控、智能建设与检测等。此外，近年来长江科学院在碾压混凝土新型掺合料开发、结构设计优化、大坝内外一体化保温保湿防裂、快速筑坝等方面进行了大量探索性研究并在工程应用中取得了良好效果。例如，在乌东德水电站碾压混凝土二道坝采用低热水泥简化温控措施，在乌江沙沱水电站大坝采用四级配碾压混凝土、大幅减少用水量及胶凝材料用量、提升浇筑层厚度和浇筑速度，在湖北龙潭嘴碾压混凝土双曲拱坝全坝采用三级配变态混凝土防渗、实现全断面三级配混凝土快速浇筑，采用复掺磷渣粉与防裂抗渗剂解决当地粉煤灰资源紧缺的同时提升大坝混凝土抗裂性能、简化温控，在福建霍口水库大坝采用智能通水冷却控温技术、实现精细化通水及智能防裂。囿于本书篇幅所限，部分上述研究成果将另行出版专著介绍。碾压混凝土筑坝技术的上述特点使其在结构安全、快速筑坝、智能建造、消纳固废等方面相比其他坝型具备诸多优势，在长江经济带建设中发挥了重要作用。

本书是作者几十年来对碾压混凝土筑坝材料与技术的研究成果与结晶，全面、系统地阐述了水利水电工程用碾压混凝土材料的组成特点、配合比设计、新拌和硬化碾压混凝土性能，以及施工工艺特性，并提出了碾压混凝土质量控制理论。书中涵盖大量工程实际案例，力求具有较强的实用性，期望对同行业人员在进行同类工程碾压混凝土配合比设计与施工时具有借鉴意义。

全书共分 11 章。第 1 章和第 8 章由李文伟、李家正编写，第 2 章由李响编写，第 3 章由董芸、陈霞编写，第 4 章由彭尚仕编写，第 5 章由周世华编写，第 6 章和第 9 章由石妍编写，第 7 章由林育强编写，第 10 章由肖开涛、张晖、郭文康编写，第 11 章由严建军编写。全书由李家正、林育强、石妍统稿。

本书在编写过程中参考了国内外专家、学者公开发表的学术成果与论文，并得到了国内相关单位及同行对本书的支持与意见。另外，本书从筹备到编写整个过程中都得到了长江科学院杨华全教授的精心指导，在此一并感谢。

本书的出版得到了国家重点研发计划项目"土石堤坝渗漏险情抢险关键技术与装备研究"（2019YFC1510803）、国家自然科学基金项目"长江中上游大坝混凝土耐久性提升理论与方法研究"（U2040222）和"骨料影响水工全级配混凝土抗冻性的作用机理研究"（51779019）等的资助。

由于作者水平有限，书中难免有不妥之处，恳请读者批评指正。

作者

2021 年 8 月

目录

第1章

绪　　论

1.1　碾压混凝土的定义及特点

碾压混凝土是一种干硬性贫水泥的混凝土。20 世纪美国混凝土协会（ACI）的权威专家一致认为，碾压混凝土是指无坍落度且经振动碾碾压密实的混凝土；之后，又将其重新定义为采用最大粒径不超过 19mm 的未经筛分骨料制备的混凝土，使用部位也仅限于重力坝、溢洪道、坝基、小型土石坝下游面坡面等。我国自 20 世纪 80 年代引进碾压混凝土筑坝技术以来，在工程实际中经过消化、吸收、改进，形成了适用于我国水利水电工程的碾压混凝土筑坝技术，改变了传统的"金包银"施工方式和防渗结构，逐步扩展至大坝全断面采用碾压混凝土筑坝技术，依靠坝体自身达到防渗设计要求。

碾压混凝土自诞生以来就具有卓越的技术经济优势，在水利水电工程中得到越来越广泛的应用，这主要归功于它有别于常态混凝土的诸多筑坝技术优势，突出体现在配合比设计、混凝土材料组成、温度控制与施工工艺、经济性等方面。

从混凝土配合比设计方面看，碾压混凝土与常态混凝土既有共性又有一定区别。常态混凝土关注的重点通常在于硬化混凝土本身的强度、力学、热学和变形性能等方面，而碾压混凝土的重点则在于新拌混凝土性能。碾压混凝土凝结硬化后的力学、热学、变形和耐久性通常均能满足设计要求，但是在实际施工过程中碾压混凝土的薄层通仓浇筑，连续升程，碾压混凝土层间结合易成为大坝本体的薄弱环节。这就要求碾压混凝土在拌和过程中要以全面泛浆为标准，重视碾压混凝土拌和物性能的设计，而不是仅仅限于碾压混凝土的力学、热学、变形和耐久性等性能指标要求，这是碾压混凝土配合比设计显著区别于常态混凝土的关键所在。另外，碾压混凝土配合比设计过程中，浆砂比与水胶比、单位用水量、砂率等参数同等重要。浆砂比是灰浆体积（包括粒径小于 0.08mm 的颗粒体积）与砂浆体积的比值，实际上是要特别控制碾压混凝土原材料中石粉的含量。《水工混凝土施工规范》（DL/T 5144—2015）对细骨料品质要求中明确规定石粉含量为 6%～18%，而《水工碾压混凝土施工规范》（DL/T 5112—2009）则要求人工砂的石粉含量宜控制在 12%～22%，碾压混凝土属于干贫混凝土，拌和过程中增加石粉含量有助于改善拌和物性能，进而达到新拌碾压混凝土全面泛浆的标准。

从混凝土组成材料看，碾压混凝土宜采用普通硅酸盐水泥、中热硅酸盐水泥，也可以采用矿渣硅酸盐水泥、火山灰硅酸盐水泥或其他品种水泥。由于碾压混凝土中通常掺有大掺量粉煤灰，粉煤灰需要在水泥水化产物氢氧化钙的激发下才能发生二次火山灰反应，因此，为了兼顾粉煤灰活性激发和控制大体积混凝土温升，实际工程中多采用中热硅酸盐水泥或普通硅酸盐水泥。碾压混凝土显著区别于常态混凝土的特点之一就是大掺量掺入粉煤灰或其他火山灰质掺合料。碾压混凝土拌和物中掺入粉煤灰，可利用粉煤灰的滚珠效应和微集料效应，改善拌和物的工作度并填充密实骨料空隙。此外，粉煤灰的二次火山灰效应的发挥有助于混凝土后期强度增长和耐久性提高，更为重要的是，粉煤灰取代部分水泥可降低水泥水化热，减小大体积混凝土绝热温升。美国和英国的试验研究表明，碾压混凝土中粉煤灰掺量可高达 60%～80%。我国碾压混凝土中粉煤灰掺量也高达 70% 以上，其中，岩滩碾压混凝土围堰粉煤灰掺量高达 77%，葛洲坝船闸护坦实验块中粉煤灰及矿渣的掺量已达 83%。

碾压混凝土一般采用二级配或者三级配，控制骨料最大粒径不超过 40mm 或 80mm。由于碾压混凝土拌和物干硬，在汽车或满管溜槽卸料、摊铺过程中易出现砂浆与骨料离析现象，落差大时尤其如此。若进一步增加骨料最大粒径将难以避免出现骨料分离，且部分工程用骨料跌落损失较大时，对混凝土拌和物入仓性能与硬化混凝土性能均会产生不利影响。尽管如此，随着振动机械能力的提升，也有少数工程成功应用了骨料最大粒径达 150mm 的碾压混凝土。日本的新中野坝和玉川坝都采用了激振力为 32t 的 BW-200 型振动碾机械，成功地碾压最大粒径为 150mm 的碾压混凝土。我国的贵州沙沱水电站采用激振力为 395/280kN 的大小振动碾，碾压层厚 50cm，碾压 2 遍，接着有振碾压 6～12 遍，直至达到压实容重标准后再无振碾压 2 遍收面，成功碾压骨料最大粒径为 120mm 的碾压混凝土，在国内首次实现四级配碾压混凝土筑坝应用。

从混凝土的施工工艺看，碾压混凝土完全不同于常态混凝土。首先，从施工可行性评价指标看，常态混凝土一般采用坍落度表示，坍落度达到设计要求即可进行现场施工，而碾压混凝土则采用 VC 值表示，且 VC 值根据施工现场的小气候和外加剂品种、掺量等进行动态控制。其次，碾压混凝土采用振动碾薄层、通仓摊铺碾压施工。碾压混凝土浇筑层通常为 30cm，若层面间歇时间欠妥、处理不当，可能会成为碾压混凝土坝渗流集中通道和抗滑稳定的相对薄弱面，直接关系到大坝防渗和整体质量。因此，碾压混凝土入仓摊铺后及时碾压，是保证层间结合质量的关键环节。再者，碾压混凝土的优势之一就是简化或部分取消温控措施，实现快速、连续、高效施工。特别是对于基础垫层碾压混凝土，近年来的工程施工实践表明，在对基岩面采用低坍落度常态混凝土找平后，立即采用碾压混凝土同步跟进浇筑，明显加快基础垫层混凝土施工，同时可以充分发挥碾压混凝土绝热温升低、基础温差小、有利抗裂的优点。尤其是在低温期采用碾压混凝土快速浇筑垫层混凝土，可以完全取消基础垫层常态混凝土，同时有效控制基础温差，加快固结灌浆进度，防止坝基混凝土发生深层裂缝。

碾压混凝土具有水泥用量少、掺合料掺量高、水化温升慢、早期强度低、后期强度增长快等特点。大量工程实践表明碾压混凝土 90d 和 180d 龄期的抗压强度相比 28d 的增长率分别为 1.4～1.7 和 1.7～2.0。与常态混凝土选用 28d 作为设计龄期不同的是，碾压混凝土一般选用 90d 或 180d 作为设计龄期，充分利用碾压混凝土的后期强度增长，同时极限拉伸、抗拉、抗冻、抗渗等变形性能和耐久性指标也可以采用相应的长龄期设计指标。碾压混凝土以其在配合比设计、混凝土材料组成、施工工艺等方面的突出优势，使得碾压混凝土坝成为最具竞争力的坝型之一，在坝工界赢得了很好的声誉，碾压混凝土快速筑坝技术的不断革新，必将促进碾压混凝土筑坝技术的快速发展和推广应用。

1.2　碾压混凝土新进展

碾压混凝土起源于 20 世纪 30 年代的干贫混凝土，70 年代进入世界性的科学试验阶段。此间，美国、英国、日本等国家在这方面做了大量的工作，中国、加拿大、巴西、澳大利亚、巴基斯坦，以及南非等国也开始涉足这个领域。1971 年，美国在 Tims Ford 坝开始进行碾压混凝土的现场试验，浇筑两层 0.6m 厚贫混凝土，并提出试验成果。同年美国陆军工程师团在 Vicksburg 工程、次年在 Lost Creek 坝进行了现场试验，取得良好效果。1978 年美国陆军工程师团在 Bonner Ville 坝浇筑碾压混凝土，保护开挖出的基岩，并在洛斯特溪坝溢洪道消力池上浇筑碾压混凝土。1980 年在 Willow Creek 坝做现场试验，为大面积使用碾压混凝土积累经验。1974—1979 年巴基斯坦在 Tarbela 工程中，利用就地开挖的骨料和少量水泥拌和的混凝土用于回填修补工程。在隧洞塌方部位、溢洪道消力池冲刷部位及其他修补工程中使用干贫混凝土，并采用土石方施工机械施工。在这个工程中，首次将这种混凝土正式命名为碾压混凝土（Roller Compacted Concrete）。

1971 年，英国人 Paton 在国际大坝会议中提出将这种干贫混凝土用于坝体。1973 年，Moffat 提出进一步发挥干贫混凝土的优点，更合理地用于重力坝的观点，使碾压干贫混凝土重力坝的设计思想得以发展。碾压混凝土筑坝技术经过 20 世纪 60—70 年代不同途径工程实践的摸索，终于在 80 年代初在日本建成 89m 高的岛地川碾压混凝土重力坝，在美国建成 52m 高的柳溪坝。在此后的数十年，碾压混凝土坝技术迅速得到推广应用，并逐步应用于高坝建设中。据不完全统计，21 世纪世界上已建和在建的大坝工程项目达 200 余座，分布遍及五大洲。

我国碾压混凝土筑坝技术研究始于 20 世纪 80 年代，经过 90 年代的过渡期和成熟期进入到目前的创新领先期。我国于 1986 年在福建坑口水电站建成了高 57m 的第一座碾压混凝土坝，填补了我国筑坝领域这一技术空白。此后，碾压混凝土筑坝技术在我国水利水电工程建设中得到极大重视。我国虽然起步较晚，但发展很快，20 世纪 90 年代先后建成了 18 座各种用途的碾压混凝土重力坝、施工围堰等，还在贵州普定拱坝建设中成功地运用了这项技术，并获得了一批科研成果。目前世界已建最高碾压混凝土坝为中国龙滩碾压混凝土重力坝，坝高达 216.5m（第一期 192m）。我国碾压混凝土坝的设计和施工技术水平不断提高，在吸取国际先进技术的基础上，逐步发展形成了具有中国特色的筑坝技术。在碾压混凝土坝建设中，采用低水泥用量、高掺粉煤灰、复合外加剂等，防渗结构类型多样。这些技术成就标志着我国碾压混凝土坝的建设，无论是建设的规模、设计水平和施工技术水平，还是关键技术的攻关研究深度和广度，均已跨入世界先进行列，目前建设高度正向 300m 级高坝冲刺。

《简单化-21 世纪碾压混凝土大坝的未来？》一文指出，截至 2010 年年末，全世界范围内 48.1% 的碾压混凝土大坝建在亚洲。从这一数据看，亚洲地区，尤其是中国、印度、越南等地将成为未来 RCC 大坝数量集中增长区域。2000—2010 年，中国碾压混凝土坝的数量大幅增加。从发达国家到发展中国家，从降水量极少地区到降水量多的地区，从热带气候地区到寒冷地区，从重力坝到薄高拱坝，碾压混凝土筑坝技术以其良好的适应性和突出的技术优势正一步步赢得更广阔的发展空间。

由于碾压混凝土建设速度快、经济性优、质量可靠，碾压混凝土坝得到迅速发展。中国碾压混凝土坝在建坝数量和建坝技术方面也都取得了长足进步，碾压混凝土筑坝数量和坝高不断攀升。据不完全统计，截至 2016 年，我国已建、在建碾压混凝土坝 192 座，其中重力坝 145 座、拱坝 47 座，坝高大于 100m 的 59 座。随着碾压混凝土筑坝技术水平的提升和经验的累积，碾压混凝土坝的筑坝高度也有了质的飞跃，从我国第一座建成坑口碾压混凝土坝的 56.8m 攀升至世界最高的龙滩碾压混凝土坝 216.5m。特别是近些年高坝的设计与施工技术的提高，促使涌现出了一大批百米级的碾压混凝土坝，部分 120m 以上碾压混凝土坝列于表 1.2.1。

表 1.2.1　　我国部分已建和在建的 120m 以上碾压混凝土坝

序号	工程名称	所在省份	最大坝高/m	总库容/亿 m³	主坝坝型	装机容量/MW	建成年份
1	龙滩水电站	广西	216.5	273	重力坝	6300	2009
2	黄登水电站	云南	203.0	15	重力坝	1900	2019
3	光照水电站	贵州	200.5	32.45	重力坝	1040	2009
4	官地水电站	四川	168.0	7.6	重力坝	2400	2013
5	万家口子水电站	贵州/云南	167.5	2.69	双曲拱坝	180	2017
6	金安桥水电站	云南	160.0	9.13	重力坝	2400	2011
7	观音岩水电站	四川/云南	159.0	20.72	重力坝	3000	2015
8	托巴水电站	云南	158.0	10.394	重力坝	1250	2016
9	象鼻岭水电站	贵州/云南	146.5	2.63	双曲拱坝	240	2017
10	三河口水利枢纽	陕西	145.0	7.1	双曲拱坝	64	2019
11	三里坪水库	湖北	141.0	4.99	双曲拱坝	70	2013
12	鲁地拉水电站	云南	140.0	17.18	重力坝	2160	2013
13	乌弄龙水电站	云南	137.5	2.72	重力坝	990	2018
14	九甸峡水库	甘肃	136.0	9.91	重力坝	300	2008
15	大花水电站	贵州	134.5	2.765	双曲拱坝	200	2008
16	石垭子水电站	贵州	134.5	3.218	重力坝	140	2010
17	土溪口水库	四川	132.0	1.61	拱坝	51	2020
18	立洲水电站	四川	132.0	1.8975	双曲拱坝	335	2016
19	阿海水电站	云南	132.0	8.85	重力坝	2000	2013
20	江垭水利枢纽	湖南	131.0	17.4	重力坝	300	2000
21	青龙水电站	湖北	130.7	0.2939	双曲拱坝	40	2011
22	百色水利枢纽	广西	130.0	56.6	重力坝	540	2006
23	洪口水电站	福建	130.0	4.497	重力坝	200	2008

续表

序号	工程名称	所在省份	最大坝高/m	总库容/亿 m³	主坝坝型	装机容量/MW	建成年份
24	沙牌水电站	四川	130.0	0.18	单曲拱坝	36	2006
25	云龙河三级电站	湖北	129.0	0.4382	双曲拱坝	40	2009
26	格里桥水电站	贵州	124.0	0.774	重力坝	150	2010
27	永定桥水库	四川	123.0	0.1659	重力坝		2016
28	黄藏寺水利枢纽	甘肃	122.0	4.03	重力坝	49	2021
29	喀腊塑克水利枢纽	新疆	121.5	24.19	重力坝	140	2014
30	武都水库	四川	120.0	5.72	重力坝	150	2008

碾压混凝土筑坝技术的提升不仅体现在坝高不断攀升，坝型结构也逐渐从传统的重力坝向拱坝、高拱坝方向转变。碾压混凝土拱坝由于工程量更少、施工速度快和造价低，碾压混凝土拱坝数量快速增长，拱坝设计理论和成套关键技术也日益丰富和成熟，且考虑到高拱坝的超载能力强、抗震能力好，基于这两项技术优势提出的碾压混凝土高拱坝筑坝关键技术已取得突破性进展。沙牌碾压混凝土拱坝为三心圆单曲拱坝，坝顶弧长 258m，简化结构设计，厂坝分离布置，坝身无泄洪建筑物，除坝内孔洞结构周围、基础找平层、泵房等特殊结构部位外，拱坝基本上均采用碾压混凝土，整个大坝仅设计 4 条缝、3 层廊道和 1 个电梯井，这些都为碾压混凝土快速施工创造了有利条件。沙牌碾压混凝土拱坝还在结构设计、分缝、温控防裂等方面取得突破和发展，系统建立了碾压混凝土拱坝的分缝设计理论和方法，成功采用预制混凝土重力式模板成缝新技术，首次实现碾压混凝土中预埋高密度聚乙烯冷却水泥降温技术，并且成功利用二级配碾压混凝土自身防渗作为坝体的主要防渗措施。这些理论和技术上的突破和创新为后续碾压混凝土坝，特别是碾压混凝土高拱坝的建设，积累了经验并提供重要参考。

材料科学的创新与发展是推动碾压混凝土筑坝技术进步的重要前提。碾压混凝土自身特点之一就是掺合料掺量大。随着矿物掺合料品种和应用范围的不断拓展，碾压混凝土的掺合料也从粉煤灰一枝独秀逐渐转为粉煤灰、矿渣、凝灰岩、磷渣粉、天然火山灰、石灰石粉等百花齐放的发展趋势。粉煤灰作为掺合料在碾压混凝土中的应用已经相当成熟，然而随着我国水利水电建设重心向西南地区转移，粉煤灰资源供不应求和地域性匮乏已经影响到碾压混凝土大坝的建设，充分利用当地材料"就地取材"对于缓解这一突出矛盾具有重要意义。为此科研和施工单位开展了大量试验研究，研究了凝灰岩、磷渣粉、天然火山灰和石灰石粉等用作碾压混凝土新型掺合料的可行性，并成功应用于部分实际工程。以石灰石粉为例，中国碾压混凝土使用石灰石粉始于 1987 年的岩滩水电站，开始被认为是弃料的石粉后来经过充分试验研究，认为提高砂料中的石粉含量有助于改善碾压混凝土的和易性和可碾性，岩滩大坝碾压混凝土人工砂中石粉含量为 16%～18% 时和易性最优。在此之后，经过二十多年更加深入和系统的研究，认为石灰石粉还可以直接作为掺合料应用到碾压混凝土中。景洪水电站碾压混凝土大坝采用了石灰石粉与磨细矿渣复掺的方式，混凝土的 VC 值略有降低，说明石灰石粉有一定的减水作用，且在满足大坝混凝土性能设计要求前提下，掺入石灰石粉降低了水泥用量，对坝体温控防裂有利。2006 年在碾压混凝土坝体取出了直径 197mm、长 14m 的混凝土芯样。芯样表面光滑、密实、无气孔，证明了石灰石粉用作碾压混凝土掺合料在技术上的可行性。

碾压混凝土抗渗技术不断取得突破和创新。碾压混凝土坝的防渗抗渗通常采用"金包银"的方式，即浇筑一定厚度的常态混凝土作为防渗屏障，但坝高水平一般不超过 150m。随着世界级高碾压混凝土坝（广西龙滩大坝最大坝高 216.5m）的建设，结合大量现场碾压混凝土原位抗剪试验和室内试验，突破"金包银"设计模式，摸索出了一条防渗屏障新途径。在龙滩大坝上游面采用变态混凝土与二级配碾压混凝土组合防渗方案，大坝上游面浇筑 1m 厚左右的变态混凝土，二级配碾压混凝土厚度为 6～8m，且在上游面增设限裂钢筋网，防渗结构的渗透系数达到 10^{-10} cm/s。大坝除在基面采用常态混凝土找平外，全部使用碾压混凝土，充分利用碾压混凝土自身抗渗性，使大坝的防渗结构施工更加简便，节省了投资。此外，基于对其他类似工程相关资料的收集和分析，还探索出了取代厚常态混凝土的其他防渗方案，如预制板内贴 PVC 薄膜防渗、沥青混合料防渗、表面配筋变态混凝土防渗和钢筋混凝土面板防渗（成功应用于摩洛哥 Rmel 碾压混凝土大坝）等。

层间结合质量对保证坝体抗滑稳定至关重要，是碾压混凝土筑坝技术的关键技术核心，国内外碾压混凝土筑坝技术的不断革新和进步也是始终围绕该关键问题进行的。经过大量工程经验积累及科研、施工单位开展的室内、现场原位试验，碾压混凝土层间结合质量控制的关键在于拌和物的 VC 值和层面间隔时间。碾压混凝土施工现场气候环境千差万别，采用单一的 VC 值控制标准与实际不符，对碾压混凝土拌和物的 VC 值进行动态控制，可保证碾压混凝土具有良好的可碾性和层间结合质量。龙滩大坝碾压混凝土现场施工面临高温多雨、夏季时间长、早晚温差大，特别是雨季气候早晚变化无常、施工工期紧等困难，经过摸索和试验，发现根据施工现场气候条件实时调整拌和物 VC 值、以施工碾压不陷碾为控制原则的施工技术可以满足现场施工要求，确保了碾压混凝土的快速施工。试验资料表明，初凝前、终凝后碾压混凝土的层面劈拉强度和抗剪强度降幅在 10% 以内，初凝至终凝降幅达到 35% 左右。因此，碾压混凝土层面间隔时间最好控制在初凝以内，即在已碾压完毕混凝土尚未初凝时及时覆盖并碾压完成上一层新浇混凝土，实现连续式碾压铺筑，可实现碾压混凝土快速施工。若超过初凝时间应该采用凿毛、均匀铺设砂浆或者一级配混凝土等措施，必要时可进行层面抗剪试验，保证碾压层面间胶结密实，确保坝体抗滑稳定。此外，在仓面采取喷雾、保温等措施，保证仓面混凝土表面湿润，营造仓面施工小气候，对实现碾压混凝土层面连续摊铺浇筑提供了有利条件。

新材料、新技术、新设备和新工艺的创新与发展，管理经验的不断总结与提高，技术规范的健全和完善，必将有助于碾压混凝土筑坝技术面向更广范围的推广与应用，提升世界筑坝技术水平，促进碾压混凝土筑坝技术高质量发展。

参 考 文 献

[1]　杨华全，李文伟. 水工混凝土研究与应用 [M]. 北京：中国水利水电出版社，2004.
[2]　钮新强. 高坝大库安全建设与风险管理高端论坛特邀报告 [C]. 北京，2017.

［3］ 张严明. 中国碾压混凝土筑坝技术［M］. 北京：中国水利水电出版社，2010.

［4］ 张严明，王圣培，潘罗生. 中国碾压混凝土坝 20 年［M］. 北京：中国水利水电出版社，2006.

［5］ 中国大坝协会. 高坝建设与运行管理的技术进展——中国大坝协会 2015 学术年会论文集［C］. 郑州：黄河水利出版社，2015.

［6］ 中国大坝工程学会. 水库大坝高质量建设与绿色发展——中国大坝工程学会 2018 学术年会论文集［C］. 郑州：黄河水利出版社，2018.

［7］ 贾金生，艾勇平，张宗亮，等. 国际碾压混凝土坝技术新进展与水库大坝高质量建设管理——中国大坝工程学会 2019 学术年会论文集［C］. 北京：中国三峡出版社，2019.

［8］ 四川省水力发电工程学会. 四川省水力发电工程学会 2018 年学术交流会暨"川云桂湘粤青"六省（区）施工技术交流会论文［C］. 成都，2018.

［9］ 刘六宴，温丽萍. 中国碾压混凝土坝统计分析［J］. 水利建设与管理，2017，37（1）：6-11.

第 2 章

水　泥

2.1　水泥的定义

凡能在物理、化学作用下从浆体变成坚固的石状体，并能胶结其他物料而具有一定机械强度的物质统称为胶凝材料。胶凝材料包括无机和有机两大类。沥青和各种树脂属于有机胶凝材料。无机胶凝材料则按硬化条件又可分为水硬性和非水硬性两种。水硬性胶凝材料在拌水后既能在空气中硬化又能在水中硬化，通常称为水泥，如硅酸盐水泥、铝酸盐水泥、硫铝酸盐水泥等。非水硬性胶凝材料只能在空气中硬化，故又称为气硬性胶凝材料，如石灰、石膏等。

水泥是在人类长期使用气硬性胶凝材料的经验基础上发展起来的。1824 年，英国人阿斯普丁首次申请了生产波特兰水泥的专利，所以一般认为水泥是从那个时候发明的。

水泥是水硬性胶凝材料，在水利水电工程、工业与民用建筑、道路等建筑工程中应用十分广泛，常用来拌制混凝土及砂浆，也常用作灌浆材料。

水泥的产量是衡量一个国家国民经济和建筑发展水平的重要指标。据不完全统计，2010 年世界水泥年产量已超过 30 亿 t。我国从 1876 年开始生产水泥，到 1949 年年产量仅为 66 万 t，1987 年我国水泥产量达到 1.8 亿 t，跃居世界第一，2005 年水泥年产量已经达到 10 亿 t，2010 年水泥年产量甚至已经超过 16 亿 t，2020 年水泥年产量甚至已经超过 23 亿 t。随着我国现代化建设的高速发展，水泥的用量会越来越大，使用的范围也越来越广泛，水泥的品质也会逐渐提高。

水泥的品种很多，按其用途和性能可将水泥分为通用水泥、专用水泥和特性水泥三大类。通用水泥是指在一般土木工程中通常大量使用的水泥；专用水泥是指有专门用途的水泥，例如大坝水泥、油井水泥、砌筑水泥、道路水泥等；而特性水泥则是指某种性能比较突出的水泥，例如低热矿渣硅酸盐水泥、快硬硅酸盐水泥、抗硫酸盐硅酸盐水泥等。在每一品种的水泥中，又根据其胶结强度的大小分为若干强度等级。当水泥的品种及强度等级不同时，其性能也有差异。因此，在使用水泥时，必须注意水泥的品种及强度等级，掌握其性能特点及使用方法，从而能够根据工程的具体情况合理地选择与使用水泥，这样，既可提高工程质量又能节约水泥。

硅酸盐水泥是以硅酸钙为主要成分的熟料加入适量石膏共同粉磨所制得的水泥的总称。当熟料成分虽仍以硅酸钙为主，但适当调整熟料矿物组成、石膏掺入量、水泥粉磨细度或添加少量某些外加剂，使水泥具有某种特殊性质或特种用途时，则在名称前冠以特殊性质或用途，如中热硅酸盐水泥、低热硅酸盐水泥、低热矿渣硅酸盐水泥、抗硫酸盐硅酸盐水泥、低热微膨胀水泥等。

2.2　水泥的生产

硅酸盐水泥的生产技术概括起来为"两磨一烧"，即：①生料的配制与磨细；②将生料煅烧使之部分熔融形成熟料；③将熟料与适量石膏共同磨细成为硅酸盐水泥。上述过程中最关键的一环是通过煅烧形成所要求的熟料矿物。

硅酸盐水泥的生产分为 3 个阶段：石灰质原料、黏土质原料与少量校正原料经破碎后，按一定比例配合、磨细，并配合为成分合适、质量均匀的生料，称为生料制备；生料在水泥窑内煅烧至部分熔融得到以硅酸钙为主要成分的硅酸盐水泥熟料，称为熟料煅烧；熟料加适量石膏，有时还加适量混合材料或外加剂共同磨细为水泥，称为水泥粉磨。硅酸盐水泥生产的工艺流程如图 2.2.1 所示。

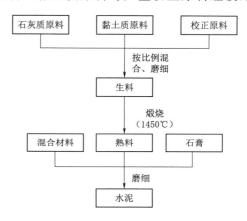

图 2.2.1　硅酸盐水泥生产的工艺流程

生产硅酸盐水泥的原料主要有石灰质原料和黏土质原料两类。石灰质原料主要提供 CaO，它可以采用石灰石、白垩、石灰质凝灰岩等。黏土质原料主要提供 SiO_2、Al_2O_3 以及少量的 Fe_2O_3，它可以采用黏土、黏土质页岩、黄土等。如果选用两种原料，按一定的配比组合还满足不了形成熟料矿物的化学组成的要求时，则要加入第三种，甚至第四种原料加以调整。例如生料中 Fe_2O_3 含量不足时，可以加入黄铁矿渣或含铁高的黏土等加以调整；如生料中 SiO_2 的含量不足时，可以加入硅藻土、硅藻石、蛋白土、火山灰、硅质渣等加以调整；如生料中 Al_2O_3 含量不足时，可以加入铁矾土废料或含铝高的黏土加以调整。此外，为了改善煅烧条件，常常加入少量的矿化剂如萤石等。

生料的配制技术主要包括以下几个方面：按指定的化学成分确定所选用的各种原料比例；同时或分别将这些原料磨细到规定的细度，并且使它们混合均匀，为煅烧过程创造良好的条件。生料的制备方法有干法和湿法两种。当采用干法制备时，先将原料干燥，而后粉碎、混合、磨细而得生料粉，再通过预均化措施（如采用空气搅拌），使之得到混合均匀的生料粉。如果采用湿法制备生料，则先将石灰石破碎至大小为 8～25mm 的颗粒，同时将黏土压碎并将其加入淘泥池中淘洗。然后，将经破碎后的石灰石与黏土泥浆按配料的要求共同在生料磨中湿磨，所得生料浆可以用泵送入料浆库，在料浆库中对其化学成分再进行调整，然后用泵送到料浆池中备用。

水泥熟料的煅烧可以采用回转窑，也可以采用立窑。

采用立窑煅烧水泥时，生料的制备必须采用干法。目前用立窑生产水泥时，生料制备一般采用黑生料球法。所谓黑生料球法是在生料磨内同时加入干的石灰质原料和黏土质原料及煅烧所需的固体煤共同磨细,这时,煤粉与生料粉均匀分布。生料粉经调整校正其化学成分后,在混合器内润湿,其后在成球盘中成球,然后入窑煅烧。

采用回转窑煅烧水泥熟料时,生料的制备可以采用干法,也可以采用湿法,要因地制宜,进行技术经济比较。目前水泥生产工艺中大力发展窑外分解新技术。

水泥生料在回转窑中的煅烧过程,不同的生产方法略有差别。以湿法回转窑生产工艺为例,要经历干燥、预热、分解、熟料烧成及冷却等几个阶段。在上述不同的阶段,物料的反应如下:

在 100~200℃左右,生料被加热,水分逐渐蒸发而干燥。

300~500℃时,生料被预热。

500~800℃时,黏土质原料脱水并分解为无定形的 Al_2O_3 和 SiO_2;在 600℃以后,石灰质原料中的 $CaCO_3$ 也开始分解:

$$CaCO_3 \Longrightarrow CaO + CO_2$$

在 800℃以下生成 CA,并可能有 C_2F 生成,C_2S 开始形成。

800~900℃,$C_{12}A_7$ 开始形成。

900~1100℃,有 C_2AS 形成,随后又重新分解。C_3A 与 C_4AF 开始形成。所有 $CaCO_3$ 分解完毕,$f\text{-}CaO$ 达最大值。

1100~1200℃,大量形成 C_3A 和 C_4AF,C_2S 生成量达最大。

1260~1300℃时,水泥生料开始熔融并出现液相,从而创造了 C_2S 吸收 CaO 生成 C_3S 的条件。这时生料中的 MgO,一部分以方镁石小晶体析出,一部分以分散状态存在于液相中。

1300~1450℃时,C_3A 和 C_4AF 呈熔融状态,产生的液相把 CaO 及部分 C_2S 溶解于其中,在此液相中,C_2S 吸收 CaO 形成 C_3S。这一过程是煅烧水泥的关键,必须有足够的时间使生成 C_3S 的反应完全,否则,水泥熟料中将有不少的游离氧化钙存在,它将影响水泥的安定性。

经以上各阶段煅烧形成的硅酸盐水泥熟料迅速冷却后,即为水泥熟料块。将水泥熟料与适量石膏共同磨细就成为硅酸盐水泥。

硅酸盐水泥熟料矿物的组成主要是:硅酸三钙（$3CaO \cdot SiO_2$,简写为 C_3S）、硅酸二钙（$2CaO \cdot SiO_2$,简写为 C_2S）、铝酸三钙（$3CaO \cdot Al_2O_3$,简写为 C_3A）、铁铝酸四钙（$4CaO \cdot Al_2O_3 \cdot Fe_2O_3$,简写为 C_4AF）。上面四种矿物中硅酸钙（包括硅酸三钙与硅酸二钙）是主要的,占 70% 以上。这些矿物主要是依靠原料中所提供的 CaO、SiO_2、Al_2O_3、Fe_2O_3 等氧化物在高温下互相作用而形成的。为了得到合理矿物组成的水泥熟料,要严格控制生料的化学成分及烧成条件。硅酸盐水泥熟料的化学成分和矿物组成见表 2.2.1。

表 2.2.1　　　　　　　　硅酸盐水泥熟料的化学成分和矿物组成　　　　　　　　　　%

SiO_2	Al_2O_3	Fe_2O_3	CaO	MgO	C_3S	C_2S	C_3A	C_4AF
21~23	5~7	3~5	64~68	<5	44~62	18~30	5~12	10~18

硅酸三钙在水泥熟料中的含量约占 50%,有时可高达 60% 以上,它对水泥的性质有重要的影响。在水泥熟料中一般还含有 MgO、Al_2O_3 及其他少量氧化物,它们能进入 C_3S

的晶体并形成固溶体。因此，水泥中的硅酸三钙一般不是以纯的 C_3S 的形式存在，而是含有氧化镁和氧化铝的固溶体。所以，又将它称为阿里特，或简称 A 矿。

2.3 硅酸盐水泥的水化与凝结硬化

2.3.1 硅酸盐水泥的水化

水泥加水拌和后，水泥的各种矿物成分与水发生化学反应，生成水化产物并放出一定热量，这个过程叫作水泥的水化，水泥的水化反应为放热反应，伴随着水化反应的进行，生成各水化产物的同时，将放出热量，成为水化热。水泥的水化从其颗粒表面开始，水泥颗粒表面的水泥熟料矿物先溶解于水，然后与水反应，或水泥熟料矿物在固态直接与水反应。

C_3S 在常温下的水化反应，大致可用下列方程式表示：

$$3CaO \cdot SiO_2 + nH_2O = xCaO \cdot SiO_2 \cdot yH_2O + (3-x)Ca(OH)_2$$

即

$$C_3S + nH = C-S-H + (3-x)CH$$

上式表明，其水化产物是水化硅酸钙和氢氧化钙。

C_3S 的水化速度较快，水化热较大，且主要在早期放出。强度最高，强度增长率也大，是决定水泥标号或强度等级高低的最主要矿物。

硅酸二钙在水泥熟料中的含量占 20% 左右。在水泥熟料煅烧过程中形成的 C_2S，常常含有少量的杂质，如氧化铁、氧化钛等，所以又将它称为贝利特，或简称 B 矿。

C_2S 在常温下的水化反应，大致可用下列方程式表示：

$$2CaO \cdot SiO_2 + mH_2O = xCaO \cdot SiO_2 \cdot yH_2O + (2-x)Ca(OH)_2$$

即

$$C_2S + mH = C-S-H + (2-x)CH$$

C_2S 的水化速度最慢，水化热最小，且主要在后期放出。早期强度不高，但后期强度增长率较大，是保证水泥后期强度增长的主要矿物。

在硅酸盐水泥熟料矿物中，C_3A 也是重要的组成之一，它对水泥早期的凝结有重要影响，在水泥熟料的四种矿物中，C_3A 的反应速度是最快的，其水化产物的组成与结构受溶液中氧化钙、氧化铝离子浓度和温度的影响很大。在常温下铝酸三钙的水化反应，大致可用下列方程式表示：

$$3CaO \cdot Al_2O_3 + 6H_2O = 3CaO \cdot Al_2O_3 \cdot 6H_2O$$

此外，由于水泥中尚加有少量石膏，部分水化铝酸钙将与石膏反应生成高硫型水化硫铝酸钙（$3CaO \cdot Al_2O_3 \cdot 3CaSO_4 \cdot 32H_2O$）晶体，也称钙钒石。由于其中的铝可被铁置换而成为含铝、铁的三硫酸盐相，故常以 AFt 表示。当石膏完全消耗后，钙钒石会与 C_3A 反应而转变为低硫型水化硫铝酸钙（$3CaO \cdot Al_2O_3 \cdot CaSO_4 \cdot 12H_2O$）晶体。

C_3A 的水化速度极快，水化热最大，且主要在早期放出，硬化时体积减缩也最大，早期强度增长率大，但强度不高，而且以后几乎不再增长，甚至降低。

铁铝酸四钙的水化反应及其产物与 C_3A 极为相似。氧化铁基本上起着与氧化铝相同的作用，也就是在水化产物中铁置换部分铝，形成水化硫铝酸钙和水化硫铁酸钙的固溶体，或者水化铝酸钙和水化铁酸钙的固溶体。

在没有石膏的条件下，C_4AF 的水化反应可用下列方程式表示：

$$4CaO \cdot Al_2O_3 \cdot Fe_2O_3 + 4Ca(OH)_2 + 22H_2O \Longrightarrow 2[4CaO \cdot (Al_2O_3 \text{、} Fe_2O_3) \cdot 13H_2O]$$

C_4AF 的水化速度也较快，仅次于 C_3A。水化热中等，强度较低，脆性小，当含量增多时，有助于水泥抗拉强度的提高。

硅酸盐水泥是多矿物、多组分的物质，它与水拌和后，就立即发生化学反应。根据目前的认识，硅酸盐水泥加水后，铝酸三钙立即发生反应，硅酸三钙和铁铝酸四钙也很快水化，而硅酸二钙则水化较慢。在充分水化的水泥石中，$C-S-H$ 凝胶约占 70%，$Ca(OH)_2$ 约占 20%，钙矾石和单硫型水化硫铝酸钙约占 7%。

2.3.2 水泥的凝结硬化过程

关于水泥凝结硬化理论的研究至今仍在继续。以下介绍的是硅酸盐水泥凝结硬化的一般过程。

水泥遇水后发生一系列的物理化学变化，使水泥能够逐渐凝结和硬化。水泥加水拌和后，首先是水泥颗粒表面的矿物溶解于水并与水发生水化反应，最初形成具有可塑性的浆体，随着水化反应的进行，水泥浆体逐渐变稠失去可塑性，这一过程称为水泥的凝结。随着水泥水化的进一步进行，凝结的水泥浆体开始产生强度，并逐渐发展成为坚硬的水泥石，这一过程称为硬化。水泥浆的凝结、硬化是水泥水化的外在反映，它是一个连续的、复杂的物理化学变化过程，其结果决定了硬化水泥石的结构和性能。因此，了解水泥的凝结和硬化过程，对了解水泥的性能有着重要意义。

硅酸盐水泥的凝结硬化过程一般按水化反应速度和物理化学的主要变化分为四个阶段，见表 2.3.1。

表 2.3.1 水泥凝结硬化时的划分阶段

凝结硬化阶段	一般的持续时间	一般的放热反应速度	主要的物理化学变化
初始反应期	5～10min	168J/(g·h)	初始溶解和水化
潜伏期	1h	4.2J/(g·h)	凝胶体膜层围绕水泥颗粒逐渐生长
凝结期	6h	在 6h 内逐渐增加到 21J/(g·h)	膜层逐渐增厚，水泥颗粒进一步水化
硬化期	6h 至很多年	在 24h 内逐渐增加到 4.2J/(g·h)	凝胶体填充毛细孔

（1）初始反应期。从水泥加水拌和起至拌和后 5～10min 时间内，水泥颗粒分散并溶解于水，在水泥颗粒表面水化反应迅速开始进行，生成相应水化产物，水化产物也先溶解于水，未水化的水泥颗粒分散在水中，成为水泥浆体。

（2）潜伏期。水泥颗粒的水化从其表面开始。水和水泥一接触，水泥颗粒表面的熟料矿物与水反应，形成相应的水化物并溶于水中。此种作用继续下去，使水泥颗粒周围的溶液很快达到水化产物的饱和或过饱和状态。由于各种水化产物的溶解度都很小，继续水化的产物以细分散状态的胶体颗粒析出，附在水泥颗粒表面，形成凝胶膜包裹层。在水化初期，水化物不多，包有水化物膜层的水泥颗粒之间还是分离着的，水泥浆具有可塑性。

（3）凝结期。水泥颗粒不断水化，水化物膜层逐渐增厚，减缓了外部水分的渗入和水化物向外扩散的速度，使水化反应在一段时间变得缓慢。随着水化反应的不断深入，膜层内部的水化物不断向外突出，最终导致膜层破裂，水化又重新加速。水泥颗粒间的空隙逐渐缩小，而包有凝胶体的颗粒则逐渐接近，以致相互接触，接触点的增多形成了空间网状结构。凝聚结构的形成，使水泥浆开始失去可塑性，此为水泥的初凝，但这时还不具有强度。

（4）硬化期。以上过程不断地进行，固态的水化物不断增多并填充颗粒间的空隙，毛细孔越来越少，结晶体和凝胶体互相贯穿形成的凝聚-结晶网状结构不断加强，结构逐渐紧密。水泥浆体完全失去可塑性，达到能担负一定荷载的强度。水泥表现为终凝，并开始进入硬化阶段。水泥进入硬化期以后，水化速度逐渐减慢，水化物随时间的增长而逐渐增加，扩展到毛细孔中，使结构更趋致密，强度相应提高。

由此可见，在水泥浆整体中，上述物理化学变化不能按时间截然划分，但在凝结硬化的不同阶段将由某种反应起主导作用。水泥的水化反应是从颗粒表面深入到内核的。开始时水化速度较快，水泥的强度增长快；但由于水化不断进行，堆积在水泥颗粒周围的水化物不断增多，阻碍水和水泥未水化部分的接触，水化减慢，强度增长也逐渐减慢，但无论时间多久，水泥颗粒的内核很难完全水化。因此，在硬化水泥石中，同时包含有水泥熟料矿物水化的凝胶体和结晶体、未水化的水泥颗粒、水（自由水和吸附水）和孔隙（毛细孔和凝胶孔），它们在不同时期相对数量的变化，使水泥石的性质随之改变。

2.4 碾压混凝土用水泥的选择

由于不同品种的水泥在性能上各有其特点，因此在应用中，就应该根据工程所处的环境条件、水工建筑物的特点及碾压混凝土所处的部位，选用适当的水泥品种，以满足不同工程的不同要求。通常情况下应根据以下两个方面进行选择。

（1）水工建筑结构的设计强度要求和设计龄期。

（2）碾压混凝土所处工程部位的运行条件（如抗冲磨、抗冻融等），以及抑制某些有害物质反应的特殊要求（如碱-骨料反应、环境水中有害介质的侵蚀等）。例如，当环境水对混凝土有硫酸盐侵蚀时，应选用抗硫酸盐水泥。

根据工程的重要程度及碾压混凝土所处的工程部位，大体积重要建筑物的内部碾压混凝土，宜使用强度等级不低于42.5MPa的中热硅酸盐水泥、低热硅酸盐水泥或硅酸盐水泥和普通硅酸盐水泥，用于一般建筑物及临时建筑物内部的设计要求强度较低的碾压混凝土，可使用掺有混合材的32.5MPa等级水泥，但在工地掺加掺合料时应考虑水泥中已掺有的混合材品质及数量。

根据施工现场的实际条件，在有条件现场掺用掺合料的情况下，应优先选用硅酸盐水泥或普通硅酸盐水泥；当无条件现场掺用掺合料时，可选用中热硅酸盐水泥、低热硅酸盐水泥及各种掺有混合材的硅酸盐水泥。大坝等主体工程所用水泥的品种和强度等级以1～2种为宜，并且最好能由固定厂家供应，以保证碾压混凝土质量的稳定性。我国部分碾压混凝土工程采用的水泥品种及用量见表 2.4.1。

表 2.4.1　　　　　　　我国部分碾压混凝土工程采用的水泥品种及用量

工程名称	水泥品种	强度等级	水泥用量/(kg/m³)
铜街子坝	普通硅酸盐水泥	42.5	80～100
阿海水电站	普通硅酸盐水泥	42.5	68～108
观音岩水电站	中热硅酸盐水泥	42.5	55～84
龙滩水电站	中热硅酸盐水泥	42.5	56～99
彭水水电站	中热硅酸盐水泥	42.5	64～95
沙沱水电站	普通硅酸盐水泥	42.5	56～80
索风营水电站	普通硅酸盐水泥	42.5	57～95
喀腊塑克水电站	普通硅酸盐水泥	42.5	60～125

碾压混凝土筑坝技术由低坝向高坝、由重力坝向拱坝的发展对碾压混凝土本身的抗裂性能提出了更高的要求，与之相适应的原材料的选择上要求提高水泥的韧性，降低其脆性。研究表明，除尽量提高水泥中 C_2S 和 C_4AF 的含量、降低 C_3S 和 C_3A 的含量外，还可掺用低碱钢渣等混合材，利用其耐磨、微膨胀、高 C_2S 的特性，进一步降低水泥的脆性系数，提高水泥的抗裂性能。

水泥的运输与保管，最重要的是防止受潮或混入杂物。不同品种和强度等级的水泥，应分别储运，不得混杂，避免错用。

水泥在储运过程中，由于能吸收空气中的水分，将逐渐受潮变质，使强度降低。磨得越细的水泥，受潮变质越迅速。至于强度降低的程度，将随储运时防潮条件的不同而有差别。根据某些工程的测定结果，在正常储存条件下，一般水泥每天强度损失率为 0.2％～0.3％。通常储存 3 个月的水泥，其强度降低 15％～25％；储存 6 个月的水泥，其强度降低 25％～40％。因此，水泥不宜存放过久。工程中应随时加强水泥强度等级的测定工作，尤其对于储存过久的水泥，必须重新进行强度检验才能使用。

参 　考 　文 　献

[1]　杨华全，李文伟. 水工混凝土研究与应用 [M]. 北京：中国水利水电出版社，2005.
[2]　方坤河. 碾压混凝土材料、结构与性能 [M]. 武汉：武汉大学出版社，2004.

第 3 章

掺 合 料

3.1 概述

混凝土掺合料是指以硅、铝、钙等一种或多种氧化物为主要成分，在拌和混凝土时加入能改善混凝土性能的矿物质粉体材料，其掺量通常超过 5%。根据是否具有火山灰活性，可以将掺合料分为活性掺合料与惰性掺合料两大类。火山灰活性是指硅质或铝硅质材料在充分粉磨和有水分存在的条件下，与 Ca^{2+} 或 $Ca(OH)_2$ 发生反应，生成稳定且具有胶凝性物质的能力。活性掺合料主要是由 $Si-O$、$Al-O$、$Ca-O$ 组成的玻璃体，因其为热力学不稳定体，所以具有水化活性或潜在水化活性。常见的活性掺合料有矿渣粉、磷渣粉、粉煤灰、硅粉和天然火山灰材料。惰性掺合料是指不具有火山灰活性或活性很低的矿物质粉体材料，如磨细石粉、活性很低的天然火山灰材料，质量不符合相应技术规范的粒化高炉矿渣、电炉磷渣和粉煤灰等。

掺合料对混凝土性能的改善主要归因于 3 种效应：①形态效应，降低混凝土用水量，改善混凝土工作性；②微集料效应，填充水泥粉体空隙，降低混凝土用水量，提高混凝土强度和密实性；③活性效应，参与水化反应，节约水泥用量，促进水泥充分水化，降低混凝土绝热温升，减小大体积混凝土温度应力，提高混凝土抗裂性能。此外大多数活性掺合料都可以起到提高混凝土抗硫酸盐侵蚀能力、抑制混凝土碱骨料反应、提高混凝土耐久性的作用，因此掺合料是现代混凝土中必不可少的组分。

根据碾压混凝土通仓薄层快速连续浇筑施工的特点，要求碾压混凝土具有可承受振动碾碾压的工作度，合适的浆体含量，获得良好的层间结合特性；此外，还要求混凝土具有尽可能低的绝热温升，以适应大坝整体的温控防裂要求。因此，碾压混凝土必须具有在满足坝体结构设计对碾压混凝土强度、极限拉伸、抗渗、抗冻、抗剪等性能要求的前提下，又要尽量减少水泥的用量。由于掺合料的水化热远远低于水泥，掺活性掺合料的混凝土具有绝热温升小、后期强度增长率大、长龄期强度高、抗渗性能和抗变形性能等随龄期延长明显增长等特点。经过几十年的工程实践，我国形成了"两低、两高和双掺"的碾压混凝土配合比设计技术路线，即低水泥用量、低 VC 值、高掺合料掺量、高石粉含量、双掺缓凝高效减水剂和引气剂。

碾压混凝土应优先选用活性掺合料，如粉煤灰、火山灰质材料、粒化高炉矿渣等，经过试验论证，也可以采用非活性掺合料。这些掺合料经收集或加工，其细度与水泥的细度属于同一数量级，掺入混凝土中，可以替代部分水泥包裹骨料表面及填充骨料间的空隙，弥补碾压混凝土中由于水泥用量减少而造成的灰浆量的不足。国内外大坝碾压混凝土的平均水泥用量基本为 $75\sim85kg/m^3$，胶凝材料用量的差异主要由掺合料用量的不同所造成。在日本，碾压混凝土胶凝材料用量较低，掺合料的掺量也最低，而在西班牙，胶凝材料用量最高，掺合料的掺量也最高。

3.2　粉煤灰

3.2.1　来源与品种

　　粉煤灰是火力发电厂的废弃物，是煤粉高温燃烧后由烟道气带出并经除尘器收集的粉尘。粉煤灰是一种高分散度的集合体，由大小不等、性状不规则的粒状体组成，粒径为 $1\sim30000\mu m$。我国粉煤灰的平均密度为 $2.14g/cm^3$。在粉煤灰的形成过程中，由于表面张力作用，粉煤灰颗粒大部分为空心微珠，微珠表面凹凸不平，极不均匀，微孔小；一部分因在熔融状态下互相碰撞而连接成为表面粗糙、棱角较多的蜂窝状颗粒。

　　粉煤灰的收集方式有湿排和干排之分。湿排粉煤灰是用高压水泵从排灰源将粉煤灰稀释成流体，经管道打入粉煤灰沉淀池中。刚入池的粉煤灰，固液比高达 1：（20~40）。为了能够利用，需进行脱水、烘干、磨细处理，湿排获得的粉煤灰品质差异很大，活性很低，往往难以满足现代高性能混凝土的生产要求。湿排耗用大量的水，脱水和磨细过程又要耗用大量的能源，而露天堆放占用大量的土地或湖泊，刮风天灰尘污染空气，下雨天渗漏污染地下水，造成严重的环境问题。随着对资源利用和环境保护的重视，当今大中型电厂均采用分级电场静电收尘系统，多为三级电场，甚至四级、五级电场，得到原状干灰，即所谓的干排。四级电场收集的粉煤灰相当于国家标准《用于水泥和混凝土中的粉煤灰》（GB/T 1596）和行业标准《水工混凝土掺用粉煤灰技术规范》（DL/T 5055）中Ⅰ级灰以上要求；三级电场的粉煤灰相当于Ⅱ级灰；大功率发电机组（单机600MW），锅炉烟囱高，燃烧充分，在第二或第三电场收集的粉煤灰即可达到Ⅰ级灰的标准，而且质量稳定。

　　还可将第一或第二电场收集到的粗灰加工成细灰，以改善粉煤灰的细度和颗粒级配，目前有分选和磨细两种方法。分选包括风力分选和电力分选两类，采用风力或高压电场和离心力的作用，将原状粉煤灰中的粗、细颗粒分离。磨细法可以将粗灰全部加工成细灰，但能耗大、噪声污染严重。此外，研究表明，磨细的粉煤灰，需水量比不一定能得到改善，甚至在一定程度上会增大。原因是磨细过程不只是将互相粘连的微珠颗粒分开，同时对微珠产生冲击作用，有些粉煤灰（例如低铁低钙灰，多数电场排放的是这类灰）微珠因受冲击而破坏，影响了颗粒形态效应，从而影响需水量比；但对于含铁较高的粉煤灰，磨细后能降低需水量比，可能是这种粉煤灰微珠在磨细过程中不易被破坏，适当粉磨后，有利于颗粒形态效应发挥作用。基于以上事实，目前大多数电厂在加工粗灰时，均采用分选法。

　　粉煤灰是应用最为广泛的活性掺合料，国内外碾压混凝土普遍采用大掺量粉煤灰。工程实践证明，提高粉煤灰的掺量，不仅能节约水泥，降低水化热，减少混凝土内部温升带来开裂的风险，而且可以减少混凝土用水量，增强碾压混凝土拌和物的抗分离性，增强混凝土的密实性和抗渗能力，提高抗侵蚀能力和后期强度。这是因为粉煤灰的形态效应、微集料效应和火山灰效应能分别产生三种势能，综合改善混凝土性能，提高混凝土的耐久性。

（1）颗粒形态效应产生减水势能。粉煤灰颗粒多呈球形，粒径很小，表面比较光滑，这种球形小颗粒通称"微珠"，掺入混凝土中，犹如滚珠，可提高混凝土的和易性，减少用水量。

（2）火山灰效应产生活化势能。粉煤灰的主要化学成分是 SiO_2、Al_2O_3 和 Fe_2O_3，粉煤灰中有少部分 CaO 含量高，自身具有一定的水硬活性，大多数粉煤灰 CaO 含量低，受到水泥水化生成的 $Ca(OH)_2$ 或外加激发剂的激发，逐渐发生火山灰反应，生成类似水泥水化的 $C-S-H$ 凝胶，使混凝土胶结产生力学强度。

（3）微集料效应产生致密势能。粉煤灰的颗粒很小，在混凝土中可起微集料作用，充填到微小的孔隙中，同时表面水化生成凝胶体，物理充填和水化反应产物充填共同作用，比惰性微集料单纯的物理充填效果更好，使混凝土更加致密。

掺有粉煤灰的混凝土，持续水化能力强，后期强度增长多，具有抗裂、抗化学侵蚀、抗硫酸盐侵蚀、抑制碱-骨料反应等性能，从而提高了抵御自然环境影响的能力。近年来包括三峡工程在内的国内大中型水利水电工程多使用了粉煤灰，尤其是Ⅰ级、Ⅱ级粉煤灰，取得了巨大的技术、经济和社会效益。

对于碾压混凝土工程，为降低混凝土内部的水化温升，通常采用较长的设计龄期，这与粉煤灰混凝土的性能发展相一致，特别适合粉煤灰的应用。西部大开发战略的实施和国家对非化石类能源的需求，水资源丰富的西南地区大量水电工程进入建设高潮，对粉煤灰的需求量持续增加，导致了区域性的粉煤灰供应短缺，Ⅲ级粉煤灰甚至湿排堆存的粉煤灰经过处理后作为水电工程大坝混凝土的掺合料也得到了大量应用。

3.2.2 组成、结构与性能

3.2.2.1 化学成分

粉煤灰的化学成分主要是 SiO_2、Al_2O_3、Fe_2O_3，三种氧化物含量合计占 70％以上，除此之外，还有钙、镁、钛、硫、钾、钠和磷的氧化物。粉煤灰的化学组成很大程度上取决于原煤的无机物组成和燃烧条件，构成粉煤灰的具体化学成分含量，就因煤的产地、煤的燃烧方式和程度等不同而有所不同。表 3.2.1 列出了我国部分电厂粉煤灰化学成分，由表 3.2.1 中数据可以看出，粉煤灰由于产地不同，化学组成变化较大。

表 3.2.1　　　　　　　我国部分电厂粉煤灰的化学成分

电　厂	等级	化学成分含量/％							
		SiO_2	Al_2O_3	Fe_2O_3	CaO	MgO	SO_3	K_2O	Na_2O
重庆电厂	Ⅱ级	44.38	27.06	12.37	3.90	2.46	1.04	0.68	0.55
珞璜电厂	Ⅱ级	46.88	26.61	18.06	4.88	1.87	0.91	1.08	0.58
湘潭电厂	Ⅱ级	52.20	25.14	8.10	4.07	2.10	0.60	1.76	0.42
汉川电厂	Ⅱ级	60.08	26.31	5.56	4.07	1.52	0.16	1.64	0.22
平圩电厂	Ⅰ级	57.28	33.54	2.44	1.52	0.58	0.14	1.34	
南京热电厂	Ⅱ级	57.74	27.8	6.34	3.36	1.11	2.30	1.43	

续表

电　厂	等级	化学成分含量/%							
		SiO_2	Al_2O_3	Fe_2O_3	CaO	MgO	SO_3	K_2O	Na_2O
神头电厂	Ⅱ级	45.97	42.87	3.24	3.13	0.23	0.43	1.14	
阳逻电厂	Ⅰ级	50.65	28.66	6.00	7.34	0.91	0.13	0.60	
华能南京电厂	Ⅱ级	49.80	32.60	4.00	5.60	0.92	0.37	1.38	
凯里电厂	Ⅰ级	48.11	16.43	23.48	2.06	1.75	0.89	1.29	0.31
石门电厂	Ⅰ级	52.50	4.43	30.62	3.20	2.81	0.32	1.15	0.68
元宝山电厂	Ⅰ级	58.06	20.73	8.86	3.43	1.52	—	2.58	1.90
元宝山电厂	Ⅱ级	57.57	21.91	7.72	3.87	1.68	—	2.51	1.54
元宝山电厂	Ⅲ级	49.73	32.19	6.09	2.82	0.67	—	1.15	0.52
上海市场某高钙灰		53.00	18.66	9.52	26.30	2.00	—	—	—

粉煤灰中的 Fe_2O_3 对降低熔点形成玻璃微珠有利，含 Fe_2O_3 较多的富铁微珠，虽然火山灰活性较低，但对混凝土具有减水作用，可改善其物理性质。

粉煤灰中含有少量的硫酸盐，一般以 SO_3 含量表示。粉煤灰中 SO_3 含量的多少，不仅与煤的种类有关，还可能与燃煤锅炉的燃烧类型与最高燃烧温度有关。煤粉在高温燃烧后，绝大部分硫都以 SO_3 气体形式经烟道排放到大气中。因此，残留在粉煤灰中的以硫酸盐形式存在的 SO_3 含量极少。

粉煤灰中的 CaO 绝大部分被结合在玻璃相中，但也有极少部分是游离的，游离 CaO 对水泥混凝土的体积安定性不利。与低钙粉煤灰相比，高钙粉煤灰的 CaO 含量较高，使得高钙粉煤灰中游离 CaO 也较多。游离 CaO 与煤的结构、组成及燃烧工艺有关，可从改进燃煤工艺、燃烧设备来降低高钙粉煤灰中游离 CaO 的含量。通常高钙粉煤灰的颜色偏黄，低钙粉煤灰的颜色偏灰。与低钙粉煤灰相比，高钙粉煤灰粒径更小，用作水泥混合材或混凝土掺合料具有减水效果好、早期强度发展快的特点，但是由于其中含有一些游离 CaO，如果使用不当，可能会造成体积安定性不良的后果。随着我国电力工业的飞速发展，越来越多的褐煤、次烟煤用作动力燃料，也相应地排出更多的高钙粉煤灰，如上海市 2009 年排放高钙粉煤灰超过 200 万 t。

粉煤灰中的碱主要是氧化钠（Na_2O）和氧化钾（K_2O）。这两种碱性氧化物能直接溶于水，生成氢氧化钠（NaOH）和氢氧化钾（KOH），它们是碱性激发剂，可以激发粉煤灰的早期活性。但过多的 Na_2O 和 K_2O 含量，会增加单方混凝土中的碱含量，对混凝土性能产生不利影响。

3.2.2.2　矿物结构

粉煤灰的矿物结构是在煤粉燃烧和排出过程中形成的，比较复杂，其矿物组成的波动范围较大。由于煤粉各颗粒间的化学成分并不完全一致，因此燃烧过程中形成的粉煤灰在排出的冷却过程中，形成了不同的物相，可以将粉煤灰看作晶体矿物和非晶体矿物的混合物。

粉煤灰中晶体矿物的含量与粉煤灰冷却速度有关。一般来说，冷却速度较快时，玻璃体含量较高；反之，容易形成结晶相。一般晶体矿物为石英、莫来石、磁铁矿、氧化镁、生石灰及无水石膏等；非晶体矿物为玻璃体、无定型碳和次生褐铁矿，其中玻璃体含量占 50% 以上。

在显微镜下观察，粉煤灰是结晶体、玻璃体及少量未燃碳粒组成的一个复合结构的混合体，以含硅酸根离子和铝酸根离子的玻璃体为主，还有少量的 α 镁、莫来石及碳粒。SiO_2 及 Al_2O_3 含量较高的玻璃珠在高温冷却的过程中逐步析出石英及莫来石晶体，Fe_2O_3 含量较高的玻璃珠则析出赤铁矿和磁铁矿。

3.2.2.3 颗粒形态

粉煤灰是多种颗粒的聚集体，其典型形貌见图 3.2.1。就粉煤灰的颗粒形态而言，大致可分为球形颗粒、多孔颗粒和不规则颗粒。粉煤灰中球形颗粒越多，细度越细，起到的润滑效应越大，需水量比越少，减水效果越好，因此，优质粉煤灰又被称为混凝土固体减水剂；反之，不规则形态颗粒越多，需水量比就越大。

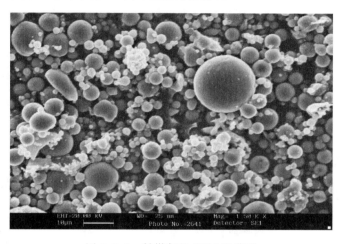

图 3.2.1　粉煤灰的 SEM 形貌图

类球形颗粒外表比较光滑，由硅铝玻璃体组成，又称玻璃微珠，其大小多在 $1\sim100\mu m$，具有较高的活性，掺在混凝土中起滚珠润滑作用，能不增加甚至可减少混凝土拌和物的用水量。球形微珠又可分为：①沉珠，一般直径为 $0.5\mu m$，表观密度约为 $2.0g/cm^3$。通过光学显微镜观察，大多数沉珠是中空的，表面光滑。有些沉珠，内含有大量细小的玻璃微珠，外表有不规则的凸出点和气孔。其化学成分以 SiO_2、Al_2O_3 为主，主要为玻璃体，其他是 α 镁和莫来石。沉珠在粉煤灰中的含量约达 90%。②漂珠，一般直径为 $30\sim100\mu m$，壁厚 $0.2\sim2\mu m$；表观密度为 $0.4\sim0.8g/cm^3$，所以能漂浮在水面上；65% 以上的漂珠是中空的，主要由玻璃体组成，含有少量的 α 镁和莫来石。一般来说，漂珠含量为 0.5%~1.5%。③磁珠，其中 Fe_2O_3 含量占 55% 左右，又称富铁微珠，表观密度大于 $3.4g/cm^3$；外表呈近球形颗粒，内含更细小的玻璃微珠，具有磁性。④实心微珠，粒径多为 $1\sim3\mu m$，表观密度为 $2\sim8g/cm^3$。

不规则多孔颗粒包括两类：①多孔碳粒，是粉煤灰中未燃尽的碳，其颗粒大小不等，形状不规则，疏松多孔，吸水量大，属惰性物质，含碳多的粉煤灰，需水量大，质量较差；②高温熔融玻璃体，这部分硅铝玻璃体也经过高温煅烧，但是煅烧温度比形成球形颗粒时低，或经过高温煅烧时间短，或由于颗粒中燃气的逸出，使熔融体的体积膨胀并形成多孔结构，这类颗粒较大。粉煤灰中不规则多孔颗粒含量越多，需水量就越高。不规则多孔颗粒主要由晶体矿物颗粒、碎片、玻璃碎屑及少量碳屑组成。

3.2.3　粉煤灰对水泥性能的影响

3.2.3.1　水化过程

为了观察与分析掺粉煤灰对水泥水化产物和微观结构的影响,选取粉煤灰替代水泥的比例分别为 60%、50%、40%,制成 2cm×2cm×2cm 净浆试件,按标准方法养护,分别进行 7d、28d、90d 龄期的各项试验。利用微观测试技术,观察试件内部水化产物形貌、粉煤灰表面形态及变化规律、水化反应程度等。

1. X 射线衍射分析

结合 X 射线衍射分析图谱,所有试件中都含有 $Ca(OH)_2$、$CaCO_3$、C_3S、$\beta-C_2S$ 等。未掺粉煤灰的水泥硬化体内部,CH 晶体 [即 $Ca(OH)_2$] 的峰值较高,由于水泥用量较大,C_3S、C_2S 的量也较大。掺粉煤灰的水泥硬化体内部,CH 的峰值有所降低,这说明由于粉煤灰的二次水化作用,使水泥石中的 $Ca(OH)_2$ 一部分反应生成水化硅酸钙、水化铝酸钙凝胶体。粉煤灰掺量越高,CH 的峰值相对越低,同时,在掺粉煤灰的水泥硬化体中,出现了 SiO_2 晶体的衍射峰。

2. 热分析

差示扫描量热法与热重法分析的各龄期的结合水量和 $Ca(OH)_2$ 含量结果列于表3.2.2。$Ca(OH)_2$ 的含量随粉煤灰掺量的增加而减少,显示粉煤灰在不断地消耗 $Ca(OH)_2$,发生火山灰反应。

表 3.2.2　　　　　　　　各龄期的结合水量和 $Ca(OH)_2$ 含量

粉煤灰掺量/%	结合水量/%			$Ca(OH)_2$/%		
	7d	28d	90d	7d	28d	90d
60	6.69	5.44	8.71	1.70	1.63	1.50
50	—	6.74	—	—	2.04	—
40	7.08	7.25	10.68	2.52	2.55	2.25

3. 孔结构分析

水泥石的孔隙率及不同孔径的分布状况,是水泥石的一个重要结构特征。它决定了水泥石的一系列性能。所谓水泥石的孔结构,一般包括总孔隙率、孔径大小及分布,以及孔的形态等。一般认为孔径在 100nm 以上的孔为有害孔;50nm 以下的孔为无害孔;50~100nm 的孔是否有害尚不确定,但对此也有认为它是有害的。无害孔多,尤其是更细小的孔多,对耐久性是有利的。形状不规则的大孔越多,对混凝土的耐久性越不利。

测定水泥石孔结构的方法很多,在这些方法中,由于压汞法能够在较大范围内测定孔隙的半径,因此应用较为广泛。对不同砂浆配合比 90d 龄期的孔隙率和孔径分布进行了测定,孔结构分析结果见表 3.2.3。单掺粉煤灰的净浆试件总孔面积最大,单掺矿渣微粉的净浆试件总孔面积最小,双掺矿渣微粉与粉煤灰的净浆试件总孔面积居中。从平均孔径反映出随着矿渣微粉掺量的增加,平均孔径减小。其原因可能是矿渣的活性较好,火山灰反应后的生成物迅速填充了孔隙,使总孔隙率减小。

表 3.2.3   孔 结 构 分 析 结 果

粉煤灰掺量 /%	矿渣微粉掺量 /%	总孔面积 /(m²/g)	中值孔径（体积）/nm	中值孔径（面积）/nm	平均孔径 /nm	总孔隙率 /%
0	60	33.427	7.1	5.0	7.2	10.56
0	50	24.150	12.4	5.5	9.1	9.56
0	40	27.253	19.3	5.5	11.6	13.22
24	36	51.362	8.5	5.9	7.7	16.06
20	30	42.307	11.8	5.8	9.0	15.44
16	24	37.718	16.4	5.4	10.1	15.51
60	0	65.622	12.6	9.7	11.2	25.50
50	0	61.766	13.4	7.2	10.0	22.71
40	0	46.951	13.9	7.7	10.6	19.32

从图 3.2.2 可以看出，单掺粉煤灰、双掺矿渣微粉和粉煤灰净浆试件的孔分布优于单掺矿渣微粉的净浆试件，有害孔所占的比例较小，孔径细化，而单掺矿渣的净浆试件中孔径（>100nm）比例相对较高，可能是由于矿渣易产生泌水，造成毛细孔增多的原因。

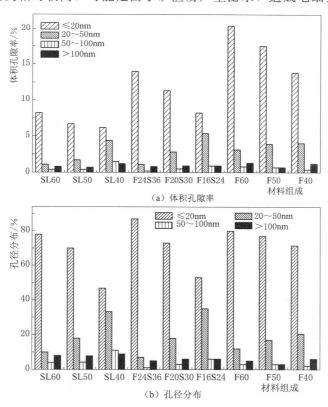

（a）体积孔隙率

（b）孔径分布

图 3.2.2 粉煤灰和矿渣水泥胶砂孔结构

4. 水化产物的形貌

用扫描电镜对水化产物形貌进行观察：未掺粉煤灰的水泥浆体，7d 龄期可观察到大量结晶完好的 $Ca(OH)_2$ 晶体，而在相同龄期的掺 50% 粉煤灰的水泥浆体中，$Ca(OH)_2$ 晶体的量较少，并且结晶程度也差，粉煤灰颗粒表面已有一些活性反应产物，但量很少，说明水泥水化产物 Ca(OH)$_2$ 对粉煤灰活性的激发需要一定的时间。从图 3.2.3 可见，粉煤灰颗粒均匀地分布在水泥凝胶体之中，表面生成了较多的水化产物，随着龄期的延长，粉煤灰与水泥凝胶体之间的界面趋于密实。

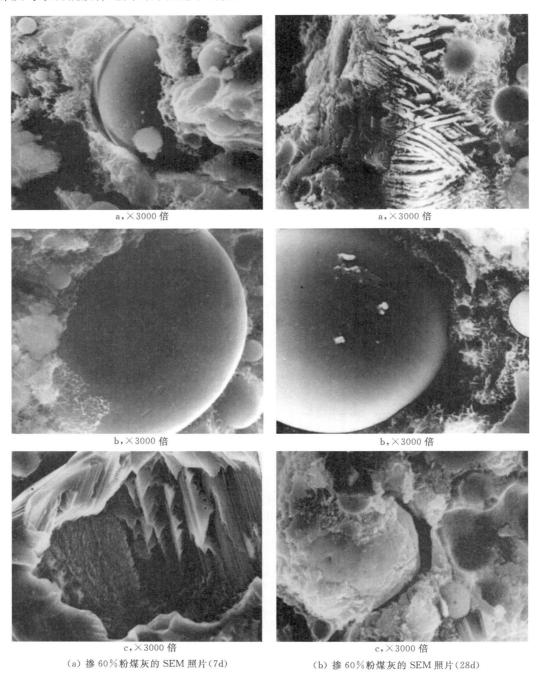

a，×3000 倍   a，×3000 倍

b，×3000 倍   b，×3000 倍

c，×3000 倍   c，×3000 倍

（a）掺 60％粉煤灰的 SEM 照片（7d）   （b）掺 60％粉煤灰的 SEM 照片（28d）

图 3.2.3（一）　掺粉煤灰的水泥水化产物形貌

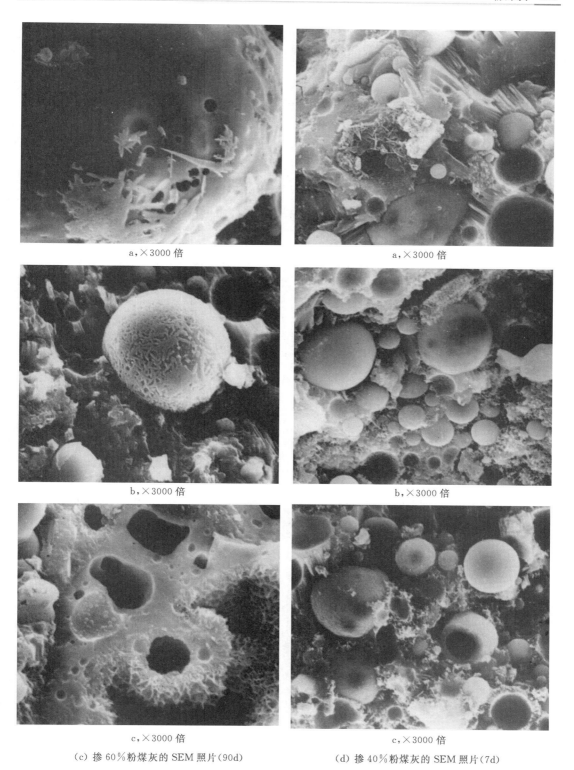

a,×3000 倍

a,×3000 倍

b,×3000 倍

b,×3000 倍

c,×3000 倍

c,×3000 倍

（c）掺 60%粉煤灰的 SEM 照片（90d）

（d）掺 40%粉煤灰的 SEM 照片（7d）

图 3.2.3 （二）　掺粉煤灰的水泥水化产物形貌

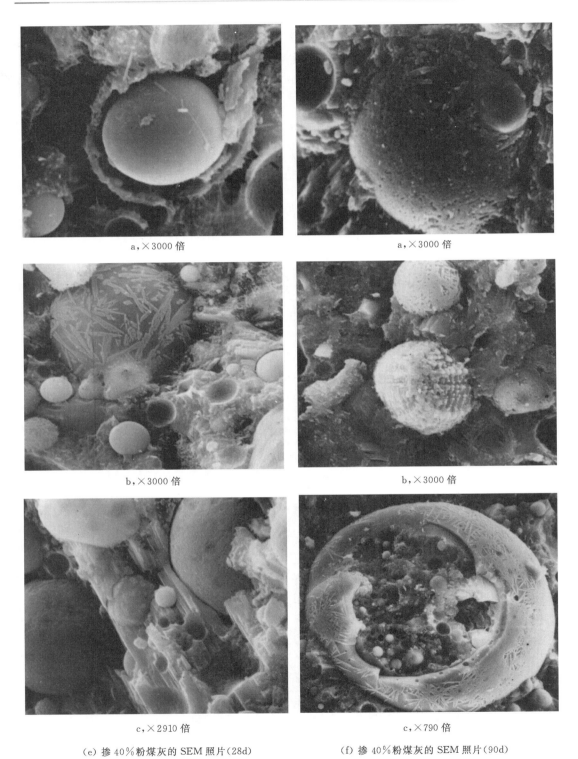

a,×3000 倍　　　　　　　　　　　　a,×3000 倍

b,×3000 倍　　　　　　　　　　　　b,×3000 倍

c,×2910 倍　　　　　　　　　　　　c,×790 倍

（e）掺 40％粉煤灰的 SEM 照片（28d）　　　（f）掺 40％粉煤灰的 SEM 照片（90d）

图 3.2.3（三）　掺粉煤灰的水泥水化产物形貌

根据扫描电镜观察的结果可以定性地认为，粉煤灰等量代替水泥，在水化早期，水泥凝胶体的结构比未掺粉煤灰的水泥石要疏松一些。这是由于粉煤灰的活性还未充分发挥出来，粉煤灰颗粒与水泥凝胶体之间存在着空隙，需要粉煤灰进一步水化生成凝胶体来填充。但经过较长龄期之后，粉煤灰颗粒表面发生大量的水化反应，将使水泥石结构更加密实。球形粉煤灰颗粒在水泥石中作为微细填料填充水泥凝胶体的微孔中，可减少 $Ca(OH)_2$ 晶体的数量，提高水泥石的体积稳定性和密实性。

3.2.3.2 水化热

掺用粉煤灰能显著降低胶凝材料的水化热。表 3.2.4 和表 3.2.5 显示了粉煤灰降低水化热的效果。水泥水化热随龄期的增长而增加，随粉煤灰掺量的增加而降低。

表 3.2.4　　　　　　　　不同粉煤灰掺量胶凝体系各龄期的水化热

水泥品种	粉煤灰掺量/%	各龄期水化热/(J/g)						
		1d	2d	3d	4d	5d	6d	7d
中热水泥	0	183	224	242	252	262	267	271
	30	138	181	202	213	221	227	232
	40	123	160	175	187	194	199	203
	50	111	145	158	167	174	180	184
	60	88	118	131	139	144	150	154
	70	71	97	107	113	118	122	125

表 3.2.5　　　　　　　　不同粉煤灰掺量胶凝体系各龄期的水化热降低率

水泥品种	粉煤灰掺量/%	水化热降低率/%						
		1d	2d	3d	4d	5d	6d	7d
中热水泥	0	0	0	0	0	0	0	0
	30	24.6	19.2	16.5	15.5	15.6	15.0	14.4
	40	32.8	28.6	27.3	25.8	26.0	25.5	25.1
	50	39.3	35.3	34.7	33.6	33.6	32.6	32.1
	60	51.9	47.3	45.9	44.9	45.0	43.9	43.2
	70	61.2	56.7	55.8	55.2	55.0	54.3	53.9

由于粉煤灰具有潜在的水化活性，在水泥水化产生的碱溶液环境下，粉煤灰的二次水化反应会释放出一定量的水化热。因此，水化热降低的百分比低于粉煤灰替代水泥的百分比。

3.2.3.3 胶砂强度

在同一条件下，用粉煤灰替代水泥，与纯水泥胶砂相比，胶砂强度会降低，早期强度相差很大，得益于火山灰反应的持续进行，后期强度的差距逐渐缩小。对于品质较好的粉煤灰，其活性和减水率较高；在掺用高性能减水剂的情况下，后期强度持续发展，具有很好的技术优势。

掺入粉煤灰后，混凝土的凝结时间延缓，早期强度较低，为保证粉煤灰混凝土强度的发展，特别要做好早期养护。养护制度对掺粉煤灰水泥混凝土，尤其是大掺量粉煤灰碾压混凝土的性能影响很大。

3.2.4 粉煤灰对碾压混凝土性能的影响

3.2.4.1 高掺粉煤灰碾压混凝土的贫钙问题

碾压混凝土通常采用大掺量粉煤灰，粉煤灰的二次水化反应将消耗大量的水泥水化产物 $Ca(OH)_2$，因此，过高的粉煤灰掺量可能造成混凝土的贫钙现象而不利于混凝土耐久性。《水工混凝土施工规范》（DL/T 5144—2015）规定大体积内部混凝土的胶凝材料用量不宜低于 $140kg/m^3$，水泥熟料含量不宜低于 $70kg/m^3$；《水工碾压混凝土施工规范》（SL 53—94）规定大体积建筑物内部碾压混凝土的胶凝材料用量不宜低于 $130kg/m^3$，其中水泥熟料不宜低于 $45kg/m^3$。

采用选择溶解化学分析法、X 射线衍射分析（XRD）、热重分析（TG）等方法研究了粉煤灰混凝土的贫钙问题，分析了中热水泥-Ⅰ级粉煤灰体系中粉煤灰的反应速率、反应程度、水化反应产物与其掺量的关系。当粉煤灰掺量为 20% 时，其水化反应程度可以达到 25% 以上；粉煤灰掺量为 70% 时，其水化反应程度接近 18%，而且水化速率到达接近于 0 的时间也较前者短，这是由于体系中能够激发粉煤灰水化的 $Ca(OH)_2$ 数量不足所造成的。但是同一龄期水化反应消耗的粉煤灰绝对数量随粉煤灰的初始掺量增加而增大。随着粉煤灰对水泥取代数量的增加，粉煤灰反应的程度降低，但水化物的绝对数量增加。

粉煤灰成分中参与水化反应的百分率最大的是 CaO 和 MgO，最终有 70% 以上都可以水化，其次是 Al_2O_3 和 Fe_2O_3，最低的是 SiO_2。但是由于粉煤灰中 SiO_2 和 Al_2O_3 含量最高，所以实际进入到水化产物中的成分以 SiO_2 和 Al_2O_3 为最多，CaO 和 MgO 数量比较少，其中 SiO_2 反应较慢但水化物数量持续增长。

研究发现，混凝土中 $Ca(OH)_2$ 数量随粉煤灰掺量提高而减少，粉煤灰掺量超过 50% 时，$Ca(OH)_2$ 浓度发生了陡降。相同胶凝材料用量时，粉煤灰掺量每提高 10%，单位体积混凝土中的 $Ca(OH)_2$ 数量将减少约 1/3，即掺 x% 粉煤灰的体系中 $Ca(OH)_2$ 数量 A 与纯水泥体系中 $Ca(OH)_2$ 数量 A_0 有近似关系：

$$A = \frac{2}{3}A_0 \frac{x}{10}$$

考虑到碳化等因素，粉煤灰掺量大于等于 60% 时，混凝土中 $Ca(OH)_2$ 就有可能过少甚至不再存在，使体系发生缺钙而造成水化产物不稳定，抵抗溶蚀能力减弱，耐久性受到影响。

我国碾压混凝土坝上游面防渗层混凝土通常采用二级配碾压混凝土，粉煤灰掺量通常低于 60%。

3.2.4.2 抗侵蚀性及水化产物长期稳定性

根据侵蚀原理可知，碾压混凝土具有较高的抗硫酸盐和镁盐侵蚀的能力。因为碾压混凝土中掺加较多的粉煤灰，故熟料用量相对减小，胶凝材料体系中 C_3S 及 C_3A 含量相对减少；而且，易引起化学侵蚀的水化产物 $Ca(OH)_2$，与粉煤灰发生二次水化而进一步被消耗。当然，抗化学侵蚀性能与密实性有关。

碾压混凝土虽然是一种灰浆量相对较少的贫混凝土，在长期的动平衡反应下其水化产物仍然是稳定的。含钙胶凝材料中，总 CaO 的质量分数应维持在 40% 左右，最低极限不低于 35%，并且胶凝材料中活性 SiO_2、Al_2O_3 和总的 CaO 量应保持适当比例，如钙硅比（CaO/SiO_2）约为 1.0。

在研究高掺量粉煤灰混凝土的水化产物时，采用 XRD 测定水化产物 $Ca(OH)_2$ 的质量分数与龄期的关系，发现不同掺量的粉煤灰混凝土中，至 56d 时 $Ca(OH)_2$ 减少的量大致相同；采用 DTA-TG 测定水化产物 $Ca(OH)_2$ 的质量分数与龄期的关系，一年的试验结果表明，不同粉煤灰掺量的几种混凝土中 $Ca(OH)_2$ 与粉煤灰的反应速率相近。采用 $Ca(OH)_2$ 和半水石膏与粉煤灰配制净浆，以模拟不同粉煤灰掺量的水泥粉煤灰浆进行试验。结果表明，即使粉煤灰掺量高达 80%，90d 以后试样的强度仍在增长，一年时硬化浆体中仍然有 $Ca(OH)_2$ 的存在。对胶凝材料中水泥熟料仅占 17% 的碾压混凝土水化产物进行研究，结果发现水泥熟料水化的产物足够使 83% 的粉煤灰得以正常水化，而且水化产物稳定，水化产物结构交织紧密，物理力学及工程性能发展正常。

研究资料表明，即使粉煤灰掺量达 80%，试件的强度仍随着龄期的延长得到改善，其中显然包括了粉煤灰的强度贡献；而且从电子扫描电镜结果看，其水化产物与纯水泥的水化产物无明显差别，证明粉煤灰水化产物是稳定的。从目前已取得的水泥化学研究结果可知，水泥的水化产物中，只有高硫型水化硫铝酸钙（AFt）在石膏耗尽的情况下会转化成低硫型水化铝酸钙（AFm）；其他水化产物（特别是 C-S-H 凝胶）在 CaO 含量较低的情况下也不存在转化的问题；CaO 含量降低只可能影响新生成水化产物的钙硅比，并不造成水化产物物相的转化。

3.2.4.3 碾压混凝土粉煤灰最大限量

我国碾压混凝土坝的粉煤灰掺量一般为 $50\%\sim70\%$，见表 3.2.6 和表 3.2.7。美国和英国认为碾压混凝土中粉煤灰掺量可达 $60\%\sim80\%$，日本则多采用 30%。粉煤灰掺量过多对混凝土的早期强度、抗碳化能力、抗溶蚀能力等方面均存在不利影响。研究表明，碾压混凝土中的粉煤灰存在合理掺量，该掺量与粉煤灰的质量、混凝土强度及设计龄期、混凝土耐久性、水泥品种等因素有关。因此，碾压混凝土中粉煤灰取代水泥的合理限量应通过试验确定，限制其不利影响，充分发挥其优势。

《水工混凝土掺用粉煤灰技术规范》（DL/T 5055—2007）根据混凝土结构类型、水泥品种和水泥强度等级，并借鉴国内外各种类型大坝混凝土的设计和施工经验，对大中型水电水利工程碾压混凝土中粉煤灰取代水泥的最大限量进行了详细的规定，见表 3.2.8。这些取值仍留有一定余地，各个工程应根据设计要求及所用的原材料进行混凝土配合比及性能试验，经过优化确定粉煤灰的具体掺量。

3.2.4.4 粉煤灰对碾压混凝土强度的影响

表 3.2.9 和表 3.2.10 分别显示了不同粉煤灰掺量下碾压混凝土的强度及强度增长率试验结果。可以看出，在水胶比相同时，碾压混凝土的强度有随粉煤灰掺量的增加而降低的趋势，但 90d 及 180d 龄期的强度增长率则随着粉煤灰掺量增加而增加的趋势。若以 28d

表 3.2.6　　我国部分重力坝碾压混凝土配合比参数

工程名称	坝高/m	设计指标	级配	水胶比	粉煤灰掺量/%	水泥用量/(kg/m³)	粉煤灰用量/(kg/m³)	用水量/(kg/m³)	砂率/%	水泥品种	建成年份	备注
坑口	56.3	R90 10W4	三	0.70	57.1	60	80	98	—	—	1986	—
龙门滩	56.5	—	三	—	61.4	54	86	—	—	—	1989	—
天生桥二级	58.7	C90 15W2	三	0.59	60	55	85	83	35	525普通	1989	—
铜街子	32	R90 15W4	三	0.59	50	79	79	93	28	普通	1990	—
荣地	56.3	R90 10S4	三	0.56	62.1	67	110	99	32	普通	1991	—
广蓄下库	43.5	—	三	0.56	63.5	62	108	95	37	525普通	1992	—
水口	100.0	R90 150S4	三	0.49	62.5	60	100	78	30	525普通	1992	—
万安	68	R90 150S3	三	0.58	61.8	65	105	99	30	525普通	1992	—
锦江	62.45	R90 100S2	三	0.59	53.3	70	80	88	30	425普通	1993	—
岩滩	110.0	R90 150S4	三	0.57	65.4	55	104	90	30	—	1993	人工灰岩
大广坝	57.0	C90 10W4	三	0.65	66.7	50	100	97	32	525普通	1993	—
水东	63.0	—	三	0.51	63	54	92	75	26	—	1994	—
山仔	65.6	—	三	0.59	63.3	55	95	89	31	525普通	1994	—
观音阁	82	R90 15S2	四	0.52	30	91	39	75	30	525普通	1995	—
溪柄溪	69	—	三	0.5	60	70	105	87	32	普通	1996	—
石板水	84	R90 150S4	三	0.63	51.6	75	80	98	35	425普通	1997	—
桃石口	146.5	R15 S0.2D50	三	0.47	54.8	70	85	75	28	525中热	1998	—
长顺	69	—	三	0.65	40	72	48	78	31	中热	—	—
江垭	128.0	C90 15W8F50	三	0.58	60	64	96	93	33	525中热	1999	木钙
汾河二库	82.95	R90 200	三	0.50	45.0	103	85	94	35.5	525普通	1999	人工灰岩
碗窑	79	—	—	0.55	60.0	64	96	88	29.5	425普通	2000	—
石漫滩	39.5	R90 150S4 D50	三	0.60	60.0	56	85	85	27	525中热	1998	—
百龙滩	46.0	—	—	—	60.6	36	60	—	—	—	—	—

续表

工程名称	坝高/m	设计指标	级配	水胶比	粉煤灰掺量/%	水泥用量/(kg/m³)	粉煤灰用量/(kg/m³)	用水量/(kg/m³)	砂率/%	水泥品种	建成年份	备注
高坝洲	57	$R_{90}150$	—	0.53	45.0	99	81	96	31	—	—	—
临江	104	—	—	0.60	50.0	72	72	86	28	—	—	—
棉花滩	111	$C_{180}15W2F50$	三	0.60	65	51	96	88	34.5	525中热	2001	人工花岗岩
甘肃龙首	146.5	$C_{90}15W6F100$	三	0.48	65	60	111	82	30	525普通	2001	天然骨料
三峡三期围堰	140	$C_{90}15W8F50$	三	0.50	55	75	91	83	34	525中热	2003	花岗岩
索风营	115.8	$C_{90}15W6F50$	三	0.55	60	64	96	88	32	42.5普通	2004	灰岩
百色	130	$C_{180}15W2F50$	三	0.60	63	59	101	96	34	42.5中热	2006	—
光照	200.5	$C_{90}20W6F100$	三	0.48	55	71	87	76	32	42.5普通	2007	—
龙滩	192	$C_{90}15W6F100$	三	0.42	55	90	110	84	33	42.5中热	2009	250m高程以下
龙滩	192	$C_{90}15W6F100$	三	0.46	58	75	105	83	33	42.5普通	2009	250~342m高程
思林	117	$C_{90}15W6F50$	三	0.50	60	66	100	83	33	42.5普通	2009	
彭水	116.5	$C_{90}15W6F100$	三	0.50	60	64	96	80	33	42.5中热	2009	
银盘	80	$C_{180}15W6F100$	四	0.55	45	86	70	86	27	42.5中热	2011	
银盘	80	$C_{90}20W8F150$	三	0.50	35	127	69	98	31	42.5中热	2011	
喀腊塑克	121.5	$R_{180}15W4F50$	三	0.53	60	60.4	90.6	80	31	42.5普通	2009	内部650m高程以上
喀腊塑克	121.5	$R_{180}20W4F50$	三	0.50	60	64	96	80	31	42.5普通	2009	内部650m高程以下
沙沱	156	$C_{90}15W6F100$	四	0.5	60	57	85	71	30	42.5普通	2009	
金安桥	160	$C_{90}20W6F100$	三	0.47	60	76	115	90	33	42.5中热	2011	下部
金安桥	160	$C_{90}15W6F100$	三	0.53	63	63	107	90	33	42.5中热	2011	上部
官地	168	$C_{90}15W6F100$	三	0.55	55	65.5	80	80	35	42.5中热	2013	
功果桥	105	$C_{180}15W4F50$	三	0.55	60	60.4	90.5	83	33	42.5中热	2012	
阿海	138	$C_{90}15W6F100$	三	0.54	60	68	102	92	32	42.5普通	2014	坝体内部（1430m高程以上）
阿海	138	$C_{90}20W6F100$	三	0.50	55	83	101	92	32	42.5普通	2014	坝体内部（1430m高程以下）

注 水泥品种以当时现行规范名称为准。

表 3.2.7

我国部分拱坝碾压混凝土配合比参数

工程名称	坝高/m	设计指标	级配	水胶比	粉煤灰掺量/%	水泥用量/(kg/m³)	粉煤灰用量/(kg/m³)	用水量/(kg/m³)	砂率/%	水泥品种	建成年份
普定	75	$C_{90}20$	二	0.50	55	85	103	94	38	525 硅酸盐	1993
		$C_{90}15$	三	0.55	65	54	99	84	34		
温泉堡	48	$R_{90}200S5$	二	0.55	48.7	100	95	107	37.7	—	1994
东风	162.3	—	四	0.50	29.9	115	49	82		525 硅酸盐	1995
新疆石门子	109	$C_{90}15W6F100$	三	0.55	65	56	104	88	31	42.5 普通	2001
沙牌	132	$C_{90}20$	二	0.53	40	115	77	102	37	32.5 普通	2002
		$C_{90}20$	三	0.50	50	93	93	93	33		
龙首	80	$C_{90}20W8F300$	二	0.43	53	96	109	88	32	42.5 普通	2002
		$C_{90}20W6F100$	三	0.43	66	58	113	82	30		
莆河口	100	$C_{90}20W8F50$	二	0.47	60	74	111	87	38	42.5 中热	2004
		$C_{90}20W6F50$	三	0.47	62	66	106	81	34		
玄庙观	65.5	$C_{90}20$	二	0.50	50	108	108	108	40	32.5 普通	2005
		$C_{90}20$	三	0.50	50	95	95	95	35		
		$C_{90}15$	三	0.55	55	79	96	96	36		
麒麟观	21.11	$C_{90}20W8F50$	二	0.48	50	92.7	92.7	89	38	42.5 普通	2006
		$C_{90}20W6F50$	三	0.50	55	76.5	93.5	85	35	42.5 普通	
白莲崖	104.6	$C_{90}20W8$	二	0.36	60	78	117	70	33	42.5 普通	2009
		$C_{90}20W4$	三	0.34	60	75	112	63	32	32.5 普通	
大花水	134.5	$C_{90}20W8F100$	二	0.50	50	92	92	92	37	42.5 普通	2007
		$C_{90}20W6F50$	三	0.50	50	79	79	79	33		
招徕河	105	$C_{90}20W6F100$	三	0.48	55	70	86	75	34	42.5 普通	2006

注　水泥品种以当时现行规范名称为准。

表 3.2.8　　　　　　　　　　　粉煤灰取代水泥的最大限量　　　　　　　　　　　%

混凝土种类		42.5 普通硅酸盐水泥	中热硅酸盐水泥	低热硅酸盐水泥	低热矿渣硅酸盐水泥
碾压混凝土	内部	60	65	60	40
	外部	55	60	55	

注　本表适用于Ⅰ级、Ⅱ级粉煤灰。

龄期的强度为 100%，根据表中的数据计算，抗压强度增长率 7d 平均为 63%，90d 平均为 141%，180d 为 179%；劈拉强度的增长率 7d 平均为 55%，90d 平均为 133%，180d 平均为 161%；轴拉强度的增长率 7d 平均为 64%，90d 平均为 166%。

表 3.2.9　　　　　　　　　　　碾压混凝土强度试验结果

水胶比	粉煤灰掺量/%	抗压强度/MPa				劈拉强度/MPa				轴拉强度/MPa		
		7d	28d	90d	180d	7d	28d	90d	180d	7d	28d	90d
0.50	30	9.0	19.1	24.7	30.5	0.87	1.48	2.00	2.38	0.80	1.39	2.03
0.50	40	12.1	16.9	25.2	31.3	0.82	1.61	2.12	2.54	0.90	1.24	1.94
0.50	50	11.5	16.7	23.8	29.6	0.84	1.55	2.02	2.32	0.80	1.22	2.00
0.50	60	9.2	14.2	20.3	27.5	0.67	1.21	1.63	2.15	0.54	0.92	1.81

表 3.2.10　　　　　　　　　　碾压混凝土强度增长率试验结果

水胶比	粉煤灰掺量/%	抗压强度增长率/%				劈拉强度增长率/%				轴拉强度增长率/%		
		7d	28d	90d	180d	7d	28d	90d	180d	7d	28d	90d
0.50	30	47	100	129	160	59	100	135	161	58	100	146
0.50	40	72	100	149	185	51	100	132	158	73	100	156
0.50	50	69	100	143	177	54	100	130	150	66	100	164
0.50	60	65	100	143	194	65	100	135	178	59	100	197
平均		63	100	141	179	55	100	133	161	64	100	166

3.2.4.5　粉煤灰对碾压混凝土抗渗性能的影响

碾压混凝土的抗渗性主要取决于混凝土的配合比、密实度及内部孔隙构造。高掺量粉煤灰碾压混凝土中，胶凝材料（水泥＋粉煤灰）用量较多，水胶比相对较小，混凝土中原生孔隙较小，28d 抗渗等级就可达 W3～W4 或者更高。随着龄期的延长，混凝土原生孔隙的变化对其密实度及孔隙结构将产生很大影响；而掺入的粉煤灰，其水化主要在 28d 龄期以后开始，因此至 90d 龄期时碾压混凝土的孔隙率和孔隙构造与 28d 时相比有明显改善，抗渗等级一般可达 W6～W12，抗渗性明显提高。

3.2.4.6　粉煤灰对碾压混凝土抗冻性能的影响

当胶凝材料用量一定时，碾压混凝土的抗冻性能随粉煤灰掺量的增加而降低；当水泥用量不变时，增大粉煤灰掺量能够保持碾压混凝土的抗冻性不变。如果水胶比和含气量相同，随着粉煤灰掺量的增加，碾压混凝土的抗冻性降低。

碾压混凝土中粉煤灰的水化要在水泥水化产物 $Ca(OH)_2$ 的激发下进行，在 28d 后才大量发生，因此不宜用短龄期的试件进行抗冻性试验。90d 龄期碾压混凝土的抗冻性试验结果列于表 3.2.11 中。试验结果表明，掺 40%、50% 粉煤灰的中热水泥碾压混凝土的抗冻性较好，其抗冻等级可达 F200。

表 3.2.11　　90d 龄期碾压混凝土抗冻性试验结果

水胶比	粉煤灰掺量/%	含气量/%	各冻融循环次数质量损失/%				各冻融循环次数相对动弹性模量/%					抗冻等级
			50	100	150	200	0	50	100	150	200	
0.50	40	4.7	0.4	0.8	1.2	3.0	100	88.6	84.0	74.1	64.9	F200
0.50	50	5.5	0.2	1.0	1.9	3.2	100	86.6	82.1	75.0	68.5	F200

3.2.4.7　粉煤灰对碾压混凝土抗碳化性能的影响

混凝土的碳化是水化产物 $Ca(OH)_2$ 与空气中 CO_2 在有水存在情况下反应生成 $CaCO_3$ 和水的过程，仅发生在混凝土的表面。粉煤灰对碾压混凝土抗碳化性能的影响见表 3.2.12。可以看出，随着粉煤灰掺量的增加，混凝土的碳化深度也增大。当粉煤灰掺量低于 50% 时，经碳化后的碾压混凝土抗压强度反而有所提高，但粉煤灰掺量大于 50% 时，经碳化后的碾压混凝土抗压强度降低。

表 3.2.12　　粉煤灰对碾压混凝土碳化性能的影响

水胶比	胶材用量/(kg/m^3)	粉煤灰掺量/%	28d 碳化深度/mm	90d 抗压强度/MPa		碳化后的强度增长率/%
				碳化前	碳化后	
0.44	170	0	23.7	35.5	48.5	37.0
		30	27.8	35.8	40.6	13.4
		40	32.0	30.5	34.5	13.1
		50	37.3	25.6	26.9	5.1
		60	43.9	22.7	21.5	−5.3
		70	100.0	18.5	13.5	−27.0

3.3　磷渣粉

3.3.1　来源与品种

磷渣是电炉法炼磷工业的副产品。在密封式电弧炉中，用焦炭和硅石分别作还原剂和成渣剂，在 1400～1600℃ 的高温下磷矿石发生熔融、分解、还原反应，磷矿石中分解的 CaO 和硅石中的 SiO_2 结合，形成熔融炉渣从电炉排出，在炉前经高压水淬冷形成粒化电炉磷渣，简称磷渣。《用于水泥中的粒化电炉磷渣》（GB/T 6645—2008）中定义，凡用电炉法制黄磷时，所得到的以硅酸钙为主要成分的熔融物，经淬冷成粒，即粒化电炉磷渣，简称磷渣。磷渣粉是以粒化电炉磷渣磨细加工制成的粉末。

天然磷矿石可分为磷灰石和磷块岩两种，主要成分都是氟磷酸钙 $Ca_5F(PO_4)_3$。焦炭

在与磷矿石中的氧结合后将气态磷释放出来，其化学反应式为

$$Ca_3(PO_4)_2 + 5C + 3xSiO_2 \longrightarrow 3(CaO \cdot xSiO_2) + P_2 \uparrow + 5CO \uparrow$$

磷矿石和硅石中的 Fe_2O_3 90%以上被还原成单质铁，在熔融状态下，铁和磷化合成磷铁，即

$$Fe_2O_3 + 3C \longrightarrow 2Fe + 3CO \uparrow$$

$$nFe + \frac{m}{4}P_4 \longrightarrow Fe_nP_m$$

磷铁定时从电炉中下部排出，与黄磷渣分离。

水淬粒化电炉磷渣的粒径为 0.5～5mm，堆积密度为 800～1000kg/m³，通常为黄白色或灰白色，如含磷量较高时，则呈灰黑色。淬冷后的粒状磷渣主要为玻璃体结构，其玻璃体含量高达 83%～98%，含有一定量的假硅灰石（α-CaO·SiO₂，β-2CaO·SiO₂，5CaO·3Al₂O₃）、硅钙石（3CaO·2SiO₂）和枪晶石（3CaO·2SiO₂·CaF₂）等矿物，一般还会残留少量的五氧化二磷（P_2O_5）。若将高温熔融炉渣自然慢冷，则成为块状磷渣，它的主要结晶化合物为 CaO·SiO₂，气冷磷渣活性很低，一般只能作为铺路石或混凝土骨料。

我国的黄磷工业始于 1942 年，20 世纪 80 年代以来，黄磷工业得到了迅速发展。据统计，2008 年世界黄磷总生产能力约 240 万 t，其中我国黄磷生产能力就超过 200 万 t，占世界总生产能力的 80%以上，是世界上最大的黄磷生产、消费和出口国家。据统计每生产 1t 黄磷将产生 8～10t 磷渣，磷渣的排放和综合利用成为磷工业面临的首要问题。按 2008 年中国的黄磷实际产量 200 万 t 计，当年产渣量为 1600 万～2000 万 t，但年处理黄磷渣仅占全年产渣量的不到 20%。我国西南各省磷矿资源丰富，每年的磷工业排放出大量的磷渣，除少量作为建材原料和生产农用磷肥外，大量磷渣只能露天堆放，即占用了大量的土地资源，其内所含的磷和氟还会造成环境污染，污染地表和地下水资源，危及径流地区人畜的安全。

磷渣在水泥工业中的应用已有很长的历史。我国于 1986 年发布的《用于水泥中的粒化电炉磷渣》（GB/T 6645）规定了用作水泥混合材的磷渣品质指标要求，1988 年发布《磷渣硅酸盐水泥》（JC/T 740）规定了采用粒化电炉磷渣作为混合材生产磷渣水泥的相关技术要求和试验方法，磷渣允许掺量为 20%～40%，2006 年新修订的 JC/T 740 更将磷渣掺量上限提高到 50%。

此外，磷渣可以用作水泥生产的钙质和硅质原料或矿化剂。由于磷渣的主要成分为 CaO 和 SiO₂，因此可以用磷渣取代部分黏土质原料和石灰质原料进行配料，掺入磷渣后生料的产量和细度都明显改善，能耗降低。磷渣中含有磷、氟，可作为矿化剂使用。20 世纪 70—80 年代苏联开始将磷渣作为矿化剂大量用于制造抗硫酸盐水泥以及白色水泥。此外苏联还研制出以磷渣为主要原材料、掺加少量外加剂（水泥、石灰、水泥二次粉尘、氯化镁、苛性钠，总量控制在 2%～12%）活化而成的不焙烧磷渣胶凝材料，并建成专门用于生产该种胶凝材料的干燥筒及粉磨机组，批量生产砌块、人行道板及流槽，取得了一定的经济效益。长江科学院与湖北兴山县水泥厂于 1985 年合作研制了低熟料型磷渣水泥，磷渣掺量达到 70%～75%。

磨细磷渣粉是一种很好的混凝土掺合料，可大幅度降低混凝土水化热和绝热温升，提高混凝土的抗拉强度、极限拉伸值和抗裂性能，改善混凝土耐久性能，其特有的缓凝性能可以满足大体积混凝土的施工需要，尤其适合应用于大体积的水工混凝土中。近年来磷渣作为混凝土掺合料已成功应用在贵州和云南的一些大中型水电水利碾压混凝土工程中。为了在水工混凝土中推广应用磷渣粉，2007年国家发展和改革委员会发布了《水工混凝土掺用磷渣粉技术规范》（DL/T 5387），规定了磷渣粉用作混凝土掺合料时的品质指标、掺量限制、配合比设计、施工指南等相关要求。西部地区粉煤灰资源相对短缺，随着西部水利资源的深入开发，大型水利工程相继启动，若能充分利用区域资源优势，综合利用磷渣，将产生突出的技术、经济和社会效益。

3.3.2　磷渣的组成、结构和性能

3.3.2.1　化学成分

磷渣主要化学成分为 CaO 和 SiO_2，CaO 含量为 40%～50%，SiO_2 含量为 25%～42%，CaO 和 SiO_2 总量达 86%～95%，硅钙比（SiO_2/CaO）通常为 0.8～1.2。理论上，硅灰石的硅钙比为 1.075，硅钙比的变化是决定黄磷渣硅灰石矿物相组成的重要因素。磷渣中还含有少量的 Al_2O_3、Fe_2O_3、MgO、P_2O_5、TiO_2、F、K_2O、Na_2O 等，通常 Al_2O_3 含量为 2.5%～5%，Fe_2O_3 为 0.2%～2.5%，MgO 为 0.5%～3%，P_2O_5 为 1%～5%，F 为 0～2.5%。受黄磷生产工艺水平制约，我国磷渣中的 P_2O_5 一般小于 3.5%，但很难小于 1%。

不同产地磷渣的化学组成不同，主要取决于生产黄磷时所用磷矿石的品质，以及磷矿石和硅石、焦炭的配比关系，磷矿石中的 CaO 含量高低直接决定了磷渣的 CaO 含量，硅石和磷矿石的配比量主要影响磷渣的 SiO_2 含量和 SiO_2/CaO 值。

黄磷生产过程中的物质分离作用，使得几乎所有焦炭被氧化成一氧化碳进入炉气，绝大部分高价磷被还原成磷蒸汽进入冷凝吸收塔，原料中约 90% 的 Fe_2O_3 与 P_4 化合成磷铁，从电炉底部排出，并带走部分 Mn、Ti、S 等成分。上述工艺特性使得磷渣组成以 CaO 和 SiO_2 为主，Fe、P 含量较低，并且进一步降低了 Mn、Ti、S 等成分。受黄磷生产工艺的影响，国内外不同产地的磷渣化学组成有很好的相似性，有利于磷渣的开发利用。

国外磷渣的主要化学成分见表 3.3.1，我国云南、贵州、广西等地磷渣的化学成分见表 3.3.2。全国 23 家黄磷厂产生的磷渣化学成分见表 3.3.3，可以看到不同厂家磷渣的化学成分相对稳定。

表 3.3.1　　　　　　　　　　　　　　国外磷渣的主要化学成分

产地	化学成分含量/%											系数质量 K
	CaO	SiO_2	Al_2O_3	Fe_2O_3	MgO	P_2O_5	F	TiO_2	MnO	K_2O	Na_2O	
日本	43.66	50.70	0.47	0.49	0.68	0.96	—	—	0.20	0.96	0.30	0.87
意大利	50.40	40.24	1.33	0.56	—	2.90	3.40	—	—	0.10	0.70	1.20
德国	47.2	42.9	2.1	0.2	2.0	1.8	2.5	—	—	—	—	—
俄罗斯	45.0	43.0	3.4	3.2	—	3.0	2.7	—	—	—	—	—

表 3.3.2　　　　　　　　　　　　　　我国部分地区磷渣化学成分

产地	化学成分含量/%										
	Loss	SiO_2	Fe_2O_3	Al_2O_3	CaO	MgO	P_2O_5	F	TiO_2	SO_3	$f-CaO$
贵州青岩	0.31	37.51	0.72	3.18	50.11	1.70	3.28	1.85	0.17	—	—
贵州贵阳	0.21	38.79	0.10	4.78	50.32	1.00	1.36	2.40	0.11	—	0.27
贵州息烽	0.24	38.20	0.90	2.65	51.02	0.60	3.93	2.30	0.17	—	—
贵州金沙	0.11	35.48	0.07	4.77	50.80	3.61	0.80	2.05	0.10	1.27	—
贵州瓮福	0.13	35.44	0.96	4.03	47.68	3.36	1.51	—	—	1.99	0.12
贵州福泉	1.62	40.25	0.93	5.64	45.32	1.98	2.50	—	—	2.20	—
贵州惠水	0.30	34.71	0.08	4.31	47.20	3.26	1.98	—	1.67	—	—
贵州宏福	0.14	34.55	0.22	3.88	41.39	2.33	4.61	—	1.91	—	—
贵州花溪	—	39.16	2.30	4.12	46.86	0.60	1.47	—	—	—	—
贵州都匀	0.00	40.02	0.57	0.96	47.28	2.49	3.23	—	—	—	—
浙江	—	40.50	0.12	2.65	49.11	3.05	1.65	2.98	—	—	—
云南安宁	—	42.01	0.31	3.31	46.76	1.34	2.00	2.50	—	—	—
云南昆明	—	40.89	0.24	4.16	44.64	2.12	0.77	2.65	—	—	—
浙江建德	—	38.12	0.67	4.21	47.68	2.50	3.48	2.50	—	—	—
重庆长寿	—	43.14	0.74	3.42	45.25	3.42	1.34	2.50	—	—	—
四川攀枝花	0.13	38.45	0.27	2.83	50.32	2.27	1.93	—	—	—	—
广西南宁	—	38.92	1.25	5.71	45.06	2.02	2.85	2.57	—	—	—
陕西	—	39.5	0.30	6.20	50.0	0.3	1.0	2.6	—	—	—
昆阳	—	41.08	0.56	4.13	47.6	0.30	1.00	2.50	—	—	—
张家口	—	39.50	0.13	4.46	46.50	1.91	—	—	—	—	—
宁夏	—	34.47	1.06	3.19	52.43	1.40	—	—	—	—	—
云南	—	36.60	0.15	3.98	49.13	0.33	—	—	—	—	—
湖北	—	37.86	0.14	4.04	49.97	0.60	2.06	—	0.27	—	—

表 3.3.3　　　　　　　　　　　全国 23 家黄磷厂磷渣化学成分统计分析

项目	化学成分含量/%						
	CaO	SiO_2	Al_2O_3	Fe_2O_3	MgO	P_2O_5	F
平均值	47.93	38.48	3.94	0.56	1.85	2.14	2.45
均方值	2.59	2.41	1.14	0.53	1.08	1.10	0.80
波动范围	41.39~52.43	34.55~42.01	0.96~5.71	0.08~2.30	0.30~3.61	0.77~4.61	1.85~2.98

3.3.2.2　磷渣的玻璃体结构

　　粒化磷渣肉眼下呈白色至淡灰色，玻璃光泽，形态有球状、扁球状、纹状、棒状、不规则状等。偏光镜下呈明显的碎粒结构，碎粒内部广泛发育多种收缩裂理，碎粒具有光学均质性，全消光，未发育任何明显的结晶相。显然，高温熔融磷渣经水淬骤冷，体积快速收缩，破裂形成碎粒状结构，快速冷却固化使结晶作用缺乏足够的发育时间，使粒化磷渣呈非晶玻璃态结构。粒化磷渣粉的 XRD 图谱（图 3.3.1）显示磷渣主要由玻璃体组成。玻璃体含量 $80\%\sim95\%$，折光率 1.616。其 X 衍射图谱没有尖锐的晶体矿物峰，但在 $2\theta=25°\sim35°$ 处，有一较平缓的隆起，其位置与假硅灰石和枪晶石的最强峰相对应。由于水淬质量的不同，有些磷渣的 XRD 图谱中还可以发现少量磷酸钙、假硅灰石、石英、硅酸三钙、硅酸二钙、枪晶石、钙黄长石等晶相。和粒化矿渣比较，磷渣中的 Al_2O_3 含量较低、SiO_2 含量较高，在 $CaO-Al_2O_3-SiO_2$ 三元相图中处于假硅灰石的初晶区，其玻璃结构的凝聚程度明显高于以黄长石玻璃体为主的粒化矿渣。

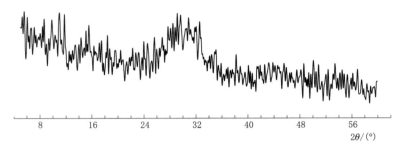

图 3.3.1　粒化磷渣粉的 XRD 图谱

粒状磷渣在 $800℃$ 左右发生重结晶，发生较强重结晶作用的温度应不低于 $800\sim980℃$，重结晶矿物相为环硅灰石、针硅钙石和硅酸钙，相变过程为：先结晶出硅酸钙，约 $980℃$ 时大量析出针硅钙石，至 $1230℃$ 针硅钙石全部被环硅灰石所取代，硅酸钙也部分相变为环硅灰石，环硅灰石大量析晶温度为近 $1200℃$。其热重差热曲线（TG-DSC 图）如图 3.3.2 所示。

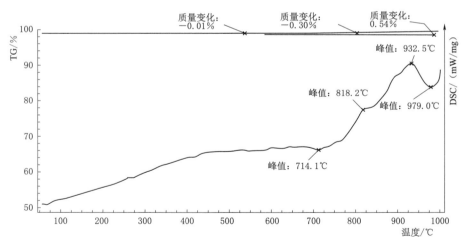

图 3.3.2　磷渣的 TG-DSC 图

粒化磷渣加热时的物相变化在红外光谱（图 3.3.3）上也能清楚地反映出来，由室温到 $800℃$，呈非晶质特征，$990\sim1200℃$ 重结晶发育，物相转变频繁，呈环硅灰石的分子结构与其他硅酸盐吸收带叠加，至 $1230℃$，谱线出现简化，代表样品开始向无序化过渡的趋势。

粒化磷渣中含有一定量的 P_2O_5，部分 P_2O_5 以多聚磷酸盐的形式存在，由于 P—O 键的键能高于 Al—O 键和 Si—O 键，因此玻璃体中多聚磷酸盐成为网络形成体降低了粒化磷渣的活性。P^{5+} 的场力比 Si^{4+} 的场力更强，氧的非桥键首先满足于 P^{5+} 的配位。玻璃体中 Al—O 键比 Si—O 键的键强小，当 Al 的配位数为 6 时，铝氧八面体的键强更小，约为 Si—O 键的 50%，活性更高。磷渣中 Al_2O_3 含量低，而且通过 NMR 分析和红外光谱分析发现，磷渣中的铝以四配位为主。因此，与矿渣粉相比，磷渣粉的网络形成体较多，玻璃体结构更为牢固，活性较低。

有学者认为，磷渣粉中含氟量增加，将破坏磷渣玻璃体中阴离子结合物的形成和聚合，提高其活性。但氟来源于氟磷灰石，各地磷渣粉含氟量均稳定于 2%～3%，不可能有更大提高。

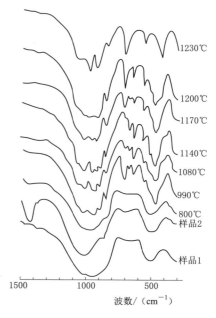

图 3.3.3　不同温度下粒化磷渣的红外光谱

3.3.2.3　磷渣粉的颗粒形态

磨细后的磷渣颗粒大小不均，粒径在 $n \sim n \times 10 \mu m$，颗粒表面光滑，呈棱角分明的多面体形状，少量呈片状，基本不含杂质。图 3.3.4 为比表面积 250m^2/kg、350m^2/kg、450m^2/kg 的磨细磷渣的扫描电镜照片。

3.3.3　磷渣粉的水化过程

3.3.3.1　磷渣粉的水化机理

尽管粒化磷渣玻璃相含量为 80%～95%，具有较高的潜在活性，但其自身并不具有水硬活性，只有磨细成粉并有激发剂存在的情况下才能发生水化反应，形成胶凝物质。

磷渣粉作为混合材或掺合料加入水泥或混凝土中，加水后首先是水泥熟料矿物发生水化反应，生成的氢氧化钙成为磷渣粉水化反应的碱性激发剂，使磷渣中的 Ca^{2+}、AlO_4^{5-}、Al^{3+}、SiO_4^{4-} 离子进入溶液，生成水化产物水化硅酸盐、水化铝酸盐等。由于石膏的存在，还会有水化硫铝（铁）酸钙、水化硅铝酸钙 C_2ASH_8 和水化石榴子石 C_3AH_6 等的生成。

但在反应之初，液相中的磷酸根离子抑制了石膏与 C_3A 反应产物 AFt 的形成，而 SO_4^{2-} 离子又会阻碍 C_3A 的"六方水化物"向 C_3AH_6 的转化，P_2O_5 与石膏的复合作用将延缓 C_3A 的整个水化过程。即 C_3A 的水化停留在生成"六方水化物"阶段，即没有 AFt 生成，也没有 C_3AH_6 生成。因此，磷渣混凝土的早期强度不高。但由于水泥的早期水化被抑制，可使其晶体生长发育条件改善，使后期水化产物质量提高，水泥浆体结构更紧密，内部孔隙率降低、孔隙直径变小，有利于混凝土后期强度的提高。

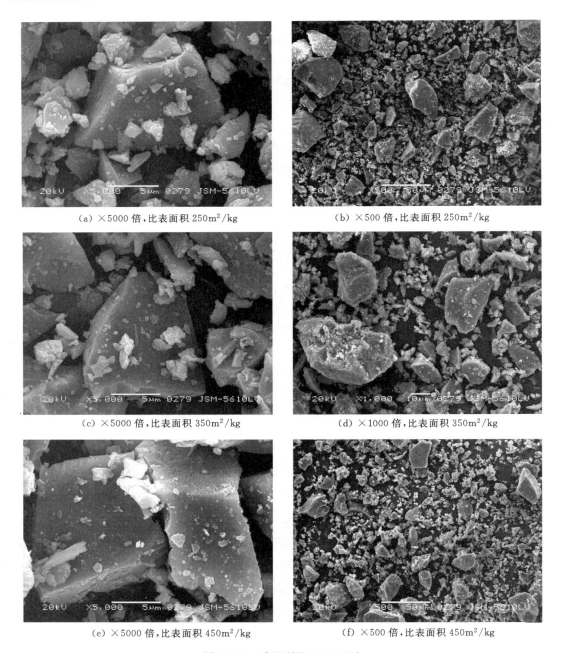

(a) ×5000 倍,比表面积 250m²/kg　　　　(b) ×500 倍,比表面积 250m²/kg

(c) ×5000 倍,比表面积 350m²/kg　　　　(d) ×1000 倍,比表面积 350m²/kg

(e) ×5000 倍,比表面积 450m²/kg　　　　(f) ×500 倍,比表面积 450m²/kg

图 3.3.4　磷渣颗粒 SEM 照片

3.3.3.2　热分析

大多数研究者的研究成果表明，掺磷渣粉的水泥水化缓慢。有研究表明磷渣粉在 920～940℃的放热峰在 1d 龄期基本无变化，28d 稍有减小，90d 以后才逐渐趋于平缓。采用贵州瓮福磷渣进行试验，在水泥中掺入磷渣粉，对不同龄期的净浆试样进行差示扫描量热分析。根据试验结果计算得到不同龄期胶凝体系中的结合水量和氢氧化钙含量见表

3.3.4。掺30％磷渣粉水泥和掺30％粉煤灰水泥的差热曲线见图3.3.5～图3.3.8。

表 3.3.4　　　　　　　　　　　综合热分析试验结果

编号	胶凝材料用量/%			磷渣比表面积/(m²/kg)	结合水量/%			Ca(OH)₂含量/%		
	水泥	粉煤灰	磷渣		7d	28d	90d	7d	28d	90d
1	100	0	0		8.38	9.68	11.48	9.81	10.55	16.71
2	80	0	20	350	11.21	10.99	10.54	8.79	9.73	16.34
3	70	0	30	350	12.33	11.81	11.94	9.11	9.34	15.13
4	60	0	40	350	7.03	10.78	12.60	5.37	10.20	14.96
5	50	0	50	350	6.38	8.42	12.09	5.32	10.42	11.61
6	70	0	30	250	9.99	10.70	11.42	10.30	12.12	16.03
7	70	0	30	450	12.70	11.94	12.31	9.23	10.71	11.17
8	70	30	0		12.14	8.52	10.83	9.53	9.45	16.84
9	50	25	25	350	11.99	8.40	13.22	8.36	9.03	13.82
10	50	50	0		8.76	6.67	9.55	8.24	6.90	11.55
11	70	15	15	350	12.58	8.00	9.72	11.79	12.24	16.68

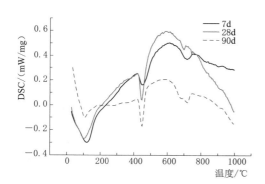

图 3.3.5　不同龄期掺磷渣粉水泥的差热曲线

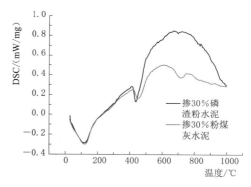

图 3.3.6　7d 龄期掺磷渣粉水泥与掺粉煤灰水泥差热曲线对比

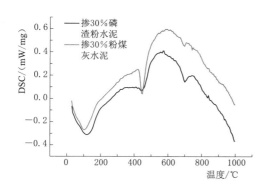

图 3.3.7　28d 龄期掺磷渣粉水泥与掺粉煤灰水泥差热曲线对比

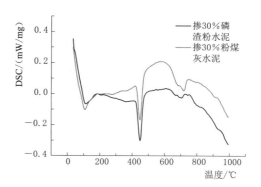

图 3.3.8　90d 龄期掺磷渣粉水泥与掺粉煤灰水泥差热曲线对比

磷渣粉掺量在 30％ 以内时，随掺量的增加，各龄期水化产物的结合水量略有增加，$Ca(OH)_2$ 含量变化较小；随龄期的增加，结合水量没有明显变化，水化产物中 $Ca(OH)_2$ 含量稳定增加。当磷渣粉掺量大于 30％ 时，随掺量的增加，各龄期水化产物的结合水量降低，早期更明显，$Ca(OH)_2$ 含量降低，即水化硅酸钙、钙矾石等水化产物生成量和 $Ca(OH)_2$ 含量均降低；随龄期的增加，结合水量明显增加，$Ca(OH)_2$ 含量增长明显。相同掺量下，磷渣粉比表面积越大，水泥产物结合水量越高，$Ca(OH)_2$ 含量越低，即水化程度越高。

相同掺量条件下，掺磷渣粉水泥石中水化硅酸钙、钙矾石的结合水量高于掺粉煤灰的水泥，$Ca(OH)_2$ 含量低于掺粉煤灰的水泥，磷渣粉比表面积越高，这种差别越明显。说明与粉煤灰相比，磷渣粉水化生成了更多的水化产物，吸收了更多 $Ca(OH)_2$。磷渣粉与粉煤灰复掺，掺量各 25％，水泥石中水化硅酸钙、钙矾石的结合水量较高、$Ca(OH)_2$ 含量较低，复掺比单掺时的水化速度略快；单掺磷渣粉 50％ 时，早期水泥石中水化硅酸钙、钙矾石的结合水量较小、$Ca(OH)_2$ 含量较低。

3.3.3.3　水化产物的微观形貌

7d 龄期，水泥水化产物主要有针状钙矾石、C－S－H 凝胶、板状堆积的氢氧化钙。大多数熟料颗粒已开始水化，未水化熟料颗粒边缘开始模糊，有少量水化产物生成，C－S－H 凝胶和其他水化产物开始形成网状结构，但在这些固相中有较多的孔隙存在，水化产物疏松。

7d 龄期，掺粉煤灰的水泥中除水泥开始水化外，少量粉煤灰颗粒开始水化，表面覆盖有水化硅酸钙凝胶。由于粉煤灰颗粒表面的凝胶体强度较低，在样品制作过程中易脱落，可观察到由于表面凝胶体脱落而在粉煤灰颗粒表面形成的凹迹及粉煤灰颗粒整体从水泥石中脱落后留下的圆形坑。随粉煤灰掺量的增加，水化产物中氢氧化钙晶体含量显著减少。粉煤灰和磷渣复掺时，可以发现粉煤灰颗粒表面比磷渣颗粒表面覆盖了更多的水化硅酸钙凝胶。

7d 龄期，掺磷渣粉的水泥中除水泥开始水化外，还可发现少数磷渣颗粒表面开始水化，生成水化硅酸钙凝胶等水化产物，大部分磷渣颗粒边缘清晰，但表面有细小的被侵蚀的痕迹，由于磷渣水化程度低，可观察到在样品制作过程中磷渣从水泥石表面脱落留下的各种不规则的多边形坑；随磷渣掺量的增加，水化产物中氢氧化钙晶体含量减少，但与掺粉煤灰的试件相比，仍有较多的氢氧化钙晶体。

7d 龄期不同胶凝体系水化产物的 SEM 照片见图 3.3.9。

28d 龄期水泥水化产物 C－S－H 凝胶较致密，孔隙明显减少，大孔中可发现针状钙矾石，水化生成较多的呈板状堆积的氢氧化钙晶体。掺粉煤灰的浆体中，部分粉煤灰颗粒刚开始受到侵蚀并开始水化，在粉煤灰颗粒表面可看到松花样的水化产物。未完全水化的粉煤灰颗粒与水泥石之间的黏结力较小，颗粒整体脱落后在水泥石表面留下了圆形坑。掺磷渣粉的浆体中，大部分磷渣颗粒边缘开始受到侵蚀并开始水化，生成的水化产物主要为水化硅酸钙凝胶及非常细小的氢氧化钙晶体。水化产物与磷渣颗粒表面黏结并不牢固，可观察到在样品制作过程由于凝胶自表面脱落后，在未水化的磷渣表面留下的细小的松花状被侵蚀痕迹。样品制作过程中磷渣颗粒整体从水泥石中脱落而留下的各种不规则的多边形

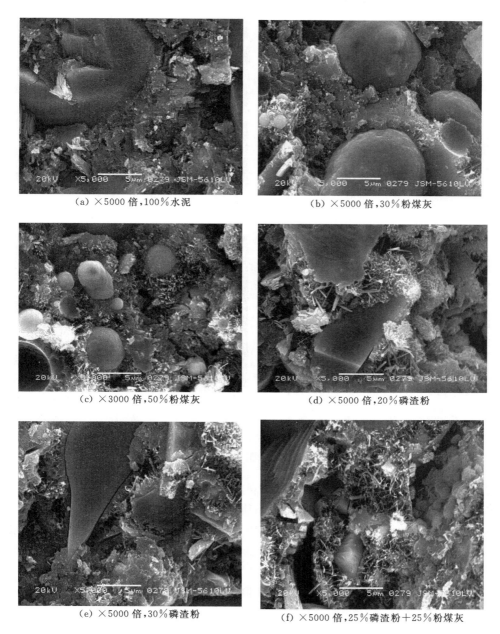

（a）×5000 倍,100％水泥

（b）×5000 倍,30％粉煤灰

（c）×3000 倍,50％粉煤灰

（d）×5000 倍,20％磷渣粉

（e）×5000 倍,30％磷渣粉

（f）×5000 倍,25％磷渣粉＋25％粉煤灰

图 3.3.9 7d 龄期不同胶凝体系水化产物的 SEM 照片

凹坑。随磷渣粉掺量的增加，在水化产物中很难找到板状堆积的氢氧化钙晶体，这与 7d 龄期时仍可找到较多的氢氧化钙晶体有较大的区别，说明在这个阶段，磷渣水化对氢氧化钙的吸收速度开始加快。磷渣粉的水化更多地从颗粒棱角和含有特殊成分（如活性较高的物质或易溶的物质）的部位进行。

28d 龄期不同胶凝体系水化产物的 SEM 照片见图 3.3.10。

90d 龄期水泥水化产物更加致密，孔隙很少。掺粉煤灰的浆体中粉煤灰的水化产物与

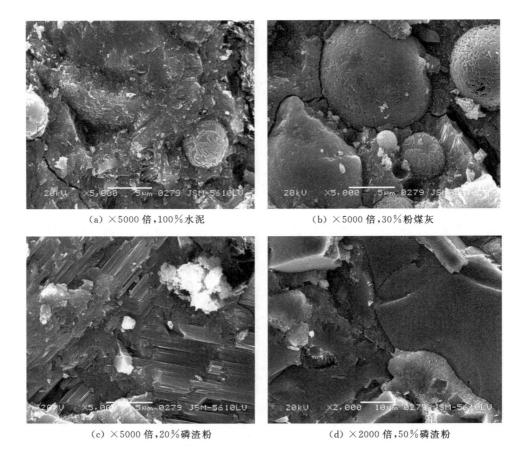

（a）×5000 倍，100％水泥　　　　　　（b）×5000 倍，30％粉煤灰

（c）×5000 倍，20％磷渣粉　　　　　　（d）×2000 倍，50％磷渣粉

图 3.3.10　28d 龄期不同胶凝体系水化产物的 SEM 照片

28d 龄期相比没有太大的变化，样品中仍可观察到水化不完全的粒径较大的粉煤灰颗粒。粉煤灰掺量较大时，水化产物中氢氧化钙晶体较少。说明此阶段，随着粉煤灰水化的进行，对氢氧化钙的吸收较快。掺磷渣的浆体中，磷渣颗粒大部分都已发生水化，与水泥颗粒的水化产物交叉联结，难以清晰辨认磷渣颗粒，水化产物致密，孔隙（尤其大孔）较少。

90d 龄期不同胶凝体系水化产物的 SEM 照片见图 3.3.11。

3.3.3.4　水化产物 X-射线衍射分析

从 7d 龄期的 X-射线衍射图（图 3.3.12）可以看到，随磷渣粉掺量的增加，水化产物中氢氧化钙含量降低，掺量大于 30％，氢氧化钙含量降低得更为明显；随磷渣粉比表面积的增大，氢氧化钙含量降低，磷渣粉越细水化活性越高。掺 30％磷渣粉与掺 30％粉煤灰的水泥中的氢氧化钙含量相当，而复掺磷渣粉和粉煤灰各 15％的水泥中的氢氧化钙含量比单掺磷渣粉与单掺粉煤灰的水泥都要低，说明磷渣粉与粉煤灰早期的水化程度基本相当，而复掺磷渣粉和粉煤灰早期水化更快一些。当掺合料掺量达到 50％时，无论单掺磷渣粉或粉煤灰以及复掺磷渣粉和粉煤灰，浆体中的氢氧化钙含量都相差不大，此时磷渣粉和粉煤灰的水化程度基本相当。

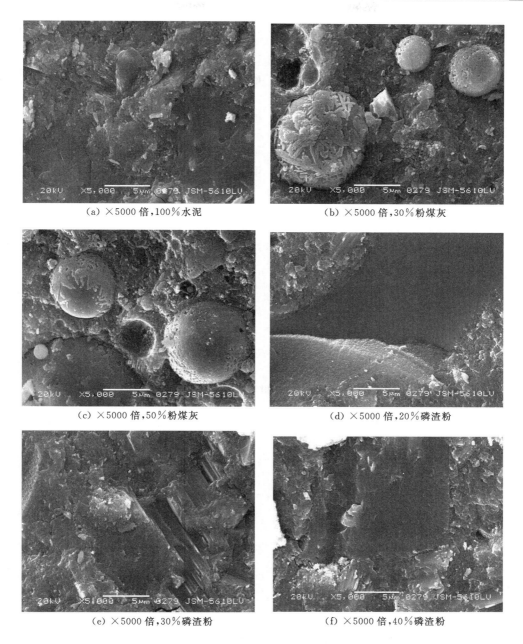

(a) ×5000 倍,100%水泥

(b) ×5000 倍,30%粉煤灰

(c) ×5000 倍,50%粉煤灰

(d) ×5000 倍,20%磷渣粉

(e) ×5000 倍,30%磷渣粉

(f) ×5000 倍,40%磷渣粉

图 3.3.11　90d 龄期不同胶凝体系水化产物的 SEM 照片

到 28d 龄期，从图 3.3.13 可以看到相同掺合料掺量下，单掺磷渣粉、单掺粉煤灰及复掺磷渣粉和粉煤灰的浆体中氢氧化钙含量差别不大，28d 龄期磷渣粉和粉煤灰的二次水化程度基本相当。

到 90d 龄期，从图 3.3.14 可以看出，磷渣粉掺量在 0～30%的范围内时，随着磷渣粉掺量增加，水化产物中氢氧化钙含量变化不大。磷渣粉掺量大于 30%的浆体氢氧化钙含量明显降低，一方面是由于水泥含量低，水化产生的氢氧化钙较少；另一方面是由于有

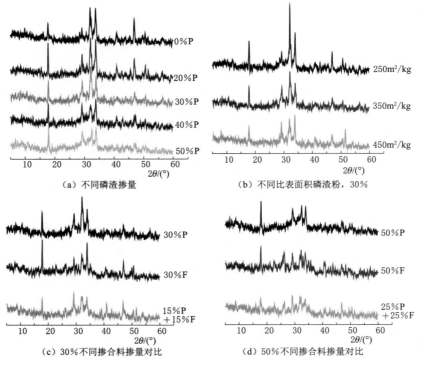

（a）不同磷渣掺量　　　　　　　　（b）不同比表面积磷渣粉，30%

（c）30%不同掺合料掺量对比　　　　（d）50%不同掺合料掺量对比

图 3.3.12　7d 龄期水化产物 X-射线衍射图（P—磷渣，F—粉煤灰）

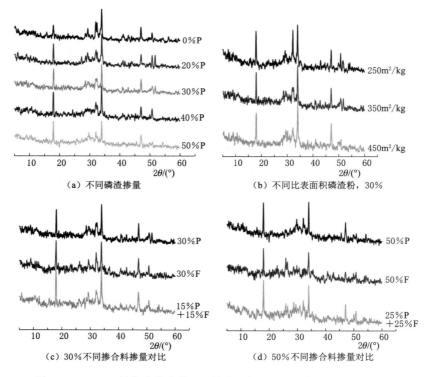

（a）不同磷渣掺量　　　　　　　　（b）不同比表面积磷渣粉，30%

（c）30%不同掺合料掺量对比　　　　（d）50%不同掺合料掺量对比

图 3.3.13　28d 龄期水化产物 X-射线衍射图（P—磷渣，F—粉煤灰）

更多的磷渣粉发生了二次水化反应,吸收了氢氧化钙。比表面积为 $250m^2/kg$ 与 $350m^2/kg$ 的磷渣粉水泥浆体中氢氧化钙含量基本相等,但比表面积为 $450m^2/kg$ 的磷渣粉水泥浆体中的氢氧化钙含量明显降低。磷渣粉比表面积在 $450m^2/kg$ 甚至更高时,才能对后期的水化产生明显影响。此外,可以看到掺 50% 磷渣粉的浆体中的氢氧化钙含量低于掺 50% 粉煤灰与复掺磷渣粉和粉煤灰各 25% 的浆体,表明磷渣粉后期的水化程度比粉煤灰高。

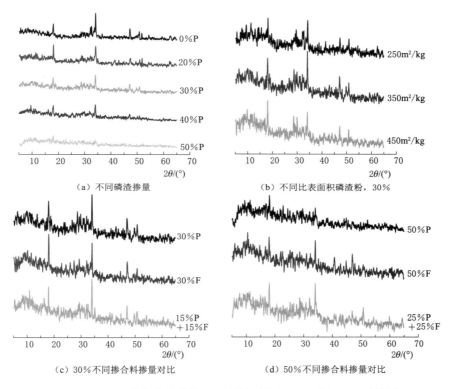

(a)不同磷渣掺量　　　　　　　　(b)不同比表面积磷渣粉,30%

(c)30%不同掺合料掺量对比　　　　(d)50%不同掺合料掺量对比

图 3.3.14　90d 龄期水化产物 X-射线衍射图（P—磷渣，F—粉煤灰）

3.3.3.5　孔结构分析

硬化水泥浆体的孔隙率、孔分布及孔的大小和形状,很大程度上决定了其物理力学性能。不同磷渣粉掺量、不同水化龄期水泥浆体的孔结构试验结果见表 3.3.5～表 3.3.8。

表 3.3.5　　　　　　　　　　　　　水泥浆体孔结构试验结果

编号	粉煤灰掺量/%	磷渣粉		平均孔径/nm			最可几孔径/nm			孔隙率/%		
		掺量/%	比表面积/(m²/kg)	7d	28d	90d	7d	28d	90d	7d	28d	90d
1	0	0	—	23.04	23.74	30.17	39.37	38.05	36.26	14.83	10.45	6.39
2	0	20	350	22.37	24.00	30.54	36.81	35.71	37.22	11.35	9.56	6.24
3	0	30	350	21.01	23.54	30.38	31.88	34.21	36.68	12.19	7.56	7.43
4	0	40	350	24.42	23.18	27.27	41.12	34.26	35.64	18.99	7.21	6.02

续表

编号	粉煤灰掺量/%	磷渣粉		平均孔径/nm			最可几孔径/nm			孔隙率/%		
		掺量/%	比表面积/(m²/kg)	7d	28d	90d	7d	28d	90d	7d	28d	90d
5	0	50	350	28.54	21.76	25.20	71.40	33.38	34.10	15.73	8.45	5.68
6	0	30	250	20.81	24.76	30.35	32.86	35.48	37.71	16.34	7.36	7.62
7	0	30	450	20.43	24.39	29.05	25.99	35.15	35.72	14.25	10.21	5.44
8	30	—	—	22.93	24.58	28.49	31.88	35.75	37.58	12.30	11.41	10.37
9	25	25	350	37.53	21.48	26.19	67.57	34.78	36.38	20.98	12.58	12.16
10	50	—	—	36.37	24.50	26.38	63.22	45.26	39.01	21.96	21.57	13.96
11	15	15	350	24.20	23.92	28.64	30.12	38.85	37.28	12.00	10.56	8.24

表 3.3.6　　　　　　　　各龄期水泥浆体孔结构参数比较

比较项目	编号	平均孔径/nm			最可几孔径/nm			孔隙率/%		
		7d	28d	90d	7d	28d	90d	7d	28d	90d
掺量	1	23.04	23.74	30.17	39.37	38.05	36.26	14.83	10.45	6.39
	2	22.37	24.00	30.54	36.81	35.71	37.22	11.35	9.56	6.24
	3	21.01	23.54	30.38	31.88	34.21	36.68	12.19	7.56	7.43
	4	24.42	23.18	27.27	41.12	34.26	35.64	18.99	7.21	6.02
	5	28.54	21.76	25.20	71.40	33.38	34.10	15.73	8.45	5.68
比表面积	7	20.43	24.39	29.05	25.99	35.15	35.72	14.25	10.21	5.44
	3	21.01	23.54	30.38	31.88	34.21	36.68	12.19	7.56	7.43
	6	20.81	24.76	30.35	32.86	35.48	37.71	16.34	7.36	7.62
不同掺合料比较（掺量 50%）	5	28.54	21.76	25.20	71.40	33.38	34.10	15.73	8.45	5.68
	10	36.37	24.50	26.38	63.22	45.26	39.01	21.96	21.57	13.96
	9	37.53	21.48	26.19	67.57	34.78	36.38	20.98	12.58	12.16
不同掺合料比较（掺量 30%）	3	21.01	23.54	30.38	31.88	34.21	36.68	12.19	7.56	7.43
	8	22.93	24.58	28.49	31.88	35.75	37.58	12.30	11.41	10.37
	11	24.20	23.92	28.64	30.12	38.85	37.28	12.00	10.56	8.24

表 3.3.7　　　　　　　　各龄期水泥浆体孔径分布表　　　　　　　　%

编号	<20nm			20~50nm			50~100nm			>100nm			孔隙率		
	7d	28d	90d	7d	28d	90d	7d	28d	90d	7d	28d	90d	7d	28d	90d
1	28.1	25.0	10.0	55.5 (83.6)	60.8 (85.8)	80.7 (90.7)	12.5	10.8	6.3	3.9	3.3	3.1	14.83	10.45	6.39
2	26.9	22.9	10.2	55.7 (82.6)	64.6 (87.5)	79.0 (89.2)	10.7	9.0	8.3	6.6	3.4	2.7	11.35	9.56	6.24
3	32.3	23.7	12.5	52.9 (85.2)	66.2 (89.9)	74.8 (88.3)	7.5	6.3	7.9	7.2	3.9	4.8	12.19	7.56	7.43

续表

编号	<20nm			20~50nm			50~100nm			>100nm			孔隙率		
	7d	28d	90d	7d	28d	90d	7d	28d	90d	7d	28d	90d	7d	28d	90d
4	26.2	24.2	19.2	41.2 (77.4)	67.2 (91.4)	67.7 (86.9)	20.5	5.8	7.0	11.8	2.7	5.9	18.99	7.21	6.02
5	24.1	11.0	22.0	22.8 (46.9)	75.8 (86.8)	68.4 (90.4)	27.8	5.9	4.9	25.6	6.3	4.2	15.73	8.45	5.68
6	32.5	7.4	13.2	48.9 (81.4)	83.0 (90.4)	71.9 (85.1)	10.6	7.3	8.9	7.9	2.4	5.3	16.34	7.36	7.62
7	34.1	6.8	13.1	50.8 (84.9)	80.2 (87.0)	77.2 (90.3)	8.6	8.3	6.4	7.1	3.6	3.3	14.25	10.21	5.44
8	25.9	7.7	16.1	59.3 (85.2)	82.6 (90.3)	74.2 (90.3)	9.8	6.5	7.2	4.7	3.4	2.4	12.30	11.41	10.37
9	14.3	10.7	21.4	26.7 (41.0)	79.1 (89.8)	67.6 (89.0)	32.9	6.4	6.7	21.2	3.8	4.0	20.98	12.58	12.16
10	14.3	9.6	22.3	28.1 (42.4)	63.5 (73.1)	65.8 (88.1)	34.8	22.7	9.6	18.8	4.2	2.2	21.96	21.57	13.96
11	26.3	9.5	15.3	50.3 (76.6)	80.7 (90.2)	74.4 (89.7)	13.8	7.9	7.4	9.8	3.0	3.1	12.00	10.56	8.24

注 括号内数据为小于50nm孔的总和。

表3.3.8　　　　　　　　各龄期水泥浆体孔径分布比较　　　　　　　　%

比较项目	编号	<20nm			20~50nm			50~100nm			>100nm			孔隙率		
		7d	28d	90d	7d	28d	90d	7d	28d	90d	7d	28d	90d	7d	28d	90d
不同掺量磷渣	1	28.1	25.0	10.0	55.5 (83.6)	60.8 (85.8)	80.7 (90.7)	12.5	10.8	6.3	3.9	3.3	3.1	14.83	10.45	6.39
	2	26.9	22.9	10.2	55.7 (82.6)	64.6 (87.5)	79.0 (89.2)	10.7	9.0	8.3	6.6	3.4	2.7	11.35	9.56	6.24
	3	32.3	23.7	12.5	52.9 (85.2)	66.2 (89.9)	74.8 (88.3)	7.5	6.3	7.9	7.2	3.9	4.8	12.19	7.56	7.43
	4	26.2	24.2	19.2	41.2 (77.4)	67.2 (91.4)	67.7 (86.9)	20.5	5.8	7.0	11.8	2.7	5.9	18.99	7.21	6.02
	5	24.1	11.0	22.0	22.8 (46.9)	75.8 (86.8)	68.4 (90.4)	27.8	5.9	4.9	25.6	6.3	4.2	15.73	8.45	5.68
不同比表面积	7	34.1	6.8	13.1	50.8 (84.9)	80.2 (87.0)	77.2 (90.3)	8.6	8.3	6.4	7.1	3.6	3.3	14.25	10.21	5.44
	3	32.3	23.7	12.5	52.9 (85.2)	66.2 (89.9)	74.8 (88.3)	7.5	6.3	7.9	7.2	3.9	4.8	12.19	7.56	7.43
	6	32.5	7.4	13.2	48.9 (81.4)	83.0 (90.4)	71.9 (85.1)	10.6	7.3	8.9	7.9	2.4	5.3	16.34	7.36	7.62

续表

比较项目	编号	<20nm			20~50nm			50~100nm			>100nm			孔隙率		
		7d	28d	90d	7d	28d	90d	7d	28d	90d	7d	28d	90d	7d	28d	90d
不同掺合料（掺量50%）	5	24.1	11.0	22.0	22.8 (46.9)	75.8 (86.8)	68.4 (90.4)	27.8	5.9	4.9	25.6	6.3	4.2	15.73	8.45	5.68
	10	14.3	9.6	22.3	28.1 (42.4)	63.5 (73.1)	65.8 (88.1)	34.8	22.7	9.6	18.8	4.2	2.2	21.96	21.57	13.96
	9	14.3	10.7	21.4	26.7 (41.0)	79.1 (89.8)	67.6 (89.0)	32.9	6.4	6.7	21.2	3.8	4.0	20.98	12.58	12.16
不同掺合料（掺量30%）	3	32.3	23.7	12.5	52.9 (85.2)	66.2 (89.9)	74.8 (88.3)	7.5	6.3	7.9	7.2	3.9	4.8	12.19	7.56	7.43
	8	25.9	7.7	16.1	59.3 (85.2)	82.6 (90.3)	74.2 (90.3)	9.8	6.5	7.2	4.7	3.4	2.4	12.30	11.41	10.37
	11	26.3	9.5	15.3	50.3 (76.6)	80.7 (90.2)	74.4 (89.7)	13.8	7.9	7.4	9.8	3.0	3.1	12.00	10.56	8.24

注　括号内数据为小于 50nm 孔的总和。

　　7d 龄期，当磷渣粉掺量小于 30% 时，随着掺量的增加，水泥石的平均孔径、最可几孔径、孔隙率均略有降低。当磷渣粉掺量大于 30% 时，水泥石的平均孔径、最可几孔径明显增大，孔隙率增加。磷渣粉掺量较大时，水泥水化产物较少，水化产生的 $Ca(OH)_2$ 的量也较少不足以完全激发磷渣的二次水化，使得浆体中仍存在较多和较大的孔隙，结构疏松。

　　28d 龄期，虽然不同磷渣粉掺量的水泥浆体的平均孔径没有明显变化，但随着磷渣粉掺量的增加，水泥石中的最可几孔径略有降低，孔隙率明显下降，水泥石更密实。磷渣掺量为 50% 时，水泥石 28d 龄期的最可几孔径比 7d 龄期有明显降低。90d 龄期，随磷渣粉掺量的增加，水泥石的平均孔径、最可几孔径没有明显变化，但孔隙率略有下降，孔隙数量继续减少。

　　磷渣粉掺量在 30% 以下时，磷渣粉的细度对水泥石的平均孔径没有明显影响，但较细的磷渣粉可降低水泥石的最可几孔径及孔隙率。与比表面积为 $250m^2/kg$、$350m^2/kg$ 的磷渣粉相比，比表面积为 $450m^2/kg$ 的磷渣粉的水泥石的最可几孔径明显要低一些。

　　掺 30% 磷渣粉的浆体的平均孔径与掺 30% 粉煤灰的浆体差别不大，但最可几孔径和孔隙率相当或略有降低。与掺 50% 粉煤灰的浆体相比，掺 50% 磷渣粉水泥浆体 7d 龄期的平均孔径下降，最可几孔径增大，孔隙率明显下降，28d 龄期的可几孔径明显降低，孔隙率明显下降，90d 龄期最可几孔径略有降低，孔隙率明显下降。在较大掺合料掺量下，掺磷渣粉水泥石的结构比掺粉煤灰更密实。

3.3.4　磷渣粉对碾压混凝土性能的影响

　　我国西南地区许多水电工程建设中粉煤灰资源紧缺，而当地磷渣粉来源广泛、交通运输方便且成本低廉，经过适当筛选、粉磨、加工得到的高品质磷渣粉可以完全替代粉煤灰，缓解当地工程混凝土掺合料的供需矛盾。因此，磷渣粉掺合料的应用主要集中在西南地区的一些水电工程中。

云南大朝山碾压混凝土重力坝是国内最早采用磷渣粉掺合料的水电工程，工程采用磷渣和凝灰岩以 1：1 混磨而成的复合掺合料（简称 PT 掺合料）替代粉煤灰，利用磷渣的高活性来弥补凝灰岩活性不足问题，从而使 PT 掺合料达到与粉煤灰几乎同等的性能。PT 双掺料的应用，使混凝土单位水泥用量降到 $68kg/m^3$，解决了当地无粉煤灰资源的实际问题，保证了碾压混凝土的施工质量。

贵州乌江索风营水电站工程开展了贵州瓮福磷渣粉在碾压混凝土大坝工程中的应用研究。研究表明，磨细磷渣粉有一定的减水作用，同时可以改善碾压混凝土的和易性，使混凝土拌和物黏稠，不泌水，不离析，其对碾压混凝土拌和物性能的改善效果甚至好于粉煤灰。与粉煤灰相比，掺磷渣粉的碾压混凝土强度和极限拉伸值略高，但同时水化热和干缩值也略有增加。当磷渣与粉煤灰复掺时，不仅可以提高混凝土的强度、极限拉伸值，而且水化热和干缩值的增加不大，对提高混凝土的抗裂性十分有利。研究最后推荐了磷渣和粉煤灰各掺 30%，掺合料总掺量达 60% 的复合掺合料碾压混凝土方案，并在大坝少量部位进行了应用实践。

贵州乌江沙沱水电站是乌江干流规划开发的第七个梯级，在索风营、构皮滩电站磷渣粉应用研究基础上，结合工程自身原材料特点，研究了磷渣粉碾压混凝土的性能，通过研究，在大坝上部碾压混凝土中采用了磷渣粉与粉煤灰复合掺合料方案，共使用磷渣 10 万 t，为工程节约了投资，取得了良好的技术经济效益。

3.3.4.1 磷渣粉对碾压混凝土拌和物性能的影响

掺磷渣粉碾压混凝土的用水量、VC 值、含气量、凝结时间、泌水率见表 3.3.9。磷渣粉对碾压混凝土拌和物工作性的改善效果与粉煤灰相当，掺入磷渣粉后拌和物的泌水情况还有所改善。在相同条件下，沙沱四级配碾压混凝土掺入磷渣粉后混凝土 VC 值减小，含气量增大；索风营掺磷渣粉的碾压混凝土用水量略高于掺粉煤灰混凝土，拌和物性能相近。与单掺粉煤灰的混凝土相比，掺磷渣粉的混凝土基本不泌水，凝结时间延长 3～5h。磨细至一定比表面积的磷渣粉有一定的减水作用，与Ⅰ级粉煤灰相比混凝土用水量相当或略高。掺入磷渣粉后，碾压混凝土拌和物更黏稠，基本不泌水，不离析，具有很好的可碾性，有利于碾压施工。

表 3.3.9　　　　　　掺磷渣粉碾压混凝土拌和物性能

工程	水胶比	粉煤灰掺量/%	磷渣粉掺量/%	用水量/kg	砂率/%	骨料组合比	VC 值/s	含气量/%	凝结时间(h：min) 初凝	凝结时间(h：min) 终凝	泌水率/%
沙沱	0.50	60	0	71	30	2：3：3：2（特大石：大石：中石：小石）	3.5	4.4	12：37	25：25	0.2
沙沱	0.50	30	30	71	30	2：3：3：2（特大石：大石：中石：小石）	2.0	5.3	16：25	30：20	0
沙沱	0.45	60	0	71	30	2：3：3：2（特大石：大石：中石：小石）	4.5	4.6	—	—	0
沙沱	0.45	30	30	71	30	2：3：3：2（特大石：大石：中石：小石）	4.0	5.1	—	—	0
索风营	0.50	65	0	77	34	35：35：30（大石：中石：小石）	6.0	3.5	—	—	0.2
索风营	0.50	0	65	81	34	35：35：30（大石：中石：小石）	6.5	3.5	—	—	0

磷渣粉属玻璃体结构，表面不吸水，可填充在水泥粒子间隙和絮凝结构中，占据充水空间，把絮凝结构中的水分释放出来，提高浆体流动性。另外，磷渣粉粒子吸附高效减水剂分子，表面形成双电层，破坏絮凝结构，使超细粉粒子能进入水泥浆体空隙中，发挥其微粉填充效应；同时，磷渣粉还与水泥粒子间产生静电斥力，增大浆体粒子的分散效果，使工作性得到改善。

3.3.4.2　磷渣粉对碾压混凝土力学性能的影响

磷渣作为掺合料掺入到混凝土中虽会使混凝土的早期强度有所降低，但当掺量适当时，不仅不会影响混凝土的后期强度，甚至后期强度还会超出掺Ⅱ级粉煤灰的混凝土。这是因为，水泥早期水化被抑制，会使其晶体"生长发育"条件好，使水化产物的质量显著提高，水泥石结构更加致密，孔隙率下降，孔径变小，对混凝土后期强度的发展有利，使混凝土后期强度提高。此外，磷渣又是具有一定活性的掺合料，其二次水化反应会提高水泥石的强度，改善界面过渡区结构和孔径分布，使混凝土后期强度提高。

磷渣粉对混凝土抗压强度的影响见图3.3.15。磷渣粉和粉煤灰对碾压混凝土抗压强度和劈拉强度的影响见表3.3.10，对碾压混凝土轴拉强度和极限拉伸值的影响见表3.3.11。与掺粉煤灰混凝土相比，相同掺量（60%）下单掺磷渣粉或者磷渣粉与粉煤灰复掺时混凝土各龄期抗压强度、抗拉强度和极限拉伸值明显提高。

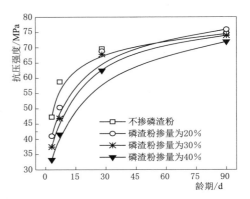

图 3.3.15　磷渣粉对混凝土抗压强度的影响

表 3.3.10　　　　　磷渣粉和粉煤灰对碾压混凝土抗压强度与劈拉强度的影响

工程	水胶比	粉煤灰掺量/%	磷渣掺量/%	抗压强度/MPa					劈拉强度/MPa			
				7d	28d	90d	180d	360d	7d	28d	90d	180d
沙沱	0.50	60	0	8.3	17.2	26.0	31.1	35.4	0.67	1.61	2.80	2.97
		30	30	7.5	17.4	26.7	32.4	37.3	0.54	1.70	2.83	3.04
索风营	0.50	65	0	13.5	21.4	28.6	35.8	41.0	—	2.05	2.80	—
		0	65	19.5	26.3	34.3	40.5	43.2	—	2.15	3.25	—

表 3.3.11　　　　　磷渣粉和粉煤灰对碾压混凝土轴拉强度与极限拉伸值的影响

工程	水胶比	粉煤灰掺量/%	磷渣掺量/%	轴拉强度/MPa			极限拉伸值（×10⁻⁶）		
				28d	90d	180d	28d	90d	180d
沙沱	0.50	60	0	2.20	3.02	3.62	76	83	102
		30	30	2.26	3.22	3.99	86	89	126
索风营	0.50	65	0	1.87	2.50	—	75	80	—
		0	65	2.00	2.62	—	76	82	—

3.3.4.3 磷渣粉对碾压混凝土干缩的影响

混凝土干缩的主要原因是毛细孔水、吸附水和层间水的蒸发。磷渣粉和粉煤灰对混凝土干缩的影响见表 3.3.12。沙沱水电站混凝土用水量相当时，掺磷渣粉混凝土干缩与掺粉煤灰混凝土相当；索风营掺磷渣粉后，混凝土用水量增加，则混凝土干缩相应增大。

表 3.3.12　　　　　　　　　磷渣粉和粉煤灰对混凝土干缩的影响

水电站	水胶比	用水量 /kg	粉煤灰 掺量 /%	磷渣 掺量 /%	干缩值（$\times 10^{-6}$）						
					3d	7d	14d	28d	60d	90d	180d
沙沱	0.50	71	60	0	36	98	155	217	270	301	323
		71	0	60	37	99	157	220	274	305	329
索风营	0.50	77	65	0	74	102	152	210	261	285	309
		81	0	65	51	144	208	258	299	324	352

3.3.4.4 磷渣粉对混凝土绝热温升的影响

与粉煤灰类似，磷渣粉可显著降低混凝土的水化热和绝热温升，并减缓水化速率，可以起削减水化热温升峰值的作用，有利于混凝土的温控防裂。磷渣粉的掺入取代了部分水泥，使整个胶凝材料中的熟料量减少，从而减少发热量最大的 C_3A 和 C_3S 的含量。而磷渣粉本身又具有一定的缓凝作用，延缓了水泥的水化进程。磷渣粉和粉煤灰对混凝土绝热温升的影响见图 3.3.16。

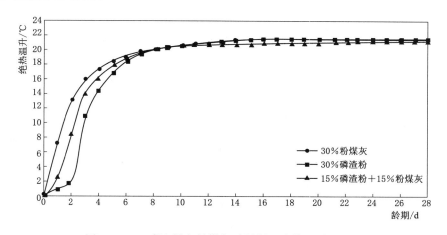

图 3.3.16　磷渣粉和粉煤灰对混凝土绝热温升的影响

3.3.4.5 磷渣粉对碾压混凝土耐久性能的影响

（1）抗冻性能。掺磷渣粉不会对碾压混凝土抗冻性能带来不利影响，类似于粉煤灰，在保证强度发展的前提下，引入合适的气泡系统，掺磷渣的混凝土具有良好的抗冻性能，且复掺粉煤灰与磷渣粉，对提高混凝土抗冻性有利（表 3.3.13）。

（2）抗渗性。抗渗性是混凝土耐久性的重要指标，抗渗性好的混凝土抵抗环境介质侵蚀的能力较强。表 3.3.13 的数据表明，掺磷渣粉大坝碾压混凝土 90d 龄期的抗渗等级均可达到 W8 以上，且复掺粉煤灰与磷渣粉，对提高混凝土抗渗性有利。

表 3.3.13　　　　　　　　　掺磷渣粉混凝土的抗冻抗渗性能

水胶比	粉煤灰掺量/%	磷渣粉掺量/%	抗 冻 性 能						抗渗性能	
			各冻融循环次数质量损失/%			各冻融循环次数相对动弹性模量/%			90d渗水高度/cm	90d抗渗等级
			0次	50次	100次	0次	50次	100次		
0.50	60	0	0	0.87	1.52	100	96.5	91.2	8.6	>W8
	30	30	0	0.66	1.25	100	97.5	94.3	5.1	>W8
0.50	40	0	0	1.0	1.5	100	92.1	82.6	5.2	>W8
	0	40	0	1.1	1.4	100	93.5	87.3	3.9	>W8

3.4　石灰石粉

3.4.1　来源与品种

石灰石是自然界最常见的岩石,是水泥生产的主要原料,也是水泥工业常用的混合材之一,被广泛用于世界各国的水泥工业。各国水泥标准对石灰石混合材的使用都有明确规定,《通用硅酸盐水泥》(GB 175—2007)规定普通硅酸盐水泥中的火山灰质混合材料掺量应为 5%～20%,其中允许使用不超过水泥质量 8%的石灰石混合材料。《石灰石硅酸盐水泥》(JC/T 600—2010)规定在由硅酸盐熟料、石灰石和适量石膏磨细制成的石灰石硅酸盐水泥中,石灰石掺加量为 10%～25%。欧洲水泥标准 DIN-EN 197-1 规定Ⅰ型波特兰水泥可掺加不超过 5%的石灰石混合材,Ⅱ型复合波特兰水泥中的 A 型石灰石波特兰水泥的石灰石粉掺量为 6%～20%,B 型石灰石波特兰水泥的石灰石粉掺量为 21%～35%。美国及日本的水泥标准也都对石灰石粉作为水泥混合材作出了相应的规定。石灰石与硅酸盐水泥适应性良好,这为石灰石粉在混凝土中的应用奠定了基础。

在碾压混凝土筑坝材料中,对石灰石粉的应用研究主要集中在两个方面:一方面是用石灰石粉代砂;另一方面是将石灰石粉作为掺合料使用。对于采用人工砂石料的碾压混凝土坝,一般不存在石灰石粉代砂的问题,但要结合配合比设计优化人工砂中的石粉含量,通过普定、汾河二库、江垭、大朝山、棉花滩、蔺河口、沙牌、百色、索风营、龙滩等多个碾压混凝土工程的应用研究和工程实践,人们对碾压混凝土人工砂中石粉的作用和适宜含量的认识越来越清楚。研究表明,当石粉含量在 18%左右时,碾压混凝土拌和物性能显著改善。对于采用天然砂石骨料的碾压混凝土坝,如果天然砂的细度模数偏大,级配不好,则可以考虑采用石灰石粉代砂,取得与粉煤灰代砂相同的效果。景洪水电站在施工初期就采用了水泥厂粉磨石灰石粉代砂方案,改善了天然砂的颗粒级配,提高了碾压混凝土的和易性和可碾性。石粉代砂增加了碾压混凝土的灰浆含量,起到填充空隙和包裹骨料表面的作用,可以改善碾压混凝土的匀质性、密实性和可碾性,从而提高碾压混凝土的各项性能。

石灰石粉经济易得,与硅酸盐水泥适应性好,碾压混凝土中石粉代砂已是工程界的共识。随着碾压混凝土工程建设面临的掺合料资源匮乏,近年来,开发石灰石粉的应用潜力，将石灰石粉作为碾压混凝土新型替代掺合料的研究和应用逐渐展开。碾压混凝土工程应用石灰石粉与矿渣、粉煤灰等活性掺合料混掺的筑坝技术取得了较好的效果。如景洪水电站碾压混凝土采用石灰石粉与磨细矿渣双掺料，金安桥与戈兰滩水电站碾压混凝土采用磨细铁矿渣与石灰石粉双掺料，新疆特克斯山口水库碾压混凝土采用粉煤灰与石灰石粉双掺料。石灰石粉与磨细矿渣混掺可以调节磨细矿渣的活性，降低碾压混凝土的绝热温升。

石灰石粉一般被视为非活性掺合料。但有学者研究过石灰石粉（或 $CaCO_3$）对水泥矿物水化的影响，认为在水泥矿物的水化过程中石灰石粉促进和参与了水化反应。Kakali 等的研究认为，在水泥水化过程中，有部分 $CaCO_3$ 可能参与反应，掺 $CaCO_3$ 的 C_3S 浆体中 C-S-H 的 C/S 值比纯 C_3S 浆体的略高。以水泥质量计，$CaCO_3$ 的最大反应量为 2%～3%。也有研究表明，在 $C_3A-CaCO_3-H_2O$ 系统水化过程中，$CaCO_3$ 可与 C_3A 反应生成单碳铝酸钙（$C_3A \cdot CaCO_3 \cdot 11H_2O$），单碳铝酸钙取代部分单硫铝酸钙，会使钙矾石的生长发生滞后。此外，从固化结晶反应理论角度出发，石灰石粉的存在，有可能为氢氧化钙的结晶提供晶核，促进 C_3S 的水化，改变 $Ca(OH)_2$ 晶体的尺寸，在一定程度上起到改善混凝土的骨料界面的作用，且石灰石粉的粒度越小，作用越明显。方坤河的研究就认为，石粉中小于 0.045mm 的微粉具有较高活性。长江科学院和中国水利水电科学研究院均对石灰石粉的"粉体填充"效应进行了系统研究，认为通过优化水泥-活性掺合料-石粉-水浆体中的多元粉体体系组成，可以获得碾压混凝土所需要的和易性和可碾性，以及硬化后的力学性能和耐久性。

我国是世界上石灰岩矿资源丰富的国家之一，其中，能供做水泥原料的石灰岩资源量一般占总资源量的 1/4～1/3，这部分资源即是能用于混凝土的石灰岩资源。丰富的储量、广泛的分布、易于粉磨加工的特性，使得石灰石粉成为大坝工程最经济易得的材料。此外，石灰岩骨料的加工过程也会带来大量的石灰石粉，如果不加以利用，不仅要占用场地堆放，而且会对环境造成污染。而将石灰石粉用作碾压混凝土掺合料，替代或部分替代日益紧缺的粉煤灰等掺合料，对于缓解碾压混凝土工程原材料紧缺、节省工程投资、保护环境具有重大的现实意义，将极大地拓展碾压混凝土这种快速、经济的筑坝技术在我国的发展空间，前景十分广阔。

3.4.2　石灰石粉的组成、结构和性能

3.4.2.1　化学成分和矿物组成

石灰石粉是由石灰岩磨细加工制得。石灰岩简称灰岩，是以方解石为主要成分的碳酸盐岩，主要在浅海的环境下形成。由湖海中所沉积的碳酸钙，在失去水分以后，紧压胶结起来而形成，属于沉积岩，是水成岩的一种。石灰岩按成因可划分为粒屑石灰岩（流水搬运、沉积形成）、生物骨架石灰岩和化学、生物化学石灰岩；按结构构造可细分为竹叶状灰岩、鲕粒状灰岩、豹皮状灰岩、团块状灰岩等。绝大多数石灰岩的形成与生物作用有关，生物遗体堆积而成的石灰岩有珊瑚石灰岩、介壳石灰岩、藻类石灰岩等，总称生物石灰岩。由水溶液中的碳酸钙经化学沉淀而成的石灰岩，称为化学石灰岩，如普通石灰岩、硅质石灰岩等。

石灰岩的矿物成分主要为方解石（占 50% 以上），多伴有白云石和黏土矿物，当黏土矿物含量达 25%～50% 时称为黏土质灰岩，当白云石含量达 25%～50% 时称为白云质灰

岩，有时还混有其他一些矿物，比如菱镁矿、石英、石髓、蛋白石、硅酸铝、硫铁矿、黄铁矿、水针铁矿、海绿石等。此外，个别类型的石灰岩中还有煤、沥青等有机质和石膏、硬石膏等硫酸盐，以及磷和钙的化合物、碱金属化合物，以及锶、钡、锰、钛、氟等化合物，但含量很低。石灰岩有碎屑结构和晶粒结构两种结构。其中，碎屑结构多由颗粒、泥晶基质和亮晶胶结物构成；晶粒结构是由化学及生物化学作用沉淀而成的晶体颗粒。纯净的石灰岩呈灰、灰白等浅色，而含有机质多的石灰岩呈灰黑色。

石灰岩的主要化学成分是碳酸钙（$CaCO_3$），易溶蚀，可以溶解在含有二氧化碳的水中，一般情况下 1L 含二氧化碳的水，可溶解大约 50mg 的碳酸钙，故在石灰岩地区多形成石林和溶洞，称为喀斯特地形。除含硅质的灰岩外，石灰岩的硬度不大、性脆，与稀盐酸起作用会激烈起泡。石灰岩分布相当广泛，岩性均一，易于开采加工，是一种用途很广的建筑材料。

典型的石灰石 X-射线衍射图谱如图 3.4.1 所示，该石灰石的主要矿物为方解石，此外还含有少量石英和高岭石。高岭石在水泥浆体中会增加用水量，降低强度，因此应该严格控制其含量。

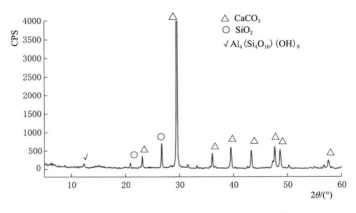

图 3.4.1　典型的石灰石 X-射线衍射图谱

3.4.2.2　石灰石粉的加工特性

石灰石十分易于粉磨加工。用水泥厂开流磨对石灰石进行粉磨加工，采用激光粒度分析仪对石灰石粉的粒度分布进行测试。开流磨不同粉磨时间石灰石粉粒度分布试验结果见表 3.4.1，粒度分布及特征值见表 3.4.2，粉磨时间与石灰石粉粒度分布及平均粒径的关系见图 3.4.2 和图 3.4.3。

表 3.4.1　　　　　　　　　开流磨不同粉磨时间石灰石粉粒度分析试验结果　　　　　　　　　　%

粉磨时间 /min	比表面积 /(m²/kg)	粒度范围/μm					
		≤3	3～16	16～32	32～65	65～80	>80
5	357	28.96	14.76	0.35	19.09	10.51	26.35
10	557	34.02	17.93	1.28	18.28	5.63	22.86
15	762	65.39	9.17	0	0	0.47	24.77
20	838	69.31	8.13	0	0	0	22.56

表 3.4.2 　　　　　　　　　　　　石灰石粉粒度分布及特征值

石灰石粉		平均粒径 /μm	D_{50} /μm	>16μm 颗粒 /%	>80μm 颗粒 /%	比表面积 /(m²/kg)
开流磨粉磨	5min	37.76	45.24	56.30	26.35	357
	10min	24.62	5.51	48.05	22.86	557
	15min	3.52	1.20	25.24	24.77	762
	20min	2.67	1.05	22.56	22.56	838

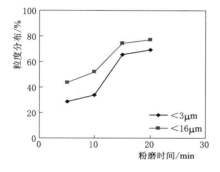 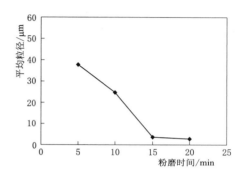

图 3.4.2　粉磨时间与石灰石粉粒度分布的关系　　图 3.4.3　粉磨时间与石灰石粉平均粒径的关系

从表 3.4.1 和表 3.4.2 可以看到，粉磨加工的石灰石粉中始终存在较多的大粒径颗粒（>80μm），粉磨一定时间后石灰石粉颗粒分布集中在小于 3μm 及大于 80μm 的两端，呈两端多中间少的分布。石灰石粉的平均粒径、D_{50} 值随粉磨时间的延长迅速降低，比表面积快速增大。粉磨 15min 后，石灰石粉的平均粒径、D_{50} 值随粉磨时间的延长减小速率放慢，趋于平稳。在粉磨时间较短时，石灰石粉的颗粒分布较宽，当粉磨 10min 后，石灰石粉的比表面积大于 500m²/kg，D_{50} 降低到 5μm 左右，平均粒径降低到 24μm 左右，石灰石粉中小于 6μm 的细微颗粒超过 50%。随着石灰石粉比表面积大于 500m²/kg，比表面积增加速率与所耗电能比值迅速下降。在应用中，通常根据实际的混凝土性能选择适宜的石灰石粉比表面积或细度控制指标，以降低石灰石粉的生产能耗，提高加工效率。

3.4.2.3　石灰石粉的颗粒形貌

石灰石粉的颗粒大小、形态及表面状况与其性能有密切的关系。图 3.4.4 为不同比表面积磨细石灰石粉的扫描电镜照片。磨细后的石灰石粉颗粒大小不均，具有一定的级配，呈不规则几何形状，表面粗糙，棱角不及矿渣和磷渣颗粒分明。图 3.4.4 中大部分石灰石粉颗粒粒径小于 10μm，比表面积 760m²/kg 的石灰石粉大部分颗粒粒径小于 3μm，但仍有粒径达几十微米的大颗粒，大颗粒表面吸附有细微颗粒。

3.4.2.4　石灰石粉的粒度分析

对典型的水泥、粉煤灰、石灰石粉的粒度进行对比分析，结果见表 3.4.3、表 3.4.4 和图 3.4.5。从表 3.4.3、表 3.4.4 和图 3.4.5 可以看出，石灰石粉的小颗粒含量较粉煤灰和水泥多。水泥和粉煤灰颗粒的粒径分布、平均粒径、D_{50} 值和比表面积均较接近，平均粒径和 D_{50} 值都大于 20μm。较低比表面积的石灰石粉 L1（360m²/kg）的颗粒粒径分布

(a) ×5000倍,比表面积360m²/kg   (b) ×5000倍,比表面积760m²/kg

图 3.4.4 石灰石粉的颗粒形貌

较宽，平均粒径和 D_{50} 值较大。石灰石粉 L2(560m²/kg) 的平均粒径与水泥和粉煤灰相近，但 D_{50} 值较小，有 50% 的颗粒粒径小于 $6\mu m$，$6\sim32\mu m$ 粒径范围内的颗粒很少。石灰石粉 L3(760m²/kg) 的平均粒径和 D_{50} 值接近或小于 $3\mu m$，细微颗粒较多，且 $6\sim80\mu m$ 粒径范围内的颗粒极少。按材料中粒径小于 $6\mu m$ 细颗粒的含量排序，从大到小依次为石灰石粉 L3、石灰石粉 L2、石灰石粉 L1、石河子粉煤灰、南岗 42.5 普通水泥。单从粒度大小来考虑，粒径越小的颗粒有数量越多的粉体，越有利于填充。因此，从改善多元粉体颗粒级配角度看，粉煤灰基本没有改善水泥粉体颗粒级配的作用，比表面积大于 500m²/kg 的石灰石粉具有改善水泥粉体颗粒级配的作用。

表 3.4.3 不同粉体粒度分析结果对比

材料名称	粒度范围/μm					
	<6	6～16	16～32	32～65	65～80	>80
南岗 42.5 普通水泥	33.17	6.64	18.33	33.37	5.94	2.54
石河子粉煤灰	35.31	17.72	18.93	21.15	4.70	2.17
石灰石粉 L1	43.29	0.40	0.35	19.09	10.51	26.35
石灰石粉 L2	50.87	1.08	1.28	18.28	5.63	22.86
石灰石粉 L3	74.76	0	0	0	0.47	24.77

表 3.4.4 不同粉体粒度分布及特征值

粉体种类	平均粒径 /μm	D_{50} /μm	>16μm 颗粒 /%	>80μm 颗粒 /%	比表面积 /(m²/kg)
南岗 42.5 普通水泥	26.85	26.15	60.18	2.54	380
石河子粉煤灰	21.22	20.32	46.95	2.17	410
石灰石粉 L1	37.76	45.24	56.30	26.35	360
石灰石粉 L2	24.62	5.51	48.05	22.86	560
石灰石粉 L3	3.52	1.20	25.24	24.77	760

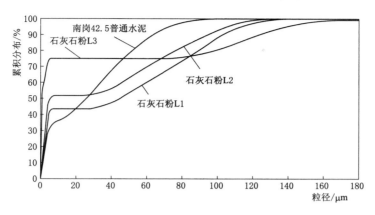

图 3.4.5　粉体材料各粒径颗粒累积分布

在此借鉴 Horsfield 模型对石灰石粉的填充作用进行探讨。均一球形颗粒的基本堆积方式见图 3.4.6。Horsfield 模型是以简单斜方层的排列模式为基础的填充模型，这种堆积是均一球形颗粒的最紧密堆积状态，空隙率和填充率分别为 26.0% 和 74.0%。

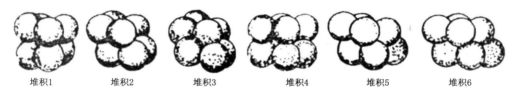

图 3.4.6　均一球形颗粒的基本堆积方式

假设所有的堆积颗粒均呈球形，根据其添加顺序，分别称之为 2 次球、3 次球和 n 次球。每一次添加的球体直径相同，并且不考虑细颗粒间作用力的影响。设半径为 r 的基础球以最紧密方式堆积，在 6 个等尺寸球之间的四方孔洞由一个 2 次球填充后，最初 4 个球的周围的三角形孔洞由 3 次球所占据，进而 4 次球和 5 次球分别填进由基础球与 2 次球间的空隙及 3 次球与基础球之间的空隙中，所有剩余空隙最终被相当小的等尺寸球所填充，最小空隙率达到 0.039%。Horsfield 模型中空隙率变化见表 3.4.5。

表 3.4.5　　　　　　　　　　　　Horsfield 模型中空隙率变化

球号	球半径	球的相对个数	空隙率/%
基础球	1.0r	—	0.260
2	0.414r	1	0.207
3	0.225r	2	0.190
4	0.175r	8	0.158
5	0.117r	8	0.149
⋮	⋮	⋮	⋮
n	极小	极多	0.039

Horsfield 模型说明，在粉体体系中，如果粗颗粒含量小，颗粒粒径比例适当，堆积合理，就可以使体系的空隙率降到一个理想水平。具体粉体的堆积方式应该从两个方面来考虑：一方面，基础球的相对含量越大，基础球所占体积越多，由基础球堆积而成的基础空隙率就越大，相反空隙率应该越小；另一方面，各个粒径球的相对球数和理想的粒径分布应该是随着粒径的减小，球个数增多。

对表 3.4.3 中的石灰石粉、粉煤灰和水泥进行粉体堆积效应分析。根据 Horsfield 模型，为了研究连续粒径分布粉体的堆积效应，将连续粉体划分为 6 个粒径范围，取各个粒径范围的平均粒径与 Horsfield 模型中的 6 个粒径等级进行对照，具体划分见表 3.4.6。根据各个粒径范围的平均粒径和相对体积含量，计算各种粉体在各个粒径范围内的相对球个数，计算结果见表 3.4.6，二元粉体的相对球个数见表 3.4.7，掺30％粉煤灰和30％石灰石粉的水泥-粉煤灰-石灰石粉三元粉体相对球个数见表 3.4.8。

表 3.4.6　　　　　　　　　　　不同粉体的 Horsfield 模型

粒径范围/μm		80～180	65～80	32～65	16～32	6～16	<6
平均粒径/μm		130	72.5	48.5	24	11	3
Horsfield 模型	粒径	1.0d	0.414d	0.225d	0.175d	0.117d	min
		130	53.8	29.3	22.8	15.2	min
各种粉体相对颗粒个数	水泥	—	1	35	41	49	32437
	粉煤灰	—	1	29	54	170	44459
	石灰石粉 L1	—	1	11	0	2	22444
	石灰石粉 L2	—	1	22	3	10	60800
	石灰石粉 L3	—	1	1	1	1	247390

表 3.4.7　　　　　　　　　　　二元粉体的 Horsfield 模型

粒径范围/μm		80～180	65～80	32～65	16～32	6～16	<6
平均粒径/μm		130	72.5	48.5	24	11	3
Horsfield 模型	粒径	1.0d	0.414d	0.225d	0.175d	0.117d	min
		130	53.8	29.3	22.8	15.2	min
	70％水泥＋30％粉煤灰	—	1	33	44	79	35340
	70％水泥＋30％ 石灰石粉 L1	—	1	25	23	49	28821
	70％水泥＋30％ 石灰石粉 L2	—	1	30	30	63	38300
	70％水泥＋30％ 石灰石粉 L3	—	1	34	39	82	61794

表 3.4.8　　　　　　　　　　　三元粉体的 Horsfield 模型

粒径范围/μm		80～180	65～80	32～65	16～32	6～16	<6
平均粒径/μm		130	72.5	48.5	24	11	3
Horsfield 模型	粒径	1.0d	0.414d	0.225d	0.175d	0.117d	min
		130	53.8	29.3	22.8	15.2	min

	粒径范围/μm	80～180	65～80	32～65	16～32	6～16	<6
各种粉体相对颗粒个数	40%水泥＋30%粉煤灰＋30%石灰石粉 L1	1	10	233	254	528	315538
	40%水泥＋30%粉煤灰＋30%石灰石粉 L2	1	9	256	291	608	376155
	40%水泥＋30%粉煤灰＋30%石灰石粉 L3	1	6	190	265	548	417035

从表 3.4.6 可见，随着粒径的减小粉体相对球个数在增加，石灰石粉 L3 的细颗粒相对球个数明显多于其他粉体，石灰石粉 L2 细颗粒的相对球个数大于水泥和粉煤灰，石灰石粉 L1 细颗粒的相对球个数小于水泥和粉煤灰，可以认为 3 种石灰石粉中自身堆积密度最大的是石灰石粉 L3。从表 3.4.7 可见，掺 30%石灰石粉 L2 和石灰石粉 L3 的二元粉体的细颗粒的相对球个数大于掺粉煤灰的二元粉体，掺 30%石灰石粉 L1 的二元粉体的细颗粒的相对球个数小于掺粉煤灰的二元粉体。从表 3.4.8 可见，在水泥-粉煤灰-石灰石粉三元粉体中掺石灰石粉 L3 的体系细颗粒的相对球个数最多，掺石灰石粉 L1 最少。以上分析表明在二元粉体和三元粉体中石灰石粉 L3 的填充效应都是最好的，而石灰石粉 L1 的填充效应不如粉煤灰，在掺合料掺量较大的三元粉体中不同比表面积石灰石粉的填充效应差异小于二元粉体。

由于粉体颗粒并非都是球形颗粒，粉体填充是随机进行的，除颗粒大小外，填充状态受颗粒间的黏聚力、颗粒形态、颗粒含水、器壁效应等诸多因素的影响，因而从理论上确定填充作用的大小并非易事。此外在混凝土中，粉体填充效应还受砂子颗粒级配影响，因此实际的填充效果还应通过试验来确定。

3.4.3 石灰石粉对水泥水化性能的影响

3.4.3.1 石灰石粉对水泥水化产物的影响

水泥的水化是一个复杂的多相化学反应过程，石灰石粉主要是对水泥熟料矿物 C_3S 和 C_3A 的水化及其产物产生影响。掺加 $CaCO_3$ 会改变 C_3S 的水化速度，但不会改变 C_3S 的水化产物种类（图 3.4.7），C_3S 的水化产物仍然为 $Ca(OH)_2$ 和 $C-S-H$ 凝胶。也有研究表明，$CaCO_3$ 可能改变 $C-S-H$ 中的钙/硅（Ca/Si）比或 $CaCO_3$ 表面的钙/碳（Ca/C）比。$CaCO_3$ 会与 C_3A 反应生成单碳铝酸钙（$3CaO·Al_2O_3·CaCO_3·11H_2O$），也有研究检测到半碳铝酸钙 [$C_3A·0.5CaCO_3·0.5Ca(OH)_2·11.5H_2O$] 或三碳铝酸钙（$3CaO·Al_2O_3·3CaCO_3·32H_2O$）的生成。单碳铝酸钙可以稳定存在，而半碳铝酸钙和三碳铝酸钙形成后随水化的进行而转变，目前其生成机理和转变条件仍没有研究清楚。

$C_3A-CaCO_3-H_2O$ 体系不同水化龄期水化反应产物的 XRD 分析见表 3.4.9，可以看到纯 C_3A（C_3A-0-0）水化 1d 出现 C_2AH_8，水化 3d 出现 C_4AH_{13}，水化 7d 时三水化产物 C_2AH_8、C_3AH_6、C_4AH_{13} 共同存在，随后，六方片状晶体 C_2AH_8 和 C_4AH_{13} 开始逐渐向立方相 C_3AH_6 转化。掺加 $CaCO_3$ 后（$C_3A-15-0$、$C_3A-25-0$），超细的 $CaCO_3$ 颗粒分散在 C_3A 周围。当 C_3A 初始水化时，$CaCO_3$ 的活性作用使其与 C_3A 反应生成碳铝酸钙水化物，该反应影响了 C_3A 自身水化产物的形成，抑制了 C_2AH_8 和 C_4AH_{13} 的生成，并

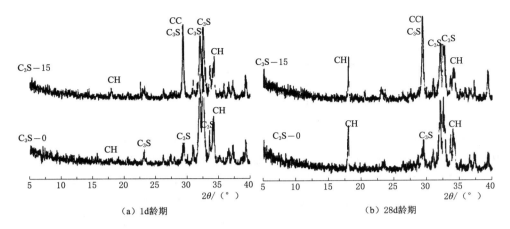

（a）1d龄期　　　　　　　　　　（b）28d龄期

图 3.4.7　掺与不掺石灰石粉 C_3S 水化产物 XRD 图谱对比

CC—$CaCO_3$；CH—$Ca(OH)_2$

且当 $CaCO_3$ 掺量超过一定范围时会延迟 C_3AH_6 的形成。掺有 15% $CaCO_3$ 的 C_3A 与纯 C_3A 水化产生 C_3AH_6 的时间相同，均为 1h，而掺有 25% $CaCO_3$ 的 C_3A 水化 2h 后才会生成 C_3AH_6。

表 3.4.9　　　　　　　　　　　　　XRD 水 化 产 物 分 析

样品编号	水化龄期	AFt	AFm	C_2AH_8	C_3AH_6	C_4AH_{13}	$3CaO \cdot Al_2O_3 \cdot CaCO_3 \cdot 11H_2O$	$C_3A \cdot 0.5CaCO_3 \cdot 0.5Ca(OH)_2 \cdot 11.5H_2O$
C_3A-0-0	1h				√			
	2h				√			
	1d			√	√			
	3d				√	√		
	7d			√	√	√		
	28d				√			
$C_3A-15-0$	1h				√		√	√
	2h				√		√	√
	1d				√		√	
	3d				√		√	
	7d				√		√	
	28d				√		√	
$C_3A-25-0$	1h						√	√
	2h						√	√
	1d				√		√	
	3d				√		√	
	7d				√		√	
	28d				√		√	

样品编号	水化龄期	AFt	AFm	C_2AH_8	C_3AH_6	C_4AH_{13}	$3CaO \cdot Al_2O_3 \cdot CaCO_3 \cdot 11H_2O$	$C_3A \cdot 0.5CaCO_3 \cdot 0.5Ca(OH)_2 \cdot 11.5H_2O$
$C_3A-0-25$	1h	√			√			
	2h	√			√			
	1d	√						
	3d	√						
	7d	√						
	28d		√					
$C_3A-25-25$	1h	√						
	2h	√			√			
	1d	√	√				√	√
	3d	√					√	
	7d	√					√	√
	28d	√					√	

注 样品编号中第二列数字代表石灰石粉的掺量,第三列数字代表石膏掺量。

实际的水泥体系中,C_3A 的水化是处于硫酸盐溶液中进行的,加水后 C_3A 迅速溶解水化形成 C_3AH_6,同时与石膏反应形成钙矾石。此后由于 C_3A 表面形成钙矾石包覆层,在 C_3A 周围产生扩散屏障,妨碍了 SO_4^{2-}、OH^- 和 Ca^{2+} 的扩散,降低了反应速率,抑制了 C_3A 水化产物 C_2AH_8、C_3AH_6、C_4AH_{13} 的形成。随着水化的继续进行,AFt 包覆层变厚,并产生结晶压力。当结晶压力超过一定数值时,则包覆层局部破裂,破裂处水化加速,所形成的钙矾石又使破裂处封闭,此时水化反应是钙矾石包覆层破坏与修复的循环阶段,直至体系中的 $CaSO_4 \cdot 2H_2O$ 消耗完毕,C_3A 与钙矾石继续作用形成单硫型水化硫铝酸钙。$C_3A-CaSO_4 \cdot 2H_2O-H_2O$ 体系($C_3A-0-25$)不同水化龄期的水化反应产物见表 3.4.9。在 $C_3A-CaSO_4 \cdot 2H_2O-CaCO_3-H_2O$ 四元体系中,$CaCO_3$ 对 $CaSO_4 \cdot 2H_2O$ 与 C_3A 之间的反应以及 $CaSO_4 \cdot 2H_2O$ 对 $CaCO_3$ 与 C_3A 之间的反应均会产生影响。从表 3.4.9 编号 $C_3A-25-25$ 的水化产物可以看到,$CaSO_4 \cdot 2H_2O$ 提前了 $CaCO_3$ 与 C_3A 反应产物 C_3AH_6 的形成而延迟了单碳铝酸钙和半碳铝酸钙水化物的形成,并使半碳铝酸钙水化物稳定时间延长;而 $CaCO_3$ 抑制了钙矾石向单硫铝酸盐的转化:一方面,$CaCO_3$ 的掺入相对降低了体系中 C_3A 的含量;另一方面,$CaCO_3$ 与 C_3A 反应生成了碳铝酸盐水化物,减少了用于与 AFt 反应的 C_3A。

水泥是多矿物聚集体,水泥水化时各矿物之间存在着相互作用。例如,石膏促进了 C_3S 的水化;C_3A 和 C_4AF 两者竞相争夺硫酸盐离子,C_3A 比 C_4AF 更为活泼,故消耗较多的硫酸盐,其效果是增加 C_4AF 的活性等。石灰石粉对水泥水化产物的影响见表 3.4.10。可以看到,随石灰石粉掺量的增加,钙矾石形成时间从 0 和 10% 掺量时的 5h 逐步延迟到 20% 和 30% 掺量时的 3d;AFt 向 AFm 转化的时间从 0 和 10% 掺量时的 3d 延迟到 20% 掺量时的 7d,当掺量达到 30% 时,没有 AFm 生成。即石灰石粉延迟了 AFt 的形成,并阻碍了 AFt 向 AFm 的转变。此外,当体系中 AFt 向 AFm 转变后,由石灰石粉提

供的 CO_3^{2-} 将促使单硫型盐向单碳铝酸盐的转变，因为后者更加稳定，该转变重新提供的 SO_4^{2-}，促使 AFm 向 AFt 转变。石灰石粉使 AFm 成为不稳定相，并促使其向单碳铝酸盐和 AFt 转变，对钙矾石的存在起到了稳定作用。掺石灰石粉胶凝体系中有新相单碳铝酸钙和半碳铝酸钙水化物形成，掺有 10% 石灰石粉的试样在 1d 龄期时有半碳铝酸钙水化物生成，掺有 20% 和 30% 石灰石粉的试样中没有发现半碳铝酸钙水化物形成。半碳铝酸钙水化物不稳定，很快转化。单碳铝酸钙水化物稳定存在并随石灰石粉掺量的增加，其形成从 10% 掺量时的 7d 提前到 20% 掺量时的 3d，进而再提前到 30% 掺量时的 5h。

表 3.4.10　　　　　　　　　掺石灰石粉水泥水化产物 XRD 分析

样品编号	水化龄期	AFt	AFm	CH	$3CaO \cdot Al_2O_3 \cdot CaCO_3 \cdot 11H_2O$	$C_3A \cdot 0.5CaCO_3 \cdot 0.5Ca(OH)_2 \cdot 11.5H_2O$
C_3A-0	5h	√		√		
	1d	√		√		
	3d	√	√	√		
	7d	√	√	√		
	28d	√	√	√		
C_3A-L10	5h	√		√		
	1d		√	√		√
	3d	√	√	√		
	7d	√		√	√	
	28d			√		
C_3A-L20	5h			√		
	1d			√		
	3d	√		√	√	
	7d	√	√	√		
	28d	√		√		
C_3A-L30	5h		√	√		
	1d			√		
	3d	√		√	√	
	7d			√	√	
	28d	√		√	√	

3.4.3.2　石灰石粉对水泥水化产物微观形貌的影响

纯 C_3S 水化产物的微观形貌见图 3.4.8（a）~图 3.4.8（c）。当水化 3d 时，可观察有像树枝状的 C-S-H 凝胶以及未水化的颗粒；水化 7d 时，树枝状的 C-S-H 凝胶更加明显，密实度增加；当水化 28d 时，树枝状的 C-S-H 凝胶逐渐发展成为网络状，密实度进一步提高，空隙率减少。图 3.4.8（d）~图 3.4.8（f）是掺 15% $CaCO_3$ 的 C_3S（$C_3S-15-0$）水化 3d、7d 和 28d 的 SEM 图。可观察试样有较多的树枝状的 C-S-H 凝胶，较多明显的六方板状 $Ca(OH)_2$ 晶体，由于 $Ca(OH)_2$ 在 $CaCO_3$ 颗粒上成核，$Ca(OH)_2$ 晶体包裹了

$CaCO_3$，因而难以观察到 $CaCO_3$ 颗粒。水化 3d、7d 时，掺 15% $CaCO_3$ 试样水化产物多于纯 C_3S 试样的水化产物，试样更密实。这表明 $CaCO_3$ 对 C_3S 存在微晶核效应，为 $Ca(OH)_2$ 提供了成核点，加快了 $Ca(OH)_2$ 的形成。

(a) 纯 C_3S 水化 3d

(b) 纯 C_3S 水化 7d

(c) 纯 C_3S 水化 28d

(d) $C_3S-15-0$ 水化 3d

(e) $C_3S-15-0$ 水化 7d

(f) $C_3S-15-0$ 水化 28d

图 3.4.8　纯 C_3S 与 $C_3S-15-0$ 水化产物 SEM 图

　　纯 C_3A 水化产物的微观形貌见图 3.4.9（a）～图 3.4.9（c）。水化 3d 就有许多立方相 C_3AH_6 出现，同时看到少许 C_2AH_8、C_4AH_{13} 的六方片状晶体；当水化 7d 观察到立方状和六方片状的晶体；当水化 28d 时，立方状的晶体增加，晶体相互挤压、堆积，晶体的形状和体积逐渐改变和增加，从图中还能观察到有六方片状的水化物。图 3.4.9（d）～图 3.4.9（f）是掺 25% $CaCO_3$ 的 C_3A（$C_3A-25-0$）水化 3d、7d 和 28d 的 SEM 图。水化

3d 时，可观察到有较多的形状不规则的呈长厚片状的晶体，并互相搭接在一起，同时还观察到有立方状的晶体，未看到六方片状的晶体；水化 7d 时，仍可观察到这些长厚片状的晶体，但这些晶体的形状已慢慢改变，呈不规则的长棒状；当水化 28d 时，晶体已从长棒状转变成细针状，结合 XRD 分析，这些随时形状改变的晶体应是单碳铝酸钙。$CaCO_3$ 对 C_3A 有活性效应，其与 C_3A 的反应导致新相碳铝酸钙水化物的形成。

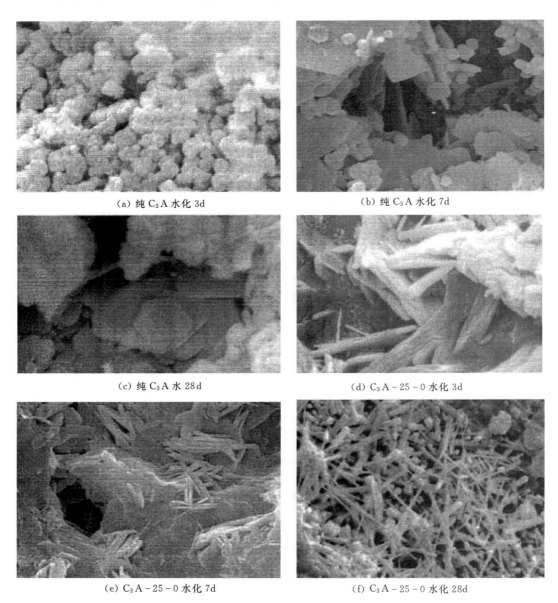

(a) 纯 C_3A 水化 3d

(b) 纯 C_3A 水化 7d

(c) 纯 C_3A 水 28d

(d) $C_3A-25-0$ 水化 3d

(e) $C_3A-25-0$ 水化 7d

(f) $C_3A-25-0$ 水化 28d

图 3.4.9　纯 C_3A 与 $C_3A-25-0$ 水化产物 SEM 图

3.4.3.3　石灰石粉对水泥水化历程的影响

研究证实 $CaCO_3$ 会加速硅酸盐水泥的早期水化。Lothenbach 等采用纯水泥和含有

4％石灰石粉的水泥进行量热对比试验，发现石灰石粉导致水泥水化放热峰提前，使熟料 72h 内放热总量增加了 3.8％。Pére 等采用普通硅酸盐水泥 OPC 和 50％$CaCO_3$＋50％OPC 进行量热对比试验，1000min 50％$CaCO_3$＋50％OPC 的放热总量大约是 OPC 放热总量的 2 倍。李步新对比研究了石灰石硅酸盐水泥与硅酸盐水泥水化放热，石灰石硅酸盐水泥早期放热量大、放热快，水化开始瞬间，就出现了一个远高于硅酸盐水泥的大放热峰，第二个峰提前出现，诱导期缩短，终凝提前。

$CaCO_3$ 对水泥熟料矿物 C_3S 和 C_3A 的水化有加速作用。Ramachandran 通过测定 $Ca(OH)_2$ 含量得出：当不考虑稀释效应时，$CaCO_3$ 加速了 C_3S 初始至 7d 的水化速度；当考虑 $CaCO_3$ 的稀释效应时，加速了 C_3S 初始至 28d 的水化速度；且 $CaCO_3$ 含量越高，其放热量越多。Pera 研究得到 15h 内 50％C_3S＋50％$CaCO_3$ 试样的放热量比纯 C_3S 的放热量增加 79.3％。张永娟对纯 C_3A 和掺入 40％$CaCO_3$ 的 C_3A 进行的 4h 内的量热分析表明，$CaCO_3$ 使 C_3A 的放热速率增大。Ramachandram 和章春梅测试了 3h 内纯 C_3A 及分别掺入 12.5％和 25％$CaCO_3$ 的 C_3A 的放热速率，得出 $CaCO_3$ 含量越高，其放热速率越大的结论。

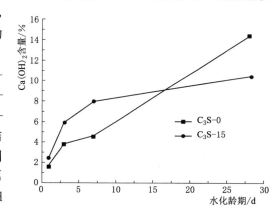

图 3.4.10 $C_3S - CaCO_3 - H_2O$ 体系 $Ca(OH)_2$ 含量随水化龄期的变化

肖佳对 $C_3S - CaCO_3 - H_2O$、$C_3A - CaCO_3 - H_2O$ 及 $C_3A - CaSO_4 \cdot 2H_2O - CaCO_3 - H_2O$ 体系进行了系统研究。$C_3S - CaCO_3 - H_2O$ 体系 $Ca(OH)_2$ 含量、化学结合水量随水化龄期的变化和量热曲线分别见图 3.4.10～图 3.4.12。试验表明 15％$CaCO_3$ 的掺入，使 C_3S 水化 1d、3d 和 7d 的 $Ca(OH)_2$ 含量分别比同龄期的纯 C_3S 增加 38.4％、51.8％和 72.4％，结合水量分别比纯 C_3S 增加 147.1％、17.3％和 6.7％，但是 28d 的 $Ca(OH)_2$ 含量比纯 C_3S 减少 28.0％，结合水量减少 32.8％。

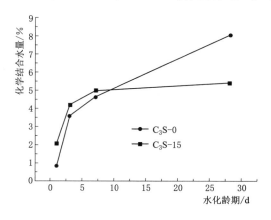

图 3.4.11 $C_3S - CaCO_3 - H_2O$ 体系化学结合水量随水化龄期的变化

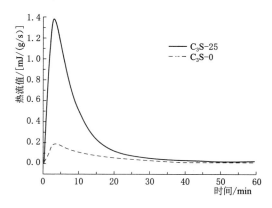

图 3.4.12 $C_3S - CaCO_3 - H_2O$ 体系的量热曲线

图 3.4.12 表明，25％CaCO$_3$ 的掺入致使 C$_3$S 的放热峰比纯 C$_3$S 的放热峰明显增高、变窄和前移，24h 放热量比纯 C$_3$S 增加 18.3％。这证明 CaCO$_3$ 促进了 C$_3$S 早期水化，但会阻碍其后期水化。

C$_3$A-CaCO$_3$-H$_2$O 体系化学结合水量随水化龄期的变化和量热曲线分别见图 3.4.13 和图 3.4.14。从图 3.4.13 可见，CaCO$_3$ 的掺入使体系各个龄期化学结合水含量呈较大幅度增加，且 CaCO$_3$ 含量越多，体系化学结合水越多。图 3.4.14 表明掺入 30％的 CaCO$_3$，导致 C$_3$A 的放热峰增高，峰值提前出现，放热速率提高，到达放热峰的峰顶之后，放热速率下降也较纯 C$_3$A 的缓慢，35min 时开始产生第二放热峰，持续了大约 40min，这是形成新相碳铝酸钙水化物产生的，24h 内其单位质量的放热量比纯 C$_3$A 的放热量增加了 2 倍多。因此，CaCO$_3$ 加快了 C$_3$A 的水化。

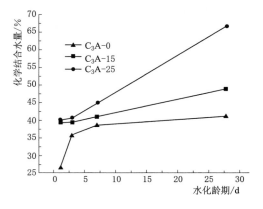

图 3.4.13 C$_3$A-CaCO$_3$-H$_2$O 体系化学结合水量随水化龄期的变化

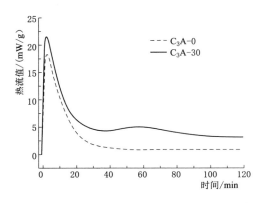

图 3.4.14 C$_3$A-CaCO$_3$-H$_2$O 体系量热曲线

C$_3$A-CaSO$_4$·2H$_2$O-CaCO$_3$-H$_2$O 体系化学结合水量随水化龄期的变化和量热曲线（50min、24h）分别见图 3.4.15、图 3.4.16 和图 3.4.17。众所周知，石膏对水泥的调凝作用主要是通过与 C$_3$A 反应生成钙矾石，抑制 C$_3$AH$_6$、C$_2$AH$_8$ 和 C$_4$AH$_{13}$ 等 C$_3$A 水化产物的生成，该反应降低了 C$_3$A 的水化速度，使其放热峰明显下降，放热速率减小。

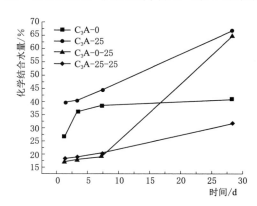

图 3.4.15 C$_3$A-CaSO$_4$·2H$_2$O-CaCO$_3$-H$_2$O 体系化学结合水量随水化龄期的变化

从图 3.4.15 可以看到，与纯 C$_3$A 水化相比，当 CaCO$_3$ 单独作用时，体系各个龄期的化学结合水量增加，CaCO$_3$ 促进了 C$_3$A 水化；当 CaSO$_4$·2H$_2$O 单独作用时，体系 1d、3d 和 7d 的化学结合水量减少，CaSO$_4$·2H$_2$O 抑制了 C$_3$A 的早期水化；当 CaCO$_3$ 和 CaSO$_4$·2H$_2$O 共同作用时，其各个龄期的化学结合水量均减少。从图 3.4.16 看出，与纯 C$_3$A 的水化放热相比，掺入 30％的 CaCO$_3$，其放热峰明显增高、前移，峰值提前出现；30％CaSO$_4$·2H$_2$O 的掺入，使其放热峰显著降低、宽化；15％

$CaCO_3$ 和 $15\%CaSO_4 \cdot 2H_2O$ 的掺入，使其放热峰增高、前移，峰值提前出现，其峰值及峰值出现的时间介于纯 C_3A 和单掺 $30\%CaCO_3$（C_3A-30 试样）之间。从图 3.4.17 可看出，$CaCO_3$ 和 $CaSO_4 \cdot 2H_2O$ 共同存在时的 C_3A 水化历程不同于 $CaCO_3$ 或 $CaSO_4 \cdot 2H_2O$ 单独作用下的水化特点，表现为 C_3A 初始水化产生第一放热峰之后新增加了两个放热峰。第二放热峰尖而窄，从 36min 开始产生，持续大约 1h。第三放热峰低而宽，从 4.9h 开始产生，持续了 8.4h。

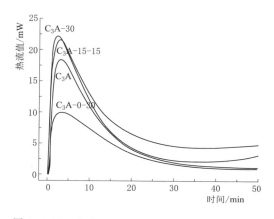

图 3.4.16　$C_3A - CaSO_4 \cdot 2H_2O - CaCO_3 - H_2O$ 体系量热曲线（50min）

图 3.4.17　$C_3A - CaSO_4 \cdot 2H_2O - CaCO_3 - H_2O$ 体系量热曲线（24h）

　　纯水泥及掺 10% 石灰石粉胶凝体系的量热曲线见图 3.4.18。24h 之内，水泥水化经历了诱导前期、诱导期、加速期和减速期。与纯水泥水化放热相比，10% 石灰石粉的掺入致使第一放热峰明显增高、前移，峰值提前出现，放热速率提高，诱导期缩短，提前大约 40min 进入加速期，并且在减速期中还出现了一次放热峰，该峰持续了大约 3h。石灰石粉使单位质量水泥 24h 的放热量增加了 8.5%。

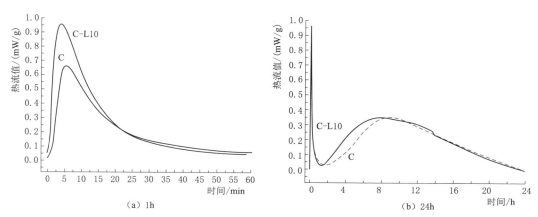

（a）1h

（b）24h

图 3.4.18　水泥-石灰石粉胶凝体系的量热曲线

　　图 3.4.19 为从 TG - DSC 分析得到的水泥-石灰石粉胶凝体系的 $Ca(OH)_2$ 含量随水化龄期的变化。当水化 1d、3d 和 7d 时，随石灰石粉掺量的增加，试样中 $Ca(OH)_2$ 含量增

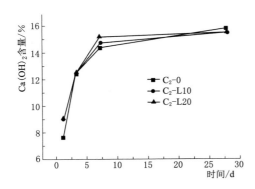

图 3.4.19　水泥-石灰石粉胶凝材料体系的
量热曲线

加，10％掺量的胶凝体系比纯水泥的分别增加了 16.9％、0.4％和 2.2％，20％掺量的比纯水泥的分别增加了 18.3％、0.9％和 5.3％；当水化 28d 时，掺石灰石粉试样的 $Ca(OH)_2$ 含量减少，10％和 20％掺量的分别比纯水泥的减少了 2.2％和 2.1％。这表明石灰石粉对水泥早期水化有促进作用，而阻碍水泥后期水化。

以上分析表明，石灰石粉影响了水泥水化历程。石灰石粉缩短了水泥水化的诱导期，致使其提前进入加速期，促进了水泥早期水化，阻碍了其后期水化，这归因于其对水泥早期水化存在稀释、微晶核、分散和活性作用，以及对后期水化的屏蔽作用。

3.4.3.4　石灰石粉对水泥浆体孔结构的影响

水泥浆体的孔结构包括总孔隙率、孔径大小的分布、孔的形态等。一般认为 50nm 以下的孔为无害孔，50～100nm 的孔是少害孔，大于 100nm 的孔为有害孔。无害孔多，尤其是细小的孔多，对耐久性是有利的，而形状不规则的大孔越多，对硬化浆体的强度和耐久性越不利。石灰石粉的掺量和细度对水泥硬化浆体的孔结构均有影响，可通过孔结构的研究为分析水泥-石灰石粉胶凝材料体系的宏观性能提供理论依据。

表 3.4.11 为石灰石粉 0～20％小掺量下，水泥-石灰石粉胶凝体系硬化浆体孔结构试验结果。随着石灰石粉掺量的改变，其各个龄期的孔结构特征参数也发生了变化。从图 3.4.20～图 3.4.23 可以看出，与纯水泥浆体相比，7～28d 龄期，石灰石粉的掺入导致浆体孔径分布向着无害孔明显减少，少害孔、有害孔和多害孔相对增加的趋势发展。7d 龄期时，石灰石粉对浆体无害孔数量影响不明显，使少害孔减少，多害孔增加；28d 龄期时，石灰石粉使浆体无害孔明显减少，少害孔、有害孔和多害孔增加。10％和 20％石灰石粉掺量的浆体与纯水泥浆体相比，无害孔分别减少 32.9％和 26.3％，少害孔、有害孔、多害孔分别增加 20.1％和 15.4％、10.3％和 1.5％、4.7％和 7.1％。28d 与 7d 龄期相比，纯水泥浆体的无害孔增加了 40.1％，20％石灰石粉掺量的水泥浆体的无害孔只增加了 3.5％，10％掺量的却减少了 10.4％。

表 3.4.11　　　　　　　不同胶凝体系浆体孔结构试验结果

编号	龄期 /d	平均孔径 /nm	中位孔径 /nm	孔隙率 /%	孔径分布/%			
					≤20nm	20～100nm	100～200nm	>200nm
K - L0	7	28.6	47.3	20.6125	22.8552	60.9972	5.0863	11.0613
	28	15.5	40.1	20.0763	32.0128	46.2595	4.0658	17.6619
K - L10	7	27.7	44.4	21.4621	23.9551	56.0248	4.8911	15.0390
	28	29.7	48.2	18.2220	21.4741	55.5483	4.4833	18.4943
K - L20	7	30.1	54.6	25.7378	22.7986	54.3653	7.1717	15.6644
	28	28.8	46.0	20.5307	23.5886	53.3716	4.1276	18.9122

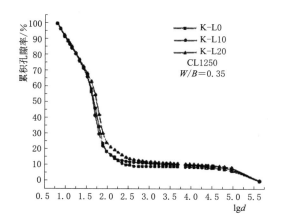

图 3.4.20　不同石灰石粉掺量的 7d 水泥
浆体孔累积曲线

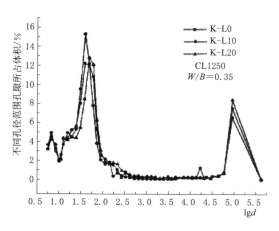

图 3.4.21　不同石灰石粉掺量的 7d
水泥浆体孔分布曲线

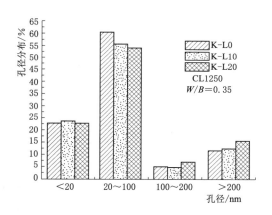

图 3.4.22　不同石灰石粉掺量的 7d 水泥
浆体孔径分布

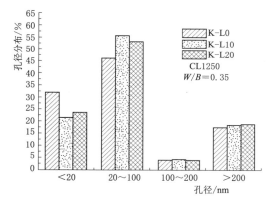

图 3.4.23　不同石灰石粉掺量的 28d 水泥
浆体孔径分布

图 3.4.24 为不同石灰石粉掺量水泥浆体的平均孔径。从图 3.4.24 中可明显看出，7d

龄期时，石灰石粉对浆体平均孔径影响不大；28d 龄期时，石灰石粉的掺入显著影响了浆体的平均孔径，10% 和 20% 掺量的浆体平均孔径比纯水泥浆体的平均孔径增加了 91.6% 和 85.8%。石灰石粉的掺入使水泥浆体孔结构由小孔向大孔转变，产生孔粗效应。前面分析水泥-石灰石粉胶凝体系的 $Ca(OH)_2$ 含量已得出，石灰石粉对水泥早期水化有促进作用，因此在小掺量下对早期浆体孔结构影响不明显，但由于石灰石粉没有

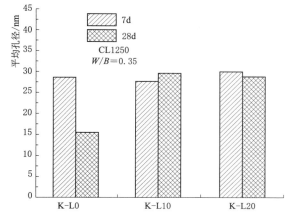

图 3.4.24　不同石灰石粉掺量水泥浆体的平均孔径

水化活性，因此掺石灰石粉水泥浆体后期水化产物低于纯水泥浆体，浆体孔隙率差异增加。

为研究高掺量石灰石粉对胶凝体系的影响，对 30%、60% 大掺量下，水泥-石灰石粉/粉煤灰及水泥-石灰石粉-粉煤灰胶凝体系硬化浆体孔结构参数进行了试验，结果见表 3.4.13。从表 3.4.12 可以看出，与水泥浆体相比，随着粉煤灰或石灰石粉掺量的增加，浆体平均孔径、最可几孔径和孔隙率变大。与掺粉煤灰的水泥浆体相比，在 30% 掺量下，3d、7d 龄期，掺石灰石粉的水泥浆体的最可几孔径较小，但平均孔径略高，3d 孔隙率较小，7d 孔隙率相近；28d 龄期后，掺石灰石粉的水泥浆体的孔隙率、平均孔径和最可几孔径都要明显大于掺粉煤灰的水泥浆体。当掺量增加到 60%，掺石灰石粉水泥浆体各龄期的平均孔径、孔隙率和最可几孔径都要明显高于掺粉煤灰的水泥浆体。在 60% 的总掺合料掺量下，单掺粉煤灰和复掺粉煤灰与石灰石粉的水泥浆体的孔结构参数较接近，28d 龄期前，单掺粉煤灰的水泥浆体的平均孔径、最可几孔径和孔隙率还要略高于复掺石灰石粉与粉煤灰的水泥浆体；28d 龄期后则略低。石灰石粉比表面积在 $500 \sim 800 \mathrm{m}^2/\mathrm{kg}$ 范围内变化，对硬化浆体孔隙率及孔径参数的影响不大。

表 3.4.12　　　　　　　　不同掺合料水泥石的孔结构参数试验结果

编号	石灰石粉		粉煤灰掺量/%	平均孔径/nm				最可几孔径/nm				孔隙率/%			
	比表面积/(m²/kg)	掺量/%		3d	7d	28d	90d	3d	7d	28d	90d	3d	7d	28d	90d
SL1		0	0	44.7	28.9	23.7	21.8	44.3	27.4	23.9	18.9	14.5	12.3	9.3	8.1
SL2	557	30	0	48.2	34.6	29.6	24.0	51.3	45.0	31.6	25.2	27.3	19.0	16.9	13.5
SL3	762	30	0	46.7	36.0	31.4	23.9	57.7	44.7	36.0	26.9	26.7	19.1	16.4	14.9
SL4		0	30	43.7	32.1	26.0	20.7	63.1	47.3	29.6	21.6	28.8	18.8	14.4	10.9
SL5	557	60	0	—	47.7	34.1	30.5	—	61.5	45.9	40.9	—	26.8	23.9	22.4
SL6		0	60	36.6	29.2	22.5		58.6	34.0	28.9		25.2	22.4	18.0	
SL7	557	30	30	34.2	29.5	23.4		51.5	36.7	30.5		24.6	22.7	20.2	

掺合料对水泥浆体孔结构的影响主要有两方面：一方面通过形态效应或粉体堆积效应减小用水量从而减小水泥浆体中的孔隙率，尤其是早期的孔隙率；另一方面通过二次水化反应，细化水泥浆体中的毛细孔径。孔结构分析表明，石灰石粉对水泥早期水化有促进作用且存在微细颗粒的填充效应。此外，在较大的掺合料掺量下，与单掺粉煤灰相比，石灰石粉与粉煤灰复掺对浆体的孔结构参数影响较小。说明，尽管粉煤灰后期具有较高的水化活性，但大掺量下，粉煤灰难以全部水化，主要仍起着填充作用，可以用石灰石粉部分替代。

3.4.4　石灰石粉对水泥浆体性能的影响

3.4.4.1　标准稠度用水量

不同比表面积、不同石灰石粉掺量的水泥浆体标准稠度用水量试验结果如图 3.4.25 所示。纯水泥净浆标准稠度用水量为 125mL。从图 3.4.25 可以看到，不同比表面积的水泥-石灰石粉浆体净浆标准稠度用水量随石灰石粉掺量变化的趋势是不一样的。比表面积 $357m^2/kg$ 的石灰石粉 L1 在 60% 掺量范围内，标准稠度在 25% 左右，与纯水泥净浆基本一致。对于比表面积 $560m^2/kg$ 和 $760m^2/kg$ 的石灰石粉（石灰石粉 L2 和石灰石粉 L3），随着掺量增加，浆体标准稠度用水量下降，即流动性增加，在 30% 掺量时达到最低，其后随着掺量增加稠度增加，在掺量达 60% 时，稠度达到最大，其后又随掺量增加而降低。纯石灰石粉浆体的标准稠度用水量随着石粉比表面积的增大而增大，比表面积 $360m^2/kg$ 的石灰石粉浆体标准稠度略低于纯水泥净浆，比表面积 $560m^2/kg$ 的石灰石粉浆体与纯水泥净浆相等，比表面积 $760m^2/kg$ 的石灰石粉浆体略大于纯水泥净浆。Ⅰ级粉煤灰的标准稠度用水量随掺量增加先降后增，在 30% 掺量时最小，其后随掺量增加快速增长。纯粉煤灰浆体的标准稠度用水量达 160mL，比纯水泥净浆增加了 28%。总的来说，石灰石粉的比表面积和掺量对水泥浆体标准稠度用水量有一定影响，但影响不大。

掺合料总掺量 60% 的水泥-石灰石粉-粉煤灰浆体标准稠度用水量试验结果如图 3.4.26 所示，可以看到随着掺合料中石灰石粉替代粉煤灰的比例增加，浆体的标准稠度用水量降低，即流动性增加，但是不同比表面积的石灰石粉对浆体流动性的改善作用不同，总的来说，比表面积 $560m^2/kg$ 的石灰石粉对三元复合浆体流动性的改善作用最大，比表面积 $360m^2/kg$ 的石灰石粉次之，比表面积 $760m^2/kg$ 的石灰石粉最差。但在掺量 20% 时，比表面积 $760m^2/kg$ 的石灰石粉标准稠度用水量略低于比表面积 $360m^2/kg$ 的石灰石粉；全部替代粉煤灰时，比表面积 $560m^2/kg$ 的石灰石粉的标准稠度用水量略高于比表面积 $360m^2/kg$ 的石灰石粉。

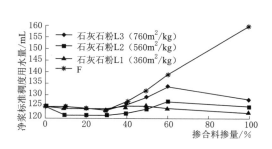

图 3.4.25　水泥-石灰石粉/粉煤灰净浆标准
稠度用水量

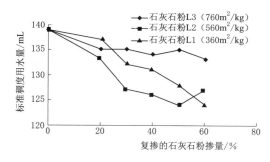

图 3.4.26　水泥-石灰石粉-粉煤灰净浆标准
稠度用水量（掺合料总掺量 60%）

可以看到，在浆体体系中水泥、石灰石粉、粉煤灰的组合颗粒级配是影响净浆流动性的主要因素。在二元体系中，在合适的组合比例下，石灰石粉或粉煤灰中的微细颗粒在水泥颗粒之间的物理填充作用可以置换出一部分水，使浆体流动性增大。但随着石灰石粉或粉煤灰掺量的增加，体系中过多的粗颗粒和细颗粒都将明显增加浆体的屈服应力，减小浆体的流动性。在较大的掺合料掺量下，水泥-石灰石-粉煤灰三元体系的组合颗粒级配优于水泥-粉煤灰二元体系，复掺特定比表面积的石灰石粉，可以更加明显改善浆体的流动性。

3.4.4.2　净浆凝结时间

水泥-石灰石粉浆体凝结时间随石灰石粉（$760m^2/kg$）掺量的变化如图 3.4.27 所示。浆体的初凝和终凝时间均随石灰石粉掺量的增加而缩短。从石灰石粉对水泥水化历程的研究得出，石灰石粉改变了水泥水化历程，致使水泥放热速率提高，诱导期缩短，提前进入加速期，因而促使浆体凝结时间缩。

3.4.4.3　胶砂流动度

水泥-石灰石粉/粉煤灰胶砂流动度见图 3.4.28，水泥-石灰石粉-粉煤灰胶砂流动度见图 3.4.29。从图 3.4.28 可以看到，在 20％掺量内，石灰石粉 L2可略增加胶砂的流动度，但掺量超过30％，胶砂流动度随掺量增加而下降，掺量 30％、40％、60％流动度分别降低

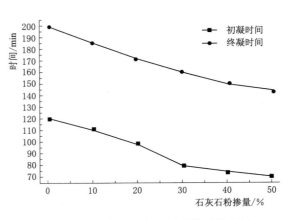

图 3.4.27　水泥-石灰石粉浆体凝结时间

1％、3％、9％，在 40％掺量范围内，流动度降低不明显；胶砂流动度随石灰石粉 L3 掺量增加逐渐降低，掺量 20％、30％、40％、60％流动度分别降低 2％、4％、8％、11％，在 30％掺量范围内，流动度降低不明显；掺石灰石粉 L1，较小掺量下胶砂流动度就大幅降低，但随掺量增加，流动度基本不变，掺量为 20％～60％，流动度降低 13％～14％。掺石灰石粉胶砂流动度的变化趋势与掺石灰石粉净浆标准稠度变化规律基本吻合。

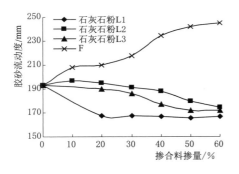

图 3.4.28　水泥-石灰石粉/粉煤灰胶砂流动度

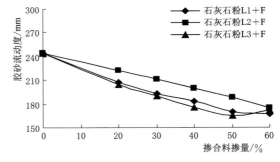

图 3.4.29　水泥-石灰石粉-粉煤灰净浆胶砂流动度（掺合料总掺量 60％）

与掺粉煤灰净浆稠度变化规律不同，胶砂流动度随粉煤灰掺量的增加而增加，这表明，相对于颗粒组合级配的影响，粉煤灰的形状效应，即球形粉煤灰颗粒的滚珠润滑作用对胶砂流动度具有更为重要的作用。从图 3.4.29 可以看到，在 60％的掺合料总掺量下，复掺粉煤灰可以提高石灰石粉胶砂的流动性，复掺粉煤灰比例越大，胶砂流动性越大。

掺石灰石粉水泥胶砂的流动性与石灰石粉的比表面积不是简单的相关关系。对水泥、石灰石粉和粉煤灰的粒度分析结果表明，石灰石粉中粒径小于 $3\mu m$ 的细微颗粒含量明显高于水泥和粉煤灰，尤其石灰石粉 L3 的细微颗粒含量达 65％，是石灰石粉 L1、石灰石粉 L2 的近 2 倍，是水泥、粉煤灰的 3～4 倍。另外，石灰石粉中大于 $65\mu m$ 的粗颗粒含量也远高于水泥和粉煤灰，其中石灰石粉 L1 的粗颗粒含量又明显高于石灰石粉 L2 和石灰石粉 L3。水泥、石灰石粉和粉煤灰之间的组合颗粒级配对胶砂的流动性有较大影响。好

的颗粒级配，不同粒径的颗粒相互填充，细颗粒填充在粗颗粒之间，可减少胶砂的孔隙水，增加胶砂的流动度，因此在适当掺量范围内，具有较好颗粒级配的石灰石粉如石灰石粉 L2 可增加胶砂的流动性。但石灰石粉中过多的粗颗粒和细颗粒都将明显增加胶砂的剪切应力，减小胶砂的流动性。

3.4.4.4　胶砂抗压强度

0~60% 掺量范围内，单掺石灰石粉与粉煤灰的水泥胶砂强度见表 3.4.13、表 3.4.14 和图 3.4.30~图 3.4.33，强度增长率见图 3.4.34~图 3.4.37，两者的强度比较见图 3.4.38。

表 3.4.13　　　　　　　　单掺石灰石粉或粉煤灰水泥胶砂的抗压强度　　　　　　　　单位：MPa

掺合料掺量	石灰石粉 L1 (360m²/kg)				石灰石粉 L2 (560m²/kg)					石灰石粉 L3 (760m²/kg)				粉煤灰 F (410m²/kg)				
	3d	7d	28d	90d	3d	7d	28d	90d	180d	3d	7d	28d	90d	3d	7d	28d	90d	180d
0	18.7	30.9	43.3	57.1	18.7	30.9	43.3	57.1	61.3	18.7	30.9	43.3	57.1	18.7	30.9	43.3	57.1	61.3
20%	12.5	17.7	36.0	43.7	12.9	21.2	36.7	44.2	45.8	15.2	22.0	38.7	45.4	18.8	25.4	38.5	54.1	65.6
30%	10.3	17.3	29.6	34.8	11.0	17.9	29.7	36.1	37.0	11.7	18.3	30.2	36.3	12.3	18.2	32.0	52.2	66.0
40%	7.8	12.0	20.4	24.6	8.2	12.8	23.1	27.8	28.2	8.5	14.0	23.2	27.8	10.6	15.9	29.8	48.0	57.2
50%	5.0	8.3	13.8	17.5	5.4	9.0	15.2	18.9	19.1	5.7	9.3	15.8	19.0	5.7	12.2	19.6	41.7	49.0
60%					3.3	5.0	10.1	11.5	12.4					4.3	8.7	15.9	33.8	44.0

表 3.4.14　　　　　　　　单掺石灰石粉或粉煤灰水泥胶砂的抗折强度　　　　　　　　单位：MPa

掺合料掺量	石灰石粉 L1 (360m²/kg)				石灰石粉 L2 (560m²/kg)					石灰石粉 L3 (760m²/kg)				粉煤灰 F (410m²/kg)				
	3d	7d	28d	90d	3d	7d	28d	90d	180d	3d	7d	28d	90d	3d	7d	28d	90d	180d
0	4.5	6.1	8.3	9.7	4.5	6.1	8.3	9.7	9.9	4.5	6.1	8.3	9.7	4.5	6.1	8.3	9.7	9.9
20%	3.6	4.3	7.2	8.2	3.7	4.6	7.5	8.5	8.6	4.0	5.2	7.5	8.8	4.4	5.5	7.7	9.7	11.6
30%	2.7	3.9	5.8	7.4	3.0	4.1	5.9	7.6	7.6	3.1	4.6	6.1	7.6	3.3	4.4	7.4	10.1	11.9
40%	2.3	3.3	5.0	5.9	2.5	3.5	6.2	6.4	6.3	2.5	3.5	5.2	6.3	3.3	3.8	5.9	9.1	10.1
50%	1.6	2.3	3.5	4.6	1.8	2.4	3.6	4.9	5.0	1.8	2.6	3.6	4.9	2.2	3.0	4.7	9.1	9.5
60%					1.0	1.5	2.6	3.6	3.6					1.7	2.4	4.0	8.5	9.0

掺石灰石粉对水泥胶砂强度有较大影响，随着石灰石粉掺量的增加，水泥胶砂抗压强度降低，水泥胶砂各龄期抗压强度降低幅度略大于石灰石粉的掺量。抗折强度降低幅度小于抗压强度。与纯水泥胶砂相比，各龄期中 28d 龄期的相对强度最高，随着龄期增长，相对强度降低。

石灰石粉的比表面积对胶砂强度有一定影响，石灰石粉 L1 的比表面积较小，粗颗粒较多，颗粒分布范围较宽，各龄期的胶砂强度都要略低于掺石灰石粉 L2 和石灰石粉 L3 的水泥胶砂。28d 龄期以前，比表面积最高的石灰石粉 L3 的胶砂强度略高于石灰石粉 L2，但到 90d 龄期，掺石灰石粉 L2 和石灰石粉 L3 的胶砂强度基本相当。

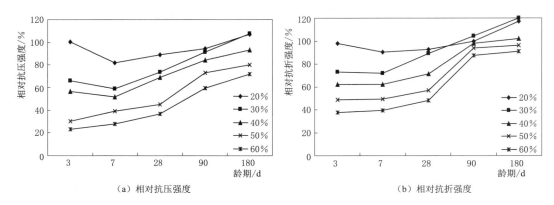

（a）相对抗压强度　　　　　　　　　（b）相对抗折强度

图 3.4.30　掺粉煤灰水泥胶砂的相对强度与龄期的关系（以纯水泥胶砂为 100％）

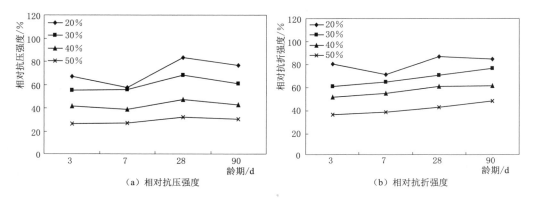

（a）相对抗压强度　　　　　　　　　（b）相对抗折强度

图 3.4.31　掺石灰石粉 L1 水泥胶砂的相对强度与龄期的关系（以纯水泥胶砂为 100％）

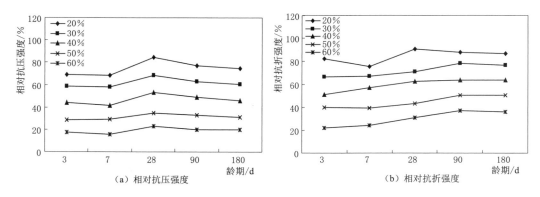

（a）相对抗压强度　　　　　　　　　（b）相对抗折强度

图 3.4.32　掺石灰石粉 L2 水泥胶砂的相对强度与龄期的关系（以纯水泥胶砂为 100％）

28d 龄期前掺粉煤灰水泥胶砂的强度随着粉煤灰掺量增加而降低，28d 龄期后掺粉煤灰水泥胶砂的强度增长率随着掺粉煤灰量增加而提高。粉煤灰掺量 30％以内的水泥胶砂 180d 龄期抗压、抗折强度超过了纯水泥胶砂，粉煤灰掺量 40％的水泥胶砂抗折强度与纯水泥胶砂接近，抗压强度略低于纯水泥胶砂。粉煤灰掺量 60％的水泥胶砂与纯水泥胶砂相比，180d 龄期的抗压强度仅降低了 28％，抗折强度仅降低了 9％，远低于掺量百分比。

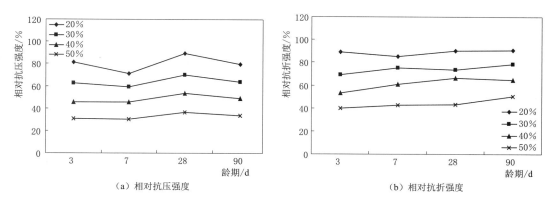

图 3.4.33 掺石灰石粉 L3 水泥胶砂的相对强度与龄期的关系（以纯水泥胶砂为 100%）

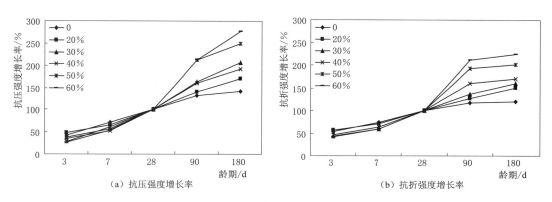

图 3.4.34 掺粉煤灰水泥胶砂的强度增长率

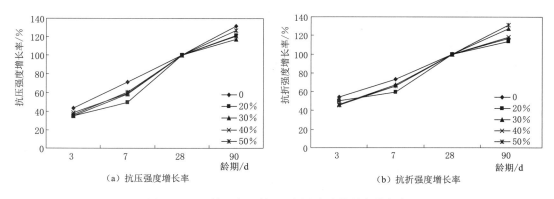

图 3.4.35 掺石灰石粉 L1 水泥胶砂的强度增长率

7d 龄期，掺石灰石粉和掺粉煤灰水泥胶砂的抗压强度增长率基本为 50%～60%；90d 龄期，掺石灰石粉水泥胶砂的抗压强度增长率在 120% 左右，而掺粉煤灰水泥胶砂的抗压强度增长率则为 140%～210%，并随着粉煤灰掺量的增加而提高；180d 龄期，掺石灰石粉水泥胶砂的抗压强度增长率在 125% 左右，与 90d 龄期基本一致，表明强度基本不再明显增长，而掺粉煤灰水泥胶砂的抗压强度增长率则为 170%～280%，随着粉煤灰掺量的

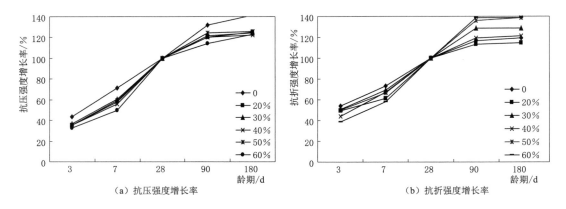

（a）抗压强度增长率　　　　　　　　　（b）抗折强度增长率

图 3.4.36　掺石灰石粉 L2 水泥胶砂的强度增长率

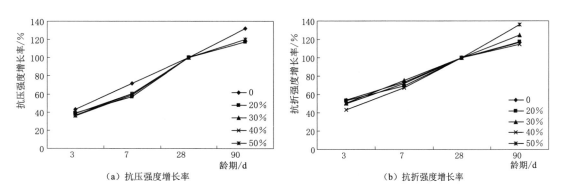

（a）抗压强度增长率　　　　　　　　　（b）抗折强度增长率

图 3.4.37　掺石灰石粉 L3 水泥胶砂的强度增长率

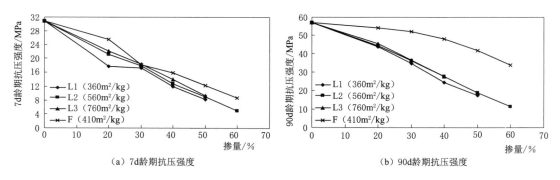

（a）7d龄期抗压强度　　　　　　　　　（b）90d龄期抗压强度

图 3.4.38　掺粉煤灰与掺石灰石粉胶砂抗压强度的比较

增加而提高。

相同掺量下，掺石灰石粉的胶砂强度低于掺粉煤灰的胶砂强度，且随着龄期增长，两者之间的差距变大，90d 龄期掺石灰石粉的胶砂强度明显低于掺粉煤灰的胶砂强度。石灰石粉掺量 20% 的水泥胶 180d 龄期的抗压强度仅相当于粉煤灰掺量 55% 的水泥胶砂。

固定掺合料总掺量 60%，复掺粉煤灰与石灰石粉的水泥胶砂强度见表 3.4.15 和表 3.4.16。与单掺 60% 粉煤灰的水泥胶砂相比，复掺粉煤灰与石灰石粉水泥胶砂的相对抗压强度和相对抗折强度分别见表 3.4.17 和表 3.4.18。以 28d 龄期的胶砂强度为 100%，复掺粉煤灰与石灰石粉胶砂的抗压强度增长率和抗折强度增长率分别见表 3.4.19 和表 3.4.20。

表 3.4.15　　　　　复掺粉煤灰与石灰石粉水泥胶砂的抗压强度　　　　　单位：MPa

石灰石粉掺量	粉煤灰掺量	L1＋F				L2＋F					L3＋F			
		3d	7d	28d	90d	3d	7d	28d	90d	180d	3d	7d	28d	90d
0%	60%	4.3	8.7	15.9	33.8	4.3	8.7	15.9	33.8	44.0	4.3	8.7	15.9	33.8
20%	40%	5.1	7.3	14.7	28.7	5.1	7.5	15.0	28.8	40.3	5.2	7.5	15.1	29.0
30%	30%	4.4	6.8	13.3	25.4	4.5	6.8	13.5	25.5	31.3	4.7	6.9	14.5	25.6
40%	20%	4.0	6.6	12.8	21.3	4.0	6.6	12.8	21.6	27.3	4.1	6.6	12.8	21.8
50%	10%	3.6	6.0	11.2	17.4	3.8	6.3	10.9	17.2	20.2	3.8	6.2	10.9	17.2
60%	0%					3.3	5.0	10.1	11.5	12.4				

表 3.4.16　　　　　复掺粉煤灰与石灰石粉水泥胶砂的抗折强度　　　　　单位：MPa

石灰石粉掺量	粉煤灰掺量	L1＋F				L2＋F					L3＋F			
		3d	7d	28d	90d	3d	7d	28d	90d	180d	3d	7d	28d	90d
0%	60%	1.7	2.4	4.0	8.5	1.7	2.4	4.0	8.5	9.0	1.7	2.4	4.0	8.5
20%	40%	1.6	2.0	4.0	7.6	1.6	2.0	4.0	7.6	8.0	1.6	2.0	4.1	7.8
30%	30%	1.5	2.0	3.8	6.8	1.5	2.0	3.8	6.8	7.5	1.5	2	3.9	7.1
40%	20%	1.3	2.0	3.6	6.4	1.3	1.9	3.6	6.4	7.4	1.3	1.9	3.6	6.4
50%	10%	1.2	1.8	2.9	4.8	1.3	1.8	2.9	5.1	6.4	1.3	1.8	3.0	5.3
60%	0%					1.0	1.5	2.6	3.6	3.6				

表 3.4.17　　　　　复掺粉煤灰与石灰石粉水泥胶砂的相对抗压强度　　　　　%

石灰石粉掺量	粉煤灰掺量	L1＋F				L2＋F					L3＋F			
		3d	7d	28d	90d	3d	7d	28d	90d	180d	3d	7d	28d	90d
0	0	100	100	100	100	100	100	100	100	100	100	100	100	100
0	60	23	28	37	59	23	28	37	59	72	23	28	37	59
20	40	27	24	34	50	27	24	35	50	66	28	24	35	51
30	30	24	22	31	44	24	22	31	45	51	25	22	33	45
40	20	21	21	30	37	21	21	30	38	45	22	21	30	38
50	10	19	19	26	30	20	20	25	30	33	20	20	25	30
60	0					18	16	23	20	20				

表3.4.18 复掺粉煤灰与石灰石粉水泥胶砂的相对抗折强度 %

石灰石粉掺量	粉煤灰掺量	L1+F				L2+F					L3+F			
		3d	7d	28d	90d	3d	7d	28d	90d	180d	3d	7d	28d	90d
0	0	100	100	100	100	100	100	100	100	100	100	100	100	100
0	60	38	39	48	88	38	39	48	88	91	38	39	48	88
20	40	36	33	48	78	36	33	48	78	81	36	33	49	80
30	30	33	33	46	70	33	33	46	70	76	33	33	47	73
40	20	29	33	43	66	29	31	43	66	75	29	31	43	66
50	10	27	30	35	49	29	30	35	53	65	29	30	36	55
60	0					22	25	31	37	36				

表3.4.19 复掺粉煤灰与石灰石粉水泥胶砂的抗压强度增长率 %

石灰石粉掺量	粉煤灰掺量	L1+F				L2+F					L3+F			
		3d	7d	28d	90d	3d	7d	28d	90d	180d	3d	7d	28d	90d
0	0	43	71	100	132	43	71	100	132	142	43	71	100	132
0	60	27	55	100	213	27	55	100	213	277	27	55	100	213
20	40	35	50	100	195	34	50	100	192	269	34	50	100	192
30	30	33	51	100	191	33	50	100	189	232	32	48	100	177
40	20	31	52	100	166	31	52	100	169	213	32	52	100	170
50	10	32	54	100	155	35	58	100	158	185	35	57	100	158
60	0					33	50	100	114	123				

表3.4.20 复掺粉煤灰与石灰石粉水泥胶砂的抗折强度增长率 %

石灰石粉掺量	粉煤灰掺量	L1+F				L2+F					L3+F			
		3d	7d	28d	90d	3d	7d	28d	90d	180d	3d	7d	28d	90d
0	0	54	73	100	117	54	73	100	117	119	54	73	100	117
0	60	43	60	100	213	43	60	100	213	225	43	60	100	213
20	40	40	50	100	190	40	50	100	190	200	39	49	100	190
30	30	39	53	100	179	39	53	100	179	197	38	51	100	182
40	20	36	56	100	178	36	53	100	178	206	36	53	100	178
50	10	41	62	100	166	45	62	100	176	221	43	60	100	177
60	0					38	58	100	138	138				

从表3.4.15~表3.4.20可以看到，复掺石灰石粉与粉煤灰胶砂的强度及其增长率介于同等掺量下单掺粉煤灰和单掺石灰石粉的胶砂之间。石灰石粉掺量小于30%时，复合掺合料水泥胶砂3d龄期的抗压强度略高于单掺粉煤灰的胶砂，表明在复合掺合料中石灰石粉有促进早期强度的作用。总的来说，石灰石粉的比表面积对复合掺合料水泥胶砂的强

度没有明显影响，比表面积大的石灰石粉 28d 龄期前的胶砂强度略高，90d 龄期差异不大。与纯水泥胶砂相比，总掺量 60% 的复合掺合料中石灰石粉掺量在 40% 以内时，180d 龄期胶砂的抗压强度的降低比率小于掺合料总掺量百分比。当复合掺合料中石灰石粉的掺量为 30% 时，其 180d 龄期胶砂抗压强度超过单掺 40% 石灰石粉的胶砂；当复合掺合料中石灰石粉的掺量为 20% 时，其 180d 龄期胶砂的抗压强度相当于单掺 25% 石灰石粉的胶砂。因此，在相同强度下，与单掺石灰石粉相比，石灰石粉与粉煤灰复掺可以提高掺合料总掺量，更为经济合理。

3.4.4.5 抗硫酸盐侵蚀性能

硫酸盐侵蚀是混凝土破坏的重要原因之一，一直以来备受关注。根据硫酸盐侵蚀机理和侵蚀反应产物的不同，可以将硫酸盐侵蚀划分为钙矾石结晶型、石膏结晶型、碳硫硅钙石结晶型和硫酸镁溶蚀结晶型几大类。自 1998 年以来，在英国的许多构筑物中，发现了大量与碳酸盐有关的碳硫硅钙石，这些白色物质柔软、无胶结力，导致这些构筑物出现不同程度的劣化或破坏。为此，1998 年英国政府召集了一个碳硫硅钙石专家组对此问题进行专题研究，该专家组将在硫酸盐侵蚀下，因碳硫硅钙石形成引起的水泥基材料的明显劣化或毁坏的现象称为碳硫硅钙石型硫酸盐侵蚀（Thaumasite form of Sulfate Attack，TSA）。大量研究表明，石灰石粉对水泥石在低温条件下的抗硫酸盐腐蚀能力有不利影响，在一定浓度的硫酸盐溶液的侵蚀下，含石灰石粉水泥石的破坏在一定的时间内表现为石膏型破坏，而在长期低温硫酸盐溶液侵蚀的作用下则容易产生 TSA 破坏，而且石灰石粉含量越高，混凝土受 TSA 破坏可能性越大。水泥石的 TSA 发生在 pH 大于 10.5、有水且环境温度低于 15℃ 的情况下（有时在 20℃ 的环境温度下也会发生），腐蚀产物为钙矾石、石膏和碳硫硅酸钙，表现为硬化水泥石成为无黏结性的泥状物质，破坏由表及里发展，进而导致骨料脱落。

研究表明，在短期的低温硫酸盐侵蚀环境下，石灰石粉砂浆比纯水泥砂浆会表现出更好的耐腐蚀性，这是由于石灰石粉具有密实填充和化学活化作用，促进了水泥水化并使单硫型水化硫铝酸钙转变为稳定的单碳水化铝酸钙，使掺石灰石粉水泥石比纯水泥石结构更加致密。而在长期低温硫酸盐侵蚀环境下，掺石灰石粉的水泥石更易发生 TSA 破坏。TSA 的发生条件除了要有较低温度（≤15℃）、充足的水和硫酸盐外，更重要的是需要有碳酸盐，而石灰石粉能为其侵蚀破坏提供大量的碳酸盐来源。TSA 的实质是通过硫酸根离子、碳酸根离子或碳酸氢根离子作为侵蚀介质，使水泥石中的 C－S－H 解体并失去胶结能力，同时反应生成无胶结作用的碳硫硅钙石，随着 C－S－H 的不断消耗，最终使整个水泥石遭到解体破坏，因此石灰石粉对 TSA 侵蚀破坏具有促进作用。环境温度越低，碳硫硅钙石型破坏出现的时间越早，也有研究说明，碳硫硅钙石在温暖环境中也有可能出现。

碳硫硅钙石的形成机理主要分为溶液反应机理和钙矾石转变机理。即碳硫硅钙石直接由水泥水化产物中的 C－S－H 凝胶与硫酸盐、碳酸盐在足量水溶液中反应生成或者是由钙矾石逐渐转化而成。但碳硫硅钙石的形成是否与石灰石粉进入 C－S－H 形成的碳硅酸钙水化物有关还有争议。但石灰石粉的加入使得水泥混凝土更容易受硫酸盐侵蚀破坏的事实已被试验和实例所证实。可将 TSA 分为 3 个阶段。

（1）潜伏期：离子迁移，生成 AFt。在混凝土内外浓度差的作用下，外界 SO_4^{2-} 及其他有害介质通过孔隙向混凝土内部渗透，水泥石中的 OH^- 及 Ca^{2+} 等向外界扩散、溶出，SO_4^{2-} 首先与水化产物 $Ca(OH)_2$ 作用生成硫酸钙，硫酸钙再与水泥石中的水化铝酸钙或单硫型硫铝酸钙反应生成 AFt，见式（3.4.1）～式（3.4.3）：

$$Ca(OH)_2 + SO_4^{2-} \longrightarrow CaSO_4 + 2OH^- \tag{3.4.1}$$

$$4CaO \cdot Al_2O_3 \cdot 19H_2O + 2CaSO_4 + SO_4^{2-} + 14H_2O \longrightarrow$$
$$3CaO \cdot Al_2O_3 \cdot 3CaSO_4 \cdot 32H_2O + 2OH^- \tag{3.4.2}$$

$$3CaO \cdot Al_2O_3 \cdot CaSO_4 \cdot 18H_2O + 2CaSO_4 + 14H_2O \longrightarrow$$
$$3CaO \cdot Al_2O_3 \cdot 3CaSO_4 \cdot 32H_2O + 4OH^- \tag{3.4.3}$$

（2）膨胀型开裂：氢氧化钙和水化硅酸钙直接跟 SO_4^{2-} 结合生成石膏，如式（3.4.4）、式（3.4.5）：

$$Ca(OH)_2 + SO_4^{2-} + 2H_2O \longrightarrow CaSO_4 \cdot 2H_2O + 2OH^- \tag{3.4.4}$$

$$3CaO \cdot 2SiO_2 \cdot 3H_2O + 3SO_4^{2-} + 8H_2O \longrightarrow 3(CaSO_4 \cdot 2H_2O) + 6OH^- + 2SiO_2 \cdot H_2O \tag{3.4.5}$$

（3）软化解体期：在 TSA 侵蚀条件下，钙矾石、石膏等产物会与水泥水化产物 C－S－H 凝胶发生反应，导致 C－S－H 凝胶解体，生成无任何胶结性的碳硫硅酸钙晶体，如式（3.3.6）、式（3.3.7）：

$$3CaO \cdot 2SiO_2 \cdot 3H_2O + 2CaSO_4 \cdot 2H_2O + 2CaCO_3 + 24H_2O \longrightarrow$$
$$Ca_6[Si(OH)_6]_2 \cdot 24H_2O \cdot [(CO_3)_2 \cdot (SO_4)_2] + Ca(OH)_2 \tag{3.4.6}$$

$$3CaO \cdot 2SiO_2 \cdot 3H_2O + 3CaO \cdot Al_2O_3 \cdot 3CaSO_4 \cdot 32H_2O + 2CaCO_3 + 4H_2O$$
$$\longrightarrow Ca_6[Si(OH)_6]_2 \cdot 24H_2O \cdot [(CO_3)_2 \cdot (SO_4)_2]$$
$$+ 2Al(OH)_3 + CaSO_4 \cdot 2H_2O + 4Ca(OH)_2 \tag{3.4.7}$$

碳硫硅钙石与钙矾石的结构非常接近，都是针状晶体，且 X 射线衍射图谱也很接近，所以在实际中往往将碳硫硅钙石型腐蚀误认为钙矾石型腐蚀。碳硫硅钙石的化学式为 $CaSiO_3 \cdot CaCO_3 \cdot CaSO_4 \cdot 15H_2O$，其结构式为 $Ca_6[Si(OH)_6]_2 \cdot 24H_2O \cdot [(SO_4)_2 \cdot (CO_3)_2]$，$SO_4^{2-}$ 和 CO_3^{2-} 填充在基础结构 $[Ca_3Si(OH)_6 \cdot 12H_2O]^{4+}$ 的空间空穴中。

溶液反应机理认为，在有充足的水以及适当温度的条件下，碳硫硅钙石将由水泥水化产物 C－S－H 凝胶与水泥基材料中的石膏、碳酸钙通过反应形成，如式（3.4.6）所示，反应生成物 $Ca(OH)_2$ 又与孔液中的 CO_2 生成 $CaCO_3$，循环反应，形成新的碳硫硅钙石。

钙矾石转变机理认为，钙矾石中的 Al^{3+} 以及 $[SO_4^{2-} + H_2O]$ 分别被 C－S－H 凝胶中的 Si^{4+} 以及孔液中的 $[SO_4^{2-} + 2CO_3^{2-}]$ 所取代，钙矾石便转变为碳硫硅钙石，如式（3.4.7）所示。当 C－S－H 凝胶中的 Si^{4+} 取代钙矾石中的 Al^{3+}，Al^{3+} 将重新进入混凝土的内部溶液中，导致新钙矾石的形成，新的钙矾石又重复以上反应过程，形成新的碳硫硅钙石。可以看出，在硫酸盐环境中，钙矾石转变为碳硫硅钙石的必要条件是混凝土中有足够的 Si^{4+} 及 CO_3^{2-}。现实中，碳硫硅钙石的形成往往包含上述两种原因，即碳硫硅钙石先由钙矾石转变机理而形成晶核，随后，在碳硫硅钙石晶核附近，更多的碳硫硅钙石可能通过溶液反应机理而不断生成。

3.4.5　石灰石粉在胶凝材料体系中的作用机理

3.4.5.1　密实填充作用

石灰石对胶凝体系颗粒级配具有较好的改善作用。水泥中小于 $10\mu m$ 的颗粒较少，因此掺入石灰石粉后，石灰石粉中的细颗粒可填充在胶凝材料体系中的水泥和其他矿物掺合料的粒子之间，改善胶凝材料的颗粒级配。对于水泥用量较少的碾压混凝土来说，在水化后期，石灰石粉可填充在水泥浆体和骨料界面的孔隙之间，填充在水泥水化产物的晶格中，从而部分弥补其水化惰性对混凝土强度的降低作用。当混凝土强度要求不高时，石灰石粉的用量可以进一步增加。石灰石粉在混凝土中的密实填充作用对混凝土强度是有利的，尤其对处于水化程度较低的早期强度有一定的促进作用。

3.4.5.2　石灰石粉的加速水化作用

石灰石粉对水泥的早期水化有加速作用。这主要归因于 $CaCO_3$ 的稀释效应、微晶核效应和分散效应。一方面，$CaCO_3$ 的掺入导致浆体有效水胶比增大，可供 C_3S 水化的水量增多，促使了 C_3S 早期水化；另一方面，$CaCO_3$ 颗粒对 C_3S 水化有明显的微晶核效应，当 C_3S 开始水化时，释放了大量的 Ca^{2+}，当 Ca^{2+} 扩散至 $CaCO_3$ 颗粒表面附近时，根据吸附理论，首先发生 $CaCO_3$ 微粒表面对 Ca^{2+} 的吸附作用，并为 $Ca(OH)_2$ 优先成核提供了大量初始成核点，致使 $Ca(OH)_2$ 在 $CaCO_3$ 表面上大量生长，导致水化浆体中 C_3S 颗粒周围 Ca^{2+} 离子浓度降低，使 C_3S 水化加速。另外，石灰石粉颗粒的平均粒径远小于水泥颗粒，早期浆体中超细的 $CaCO_3$ 颗粒改善了水泥颗粒分布状况，对水泥颗粒起到了分散作用，使 C_3S 与水接触的面积增大，促使 C_3S 水化加速。

对水泥-石灰石粉体系的水化进程及水化度的研究结果表明，石灰石粉的加入导致诱导期缩短，有时，甚至在最低测试温度下出现一个额外的放热峰，另外石灰石粉明显的影响水化第二放热峰的速率。石灰石粉取代水泥越多，测试的温度越高，峰值越显著。以上研究表明，石灰石粉促进了水泥水化。

石灰石粉的加速水化作用主要由石灰石粉的比表面积决定，比表面积越大，加速水化作用越明显。但石灰石粉对水泥水化加速作用仅在早期是明显的，到 28d 后就可忽略不计。一方面，水化后期 $CaCO_3$ 颗粒上已附着有 $Ca(OH)_2$ 晶体，提供成核点的 $CaCO_3$ 减弱了对 Ca^{2+} 的物理吸附作用；另一方面，超细的 $CaCO_3$ 颗粒比表面积大，容易黏附在 C_3S 颗粒上，$CaCO_3$ 对 C_3S 水化早期的分散效应逐渐转变成对 C_3S 的屏蔽效应，影响和阻碍了 C_3S 水化后期离子的扩散，使 C_3S 的进一步水化减缓。而纯 C_3S 水化浆体中，随着水化的进行，C_3S 颗粒之间包裹的一部分水逐渐释放出来，促使了 C_3S 后期的水化。

3.4.5.3　石灰石粉的水化活性

有研究表明，如果水泥中含有较多的铝酸盐相，则石灰石粉可与其发生反应，生成具有一定胶凝能力的碳铝酸盐复合物，对水泥石有一定的胶凝贡献。研究表明，$CaCO_3$ 与 C_3A 反应形成单碳铝酸钙（$3CaO \cdot Al_2O_3 \cdot CaCO_3 \cdot 11H_2O$）并稳定存在，也有研究检测到了半碳铝酸钙和三碳铝酸钙水化物，但其会随龄期的延长而转变，只有单碳铝酸钙会稳定存在。当 $CaCO_3$ 与 C_3A 摩尔比较高及溶液中含有较高 CO_3^{2-} 浓度时，会形成三碳型水化碳铝酸钙，当条件不满足时，它就会转变为单碳铝酸钙。

CaCO$_3$与C$_3$A的反应机理存在离子交换机理和固相反应机理两种观点。离子交换机理认为是由CaCO$_3$与单硫铝酸盐或铝酸盐水化产物反应，形成更稳定、溶解度更小的单碳型水化物；固相反应机理认为，CaCO$_3$粉末在C$_3$A颗粒表面快速形成单碳铝酸钙水化产物层，从而改变了C$_3$A与水的强烈反应活性。肖佳通过测定C$_3$A-CaCO$_3$-H$_2$O体系放热速率，得到CaCO$_3$促进C$_3$A水化反应，且CaCO$_3$含量越高，其放热速率越大的结论，认为是CaCO$_3$改变了水化物C-S-H中的钙/硅（Ca/Si）比，而且CaCO$_3$进入水化物中，形成了碳硅酸钙水化物，并使C$_3$S净浆体强度提高了30%，参与反应的CaCO$_3$的量可达水泥质量的2%～3%，也有报道可达5%～8%。有研究指出，当CaCO$_3$与石膏同时存在时，单碳铝酸钙水化物的形成和CO$_2^{2-}$与SO$_4^{2-}$的相互交换，使钙矾石向单硫铝酸钙水化物的转化被延缓或停止。但也有研究指出，CaCO$_3$加快了C$_3$A与石膏形成钙矾石的反应和钙矾石向单硫铝酸钙水化物的转化，并认为在CaCO$_3$存在下，Ca^{2+}、Al^{3+}、SO$_4^{2-}$的反应加速，促进了钙矾石的形成，加速了体系中石膏的消耗，钙矾石向单硫铝酸钙水化物转化加快。当水泥中铝酸盐含量较高时，掺加石灰石粉，水泥石强度将会有所提高。

3.5 天然火山灰质材料

3.5.1 概述

天然火山灰质材料是一种不需要处理而本身具有一定火山灰活性的物质，它们又分为三类，即火山玻璃体材料、凝灰岩和硅质材料，其分类见表3.5.1。火山玻璃体材料是一种由火山喷出熔融物形成的无定形玻璃体，典型的有天然火山灰、浮石和凝灰岩（沸石）。凝灰岩是一种改变了的火山玻璃体，是由火山灰沉积变质转化成的沸石性矿物，是火山玻璃体与地下水在高温下反应生产的物质。火山玻璃体的特性、地下水组成、温度和压力等因素都会影响沸石化过程，其化学成分的范围与火山玻璃体材料相差不大，两者的活性成分均以铝硅酸盐玻璃体为主。硅质材料通常是从溶液中沉积或是从有机物转化而成的氧化硅，常见的物质有硅藻土、硅藻石、蛋白石和燧石，其活性成分以无定形的二氧化硅或硅凝胶为主。典型的火山灰岩相结构以玻璃体为主并夹杂少量晶体矿物如长石、白榴石、辉石等，具有良好的火山灰活性。史才军将"煅烧的材料"和"工业副产品"火山灰材料都作为人工火山灰材料，"煅烧的材料"是指那些只有在煅烧后才具有火山灰活性的物质，如烧黏土、烧页岩、稻壳灰和烧矾土等，高炉矿渣、粉煤灰、硅粉、铜渣和镍渣是冶金工业、电厂、炼铜厂和炼镍厂产生的典型的工业副产品。

表 3.5.1 火山灰质材料分类

天然火山灰质材料			人工火山灰质材料	
火山玻璃体材料	凝灰岩	硅质材料	煅烧物	工业副产品
火山灰	晶屑	蛋白石	烧黏土	粉煤灰
浮石	玻屑	硅藻土	烧页岩	硅灰
细浮石	岩屑	燧石	烧矾土	铜渣
…	…	…	稻壳灰	高炉矿渣

美国混凝土协会的 ACI 116R *Cement and Concrete Terminology*、美国材料与试验协会的 ASTM C618 *Standard Specification for Coal Fly Ash and Raw or Calcined Natural Pozzolan for Use as a Mineral Admixtrue in Concrete* 和加拿大标准 CSA A23.5 *Supplementary Cementing Materials and their Use in Concrete Construction* 中均给出了天然火山灰的定义。ACI 116R 定义天然火山灰质材料是具有火山灰活性的原状或煅烧的天然矿物质材料，如火山灰、浮石、蛋白石、页岩、凝灰岩、硅藻土等。ASTM C618 和 CSA A23.5 认为某些天然火山灰质材料需通过适当的煅烧来获得良好的性能，如页岩、高岭土等。

天然火山灰质材料作为建筑材料已有很长的历史，也是第一种被发现可用来减轻混凝土骨料碱-硅反应的材料。在现代水泥工业中，天然火山灰质材料用作水泥混合材，各国都制定了相应的技术标准。我国于 1981 年制定了国家标准《用于水泥中的火山灰质混合材料》（GB/T 2847）。美国垦务局在 19 世纪初期开展了天然火山灰质材料作为混凝土掺合料的应用研究，用于控制大坝大体积混凝土胶凝材料的放热量，改善混凝土的抗硫酸盐侵蚀性能，抑制骨料碱活性反应。

近年来，天然火山灰质材料作为混凝土掺合料在我国大中型水电水利工程混凝土，尤其是碾压混凝土中得到了成功应用，积累了较多的工程经验。国家能源局于 2012 年颁布了《水工混凝土掺用天然火山灰质材料技术规范》（DL/T 5273），对具有火山灰活性的原状或经磨细加工处理的天然矿物质材料的应用起到了积极作用。

3.5.2　天然火山灰的组成、结构和性能

不同岩性天然火山灰材料的化学成分波动很大，主要表现在 SiO_2、Al_2O_3、CaO 和碱含量的变化上，其中活性玻璃体（SiO_2 和 Al_2O_3）由于热力学性能不稳定，是天然火山灰的火山灰反应来源，其含量的多少直接影响到火山灰活性及混凝土力学性能的发展；火山灰含铝量也是混凝土性能的重要影响因素，如含铝量为 $11.6\%\sim14.7\%$ 的天然火山灰比含铝量高于 16% 的天然火山灰更有利于改善混凝土的抗硫酸盐等盐类侵蚀性能。天然火山灰的活性与其细度、CaO 含量密切相关，CaO 的存在有利于激发 SiO_2、Al_2O_3 的活性，然而高 CaO 含量也可能会带来安定性不良的危险，引起混凝土的快凝和膨胀破坏。此外，天然火山灰越细，比表面积越大，反应活性越高，但太细可能会增加外加剂掺量和混凝土的需水量，从而影响混凝土的强度发展。

3.5.3　天然火山灰质材料对碾压混凝土性能的影响

我国云南地区拥有较丰富的天然火山灰资源，在龙江干流、瑞丽江、槟榔江等流域多个水电站工程中开展了天然火山灰掺合料的试验研究工作，并成功应用于包括双曲拱坝、常态混凝土重力坝和碾压坝等不同坝型的混凝土中。云南丽江地区的天然火山灰质材料的矿物类型主要为玄武安山岩、浮石质玄武岩等，无定形玻璃体（$SiO_2+Al_2O_3$）含量高，超过 70%，火山灰活性较高。火山灰掺合料等量取代水泥的比例达到 $30\%\sim70\%$，可以单掺使用，解决了当地工程缺乏粉煤灰和其他工业废渣的难题，取得较好的应用效果。

瑞丽江水电站拦河坝为常态混凝土重力坝,最大坝高 67m,混凝土总量 49.81 万 m³,C₉₀15、C₉₀20 三级配常态混凝土中火山灰掺量为 30%~40%,C20 以上二级配常态混凝土中火山灰掺量为 30%,相比粉煤灰掺合料方案,每吨火山灰掺合料可节约 400 元,经济效益明显。腊寨电站混凝土重力坝坝高 68m,坝顶总长度 108.5m,混凝土工程量为 23 万 m³,混凝土强度等级 C30 以下三级配、二级配混凝土火山灰掺合料量为 30%,C30 以上二级配混凝土火山灰掺量达到 20%。弄另电站碾压混凝土重力坝最大坝高 90.5m,混凝土工程量为 35.22 万 m³,火山灰掺量为水泥用量的 40%~65%。厂房及导流洞 C30 以下三级配、二级配混凝土火山灰掺合料用量为水泥的 30%~40%。对比原来的粉煤灰和磷矿渣双掺方案,使用火山灰掺合料后,工程节约资金 1050 万元。云南龙江水电站大坝为拱坝,坝高 115m,混凝土总方量约 75.92 万 m³,大坝混凝土中火山灰掺合料掺量为 25%~35%,各项指标满足工程设计要求。

凝灰岩也是一种重要的天然火山灰质材料,常被用作混凝土的掺合料。凝灰岩的 SiO_2 含量高,而 CaO 含量大多偏低,但凝灰岩中的 SiO_2 晶体结构较稳定,因而活性比粉煤灰等活性掺合料低。云南漫湾水电站大坝为混凝土重力坝,坝高 132m,主体工程混凝土约 210 万 m³,掺合料选用附近的云县棉花地凝灰岩。C₉₀15 标号大坝混凝土中凝灰岩掺量为 30%,C₉₀20 标号中掺量为 25%,强度均可达到设计要求,工程完工后坝体没有发现危害性裂缝,大坝表面裂缝也很少。云南大朝山、西藏 DG 电站大坝碾压混凝土也采用了凝灰岩作为复合掺合料的重要组分。相关试验研究表明,掺凝灰岩混凝土黏聚性较大,需水量也较大,施工过程中需要充分搅拌,浇筑时要振捣密实才可保证混凝土的质量。掺凝灰岩混凝土的抗渗性较好,但抗冻性稍差,应通过选用合适的引气剂及控制水灰比等措施来提高其耐久性;此外,混凝土极限拉伸值较大,弹模较低,具有较好的抗裂性,但其干缩值却较大,需要加强养护措施。

值得注意的是,火山灰质材料的矿物组成和化学成分、烧失量、细度对混凝土的性能及与混凝土其他组成材料之间的适应性有重要影响,可能造成包括外加剂掺量的显著增加、混凝土凝结异常、泌水板结、坍落度损失过快和强度偏低等问题,给工程施工造成不利影响。此外,天然火山灰的需水量普遍要大于粉煤灰,混凝土干缩较高。许多火山灰材料含有碱金属氧化物,碱含量较高,对碱-骨料抑制效果还需进一步论证。

3.6　矿渣粉

3.6.1　来源与品种

在水泥混凝土工业中,矿渣通常是指粒化高炉矿渣,是钢铁厂冶炼生铁过程中产生的副产品。《用于水泥中的粒化高炉矿渣》(GB/T 203—2008)定义粒化高炉矿渣为:在高炉冶炼生铁时,所得以硅铝酸盐为主要成分的熔融物,经淬冷成粒后,具有潜在水硬性的材料。粒化高炉矿渣经干燥、粉磨达到适当细度的粉体称为矿渣粉。《用于水泥和混凝土中的粒化高炉矿渣粉》(GB/T 18046—2017)定义矿渣粉为:以粒化高炉矿渣为主要原料,可掺加少量石膏磨制成一定细度的粉体。磨细后的矿渣粉用作混凝土掺合料,具有更高的活性，而且品质和均匀性更易保证，掺入混凝土中不仅可以节约水泥，降低胶凝材料水化热，而且可以改善混凝土的某些性能，如显著提高混凝土的强度，降低混凝土的绝热温升，提高其抗渗性及对海水、酸及硫酸盐等的抗化学侵蚀能力，具有抑制碱-骨料反应效果等。自19世纪60年代以来，矿渣作为一种辅助胶凝材料获得了大量的研究与应用，被广泛应用于水泥混凝土工业。

在高炉炼铁过程中，将铁矿石、废铁、助熔剂（石灰石和白云石）和作为燃料的焦炭一起投入高炉，这些原料从炉顶沉落至炉底的过程中，经历复杂的物理和化学反应。预热空气或热风从下部进入炉膛，焦炭在沉落过程中与热空气反应产生一氧化碳，将铁矿石中铁的氧化物还原成纯铁，同时产生二氧化碳从炉顶排出。石灰石在沉落过程中分解成氧化钙和二氧化碳，氧化钙成为助熔剂，并能脱去硫和其他杂质，与铁矿石或焦炭带入的氧化硅、氧化铝、氧化镁和石灰共同形成以硅铝酸盐为主要成分，密度小于生铁的熔融矿渣，浮于生铁上面，它的温度与生铁相似，一般为1400～1600℃。

缓慢冷却的熔融矿渣是由$Ca-Al-Mg$硅酸盐晶体组成的一种稳定的固溶体，以黄长石为主要矿物相，$\beta-C_2S$是其中唯一具有胶凝活性的成分。硫在慢冷矿渣中通常以褐硫钙石（CaS）的形式出现。慢冷矿渣没有胶凝活性或活性很弱，但其力学性能与玄武岩相近，因此，可以用作混凝土骨料。

如上所述，熔融矿渣需要快速冷却以提高胶凝性。矿渣的水淬粒化始于1853年，目前有许多种生产高炉矿渣的方法，主要包括湿法成粒、半干法成粒、干法成粒3种。

每冶炼1t生铁，产渣量约为0.4t。目前我国的矿渣已经得到了100%的利用，绝大多数（99.3%）的矿渣都用于水泥和混凝土的生产中，是现代混凝土的重要组成材料。美国矿渣协会的Jan Prusinski根据统计数据估算了矿渣用于混凝土中所产生的绿色环保效应，见表3.6.1。可见，矿渣已经成为建筑工业发展循环经济的重要资源。

表3.6.1　　矿渣用于混凝土时对能源消耗、CO_2排放、天然原生材料的降低率　　　　%

项　目	20MPa预拌混凝土		35MPa预拌混凝土		50MPa预制混凝土		混凝土砌块	
	35%矿渣	50%矿渣	35%矿渣	50%矿渣	35%矿渣	50%矿渣	35%矿渣	50%矿渣
能源消耗	21.1	30.2	23.5	33.7	25.7	36.5	19.9	28.6
CO_2排放	30.1	42.9	31.2	44.7	32.3	46.1	29.2	42.0
天然原生材料	4.8	6.8	6.8	9.8	10.3	14.6	4.3	6.3

为推动矿渣的应用，全世界超过30个国家制定了矿渣水泥或矿渣规范。英国最早于1923年制定了矿渣水泥规范（BS 146），美国首个矿渣水泥规范（ASTM C 205）于1946年采纳。认识到分离的磨细矿渣的生产和应用不可避免，以及天然资源保护的需要，美国ASTM于1979年组建了一个工作组，开始着手研究和制定相应规范，于1982年发布了《混凝土和砂浆用磨细粒化高炉矿渣》（ASTM C989）标准的第一版；美国混凝土学会ACI于1987年也提交了矿渣作为胶凝材料应用的技术报告（ACI 226.1R）；从2003年开始，ACI 233R-03（替代ACI 226.1R）采用矿渣（Slag）这一术语替代磨细高炉矿渣（Ground Granulated Blast-Furnace Slag，GGBFS）这一传统的术语，进一步明确矿渣本身就是属于胶凝材料的范畴，2009版ASTM C989也开始采用同样的术语。英国于

1986 年发布了矿渣作为单独混凝土组分的技术规范（BS 6699），现在为欧洲标准 EN 15167-2006 取代。澳大利亚、加拿大、日本等在 1980 年以后也相继制定了矿渣粉的产品标准。这些标准的制定和实施极大地推动了矿渣粉混凝土技术的研究，并促使矿渣粉混凝土技术得到了令人瞩目的发展。国际上的相关学术团体如 RILEM、ACI/CANMET 等也定期不定期举办学术交流会，讨论交流矿渣的理论和应用。

自 20 世纪 90 年代起，我国开始了混凝土掺用矿渣粉的应用研究工作。1998 年上海市率先实施地方标准《混凝土和砂浆用粒化高炉矿渣微粉》（DB31/T 35），1999 年《粒化高炉矿渣粉在水泥混凝土中应用技术规程》（DG/TJ 08-501）制定颁布。2000 年国家标准《用于水泥和混凝土中的粒化高炉矿渣粉》（GB/T 18046）颁布实施，以活性指数、流动度比和比表面积 3 个指标将矿渣粉划分为三个等级：S95、S105 与 S115，2002 年国家标准《高强高性能混凝土用矿物外加剂》（GB/T 18736）颁布，在该标准中正式将矿渣粉命名为矿物外加剂，作为混凝土第六组分。

3.6.2　矿渣的组成、结构与性能

由于炼铁原料品种和成分的变化及操作工艺因素的影响，矿渣的组成和性质具有较大的变动范围。

（1）按照冶炼生铁的品种分为以下 3 类。

铸造生铁矿渣：冶炼铸造生铁时排出的矿渣。

炼钢生铁矿渣：冶炼供炼钢用生铁时排出的矿渣。

特种生铁矿渣：用含有其他金属的铁矿石熔炼时排出的矿渣。

目前，我国矿渣种类以铸造生铁矿渣及炼钢生铁矿渣为主。

（2）按照矿渣的碱度分类。高炉矿渣的化学成分中，碱性氧化物之和与酸性氧化物之和的比值，称为高炉矿渣的碱性率，用 M_0 表示，即

$$M_0 = \frac{CaO + MgO}{SiO_2 + Al_2O_3}$$

碱性率是我国目前鉴定矿渣质量最常用的分类方法之一，按照矿渣的碱性率 M_0 可把矿渣分为 3 类：①碱性矿渣，碱性率 $M_0 > 1$；②中性矿渣，碱性率 $M_0 = 1$；③酸性矿渣，碱性率 $M_0 < 1$。

（3）按矿渣化学成分分类，矿渣可分为硅质的（$SiO_2 > 40\%$）、矾土质的（$Al_2O_3 > 15\%$）、石灰质的（$CaO > 50\%$）、镁质的（$MgO > 10\%$）、铁质的（$Fe_2O_3 > 5\%$）、锰质的（$MnO > 5\%$）、磷质的（$P_2O_5 > 3\%$）、钛质的（$TiO_2 > 5\%$）、硫质的（$CaS > 5\%$）。

3.6.2.1　化学成分

从化学成分来看，高炉矿渣属于硅铝酸盐质材料。矿渣的主要化学成分与水泥熟料相似，只是氧化钙含量略低，即由 CaO 和 MgO（碱性氧化物）、SiO_2 和 Al_2O_3（酸性氧化物），以及 MnO、Fe_2O_3、S 等微量成分组成的硅酸盐和铝酸盐，CaO、MgO、SiO_2 和 Al_2O_3 4 种成分在高炉矿渣中占 95% 以上。

与水泥和水混合后，其水化产物与水泥的水化产物相同，均为水化硅酸钙凝胶（CSH）和水化铝酸钙，从图 3.6.1 也可看出，矿渣与波特兰水泥大致处于相同的区域。

矿渣中四种主要氧化物成分的含量随着不同钢铁厂家原材料和高炉工艺条件的差别变动范围很大，与铁矿的成分、炼铁时所加石灰石的成分及数量、所炼生铁的种类等多种因素有关。对于同一厂家而言，除非生铁成分的改变需要调整原材料和高炉操作工艺，矿渣的碱性氧化物和酸性氧化物的比例不会产生明显差别。表 3.6.2 给出了我国部分钢铁厂排放矿渣的化学成分。由表 3.6.2 中数据可知，我国高炉矿渣大部分接近于中性矿渣（碱性率 $M_0 \approx 1$），高碱性及酸性高炉矿渣数量不多。

矿渣的化学成分对其活性指数影响较大，CaO、Al_2O_3、MgO 含量高，对矿渣的活性有利，但当 CaO 的含量过多

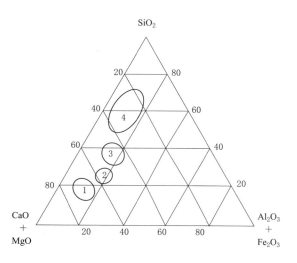

图 3.6.1 矿渣与硅酸盐水泥的主要三组分
1—普通硅酸盐水泥；2—矿渣硅酸盐水泥；
3—碱性高炉矿渣；4—酸性高炉矿渣

时，矿渣在熔融状态下的黏度过大，在淬冷条件较差时，易于生成结晶体，对矿渣活性产生不利的影响；MgO 对矿渣的活性有利，其大多是与 SiO_2 或 Al_2O_3 形成化合物，或固溶于其他矿物中，除非是矿渣中 MgO 含量过多（如大于 20%），所含 MgO 不会造成水泥

表 3.6.2　　　　　　　　　　我国部分钢铁厂高炉矿渣的化学成分

矿渣产地	矿渣化学成分含量/%								碱度 M_0
	SiO_2	Al_2O_3	Fe_2O_3	CaO	MgO	MnO	TiO_2	S	
北京	32.62	9.92	4.21	41.53	8.89	0.29	0.84	0.70	1.19
邯郸	37.83	11.02	3.47	45.54	3.52	0.29	0.30	0.88	1.00
唐山	33.84	11.68	2.20	38.13	10.61	0.26	0.21	1.12	1.07
本溪	37.50	8.08	1.00	40.53	9.56	0.16	0.15	0.66	1.10
鞍山	40.55	7.63	1.37	42.55	6.16	0.08	—	0.87	1.01
马鞍山	33.92	11.11	2.15	37.97	8.03	0.23	1.10	0.93	1.02
临汾	35.01	14.44	0.88	36.78	9.72	0.30	—	0.53	0.94
武汉	34.66	15.02	0.68	43.45	5.35	0.21	0.04	0.66	0.98
太原	37.00	10.99	1.00	45.10	3.03	0.27	—	0.09	1.00
济南	34.58	14.02	0.68	41.71	7.13	0.45	—	1.14	1.00
新乡	40.40	11.10	3.88	40.06	4.73	0.08	—	0.69	0.87
西安	32.10	10.84	0.46	51.64	3.74	0.03	—	1.83	1.29
郑州	30.92	21.50	1.45	42.21	1.44	0.11	—	0.48	0.83
昆明	38.00	5.13	1.75	48.91	2.41	0.60	—	0.68	1.19
贵州	30.80	11.41	1.36	45.44	8.55	0.00	—	2.06	1.28

安定性不良；SiO_2 含量高的矿渣黏度大，易于成粒，形成玻璃体，SiO_2 含量越多，矿渣的活性越差；矿渣中的 CaS 与水作用能生成 $Ca(OH)_2$，起碱性激发剂的作用，对活性有利；锰和钛的化合物在矿渣中是有害成分，钛（以 TiO_2 计）在矿渣中生成钛钙石，使活性降低，锰（以 MnO 计）能和矿渣中的 S 化合生成 MnS，使有益的 CaS 减少，同时，MnO 还会使矿渣易于结晶。

磨细矿渣中一些有害物质的含量不应超过国家的标准要求，如对钢筋有锈蚀作用的氯离子含量、影响混凝土碱-骨料反应的碱含量、影响混凝土体积稳定性的三氧化硫含量等。我国部分矿渣粉中有害物质的含量见表 3.6.3。

表 3.6.3　　　　　　　　　我国部分矿渣粉中有害物质的含量　　　　　　　　　　　%

矿渣粉种类	烧失量	SO_3	K_2O	Na_2O	Cl^-
上海-700	2.32	5.92	—	—	0.0086
武钢-300	0.31	2.06	0.46	0.36	0.0034
武钢-600	0.82	2.11	0.57	0.45	0.0046
武钢-800	0.36	2.26	0.40	0.36	0.0062
佛山-400	4.25	2.70	0.56	0.32	0.0067
佛山-500	2.91	2.82			0.0010
佛山-600	2.36	2.34			0.0086

3.6.2.2　矿物组成

影响粒化高炉矿渣矿物组成的因素包括原料与燃料的成分、助熔剂的种类、生铁生产的环境、冷却条件等。根据大量的研究成果，粒化高炉矿渣的矿物见表 3.6.4。

表 3.6.4　　　　　　　　　高炉矿渣中含有的矿物及其化学式

矿物名称	化学式	矿物名称	化学式
斜硅酸二钙	$2CaO \cdot Al_2O_3 \cdot SiO_2$	硫化钙	CaS
镁方柱石	$2CaO \cdot MgO \cdot 2SiO_2$	硫化锰	MnS
β 型硅酸二钙	$\beta - 2CaO \cdot SiO_2$	玻璃体	组成不定
γ 型硅酸二钙	$\gamma - 2CaO \cdot SiO_2$	假硅灰石	$\alpha - CaO \cdot SiO_2$
钙长石	$CaO \cdot Al_2O_3 \cdot 2SiO_2$	硅钙石	$3CaO \cdot 2SiO_2$
尖晶石	$MgO \cdot Al_2O_3$	钙镁橄榄石	$CaO \cdot MgO \cdot SiO_2$

环境气氛是影响高炉矿渣矿物组成的一个重要因素。在碱性高炉矿渣中，生成的强碱性正硅酸盐（$2CaO \cdot SiO_2$）是最普遍、最主要的组成成分；若 Al_2O_3 含量较高时，就会有硅铝酸二钙（$2CaO \cdot Al_2O_3 \cdot SiO_2$）存在；在 Al_2O_3 和 MgO 含量均较多时，还有硅铝酸二钙和镁方柱石（$2CaO \cdot MgO \cdot 2SiO_2$）的混合晶体存在，这种混合晶体通常称为黄长石；当有多量硫存在时，则有 CaS 出现。在酸性高炉矿渣中，由于 SiO_2 含量较多，所以有酸性较高的矿物存在，例如除了硅铝酸二钙以外，往往还存在着多量的弱碱性的偏硅酸盐（$CaO \cdot SiO_2$），当高炉矿渣酸性很大，而 Al_2O_3 含量也增加时，矿渣中析出的主要矿物是钙长石（$CaO \cdot Al_2O_3 \cdot 2SiO_2$）。

玻璃体矿渣的成分可以分成 3 类：网络形成体、网络改变体和中间体。网络形成体具有小的离子半径、最高的离子电价，周围连接 4 个氧原子组成四面体，四面体间连接成不规则的三维网络结构，网络形成体和氧原子之间的键能一般都大于 335kJ/mol，Si 和 P 是典型的网络形成体，网络形成体含量越高，玻璃体的聚合度就越高。网络改变体的配位数为 6 或 8，并且具有较大的离子半径，它们扭曲和解聚网络结构，网络改变体和氧原子之间的键能一般都小于 210kJ/mol，Na、K 和 Ca 离子是玻璃体矿渣中典型的网络改变体。中间体是既能成为网络形成体又能成为网络改变体的元素，两性金属 Al 和 Mg 是典型的中间体，它们成为网络形成体时的配位数是 4，成为网络改变体时的配位数是 6，与氧原子结合的键能大约为 210～335kJ/mol。网络形成体的数量越多，玻璃体的活性越低，无序程度越高，活性越高。

根据矿渣的聚合度，矿渣可以被分为以下四类。

（1）正硅酸盐矿渣：聚合度为 0.25～0.286，由被 Ca^{2+} 隔离的孤岛状 SiO_4 四面体组成。

（2）黄长石型矿渣：聚合度为 0.286～0.333，由部分 SiO_4 四面体相互连接形成二聚正硅酸盐（$[Si_2O_7]^{-6}$，或称焦硅酸盐），或者由部分 SiO_4 四面体连接 AlO_4 组成。

（3）钙硅石型矿渣：聚合度为 0.286～0.333，由环状或链状 SiO_4 四面体组成，当单位摩尔质量中（$SiO_2+2/3Al_2O_3$）>50% 时，矿渣组成孤岛状四面体和二聚正硅酸盐，当单位摩尔质量中（$SiO_2+2/3Al_2O_3$）>50% 时，是有限空间群。

（4）钙长石型矿渣：聚合度为 0.286～0.333，由三维架状结构的 SiO_4 和 Al－O 四面体组成，阳离子 Ca^{2+} 填充在结构的空隙中。

3.6.2.3 颗粒特征

矿渣细度对水泥混凝土性能影响很大，矿渣粉的颗粒群形态，诸如颗粒级配、粒径分布、颗粒形貌等特征参数与水泥基材料的流动性、密实性及力学性能也有密切的关系。表 3.6.5 给出了磨细矿渣粒径分布结果。

表 3.6.5　　　　　　　　　　　　磨细矿渣粒径分布结果

矿渣种类	粒径分布/%						平均粒径 /μm	密度 /(g/cm³)
	<2μm	<4μm	<8μm	<16μm	<32μm	<64μm		
WS－400	13.9	19.5	32.4	53.3	78.6	92.6	14.5	2.89
WS－600	32.5	42.8	64.9	87.5	100.0	100.0	4.9	—
WS－700	29.6	40.4	62.1	85.0	—	—	5.3	—
WS－800	45.1	56.4	81.1	95.2			2.5	2.90
SS－300	15.1	21.1	23.9	35.0	61.8	92.0	21.2	2.87
AS－400	19.2	38.5	61.5	84.3	97.1	100	7.13	2.86
AS－700	36.8	65.4	91.2	99.3	100	100	2.93	2.86
TS	29.4	55.8	86.3	98.6	100	100	3.67	2.88

注　WS 为武钢矿渣（400m²/kg，600m²/kg，700m²/kg 和 800m²/kg）；SS 为首钢矿渣（300m²/kg）；AS 为安阳汾江水泥厂磨细矿渣（400m²/kg，700m²/kg）；TS 为唐山唐龙矿渣厂生产的磨细矿渣（430m²/kg）。

从表 3.6.5 中可见，随着磨细矿渣比表面积的增大，矿渣的平均粒径减小。当比表面积为 300m²/kg 时，平均粒径为 21.2μm；比表面积为 800m²/kg 时，平均粒径为 2.5μm，仅为比表面积 300m²/kg 的矿渣粒径 1/8 左右。

粒径大于 45μm 的矿渣颗粒很难参与水化反应，因此要求用于高性能混凝土的矿渣粉磨至比表面积超过 400m²/kg，以较充分地发挥其活性，减小泌水性。比表面积为 600～1000m²/kg 的磨细矿渣用于配制高强混凝土时的最佳掺量为 30%～50%。矿渣磨得越细，其活性越高，掺入混凝土后，早期产生的水化热越大，越不利于降低混凝土的温升；当矿渣的比表面积超过 400m²/kg 后，用于很低水胶比的混凝土时，混凝土早期的自收缩随掺量的增加而增大；粉磨矿渣要消耗能源，成本较高；矿渣粉磨得越细，掺量越大，则低水胶比的高性能混凝土拌和物越黏稠。用于高性能混凝土的磨细矿渣的细度一般要求比表面积达到 400m²/kg 以上，至于最佳细度的确定，需根据混凝土工程的性能要求，综合考虑混凝土的温升、自收缩及电耗成本等多种因素。

3.6.2.4　活性

高炉矿渣品质的优劣，主要是根据它活性的大小来评定的。矿渣粉潜在活性的评定有多种方法，如石膏吸收值法、NaOH 激发法、热化学法、显微镜观察法、差热分析法等。

采用化学成分的组成来鉴别矿渣活性的方法，世界各国应用得很普遍。例如在德国标准中，先后提出过下列 3 种公式：

第一公式是

$$\frac{CaO+MgO+\frac{1}{3}Al_2O_3}{SiO_2+\frac{2}{3}Al_2O_3}\geqslant 1$$

第二公式是

$$\frac{CaO+MgO+Al_2O_3}{SiO_2}>1$$

第三公式是

$$\frac{CaO+0.5MgO+Al_2O_3+CaS}{SiO_2+MnO}\geqslant 1.5$$

日本的标准为

$$\frac{CaO+MgO+Al_2O_3}{SiO_2}>1.6$$

美国的标准为

$$\frac{CaO+MgO+\frac{1}{3}Al_2O_3}{SiO_2+\frac{2}{3}Al_2O_3}>1$$

欧洲的标准为

$$\frac{CaO+MgO}{SiO_2}>1$$

我国《用于水泥中的粒化高炉矿渣》（GB/T 203—2008）中采用质量系数来评价矿渣粉的质量：$\dfrac{CaO+MgO+Al_2O_3}{SiO_2+MnO+TiO_2}\geqslant1.2$。

为评价矿渣粉的质量，也常用碱性率（M_0）和活性率（M_a）来表示（活性率 $M_a=CaO/SiO_2$）。碱性率、活性率越大，则矿渣粉的活性也越高，尤其是活性率的变化对矿渣活性的影响变为显著。一般含有大量 CaO 的碱性矿渣，以活性率表示活性最为明显；而含有大量 Al_2O_3 的酸性矿渣，则以碱性率表示活性最为明显。

影响矿渣活性的因素有化学组成、冷却条件、成粒方式和粉磨细度。

（1）化学组成。CaO 是影响矿渣活性的重要因素，一般不会以 f-CaO 形式存在，它与酸性氧化物全部结合成不同的矿物，如硅酸二钙、硅铝酸二钙。由于冷却条件不同，硅酸二钙又常以不同结晶形态存在，在缓冷的矿渣中，具有水硬性的 β-$2CaO \cdot SiO_2$ 就转变为 γ-$2CaO \cdot SiO_2$ 而失去活性。

Al_2O_3 在矿渣中是决定活性大小的重要氧化物之一。它除了以硅铝酸二钙的形式存在以外，而且还以不规则状的铝酸根出现在玻璃体内。在水和 $Ca(OH)_2$ 的激发作用下能与 CaO 和 MgO 化合。

SiO_2 在矿渣中含量较高，能促进玻璃体的形成。如果 SiO_2 含量相对地太高，矿渣活性就会降低。在碱性矿渣中，由于有充分的 CaO 存在，能够生成具有高活性的硅酸二钙。但在酸性矿渣中，由于 CaO 的含量不足，只能生成低钙性的硅酸一钙，部分 SiO_2 处在游离状态，这对矿渣活性是不利的。

S 在矿渣中常以硫化钙（CaS）形式存在。CaS 的存在对矿渣活性是有好处的，因为它在水解后能生成 $Ca(OH)_2$，对矿渣具有激发作用。

MnO 是矿渣中的有害成分，它在酸性或低碱性矿渣中代替一部分 CaO，生成了低活性的化合物（$MnO \cdot SiO_2$，$2MnO \cdot SiO_2$）。另外，MnO 在矿渣中能与 S 生成 MnS，使 CaS 的生成困难。此外，MnS 进行水化时还引起很大的体积变化。

（2）冷却条件。高炉矿渣的活性与化学成分有关，但更取决于冷却条件。淬冷阻止了矿物结晶，形成大量的无定形活性玻璃体结构或网络结构，使矿渣具有较高的潜在活性。急剧冷却对碱性矿渣尤为重要，因为，碱性矿渣的结晶能力与晶形的转变是较为强烈的。只有使熔融物迅速冷却、急剧增加矿渣的黏度，才会使矿渣失去或大大减少结晶、晶型转变中的分子重新排列的可能性。而酸性矿渣（特别是强酸性的）则本身就有着很大的黏度，它即使在自然条件下缓慢冷却，这样的黏度已足以阻碍分子重新排列，可以完全凝固成玻璃状的矿渣。所以急剧冷却对酸性矿渣活性的提高不十分显著。

（3）成粒方式。矿渣的成粒方式对其活性有一定影响。半干法成粒的水渣的水硬活性基本与湿法相同，或者要高于湿法生产的水渣。根据武钢用两种成粒方法的水渣制成硫酸盐矿渣水泥进行比较试验的结果，表明水力冲击法成粒的水渣的活性较湿法成粒的水渣更高一些。

试验结果表明，半干法成粒对提高酸性矿渣的活性有一定的作用。酸性矿渣比碱性矿渣有较大的黏度，采用水池法生产时就有可能发生水淬不良的情况；而采用半干法成粒时，除有水冷作用之外，尚受着机械和水流的物理冲击作用，通过这种作用可以使矿渣水淬更为充分，相应也就提高了活性。苏联克雷洛夫（V. F. Krylov）对湿法与半干法酸性矿渣曾进行过岩相观察和差热分析。岩相观察表明：半干法成粒的酸性矿渣玻璃体含量要高一些；差热分析的结果表明，半干法成粒的酸性矿渣的反玻璃化的放热效应也较大。

（4）粉磨细度。矿渣粒化后需要脱水、干燥、磨细等处理，也需要通过磨细前后的磁选以去除残余的金属铁，为了增加矿渣的早期活性，矿渣需要粉磨至足够的细度。

表 3.6.6 为分别掺入 40% 比表面积为 310m²/kg 的矿渣（SL310）和比表面积为 700m²/kg 的磨细矿渣（SL700）等量取代硅酸盐水泥，配成矿渣硅酸盐水泥的胶砂强度试验结果。从表 3.6.6 中的试验结果可以看出，掺入普通细度矿渣的水泥各龄期强度（3d、7d、28d）都低于硅酸盐水泥强度，而掺入磨细矿渣的水泥各龄期强度都显著于硅酸盐水泥的强度。这说明高比表面积磨细矿渣活性更大。

表 3.6.6　　　　　　　　不同细度矿渣对水泥胶砂强度影响的试验结果

胶凝材料	流动度/mm	凝结时间/min		抗压（抗折）强度/MPa		
		初凝	终凝	3d	7d	28d
硅酸盐水泥	163.5	194	335	35.5（6.6）	45.6（7.2）	59.7（9.1）
SL310	175.0	261	402	21.0（4.8）	35.9（5.9）	55.4（7.4）
SL700	178.0	257	400	38.9（6.1）	55.6（8.4）	68.9（9.9）

3.6.3　矿渣对水泥性能的影响

3.6.3.1　水化硬化过程

当矿渣与水泥和水混合时，首先溶解释放出 Ca^{2+} 和 Al^{3+}，初始的水化过程比波特兰水泥的水化要慢，直到水泥水化产生 $Ca(OH)_2$，以及反应体系中的 Na_2O、K_2O、SO_4^{2-}，共同作用撕裂和溶解矿渣的网状玻璃态结构，释放出更多的 Ca^{2+}、Al^{3+} 和 Mg^{2+} 参与水化反应，保证水化过程的持续进行，产生额外的 C-S-H 凝胶。

矿渣水泥的水化过程有 2 个阶段，在水化早期，与碱性氢氧化物 Na_2O、K_2O 的反应占主导地位，此后随着 $Ca(OH)_2$ 的不断产生，矿渣与 $Ca(OH)_2$ 的反应逐渐占据主导地位。放热速率的研究表明了矿渣水化的两阶段效应，随着矿渣含量的增加，水化进程随之降低。

研究表明，纯水泥水化产物的 DTA 曲线上 $Ca(OH)_2$ 吸热谷最大，C-S-H 凝胶及钙矾石 AFt 吸热谷相对较小，而掺矿渣水泥水化产物的 DTA 曲线上 $Ca(OH)_2$ 吸热谷最小，C-S-H 及 AFt 吸热谷最大，这种趋势随矿渣比表面积的增加而加强。这说明掺入矿渣后，可加速 $Ca(OH)_2$ 的吸收，即矿渣与硅酸盐水泥熟料矿物生成的 $Ca(OH)_2$ 发生反应，生成 C-S-H 凝胶及钙矾石（有石膏参加反应），使水泥石中的 $Ca(OH)_2$ 被消耗。由表 3.6.7 可以看出，硅酸盐水泥在水化 7d 时生成的 $Ca(OH)_2$ 含量最高，加入矿渣粉后可降低水泥中的 $Ca(OH)_2$ 含量，而比表面积大的矿渣粉对于降低水泥中 $Ca(OH)_2$ 的量更为有效，吸收 $Ca(OH)_2$ 的反应更为强烈，在反应早期即可消耗大量的 $Ca(OH)_2$。磨细矿渣粉颗粒在硬化早期大部分像核心一样参与结构形成的过程，钙矾石即在矿渣粉四周，围绕表面生长。所以，只要使水泥熟料矿物所产生的水化产物恰恰能配列到矿渣粉的表面，就能增加水化产物和原始颗粒的接触机会，从而获得最佳的强度。如果水化产物量超过矿渣粉表面所能容纳的数量，则必须粉磨更细，以确保水泥熟料和矿物比表面积的恰当比例。

表 3.6.7 矿渣粉对水泥水化产物 $Ca(OH)_2$ 含量的影响

胶凝材料组成	各龄期硬化水泥浆体中 $Ca(OH)_2$ 含量/%		
	3d	7d	28d
PI 硅酸盐水泥	9.04	12.19	10.93
水泥＋40％矿渣粉（310m²/kg）	4.02	5.55	4.64
水泥＋40％矿渣粉（700m²/kg）	3.26	4.10	3.13

水泥水化程度可通过测试一定水化时间内水泥浆体中化学结合水与完全结合水量之比来表征。表 3.6.8 和表 3.6.9 的试验数据表明，矿渣粉的比表面积较高时，掺矿渣粉水泥的水化速度很快，其至比硅酸盐水泥水化速度还快，这是因为磨细矿渣迅速吸收水泥熟料矿物水化生成的 $Ca(OH)_2$，降低了溶液中 $Ca(OH)_2$ 浓度，加速了熟料矿物的水化；而比表面积较低的矿渣粉，由于矿渣颗粒较粗，导致水泥的水化速度较慢。

表 3.6.8 化学结合水量和完全结合水量

胶凝材料组成	化学结合水量/%					完全结合水量 /%
	1d	3d	7d	28d	60d	
PI 硅酸盐水泥	4.17	7.13	11.45	13.03	14.90	22.11
水泥＋40％矿渣粉（310m²/kg）	3.56	6.68	10.21	12.30	14.13	21.02
水泥＋40％矿渣粉（700m²/kg）	4.37	7.81	12.20	14.11	16.01	22.03

表 3.6.9 各龄期硬化水泥浆体的水化程度

胶凝材料组成	各龄期的水化程度/%				
	1d	3d	7d	28d	60d
PI 硅酸盐水泥	18.36	32.25	51.79	58.93	67.39
水泥＋40％矿渣粉（310m²/kg）	16.94	31.77	48.57	58.51	67.22
水泥＋40％矿渣粉（700m²/kg）	19.60	35.02	54.71	63.27	71.79

3.6.3.2 流变性能

（1）标准稠度。矿渣粉（比表面积 520m²/kg）对硅酸盐水泥净浆标准稠度的影响如图 3.6.2 所示。从图 3.6.2 中可以看出，掺入微细矿渣粉后，水泥的标准稠度增加，即达到同样标准稠度时用水量增加。且矿渣粉掺量越大，标准稠度也越高。矿渣粉的平均颗粒较水泥小，掺入矿渣粉后，水泥-矿渣粉体系的总表面积增大，导致体系的表面吸附水量也增大，虽然矿渣粉的微集料效应可起到一定

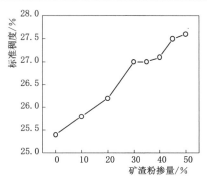

图 3.6.2 矿渣粉掺量对净浆标准稠度的影响

的减水作用，但对于净浆体系来说，在没有改变颗粒表面张力的情况下，此消彼长，净浆的稠度是增大的。

（2）胶砂流动度。在水泥净浆体系中，矿渣粉的微集料填充效应发挥不充分。但水泥净浆体系与混凝土的多元体系相差较大，水泥砂浆体系则与混凝土多元系更接近一些。矿渣粉对水泥胶砂流动度的影响，见表 3.6.10。在相同用水量的条件下，单掺不同比表面积及不同比例的磨细矿渣，均可不同程度地改善胶砂的流动性。

表 3.6.10　　　　　　　　　　水泥胶砂配合比和流动度

序号	配　合　比						流动度 /mm
	水泥 /g	磨细矿渣/(m²/kg)			砂/g	用水量/g	
		400	600	800			
1	500				1350	250	148
2	350			150	1350	250	160
3	350	150			1350	250	160
4	350		150		1350	250	165
5	400			100	1350	250	170
6	300			200	1350	250	160
7	250			250	1350	250	165
8	400	100			1350	250	175
9	300	200			1350	250	160
10	250	250			1350	250	170

结合矿渣粉对混凝土和易性的影响，对于外掺矿渣粉来说，采用胶砂流动度来评定矿渣粉的品质是合理的。

（3）屈服应力与黏度系数。水泥浆体的流变性可以近似用宾汉姆模型来描述。其流变方程为

$$\tau = \tau_0 + \eta D \tag{3.6.1}$$

式中：τ 为剪切应力；τ_0 为剪切屈服应力；η 为塑性黏度；D 为剪切速率。

在 $\tau < \tau_0$ 时，流体无流动性，是一种固体；只有 $\tau > \tau_0$ 时，才发生流动，具有流体的性质。屈服应力 τ_0 由浆体内各颗粒之间的附着力和摩擦力产生，是阻止浆体塑性变形的最大应力，它是浆体的黏聚力，衡量浆体尚未运动时颗粒间相互作用力的大小，只有当外力产生的剪切应力大于屈服值时，才会产生流动。而塑性黏度 η 则是水泥浆体内部结构阻碍流动的一种性能，反映了水泥浆体体系变形的速度。因此屈服应力和塑性黏度值与浆体体系内颗粒的形状、粗细、粒径分布及比表面积等因素有关。屈服应力 τ_0 越小，表明克服内摩擦力产生塑性流动的阻力就小，浆体具有较好的工作性；而塑性黏度 η 大，则表示具有较大的黏聚力，浆体不易产生离析、泌水等现象。

同济大学张永娟等对掺矿渣粉水泥浆体的流变性能进行了详细研究，试验结果见表 3.6.11。

表 3.6.11   不同矿渣粉的试样黏度系数与屈服值

浆体材料组成		流变指标	不同矿渣粉掺量的水泥浆体流变性能				
水泥	矿渣粉		0	20%	40%	60%	80%
水泥 1	KA1	$\eta/(Pa \cdot s)$	0.21	0.24	0.23	0.21	0.26
		τ_0/Pa	22.62	24.49	25.16	27.10	36.11
	KB1	$\eta/(Pa \cdot s)$	0.21	0.21	0.21	0.21	0.26
		τ_0/Pa	22.62	26.20	25.89	35.07	50.34
	KC1	$\eta/(Pa \cdot s)$	0.21	0.19	0.20	0.21	0.33
		τ_0/Pa	22.62	29.97	30.64	37.90	53.61
水泥 2	KB2	$\eta/(Pa \cdot s)$	0.23	0.29	0.28	0.24	0.22
		τ_0/Pa	20.79	21.06	16.98	14.44	10.11
	KC2	$\eta/(Pa \cdot s)$	0.32	0.30	0.27	0.34	0.39
		τ_0/Pa	20.79	16.32	19.13	20.18	23.85
	KE2	$\eta/(Pa \cdot s)$	0.32	0.33	0.38	0.43	0.52
		τ_0/Pa	20.79	31.64	31.95	30.12	39.91
水泥 2	KG2	$\eta/(Pa \cdot s)$	0.32	0.31	0.39	0.40	0.48
		τ_0/Pa	20.79	23.01	22.76	26.14	27.58
	KH2	$\eta/(Pa \cdot s)$	0.32	0.36	0.45	0.54	0.62
		τ_0/Pa	20.79	19.09	31.76	32.37	34.50
	KI2	$\eta/(Pa \cdot s)$	0.32	0.33	0.45	0.53	0.61
		τ_0/Pa	20.79	31.41	34.37	33.98	45.12

当矿渣粉与水泥细度（以比表面积计）差异较大，水泥颗粒分布较窄时，一定掺量范围内（＜60%）矿渣粉的加入对水泥浆黏度的影响不明显。矿渣粉掺量为 60%～80% 时，水泥浆黏度随掺量增加而增加；且同一掺量下随矿渣粉细度增加而黏度上升。当矿渣粉比表面积与水泥相近时，低掺量（20%～40%）范围内可使水泥浆的黏度较纯水泥浆略有下降，随后则黏度开始缓慢上升，且在同掺量时掺窄分布矿渣粉水泥浆的黏度低于掺宽分布矿渣粉水泥浆的黏度。当矿渣粉比表面积略高于水泥时，矿渣粉掺入后，水泥浆黏度随矿渣粉掺量增加、比表面积上升而上升。

矿渣与水泥在成分和化学结构方面的不同，导致两种粉体材料形成的浆体在电化学性能、粒径分布、相对密度之间的差异，从而影响浆体的流变性能。由此可见，矿渣粉的细度与颗粒级配对水泥的性能影响很大，优选水泥-矿渣粉体系的颗粒级配方式，可明显改善水泥混凝土的流变性。

3.6.3.3 凝结时间

在水泥中掺入磨细矿渣后，凝结时间比纯水泥稍长一些，如图 3.6.3 所示，随矿渣粉掺量的增加，水泥凝结时间延长。

同波特兰水泥水化一样，温度的增加明显加速碱金属氢氧化物的溶解速度和水泥水化释放 $Ca(OH)_2$ 的速度，从而加速矿渣的水化，高活化能的矿渣水化对温度更敏感。矿渣水泥在较低温度下凝结硬化时比硅酸盐水泥及普通水泥慢，凝结时间推迟、早期强度更低，故冬季施工使用矿渣水泥时，须加强保温措施。

3.6.3.4　水化热

表 3.6.12 和表 3.6.13 显示了掺矿渣粉对水泥水化热的影响。显然，矿渣粉掺量越高，水化热降低效果越明显。当然，矿渣粉比表面积很大时，比如 $800m^2/kg$，这时矿渣活性很高，反而会使早期胶凝体系的水化放热量提高。

3.6.3.5　胶砂强度

矿渣的水硬活性较水泥低，早期水化慢，随矿渣掺量增加，胶砂强度逐渐下降，这主要是由于矿渣掺入，水泥相对含量减少，从而导致水化

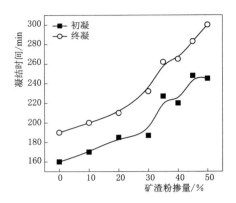

图 3.6.3　矿渣粉掺量对水泥
凝结时间的影响

产物减少。但养护至水化后期，矿渣粉的火山灰效应逐渐成为强度增长的主导因素之一，后龄期强度赶上甚至超过纯水泥胶砂强度。矿渣粉的强度效应受其组成、颗粒级配和养护温度的影响很大。

表 3.6.12　　　　　　　　　　　　　掺矿渣粉水泥胶砂的水化热

矿渣粉掺量/% （比表面积 500m²/kg）	各龄期水化热/(J/g)						
	1d	2d	3d	4d	5d	6d	7d
0	162	205	228	241	252	258	261
30	143	186	202	218	225	232	235
40	115	168	190	210	218	227	231
50	112	160	181	198	207	214	220
60	82	125	148	161	173	184	189
70	67	110	134	150	161	166	171

表 3.6.13　　　　　　　　　　　　　不同矿渣粉掺量水化热降低率

矿渣粉掺量/%	水化热降低率/%						
	1d	2d	3d	4d	5d	6d	7d
0	0	0	0	0	0	0	0
30	11.7	9.3	11.4	9.5	10.7	10.1	10.0
40	29.0	18.0	16.7	12.9	13.5	12.0	11.5
50	30.9	21.9	20.6	17.8	17.9	17.1	15.7
60	49.3	39.0	35.1	33.2	31.3	28.7	27.6
70	58.6	46.3	41.2	37.8	36.1	35.7	34.5

3.6.3.6　化学收缩

化学收缩是指在胶凝材料水化过程中，水化产物的绝对体积比胶凝材料与水的绝对体

积之和减少的现象，主要是由于水化反应前后反应物与产物密度不同所致。100g 水泥完全水化，水泥-水体系总体积约减少 6mL（约占浆体总体积的 7%～9%）。

掺矿渣及粉煤灰的水泥化学收缩试验结果见图 3.6.4，从图 3.6.4 可见，在水化 3d 龄期以前，体系化学收缩的速率相当快，随后收缩速率逐渐降低，到 28d 龄期时已接近稳定，这与水泥的水化进程相一致；粉煤灰与矿渣粉的掺入，对体系 1d 龄期内的化学收缩值影响不大，到水化后期，粉煤灰与矿渣粉则显著降低了体系的化学收缩值。与水泥相比，粉煤灰和矿渣粉的水化活性是很低的，这使得掺粉煤灰或矿渣粉胶凝体系的化学收缩值明显低于纯水泥体系的化学收缩值。但在水化早期，特别是 1d 龄期前，粉煤灰或矿渣粉的掺入虽然降低了体系中水泥的含量，但由于粉煤灰或矿渣粉的"滚珠效应"与"颗粒效应"，水泥颗粒更加分散，与水接触的更充分，使得早期的化学收缩值相差不大。

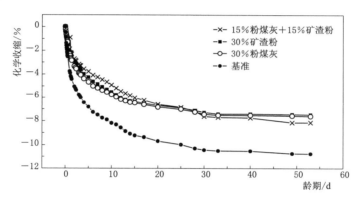

图 3.6.4　不同胶凝体系的化学收缩曲线

不同胶凝体系化学收缩与时间的关系均可拟合为双曲线模型，见表 3.6.14。不同龄期的化学收缩率计算公式为

$$S_{cs-t} = \frac{S_{cs-total} \cdot t}{t + k} \qquad (3.6.2)$$

式中：S_{cs-t} 为龄期 t 时刻的化学收缩率，%；$S_{cs-total}$ 为水泥完全水化的最终化学收缩率，%；k 为水化系数，与环境温度、水泥品种、水泥细度等有关的常数。

表 3.6.14　　　　　　　　各胶凝体系化学收缩的拟合结果

胶凝材料	拟合方程式	R^2	最终化学收缩率/%
基准	$S_{cs-t} = \dfrac{-10.5t}{t + 2.12}$	0.9796	−10.5
掺 30%粉煤灰	$S_{cs-t} = \dfrac{-7.76t}{t + 2.80}$	0.9913	−7.76
掺 30%矿渣粉	$S_{cs-t} = \dfrac{-7.80t}{t + 3.42}$	0.9861	−7.80
15%矿渣粉＋15%粉煤灰	$S_{cs-t} = \dfrac{-8.46t}{t + 5.45}$	0.9729	−8.46

3.7　锂渣

　　锂渣是锂盐生产过程中产生的一种工业废渣，是锂辉石经 1200℃ 左右的高温煅烧后，磨成的细粉通过硫酸法提取出碳酸锂熟料后，再经渗滤浸出洗涤后排出的残渣。锂渣的生产工艺和技术条件是相对稳定的，故其化学成分和性质也是均一稳定的。锂渣外观呈淡黄色粉状，是一种具有较大比表面积的多孔结构，粉末颗粒以棒状为主，主要化学成分为 SiO_2、Al_2O_3、CaO 等，并含有 6% 左右以 SO_4^{2-} 离子形式存在的 SO_3，其中 SiO_2、Al_2O_3 多为无定形体，因此锂渣具有较高的火山灰活性。另外，锂渣中含有较多 $CaSO_4$，可以与水泥中的 C_3A 反应生成尺寸细小的 AFt，填充于水泥石的毛细孔和气孔中，使结构更为致密，有利于提高浆体的早期强度。

　　锂渣颗粒表面上的硅、铝、钙分布均匀，可溶性 SiO_2 较多，磨细锂渣中的玻璃体表面反应活化点增多，活性可进一步提高，超细锂渣的活性甚至可以超过矿渣和磷渣。锂渣具有良好的火山灰活性和微集料效应，作为混凝土掺合料，已在托里多拉特水库大坝、红雁池电厂二期工程主厂房、乌鲁木齐新民路高架桥、中国联通通信塔基础、乌鲁木齐国际机场（停机坪、跑道、新航站楼）及各类民用建筑等几十个工程项目得到成功的应用。锂渣混凝土具有优良的工作性、强度、抗裂、抗渗、抗冻和抗冲耐磨性，其抗冻等级可达 F300，优质锂渣掺合料在 15% 掺量以内不会降低混凝土早期强度，在 30% 掺量以内不会降低混凝土后期强度。

　　此外，锂渣与其他掺合料也有很好的相容性。对锂渣与粉煤灰复合掺合料的研究表明，锂渣能够明显改善掺合料浆体的界面结构，提高复合掺合料的活性，并具有较高的后期强度增长率。利用锂渣和石灰石粉复掺配制自密实混凝土，可以明显改善混凝土的工作性，提高其强度，掺合料总量可达 45%，水泥用量 330kg/m^3，具有良好的自密实性能。锂渣和矿渣复掺，掺合料总量可以达到 50%～80%，可以配制出 28d 抗压强度不低于 70MPa 的高强混凝土。锂渣和钢渣复掺，可以提高混凝土的工作性、强度和抗渗性，锂渣的二次水化反应，不仅可以细化混凝土的界面结构，同时也促进了钢渣和水泥的相互水化程度。

　　对锂渣体积安定性的研究表明，锂渣中虽然含有可能对混凝土安定性产生严重影响的 SO_3，但即使在 80% 掺量下，掺锂渣水泥的体积安定性仍然良好，但当锂渣掺量大于等于 75% 时，掺锂渣水泥会出现假凝现象，这是由于高掺量下锂渣中的 SO_4^{2-} 大量进入溶液，导致 SO_4^{2-} 浓度过高，大量的成核作用和石膏晶体的生长使水泥浆体产生了假凝现象。此外，锂渣能有效抑制硫酸盐侵蚀破坏作用，这是由于其具有较高的火山灰反应活性，大量消耗了水泥水化产物 $Ca(OH)_2$，使得即使其本身就有较高的 SO_3 含量，且在较高浓度的硫酸盐侵蚀下也不易生成钙矾石等膨胀性产物。

3.8　钢渣

　　钢渣是电炉粗钢生产的工业废渣，又称电炉氧化钢渣或电炉钢渣。发达国家电炉炼钢占钢产量的 50% 以上，随着我国钢材积蓄量的增加，大量利用废钢的短流程电炉钢及相应冶炼过程排放的钢渣量必将大量增长。钢渣中包括铁水与废钢中所含元素氧化后形成的氧化物，金属炉料带入的杂质，造渣剂如石灰石、萤石、硅石等，以及氧化剂、脱硫产物和被侵蚀的炉衬材料等。与矿渣相比，钢渣存在成分波动较大、稳定性较差和安定性隐患等问题，致使其利用率不高，而钢渣潜在胶凝活性的激发也是其推广应用需解决的关键问题。

钢渣的水化除了颗粒的因素外，主要取决于它的化学组成。钢渣的化学成分主要有 CaO 40% ~ 50%，SiO_2 12% ~ 18%，Al_2O_3 2% ~ 5%，FeO 7% ~ 10%，Fe_2O_3 5% ~ 20%，MgO 4% ~ 10%，MnO 1% ~ 2.5%，P_2O_5 1% ~ 4%，f - CaO 1% ~ 3.5%。其活性可以用钢渣碱度 $A = CaO/(SiO_2 + P_2O_5)$ 来评价。根据碱度不同可以将钢渣分为硅酸三钙渣和硅酸二钙渣，碱度越高，CaO 成分越多，其潜在水硬活性越大，但是高碱度的钢渣中游离 CaO 也越多，可能会引起安定性不良的问题，必须用预处理的方式来减少。钢渣的水化机理研究尚处于初级阶段，钢渣中含有硅酸三钙、硅酸二钙和铁铝酸盐等活性矿物质，且矿物结构处于高能量不稳定状态，具有较高的潜在水硬活性。但是钢渣的水化一般要经过两个阶段，首先是结构中的玻璃体分解，然后才是参与水化反应，因此钢渣的水化慢于水泥，但其后期强度增长较高。钢渣活性的激发可采用物理和化学以及热力学激发的方法。物理激发可在钢渣超细粉磨中得到实现，石灰、硅酸钠和硫酸钠常被用作钢渣的化学激发剂，而蒸汽、焙烧和水热是常用的热力激发手段。钢渣掺合料的开发是一项集钢铁冶金、矿物加工、应用研究等资源一体化的研究过程。钢厂钢渣的处理工艺会直接影响钢渣的品质，高温急冷是保证钢渣活性的常用方法，通过适当的压蒸条件也可以提高钢渣的活性，在冶炼后的高温状态下采取一定的化学物理处理措施可完全实现钢渣的高活性。

超细钢渣粉可以替代 10% ~ 40% 的水泥，配制 C40 ~ C70 的高性能混凝土。掺超细钢渣粉的混凝土具有水化热低、抗侵蚀、抗收缩、与钢筋结合力强、后期强度高等特点。研究表明，钢渣和矿渣复掺，可以显著降低矿渣-水泥浆体收缩，且复合掺合料中钢渣的掺量越高，收缩补偿效果越好，这是由于钢渣粉具有更加合理宽泛的粒度分布和粒形，有利于体系结构的减水和密实化，可以提高体系的体积稳定性。此外，高碱度的钢渣提高了体系的碱度，强化了对矿渣潜在活性的激发，产生了很好的增强作用。而且钢渣中含有少量的死烧 CaO 和方镁石，具有微膨胀性，对体系的收缩可起到显著的补偿作用。此外，钢渣与矿渣复掺，可以改善掺合料与萘系和聚羧酸系高效减水剂的相容性，表现为饱和掺量点低、净浆流动度大、Marsh 时间少及经时损失小。尽管钢渣中含有较多的 f - CaO、f - MgO 和一定量的 FeO，可能对水泥浆体的安定性有不利影响，但对钢渣的体积安定性研究表明，只要钢渣掺量不大于 60% 时，其体积安定性良好。钢渣与粉煤灰复掺，可以抑制混凝土碱-骨料反应，降低混凝土的绝热温升，明显提高混凝土的抗碳化性能、抗氯离子渗透性。微观结构分析表明，复合掺合料的硬化水泥浆体内部，水泥与掺合料之间的水化产物紧密胶结，二级界面显微结构完整、均匀、致密，掺合料起到了很好的填充和二次水化作用，从而提高了基体的抗渗性。

由于运输距离等因素，钢渣作为混凝土掺合料较少用于水电工程，主要应用于工民工程，武汉融侨锦江项目采用钢渣粉配制 2 万 m³ C40 混凝土，武汉阳逻电厂三期工程采用钢渣粉配制 C30、C40 的大体积混凝土，使大体积混凝土的温升得到有效控制，且利用钢渣的微膨胀性能，补偿混凝土的体积收缩，极大地提高了工程混凝土的抗裂性能，取得了良好的效果。

3.9　锰渣

锰渣是高炉冶炼锰铁或硅锰合金过程中产生的工业废渣，是在高温熔融状态下经水淬急冷后形成的矿渣。锰渣的化学成分以 CaO、SiO_2 为主，两者含量在 55％以上，其次是 Al_2O_3、MnO、MgO，另含有 Fe_2O_3、SO_3 等。与矿渣相比，MnO 含量较高，CaO/SiO_2 比值也较高，一般为 1.3～1.5。其矿物组成与锰渣的冷却工艺和温度有关。水淬锰渣的主要矿物组成为玻璃体（75％～95％），其余为镁蔷薇辉石（$3CaO \cdot MgO \cdot 2SiO_2$）、镁黄长石（$2CaO \cdot MgO \cdot 2SiO_2$）、钙铝黄长石（$2CaO \cdot MgO \cdot SiO_2$）、硅酸二钙（$C_2S$）及少量的硅酸三钙（$C_3S$）等结晶矿物。大量的玻璃体结构使得锰渣具有较高的潜在活性。影响锰渣活性的因素主要有化学组成、玻璃化程度、细度及激发组分的种类和掺量等。其活性机理包含两部分，即粉末玻璃体解体后自身潜在的水硬活性和活性组分与水泥水化产物 $Ca(OH)_2$ 发生二次水化反应的火山灰活性。这两者相互交叉，很难区分。此外，与其他掺合料类似，锰渣粉也具有微集料物理填充效应，一定细度和颗粒级配的锰渣粉可优化胶凝材料的颗粒级配，起到填充和减水效果。

研究表明，掺锰渣混凝土拌和物的保水性好，无泌水离析现象，坍落度损失较小。对锰渣的水化过程研究发现，掺有锰渣的水泥在水化早期，主要是以熟料的水化为主，生成了钙矾石和少量颗粒状 C-S-H 凝胶；水化 3d 后，锰渣开始发生水化作用，生成了较多的钙矾石、C-S-H 凝胶，产生的沸石类矿物及水化硅酸钙填充在锰渣颗粒之间，填充了孔隙；水化到 7d，水化产物除了 C-S-H 凝胶和铝酸钙，还生成了大量的板状的片沸石类矿物、杆状或柱状的钙沸石类矿物、立方体形的杆沸石类矿物及无定形凝胶状的、化学组成上近似于片沸石的沸石类矿物；水化 28d 后，水化产物继续长大，结构越来越致密，体系中的空间被水化产物均匀充填，层叠的 CH 晶体穿插在基体中。对掺锰渣混凝土的力学性能研究发现，混凝土的早期强度随锰渣掺量的增加迅速下降，中期强度下降速度减慢，锰渣掺量为 30％～40％时混凝土后期强度保持不变，掺量大于 50％后下降明显。锰渣的水化活性主要在中期以后发生作用。锰渣对混凝土干缩的影响，不同的研究有不同的结论，还需进一步验证，但掺锰渣对混凝土后期的抗冻抗渗性无不良影响。锰渣中 MgO 含量较高，但研究表明锰渣的安定性良好，对 $CaO - MgO - Al_2O_3 - SiO_2$ 系统的研究指出，在矿渣水淬和慢冷的情况下，形成方镁石的可能性较小，MgO 在锰渣中主要呈稳定化合态。

对掺 40％的锰矿渣粉与 10％的石灰石粉的 C30 混凝土的化学侵蚀性能的研究表明，石灰石粉可以加速水泥水化，锰矿渣有利于混凝土后期强度增长，两种掺合料复掺可以优势互补，使混凝土的工作性、力学和耐久性更优，且混凝土的抗氯离子侵蚀能力增强。锰矿渣与石灰石粉按 1∶1 的比例复掺用于景洪水电站，效果良好。

3.10 钛渣

钛渣也是一种炼铁废渣，属于高钛型高炉渣，每炼 1t 铁可排放 0.3～1t 废渣。钛渣的化学成分与普通高炉矿渣相似，主要为 CaO、SiO_2、Al_2O_3、MgO 等，不同的是其 TiO_2 含量高。钛渣的矿物组成以钛辉石、无水硬活性的钙钛矿、巴依石、尖晶石等晶体矿物为主，玻璃态成分少，活性较低。钛渣、钢渣与普通高炉矿渣按一定比例配合磨细后，可生产出强度等级达 52.5 的复合水泥。西南工学院开展了采用钛渣生产道路水泥的研究，结果表明，采用适宜的工艺技术和配方，水泥熟料中保持较高的 C_3S、C_3A 含量，水泥熟料掺量为 45%，钛渣掺量为 46% 时，在激发剂与外加剂作用下，可生产出符合国家标准的道路水泥，其 28d 抗折强度为 8.8MPa，抗压强度为 48.5MPa，抗硫酸盐侵蚀系数 1.0 以上，干缩率小于 0.1%，磨损量系数小于 3.03kg/m^2。在对钛渣-水泥复合胶凝材料体系的水化机理研究中发现，未掺任何激发剂和外加剂的高钛矿渣水泥基复合材料的早期强度很低，其水化活性指数仅为 55.5%，但由于钛矿渣的微集料效应，使得硬化浆体中宏观大孔的数量减少，小孔增多，硬化浆体孔结构尺寸均匀化。一般的机械活化和化学激发手段对钛矿渣的活性激发效果有限，但在钛渣的粉磨过程中掺加助磨剂，并采用激发剂进行活性激发，其活性指标可达 83.6%，达到 S75 矿渣的标准。

参 考 文 献

[1] 杨华全，李文伟. 水工混凝土研究与应用 [M]. 北京：中国水利水电出版社，2004.
[2] 用于水泥和混凝土中的粉煤灰：GB/T 1596—2017 [S]. 北京：中国电力出版社，2017.
[3] 水工混凝土掺用粉煤灰技术规范：DL/T 5055—2007 [S]. 北京：中国电力出版社，2007.
[4] 水工混凝土掺用磷渣粉技术规范：DL/T 5387—2007 [S]. 北京：中国电力出版社，2007.
[5] 水工混凝土掺用天然火山灰质材料技术规范：DL/T 5273—2012 [S]. 北京：中国电力出版社，2012.
[6] 水工混凝土掺用石灰石粉技术规范：DL/T 5304—2013 [S]. 北京：中国电力出版社，2013.
[7] 高钛矿渣在水泥基复合材料中的水化活性激发机理研究 [R]. 武汉：长江水利委员会长江科学院，2010.
[8] 中国大坝协会. 高坝建设与运行管理的技术进展——中国大坝协会 2015 学术年会论文集 [C]. 郑州：黄河水利出版社，2015.

第 4 章

碾 压 混 凝 土 外 加 剂

4.1　混凝土外加剂的定义与分类

混凝土外加剂是水泥混凝土中除水泥、水、砂、石、掺合料以外的第六组分，它是一种化学建材。掺入外加剂以后的混凝土性能有很大的改善，主要表现为提高混凝土拌和物的和易性、强度和耐久性。

《混凝土外加剂术语》（GB 8075—2017）将混凝土化学外加剂定义为：混凝土外加剂是在拌制混凝土过程中加入，用以改善混凝土性能的物质。掺量不大于 5%（特殊情况除外）。这个标准是参照 1976 年挪威奥斯陆国际会议通过的 ISO/DIS 7690 国际标准草案制定的。主要适用于混凝土化学外加剂，不包括混凝土矿物外加剂。

混凝土外加剂的种类很多，分类方法也有好几种。有按混凝土外加剂作用、功能分类的，也有按外加剂的化学成分和性质来分类的，还有按对混凝土作用的时间来分类的。按照《混凝土外加剂术语》（GB 8075—2017）中的分类方法，混凝土外加剂主要功能分成四大类。

（1）改善混凝土拌和物流变性能的外加剂，包括各种减水剂、引气剂和泵送剂。

（2）调节混凝土凝结硬化性能的外加剂，包括缓凝剂、早强剂和速凝剂等。

（3）改善混凝土耐久性的外加剂，包括引气剂、防水剂和阻锈剂等。

（4）改善混凝土其他性能的外加剂，包括引气剂、膨胀剂、防冻剂、着色剂、防水剂和泵送剂等。

按化学成分和性质分类的也比较常见，如：①无机盐类外加剂，包括早强剂、防冻剂、速凝剂、膨胀剂、防水剂、发气剂等。②有机物类，这类外加剂品种很多，大部分是表面活性剂类的物质，其中又可分为阴离子表面活性剂，如引气剂、减水剂等；阳离子表面活性剂，如乳化剂、分散剂等；非离子型表面活性剂，如分散剂、乳化剂等。

所谓表面活性剂，是指当将其配成溶液后，能吸附在液-气与液-固界面上，并显著降低其界面张力的物质。

4.2　混凝土外加剂的作用机理

在水泥-水悬浮体系中，水泥浆体中的相界面因具有较高的界面能而导致其不稳定：水泥浆体有自动减小界面、水泥颗粒相互聚结趋势。另外，水泥颗粒之间通过引力作用，如范德瓦耳斯力和静电引力或者是化学键和次化学键聚集到一起形成絮凝体。由于减水剂多为阴离子表面活性剂，而表面活性剂是能显著改变（一般为降低）液体表面张力或两相间界面张力的物质，其分子结构由极性基团（亲水基团）和非极性基团（憎水基团）组成，分为离子型表面活性剂和非离子型表面活性剂，其中离子型表面活性剂又分为阴离子型表面活性剂、阳离子型表面活性剂、两性表面活性剂。表面活性剂具有表面吸附作用、分散作用、湿润作用、起泡与消泡作用。水泥浆体中掺入减水剂后，减水剂吸附于水泥颗粒表面，改变了"水泥–水"体系固–液界面性质（如颗粒表面电荷分布、空间位阻等），使水泥颗粒之间的作用力发生变化。

不同的表面活性剂因其分子结构不同，对水泥水化所产生的影响也不同。例如：羟基羧类化合物中的醇类同系物，随着羟基数的增多，它们对水泥的缓凝作用越来越强；羧酸在水泥浆体系中，随着生成不溶性的盐类（如钙盐），使水泥水化速度减慢，而某些羧酸盐则对水泥水化硬化具有促进作用（如甲酸钙等），同时随着烷基的增大，羧酸及羧酸盐的表面活性作用、憎水作用增强，羟基羧酸、氨基羧酸及其盐类能显著抑制水泥的初期水化，有效地提高新拌混凝土的塑性和混凝土后期强度；磺酸盐类的阴离子表面活性剂，易被水泥颗粒吸附，可对水泥产生分散、缓凝作用。若将两种以上表面活性剂复合使用，则对水泥的作用效果会更好。

可将常用的化学外加剂按与水泥的相互作用分为 3 类。

（1）缓凝剂，例如蔗糖、羟基羧酸，常用于调节水泥凝结速率和凝结时间。

（2）减水剂，例如木质素磺酸盐、萘磺酸盐甲醛缩合物、磺化三聚氰胺甲醛缩合物、聚羧酸盐等。常用来调节混凝土工作性和用水量。

（3）引气剂，常用以改善混凝土的抗冻融性能和匀质性。

4.2.1   表面吸附

掺入到水泥悬浮体中的超塑化剂可分成三部分。第一部分是水泥水化尤其是形成钙矾石（AFt）和 C–S–H 过程中消耗的超塑化剂；第二部分是吸附在水泥颗粒表面且在混凝土可浇筑时间内不会成为有机金属矿物相（OMP）组成部分的超塑化剂；第三部分是为满足应用需求掺入了足够量的超塑化剂后残留在液相中的超塑化剂（可认为体系被超塑化剂饱和），既没有被水泥颗粒吸附，也没有参与形成 OMP，可能对分散水泥颗粒起一定作用，依据吸附动力学，在完全覆盖水泥颗粒表面之前，超塑化剂可能保留在液相中。部分塑化剂能插入各种水化产物中不再能够分散水泥絮凝体。似乎这个过程在钙矾石（AFt）通常具有最高形成速率的最初几分钟的水化时间内极其重要。可用的硫酸盐是允许 AFt 快速形成的关键因素，对提高减水剂与水泥的适应性具有重要作用。

大多数化学外加剂，与水泥颗粒或水泥水化颗粒表面具有亲和力，因而吸附作用显著。外加剂中带电荷的有机物基团（SO_3—、COO—）通过静电作用与颗粒表面相互作用（颗粒的表面电荷与外加剂分子的离子团相互作用）。以蔗糖为例，其极性作用基团 OH—也能通过静电力及氢键作用与高极性的水化相强烈作用。带有离子（—COO^-）和极性基团（—OH）的典型外加剂是葡萄糖酸盐。对于含有憎水的、极性的及离子基团的多聚型外加剂（如木质素磺酸盐），吸附是各种共同作用的结果，也可能是熵增的原因，熵增常常使吸附状态稳定。

含有大量憎水基团（脂肪族或芳香族）的外加剂，可以通过它们的极性基团或憎水部分与水化表面起作用。

通常认为减水剂对水泥的减水作用只有在其对水泥粒子的吸附后才发生。外加剂与水泥颗粒或水泥水化颗粒表面具有亲和力，因而吸附作用显著。减水剂溶液的吸附量随着外加剂溶液的平衡浓度的增加而增加，并在一起浓度下达到平衡，低浓度时基本符合式（4.2.1）Langmuir 等温吸附公式，按式（4.2.2），获得饱和吸附量。

$$\Gamma = \Gamma_\infty \frac{kc}{1+kc} \tag{4.2.1}$$

$$\frac{1}{\Gamma} = \frac{1}{\Gamma_\infty} + \frac{kc}{\Gamma_\infty kc} \tag{4.2.2}$$

式中：Γ 为吸附量，mg/g；Γ_∞ 为饱和吸附量，mg/g；c 为外加剂的浓度，g/L；k 为吸附常数。

不同减水剂在同一种水泥颗粒表面的吸附量通常具有差异性。比如萘系减水剂（PNS）在水泥表面的吸附量明显高于马来酸类聚羧酸减水剂（PCA2），这表明萘系减水剂的分散效能低于 PCA2。

目前，大多数水泥中含有磨细石灰石粉，改变了减水剂与水泥的适应性及水泥化学。研究发现，$CaCO_3$ 的存在将导致萘系减水剂与水泥不相容，但可提高马来酸类聚羧酸减水剂的减水率和保塑能力。

4.2.2 外加剂吸附对表面性能的影响

除了水泥相和化学外加剂之间的化学反应，吸附的化合物将改变水泥颗粒的表面特性从而影响其与液相及其他水泥颗粒之间的相互作用。吸附的阴离子表面活性剂和聚合物会向颗粒表面传递带负电的静电荷，即负 ξ 电位，这会引起相邻水泥粒子间的排斥并且有助于提高分散效果。对于高分子聚合物，物理阻碍（空间位阻）会导致额外的小范围排斥力。因而"静电"和"空间"力都有助于提高水泥浆的流动性能。空间作用是很重要的作用，因为低分子量的分散剂通常减水率较低，浆体流动度小。一般，静电和空间的影响对颗粒之间的作用，受聚合物的化学特性（组、结构）及分子量的影响。

对于引气减水剂，水泥-溶液界面对活性剂分子的吸附能反映分子的排列。这些排列导致了气-液或固-液界面处薄膜的形成。

4.2.3 外加剂吸附的化学过程

由于组成水泥的各种矿物具有高反应活性，掺用化学外加剂可参与或干预一些化学作用。

在水泥颗粒表面活性最强的一些位置会发生特殊的表面作用，同时有机物分子化学吸附于表面的特殊位置。SO_3^{2-} 与粒子表面上暴露的铝酸盐相优先反应。SO_3^{2-} 相比含磺酸基的高效减水剂更易与铝酸盐相反应。SO_3^{2-} 对 C_3A 水化速率的控制作用可知，特殊的水泥—外加剂的相互作用从水化过程的较早期就能对水泥水化的速率产生很大的影响。

许多化学外加剂，如蔗糖类和羟基羧酸，可以通过联合或络合使离子基团［如 Ca^{2+}、SiO_x^{n-}、$Al(OH)_4^-$］溶液化：一方面，络合反应能使溶解过程和初始反应速率加快（如蔗糖吸附于 C_3A）；另一方面，络合反应允许液相中离子基团的浓度较高，从而延迟了不溶水化物［如 $Ca(OH)_2$，$C-S-H$］的沉淀。然而，一旦外加剂消耗后，络合反应的影响就会消失。

无论外加剂的吸附是以特殊的还是正常的方式发生，它都会影响水泥的水化过程。固-液界面上有机物分子的存在会出现晶体成核和长大。晶核中心所发生的吸附会阻碍晶核获得最小临界尺寸。另外，吸附外加剂的存在使水化产物的长大可能通过嵌入导致结构变化或水化颗粒形态的改变。值得注意的是：木质素磺酸盐、蔗糖及葡萄糖酸盐的吸附并没有延缓钙矾石的形成。

4.2.4 化学外加剂对水泥水化的影响

化学外加剂对水泥水化的影响可分为 5 阶段，Ⅰ阶段为初始水化期，时间为 $0\sim0.25h$；Ⅱ阶段为诱导期，时间为 $0.25\sim4h$；Ⅲ阶段为水化加速期，时间为 $4\sim8h$；Ⅳ阶段为水化减速期，时间为 $8\sim24h$；Ⅴ阶段为养护期。现以萘系高效减水剂 PNS 为例介绍前三个阶段外加剂对水泥水化的影响。

1. 初始水化期（Ⅰ阶段）

根据萘系高效减水剂 PNS 在普通硅酸盐水泥 OPC、掺 8% 硅粉 SF 的普通硅酸盐水泥以及硅灰（$20m^2/g$）上的吸附情况表明。吸附反应在材料与含外加剂的溶液最初接触 10min 后即已发生。

在实验条件下（中性 pH，负表面电荷），二氧化硅（硅粉或石英粉）对 PNS 的吸附量相对较低，与溶液浓度无关；水泥的吸附数据（规定为单位表面积）显示出 $5\sim10$ 倍高的 PNS 吸附值，后者依赖于外加剂的溶液浓度。值得一提的是含有硅粉的水泥规定的吸附量与 OPC 是可比的。这对 Ca^{2+} 的影响是有利的，促进 PNS 在二氧化硅及其他惰性物质上的吸附。

PNS 及其他化学外加剂的吸附优先发生在铝酸盐相上。也有报道这种吸附依赖于水泥的碱含量（Na_2SO_4、K_2SO_4）；在这些盐类存在时，PNS 吸附量下降，即相同掺量时，减水率下降。

萘磺酸盐可急剧降低水泥在早期水化过程中所产生的热量，PNS 对熟料表面水化的抑制作用甚至会超过 $CaSO_4$ 的影响。

外加剂对硅酸盐水泥水化反应的延迟作用也是很显著的。外加剂的有效性依赖于其化学特性和分子特征。低分子量 PNS 比高分子量产物在相同的溶液浓度时表现出更高的有效性。木质素磺酸盐同样使水泥的水化热降低。由初始水化热数据反映出来的外加剂的特殊性能表明：①在活性最强之处存在优先吸附；②水化产物成核和长大受到阻碍。

2. 诱导期（Ⅱ阶段）

诱导期中 PNS 外加剂的主要作用是抑制水化颗粒的发展。

外加剂水泥相互作用对诱导期所发生现象的影响可从时间（$0.25\sim4h$）与表征Ⅰ阶段现象的反应参数，即吸附、流变及放热之间的相关关系来表示。

研究表明，PNS 在浆体（OPC、OPC – SF）液相中的含量随时间而下降。以这种方式表示的吸附数据，除了最初的快速吸附（使活性最高相"饱和"），外加剂被水泥水化产物吸收的速度持续下降。持续吸附的主要原因是新形成的水化颗粒长大。PNS 的逐步吸附必然对水泥水化反应速率和水泥浆体的流变性能产生影响。当减水剂溶液浓度下降时，水泥浆体的流动性发生经时损失，相应地，混凝土就会产生坍落度经时损失。

诱导期中，水泥水化速度在 PNS 存在明显下降，这与砂浆中 PNS 对初始水化反应的优先作用相符。含有 PNS 的水泥浆表现出的较低放热量，实际上意味着在静止期中仅有有限的水化产物形成。在这种情况下，PNS 的水化主要由于成核水化颗粒的吸附和向形成的水化产物中嵌入。嵌入的易变形的新"有机矿物"相被发现与钙矾石同时存在。诱导期中 PNS 外加剂的主要作用是抑制水化颗粒的发展。

3. 水化加速期（Ⅲ阶段）

由于Ⅰ阶段和Ⅱ阶段外加剂与水泥的相互作用，加速期的初始点事实上被推迟了。正常掺量的 PNS（0.5%）降低了表观凝结时间。提高 PNS 浓度可以使诱导期延长，并可延缓水泥浆体的凝结时间。在诱导期末，孔溶液中仅残留少量的 PNS。而初始（保护性）水化层的破坏不足以控制大规模的成核反应沉淀过程的发生。如果外加剂本身参与或促使水化物的形成（如 Ca^{2+} 盐），则外加剂的作用会更显著。同样，如果在加速期水化产物的相变将外加剂释放到溶液中去，就会产生更为显著的效果。

Joana Roncero 等利用核磁共振技术和 X 射线衍射技术研究了萘系减水剂（SN）、三聚氰胺系减水剂（SM）、聚丙烯酸系减水剂（SC）及萘系与三聚氰胺系减水剂以 1∶1 复合的减水剂（SMN）与水泥的相互作用。

研究表明：在水泥浆体中掺用超塑化剂显然会影响水泥水化过程，进而影响水化产物的发展。超塑化剂对 C – S – H 凝胶的形成施加影响，使硅酸盐聚合物的数量减少，即形成的 C – S – H 凝胶数量减少。根据 NMR 分析和 XRD 衍射分析，在硬化过程中，掺 SC 的浆体，形成 C – S – H 初始点提前。测试结果表明，掺用超塑化剂明显改变了钙矾石的生长速度。在水泥与水混合 15min 时，对比浆体的 XRD 图谱上无 AFt（钙矾石）的特征峰，而掺超塑化剂时则出现明显的 AFt（钙矾石）特征峰，说明掺超塑化剂具有加速钙矾石形成的倾向。同样，掺超塑化剂尤其掺有萘系和三聚氰胺系外加剂的浆体随后的钙矾石晶体长大亦更为明显。

4.2.5　减水剂对 AFt 及 AFm 形成的影响

钙矾石，又称作 AFt（$C_3A \cdot 3CaSO_4 \cdot 32H_2O$），是水泥主要的水化产物之一。AFt 呈短针状或棒状，通常情况下长度不超过几微米。AFt 中主要的 Al^{3+} 可被 Fe^{3+} 和 Si^{4+} 替换，多种阴离子如 OH^-、CO_3^{2-}、Cl^- 可替换 SO_4^{2-}。硅酸盐水泥水化后很快就会形成 AFt，AFt 对水泥的凝结有着非常大的影响。水泥水化数小时后，单硫型水化硫铝酸钙即 AFms（$C_3A \cdot CaSO_4 \cdot 12H_2O$）开始形成。通常，钙矾石的数量在水化 24h 后可达到最大值，且随着水化反应的持续进行，当水泥中的石膏耗尽后，钙矾石会与 C_3A 反应，转化为 AFms。当水泥与磨细石灰石粉复合时，AFt 的生成量较多，没有 AFms 形成，取而代之的是单碳型水化铝酸钙（AFmc）。

AFm 是水泥水化过程中形成的与水化铝酸盐相关的一类特定水化产物缩写,可用分子式 $[Ca_2(Al,Fe)(OH)_6]\cdot X\cdot xH_2O$ 表示。其中,X 代表氯盐、硫酸盐、碳酸盐或铝硅酸盐。常见的几种 AFm 为:①羟基型 AFm,$C_3A\cdot Ca(OH)_2\cdot X\cdot xH_2O$,在 25℃时不稳定,可分解为水石榴石和氢氧化钙石。②单硫型 AFms,$C_3A\cdot CaSO_4\cdot 12H_2O$,仅在 40℃以上稳定,温度较低时有可能会分解为 AFt,水石榴石和水铝矿。单硫型 AFm 呈六边形形状,厚度为微米量级,密度为 $2.02g/cm^3$。单硫型 AFm 中的主要替换为:Fe^{3+} 替换 Al^{3+},OH^-、CO_3^{2-}、Cl^- 等替换 SO_4^{2-}。水泥浆体中的晶态水化水石榴石相不到总体积的 3%,其表达式为 $Ca_3Al_2(OH)_{12}$,其中 Fe^{3+} 可以替换部分 Al^{3+},SiO_4^{4-} 可以替换 OH^-[如 $C_3(A_{0.5}F_{0.5})SH_4$]。该相的晶体结构与 C_3AS_3 有关,$C_6AFS_2H_8$ 的密度为 $3.042g/cm^3$,水榴石可以被二氧化碳分解形成 $CaCO_3$,一些学者认为硫酸盐含量最低的水化硫铝酸钙晶态固溶体也会出现在 $CaO-Al_2O_3-CaSO_4-H_2O$ 系统中。③单碳型 AFmc,$C_3A\cdot CaCO_4\cdot 11H_2O$,25℃时稳定。④半碳型 AFmc,$C_3A\cdot Ca[(OH)_{0.5}(CO)_3]\cdot xH_2O$,25℃时稳定。

具体不同化学组成的 AFm 相不易完全混合,因而在 25℃时可能会有几种 AFm 相同时存在。

4.2.5.1　减水剂对新拌水泥浆体 AFt 及 AFm 形成的影响

用现代分析测试手段,可定量或定性水泥水化产物。用红外光照射化合物时,化合物分子吸收红外光的能量,使分子中键的振动从低能态向高能态跃迁,将整个过程记录下来就得到红外光谱,需要注意的是这里所说的"跃迁"指的是键的振动能级。化合物中的基团可以吸收特定波长的红外光,即使这些基团所处的化学环境略有不同。因此,可利用红外吸收光谱来鉴别化合物中的基团,硅酸盐水泥部分矿物和水泥水化产物的红外光谱波数见表 4.2.1。

表 4.2.1　　　　　　硅酸盐水泥部分矿物和水泥水化产物的红外光谱波数

矿物或水化产物	红外光谱吸收波长/(cm^{-1})	矿物或水化产物	红外光谱吸收波长/(cm^{-1})
C_3S	920~925	$CaCO_3$	1400~1500
C-S-H	970~1100	结晶水	1600~16500
石膏	1100~1200	$Ca(OH)_2$	3600~3680

根据化学分析结果,水化 15min 时,掺聚羧酸减水剂的试样、掺萘系减水剂的试样及对比试验的 AFt 形成量分别为 2.7%(质量)、0.8%(质量)和 0.2%(质量)。水化 60min 后,AFt 的数量分别增加到 4.0%(质量)、3.8%(质量)和 2.1%(质量)。随后 AFt 的增量均较小。由此可见,共聚型减水剂和缩聚型减水剂可促进水泥水化初期和诱导期钙矾石形成,但水化初期掺萘系减水浆体中 AFt 的生成量仅为掺聚羧酸减水剂时的 30%。化学分析结果还表明,掺萘系减水剂时,水泥浆体 AFm 生成量与对比试样基本相同,为掺聚羧酸减水剂的试样中 AFm 的 20%~30%。

水泥浆体中 AFt 和 AFm 的数量还可能通过差热分析、背散射电子图像进行半定量分析。差热分析结果与化学分析结果较为吻合,进一步证明聚羧酸减水剂可促进水泥水化初期及诱导期 AFt 和 AFm 形成。也即大量钙矾石和单硫型水化硫铝酸钙的形成,降低了水泥对减水剂的吸附量。研究发现，C_3A、C_4AF、AFt 对萘系减水剂的最大吸附量分别为 94.3mg/g、91.4mg/g、37.4mg/g。通常，AFt 对减水剂的最大吸附量是 AFm 的 2～4 倍。因此，水化初期 AFt 和 AFm 的形成，尤其是马来酸类聚羧酸减水剂可显著促进水化初期 AFt 和 AFm 的形成，使水泥对减水剂的吸附量显著降低，这意味着分散体系的溶液中，存在更多可用于分散水泥的聚羧酸减水剂，可更有效地发挥聚羧酸减水剂的空间位阻效应。

　　由 TGA 得到的 AFt 和 AFm 半定量结果见表 4.2.2。无论是否掺用聚羧酸减水剂，水泥水化初期均生成单碳型水化铝酸钙 AFmc。掺 5% 磨细石灰石粉的水泥浆体的 DTG 分析结果见表 4.2.3。由表 4.2.3 可知，由于 $CaCO_3$ 的存在，对比试样水化初期 AFt 的生成量高于不含 $CaCO_3$ 的空白水泥试样中 AFt 的生成量（表 4.2.2），但掺聚羧酸减水剂的试样，水化初期 AFt 的数量低于 PCA 分散未掺用 $CaCO_3$ 的试样中 AFt 的数量。对比表 4.2.3 可知，AFmc 的形成降低了水泥矿物对聚羧酸减水剂的吸附量，因而可提高水泥与聚羧酸减水剂的适应性。

表 4.2.2　　　　　　　　　由 TGA 得到的 AFt 和 AFm 半定量结果　　　　　　　　　%

水 化 产 物		15min	30min	1h	2h
AFt	空白	0.19	0.33	2.28	2.66
	PCA	2.57	3.83	4.11	4.49
AFm	空白	0.26	0.33	0.42	0.48
	PCA	0.81	1.05	1.18	1.59

表 4.2.3　　　　　　　　掺 5% 磨细石灰石粉的水泥浆体的 DTG 分析结果　　　　　　　　%

水 化 产 物		15min	30min	60min
AFt	空白	1.42	1.52	1.60
	PCA	1.51	1.63	1.71
AFm	空白	2.30	2.57	3.09
	PCA	2.96	3.68	4.12

4.2.5.2　减水剂对硬化水泥浆体 AFt 及 AFm 形成的影响

　　试验表明：基准水泥浆体（$W/C = 0.29\%$）经过 24h 水化，水泥颗粒表面的水化产物已开始相互连接，形成较致密的结构，但水泥水化程度较低，未见大量特征水化产物。而从掺有聚羧酸减水剂的同水灰比塑化水泥浆体水化 24h 水化产物的形貌可知：聚羧酸盐减水剂都促进了水泥水化反应进程，其中丙烯酸类聚羧酸减水剂（PCA、PCA1）既促进了水泥中硅酸盐矿物的水化，又促进了三硫型水化硫铝酸钙（钙矾石）的形成，水化体系中形成了连通的网络结构，钙矾石晶体随处可见。AEM 观察结果与 Joana Roncero、Sus-annaValls 和 Ravindra Gettu 通过核磁共振分析水泥凝结过程中硅酸盐聚合、通过 X 射线分析 $Ca(OH)_2$ 数量得到的聚羧酸减水剂促进 C－S－H 形成的结论一致。掺马来酸类聚羧酸减水剂（PCA2）的水泥浆体水化产物与掺丙烯酸类聚羧酸减水剂的水泥浆体水化产物有所不同，其中可见大量板状结构的单硫型水化硫铝酸钙存在，而钙矾石晶体数量较少，表明该类聚羧酸减水剂对水化硫铝酸钙的促进作用较丙烯酸类聚羧酸减水剂强，以致当石膏消耗殆尽时，部分钙矾石与水化铝酸钙作用，生成单硫型水化硫铝酸钙。由此可见，聚羧酸减水剂在发挥高分散性及经时保持性能时，并不延缓水泥水化。

试验还表明：基准水泥浆体在经 60h 水化反应后，形成了大量网络状的水化硅酸钙和一定数量的钙矾石晶体。经过 60h 的水化反应后，掺 PCA 的水泥浆体中，钙矾石数量明显增多，而掺 PCA1 的水泥浆体中的钙矾石数量则稳步增加，掺马来酸类聚羧酸减水剂的水泥浆体水化 60h 后，生成了不规则的花瓣状产物，这是单硫型水化硫铝酸钙的典型形貌。少量的钙矾石晶体与大量的单硫型水化铝酸钙同时存在，说明在水泥水化早期，马来酸类聚羧酸减水剂加剧了水泥中铝酸盐的水化进程。因此，在混凝土工程选用聚羧酸减水剂时，应按照使用要求，在参考不同类别的聚羧酸盐对水泥早期水化作用的基础上，合理确定减水剂品种。

试验研究发现，当水泥中含有磨细石灰石粉时，掺萘系减水剂的水泥浆体微观形貌与掺马来酸类聚羧酸减水剂的水泥微观形貌具有较大差别。水灰比为 0.30 的水泥浆体水化 1d 的 SEM 图显示：马来酸类聚羧酸减水剂的掺量为 0.2%（质量），萘系减水剂的掺量为 0.5%（质量），水泥中含有 5%磨细石灰石。根据能谱分析，空白试样及掺马来酸类聚羧酸减水剂的试样，经 1d 水化，生成了较多的单碳型水化铝酸钙 AFmc，且马来酸类聚羧酸减水剂具有与 C_4AF 配位的能力，因而水化产物中含有一定量的 AFt。掺萘系减水剂的试样水化 1d 后，主要的铝酸盐水化产物为针状的钙矾石，并可见大量方解石晶体存在。铝酸盐水化产物的差异可以用解释 PNS 与 $CaCO_3$ 的不相容性。

掺减水剂的水泥浆体（$W/C=0.30$）水化 3d 和 28d 的 SEM、BSE 图片表明：随着水化反应的进行，低水灰比水泥浆体的结构逐步致密。根据 Powers 理论，水灰比为 0.30 时，水泥的最大水化程度约为 72%，3d 和 28d 水化程度分别为 57% 和 62% 左右，胶空比分别达到 0.7751 和 0.8162，浆体已较为致密，因毛细孔隙较少，通过 SEM 难以观察到 AFt 和 AFm，但可见大量的 AFmc 存在。

4.3　亟须解决的混凝土外加剂应用技术问题

混凝土向轻质高性能发展已成必然趋势。混凝土发展的历史也证明了这一点：从 1900 年低强混凝土（强度等级小于 15MPa）到 1990 年以后的超高强混凝土（强度等级大于 100MPa）和超高性能混凝土（如活性细料混凝土强度等级为 180～200MPa）。

新型高性能混凝土的推广应用，混凝土外加剂功不可没。化学外加剂由于大幅度减少了混凝土用水量，使低水灰比的实现成为可能，推动了高强混凝土的发展。掺合料增加了混凝土的物理密实度，并具有后期反应活性，可提高混凝土的耐久性和长期性能，提高混凝土的绿色度。化学外加剂和掺合料的共同作用，促进了高性能混凝土的发展。

混凝土化学外加剂已成为混凝土必不可少的第六组分，对改善新拌混凝土和硬化混凝土性能具有重要作用。正是由于有了混凝土外加剂及外加剂的研究和应用技术，混凝土施工技术和新品种混凝土才得到了长足的发展；化学外加剂的分散作用和矿物外加剂的物理密实作用、强度效应使高性能混凝土性能大大优于常规混凝土。换言之，没有混凝土外加剂，就没有高性能混凝土的今天。但是，混凝土外加剂尚需推陈出新，必须解决应用中的技术难题，制定必要的应用技术规程。混凝土外加剂应用技术还存在以下亟须解决的问题。

4.3.1　低水胶比混凝土早期开裂防治技术

低水胶比混凝土（高性能混凝土）的缺陷之一是混凝土内部产生自干燥，这不仅消耗了水泥水化所需的水分，而且使内部相对湿度持续下降直至水化过程终止。其严重后果是：如果不能通过其他途径提供水分，混凝土可在早期的任何时候停止强度发展。根据 Tazawa 和 Miyazawa 的研究结果，当水灰比分别为 0.4、0.3 和 0.17 时，水泥浆体的自收缩值占总收缩值的份额分别为 40%、50% 和约 100%。

Powers 等研究了不同水灰比条件下，水泥浆体形成非连续孔时的水化程度，若在早期发生自干燥，内部相对湿度不能满足形成非连续孔的水化程度，将对水泥基材料的使用性能带来危害。不仅如此，还应采取措施，尽量使水泥达到所对应的水灰（胶）比下的最大水化程度（水灰比为 0.3 和 0.4 时分别约为 72% 和 100%）。

高性能混凝土在我国的应用实践表明，早期开裂问题已成为制约其在工程中普及应用的重要因素。高性能混凝土早期体积稳定性差、容易开裂等问题，会导致混凝土结构渗漏、钢筋锈蚀、强度降低，进而削弱其耐久性，造成结构物破坏及坍塌的危险，严重影响建筑物的安全性与使用寿命。在所有的因素中，自收缩和温缩是引起高性能混凝土结构早期开裂的主要因素，用传统的技术如预应力混凝土技术（况且很多场合不具备施加预应力的条件）不能解决这一技术难题。

4.3.2　防止延迟钙矾石生成的技术措施研究

大体积混凝土和膨胀混凝土延迟钙矾石形成已引起国内外混凝土界的广泛关注。它是指混凝土于早期经高温处理（包括使用中热水泥导致的水化放热温升提高）后，水泥基材料中已经形成的钙矾石部分或全部分解，以后再次缓慢形成钙矾石的过程。大体积混凝土由于水泥早期水化热导致内部温度较高，可引起部分钙矾石分解。若下列条件同时成立，则会产生延迟钙矾石形成：混凝土中存在足够的离子铝和硫酸盐、混凝土中存在钙矾石析出的空间及充足的水分供应。

为保证混凝土结构安全，研究通过掺用特殊混凝土外加剂，防止延迟钙矾石生成的技术措施，具有迫切性。

4.3.3　降低含碳矿物外加剂吸附性能的技术

就我国水泥生产技术而言，矿物材料在影响外加剂与水泥品种适应性方面起重要作用，而其矿物组成则是主导因素。例如矿渣微粉中玻璃体较多，烧失量中主要是水，而粉煤灰中含有一定量的碳，相比之下，矿渣微粉与外加剂的适应性稍好。再如炉渣、煤矸石不仅含碳，而且呈多孔结构，吸附性强，与外加剂适应性差。水泥混合材含碳等吸附外加剂的问题阻碍了外加剂应用。

降低含碳矿物外加剂吸附性能的技术、外加剂与活性矿物材料适应性的评价方法应成为今后混凝土外加剂应用技术的主要研究课题。

4.3.4 碱含量标准问题

工程界对由外加剂引入混凝土中的碱含量一直持慎重态度。混凝土碱含量对混凝土开裂的影响，已被工程实践所证实。美国国家标准局对 199 种水泥进行了 18 年以上的调查研究，研究结果表明对水泥抗裂性影响最大的是碱含量、水泥细度、C_3A 和 C_4AF。低碱水泥抵抗开裂的潜在能力强，当水泥碱含量（以 Na_2O 计）低于 0.6% 时，混凝土的抗裂性明显提高。美国对位于佛罗里达州的青山坝面的板 104 种混凝土进行了 53 年的调查研究。统计结果显示，开裂严重的混凝土中，有的水泥碱含量高，但混凝土中的集料无碱活性；有的开裂劣化的混凝土，使用高碱水泥和活性集料，但未检测到 AAR 反应产物。低碱或虽高碱但低 C_3A、低 C_3S 的水泥则完好。以上结果表明：碱能促进水泥混凝土的收缩开裂，而混凝土的自由收缩并不依赖于混凝土用水量，因为高碱水泥生成的凝胶中含有抗裂性能差的成分，会加重混凝土后期的干燥收缩。

从保证混凝土耐久性和体积稳定性来看，限制外加剂碱含量是控制混凝土总碱量的重要手段之一。但对外加剂碱含量的限制必须兼顾目前的合成技术和应用实际情况。目前国产萘系高效减水剂中的 Na_2SO_4 含量多在 3.0% 以上，即萘系高效减水剂的碱含量以 Na_2O 计大于 10.0%。同样，可计算出磺化三聚氰胺甲醛树脂减水剂的总碱量为 11.6% 左右。

将混凝土碱含量 $3kg/m^3$ 作为安全界限已被许多国家采用。在外加剂品种中，掺量最大的是混凝土膨胀剂（一般与减水类外加剂复合掺用），可达到胶凝材料用量的 10%～15%（通常为 6%～8%）。由此认为，外加剂引入混凝土中的碱应不大于 $10\% \times 3kg/m^3$ 即 $0.30kg/m^3$。计算结果的下限值与日本规范相同。

实践证明，由减水类外加剂（不含具有减水功能的早强减水剂、防冻剂、防水剂、复合膨胀剂等）引入混凝土中的碱小于 $0.3kg/m^3$；其他高掺量外加剂引入混凝土中的碱可控制在 $0.45kg/m^3$ 以内。

因此，科学合理地制定由外加剂引入混凝土中碱含量的标准，对指导混凝土设计、施工，保障外加剂生产企业权益，具有广泛、积极的意义和社会效益。

4.3.5 后掺法技术在预拌混凝土中的应用

这是一个老话题，但一直未得到足够重视。下面举例说明后掺法的重要性：某高强管桩厂，在配制 C60 混凝土时，由于采用 P·O 42.5R 型水泥，且水泥与萘系、三聚氰胺系高效减水剂适应性差，混凝土在搅拌后数分钟内坍落度即产生较大损失。后选用三聚氰胺系高效减水剂，采取后掺法技术路线，混凝土各项性能指标均满足设计要求，外加剂用量仅为同掺法时的 2/3。

后掺法即在混凝土拌好后再将外加剂一次或分数次加入混凝土中（须经一次或多次搅拌）。后掺法又分为：①滞水法，即在搅拌混凝土过程中，外加剂滞后于水 1～3min 加入，当以溶液掺入时称为溶液滞水法，当以粉剂掺入时称为干粉滞水法；②分批添加法，即经时分批掺入外加剂，补偿和恢复坍落度值。采用后掺法有许多优点，应予重视。

由于预拌混凝土与现场搅拌的混凝土不同，外加剂后掺具有切实的可能性，而且可减少减水剂掺量、降低混凝土成本，可先行试点研究，再总结经验，全面推广应用。

4.4　混凝土外加剂产品开发与应用研究方向

混凝土外加剂产品开发与应用研究方向主要有以下几个方面。

4.4.1　按使用要求设计外加剂

不同条件下使用的混凝土对外加剂的要求是不同的，有时甚至要求外加剂具有多种功能。可以把混凝土外加剂多功能化理解为按性能设计外加剂。按性能设计外加剂可减少混凝土材料成本、满足高性能混凝土"按性能设计"的要求，使外加剂和混凝土性能最优。对按性能设计混凝土外加剂及其机理进行研究具有十分重要的理论意义和工程应用价值。

化学合成与物理复配是按使用要求设计混凝土外加剂的两条技术途径。只要满足使用要求，无论采用何种途径，都是可取的。新型减水剂的分子结构设计向多功能发展，主要通过在分子主链或侧链上引入强极性基团羧基、磺酸基、聚氧化乙烯基等，通过极性基与非极性基的比例可调节引气性，一般非极性基的比例不超过30％；可通过调节聚合物分子量而增大碱性、质量稳定性，通过调节侧链分子量，增加立体位阻作用而提高分散性保持性能。国外近年来开始通过分子设计探索聚羧酸类高效减水剂的合成途径，从材料选择、降低成本、提高性能等方面考虑，而改进合成工艺也仅仅是起步；国内则偏重研究掺用减水剂的新拌混凝土有关性能、硬化混凝土的力学性能及工程应用技术，但对减水剂的分子结构表征、作用机理、水泥分散体系的特性和减水剂对水泥水化的影响等研究仍然很少。按使用要求设计外加剂应纳入今后的科研工作内容。

4.4.2　萘系减水剂接枝改性与非萘系减水剂研究

萘系减水剂是用量最大的高效减水剂。但多数情况下，萘系减水剂只有复合羟基羧酸盐或其他化学组分后才能使用，尤其在目前水泥中普遍含有磨细石灰石粉的情况下，萘系减水剂会表现出与水泥的适应性较差。加之工业萘价格波动、环保问题等因素，人们不得不考虑萘系减水剂的前途问题。

从"以市场为导向"为立足点分析，接枝改性（如与木质素磺酸盐共聚）是萘系减水剂的发展方向。

非萘系减水剂主要应考虑环境友好特性，更多地考虑使用纸浆废液、废酸、废酚、废酮等可用化学物质生产减水剂。

4.4.3　新型膨胀剂开发应用

所谓新型膨胀剂，是指非钙矾石类膨胀剂及以工业废渣为主要原料生产的低碱钙矾石类膨胀剂。站在可持续发展的高度看，今后应重点开发后一类膨胀剂。

粉煤灰含有大约30％（质量）的氧化铝，经活化处理后，可获得含有 C_2S 和 $C_{12}A_7$ 的新型胶凝材料，并可配制硫铝酸钙类膨胀剂。

4.4.4　发展适应 HPC 防裂要求的内部养护类外加剂

高性能混凝土（或低水胶比混凝土）在工程应用中的最大障碍是早期开裂问题。由于水泥水化过程中产生化学收缩，在水泥浆体中形成空隙，导致内部相对湿度降低和自收缩，致使混凝土结构开裂。因此，对于高性能混凝土，在加强外部湿养护的同时，还应进行内部养护。

Bentz 等假定孔溶液与孔壁的接触角为 0，并根据 Kelvin 方程表述了水泥基材中孔的尺寸与内部相对湿度之间的关系：

$$\ln(RH) = \frac{-2\gamma V_m}{rRT} \tag{4.4.1}$$

式中：RH 为内部相对湿度，%；γ 为孔溶液的表面张力，J/m^2；V_m 为孔溶液的摩尔体积，m^3/mol；r 为最大充水孔或最小无水孔的半径，m；R 为气体常数，$J/(mol \cdot K)$；T 为绝对温度，K。

同时，假设混凝土中的孔呈柱状，用式（4.4.2）可描述因自干燥导致的溶液毛细拉应力 σ_{cap}：

$$\sigma_{cap} = \frac{2\gamma}{r} = \frac{-RT\ln(RH)}{V_m} \tag{4.4.2}$$

Mette Geiker 引用 Mar Kenzie 关于含有球形孔固体的弹性系数的研究成果给出了水泥基材中的孔部分饱和时，其收缩应变的近似表达式为

$$\varepsilon = \frac{S\sigma_{cap}}{3}\left(\frac{1}{K} - \frac{1}{K_s}\right) \tag{4.4.3}$$

式中：ε 为收缩应变；S 为轻集料饱和程度，取值为 $0 \sim 1$；K 为多孔材料的弹性模量；K_s 为多孔材料中固体的弹性模量。

将式（4.4.2）代入式（4.4.3）得

$$\varepsilon = \frac{SRT\ln(RH)}{3V_m}\left(\frac{1}{K_s} - \frac{1}{K}\right) \tag{4.4.4}$$

当自收缩与温缩、干缩等收缩变形共同作用时，并考虑初始应变时，可用式（4.4.5）预测限制条件下，高性能混凝土结构早期的体积稳定性：

$$CR = \frac{\sum \varepsilon_i}{\varepsilon_c} \tag{4.4.5}$$

式中：ε_c 为应变容量，结构失效时约为 1×10^{-4}，考虑徐变时约为 1.4×10^{-4}。若 $CR \geqslant 1$，结构将发生开裂；若 $CR < 1$，则结构保持体积稳定。

下面对内养护剂的作用机理进行探讨。内养护剂颗粒的内部分布着直径 $10 \sim 100 \mu m$ 近似于球形的孔，其吸水率与其内部连续孔的数量存在必然联系。

根据物理化学知识，随表面张力变化而变化的毛细孔中的水的蒸气压低，并与混凝土干燥过程中水分的迁移和失水存在密切联系。可用式（4.4.2）和式（4.4.6）表达：

$$p_v - p_c = \frac{2\sigma\cos\theta}{r} \tag{4.4.6}$$

式中：r 为水-水蒸气界面张力；θ 为润湿角；p_c 为水的压力；p_v 为水蒸气的压力；r 为

孔的半径。

压差为内养护剂颗粒及硬化水泥浆体中毛细水的迁移提供了动力。

在给定非饱和状态下，存在一个临界孔径，所有小于临界孔径的毛细孔均为饱水孔；所有大于临界孔径的毛细孔均为干涸孔，且水分总是从大孔向细孔迁移。

假定高性能混凝土中的内养护颗粒均匀分布于混凝土中，则可将内养护颗粒中的孔与硬化水泥浆体中的孔作为一个整体加以研究。由于内养护颗粒中孔的尺度远大于水泥基材中毛细孔的尺度，因而内养护颗粒中的水将逐渐向硬化水泥浆体迁移，形成微养护机制。

Fick 第二定律是不稳定扩散的基本动力方程式，适用于不同性质的扩散体系，可用式（4.4.7）和式（4.4.8）来描述轻集料、内养护颗粒（及水泥基材）中孔隙水扩散和轻集料的干燥（用孔隙相对湿度表述）：

$$\frac{\partial W}{\partial t} = D_\mathrm{w}\left(\frac{\partial^2 w}{\partial x^2} + \frac{\partial^2 w}{\partial y^2} + \frac{\partial^2 Rw}{\partial z^2}\right) \tag{4.4.7}$$

$$\frac{\partial RH}{\partial t} = D_\mathrm{H}\left(\frac{\partial^2 RH}{\partial x^2} + \frac{\partial^2 RH}{\partial y^2} + \frac{\partial^2 RH}{\partial z^2}\right) \tag{4.4.8}$$

式中：W 为孔隙水；D_w、D_H 为扩散系数。

设保证混凝土中胶凝材料达到最大水化程度，单方混凝土所需的额外水的质量 M_w 与单方混凝土胶凝材料用量 B 的比值为 δ（可取 $0.07M_{max}$，M_{max} 为不同水胶比所对应的水泥最大水化程度），考虑轻集料的饱和度 a（$0 < a \leqslant 1$）时，式（4.4.9）成立：

$$a p_\mathrm{w} V_{ICP} \rho_{ICP} \geqslant \delta B M_{max} \tag{4.4.9}$$

式中：p_w 为内养护材料质量吸水率；V_{ICP} 为内养护材料的体积；ρ_{ICP} 为内养护材料表观密度。

M_{max} 可按式（4.4.10）估算：

$$(1-\gamma_\mathrm{p}) = \frac{0.68M_{max}}{0.32M_{max} + w/b} \tag{4.4.10}$$

式中：γ_p 为轻集料的孔隙率；w/b 为水胶比。

因此所需内养护材料的体积为

$$V_{ICP} \geqslant \frac{\delta B M_{max}}{a P_\mathrm{w} p_{ICP}} \tag{4.4.11}$$

式中：B 为胶凝材料用量。

内养护颗粒对砂的体积取代率 R 为

$$R \geqslant \frac{\delta B M_{max}}{a P_\mathrm{w} \rho_{ICP}(S/\rho_\mathrm{s} + G/\rho_\mathrm{G})} \tag{4.4.12}$$

式中：S 为每立方米混凝土中砂的质量，kg/m^3；G 为每立方米混凝土中石子的质量，kg/m^3；ρ_s 为砂的表观密度，kg/m^3；ρ_G 为石子的表观密度，kg/m^3。

加强早期湿养护尤其是内养护对于保证水泥水化、防止结构早期开裂具有重要意义。开发应用内养护类外加剂，顺应 HPC 性能要求，市场前景看好。

4.4.5　新型砂浆外加剂

由于环境保护和质量控制的需要，水泥基、石膏基商品砂浆和特种砂浆在建筑业得到了应用。砂浆外加剂是保障砂浆质量的最重要的因素。

砂浆外加剂与混凝土外加剂既具有共性（如减水、引气、调凝、抗裂），又具有特性（如增稠、增黏）。砂浆外加剂不仅仅具有塑化作用，其组成材料中除了混凝土外加剂的常用材料外，通常还含有纤维素醚和可再分散乳胶粉。

4.4.6 砂浆、混凝土裂缝修补剂

收缩大和抗拉强度低，使得砂浆、混凝土在服役过程中不可避免地发生开裂现象，如不及时修补，裂缝将成为外部侵蚀性离子进入基体内部的通道，加速碳化或钢筋锈蚀，导致混凝土结构失效。

砂浆、混凝土裂缝修补剂通过渗透结晶或与基体中的活性组分发生化学反应使裂缝愈合，与化学灌浆料的作用迥然不同。开发新型裂缝修补剂具有十分重要的理论意义和应用价值。

参 考 文 献

[1] MEHTA P K，MONTEIRO J M. Concrete：Structure，Properties and Materials ［M］. 2nd Edition，Prentice Hall，Inc.，1993：548.

[2] ATCIN P C. The durability characteristics of high performance concrete：a review ［J］. Cement & Concrete Composites，2003，25（4－5）：409－420.

[3] AITCIN P C. Cements of yesterday and today，Concrete of tomorrow ［J］. Cement and Concrete Research，20000，30（9）：1349－1359.

[4] ROUSE J M，BILLINGTON S L. Creep and shrinkage of high－performance fiber－reinforced cementitious composites ［J］. ACI Materials Journal，104（2）：129－136.

[5] 陈建奎. 混凝土外加剂的原理与应用 ［M］. 北京：中国计划出版社，1997.

[6] ［加］RAMACHANDRAN V S，FELDMAN R F，BEAUDOIN J J. 混凝土科学：有关近代研究的专论 ［M］. 黄士元，孙复强，王善拔，等，译. 北京：中国建筑工业出版社，1986.

[7] RAMACHANDRAN V S. Differential thermal method of estimating calcium hydroxide in hydratisierten zementen ［J］. Ton－Ztg，1970（94）：230－235.

第 5 章

砂石骨料及拌和用水

5.1 砂石骨料

砂子、石子是混凝土中的填充料，即集料。集料可以说是混凝土中的刚性骨架，所以又称为砂石骨料。骨料通常占碾压混凝土总体积的 80％～85％，骨料所占的体积越多，水泥的用量就越少，混凝土的经济性就越好。骨料在混凝土中的重要作用是减小因荷载、收缩或其他原因引起的变形，使混凝土具有较好的体积稳定性。骨料品质的好坏，如化学成分、矿物组成与结构、强度、密度、热学性能、颗粒大小与形状、表面性状等均对混凝土的技术性能和经济效益产生重要影响。因此，在生产优质混凝土时，必须对骨料进行认真选择。

在普通混凝土中，由于其本身各种物理力学性能要求较低，骨料影响并不突出，通常只是在确定水灰比后，简单考虑骨料种类、级配及用量的影响，而对其他许多质量特性未做具体要求。但是近年来，随着高性能混凝土（HPC）概念的提出及其在工程中的广泛应用，发现骨料的其他许多特性，如自身强度、弹性模量、颗粒形状、级配组成、表面洁净度、吸水率等，对混凝土力学性能也有非常重要的影响；而其化学组成、热膨胀系数、导热系数、比热等热学特性，与混凝土的收缩与徐变、抗裂性、耐久性密切相关。深入地探讨骨料的物理、化学特性对混凝土性能的影响，是研究混凝土抗裂性、耐久性中的一项重要基础工作。

5.1.1 骨料的分类

5.1.1.1 按骨料粒径分类

混凝土用砂石骨料按骨料粒径可分为细骨料和粗骨料。混凝土的细骨料，一般采用天然砂，如河砂、海砂及山砂等，其中以河砂品质最好，应用最多。如当地缺乏天然砂时，也可用坚硬岩石加工的人工砂。按照水利水电行业施工的习惯，颗粒粒径在 0.16～5.0mm 的骨料为细骨料，又称砂子。颗粒粒径大于 5mm 的骨料为粗骨料，又称为石子。

5.1.1.2 按采集场所与加工方式分类

骨料按采集场所与加工方式的不同分为天然骨料和人工骨料两大类。天然骨料是从天然河流中或山上或海中采集的砂、砾石，经过适当的筛洗加工而得。天然骨料因岩石经过长期的风化、运动、水流冲刷、相互碰撞等作用，一般外形呈圆形，表面光滑、质地坚硬，是比较理想的混凝土原材料。如果当地有足够的符合要求的天然砂石料场，一般总是优先考虑采用。天然骨料的原岩种类繁多，成分复杂，级配通常不理想，有时还含有一些针片状和软弱颗粒。还有一些料场，因沉积年代久远，表面风化、含有或黏附一些不稳定的化学物质和有害成分。所有这些，都将对混凝土性能产生影响。

人工骨料是用机械的方法将岩石破碎制成的。人工骨料中细骨料又称人工砂，粗骨料又称为碎石。由于人工骨料可以选择适当的原岩进行加工，岩石品种单一，可以控制级配，开采生产一般都能常年进行，目前越来越多的工程都采用人工骨料。人工骨料的表面粗糙，多棱角，空隙率和比表面积较大，所拌制的混凝土和易性较差，但碎石与水泥石黏结力较强，在水胶比相同的条件下，比卵石混凝土强度高。

5.1.1.3 按岩性分类

骨料按岩性划分，主要有石灰岩骨料、花岗岩骨料、砂岩骨料、玄武岩骨料、石英岩骨料等。骨料的岩性可决定其物理、化学和力学性能，如强度、坚固性、化学稳定性，以及在混凝土中长期使用的耐久性和体积稳定性等。表5.1.1与表5.1.2分别给出了不同岩性岩石的物理特性与力学特性。由表5.1.1、表5.1.2可见，不同岩性岩石的品质之间存在很大的差异。因此，了解骨料的岩性，这对做好混凝土设计是十分必要的。

表 5.1.1 不同岩性岩石的物理特性

岩　类	密度/(g/cm³)	孔隙率/%	吸水率/%
玄武岩	2.50～3.30	0.10～1.00	0.14～1.92
花岗岩	2.50～2.84	0.50～1.60	0.50～1.50
石灰岩	2.20～2.60	0.50～2.00	0.10～4.41
片麻岩	2.90～3.00	0.50～1.50	0.50～1.50
石英岩	2.53～2.84	—	0.10～0.45

表 5.1.2 不同岩性岩石的力学特性

岩石种类	抗压强度/MPa		抗拉强度/MPa	抗剪强度/MPa	弹性模量/GPa	压碎指标40kN/%	磨耗值/%	软化系数
	干	湿						
玄武岩	150～300	80～250	10.0～30.0	10.0～30.0	40～100	7～25	2～12	0.70～1.00
花岗岩	40～220	25～205	7.0～25.0	10.0～30.1	40～90	9～35	3～9	0.75～0.09
石灰岩	13～207	7.8～189	10.0～30.0	11.0～27.0	41～100	11～37	7～25	0.58～0.90
砂　岩	18～250	5.7～245	4.0～25.0	10.0～31.0	40～60	10～39	3～26	0.44～0.97

一般来说，用石灰岩、花岗岩制成的碎石粒形好，而用玄武岩、石英岩等岩石制成的碎石针片状颗粒多、粒形差。用圆锥、锤式破碎机生产的碎石，粒形圆整，而用颚式破碎机生产的碎石，针片状颗粒较多，且级配比较集中。棒磨机生产的人工砂，粒形、级配都比较理想。

5.1.2 骨料的性质

5.1.2.1 物理性质

1. 强度

对于水工混凝土来说，骨料的强度在很大程度上影响到混凝土的强度。骨料强度取决于其矿物组成，结构致密性，质地均匀性，物化性能稳定性。优质骨料是配制优质混凝土的重要条件。

骨料的强度一般都要高于混凝土的设计强度，这是因为骨料在混凝土中主要起骨架作用，在承受荷载时骨料的应力可能会大大超过混凝土的抗压强度。骨料的强度不易通过直接测定单独的骨料强度获得，而是采用间接的方法来评定的。一种方法是测定岩石的压碎指标，另一种方法是在作为骨料的岩石上采样经加工成立方体或圆柱体试样，测定其抗压强度而得。作为混凝土骨料的岩石抗压强度见表 5.1.3。

表 5.1.3　　　　　　　　作为混凝土骨料的岩石抗压强度

岩石种类	平均值/MPa	最大值/MPa	最小值/MPa
花岗岩	180	250	120
石灰岩	60	120	20
砂岩	130	250	44
石英岩	250	400	124
片麻岩	150	210	90
大理岩	117	244	51
片（板）岩	170	297	91
玄武岩	250	500	100

根据《水利水电工程天然建筑材料勘察规程》（SL 251—2015），配制水工混凝土的骨料所用岩石的原岩饱和抗压强度应大于 40MPa。

在作为骨料的岩石上采样经加工制成立方体或圆柱体试样测得的抗压强度，只代表母岩的一种性能。岩石在不同的含水状态时，其性能是不一样的。一般而言，岩石在含有水分时，其强度会有所降低，这是因为岩石微粒间的结合力被渗入的水膜所削弱的缘故。如果岩石中含有某些易于被软化的物质，则强度降低更为明显。所以，有时还用其在饱水状态下与干燥状态下的抗压强度之比，即软化系数，表示岩石的软化效应，软化系数的大小表明岩石浸水后强度降低的程度。

2. 密度

骨料的密度是指骨料在绝对密实状态下（不包括孔隙）单位体积的质量。骨料的密度可按式（5.1.1）计算，即

$$\rho_j = \frac{G_j}{V_j} \tag{5.1.1}$$

式中：ρ_j 为骨料的绝对密度，g/cm^3；G_j 为骨料在干燥状态下的质量，g；V_j 为骨料在绝对密实状态下的体积，cm^3。

对混凝土骨料来说，通常所说的密度是在自然状态下（包括毛细孔在内）单位体积的质量，又称为表观密度（或视密度）：

$$\rho = \frac{G}{V} \tag{5.1.2}$$

式中：ρ 为骨料的表观密度，g/cm^3；G 为骨料在干燥状态下的质量，g；V 为骨料在自然

状态下的体积，cm^3。

当骨料含有水分时，其质量和体积均会发生变化，影响骨料的密度，故对所测得的密度，必须注明其含水状态。骨料的表观密度分为干表观密度和饱和面干表观密度。前者是指骨料在完全干燥条件下的表观密度，后者是骨料在其内部孔隙吸水饱和而外表无水膜时的表观密度。

水工混凝土在计算配合比时，一般采用饱和面干表观密度。骨料的表观密度取决于矿物组成和孔隙大小及数量。几种岩石骨料的表观密度见表5.1.4。

表5.1.4 几种岩石骨料的表观密度

岩石种类	平均密度/(g/cm^3)	密度范围/(g/cm^3)	岩石种类	平均密度/(g/cm^3)	密度范围/(g/cm^3)
花岗岩	2.69	2.6~3.0	砂岩	2.69	2.6~2.9
石灰岩	2.66	2.5~2.8	玄武岩	2.80	2.6~3.0
石英岩	2.62	2.6~2.7	斑岩	2.73	2.6~2.9

骨料堆积密度是指在堆积状态下的单位体积的质量。骨料的堆积密度又分为自然状态下的堆积密度，也称松散堆积密度和振实后的堆积密度，即紧密堆积密度。骨料堆积密度计算公式：

$$\rho_0 = \frac{G_0}{V_0} \qquad (5.1.3)$$

式中：ρ_0 为骨料的堆积密度，g/cm^3；G_0 为骨料在堆积状态下的质量，g；V_0 为骨料在堆积状态下的体积，cm^3。

3. 孔隙率

骨料由于本身及外部条件的影响，极少在其内部成为完全密实状态，所以，对于绝大多数骨料来说，都存在一些孔隙。骨料的孔隙率就是指其中孔隙体积占其总体积的百分比。换句话说，骨料孔隙率反映其密实度。骨料孔隙率大小在一定程度上会影响混凝土的吸水性、拌和物的用水量，以及混凝土的强度和耐久性。因此，骨料孔隙率是其最基本的物理特性之一。骨料的孔隙率（V_0）表示为

$$V_0 = \left(1 - \frac{\rho_0}{\rho}\right) \times 100\% \qquad (5.1.4)$$

4. 吸水率

由于骨料中存在孔隙，在遇水的条件下会吸收水分。骨料吸水率是其吸收水量的百分比。它是骨料主要的物理特性。吸水率取决于骨料孔隙结构大小，颗粒形状与尺寸。

细骨料的含水状态存在四种情况，如图5.1.1所示。

骨料在100~110℃条件下，烘干至恒重后，其内部水分完全蒸发时称之为绝干状态。骨料在长期干燥条件下，其表面和内部中一部分水分蒸发后称之为气干状态。骨料颗粒表面无水，但颗粒内部的孔隙含水饱和时称之为饱和面干状态。骨料内部孔隙充满水分，但表面又附着水分时称之为润湿状态。

测定骨料的吸水率，特别是饱和面干吸水率，不仅能够判断骨料质量的坚实性，也能控制混凝土用水量，从而保证混凝土的和易性，强度及耐久性。饱和面干吸水率就意味着

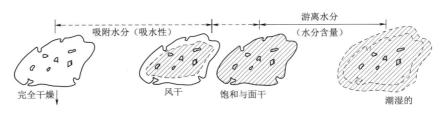

图 5.1.1　骨料含水状态示意图

在混凝土中既不带入水分，也不吸收水分，所以在水利水电工程上采用较多。表 5.1.5 列出了几种常用骨料的吸水率。

表 5.1.5　　　　　　　　　　　　几种常用骨料的吸水率

类别	吸水率/%	类别	吸水率/%
普通砂	1~3	花岗岩	0~0.5
普通卵石	0.5~2	砂岩	2~7
石英砂	<2		

5. 坚固性

坚固性是指骨料抵抗风化的能力，主要是抗冻融的能力，其中也包括干-湿、冷-热循环的作用。测定骨料坚固性的方法主要有两种，即冻融试验和硫酸盐侵蚀试验。冻融试验没有标准方法，但可以作为鉴定骨料坚固性的最好方法。硫酸盐侵蚀试验是我国现行有关试验规程采用的标准方法。该方法是将骨料试样浸泡在硫酸钠溶液中，然后取出烘干，重复浸泡与烘干，硫酸钠在骨料孔隙中结晶形成破坏应力，其中也包括试验过程中产生的冷与热、干与湿产生的破坏作用。

6. 热学性能

水工混凝土中骨料所占的比例较大，因此，混凝土的线膨胀系数、比热和导热系数在很大程度上受到骨料的影响。特别是在骨料与水泥浆的线膨胀系数差别大时，对混凝土抗冻性影响更明显。这是因在较大的温度变化时，两种材料的热膨胀系数不同，造成较大的内应力导致在骨料与水泥浆界面上开裂。当骨料与水泥浆的线膨胀系数之差超过 $5 \times 10^{-6}/℃$ 时，混凝土抗冻性就会受到影响。

不同岩性骨料的线膨胀系数是不同的，用作混凝土骨料的大多数岩石骨料的线膨胀系数为 $5 \times 10^{-6} \sim 13 \times 10^{-6}/℃$，水泥浆线膨胀系数为 $11 \times 10^{-6} \sim 16 \times 10^{-6}/℃$，但随饱水程度而变。

表 5.1.6 列出了几种不同岩性骨料的线膨胀系数。

表 5.1.6　　　　　　　　　　　不同岩性骨料的线膨胀系数

岩性种类	线膨胀系数/($10^{-6}/℃$)	岩性种类	线膨胀系数/($10^{-6}/℃$)
花岗岩	7~12	白云岩	6~8
钠长岩、安山岩	5~13	石灰岩	5~8
辉长岩、玄武岩、辉绿岩	5~11	大理岩	6~16
砂岩	6~13	燧岩	8~13

5.1.2.2　颗粒特性

1. 颗粒形状和表面状态

骨料的颗粒形状和表面状态对混凝土影响极大。当骨料颗粒表面光滑，近似于球形时，空隙率和表面积较小，拌制混凝土的用水量较少，和易性较好。卵石就具有这种性能。必须指出，骨料表面光滑会使与水泥浆胶结性能较差，影响混凝土强度。如果骨料是扁平的，但多棱角，表面粗糙，表面积较大，包裹其表面的水泥浆量较多。使用这类骨料的混凝土用水量较之光滑圆形的骨料必定会增加。人工骨料就属于此类。不过随着破碎方法和机械设备改进以及混凝土外加剂和粉煤灰等优质混合材料的掺入，人工骨料混凝土的用水量已能大幅度降低。比如三峡工程混凝土采用的是花岗岩人工骨料，由于采用巴马克型破碎机械改善了人工骨料粒形，使扁平、多棱角的颗粒减少，掺加球形颗粒居多的 I 级粉煤灰及高效减水剂，使花岗岩人工骨料混凝土（四级配）用水量达到 $85g/cm^3$ 的先进水平。

2. 骨料级配理论

骨料依颗粒大小不同组合后，其各种粒径所占的百分比称为骨料级配。骨料级配对水灰比及灰骨比有影响，关系到混凝土的和易性和经济性，良好的骨料级配，可使骨料间的空隙率和总表面积减少，降低混凝土用水量和水泥用量，改善拌和物和易性及抗离析性，提高混凝土强度和耐久性，且可获得良好的经济性。

骨料颗粒连续级配典型的理论如下。

（1）最大密度理论。Fuller 提出混凝土获得最大密度的理论曲线为一条抛物线，其方程式为

$$P = 7 + 100\sqrt{bd} \tag{5.1.5}$$

式（5.1.5）又可简化为

$$P = 100\sqrt{\frac{d}{D}} \tag{5.1.6}$$

式中：P 为通过某一筛孔的百分率，%；d 为筛孔的孔径，mm；b 为抛物线垂直轴位置的值，该值随骨料形状不同而定；D 为最大粒径，mm。

（2）鲍罗米（Bolomey）级配公式。鲍罗米认为要使混凝土拌和物获得良好的和易性，应具有一定数量的细小颗粒。其级配公式为

$$P = 10 + 90\sqrt{\frac{d}{D}} \tag{5.1.7}$$

式中：P 为通过某一筛孔的百分率，%；10 为在 P 中拿出 10% 细微颗粒作为级配部分；d 为筛孔的孔径，mm；D 为最大颗粒粒径，mm。

（3）Feret 级配理论。弗利特在鲍罗米级配公式基础上，提出的级配公式：

$$P = A + (100 - A)\sqrt{\frac{d}{D}} \tag{5.1.8}$$

式中：P 为通过某一筛孔的百分率，%；d 为筛孔的孔径，mm；D 为最大颗粒粒径，mm；A 为以干燥的骨料为 100 时，水泥所占绝对体积的比例，$A = 4 \sim 12$。

其他还有瑞士联邦实验室级配理论、Weymoath 粒子干涉理论等。

骨料间断级配理论以 Vallette 和 Villey 为代表。他们提出混凝土骨料间断级配的依据是第一粒级平均粒径组成的空间，恰好被第二粒级平均粒径颗粒充填，并不产生新的空隙，则余下的空隙由细骨料填充，而细骨料与粗骨料之间的空隙则由水泥浆充填。因此，第一粒级的平均粒径 d_1 与第二粒级的平均粒径 d_2 的关系，应是：

$$\frac{d_2}{d_1} = \frac{1}{6} \sim \frac{1}{8}$$

(5.1.9)

式中：d_1 为第一粒级的平均粒径；d_2 为第二粒级的平均粒径。

3. 细骨料的级配

砂的粗细程度及颗粒级配常用细度模数（$F \cdot M$）表示，它是指不同粒径的砂粒混在一起后的平均粗细程度。细度模数是用砂料标准筛，包括孔径为 10mm、5mm、2.5mm 的圆孔筛和孔径为 1.25mm、0.63mm、0.315mm、0.16mm 的方孔筛筛分砂料，计算各级筛上的分计筛余百分率，并计算该级筛上的分计筛余百分率与筛孔大于该级筛的各级筛的分计筛余百分率之和，获得累计筛余百分率，按式（5.1.10）计算砂的细度模数（$F \cdot M$）：

$$F \cdot M = \frac{(A_2 + A_3 + A_4 + A_5 + A_6) - 5A_1}{100 - A_1}$$

(5.1.10)

式中：$A_1 \sim A_6$ 分别为 5.0mm、2.5mm、1.25mm、0.63mm、0.315mm、0.16mm 各级筛上的累计筛余百分率。

按细度模数的大小，可将砂分为粗砂、中砂、细砂及特细砂，细度模数为 3.1～3.7 为粗砂，2.3～3.0 为中砂，1.6～2.2 为细砂，0.7～1.5 为特细砂。实际工程中用得较多的是粗砂、中砂、细砂，特细砂工程上应用较少。

砂的级配常用各筛上的累计筛余百分率来表示。对于细度模数为 3.7～1.6 的砂，按 0.63mm 筛孔上的筛上累计筛余百分率分为三个区间，见表 5.1.7。级配好的砂，各筛上累计筛余百分率应处于同一区间之内（除 5.0mm 及 0.63mm 筛外），允许稍有超出界限，但各筛超出的总量不应大于 5%。

表 5.1.7　　　　　　　　　　砂　的　颗　粒　级　配

筛孔尺寸/mm	累计筛余/%		
	1 区	2 区	3 区
10.0	0	0	0
5.0	10～0	10～0	10～0
2.5	35～5	25～0	15～0
1.25	65～35	50～10	25～0
0.63	85～71	70～41	40～16
0.315	95～80	92～70	85～55
0.16	100～90	100～90	100～90

砂子级配常用筛分曲线来表示（图 5.1.2）。由级配曲线可知细度模数并不能完全反映砂子的级配优劣。

即使细度模数相同的砂，各级粒径组合也可能不同。但细度模数仍不失为反映砂颗粒粗、细程度的物理指标，如果结合采用空隙率和总表面积等物理指标则能更好地反映其质量。为了控制细骨料级配，适当限制细度模数变化是必要的，一般控制在±0.2%。

4. 粗骨料的级配

粗骨料的级配，从广义上讲包括骨料最大粒径与颗粒级配。骨料最大粒径实际上就是骨料公称粒径的最大值。骨料最大粒径大时，骨料的空隙率及比表

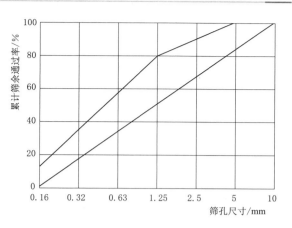

图 5.1.2　砂子级配曲线

面积都小，可降低混凝土的用水量，节约水泥，提高混凝土的密实性。

粗骨料最大粒径的采用主要是根据建筑物结构尺寸和结构钢筋间距确定的。一般规定粗骨料最大粒径应不超钢筋净距的 2/3，结构物断面最小边长的 1/4，混凝土板厚度的 1/2。混凝土搅拌机容量小于 0.8m³ 时，也不宜使用超过 80mm 粗骨料。

粗骨料级配原理就是为了获得最小的空隙率和总表面积，以减少混凝土用水量，增加密实度，减少水泥用量，降低发热量，防止裂缝。粗骨料级配有连续级配和间断级配两种。连续级配为从大到小多级粒径尺寸的骨料，连续依次按比例组合的；间断级配是指在多级骨料粒径中减去其中某一级或二级而组成的，它的意义是能够降低骨料间的空隙率，减少填充空隙的胶材用量，因此就可较大地降低混凝土用水量，在水灰比固定条件下，水泥用量也减少。但是它可能会使混凝土发生分离，造成不均匀性，不利施工。

水工混凝土常根据骨料最大粒径的不同，分为二级配、三级配、四级配。粒径为 5～20mm 的骨料称为小石，粒径为 20～40mm 的骨料称为中石，粒径为 40～80mm 的骨料称为大石，粒径为 80～150（120）mm 的骨料称为特大石。

粗骨料级配分级中，会出现某一级石子中含有大于或小于该级粒径的石子，大于该级粒径称之为超径。小于者被称为逊径。粗骨料超逊径可引起混凝土用水量和骨料分离增加，致使混凝土性能受到影响。在施工过程中规定，超径不应大于 5%，逊径不应大于 10%。如果施工中发现粗骨料超逊径含量过多，最好采用二次筛分，以保证粗骨料的级配合适。不过，在大型的混凝土搅拌系统中，拌和楼均配备二次筛分系统，能有效防止粗骨料超逊径发生。

水利水电工程常用的几种粗骨料级配列于表 5.1.8 中。

5.1.2.3　有害物质

凡在骨料中夹杂的某些成分，且含量超过一定限量时，对混凝土性能产生有害作用的统称为有害物质。

对于细骨料来说，通常含有的有害物质主要有：薄片状的云母、黏土、淤泥等，会增加混凝土拌和物的用水量，降低混凝土的强度和耐久性，黏土、淤泥还会增加混凝土的干

表 5.1.8　　　　　　　　　　　水利水电工程常用的几种粗骨料级配

粗骨料最大粒径 /mm	分级粒径/mm			
	50～20	20～40	40～80	80～150（120）
20	100			
40	45～60	40～55		
80	25～35	25～35	35～50	
150（或 120）	15～25	15～25	25～35	30～45

缩性；硫酸盐及硫化物，含有腐殖酸及其他有机酸类的有机物质对水泥有侵蚀作用，危害水泥的水化、硬化，破坏混凝土的强度；细骨料中活性二氧化硅或碳酸盐能与水泥中钾、钠的氧化物发生碱硅反应或碱碳酸盐反应，在有水条件下会引起有害膨胀，导致混凝土开裂破坏；细骨料含有钾、钠氯化物盐类会导致混凝土中钢筋锈蚀。

对于粗骨料来说，有害物质主要有黏土、泥团、细屑、硫酸盐及硫化物、有机物质、活性骨料等。

5.1.3　骨料的生产

5.1.3.1　骨料料源规划

骨料料源规划就是从工程施工总体出发，考虑料场的储量、开采和加工的限制，以及整个工程需要量的要求进行综合平衡，以砂石料生产成本最低为目标。根据水利水电工程混凝土骨料料源特点，采用系统工程理论中的动态规划、线性规划等方法，将成品骨料生产费用最低为目标函数，以工程对骨料的需求、加工厂设置、料场可采储量、各加工工艺单元生产能力为约束条件，进行各砂石加工厂的砂石料开采、需求量、弃料量及储量之间的最优化。

1. 骨料基本类型

（1）天然骨料：成本低，但级配与混凝土设计级配不同。

（2）人工骨料：质量好，可利用开挖出的石料，但成本高。

（3）混合骨料：天然骨料为主，人工骨料为辅。

2. 骨料毛料开采方法

（1）水下开采：从河床或河滩开挖天然砂砾料宜用索铲挖掘机和采砂船。

（2）陆上开采：主要使用挖掘机，如正铲挖掘机、反铲挖掘机。

（3）山场开采：采用洞室爆破和深孔爆破。

在水利水电工程料源规划设计阶段，应充分重视整个工程的土石方平衡，对主体工程的开挖料加以综合利用。山场料源比选和开采方案的设计，应在保证骨料质量、储量的前提下，选择有用储量大于 80％的料场，覆盖层厚度要尽量小，以减少剥离量和弃料。

5.1.3.2　骨料料场规划

砂石骨料的质量是料场选择的首要前提，骨料料场规划是骨料生产系统的基础。骨料料场规划应遵循如下的原则：

（1）满足水工混凝土对骨料的各项质量要求，其储量力求满足各设计级配的需求，并有必要的富裕量。

（2）选用的料场，特别是主要料场，场地应开阔、高程适宜、储量大、质量好、开采季节长，主辅料场应能兼顾洪枯季节互为备用的要求。

（3）选用可采率高，天然级配与设计级配较为接近，用人工骨料调整级配数量少的料场。

（4）料场附近有足够的回车和堆料场地，且占用农田少。

（5）选择开采准备工作小，施工简便的料场。

5.1.3.3　骨料加工

将采集到的毛料加工，一般需要通过破碎、筛选和冲洗，制成符合级配、除去杂质的碎石和人工砂。根据骨料加工工艺流程，组成骨料生产系统。

1. 骨料加工工艺流程

（1）骨料的破碎：使用破碎机械碎石，常用的设备有颚板式、锥式、反击式三种碎石机；在满足工艺确定的破碎比前提下，同类破碎设备尽量选择重心低、转子或辐板运动幅度小、防护性能优良的破碎设备。

（2）骨料的筛分：为了分级，需将采集的天然毛料或破碎后的混合料筛分，分级的方法有水力筛分和机械筛分两种。大规模的筛分多用机械筛分，有偏心振动和惯性振动两种。在保证筛分效率的基础上，筛网尽量选择减振效果好的聚氨酯筛网。

（3）冲洗。

（4）制砂：用沉砂箱承纳分流后的污水砂浆，经初洗后再送入洗砂机清洗。人工砂宜采用棒磨机进行加工。

2. 骨料生产系统布置

大规模的骨料生产系统，常将加工机械设备按工艺流程（破碎、筛选、冲洗、运输和堆放）布置成骨料生产工厂。其中，以筛分作业为主的加工厂称筛分楼。

骨料生产工厂的规模，应按照混凝土高峰时段月平均骨料需用量及其他砂石需用量，计算砂石骨料加工系统生产强度。

人工砂石料生产系统布置的原则如下。

（1）满足加工系统工艺流程要求，布局合理、紧凑，便于施工和运行管理。

（2）在满足最小爆破安全距离的前提下，尽量减少毛料运距。

（3）破碎筛分设备的基础须满足地基承载力和设备工作时振动荷载的要求。

（4）防洪标准和排水设施在加工系统布置时应结合考虑，防止骨料二次污染。

（5）从环保理念出发，将加工系统的位置选择在距离办公生活设施和居民区较远的地方，同时破碎筛分车间尽量选择在山凹区域，避免扬尘和噪音扩散。

筛分楼布置示意如图5.1.3所示。

3. 骨料生产系统的防尘和排污

砂石骨料通常采用干法生产，生产过程中粉尘较严重。为了防止骨料生产过程中粉尘飞扬，在砂石骨料生产系统中应采取喷雾（冲水）和局部封闭等防尘措施。

为降低噪音和粉尘量，国外的砂石加工厂为了使其满足环保要求，大多采用全干法生产。整个生产线为全密封设计，对产生的粉尘采用风机和收尘器进行回收，并采用分选机

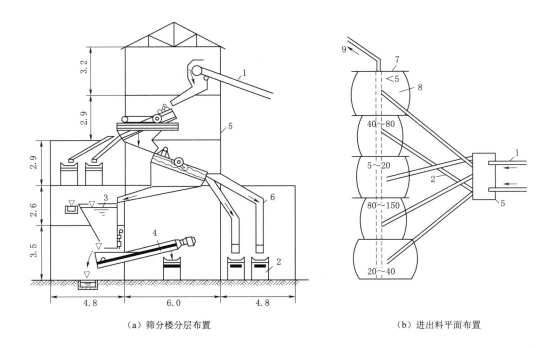

图 5.1.3　筛分楼布置示意图（单位：尺寸为 m，粒径为 mm）

1—进料皮带机；2—出料皮带机；3—沉砂箱；4—洗砂机；5—筛分楼；6—溜槽；

7—隔墙；8—成品料堆；9—成品运出

进行分级，对有用的粗颗粒进行回收利用。国内过去主要在破碎机的进出口部位采用洒水除尘，近年随着环保意识的提高，一些采用干法生产的砂石加工系统对破碎筛分设备也采用全密封环保设计。

人工砂石在生产过程中排放废水的处理方式一般有如下两种：①采用预沉-沉淀的处理方案，对预沉过程中排放的废渣进行机械脱水，从中提取可回收利用的细砂和石粉，并配置相当容积的废渣脱水池，对机械脱水过程中排放的废渣和沉淀池排放的废渣采取自然存放脱水的方式；②对系统排放的废水先进行浓缩，对浓缩达到一定浓度的废渣进行机械脱水，浓缩池溢流水进入沉淀池澄清，再对机械脱水分离出来的弃渣和沉淀池排放的石粉和污泥进行最终机械脱水。处理方式①，可有效降低水体回收系统的投资，操作运行较简单，但水体回收利用率将受到限制，实际运行时排放指标一般很难达到环保标准要求；处理方式②，虽然工程投资比①高，但因机械脱水干化不受天气和气温的影响，运行效率高，排放指标容易满足要求。根据运行经验，废水回收利用率可达到 80%，如构皮滩水电站烂泥沟砂石系统。

4. 骨料的质量控制

砂石骨料的质量由毛料质量、骨料生产时冲洗和试验控制等环节完成。

（1）严格毛料开采质量是骨料生产控制的源头。毛料开采质量控制工作由覆盖层清理工作和毛料装料组成。覆盖层清理完成后，由质量工程师确认后，再进行毛料开采工作。

加工毛料由专职质检人员直观检查，对毛料中风化比较严重或杂物多、夹泥或含泥块的毛料作废料处理，不得卸入受料仓，从生产源头上主动控制好原料质量。

（2）骨料生产过程的冲洗是解决骨料裹粉问题的主要手段。骨料生产过程中，主要是采取冲洗措施解决骨料裹粉问题。根据毛料情况，在冲洗管路上安装调节阀，控制冲洗水量。

（3）骨料生产过程中超逊径控制。骨料生产过程中，超逊径控制的主要技术措施就是通过加大骨料检测频次和调节加工料口宽度来满足骨料级配要求。

对于 40～80mm 的粗骨料，在出料皮带机头设置缓降器，防止落差过大造成的击碎逊径及骨料级配分离现象。在各种成品骨料之间设置隔离墙，避免混料造成骨料超逊径。合理选择筛网孔径，每班对筛网检查一次，并根据磨损情况及时更换。各种成品料仓的存料定期周转使用，及时清仓，避免碎料、粉料积累。骨料拉运装车要均匀取料，不得全部沿周边取料，避免装料造成骨料分离。

5.1.3.4 骨料的堆存

为了适应混凝土生产的不均匀性，可利用堆场储备一定数量的骨料，以解决骨料的供求矛盾。骨料储量多少，主要取决为生产强度和管理水平，通常可按高峰时段月平均值的 50%～80% 考虑。汛期、冰冻期停采时，需按停采期骨料需用量的 20% 的富裕度考虑。堆料场型式与地形条件、堆料设备、进出料方式有关。常用的型式有台阶式、栈桥式、土堤式。

双悬臂式堆料机堆料示意如图 5.1.4 所示。

5.1.4 骨料的使用

5.1.4.1 水工混凝土对骨料的品质要求

1. 压碎指标值

对于低强度等级混凝土而言，骨料的强度对混凝土强度的影响不是十分明显，但对于高强混凝土来讲，由于其整体强度较高，混凝土骨料遭遇破坏的概率大大增加，因而骨料对混凝土强度的影响也大大增加。要使混凝土获得高的强度，就必须使粗骨料具备足够高的强度，一般粗骨料强度应为混凝

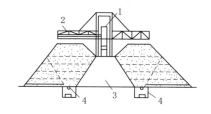

图 5.1.4 双悬臂式堆料机堆料示意图
1—进料皮带机；2—可两侧移动的梭式皮带机；
3—路堤；4—出料皮带机廊道

土强度的 1.5～2 倍。《普通混凝土用砂、石质量及检验方法标准》（JGJ 52—2017）规定骨料母岩的抗压强度与混凝土强度等级之比不应小于 1.5。

衡量骨料力学特性的标准方法应为立方体抗压强度与弹性性能试验，但该试验需要岩石的切割、磨平，多数现场试验机构尚不具备这样的条件，因此一般采用压碎指标试验代替。压碎指标除主要取决于岩石强度外，还受粗骨料针片状含量的影响。

《建设用卵石、碎石》（GB/T 14685—2011）根据不同用途要求，将粗骨料分为Ⅰ类、Ⅱ类、Ⅲ类。Ⅰ类宜用于强度等级大于 C60 的混凝土；Ⅱ类宜用于强度等级 C30～C60 及抗冻、抗渗或其他要求的混凝土；Ⅲ类宜用于强度等级小于 C30 的混凝土和建筑砂浆。按《建设用卵石、碎石》（GB/T 14685—2011）中规定，粗骨料颗粒在特定的压碎值测定

仪的封闭金属盒中，在 200kN 加载压碎力作用下，不同级别粗骨料的压碎指标应小于表 5.1.9 的规定。《普通混凝土用砂、石质量及检验方法标准》（JGJ 52—2006）规定，粗骨料的压碎指标值宜符合表 5.1.10 的要求，若混凝土强度等级为 C60 及以上时应进行岩石抗压强度检验。《水工混凝土施工规范》（DL/T 5144—2015）对粗骨料压碎指标值的规定稍有不同，见表 5.1.11。

表 5.1.9　　　　　　　　GB/T 14685—2011 对粗骨料压碎指标的要求

项目	压碎指标/%		
	Ⅰ（>C60）	Ⅱ（C30～C60）	Ⅲ（<C30）
碎石	<10	<20	<30
卵石	<12	<16	<16

表 5.1.10　　　　　　　　JGJ 52—2006 对粗骨料压碎指标的要求

粗骨料类别		不同混凝土强度等级的压碎指标值/%	
		C55～C40	≤C35
碎石	水成岩	≤10	≤16
	变质岩或深成的火成岩	≤12	≤20
	火成岩	≤13	≤30
卵石		≤12	≤16

表 5.1.11　　　　　　　　DL/T 5144—2015 对粗骨料压碎指标的要求

粗骨料类别		设计龄期混凝土强度等级的压碎指标值/%	
		≥40MPa	<40MPa
碎石	水成岩	≤10	≤16
	变质岩或深成的火成岩	≤12	≤20
	火成岩	≤13	≤30
卵石		≤12	≤16

2. 表观密度、吸水率与坚固性

骨料的表观密度取决于母岩的岩性，同时与岩石的组织结构有很大关系。岩质疏松的骨料，其表观密度就较小，而吸水率则增大。一般来讲，当骨料表观密度大于 2550kg/m³，其吸水率小于 3%。岩石的吸水率对骨料耐久性的影响较大，吸水率越大，坚固性越差。《水工混凝土施工规范》（DL/T 5144—2015）对骨料的表观密度和吸水率做了规定，见表 5.1.12。

表 5.1.12　　　　　　DL/T 5144—2015 对骨料的表观密度和吸水率品质要求

项　目	细骨料	粗骨料
表观密度/（kg/m³）	≥2500	≥2550
吸水率/%	—	≤2.5

骨料的坚固性，意味着岩石组织致密，与母岩的节理、节理发育程度和母岩的孔隙率、孔分布、孔结构及其吸水能力等因素有关。当水进入到这些弱面及孔隙中，受冻产生结冰膨胀。这种交变的结晶膨胀压，导致岩石沿弱面崩裂。岩石骨料的坚固性，在一定含义下，意指抗冻性。

骨料抗冻性的检测方法有两种，且具有同等有效性，一种是直接冻融法（ASTMC-682、ASTMC-671 或 ASTMC-666），用冻融循环次数和相应的质量损失率作为指标；另一种是硫酸钠循环法的次数与相应的质量损失率作指标（ASTMC-88）。后者是一种简易的、快速的检测方法，即使饱和的硫酸钠溶液，浸泡各粒级骨料颗粒 18h 后，烘干，即为一个循环。如此 5 次循环之后，对试样冲洗彻底后，进行筛分做质量损失计算。

硫酸钠干湿循环法本质上是硫酸钠过饱和溶液在骨料颗粒内部结晶膨胀的模拟冻融的仿真检验。与直接冻融法相比，两者的作用机制是一致的。有学者对此进行研究证明两者检测结果非常接近，见表 5.1.13。

表 5.1.13　　骨料坚固性试验结果：硫酸钠循环法与直接冻融法之比较

骨料种类	直接冻融法		硫酸钠循环法	
	次数	质量损失率/%	次数	质量损失率/%
石灰岩碎石	50	1.5	3	1.1
	100	2.2	5	1.3
	150	3.0	10	1.5
	200	3.0	15	4.0
卵石	50	1.2	3	1.0
	100	2.1	5	2.3
	150	2.6	10	9.5
	200	3.8	15	14.5

我国国家标准《建筑用砂》（GB/T 14684—2011）和《建筑用卵石、碎石》（GB/T 14685—2011）中坚固性指标采用硫酸钠溶液法，经 5 次循环后，计算质量损失率，具体技术要求分别见表 5.1.14 和表 5.1.15。电力行业标准《水工混凝土施工规范》（DL/T 5144—2015）和建工行业标准《普通混凝土用砂、石质量及检验方法标准》（JGJ 52—2006）对骨料坚固性的要求稍有差异，见表 5.1.16。另外，在国家标准《建筑用砂》（GB/T 14684—2011）中，与天然砂不同，人工砂的坚固性采用压碎指标进行试验，而电力行业标准《水工混凝土施工规范》（DL/T 5144—2015）和建筑行业标准《普通混凝土用砂、石质量及检验方法标准》（JGJ 52—2006）对此并没有区分。

表 5.1.14　　　　　　　GB/T 14684—2011 对天然砂坚固性的要求

项　目	指　标		
	Ⅰ（＞C60）	Ⅱ（C30～C60）	Ⅲ（＜C30）
质量损失/%	＜8	＜8	＜10

表 5.1.15   GB/T 14685—2011 对粗骨料坚固性的要求

项 目	指 标		
	Ⅰ（>C60）	Ⅱ（C30～C60）	Ⅲ（<C30）
质量损失/%	<5	<8	<12

表 5.1.16   DL/T 5144—2015 与 JGJ 52—2006 对骨料坚固性的要求

骨 料		坚固性指标		备 注
		DL/T 5144	JGJ 52	
细骨料	有抗冻要求	≤8	≤8	在严寒及寒冷地区室外使用并经常处于潮湿或干湿状态下
	无抗冻要求	≤10	≤10	其他条件下
粗骨料	有抗冻要求	≤5	≤8	在严寒及寒冷地区室外使用并经常处于潮湿或干湿状态下
	无抗冻要求	≤12	≤12	其他条件下

3. 骨料形貌

骨料的形貌包括颗粒形状和表面特征两个方面。颗粒形状和表面特征对骨料颗粒间的内摩擦阻力、骨料颗粒与胶结料的黏结力和吸附性、骨料的吸水性等有着显著的影响。骨料的表面特征主要是指骨料表面的粗糙程度及孔隙特征等，它与骨料的材质、岩石结构和矿物组成等有关。骨料的表面特征主要影响骨料与胶结料之间的黏结性能，从而影响到混凝土的抗裂性。

骨料的颗粒形状比较理想的是接近球体或立方体，而扁平、薄片、细长状的颗粒较差。根据《建筑用卵石、碎石》（GB/T 14685—2011）、《水工混凝土施工规范》（DL/T 5144—2015）与《普通混凝土用砂、石质量及检验方法标准》（JGJ 52—2006）中的规定，卵石和碎石颗粒的长度大于该颗粒所属相应粒级的平均粒径 2.4 倍者为针状颗粒；厚度小于平均粒径 0.4 倍者为片状颗粒（平均粒径是指该粒级上、下粒径的平均值）。工程实践表明，当骨料中针状、片状颗粒含量超过一定界限时，会使骨料的空隙率增加，不仅有损于混合料的施工和易性，而且会不同程度地危害混凝土的耐久性。各国标准规范中对针状、片状颗粒一般都有较严格限制。苏联规定有抗冻要求的水工混凝土，其骨料中针状、片状颗粒含量不得超过 5%，无抗冻要求者不得超过 10%。美国则规定不得超过 15%。我国《水工混凝土施工规范》（DL/T 5144—2015）规定针状、片状颗粒含量一般不得大于 15%；经试验论证后，可放宽至 25%。《普通混凝土配合比设计规程》（JGJ 55—2011）规定，对强度等级高于 C60 的混凝土，粗骨料的针片状颗粒含量不宜大于 5.0%。《建筑用卵石、碎石》（GB/T 14685—2011）和《普通混凝土用砂、石质量及检验方法标准》（JGJ 52）中对粗骨料针片状颗粒含量的规定分别见表 5.1.17、表 5.1.18。

表 5.1.17   GB/T 14685—2011 对粗骨料针片状颗粒含量的规定

项 目	指 标		
	Ⅰ（>C60）	Ⅱ（C30～C60）	Ⅲ（<C30）
针片状颗粒含量（按重量计）/%	<5	<15	<25

表 5.1.18　　　　　**JGJ 52—2006 对粗骨料针片状颗粒含量的规定**

项　目	不同混凝土强度等级的指标	
	≥C30	<C30
针片状颗粒含量（按重量计）/%	≤15	≤25

利用平板法通过试验研究了骨料形貌对混凝土早期裂缝的影响情况，试验观测结果见表 5.1.19。发现在强度和工作性接近的情况下，试验结果为：①针片状颗粒含量较多的碎石混凝土抗裂性较差，同前面分析一致；②破碎卵石混凝土的抗裂性不及破碎碎石混凝土。一方面，碎石中的针、片状颗粒的含量一般比卵石多，这对混凝土抗裂性不利；另一方面，在相同的外力作用下，表面粗糙、有破裂面的碎石骨料，其摩阻力较表面光滑、无棱角的卵石骨料要大。这表明骨料的表面特征对混凝土的抗裂性的影响比骨料的颗粒形状更为敏感，卵石骨料与胶结料之间的黏结性能较碎石与胶结料之间的黏结性差，因此表现出了更大的开裂趋势。

4. 颗粒级配

常见的骨料级配曲线类型有连续级配和间断级配。连续级配的骨料中，由大到小，逐级粒径的颗粒都有，且按照一定的比例搭配。间断级配骨料中缺少一级或几个粒级的颗粒，大颗粒与小颗粒之间有较大的"空档"，且骨料中空隙率降低较连续级配快，能较大

表 5.1.19　　　　　　**利用不同骨料配制的混凝土早期裂缝观测结果**

骨料种类	裂缝数目 N/条					最大裂缝宽度/mm				
	1d	2d	3d	5d	7d	1d	2d	3d	5d	7d
卵石	42	56	62	64	64	0.05~0.17	0.06~0.17	0.07~0.17	0.06~0.24	0.09~0.21
碎石（针片状较多）	21	32	35	40	42	0.06~0.26	0.08~0.26	0.08~0.26	0.08~0.26	0.08~0.28
碎石（针片状较少）	23	31	34	34	34	0.07~0.22	0.06~0.22	0.08~0.20	0.08~0.21	0.08~0.22

骨料种类	平均开裂面积 $\left(a=\dfrac{1}{2N}\displaystyle\sum_{i=1}^{N}W_i\cdot L_i\right)$ /mm²					平均单位面积裂缝数目 $\left(b=\dfrac{N}{A}\right)$ /（条/m²）				
卵石	5.03	5.17	5.24	5.32	5.85	117	156	172	178	178
碎石（针片状较多）	6.72	7.22	7.07	6.93	7.29	58	89	97	111	117
碎石（针片状较少）	4.16	4.21	5.62	6.33	6.60	64	86	94	94	94

骨料种类	单位面积平板的总开裂面积 $(C=a\times b)$ /（mm²/m²）					总开裂长度 L/cm				
卵石	588.5	806.5	901.3	947.0	1041.3	419.1	558.6	622.2	643.4	645.6
碎石（针片状较多）	389.8	642.6	685.8	769.2	852.9	209.7	357.7	380.6	417.9	421.6
碎石（针片状较少）	266.2	362.1	528.3	595.0	620.4	157.2	228.0	298.5	317.2	326.4

限度地发挥骨料的骨架作用。但一般来说，间断级配集料易于使混合料产生离析，施工的和易性较差。

当给定水泥、水和骨料总用量时，和易性主要受骨料总表面积的影响。总表面积与骨料最大粒径、级配、颗粒形状有关。一般来讲，混凝土拌和物的流动性将随着骨料比表面积的增加而降低。具有良好级配的骨料，能够最大限度地减少孔隙率，在用水量相同的情况下，混凝土拌和物的流动性便会增加，黏聚性与保水性也比较好。除此之外，良好的颗粒级配，还可以降低水泥砂浆的用量，从而节约水泥，降低成本。而水泥用量的降低又可以减小混凝土的干缩，对混凝土的抗裂性是十分有利的。

（1）细骨料的粗细程度与颗粒级配。在混凝土中，砂的表面由水泥浆包裹，砂的粒径越小，砂的总表面积就越大，需要的水泥浆就越多。当混凝土拌和物的流动性要求一定时，显然用粗砂比用细砂所需水泥浆为省，且硬化后水泥石含量少，有利于提高混凝土的体积稳定性，但砂粒过粗，又使混凝土拌和物容易产生离析、泌水现象，影响混凝土的均匀性，所以，拌制混凝土的砂，不宜过细，也不宜过粗。工程上常用细度模数来表征砂的粗细程度，细度模数越大，表示砂越粗。我国标准《建筑用砂》（GB/T 14684—2011）和《普通混凝土用砂、石质量及检验方法标准》（JGJ 52—2006）中按细度模数（$F \cdot M$）将砂分为粗、中、细三种规格，其细度模数分别为：粗砂 $F \cdot M = 3.7 \sim 3.1$；中砂 $F \cdot M = 3.0 \sim 2.3$；细砂 $F \cdot M = 2.2 \sim 1.6$。

配制混凝土时，除考虑粗细程度外，还有考虑砂的颗粒级配情况。细度模数仅表示砂的粗细程度，实际操作时会出现不同的颗粒级配，计算得到相同的细度模数的结果。基于此，《建筑用砂》（GB/T 14684—2011）和《普通混凝土用砂、石质量及检验方法标准》（JGJ 52—2006）对砂的颗粒级配做了规定，按筛孔的累计筛余量（以重量百分率计），将砂分成三个级配区，要求砂的颗粒级配应处于任何一个区以内，具体分区要求见表 5.1.7。

《普通混凝土用砂、石质量及检验方法标准》（JGJ 52—2006）规定，砂的实际颗粒级配与表 5.1.7 中所列的累计筛余百分率相比，除 5.00mm 和 0.630mm 外，允许稍有超出分界线，但超出总量应小于 5%。配制混凝土时宜优先选用Ⅱ区砂。当采用Ⅰ区砂时，应保持足够的水泥用量，以满足混凝土的和易性；当采用Ⅲ区砂时，宜适当降低砂率，以保证混凝土强度。《混凝土质量控制标准》（GB 50164—2001）还要求砂通过 0.315mm 筛孔的颗粒含量不应少于 15%，对 0.16mm 筛孔的通过量不应少于 5%，《普通混凝土配合比设计规程》（JGJ 55—2011）同时规定大体积混凝土宜采用中砂。

（2）粗骨料的最大粒径与颗粒级配。工程中常用最大粒径来表示粗骨料的粗细程度。混凝土拌和物中，假定水泥用量保持不变，则粗骨料的最大粒径越大，其比表面积就越小，需要的用水量也就越低。也就是说，随着粗骨料粒径的增大，混凝土的水灰比可以相应降低，这对提高混凝土强度、降低生产成本是有利的。因此，当配制中等强度以下（<C50）的混凝土时，尽量采用粒径大的粗骨料，以获得较佳的技术与经济效益。

要注意的是，混凝土中粗骨料的粒径并不是越大越好。这是因为粒径越大，颗粒内部缺陷存在的概率相对较高；还有就是粒径越大，颗粒在混凝土拌和中下沉速度越快，造成混凝土内颗粒分布不均匀，进而使硬化后的混凝土强度降低，特别是流动性较大的泵送混凝土更加明显。

比较了粗骨料粒径对 C20 混凝土和 C50 混凝土强度的影响情况，分别见表 5.1.20 和表 5.1.21。从表 5.1.20 和表 5.1.21 中可以看出，对于低强度等级的混凝土，粗骨料粒径的大小对强度影响不大，这样粗骨料的最大粒径一般可根据构件的截面尺寸和钢筋间距来确定；但对于高强度等级的混凝土而言，粗骨料粒径的大小对混凝土强度的影响就很显著了。

表 5.1.20　　　　　　　　　　　C20 混凝土试验结果

水灰比	配合比		水泥用量/(kg/m³)	外加剂/%	砂率/%	粗骨料/mm			抗压强度/MPa	
	水泥：砂：碎石					5～20	20～40	40～60	7d	28d
0.6	1：2.2：4.0		320	0.8	35.5	162	316	802	18.1	23.6
0.6	1：2.2：4.0		320	0.8	35.5	398	882	—	18.0	23.8

表 5.1.21　　　　　　　　　　　C50 混凝土试验结果

水灰比	配合比		水泥用量/(kg/m³)	外加剂/%	砂率/%	粗骨料/mm			抗压强度/MPa	
	水泥：砂：碎石					5～20	20～40	40～60	7d	28d
0.4	1：1.3：2.5		498	0.8	34.2	102	303	820	42.8	50.2
0.4	1：1.3：2.5		498	0.8	34.2	367	878	—	45.6	55.3

一般来讲，粗骨料最大粒径越大，混凝土的强度越低。较小粒径的粗骨料，其内部产生缺陷的概率减小，与砂浆的黏结面积增大，且界面受力较均匀。虽然大粒径粗骨料具有一定的减水效应，但对于高强度等级的混凝土而言，由于其本身水灰比一般较低，上述因素引起的降低水灰比作用不明显，同时，粗骨料粒径过大，会使砂浆和粗骨料的界面黏结性能降低，并且严重影响混凝土的抗渗、抗裂性能。《高强混凝土结构设计与施工指南》一书中规定，C60～C80 混凝土所用石子的最大粒径应不大于 25mm。

《混凝土质量控制标准》（GB 50164—2011）规定，粗骨料的最大粒径，不得大于结构截面最小尺寸的 1/4，并不得大于钢筋最小净距的 3/4；对混凝土实心板，最大粒径不得大于板厚的 1/2，并不得超过 50mm。《水工混凝土施工规范》（DL/T 5144—2015）规定，粗骨料的最大粒径，不应超过钢筋净间距的 2/3、构件断面最小边长的 1/4、素混凝土板厚的 1/2。《普通混凝土配合比设计规程》（JGJ 55—2011）规定，对有抗渗要求的混凝土，粗骨料最大粒径不宜大于 40mm；对强度等级为 C60 的混凝土，其粗骨料的最大粒径不应大于 31.5mm，对强度等级高于 C60 的混凝土，其粗骨料的最大粒径不应大于 25mm。

粗骨料的级配是混凝土设计中的一个重要参数。良好的粗骨料级配应当是：空隙率小，以减少水泥用量并保证密实度；总表面积小，以减少湿润骨料表面的需水量；有适量的细颗粒，以满足和易性的要求。石子的级配有两种，即连续级配和间断级配。

表 5.1.22 给出了利用不同级配的粗骨料配制出混凝土强度的试验结果，粗骨料级配对混凝土的性能有较大的影响。因此，在不具备连续级配的碎石时，可以采用间断级配。

颗粒级配越好，空隙率越小。空隙率可由公式 $P=(1-\rho_0/\rho_1)\times100\%$ 计算，其中 P 为空隙率，ρ_0 为试样的松散（或紧密）密度，ρ_1 为试样密度。一般碎石的空隙率控制在 44% 以内为宜。

表 5.1.22　　　　　　　利用不同级配粗骨料配制出混凝土强度的试验结果

水灰比	配合比 (水泥：砂：碎石)	水泥用量 /(kg/m³)	外加剂 /%	砂率 /%	粗骨料用量/(kg/m³)			抗压强度/MPa	
					5～20mm	20～40mm	40～60mm	7d	28d
0.4	1:1.3:2.5	498	0.8	48.0	—	—	820	40.6	49.5
0.4	1:1.3:2.5	498	0.8	43.9	107	302	816	45.2	55.3
0.4	1:1.3:2.5	498	0.8	44.1	283	—	962	45.9	55.8

《建筑用卵石、碎石》（GB/T 14685—2011）和《普通混凝土用砂、石质量及检验方法标准》（JGJ 52—2006）均对粗骨料颗粒级配作了规定，两者的技术要求差别不大，唯一的区别就是《建筑用卵石、碎石》（GB/T 14685—2011）规定的试验用筛为方孔筛，而《普通混凝土用砂、石质量及检验方法标准》（JGJ 52—2006）则为圆孔筛。《普通混凝土用砂、石质量及检验方法标准》（JGJ 52—2006）对粗骨料颗粒级配范围有相应要求，并规定不宜用单一的单粒级配制混凝土，当颗粒级配不符合要求时，应采取措施并经试验证实能确保工程质量，方允许使用。

《水工混凝土施工规范》（DL/T 5144—2015）规定，施工时宜将粗骨料按粒径分成下列几种粒径组合：①当最大粒径为 40mm 时，分成 D_{20}、D_{40} 两级；②当最大粒径为 80mm 时，分成 D_{20}、D_{40}、D_{80} 三级；③当最大粒径为 150mm（120mm）时，分成 D_{20}、D_{40}、D_{80}、D_{150}（D_{120}）四级。为防止各级骨料分离，D_{20}、D_{40}、D_{80} 和 D_{150} 分别用中径（10mm、30mm、60mm、115mm）方孔筛检测的筛余量应在 40%～70% 范围内；同时应控制各级骨料的超、逊径含量，以原孔筛检验，其控制标准是：超径小于 5%、逊径小于 10%，当以超、逊径筛检验时，其控制标准是：超径为 0、逊径小于 2%。

（3）石粉含量。人工骨料在机械破碎制造过程中，不可避免地伴生有石粉微粒矿物。石粉是微粒矿物，即母岩的岩矿粉末。若石粉附着在骨料颗粒表面，就会使骨料颗粒表面形成弱隔离层，不利于水泥石与骨料的胶结，将降低混凝土的强度和耐久性。所以，粗骨料中不允许含有石粉。

理想骨料应该具有耐久、坚固、不透水、尺寸稳定、级配好等优点，除此之外，保证骨料表面洁净（没有裹粉、泥土及软弱颗粒）是必要的。《建筑用砂》（GB/T 14684—2011）中把人工砂石粉含量定义为粒径中小于 $75\mu m$ 的颗粒含量，并根据亚甲蓝试验结果，对人工砂的石粉含量进行了限制。而《水工混凝土施工规范》（DL/T 5144—2015）中定义的人工砂石粉含量是指粒径小于 0.16mm 的颗粒含量，同时又将含泥量定义为小于 0.08mm 颗粒的总量，这与 GB/T 14684—2011 是有差别的。

《水工混凝土施工规范》（DL/T 5144—2015）对人工砂中石粉含量的品质要求是在 6%～18%。美国 ASTMC33 标准规定人工砂中石粉含量为 5%～7%。

5. 线膨胀系数

通常在选择人工骨料的岩石品种时，首选灰岩，因为灰岩具有强度适中、易于加工、骨料粒形好的优点。更为重要的是，灰岩的热学性能较佳。在混凝土温控防裂设计中，相当重要的一点就是要求混凝土具有最小的温度变形性能，以使产生的温度应力危害降低到最低。混凝土的热膨胀系数直接影响混凝土的温度变形性能，热膨胀系数小的混凝土，在同样的温差条件下温度应力较小。混凝土由水泥浆和骨料组成，其线膨胀系数为水泥浆和骨料线膨胀系数的加权（占混凝土的体积比）平均值。骨料在混凝土中所占比例最大，因此骨料的热膨胀系数对混凝土的热膨胀性能起主导作用。所以，在进行混凝土设计时，应尽量选择热膨胀系数较低的骨料来配置混凝土，这样可提高混凝土的抗裂性。

骨料的线膨胀系数因母岩种类而异。不同岩石的线胀系数差异很大。大体积混凝土中的骨料体积占 75% 以上，采用线膨胀系数小的骨料对降低混凝土的线膨胀系数，从而减小温度变形的作用是十分显著的。表 5.1.6 中的数据表明，即使同一岩性这个参数的变异也很大，因此在选用骨料时就应该注意。一般规律是石灰岩、白云岩、玄武岩、花岗岩、石英岩骨料配制的混凝土，其温度变形能力依次减小。

6. 变形性能

骨料的力学变形性能直接关系到混凝土的力学变形性能。岩石的徐变能力和应力松弛作用，对混凝土变形性能起着十分重要的作用。表 5.1.23 和表 5.1.24 列出了部分岩石的徐变性能。

表 5.1.23 **室温下岩石的徐变常数**

岩石名称	室温下岩石的徐变常数：按 $\varepsilon = \varepsilon_0 + a\ln t$			
	时间 t/s	差异应力 σ	应变 ε_0	常数 a
辉长岩	2.6×10^5	10^4	10^{-5}	8.3×10^{-7}
花岗岩	1.7×10^5	10^5	10^{-4}	8.5×10^{-6}
花岗岩	1.0×10^6	10^5	10^{-4}	7.2×10^{-5}
花岗岩	1.7×10^2	10^5	10^{-3}	8.5×10^{-4}
花岗岩	2.6×10^5	10^4	10^{-4}	8.2×10^{-6}
玄武岩	5.2×10^5	10^4	10^{-4}	8.0×10^{-6}
安山岩	1.2×10^5	10^4	10^{-5}	7.1×10^{-7}
流纹岩	8.6×10^5	10^4	10^{-4}	5.5×10^{-6}
花岗闪长岩	5.2×10^5	10^4	10^{-5}	7.8×10^{-7}
石灰岩	8.6×10^4	10^5	7×10^{-3}	6.4×10^{-3}
石灰岩	1.7×10^6	10^4	10^{-2}	7.0×10^{-5}

表 5.1.24 **室温下应力对岩石的徐变效应**

岩石名称	室温下应力对岩石的徐变效应			
	最大应变 $\varepsilon(\times 10^{-3})$	最大应力 σ/MPa	指数 n	静水压力 p/MPa
辉长岩	0.01	10	1.0	0
花岗岩	0.2	10	1.0	0
花岗岩	1.0	350	3.3	0

岩石名称	室温下应力对岩石的徐变效应			
	最大应变 $\varepsilon(\times 10^{-3})$	最大应力 σ/MPa	指数 n	静水压力 p/MPa
花岗岩	3.0	100	3.0	0
石灰岩	7.0	140	1.7	0
石灰岩	5.0	350	3.0	70

5.1.4.2　骨料某些化学成分对混凝土性能的影响

除骨料本身物理力学特性与混凝土性能之间有密切关系外，骨料中某些化学成分能和水泥发生化学反应，从而产生某些有利或有害的影响。

1. 碱活性骨料

碱-骨料反应分为碱-硅酸反应和碱-碳酸反应两类，是混凝土产生耐久性破坏的重要原因之一，而且这种破坏一旦发生，混凝土将产生整体性破坏而无法补救。当水泥含碱量较高时（例如超过 0.6%），同时又使用具有碱活性的粗骨料（如蛋白石、玉髓、黑曜石、沸石、多孔燧石、流纹岩、安山岩、凝灰岩等制成的骨料），水泥中碱性氧化物水解后形成的氢氧化钠与氢氧化钾与骨料中的活性二氧化硅等起化学反应，生成不断吸水、膨胀、复杂的碱-硅酸凝胶体。例如蛋白石变成水化碱性硅酸钙，体积扩大 3 倍左右，在粗骨料界面上产生明显膨胀，碱-硅酸凝胶体的碱-骨料反应发展缓慢，造成早已凝结硬化的水泥石结构破坏、混凝土开裂、物理力学性能劣化、耐久性降低等问题。

需要注意的是我国碱活性骨料分布区域较广。初步了解，长江流域、广西红水河流域、北京、辽宁锦西、陕西安康、江苏南京等地均有碱活性骨料。在混凝土施工过程中，当检测到骨料具有碱活性时，即不宜采用。

例如，在南水北调中线工程京石段唐河倒虹吸工程中，初步设计拟选用唐河砂料。但中国水利水电科学研究院采用砂浆棒快速法对唐河砂料进行碱活性检验，结果发现唐河砂料具有潜在危害性反应骨料。经多方面论证，工程改用无碱活性的沙河砂料。

2. 活性碳酸盐骨料

有些骨料中化学成分可与硅酸盐水泥矿物发生反应，如碳酸盐骨料，能在界面与水泥中的 C_3A 发生反应生成水化碳铝酸钙，从而增加了骨料与砂浆的界面胶结强度，化学反应式为

$$3CaO \cdot Al_2O_3 \cdot 6H_2O + CaCO_3 + 6H_2O \longrightarrow 3CaO \cdot Al_2O_3 \cdot CaCO_3 \cdot 12H_2O$$

$$(5.1.11)$$

能与水泥发生化学反应的活性碳酸盐骨料，主要包括石灰岩、微晶白云石等。石英骨料、硅酸盐骨料在一定条件下也能与水泥发生反应，但较少见。

3. 黄铁矿质骨料

在钢筋混凝土中，要慎用黄铁矿质碎石（FeS_2）。FeS_2 在混凝土中发生一系列变化，导致钢筋锈蚀，个别钢筋甚至锈断，混凝土爆裂，保护层脱落，影响结构安全和建筑物正常使用。黄铁矿质碎石在混凝土中可产生下述化学反应：

$$4FeS_2 + 11O_2 \longrightarrow 2Fe_2O_3 + 8SO_2 \uparrow$$

$$(5.1.12)$$

SO_2 遇水变成亚硫酸。SO_2 若被氧化则生成 SO_3，溶于水后即成硫酸 H_2SO_4。这种化学反应产生的酸性物质（溶液），沿着混凝土中的毛细孔隙或微细裂纹抵达钢筋后，造成钢筋锈蚀，这是钢筋锈蚀的直接原因。造成钢筋锈蚀的另一个原因是混凝土中的水泥水化后生成大量的 $Ca(OH)_2$，形成了碱性条件，铁离子 Fe^{2+} 和 $(OH)^-$ 结合生成 $Fe(OH)_2$，它在碱性条件下不溶解，在钢筋表面形成一层极薄的钝化膜，并牢牢地吸附在钢筋表面，阻止钢筋的锈蚀，即通常被称为钢筋的钝化作用。而 FeS_2 形成的酸性物质破坏了混凝土的碱性条件，使钢筋钝化膜不良或失效。$Fe(OH)_2$ 与环境中的 O_2 及溶于水的 CO_2 所产生的 H^+ 作用，可生成铁锈 $Fe(OH)_3$。

钢筋生锈后，锈蚀部分的体积比原有的大很多，一般为 1.5～2 倍，最大的甚至可达 6 倍。这种体积变化使钢筋周围的混凝土中出现拉应力等内力，导致混凝土开裂、保护层脱落。

黄铁矿质碎石误用在混凝土内，因这种石子自身体积并无明显变化，故混凝土不会开裂破坏。所以素混凝土一般不会造成严重后果。对于钢筋混凝土结构，由于黄铁矿碎石造成的钢筋锈蚀进展较快。曾有报道，竣工 2～3 年的建筑构件内的箍筋就已锈断，混凝土裂缝，保护层严重爆裂。因此，用 FeS_2 质石子配制的钢筋混凝土结构或构件，必须处理。处理方法中最常用的是加固补强。还有的采用高密度的钢筋混凝土外套，阻断空气中的 O_2 渗入混凝土，从而可以阻止或降低混凝土酸性化的进程。

4. 煅烧石灰石骨料

粗骨料堆积料场要防止混入煅烧过的石子。石灰石与方解石（$CaCO_3$）、白云石 $CaMg(CO_3)_2$ 以及菱镁矿 $MgCO_3$ 经高温煅烧后形成 CaO 或 MgO，即生石灰和方镁石。生石灰 CaO 和方镁石 MgO 遇水后发生化学反应，见式（5.1.13）、式（5.1.14）：

$$CaO + H_2O \longrightarrow Ca(OH)_2 \tag{5.1.13}$$

$$MgO + H_2O \longrightarrow Mg(OH)_2 \tag{5.1.14}$$

以上水化反应的生成物，其体积膨胀 1.97～2.19 倍。由于过烧，这种碎石在混凝土制备、运输、浇筑过程中，其水化作用尚未充分发生，因此体积变化不大。经过较长时间（几天甚至几年），这些经过煅烧过的石块，慢慢地吸收混凝土中的水，逐渐水化（熟化）后生成 $Ca(OH)_2$ 或 $Mg(OH)_2$，体积膨胀 2 倍左右，造成混凝土爆裂、掉块。

苏联有一幢新建住宅，使用 1 年后，在平顶出现混凝土爆裂，$30m^2$ 区域内出现爆裂处 120 余个，每个爆裂点的面积 0.2～$1.5cm^2$，深 3～5mm。还有的住房在使用后 2 年也出现爆裂。另有一幢已使用 3 年的建筑物中也发现混凝土大块爆裂，爆裂处直径达 5～120mm。曾对脱落下来的尺寸为 80mm×60mm×17mm 混凝土碎块进行检查，发现混凝土中的碎石裂为两部分，一半在板中，另一半在碎块内。以上这些事故原因都是粗骨料中混入经过煅烧、但已过烧的石灰石。

5.1.4.3　有害物质含量的限制

骨料中的有害物质，系指能导致混凝土不正常硬化及混凝土性能改变或强度损失的物质。所以对骨料中的有害物质都要有严格的限制。《建筑用砂》（GB/T 14684）、《建筑用卵石、碎石》（GB/T 14685）、《普通混凝土用砂、石质量及检验方法标准》（JGJ 52）和《水工混凝土施工规范》（DL/T 5144）对骨料中有害物质的含量都作了具体规定，内容见表 5.1.25、表 5.1.26。

表 5.1.25　　　　　　**我国标准规范对细骨料中有害物质的规定**

项　目	DL/T 5144—2015	GB/T 14665—2011			JGJ 52—2006	
		Ⅰ	Ⅱ	Ⅲ	混凝土强度等级≥C30	混凝土强度等级＜C30
含泥量（按质量计）/%	≤3（≥C₉₀30 和有抗冻要求）≤5（＜C₉₀30）	＜1.0（天然砂）	＜3.0（天然砂）	＜5.0（天然砂）	≤3.0	≤5.0
泥块含量（按质量计）/%	0	0	＜1.0	＜2.0	≤1.0	≤2.0
硫化物及硫酸盐含量（按 SO₃ 计）/%	≤1	＜0.5	＜0.5	＜0.5	≤1.0	
有机质含量（比色法）	合格	合格	合格	合格	合格	
云母含量（按质量计）/%	≤2	＜1.0	＜2.0	＜2.0	≤2.0	
轻物质含量（按质量计）/%	≤1（天然砂）	＜1.0	＜1.0	＜1.0	≤1.0	
氯化物含量（按 Cl⁻ 质量计）/%	—	＜0.01	＜0.02	＜0.06	—	

表 5.1.26　　　　　　**我国标准规范对粗骨料中有害物质的规定**

项　目	DL/T 5144—2015	GB/T 14665—2011			JGJ 52—2006	
		Ⅰ	Ⅱ	Ⅲ	混凝土强度等级≥C30	混凝土强度等级＜C30
含泥量（按质量计）/%	≤1（D₂₀、D₄₀ 粒级）≤0.5（D₈₀、D₁₅₀ 或 D₁₂₀ 粒级）	＜0.5	＜1.0	＜1.5	≤1.0	≤2.0
泥块含量（按质量计）/%	0	0	＜0.5	＜0.7	≤0.5	≤0.7
硫化物及硫酸盐含量（按 SO₃ 计）/%	≤0.5	＜0.5	＜1.0	＜1.0	≤1.0	
有机质含量（比色法）	合格	合格	合格	合格	合格	

1. 硫化物及硫酸盐含量

岩石中的硫化物，是指硫酸铁、黄铁矿、白铁矿和石膏等含硫矿物。这些矿物很少以单独颗粒存在，往往包裹在岩石的结构中。当处于硅酸盐水泥混凝土 $Ca(OH)_2$ 饱和溶液中，活性的硫化物会氧化成硫酸亚铁，而构成酸性腐蚀，使颗粒失去强度或黏结力。硫酸亚铁进一步反应，会形成石膏（$CaSO_4 \cdot 2H_2O$），引起石膏结晶膨胀。石膏进一步与水泥水化物的铝酸盐及 $Ca(OH)_2$ 反应，生成钙矾石晶体，起到膨胀破坏作用。

骨料中硫化物或硫酸盐矿物的含量，以 SO_3 计，《水工混凝土施工规范》（DL/T 5144）规定其最大含量不得超过 0.5%。

2. 有机质含量

当骨料中含有有机酸或煤质时，有机质与水泥水化中碱介质相互反应，形成可溶性有机物质，引起混凝土劣化或强度损失。一般均应把骨料清洗干净，残存的有机质应规定最大含量不得超过 0.5%（ASTM C33）。

3. 黏土物质

黏土物质本质上不是有害物质，其主要组成是高岭石、蒙脱石、伊利石、水化云母或微粒石英等黏土胶体矿物。黏土物质的有害作用是物理有害作用，而不是化学有害作用。这与黏土矿物存在的方式有关。如果黏土矿物呈分散态而附着于骨料颗粒表面，就会使骨料颗粒表面污染了一层软弱隔离层，阻止水泥与骨料颗粒间的直接胶结作用，失去胶结（握裹）强度；如果黏土物质不是呈分散态，而是聚集成许多团块态，这相当于在骨料中掺杂了许多团块的软弱颗粒，将显著降低混凝土的强度和耐久性。

《建筑用砂》（GB/T 14684—2011）中把天然砂的含泥量定义为粒径小于 $75\mu m$ 的颗粒含量，砂的泥块含量指原粒径大于 1.18mm，经水浸洗、手捏后小于 0.6mm 的颗粒含量；《普通混凝土用砂、石质量及检验方法标准》（JGJ 52—2006）和《水工混凝土施工规范》（DL/T 5144—2015）则将含泥量定义为粒径小于 0.08mm 的颗粒总量，砂的泥块含量是指砂中粒径大于 1.25mm，以水洗、手捏后小于 0.63mm 颗粒的含量，粗骨料的泥块含量系指原颗粒大于 5mm、经水洗手捏后小于 2.5mm 颗粒的含量。

黏土物质的物理有害作用，除影响混凝土强度、胶结、耐久性等外，还对混凝土的和易性及需水量产生明显影响，并使混凝土的干缩变形增大，降低抗渗性。《水工混凝土施工规范》（DL/T 5144—2015）规定骨料中不允许含有泥块。

4. 云母物质

天然粗骨料中很少含有云母，云母主要存在于天然砂中。云母是 2∶1 型含水层状硅酸盐矿物，层间有 K^+ 离子等联结。这个离子在碱介质中往往易于释出，从而增加了混凝土的含碱量。云母对混凝土的有害作用，主要是物理作用，而不是化学作用。这种物理有害作用在于它的层片构造，这种层片矿物沿 a、b 轴无限伸长，而沿 c 轴有限重叠，层间仅靠 K^+ 离子联系。砂中云母的层片很易断裂，形成光滑的平面，使混凝土内部出现大量未能胶结的软弱面，构成互不连通的"裂缝"发育面，从而降低了混凝土的胶结能力，尤其降低了抗拉强度。

以花岗岩、片麻岩、片岩制造的人工粗骨料，若骨料表面分散着大量的云母光滑软弱面，则明显降低混凝土的胶结能力。一般可使混凝土强度损失达 10％～20％。

当砂中云母含量超过 2％时，混凝土的需水量几乎成直线式增加，和易性变差，抗冻性、抗渗性和耐磨性显著降低。Fookes 和 Revie 对尼泊尔东部地区砂砾中云母含量对混凝土性能的影响，进行了系统试验，获得的基本规律如下。

（1）骨料中云母含量对混凝土的工作度（以坍落度表示）有最敏感的影响。当云母在骨料中的含量达到 2％时，混凝土工作度损失几乎达到 50％；当云母含量达到 10％时，混凝土的坍落度降低到零。

（2）云母含量对混凝土强度有显著的影响。当保持混凝土的工作度一定时，或保持混凝土的水灰比一定时，其强度损失百分率随云母含量增加而增加。

（3）当将混凝土的工作度控制在一定值时，骨料中云母含量增加时会相应增加了水灰比值，则可以发现骨料中云母含量为 0～8％时，水灰比增加不显著；超过 8％的云母含量，水灰比急骤增加。

《水工混凝土施工规范》（DL/T 5144—2015）规定细骨料中云母含量不应超过 2％。苏联标准（ГОСТ 2779、ГОСТ 2780、ГОСТ 4797 等）规定砂中云母含量应小于 0.5％。

5.1.5　碾压混凝土用骨料

5.1.5.1　基本原则

理想骨料应该是耐久、坚固、抗碱、不透水、尺寸稳定的，且符合最佳粒径分布。较大粒径的骨料相连，较小的骨料填充较大骨料之间的空隙，水泥浆体填充它们之间所剩下的间隙；较大的骨料提供稳定、坚实的骨架，一方面减少水泥浆体收缩，另一方面可阻挡裂缝扩展。

混凝土的线膨胀系数直接影响混凝土的抗裂性。线膨胀系数小的混凝土，在同样的温差条件下温度应力较小。骨料在混凝土中所占比例最大，因此骨料的热膨胀系数对混凝土的线膨胀性能起主导作用。在进行混凝土设计时，应尽量选择线膨胀系数较低的骨料来配置混凝土，这样可提高混凝土的抗裂性。在混凝土强度相同时，低弹性模量有利于减少温度应力，对混凝土的抗裂有利。骨料的岩种对混凝土的弹性模量影响很大。要降低混凝土弹性模量，应选择弹性模量低的骨料。此外，若水泥浆与骨料的弹性模量或线膨胀系数不相匹配，当结构暴露在温度变化频繁的环境中将会产生开裂。同样，在一定的水泥浆/骨料比时，使用弹性模量低的骨料将会使混凝土的徐变增大。就长期体积稳定性而言，通常认为混凝土中骨料用石灰岩和玄武岩比砂岩或河卵石好。在配合比相似时，用花岗岩和卵石骨料的混凝土比用辉绿岩或石灰岩骨料的混凝土强度低得多。这是由于水泥石与骨料之间界面区的结构和黏结强度的差异造成的。

因此在选择骨料时，应选择线膨胀系数小、岩石弹模较低、表面清洁无弱包裹层、级配良好的骨料。砂除满足骨料规范要求外，应适当放宽石粉或细粉含量，这样不仅有利于提高混凝土的工作性，而且可提高混凝土的密实性、耐久性和抗裂性。

5.1.5.2　碾压混凝土用骨料特点

碾压混凝土对骨料没有特殊要求，但由于碾压施工工艺，所以除要求骨料质地坚硬、表观密度合格外，还必须注意不含过多的页岩、黏土质岩、云母、活性氧化硅等有害物质，避免有害物质减弱水泥与骨料间的结合力。除品质要求外还必须选择良好的骨料级配，使碾压混凝土具有良好的抗分离能力。

碾压混凝土多采用自卸卡车运输入仓，根据工程具体情况及施工条件，选择合适的粗骨料最大粒径，对减少施工过程中的粗骨料分离和降低凝胶材料用量是有现实意义的。传统坝工碾压混凝土为二级配与三级配，随着碾压混凝土的技术发展，我国已具备四级配碾压混凝土筑坝技术，骨料最大粒径 120～150mm。一般情况下，当骨料最大粒径为 80mm 时，使粗骨料振实堆积密度最大（即空隙率最小）的大石、中石、小石比例为 4∶3∶3，骨料最大粒径为 150mm 或 120mm 时，特大石∶大石∶中石∶小石比例为 20∶30∶30∶20。

四级配碾压混凝土作为筑坝材料，可提高骨料最大粒径、降低胶凝材料用量、增加碾压施工层厚、简化温控措施等，具有显著的技术经济效益。长江科学院在国内首次开展了四级配碾压混凝土的系统研究，制备了低胶材用量且施工性能优良的四级配碾压混凝土，并形成了骨料抗分离、碾压工艺和层面结合等成套施工工艺，在沙沱水电站工程中成功应用。针对大骨料分离、厚层增加施工及检测难度等技术难题，通过施工工艺研究确定现场四级配 RCC 采用投料顺序为人工砂→（水泥＋粉煤灰）→（水＋减水剂＋引气剂）→（小石＋中石＋大石＋特大石），拌和时间选择 55s。验证 VC 值为 3～5s 的四级配 RCC 拌和物大骨料裹浆情况较好。混凝土拌和物的运输采用：拌和楼→自卸车→料斗→高速皮带机＋垂直满管→自卸车→进水口施工便道卸料的顺序。提高四级配 RCC 拌和物抗分离性的措施包括：合理的配合比及拌和时间、减少拌和物转运次数、降低垂直落料高度、多点卸料法及交叉卸料等。

砂中微细颗粒（小于 0.16mm 的石粉）对碾压混凝土的性能有不容忽视的影响。由于碾压混凝土中胶凝材料和水的用量较少，石粉在砂浆中能够替换部分掺合料，与胶凝材料共同起到填充空隙和包裹砂粒的作用，即相当于在增加了胶凝材料浆体，一定程度上改善灰浆量较少的拌和物和易性，增进混凝土的匀质性、密实性、抗渗性，提高混凝土的强度及抗裂能力，改善施工层面的胶结性能，减少胶凝材料用量等。适当增加石粉含量，也提高了人工砂的产量，降低了成本，增加了技术经济效益。因此，合理控制人工砂石粉含量，是提高混凝土质量的重要措施之一。碾压混凝土在给定的原材料及配合比条件下存在着最佳石粉含量，该值应根据各工程的实际情况通过试验确定。最优石粉含量还与岩石种类有关，从通用性看，石粉含量宜控制在 12％～22％。

5.2　拌和用水

水是混凝土中十分重要的组成部分，一部分水用于水泥的水化作用，直至硬化；其余的水作为硬化前粗、细骨料之间的润滑剂，使混凝土拌和物具有良好的和易性，便于施工。由此可见，混凝土的凝结、硬化及硬化后的性能都受到拌和水的影响。

1. 水源

混凝土拌和用水按水源可分为饮用水、地表水、地下水、海水，及经适当处理或处置后的工业废水。《混凝土用水标准》（JGJ 63—2006）和《水工混凝土施工规范》（DL/T 5144—2015）规定，凡符合国家标准的生活饮用水，均可用于拌和与养护混凝土；地表水、地下水和其他类型水在首次用于拌和与养护混凝土时，须按现行的有关标准，经检验合格后方可使用；含有多种杂质的工业废水未经处理时，不得用于拌制混凝土。

混凝土拌和用水是有严格限制条件的，混凝土拌和水中应不含有有害物质。普遍认为，拌和用水所含物质对混凝土、钢筋混凝土和预应力混凝土不应产生的有害作用有：①影响混凝土的和易性及凝结；②有损于混凝土强度发展；③降低混凝土的耐久性，加快钢筋腐蚀及导致预应力钢筋脆断；④污染混凝土表面。

2. 有害物质

拌和水中有害物质是导致混凝土开裂和耐久性降低的诸多因素之一。拌和水中各类杂质对混凝土性能的影响归纳如下。

（1）悬浮颗粒。当拌和水中悬浮颗粒的含量不超过 200mg/L 时，不会影响混凝土的性能。当含量继续增加，也不会对混凝土的强度产生多大影响，但对其抗渗性、抗冻性产生一定影响。《混凝土用水标准》（JGJ 63—2006）对用于钢筋混凝土和预应力混凝土拌和水中不溶物的容许值为 2000mg/L。

（2）水藻。水藻出现在拌和水中，同水泥结合在一起并降低骨料和水泥浆之间的黏结力。含有水藻的拌和水，使混凝土中充满了大量的气泡，减少了混凝土抵抗荷载的实际有效截面，而且可能在孔隙周围产生应力集中，从而降低了混凝土的强度。对于含有水藻的拌和用水应过滤后使用。

（3）酸。某些天然水因溶有 CO_2 及腐殖酸，所以常呈酸性。各种酸类对水泥石都有不同程度的腐蚀作用。试验表明，当拌和水中游离 CO_2 的含量达到 5％时。将使混凝土的抗压强度降低约 20％。《混凝土用水标准》（JGJ 63—2006）中规定，pH 小于 4 的酸性水不能用于拌制预应力混凝土和钢筋混凝土。

（4）糖类。糖是多羟基碳水化合物。由于亲水性很强，吸附于水泥后，使水泥颗粒表面溶剂化水膜增厚，使水泥粒子间的黏聚力小于其分散作用力。从而使水泥水化延缓，产生缓凝现象。试验表明，含 0.1％的葡萄糖和 0.01％的葡萄糖酸钠可使早期水化推迟，而随后又稍有加速，但葡萄糖酸钠含量为 0.1％时，直至 50d 还会抑制水化作用发生。一般来讲，拌和水中糖类的总量小于 500mg/L，不会对混凝土的强度产生不利影响。

（5）盐类。水中的某些盐类化合物能引起混凝土强度的降低。如氯化锌能阻碍混凝土的凝结，使其在 2～3d 内没有强度；硫酸钠能够引起快速凝结，并对水泥石产生破坏作用；硫酸镁和氯化镁能在水泥水化时生成松软而无胶凝能力的氢氧化镁，并生成钙的可溶性盐类，从而降低混凝土的强度；氯化钙能够加速水泥的凝结和硬化，且所含 Cl^- 离子会导致钢筋锈蚀。试验表明，含有过量溶解盐类的拌和水能使混凝土的抗压强度下降 10％～30％。

3．品质

拌和水的品质是控制混凝土质量的一个关键因素。《混凝土用水标准》（JGJ 63—2006）和《水工混凝土施工规范》（DL/T 5144—2015）对混凝土拌和水品质的规定如下：

（1）用待检验水和蒸馏水（或符合国家标准的生活饮用水）试验所得的水泥初凝时间差及终凝时间差均不得大于 30min，其初凝和终凝时间尚应符合水泥国家标准的规定。

（2）用待检验水配制的水泥砂浆或混凝土的 28d 抗压强度（若有早期抗压强度要求时需增加 7d 抗压强度）不得低于用蒸馏水（或符合国家标准的生活饮用水）拌制的对应砂浆或混凝土抗压强度的 90％。

（3）水的 pH、不溶物、可溶物、氯化物、硫酸盐、硫化物的含量应符合表 5.2.1 的规定。

表 5.2.1　　　　　　　　拌和与养护混凝土用水的指标要求

项　　目	JGJ 63—2006			DL/T 5144—2015	
	预应力混凝土	钢筋混凝土	素混凝土	钢筋混凝土	素混凝土
pH	≥5.0	≥4.5	≥4.5	≥4.5	≥4.5
不溶物[①]/(mg/L)	≤2000	≤2000	≤5000	≤2000	≤5000
可溶物[②]/(mg/L)	≤2000	≤5000	≤10000	≤5000	≤10000
氯化物（以 Cl^- 计）/(mg/L)	≤500	≤1000	≤3500	≤1200	≤3500
硫酸盐（以 SO_4^{2-} 计）/(mg/L)	≤600	≤2000	≤2700	≤2700	≤2700
碱含量/(mg/L)	≤1500	≤1500		≤1500	≤1500

① 不溶物指水样在规定条件下，经过滤可除去的物质。不同的过滤介质可获得不同的测定结果。

② 可溶物指水样在规定条件下，经过滤并蒸发干燥后留下的物质，包括不易挥发的可溶盐类、有机物及能通过滤纸的其他微粒。

参 考 文 献

［1］ 周世华. 南水北调工程高性能混凝土抗裂技术研究与应用——高性能混凝土原材料控制指标研究 ［R］. 长江水利委员会长江科学院，2007.

［2］ 王赫，赵斌. 石子岩性不良造成混凝土事故的分析与防治 ［J］. 建筑技术，2003，34（4）：284－287.

［3］ 李光伟. 玄武岩人工骨料混凝土抗裂性能试验研究 ［J］. 水电站设计，2001，17（1）：77－80.

［4］ 姚汝方. 高性能混凝土组成材料的选配 ［J］. 建材技术与应用，2004（3）：7－8.

［5］ 杨华全，李珍，李鹏翔. 混凝土碱骨料反应 ［M］. 北京：中国水利水电出版社，2010.

［6］ 徐敬军，安志文，王海军. 大体积混凝土温度和收缩裂缝控制措施 ［J］. 河北建筑工程学院学报，2005，23（3）：36－40.

［7］ 覃维祖. 混凝土的收缩开裂与原材料、配制、浇注和养护的关系 ［J］. 商品混凝土，2005（1）：11－25.

［8］ 孙犁. 材料和施工方法对大体积混凝土裂缝的影响 ［J］. 建筑科学，2006，22（1）：57－59.

［9］ 胡晓凌. 高流态混凝土裂缝成因与开裂机理研究 ［D］. 福州：福州大学，2003.

［10］ 王雨利，管学茂，潘启东. 粗骨料颗粒级配对混凝土强度的影响 ［J］. 焦作工学院学报（自然科学版），2004，3（23）：213－215.

［11］ 杨明光. 茄子山水库堆石坝面板混凝土配合比试验研究 ［J］. 云南水力发电，2006，22（1）：25－27.

［12］ FOOKES P G. Geological Society Professional Handbook on Tropical Residual Soils ［M］. London：Geological Society Publishing House，1997.

［13］ 戴镇潮. 大坝混凝土的抗裂能力及防裂措施 ［J］. 人民长江，1998，29（2）：1－4.

［14］ 董国翼. 大体积混凝土防裂探讨 ［J］. 水力发电，2002（5）：22－25.

［15］ 何真，梁文泉. 大体积混凝土中微膨胀剂的抗裂作用 ［J］. 武汉大学学报（工学版），2001，34（2）：73－76.

［16］ 姜福田，陈改新. 大坝混凝土的新理念 ［C］//2004水力发电国际研讨会论文集，2004：10－16.

［17］ 龙广成. 低水胶比水泥基材料的自收缩 ［J］. 混凝土与水泥制品，2001（4）：3－5.

［18］ 彭卫兵，任爱珠，何真，等. 辅助胶凝材料对混凝土开裂行为的影响及评价 ［J］. 混凝土，2005（6）：50－64.

［19］ 方坤河. 碾压混凝土材料、结构与性能 ［M］. 武汉：武汉大学出版社，2004：46－58.

［20］ 郭保林，王宝民. 再生水及海水作为混凝土拌合用水的探讨 ［J］. 低温建筑技术，2005（1）：11－12.

［21］ 李上红，刘承伟，杨青，等. 拌合用水对混凝土性能的影响 ［J］. 广西科技大学学报，2015，26（3）：90－98.

第 6 章

碾压混凝土的配合比设计

6.1 概述

碾压混凝土是一种多相非均质的材料，其技术性能是否优良取决于各组成材料的配合比组成。碾压混凝土配合比设计的任务就是将水泥、粗细骨料、水，必要时还有矿物掺合料和化学外加剂等各项材料合理地配合，使得新拌混凝土满足工程施工要求的和易性，硬化混凝土强度耐久性满足设计要求，并符合经济原则。

中国碾压混凝土坝的混凝土配合比，自 1986 年建成福建坑口坝以来，除了观音阁、马回等少数工程外，均采用高粉煤灰掺量。随着人们对粉煤灰作用认识的提高及对碾压混凝土筑坝技术研究的深入，粉煤灰掺量不断提高；胶凝材料用量有一定的增加；外加剂的应用已经从普通缓凝减水剂向缓凝高效减水剂与引气剂复合的复合外加剂发展；碾压混凝土拌和物的 VC 值已经从开始的 20s±10s 逐渐降低为目前的小于 8s；碾压混凝土的应用已经从低坝向高坝、从重力坝向拱坝和薄拱坝发展。中国的碾压混凝土筑坝技术经过近 30 年的发展已逐步成熟，"两低、两高、双掺"是显著的配合比特点，即低水泥用量、低 VC 值、高掺合料、高石粉含量，掺缓凝减水剂和引气剂。本章主要介绍中国碾压混凝土配合比设计的原则、方法和步骤，以及配合比设计中应注意的几个问题。

6.2 配合比设计的原则

碾压混凝土的配合比设计主要是确定各组成材料之间的关系及用量，即 1m³ 混凝土中各组成材料的质量，单位以 kg/m³ 表示。应根据工程要求、结构型式、施工条件和原材料状况，确定各项材料的用量，配制出既满足工作性、强度及耐久性等要求又经济合理的碾压混凝土。

6.2.1 配合比的参数选择

碾压混凝土配合比的参数主要有水胶比、掺合料掺量、浆砂比、砂率和粗骨料最大粒径。根据工程设计对碾压混凝土提出的技术要求的不同，选择合理的参数。

6.2.1.1 水胶比

水胶比是以骨料在饱和面干状态下的混凝土用水量与胶凝材料用量的比值，胶凝材料用量为单位体积混凝土中水泥与掺合料质量的总和。水胶比是影响强度、干缩、徐变和渗透性等混凝土性能的最重要的参数。碾压混凝土水胶比的大小主要与设计龄期、抗渗等级、极限拉伸值和掺合料掺量等有关。确定水胶比的原则是，在满足强度、耐久性和施工和易性要求的条件下，选用较小值，以及最小的用水量。

根据我国 65 座大坝的碾压混凝土配合比资料，统计水胶比分布规律，我国水胶比的总平均值为 0.53，53% 的统计数据集中在 0.50～0.59，其次是 0.40～0.49（占 27%）及 0.60～0.69（占 17%）。统计资料中，水胶比最大与最小值分别是：0.79（百龙滩大坝）与 0.40（石门子大坝）。

6.2.1.2 掺合料掺量

碾压混凝土掺合料掺量是胶凝材料中掺合料所占的质量百分比。为了保证碾压混凝土中有足够的胶凝材料用量，一般采用大掺量掺合料。掺合料的掺量通过试验确定，并应符合国家现行标准、规范的规定。《碾压混凝土坝设计规范》（SL 314—2018）建议：在外部碾压混凝土中不宜超过总胶凝材料的 55%，在内部碾压混凝土中不宜超过总胶凝材料的 65%。碾压混凝土的总胶凝材料用量宜不低于 130kg/m³。当掺合料掺量超过 65% 时，应做专门的试验论证。

我国大坝碾压混凝土掺合料掺量统计见图 6.2.1。可见，掺合料掺量最集中的范围在 50%～59%（占 39%），其次是 60%～69%（占 38%）及 30%～49%（19%）；掺合料的平均掺量为 55%，大于 50%，因此，在我国大坝碾压混凝土中，掺合料的总体用量大于水泥用量。统计资料中，掺合料掺量最大值与最小值分别是：77%（岩滩围堰）和 18%（马回大坝）。

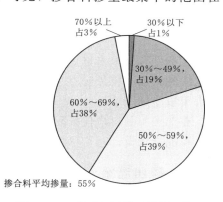

掺合料平均掺量：55%

图 6.2.1 我国大坝碾压混凝土的掺合料掺量统计图

6.2.1.3 砂率

砂率是细骨料（砂子）的体积与细骨料和粗骨料（石子）体积的比例。砂率的变化，会使骨料的总表面积发生明显的变化。砂率对混凝土拌和物的流动性和黏聚性均有很大影响。合理的砂率不仅可以使混凝土拌和物获得良好的和易性，并能使硬化混凝土获得优良的综合性能。但是，砂率的选择是根据粗骨料的最大粒径、级配、颗粒表面形状、表面积和空隙率、砂子的细度模数、水灰（胶）比、是否掺用引气剂和减水剂，以及施工工艺要求而定。

根据我国 51 座大坝的 113 组配合比，统计碾压混凝土的砂率分布情况，见表 6.2.1 和图 6.2.2。统计结果表明，我国碾压混凝土的砂率绝大多数在 25%～40%，其中 30%～34% 的居多，砂率的总平均值为 33%。统计资料中，砂率最大值与最小值分别是：41%（马回大坝）和 21%（百龙滩大坝）。

6.2.1.4 粗骨料最大粒径

在单位体积混凝土中，粗骨料的体积含量最大，因此粗骨料的体积密实性直接关系到混凝土的空隙率。空隙率越小，充填空隙的水泥砂浆用量越少。为了达到最佳的粗骨料体积密实度，应选择粗骨料的最佳级配，使其空隙率减少。

表 6.2.1　　　　　　　　　　碾压混凝土砂率的分布情况

砂率/%	25 以下	25~29	30~34	35~40	40 以上
配合比（组）	2	27	79	42	2
所占比例/%	1.32	17.76	51.97	27.63	1.32

注　砂率的范围（%）：41（百龙滩大坝）~21（马回大坝）；砂率的平均值为 33。

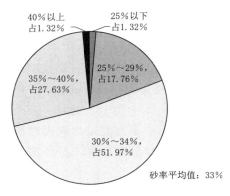

图 6.2.2　我国碾压混凝土的砂率统计图

我国碾压混凝土坝在上游面普遍采用二级配碾压混凝土防渗，骨料最大粒径为 40mm，内部多采用骨料最大粒径 80mm 的三级配碾压混凝土。在沙沱水电站工程中，成功将四级配碾压混凝土应用到大坝的左右岸坝肩内部，骨料最大粒径为 120mm，外部结构为三级配碾压混凝土，骨料最大粒径为 80mm。

粗骨料的最大粒径越大，在同体积的粗骨料或在相近的粗骨料级配中，较大粒径粗骨料的表面积和空隙率要比较小粒径粗骨料小，那么，包裹和充填的水泥砂浆量少。在同样的用水量时，能够获得较好的和易性。但是，粗骨料的最大粒径应根据结构物断面尺寸、钢筋间距及施工工艺条件和要求来选定。根据《水工混凝土施工规范》（DL/T 5144—2015）要求，混凝土粗骨料最大粒径应不大于结构物断面最小尺寸的 1/4，不大于钢筋最小净距的 3/4，不大于板厚的 1/2。

在选择粗骨料最佳级配时，要平衡骨料开采加工与使用量的关系，使利用率最高。所以，在配合比设计时，尽量采用粗骨料最佳级配组合和最大粒径。

6.2.2　碾压混凝土的性能要求

在设计用于挡水建筑物的碾压混凝土配合比时，主要有以下几个方面的性能要求，即强度、耐久性、工作性及经济性等。此外碾压混凝土的施工条件也是需要考虑的因素，特别是对于直接暴露、没有护面混凝土或其他保护层的碾压混凝土。理想的配合比设计方法应该能够设计出既满足以上性能要求又经济的碾压混凝土。

6.2.2.1　强度

碾压混凝土配合比设计必须满足工程结构设计要求的强度。水工碾压混凝土的强度服从水胶比定则，即水胶比是强度的决定性因素。在掺合料掺量一定的条件下，碾压混凝土的抗压强度与水胶比的倒数成正比，水胶比低则强度高，反之则强度低。当混凝土的原材料、质量和其他条件不变时，水胶比的确定，就决定了混凝土的强度大小。满足强度要求的水胶比，可根据所建立的混凝土强度与水胶比的关系曲线或关系式确定。对于尚未建立强度与水胶比关系的工程，可从混凝土强度与水胶比及水泥强度等级的关系式初步选定。

混凝土设计龄期立方体抗压强度标准值，是指按照标准方法制作养护的边长为 150mm 的立方体试件，在设计龄期用标准试验方法测得的具有设计保证率的抗压强度，以 N/mm² 或 MPa 计。碾压混凝土的设计强度不低于设计结构的力学要求并有足够的安全系数。碾压混凝土的设计强度通常不取决于结构中的压应力大小，而是取决于抗拉强度和抗剪强度。但抗压强度是检验碾压混凝土质量和均匀性最方便的方法。因此，设计抗压强度通常是根据各种荷载工况下（包括早期施工荷载）结构的压应力、拉应力与剪应力要求而确定的。一般情况下，碾压混凝土的设计龄期为90d或180d，设计龄期考虑了掺入掺合料混凝土的长龄期强度发展，超过上述龄期后混凝土继续增长的强度可作为安全裕度。选择设计龄期时，主要考虑结构的承载时间和碾压混凝土的配合比等因素。

6.2.2.2　耐久性

设计碾压混凝土配合比时，应该根据暴露的环境条件、所用原材料和预期使用要求确定耐久性指标。一般而言，强度足够的大体积内部碾压混凝土，在通常情况下都是耐久的。在这种情况下，强度是选择水胶比的主要根据。但是，当并不需要很高的强度却因环境条件比较恶劣要求高耐久性时，对耐久性的要求则是选择水胶比的主要根据。这时，为了满足耐久性的要求，往往规定水胶比的最大允许值。可以根据建筑物的类型和使用条件，参照有关的规范选择水胶比。

碾压混凝土的抗渗性是碾压混凝土坝设计人员必须重点考虑的性能。尽管碾压混凝土本体材料的抗渗性较高，但是层间结合面可能是导致渗透的最主要原因。而决定碾压混凝土总体抗渗性（包括层面）的最重要因素是胶材用量，胶材用量高，层面结合紧密，抗渗性好。暴露在恶劣环境下的碾压混凝土需要掺加引气剂以提高抗冻性，要求拌和物具有足够的胶凝材料用量与良好的工作性，以利于形成气泡。当碾压混凝土中不能引气，或者碾压混凝土直接受水流冲刷，或者不设常态混凝土保护层时，应考虑增加混凝土中的胶材用量。

碾压混凝土的耐久性与其内部毛细孔隙大小及分布状态有关。这些毛细孔隙与用水量和胶凝材料的水化程度有关。碾压混凝土用水量多，其内部毛细孔隙就多，外部侵蚀性介质（如含有害物的水或气体）渗透至其内部的可能性就会增加，对混凝土的耐久性不利。当水泥量不变时，用水量小，水胶比亦小，混凝土耐久性就高。

当细骨料、粗骨料和胶凝材料一定时，用水量增加，意味着混凝土的水胶比增大，混凝土拌和物 VC 值随之增大。反之，拌和物 VC 值减小。但是，混凝土的强度和耐久性随水胶比增大而降低。

6.2.2.3　工作性

在保证碾压混凝土强度、耐久性的要求下，工作性也是配合比设计考虑的原则之一。工作性是新拌碾压混凝土满足施工要求的重要技术性能，它对施工和工程质量均有直接的影响。

不管碾压混凝土在室内的性能多好，如果在运输、摊铺和碾压过程中发生分离，则现场性能要远低于室内性能。因此，增加碾压混凝土的黏聚性和抗分离性是进行碾压混凝土配合比设计时的主要目标之一。胶材用量较低的混凝土，粗骨料相对较多，如果配合比设计不当，很容易产生骨料分离。这在一定程度上可通过改善骨料级配及其粒形、限制骨料最大粒径、增加细颗粒含量等方法加以控制。胶材用量较多、工作性较好的混凝土通常具有较好的黏聚性、抗分离性能及可碾性。

工作性好的碾压混凝土在施工过程中骨料抗分离性好，可获得较高的强度和耐久性。

一个设计适当的配合比必须易于拌和、运输、摊铺及碾压。满足工作性要求的需水量，主要取决于骨料的特性而不是水泥的特性。如果工程需要，应当增加砂浆用量以重新设计配合比，而不是用单纯增加用水量或改变砂率的方法来改善工作性。因为增加用水量不仅会降低碾压混凝土的强度和耐久性，而且碾压混凝土骨料也容易分离，因此在满足工作性的要求下，尽量降低碾压混凝土的用水量，保持水胶比不变，用水量越小，水泥用量也越少。

一般认为，在满足支持振动碾质量和不过分降低碾压密实度的条件下，采用较小的VC值对碾压施工和质量控制有利；骨料最大粒径越大，用水量越少。同时，骨料的级配好、空隙率小、砂率合适，混凝土的用水量也少。所以在施工许可的条件下，应选用较小的VC值，选用最大粒径的粗骨料和最佳的骨料级配以减少混凝土的用水量。

当砂石骨料和胶凝材料种类不变时，影响工作性的主要因素是用水量、浆砂比、砂率，以及外加剂品种与掺量。若施工要求调整工作性时，应考虑以下原则：

（1）增加用水量应保持水胶比不变。

（2）用增减砂率来调整拌和物的稠度。坍落度在一定范围内用增减砂率调整是有效的。

（3）浆骨比是胶材浆液与砂石骨料之比，当拌和物大骨料分离时，采用增大浆骨比即增加浆液浓度来增加拌和物的黏聚性，改善其抗分离性。

（4）为了获得理想的和易性，而用水量又不增加，采用品质优良的外加剂，特别是减水剂，就能达到目的。

6.2.2.4　经济性

在满足强度和耐久性及施工工作性，保证获得优良工程质量后，如何降低混凝土的成本就是要考虑的问题，所以经济性也是混凝土配合比设计应遵循的基本原则。因碾压混凝土坝具有浇筑方法简单、施工速度快、水泥用量少、温控要求低等特点，所以其工程造价明显比传统混凝土坝低。如与常态混凝土坝相比，普定碾压混凝土拱坝（建于1992年）节省资金约600万元人民币，而山仔碾压混凝土重力坝的成本降低31%。

碾压混凝土的组成材料中，水泥的用量相对较少，但价格最高。在满足对混凝土技术要求的条件下，应尽量减少水泥用量，增加掺合料（如粉煤灰等）掺量，这样不仅可以降低碾压混凝土成本，而且还可降低碾压混凝土的水化热温升，从而避免或减少温度变化引起的碾压混凝土开裂。为了减少水泥用量，还可使用适当的外加剂，采用较大的骨料最大粒径和最佳砂率。但是，如果胶材用量太低，则碾压混凝土的强度偏低，均匀性变差。另外，对于水利水电工程大体积混凝土来说，用量最多的还是骨料，要降低工程费用，应尽量就地取材，有天然骨料且能满足要求时，就首先使用天然骨料。如果得不到合适的天然骨料，也应就地开采加工人工骨料。无论是天然骨料，还是人工骨料，都要尽量提高利用率，减少弃料。

具体配合比设计的经济性还应与施工工地所要求的质量控制等级有关。例如，提高碾压混凝土的配制强度，可以提升质量控制等级，而且后期质量控制费用降低，但因增加了胶材用量，因此材料成本及温控费用增加。能否保证质量控制水平是许多工程在设备选型和人员配备时必须考虑的，实践证明提高质量控制水平可以降低工程造价。

很明显，改变混凝土一种组分用量时必定会影响其他组分的用量的变化。在 $1m^3$ 混凝土中，减少胶材用量就必定增加骨料用量。在一定的材料和一定的工程（即结构类型和施工方法已定）条件下，配合比设计受用水量、水胶比和砂率诸因素控制。改变混凝土配合比的一个参数，会对混凝土两种互相影响的性能产生相反的影响，例如，增加碾压混凝土的用水量会改善混凝土的工作性，但却会降低碾压混凝土的强度。

6.3　配合比设计的方法与步骤

碾压混凝土的配合比设计，其过程包括几个相关的步骤：①选择适宜的原材料，如水泥、骨料、掺合料、水及外加剂等；②确定原材料的相应数量（配合比组成），配制出工作性、强度和耐久性满足设计要求且经济性好的混凝土配合比；③考虑其他指标，如为了使收缩率趋于最小值，或产生一定的微膨胀，或为了周围特别的化学介质而设计。然而，尽管在配合比设计的理论方面已经做了大量的工作，但它基本上仍停留在经验方法上。而且，虽然碾压混凝土许多性能对配合比设计是重要的，但大多数设计方法主要是以某一指定的工作性和龄期达到规定的抗压强度为基准。

6.3.1　基本资料

（1）设计要求：①设计对工程各部位混凝土要求的强度等级及相应的强度保证率；②各工程部位混凝土的抗冻、抗渗、抗冲磨等指标要求；③设计对混凝土变形性能要求。

（2）施工对混凝土的要求及施工控制水平：①混凝土 VC 值要求；②机口混凝土强度的均方差或离差系数（即变异系数）；③工程部位及粗骨料最大粒径。

（3）配制碾压混凝土所用的原材料特性：①水泥的品种、强度等级、表观密度等；②粗骨料岩性、种类、级配、表观密度、吸水率等；③细骨料岩性、种类、级配、表观密度、细度模数、吸水率等；④外加剂种类、品质等；⑤掺合料的品种、品质等；⑥拌和用水品质。

（4）了解各种原材料的单价。

6.3.2　配合比的设计方法

碾压混凝土配合比设计方法有多种，基本上可归纳为混凝土法和土工法。前者的主要设计参数是水胶比，后者主要考虑用水量与表观密度的关系。两类方法的基本出发点均是：胶凝材料浆体包裹细骨料颗粒并尽可能地填满细骨料间的空隙；砂浆包裹粗骨料颗粒并尽可能地填满粗骨料间的空隙，形成均匀密实的混凝土，已达到技术经济要求。在此基础上，结合施工现场条件，可适当增加一定的胶凝材料浆量和砂浆量作为余度。

6.3.2.1　混凝土法

混凝土法是按照普通混凝土的方法设计碾压混凝土的配合比，其抗压强度和其他性能遵循 Abrams 于 1918 年建立的水胶比关系，即假定骨料干净坚硬，则密实的硬化混凝土的抗压强度与水胶比存在相应的关系，水胶比增大，强度降低。其配合比设计以水胶比—抗压强度关系为依据，即对于一定量的粗细骨料和胶凝材料，在保证碾压混凝土拌和物碾压密实的条件下，随着拌和物水胶比的增大，硬化碾压混凝土的强度有规律地降低。水胶比作为碾压混凝土的设计指标。

在碾压混凝土坝发展的早期，混凝土法和土工法都得到了应用，且两种方法都可以设计出满足碾压和坝体施工质量要求的混凝土配合比。然而，近些年来越来越倾向于采用混凝土法设计碾压混凝土配合比，碾压混凝土也越来越倾向于采用较高的胶凝材料用量。

6.3.2.2　土工法

土工法视碾压混凝土拌和物为水泥土和水泥胶结料等类似土料的物质，将碾压混凝土的干表观密度作为设计指标。其配合比设计以含水量—密实度关系为依据。即对于一定量的粗细骨料和胶凝材料，在室内用击实方法，在现场用压实方法确定其最优单位用水量。室内击实功及击实度与现场碾压机械所能提供的压实功及压实度相适应。按照压实原理，对于一个给定的压实功有一个"最优含水量"，按这个最优含水量，碾压混凝土可以获得最大的干表观密度。压实功增大，最大干表观密度也增加，最优含水量则减小。

6.3.2.3　材料用量的计算方法

由确定的水胶比、单位用水量和砂率，可以计算 1m^3 碾压混凝土中水、水泥（或粉煤灰）的用量，以及砂、石的比例关系；再根据绝对体积法、表观密度法或填充包裹法计算砂、石的用量。

1. 绝对体积法

绝对体积法的基本原理是：假定新拌碾压混凝土的体积等于各组成材料的绝对体积与拌和物中所含空气体积之和，即

$$\frac{C}{\rho_C}+\frac{F}{\rho_F}+\frac{W}{\rho_W}+\frac{S}{\gamma_S}+\frac{G}{\gamma_G}+10\alpha=1000 \qquad (6.3.1)$$

式中：C、F、W、S、G 为碾压混凝土中水泥、掺合料、水、砂及石子的用量，kg/m^3；ρ_C、ρ_F 和 ρ_W 分别为水泥、掺合料和水的密度，g/cm^3；γ_S、γ_G 为砂、石的饱和面干表观密度，g/cm^3；α 为碾压混凝土拌和物含气量的百分数，不掺引气剂时一般可取 $1\sim3$。

单位体积混凝土中砂、石的体积为

$$V_{S,G}=1000-\left(\frac{C}{\rho_C}+\frac{F}{\rho_F}+\frac{W}{\rho_W}+10\alpha\right) \qquad (6.3.2)$$

砂用量为

$$S=V_{S,G}\beta_s\gamma_s \qquad (6.3.3)$$

石子用量为

$$G=V_{S,G}(1-\beta_s)\gamma_G \qquad (6.3.4)$$

式中：$V_{S,G}$ 为单位体积混凝土中砂、石的绝对体积，L；β_s 为砂率，%。

各级粗骨料用量按选定的级配比例计算，外加剂用量以胶凝材料质量的百分数计算，列出每立方米混凝土中各种材料的计算用量和配合比。外加剂的品种及掺量应通过试验确定，并应符合国家有关现行的标准要求。

2. 表观密度法

表观密度法的基本原理是：假定所配制的碾压混凝土拌和物的表观密度为某一已知值 γ_{con}，因此有

$$C + F + W + S + G = \gamma_{con} \tag{6.3.5}$$

根据已取得的配合比参数，即可求解出每立方米碾压混凝土中各种材料用量。各级石子和外加剂的计算方法等与绝对体积法相同。

试拌时新拌混凝土表观密度可参考表 6.3.1。

表 6.3.1　　　　　　　　　　　　**新拌混凝土表观密度**

混凝土种类	粗骨料最大粒径				
	20mm	40mm	80mm	120mm	150mm
普通混凝土/(kg/m³)	2380	2400	2430	2450	2460
引气混凝土/(kg/m³)	2280 (5.5%)	2320 (4.5%)	2350 (3.5%)	2380 (3.0%)	2390 (3.0%)

注　1. 适用于骨料表观密度为 2600～2650kg/m³ 的混凝土。
　　2. 骨料表观密度每增减 100kg/m³，混凝土拌和物质量相应增减 60kg/m³；含气量每增减 1%，混凝土拌和物质量相应减增 1%。
　　3. 表中括号内的数字为引气混凝土的含气量。

填充包裹法的基本原理是：胶凝材料包裹砂粒并填充砂的空隙形成砂浆，砂浆包裹粗骨料并填充粗骨料的空隙，形成混凝土。以 α 及 β 作为衡量的指标。α 表示胶凝材料浆体积与砂空隙体积的比值。β 表示砂浆体积与粗骨料空隙体积的比值。因此：

$$\frac{C}{\rho_C} + \frac{F}{\rho_F} + \frac{W}{\rho_W} = \alpha \frac{10 P_S S}{\gamma'_G} \tag{6.3.6}$$

$$1000 - 10 V_a - \frac{G}{\gamma_G} = \beta \frac{10 P_G G}{\gamma'_G} \tag{6.3.7}$$

从而求得

$$G = \frac{1000 - 10 V_a}{\beta \left(\dfrac{10 P_G}{\gamma'_G} \right) + \dfrac{1}{\gamma_G}} \tag{6.3.8}$$

$$S = \frac{\beta \left(\dfrac{10 P_G}{\gamma'_G} \right) G}{\alpha \left(\dfrac{10 P_S}{\gamma'_S} \right) + \dfrac{1}{\gamma_S}} \tag{6.3.9}$$

式（6.3.6）～式（6.3.9）中：P_S、P_G 为砂、石的振实状态空隙率；V_a 为混凝土的振实状态孔隙体积百分数；γ'_S、γ'_G 为砂、石的振实状态堆积密度。

根据式（6.3.6）～式（6.3.9）可计算出每立方碾压混凝土的各种材料用量。由于考虑留有一定的富余，α、β 均应大于 1。理论上，碾压混凝土的 α 值为 1.1～1.3，β 值为 1.2～1.5 是比较合理的。但目前随着碾压混凝土高坝的建设，胶凝材料的用量整体有所提高，因此 α、β 值也相应增加，分别超过 1.3 和 1.5 也是有可能的。

6.3.3　配合比的设计步骤

配合比设计就是确定出碾压混凝土中主要组成材料之间的相对关系，并计算出它们的数量。碾压混凝土配合比的表示方法通常有两种：①用 1m³ 混凝土中各项材料的质量表示，如水泥（C）180kg/m³，水（W）90kg/m³，砂（S）576kg/m³，石子（G）1602kg/m³；②用各项材料之间的质量比表示，如 $C:S:G=1:3.2:8.9$，$W/C=0.5$。现代混凝土往往根据性能要求还掺有一种或几种外加剂，一种或几种掺合料。

碾压混凝土中各种原材料的品质、数量对混凝土的各项技术性质都有一定的影响。对于不同的工程，混凝土的技术要求及原材料是不同的，故在混凝土配合比设计时，必须根据工程的设计要求及原材料进行计算和试验，其他工程的混凝土配合比只能作为参考。

在原材料确定的条件下，按以下步骤进行混凝土配合比设计。

（1）根据设计强度等级计算配置强度。

（2）根据设计要求的混凝土强度和耐久性，初步选定水胶比。

（3）根据施工要求的工作度和石子最大粒径等，通过试配选定用水量和砂率，用水量除以选定的水胶比计算出水泥用量，根据体积法或质量法计算砂、石用量。

（4）根据初步力学性能试验，确定水胶比及掺合料掺量。

（5）通过试验和必要的调整，确定每立方米混凝土材料用量和最终配合比。

6.3.3.1　根据设计强度等级计算配制强度

强度是碾压混凝土最重要的性能之一，从工程结构设计的观点看，设计规定的混凝土强度是最低要求的强度。考虑到在生产中由于原材料质量和生产因素的波动，以及试件制作、养护和试验的差异，均要求设计碾压混凝土配合比要有一定的强度富裕，即施工配合比的平均强度（即配制强度）应大于设计强度，要根据配制强度（而不是设计强度）设计配合比，强度的富裕应该多少，与质量控制水平有关。质量控制好，在生产过程中混凝土强度的变化范围小，强度富裕量可以小一些；如果质量控制差，生产过程中混凝土强度波动幅度大，必将相应地要求增加富裕强度，这样就需要提高配制强度，增加水泥用量。可见，加强质量控制，不仅能保证工程质量，也还是一种有效的节约措施。

为了使碾压混凝土强度具有要求的保证率，必须使配制强度大于设计强度等级（或设计标号）。提高强度的大小，除取决于强度保证率的要求外，还取决于混凝土强度的波动范围，即混凝土的标准差。碾压混凝土的配制强度为设计抗压强度与安全裕度之和。当混凝土的设计强度等级和要求的保证率已知时，混凝土的配制强度可按式（6.3.10）计算：

$$f_{cu,0}=f_{cu,k}+t\sigma \tag{6.3.10}$$

式中：$f_{cu,0}$ 为混凝土配制强度，MPa；$f_{cu,k}$ 为混凝土（立方体）设计龄期抗压强度标准值，MPa；t 为概率度系数，由给定的保证率 P 选定，其值按表 6.3.2 选用，碾压混凝土设计龄期一般为 90d 或 180d，保证率采用 80%，$t=0.840$，其他龄期混凝土抗压强度保证率应符合设计要求；σ 为混凝土抗压强度标准差，MPa。

表 6.3.2　　　　　　　　　保证率 P 和概率度系数 t 关系

保证率 P/%	70.0	75.0	80.0	84.1	85.0	90.0	95.0	97.7	99.9
概率度系数 t	0.525	0.675	0.840	1.0	1.040	1.280	1.645	2.0	3.0

根据《水工混凝土配合比设计规程》（DL/T 5330）的规定，混凝土抗压强度标准差 σ，宜按同品种混凝土抗压强度统计资料确定。

（1）根据近期相同抗压强度、相同生产工艺和配合比的同品种混凝土抗压强度资料，混凝土抗压强度标准差 σ 按计算公式为

$$\sigma = \sqrt{\dfrac{\sum\limits_{i=1}^{n} f_{\mathrm{cu},i}^2 - n m_{f_{\mathrm{cu}}}^2}{n-1}} \qquad (6.3.11)$$

式中：$f_{\mathrm{cu},i}$ 为第 i 组试件抗压强度，MPa；$m_{f_{\mathrm{cu}}}$ 为 n 组试件的抗压强度平均值，MPa；n 为试件组数，n 值应大于 30。

（2）当混凝土设计龄期立方体抗压强度标准值小于和等于 25MPa，其抗压强度标准差 σ 计算值小于 2.5MPa 时，计算配制抗压强度用的标准差应取不小于 2.5MPa；当混凝土设计龄期立方体抗压强度标准值等于或大于 30MPa，其抗压强度标准差计算值小于 3.0MPa 时，计算配制抗压强度用的标准差应取不小于 3.0MPa。

（3）当没有近期同品种混凝土抗压强度统计资料时，σ 值可按参照表 6.3.3 取用。施工中应根据现场施工时段强度的统计结果调整 σ 值。

表 6.3.3　标准差 σ 选用值

设计龄期混凝土抗压强度标准值/MPa	≤15	20～25	30～35	40～45	50
混凝土抗压强度标准差 σ/MPa	3.5	4.0	4.5	5.0	5.5

6.3.3.2　初步选定水胶比

根据工程设计要求及选用的原材料品种，参考已有的工程资料，初步选定水胶比，进行碾压混凝土的试拌试验。

为了保证碾压混凝土耐久性的需要，水工碾压混凝土的水胶比不宜大于 0.65。大坝内部碾压混凝土水胶比为 0.50～0.60，坝面防渗区水胶比为 0.45～0.55。掺入掺合料时，混凝土的最大水胶比应适当降低，并通过试验最后确定。最后选定的水胶比应既能满足配制强度的要求，又能满足抗冻、抗渗等特性要求，同时必须符合设计、施工规范对混凝土最大水胶比允许值的规定。进行混凝土配合比设计时，混凝土的水胶比，根据设计对混凝土性能的要求，应通过试验确定，并不超过表 6.3.4 的规定。

表 6.3.4　混凝土的水胶比最大允许值

部　位	严寒地区	寒冷地区	温和地区
上、下游水位以下（坝体外部）	0.50	0.55	0.60
上、下游水位变化区（坝体外部）	0.45	0.50	0.55
上、下游最低水位以下（坝体外部）	0.50	0.55	0.60
基础	0.50	0.55	0.60
内部	0.60	0.65	0.65
受水流冲刷部位	0.45	0.50	0.50

注　在有环境水侵蚀情况下，水位变化区外部及水下混凝土最大允许水胶比应减小 0.05。

混凝土抗渗和抗冻等级与水泥品种、水胶比、外加剂和掺合料品种及掺量、混凝土龄期等因素有关，应通过试验建立相应的试验成果图表。在没有试验资料时，可参考表

6.3.5 及表 6.3.6 选择水胶比。

表 6.3.5　抗渗等级与水胶比关系

抗渗等级	水胶比	抗渗等级	水胶比
W2	＜0.75	W8	0.50～0.55
W4	0.60～0.65	≥W10	≤0.45
W6	0.55～0.60		

注　未掺外加剂和掺合料。

表 6.3.6　抗冻等级允许的最大水胶比

抗冻等级	普通混凝土	引气混凝土	抗冻等级	普通混凝土	引气混凝土
F50	0.55	0.60	F200	—	0.45
F100	—	0.55	F250	—	0.40
F150	—	0.50			

长期处于潮湿、严寒环境和有耐久性要求的混凝土，应掺用引气剂或引气减水剂。引气剂掺量应根据混凝土的含气量并经试验确定，混凝土的最小含气量应符合表 6.3.7 的规定；混凝土的含气量不宜超过 7%。混凝土的粗骨料和细骨料应做坚固性试验。

表 6.3.7　长期处于潮湿、严寒环境和有耐久性要求混凝土最小含气量

骨料最大粒径/mm	最小含气量/%		骨料最大粒径/mm	最小含气量/%	
	≥F200	≤F150		≥F200	≤F150
20	5.5	4.5	80	4.5	3.5
40	5.0	4.0	150	4.0	3.0

中国部分大坝内部碾压混凝土配合比相关资料见表 6.3.8。

表 6.3.8　中国部分大坝内部碾压混凝土配合比相关资料

工程名称	设计	水胶比	掺合料/%	砂率/%	减水剂/% 引气剂/%	VC值/s	材料用量/(kg/m³)					骨料品种
							W	C	F	S	G	
岩滩	C₉₀15	0.57	F65.4	34	NT0.2～0.25 FDN0.3	5～15	90	55	104	759	1490	灰岩人工
普定	C₉₀15	0.55	F65	34	三复合 0.55	10±5	84	54	99	768	1512	灰岩人工
汾河二库	C₉₀20	0.50	F45	35.5	H2-2 0.6 DH9 0.15	3～15	94	103	85	780	1442	灰岩人工
江垭	C₉₀15	0.58	F60	33	木钙 0.4	7±4	93	64	96	738	1520	灰岩人工
棉花滩	C₁₈₀15	0.60	F65	34.5	BD-V 0.6	3～8	88	51	96	765	1459	花岗岩人工
石门子	C₉₀15	0.49	F64	30	PMS 0.95 NEA-Ⅲ 0.04	1～10	84	62	110	670	1540	卵石天然砂
大朝山	C₉₀15	0.50	PT60	34	FDN-04 0.7	3～10	87	67	107	798	1521	玄武岩人工
龙首	C₉₀20	0.48	F65	30	NF-A0 0.9 NF-F 0.09	0～5	85	62	115	623	1525	卵石天然砂

续表

工程名称	设计	水胶比	掺合料/%	砂率/%	减水剂/% 引气剂/%	VC值/s	材料用量/(kg/m³)					骨料品种
							W	C	F	S	G	
沙牌	C₉₀20	0.50	F50	33	TG－2 0.75 TG－1 0.01	2~8	93	93	93	730	1470	人工
蔺河口	C₉₀20	0.47	F62	34	JM－2 0.7 DH9 0.02	3~5	81	66	106	750	1456	灰岩人工
三峡三期围堰	C₉₀15	0.50	F55	34	ZB－1R 0.8 AIR 202 0.01	1~5	83	75	91	717	1391	花岗岩人工
百色 （准三级）	C₁₈₀15	0.60	F63	34	ZB－1R 0.8	1~5	96	59	101	814	1579	辉绿岩人工
索风营	C₉₀15	0.55	F60	32	QH－R 0.8 DH9 0.012	3~8	88	64	95±5	702	1525	石灰岩人工
景洪	C₉₀15	0.50	MH60	33	GM26 0.5 ZB－1G 0.01	3~5	75	60	90	723	1506	天然骨料
	C₉₀15	0.55	F50	35	YSP－Ⅳ 0.5 ZB－1G 0.025	3~5	80	80	137	699	1438	人工
招徕河	C₉₀20	0.48	F55	34	GK－4A 0.6 GK－9A 0.15	3~5	75	70	86	742	1464	灰岩人工
龙滩	C₉₀25	0.41	F56	34	JM－Ⅱ 0.6 ZB－G 0.02	3~5	75	70	86	742	1464	石灰岩 人工
	C₉₀20	0.45	F61	33		3~5	78	67	106	736	1493	
	C₉₀15	0.48	F66	34		3~5	79	56	109	760	1476	
光照	C₉₀20	0.45	F55	34	HLC－N 0.7 HJAE0.015	3~5	75	75	92±15	735	1435	灰岩 人工

注 F—粉煤灰；PT—磷矿渣与凝灰岩；MH—锰铁矿与石灰石粉。

6.3.3.3 确定单位用水量及最优砂率

1. 混凝土配合比的试配

根据原材料试验阶段骨料级配试验选定的粗骨料级配和最大粒径，以及初步选用的水胶比，计算各材料的用量，进行混凝土拌和物的试拌，掌握配合比参数的基本变化规律，确定不同级配碾压混凝土的最优砂率和单位用水量。

初步计算的各种材料用量是借助经验公式或经验数据求得的，或是利用经验资料获得。即使某些参数是通过试验室试验确定，但由于试验条件与实际情况的差异，也不可能完全符合实际情况，必须通过试拌调整拌和物的工作度并实测混凝土拌和物的表观密度。

按初步确定的配合比称取各种材料进行试拌，测定拌和物的VC值。若VC值大于设计要求，则应在保持水胶比不变的条件下增加用水量。若VC值低于设计要求，可在保持砂率不变的情况下增加骨料。若拌和物抗分离性差，则可保持浆砂比不变情况下适当增大砂率。反之则减少砂率。

在混凝土配合比试配时，应采用工程中实际使用的原材料。混凝土搅拌方法，宜与生产时使用的方法相同。拌制混凝土用的砂石骨料含有水分时，计算配合比应根据骨料的表面含水率（以饱和面干为标准）相应地增加骨料用量，并在试拌用水量中相应扣去骨料表面含水量。试配的每盘混凝土的最小拌和量应符合表6.3.9的规定，当采用机械搅拌时，其搅拌量不应小于搅拌机额定搅拌量的1/4。

表 6.3.9　　　　　　　　　　　　混凝土试配的最小搅拌量

骨料最大粒径/mm	拌和物数量/L	骨料最大粒径/mm	拌和物数量/L
20	15	≥80	40
40	25		

当试拌调整工作完成后，测定拌和物的实际表观密度，并计算出实际配合比的各种材料用量。

经过试拌得到的配合比，其水胶比不一定恰当，应进一步检验其强度及耐久性指标。一般可采用 3 个不同的配合比。当采用 3 个不同的配合比时，其中一个为试拌调整得到的基准配合比，另外两个配合比的水胶比，宜较基准配合比分别增加和减少 0.05，用水量与基准配合比相同，砂率可分别增加和减少 1%。

当不同水胶比的混凝土拌和物 VC 值与要求值相差超过允许偏差时，可通过增减用水量或砂率（保持水胶比不变）进行调整。

进行混凝土强度及耐久性试验时，应检验拌和物的 VC 值、黏聚性、保水性及拌和物的表观密度，并以此结果作为代表相应配合比的混凝土拌和物性能。每种配合比至少应制作一组（三块）试件，标准养护到 28d 龄期或规定龄期试压。

2. 确定单位用水量

碾压混凝土用水量与粗细骨料粒形、级配、石粉含量、外加剂用量、VC 值等要求有关，在以上条件确定的情况下，主要取决于砂率和掺合料种类及掺量。根据原材料品种及工程设计要求，初步选定水胶比，进行碾压混凝土的试拌试验，通过拌和物的 VC 值、含气量、表观密度等试验结果，确定工作性能满足试验要求的单位用水量。碾压混凝土用水量应满足拌和物 VC 值的要求。在满足工作性要求的前提下，宜选用较小的用水量。

水胶比在 0.40～0.70 范围，当无试验资料时，碾压混凝土用水量可参考表 6.3.10 选取。表 6.3.10 适用于的天然中砂，当使用细砂或粗砂时，用水量需增加或减少 5～10kg/m³。采用人工砂时，用水量需增加 5～10kg/m³。采用 Ⅰ 级粉煤灰时，用水量可减少 5～10kg/m³。且此表适用于骨料含水状态为饱和面干状态。

表 6.3.10　　　　　　　　　　碾压混凝土初选用水量表　　　　　　　　单位：kg/m³

碾压混凝土 VC 值	卵石最大粒径		碎石最大粒径	
/s	40mm	80mm	40mm	80mm
1～5	120	105	135	115
5～10	115	100	130	110
10～20	110	95	120	105

注　1. 本表适用于细度模数为 2.6～2.8 的天然中砂，当使用细砂或粗砂时，用水量需增加或减少 5～10kg/m³。

　　2. 采用人工砂，用水量增加 5～10kg/m³。

　　3. 采用 Ⅰ 级粉煤灰时，用水量可减少 5～10kg/m³。

　　4. 采用外加剂时，用水量应根据外加剂的减水率做适当调整，外加剂的减水率应通过试验确定。

3. 优选砂率

在满足碾压混凝土施工工艺要求的前提下，选择最优砂率，即在保证混凝土拌和物具有良好的黏聚性，并达到要求的工作性时，用水量较小、拌和物密度较大的砂率。最优砂率是在试验中，先选几种砂率，通过混凝土拌和物试拌，测定每次不同砂率时拌和物的 VC 值和表观密度，观察黏聚性、骨料分离等，选出最佳的砂率。最优砂率的评定标准为：①骨料分离少；②在固定水胶比及用水量条件下，拌和物 VC 值小，混凝土表观密度大、强度高。

碾压混凝土易产生离析，砂率宜比相同材料的常态混凝土大 3%～5%，而粗骨料宜采用连续级配。当无试验资料时，碾压混凝土的砂率可按表 6.3.11 初选并通过试验最后确定，石子组合比可按表 6.3.12 选取。为了防止在运输中砂浆的损失而造成仓面骨料分离，振捣困难，在实际施工中砂率可增加 1%～2%。

表 6.3.11　　　　碾压混凝土砂率初选

骨料最大粒径 /mm	不同水胶比下的砂率/%			
	0.40	0.50	0.60	0.70
40	32～34	34～36	36～38	38～40
80	27～29	29～32	32～34	34～36

注　1. 本表适用于卵石、细度模数为 2.6～2.8 的天然中砂拌制的 VC 值为 3～7s 的碾压混凝土。
　　2. 砂的细度模数每增加 0.1，砂率相应减 0.5%～1.0%。
　　3. 使用碎石时，砂率需增加 3%～5%。
　　4. 使用人工砂时，砂率需增加 2%～3%。
　　5. 掺用引气剂时，砂率可减小 2%～3%；掺用粉煤灰时，砂率可减小 1%～2%。

表 6.3.12　　　　碾压混凝土石子组合比初选

级配	石子最大粒径/mm	卵石（小：中：大：特大）	碎石（小：中：大：特大）
二	40	50：50：0：0	50：50：0：0
三	80	30：40：30：0	30：40：30：0
四	150（120）	20：30：30：20	20：30：30：20

注　表中比例为质量比。

选择最优砂率，一般是用选定的水胶比，选几种砂率，从最大的砂率开始，每次减少砂率 1%～2%进行试拌，直到拌得的混凝土和易性不好为止。试拌时，先将水泥、砂、石干拌均匀，然后逐渐加入拌和水，使坍落度达到要求的数值，记录实际用水量（包括砂、石表面含水量），并按此用水量一次加水进行校核试验。试拌后选出满足和易性要求的最小用水量对应的砂率。

6.3.3.4　确定水胶比及掺合料掺量

基于初步确定配合比参数，在适当范围内选择 3～5 个水胶比，3～5 个掺合料掺量，配置满足工作性要求的碾压混凝土拌和物，进行抗压强度与水胶比及掺合料掺量的关系试验。根据试验得出的抗压强度与其相对应的水胶比关系，可用作图法求出与混凝土配制强度（$f_{cu,0}$）相对应的水胶比。

作图法是根据碾压混凝土的力学性能试验结果，绘制不同掺合料掺量混凝土抗压强度与胶水比的关系曲线，以及不同水胶比混凝土抗压强度与掺合料掺量的关系曲线，并得到相应的拟合方程。

通过试验建立的抗压强度与胶水比的关系式如下：

$$f_t = a\frac{C+F}{W} + b$$

式中：f_t 为混凝土设计龄期的立方体抗压强度，MPa；$(C+F)/W$ 为胶水比；a、b 为回归系数。

通过试验建立的抗压强度与掺合料掺量的关系式如下：

$$f_t = k\left(\frac{F}{C+F}\right)^2 + m\frac{F}{C+F} + n$$

式中：$F/(C+F)$ 为粉煤灰掺量；k、m、n 为回归系数。

由关系曲线及回归方程，分析混凝土力学性能的影响规律，并确定满足配置强度及其他设计要求的水胶比和掺合料掺量。

6.3.3.5 室内配合比调整与确定

根据以上确定的水胶比，应同时满足抗冻、抗渗等性能要求的最小值。依据以下原则确定每立方米混凝土的材料用量。用水量（W）应在基准配合比用水量基础上，根据制作强度试件时测得的 VC 值进行调整确定。水泥用量（C）应以用水量乘以选定出来的水胶比计算确定；粗骨料（G）和细骨料（S）用量应在基准配合比的粗骨料和细骨料用量的基础上，按选定的水胶比进行调整后确定。

经试配确定配合比后，尚应按下列步骤进行校正：

（1）按确定的材料用量计算混凝土拌和物的表观密度。

$$\gamma_{con} = C + F + W + S + G \qquad (6.3.12)$$

（2）计算混凝土配合比校正系数 δ：

$$\delta = \frac{\gamma_{c,t}}{\gamma_{con}} \qquad (6.3.13)$$

式中：$\gamma_{c,t}$ 为混凝土表观密度实测值，kg/m³；γ_{con} 为混凝土表观密度计算值，kg/m³。

（3）当混凝土拌和物表观密度实测值与计算值之差的绝对值不超过计算值的 2% 时，按以上方法确定的配合比即为最终的设计配合比；当两者之差超过 2% 时，应将配合比中每项材料用量均乘以校正系数 δ，即为确定的设计配合比。

根据本单位常用的材料，可设计出常用的混凝土配合比备用或作为以后工程使用的混凝土配合比参考。当使用过程中遇下列情况时，应重新进行配合比设计：①对混凝土性能指标有特殊要求时；②水泥、外加剂或掺合料品种、质量有明显变化时。

6.3.3.6 现场碾压试验及配合比调整

工程在进行碾压混凝土施工之前都必须进行现场碾压试验。其目的除了确定施工参数、检验施工生产系统的运行和配套情况、落实施工管理措施之外，通过现场碾压试验还可以检验设计出的碾压混凝土配合比对施工设备的适应性（包括可碾性、易密性等）及拌和物的抗分离性能。必要时可以根据碾压试验情况适当调整。

6.4 配合比设计中的几个问题

6.4.1 用绝对体积法进行配合比设计时混凝土含气量的取值

碾压混凝土设计含气量是指按试验规程规定方法测定，混凝土拌和物应该达到的含气量；而配合比计算时采用的含气量应该是混凝土的实际含气量。对于不同级配混凝土来说，两者之间是有差别的，从而影响配合比的计算结果。碾压混凝土含气量的推荐值见表6.4.1，推荐值为三峡工程碾压混凝土配合比设计所采用，其后，在其他工程的配合比设计中一直采用，较为合理。

表 6.4.1 碾压混凝土含气量的推荐值

设计含气量/%	配合比计算采用的含气量/L			
	四级配	三级配	二级配	一级配
3.0~4.0	—	30	35	40

采用合理的含气量取值可以保证计算的混凝土理论容重的准确性，这对于审查施工单位计算配合比时采用的假设表观密度是否合理特别重要。施工单位计算配合比时采用的假设表观密度应该与理论表观密度基本一致。较低的假设表观密度可以使施工单位很容易达到规定的压实度，而降低混凝土的施工质量。

碾压混凝土达不到压实度的原因很多，VC 值比设计值小、含气量大于设计值、碾压遍数不够等都是其中的原因。

在实际检测中也可能出现测量值大于理论值的情况，可能是挖坑检测时，坑的容积计算误差或检测坑中石子含量多，特别是大石含量多（三级配混凝土）的原因。

6.4.2 碾压混凝土 PV 值的分析讨论

6.4.2.1 碾压混凝土 PV 值

碾压混凝土的 PV 值即浆砂比，指碾压混凝土中灰浆（水＋水泥＋掺合料＋砂中小于0.08mm 颗粒）体积与砂浆体积之比，是英国、美国等国家在碾压混凝土配合比设计中采用的主要参数之一。PV 值的选择需考虑骨料空隙的填充程度，以保证混凝土能达到最大密实度和良好的层间结合。

PV 值反映一个碾压混凝土的施工性能，直接关系到碾压混凝土的施工质量，特别是层面结合的质量。某种意义上来说，采用 PV 值设计碾压混凝土的配合比更科学一些。国外有资料表明，碾压混凝土的 PV 值 0.45 时为最优，PV 值 0.42 为合格，小于 0.42 为不合格。但应注意，以上规定中未考虑砂浆绝对体积中的空气量，而我们在通常计算中是纳入了空气含量的，因此 PV 值会降低，一般控制在 0.40 左右。

配合比设计中，适当增加碾压混凝土的 PV 值是有利的，可以改善层间结合性能，保证工程建设质量，促进高坝的发展。提高 PV 值的措施一般为增加胶凝材料用量、提高粉煤灰掺量或提高人工砂中的细粉含量等。

6.4.2.2 碾压混凝土 PV 值的计算

以彭水水电站工程为例，计算碾压混凝土的 PV 值。彭水水电站大坝碾压混凝土推荐的施工配合比见表6.4.2。

三级配和二级配碾压混凝土的 PV 值分别计算如下：

（1）基本参数：水泥密度 3.15g/cm^3；珞璜粉煤灰密度 2.42g/cm^3；人工砂表观密度2.71g/cm^3，石粉含量 17%，细粉（<0.08mm 颗粒）含量 6.2%；

表 6.4.2　　　　　　　　　　　彭水水电站大坝碾压混凝土推荐的施工配合比

设计指标	级配	水胶比	粉煤灰/%	砂率/%	减水剂/%	引气剂/(1/万)	材料用量/(kg/m³)				
							水	水泥	粉煤灰	砂	石
C₉₀15W6F100	三	0.50	60	33	0.6	20	80	64	96	746	1532
C₉₀20W10F150	二	0.50	50	38	0.6	20	94	94	94	831	1370

含气体积为三级配 25L，二级配 30L。

（2）三级配碾压混凝土的 PV 值：

水的体积＝80.0L

水泥的体积＝64/3.15≈20.3(L)

粉煤灰的体积＝96/2.42≈39.7(L)

含气体积＝25.0L

细粉（＜0.08mm 颗粒）体积＝(746×6.2%)/2.71≈17.1(L)

灰浆体积＝80＋20.3＋39.7＋25＋17.1＝182.1(L)

砂子体积（不包括＜0.08mm 细粉体积）＝[746－(746×6.2%)]/2.71≈258.2(L)

砂浆体积＝砂子体积＋灰浆体积＝258.2L＋182.1L＝440.3L

三级配碾压混凝土 PV 值＝灰浆体积/砂浆体积＝182.1/440.3≈0.414

（3）二级配碾压混凝土的 PV 值：

水的体积＝94.0L

水泥的体积＝94/3.15≈29.8(L)

粉煤灰的体积＝94/2.42≈38.8(L)

含气体积＝30.0L

细粉（＜0.08mm 颗粒）体积＝(831×6.2%)/2.71≈19.0(L)

灰浆体积＝94.0＋29.8＋38.8＋30.0＋19.0＝211.6(L)

砂子体积（不包括＜0.08mm 细粉体积）＝[831－(831×6.2%)]/2.71≈287.6(L)

砂浆体积＝砂子体积＋灰浆体积＝287.6L＋211.6L＝499.2L

二级配碾压混凝土 PV 值＝灰浆体积/砂浆体积＝211.6/499.2≈0.424

6.4.2.3　提高碾压混凝土 PV 值的措施

以彭水水电站工程为例，讨论提高碾压混凝土 PV 值的措施。从以上计算结果可以看到，三级配碾压混凝土 PV 值为 0.414，以下分析提高 PV 值的可行性方法。

通过增加胶凝材料用量来提高碾压混凝土的 PV 值显然是不合适的，因为配制的碾压混凝土已经超强，增加胶凝材料用量势必使超强现象更为严重，同时胶凝材料用量的增加使混凝土的水化热温升进一步提高，不利于温控防裂。而提高粉煤灰掺量的措施效果不大，经计算，粉煤灰掺量提高 5% 所能增加的浆体体积只有 0.8L，砂子体积相应减少 0.27L，只能提高 PV 值 0.002。

提高 PV 值的最有效措施是提高人工砂中的细粉含量。以三级配碾压混凝土为例，如果将人工砂中的细粉（＜0.08mm 颗粒）含量从 6.2% 提高到 8.0%，就可以增加 5L 浆体体积，使三级配碾压混凝土的 PV 值从 0.414 提高到 0.425，PV 值大于 0.42。同样，可以使二级配碾压混凝土的 PV 值从 0.424 提高到 0.435。可见，将人工砂中的细粉

（<0.08mm颗粒）含量提高到8%以上是最可行的方法。

6.5 碾压混凝土配合比设计案例

6.5.1 概述

观音岩水电站位于云南省丽江市华坪县（左岸）与四川省攀枝花市（右岸）交界的金沙江中游河段，是国家规划金沙江中游八个梯级电站（龙盘、两家人、梨园、阿海、金安桥、龙开口、鲁地拉和观音岩）之一，上游与鲁地拉水电站相衔接，总装机容量300万kW，安装5台60万kW的水轮发电机组。工程以发电为主，兼顾防洪、供水、库区航运及旅游等综合利用效益的水电水利枢纽工程。

在观音岩水电站建设期间，周边众多水电工程将相继开工，由于云南省内大型火电厂较少，且煤源不稳定，能够稳定供应Ⅰ级、Ⅱ级粉煤灰的厂家较少，粉煤灰资源紧张，但工程附近电炉磷渣粉、灰坝粉煤灰等工业废渣来源丰富，将磷渣粉、灰坝粉煤灰等工业废渣应用于工程，既可达到改善和提高混凝土性能、降低工程造价的目的，也符合国家建设资源节约型和环境协调型社会的产业政策，具有巨大的环保效应和社会效益。项目试验论证用灰坝湿排粉煤灰、磷渣粉、石灰石粉等部分或全部取代分选粉煤灰作为大坝混凝土掺合料的技术可靠性和比较优势，确定其特征技术参数，并与粉煤灰混凝土的性能进行对比，从而拓宽现行混凝土掺合料的种类，以解决观音岩工程混凝土掺合料短缺的紧迫需要，切实为业主节约建设成本，减少观音岩水电站粉煤灰供应压力。

观音岩水电站主体工程混凝土分为常态混凝土、碾压混凝土、变态混凝土、抗冲磨防空蚀混凝土等四类混凝土，碾压和变态混凝土主要设计指标列于表6.5.1和表6.5.2。

表 6.5.1 碾压混凝土主要设计指标

序号	强度等级	保证率/%	抗渗等级（90d）	抗冻等级	最大水胶比	掺合料最大掺量/%	级配	极限拉伸值（×10^{-6}）	VC值/s	含气量/%	使用部位
①	$C_{90}15$	80	W6	F100	≤0.60	65	三	≥75	5～7	3.5～4.5	坝体内部（1070m以上）
②	$C_{90}20$	80	W6	F100	≤0.60	65	三	≥80	5～7	3.5～4.5	坝体内部（1070m以下）
③	$C_{180}20$	80	W6	F100	≤0.60	65	三	≥80	5～7	3.5～4.5	坝体内部（1070m以下）
④	$C_{90}20$	80	W8	F100	≤0.55	60	二	≥80	5～7	3.5～4.5	上游防渗层

表 6.5.2 变态混凝土主要设计指标

强度等级	保证率/%	抗渗等级	抗冻等级	最大水胶比	级配	极限拉伸值（×10^{-6}）	坍落度/mm	含气量/%
$C_{90}20$	80	W8	F100	≤0.50	二	≥85	20～30	3.5～4.5

6.5.2 原材料

试验原材料包括河南大地水泥有限公司和云南省丽江水泥有限责任公司生产的42.5

中热硅酸盐水泥，宣威Ⅱ级粉煤灰、攀钢灰坝磨细Ⅱ级粉煤灰，川投电冶磨细的磷渣粉，石灰石粉取自观音岩水电站砂石加工系统石粉回收仓内，龙洞石料场茅口组石灰岩人工骨料，外加剂为江苏博特JM-Ⅱ（R1）萘系类减水剂和GYQ引气剂，经检验分别满足相关规范的技术要求。

6.5.3　碾压混凝土配合比试验

6.5.3.1　技术要求及配制强度

根据《水工混凝土配合比设计规程》（DL/T 5330—2005），计算碾压混凝土配制强度见表6.5.3。

表6.5.3　　　　　　　　　　　　观音岩水电站碾压混凝土配制强度

工程部位	强度等级	级配	强度保证率 /%	概率度系数 t	强度标准差 /MPa	配制强度 /MPa
坝体内部 （1070m以下）	$C_{90}20$	三	80	0.84	4.0	23.4
坝体内部 （1070m以下）	$C_{180}20$	三	80	0.84	4.0	23.4
上游防渗层	$C_{90}20$	二	80	0.84	4.0	23.4

6.5.3.2　基准用水量及砂率试验

采用大地42.5中热硅酸盐水泥，掺合料包括宣威Ⅱ级粉煤灰（F）及攀钢灰坝磨细Ⅱ级粉煤灰（Fb），优选的磷渣和宣威Ⅱ级粉煤灰复掺料（PF）及磷渣和攀钢灰坝磨细Ⅱ级粉煤灰复掺料（PFb），优选的宣威Ⅱ级粉煤灰和石粉复掺料（FL），掺量为55%和65%，两种掺合料复掺的比例均为50：50。

固定试验水胶比为0.50，控制混凝土VC值5～7s，含气量3.5%～4.5%。VC值、含气量和可碾性共3项指标经试拌满足试验条件。试验确定三级配碾压混凝土最优砂率为34%，骨料组合为大石：中石：小石=30：40：30；二级配碾压混凝土最优砂率为38%，骨料组合为中石：小石=55：45。

6.5.3.3　混凝土性能与水胶比的关系

1. 三级配碾压混凝土

采用大地42.5中热硅酸盐水泥，F、Fb、PF及PFb、FL掺合料。细骨料为碾压混凝土专用砂（石粉含量为18%左右，细度模数为2.74）。水胶比为0.45～0.55时，砂率为33%～35%；骨料组合为大石：中石：小石=30：40：30。混凝土拌和物VC值控制在5～7s，含气量为3%～4%。

三级配碾压混凝土配合比及拌和物性能见表6.5.4。试验结果表明，三级配碾压混凝土工作性良好。使用不同品种及掺量的掺合料时，混凝土的用水量不同；掺合料品种一定时，掺量每增加10%，用水量相应增加1kg/m³；掺合料掺量一定时，各掺合料的混凝土用水量大小依次为：攀钢Fb磨细粉煤灰＞PFb掺合料（P_{426}＋攀钢Fb粉煤灰）＞宣威Ⅱ级粉煤灰＝PF掺合料（P_{426}＋宣威Ⅱ级粉煤灰）＝FL掺合料（宣威Ⅱ级粉煤灰＋石粉）。

表 6.5.4　　　三级配碾压混凝土配合比及拌和物性能（大地中热水泥）

编号	水胶比	掺合料		砂率/%	外加剂/%		用水量/(kg/m³)	拌和物性能		
		品种	掺量/%		JM-Ⅱ(R1)	GYQ		VC值/s	含气量/%	振实密度/(kg/m³)
gr1	0.45	F	55	33	0.7	0.07	78	5.5	3.6	2420
gr2	0.50		55	34	0.7	0.07	78	5.0	3.1	2400
gr3	0.55		55	35	0.7	0.07	78	5.1	3.2	2410
gr4	0.45		65	33	0.7	0.075	79	6.5	3.2	2410
gr5	0.50		65	34	0.7	0.075	79	5.5	3.0	2410
gr6	0.55		65	35	0.7	0.075	79	5.0	3.4	2400
gr7	0.45	Fb	45	33	0.7	0.065	81	6.0	3.6	2410
gr8	0.50		45	34	0.7	0.065	81	6.0	3.2	2410
gr9	0.55		45	35	0.7	0.065	81	6.0	3.0	2420
gr10	0.45		55	33	0.7	0.07	82	6.0	3.5	2410
gr11	0.50		55	34	0.7	0.07	82	5.8	3.7	2410
gr12	0.55		55	35	0.7	0.07	82	5.6	3.0	2400
gr13	0.45		65	33	0.7	0.075	83	6.5	3.0	2400
gr14	0.50		65	34	0.7	0.075	83	6.2	3.1	2400
gr15	0.55		65	35	0.7	0.075	83	6.4	3.0	2410
gr16	0.45	PF	55	33	0.7	0.065	77	5.1	3.5	2410
gr17	0.50		55	34	0.7	0.065	77	5.0	3.2	2410
gr18	0.55		55	35	0.7	0.065	77	5.0	3.3	2420
gr19	0.45		65	33	0.7	0.07	78	6.6	3.0	2410
gr20	0.50		65	34	0.7	0.07	78	5.0	4.0	2410
gr21	0.55		65	35	0.7	0.07	78	4.5	4.0	2410
gr22	0.45	FL	55	33	0.7	0.065	77	5.0	4.0	2410
gr23	0.50		55	34	0.7	0.065	77	5.0	3.6	2410
gr24	0.55		55	35	0.7	0.065	77	5.0	3.5	2400
gr25	0.45		65	33	0.7	0.07	78	5.5	3.7	2410
gr26	0.50		65	34	0.7	0.07	78	6.0	3.4	2400
gr27	0.55		65	35	0.7	0.07	78	7.0	3.1	2400
gr28	0.45	PFb	55	33	0.7	0.075	81	7.0	3.2	2410
gr29	0.50		55	34	0.7	0.075	81	6.6	3.9	2420
gr30	0.55		55	35	0.7	0.075	81	6.5	3.5	2420
gr31	0.45		65	33	0.7	0.08	82	5.0	3.8	2420
gr32	0.50		65	34	0.7	0.08	82	5.5	3.3	2420
gr33	0.55		65	35	0.7	0.08	82	6.0	3.3	2410

根据混凝土抗压强度试验数据，分别对 5 组掺合料的混凝土胶水比与抗压强度关系进行了回归分析，关系曲线见图 6.5.1。结果表明，掺入石灰石粉的混凝土强度明显偏低，掺其他掺合料组合的混凝土强度基本相当。掺入攀钢灰坝磨细Ⅱ级粉煤灰（Fb），混凝土单位用水量提高，相应增加了胶凝材料用量，因此，同等条件下混凝土强度没有明显降低。5 种掺合料的混凝土抗压强度结果与胶水比之间都有较好的线性相关关系。

2. 二级配碾压混凝土

粗骨料比例为中石∶小石＝55∶45。二级配碾压混凝土配合比及拌和物性能见表 6.5.5，试验结果表明：二级配碾压混凝土的水胶比为 0.45～0.55 时，砂率为 37%～

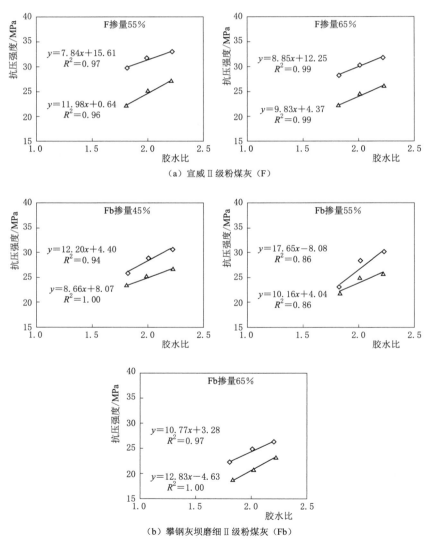

图 6.5.1（一）　三级配碾压混凝土抗压强度与胶水比关系曲线

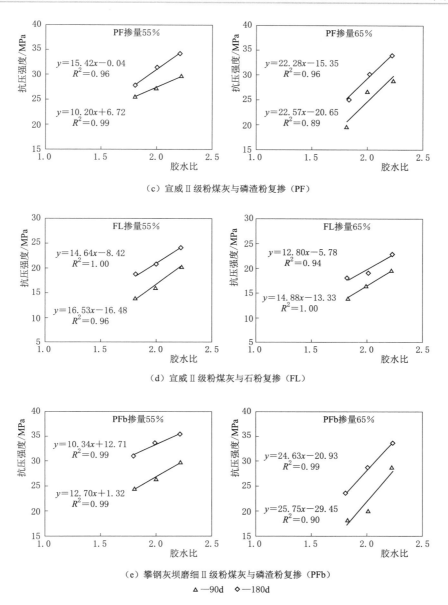

（c）宣威Ⅱ级粉煤灰与磷渣粉复掺（PF）

（d）宣威Ⅱ级粉煤灰与石粉复掺（FL）

（e）攀钢灰坝磨细Ⅱ级粉煤灰与磷渣粉复掺（PFb）

△—90d ◇—180d

图 6.5.1（二） 三级配碾压混凝土抗压强度与胶水比关系曲线

39％，水胶比每增加 0.05，砂率上调 1％；使用不同品种及掺量的掺合料，混凝土的用水量也不同。掺合料掺量一定时，各品种掺合料的混凝土用水量大小依次：Fb＞PFb＞F＝PF＝FL。

二级配碾压混凝土的设计龄期为 90d，根据试验数据，分别对五组掺合料的混凝土胶水比与 90d 龄期抗压强度关系进行了回归分析，关系曲线见图 6.5.2。结果表明，掺入石灰石粉的混凝土强度明显偏低，掺其他掺合料组合的混凝土强度基本相当。5 种掺合料的抗压强度结果与胶水比之间都有较好的线性相关关系。

表 6.5.5　　　　　二级配碾压混凝土配合比及拌和物性能（大地中热水泥）

| 编号 | 水胶比 | 掺合料 | | 砂率 /% | 外加剂掺量/% | | 用水量 /(kg/m³) | 拌和物性能 | | |
		品种	掺量 /%		JM-Ⅱ (R1)	GYQ		VC 值 /s	含气量 /%	振实密度 /(kg/m³)
gr34	0.45		45	37	0.7	0.065	90	5.0	3.0	2390
gr35	0.50		45	38	0.7	0.065	90	6.0	3.5	2380
gr36	0.55	F	45	39	0.7	0.065	90	5.3	3.1	2380
gr37	0.45		55	37	0.7	0.07	91	5.2	3.3	2380
gr38	0.50		55	38	0.7	0.07	91	6.5	3.2	2380
gr39	0.55		55	39	0.7	0.07	91	5.0	3.2	2380
gr40	0.45		45	37	0.7	0.07	95	6.5	3.2	2390
gr41	0.50		45	38	0.7	0.07	95	5.0	3.5	2380
gr42	0.55	Fb	45	39	0.7	0.07	95	6.5	3.0	2390
gr43	0.45		55	37	0.7	0.075	96	6.5	3.4	2390
gr44	0.50		55	38	0.7	0.075	96	6.5	3.0	2390
gr45	0.55		55	39	0.7	0.075	96	6.5	3.4	2380
gr46	0.45		45	37	0.7	0.065	89	5.5	4.2	2380
gr47	0.50		45	38	0.7	0.065	89	5.5	3.7	2380
gr48	0.55	PF	45	39	0.7	0.065	89	5.0	3.5	2390
gr49	0.45		55	37	0.7	0.07	90	7.0	3.2	2400
gr50	0.50		55	38	0.7	0.07	90	6.5	3.3	2390
gr51	0.55		55	39	0.7	0.07	90	6.5	3.3	2380
gr52	0.45		45	37	0.7	0.065	88	5.0	3.5	2390
gr53	0.50		45	38	0.7	0.065	88	5.0	3.7	2380
gr54	0.55	FL	45	39	0.7	0.065	88	5.0	3.6	2390
gr55	0.45		55	37	0.7	0.07	89	5.4	3.8	2390
gr56	0.50		55	38	0.7	0.07	89	6.0	3.5	2380
gr57	0.55		55	39	0.7	0.07	89	7.0	3.4	2380
gr58	0.45		45	37	0.7	0.075	92	6.3	3.5	2390
gr59	0.50		45	38	0.7	0.075	92	6.5	3.2	2380
gr60	0.55	PFb	45	39	0.7	0.075	92	6.6	3.3	2400
gr61	0.45		55	37	0.7	0.08	93	7.0	3.8	2390
gr62	0.50		55	38	0.7	0.08	93	6.4	3.4	2380
gr63	0.55		55	39	0.7	0.08	93	6.5	3.0	2390

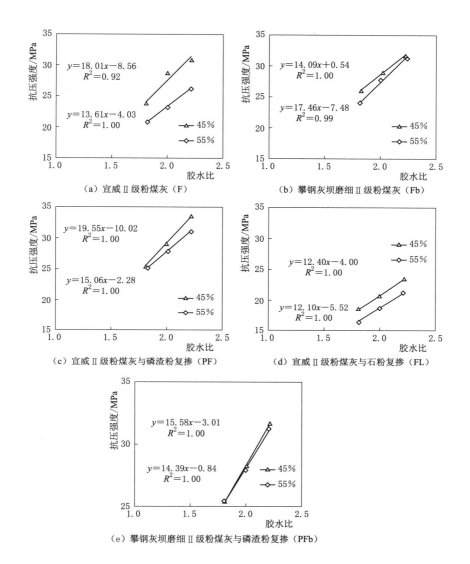

（a）宣威Ⅱ级粉煤灰（F）

（b）攀钢灰坝磨细Ⅱ级粉煤灰（Fb）

（c）宣威Ⅱ级粉煤灰与磷渣粉复掺（PF）

（d）宣威Ⅱ级粉煤灰与石粉复掺（FL）

（e）攀钢灰坝磨细Ⅱ级粉煤灰与磷渣粉复掺（PFb）

图 6.5.2　二级配碾压混凝土抗压强度（90d）与胶水比关系曲线

6.5.3.4　混凝土性能试验

1. 拌和物性能

碾压混凝土性能试验配合比及拌和物性能结果见表 6.5.6 和表 6.5.7。三级配碾压混凝土选用水胶比 0.50，砂率 34%，二级配碾压混凝土选用水胶比 0.50，砂率 38%。试验结果表明，碾压混凝土配合比参数取值合理，混凝土拌和物性能很好。

2. 力学性能

碾压混凝土力学性能试验结果见表 6.5.8 和表 6.5.9。不同掺合料品种及掺量的二级、三级配碾压混凝土抗压强度柱状图见图 6.5.3～图 6.5.5。

表 6.5.6　碾压混凝土性能试验配合比及拌和物性能（丽江中热水泥）

编号	配置目标	水胶比	用水量/(kg/m³)	级配	掺合料品种	掺量/%	外加剂	砂率/%	VC值/s	含气量/%	振实密度/(kg/m³)	初凝	终凝
gr64			78		F		JM-Ⅱ（R1）0.7%+GYQ0.075%		4.0	4.5	2400	11：09	18：21
gr65			81		Fb				5.0	3.8	2400	16：07	23：35
gr66	C₉₀20	0.50	77	三	PF	55		34	5.5	3.5	2405	13：19	20：42
gr67			81		PFb				6.0	3.5	2404	12：55	20：50
gr68			77		FL				5.5	4.0	2406	11：12	19：45
gr69			79		F		JM-Ⅱ（R1）0.7%+GYQ0.08%		4.0	4.0	2403	12：09	19：12
gr70			82		Fb				5.0	3.0	2402	17：06	24：48
gr71	C₁₈₀20	0.50	78	三	PF	65		34	5.5	3.5	2405	13：39	21：10
gr72			82		PFb				3.5	4.5	2404	13：20	21：06
gr73			78		FL				5.5	4.0	2405	11：52	20：31
gr74			91		F		JM-Ⅱ（R1）0.7%+GYQ0.07%		4.0	3.3	2388	13：22	20：08
gr75			93		Fb				6.0	3.5	2387	15：10	21：00
gr76	C₉₀20	0.50	90	二	PF	55		38	5.0	3.5	2390	14：47	22：15
gr77			93		PFb				5.0	3.4	2389	12：26	20：01
gr78			89		FL				6.5	3.0	2391	12：12	20：20

表 6.5.7　碾压混凝土性能试验配合比及拌和物性能（大地中热水泥）

编号	配置目标	水胶比	用水量/(kg/m³)	级配	掺合料品种	掺量/%	外加剂	砂率/%	VC值/s	含气量/%	振实密度/(kg/m³)	初凝	终凝
gr210			78		F		JM-Ⅱ（R1）0.7%+GYQ0.075%		4.0	4.0	2402	10：01	19：33
gr211			81		Fb				5.0	3.0	2396	15：67	20：12
gr212	C₉₀20	0.50	77	三	PF	55		34	4.0	4.5	2405	13：13	18：00
gr213			81		PFb				3.5	4.5	2398	13：05	19：05
gr214			77		FL				5.0	3.8	2389	12：30	18：41
gr215			79		F		JM-Ⅱ（R1）0.7%+GYQ0.08%		4.0	3.3	2390	15：10	21：00
gr216			82		Fb				6.0	3.5	2402	14：47	22：15
gr217	C₁₈₀20	0.50	78	三	PF	65		34	5.0	3.5	2405	12：26	20：01
gr218			82		PFb				3.5	4.5	2404	14：08	22：12
gr219			78		FL				6.0	3.5	2405	11：23	19：54
gr220			91		F		JM-Ⅱ（R1）0.7%+GYQ0.07%		5.5	4.0	2384	13：22	20：08
gr221			93		Fb				5.5	3.5	2387	12：09	19：12
gr222	C₉₀20	0.50	90	二	PF	55		38	5.5	3.5	2382	17：06	24：48
gr223			93		PFb				5.0	3.4	2388	13：39	21：10
gr224			89		FL				6.5	3.0	2381	13：30	19：42

表 6.5.8　　　　　　碾压混凝土性能试验结果（丽江中热水泥）

编号	级配	水胶比	掺合料品种	掺量/%	抗压强度/MPa 7d	28d	90d	180d	劈拉强度/MPa 7d	28d	90d	180d	轴拉强度/MPa 28d	90d	180d	极限拉伸值(×10⁻⁶) 28d	90d	180d	抗压弹模/GPa 28d	90d	180d
gr64			F		8.2	17.9	26.1	31.3	0.99	1.59	2.31	2.72	1.54	2.23	2.81	67	82	90	26.5	37.0	39.2
gr65			Fb		7.0	15.3	24.0	29.5	0.81	1.48	2.14	2.55	1.42	2.04	2.44	64	76	85	28.9	36.2	42.1
gr66	三	0.50	PF	55	9.3	17.6	27.1	34.1	0.86	1.65	2.64	2.93	1.79	2.52	2.93	66	85	93	30.2	38.3	41.1
gr67			PFb		8.8	16.0	26.7	32.7	0.64	1.70	2.72	2.88	1.83	2.53	2.80	61	80	87	32.0	35.1	38.9
gr68			FL		7.5	12.5	18.0	27.1	0.62	1.13	1.56	2.12	1.36	1.89	2.45	62	75	83	26.5	35.0	38.5
gr69			F		7.5	14.6	24.7	30.8	0.78	1.26	2.15	2.44	1.24	1.85	2.13	64	76	83	25.4	33.8	37.7
gr70			Fb		5.8	12.8	21.0	27.7	0.60	1.20	2.20	2.50	0.99	1.62	2.05	60	71	79	24.5	37.6	38.3
gr71	三	0.50	PF	65	7.0	15.4	23.4	29.2	0.80	1.41	2.38	2.66	1.68	1.86	2.22	62	80	85	27.0	32.3	36.4
gr72			PFb		6.1	13.9	23.5	30.1	0.69	1.41	2.08	2.48	1.84	2.04	2.40	62	75	82	28.1	34.5	36.2
gr73			FL		5.8	9.4	13.5	22.2	0.51	0.81	1.36	1.99	1.03	1.72	2.05	56	67	75	20.9	29.1	37.0
gr74			F		8.6	17.8	26.9	32.5	1.05	1.88	2.42	2.87	1.70	2.76	3.10	68	83	91	28.0	34.1	40.1
gr75			Fb		7.4	15.5	26.6	31.7	1.00	1.68	2.48	2.78	1.74	2.48	2.87	61	76	85	30.9	39.2	42.0
gr76	二	0.50	PF	55	9.7	18.2	26.9	32.0	1.01	1.80	2.74	3.01	1.99	2.72	3.15	73	83	92	29.0	37.3	41.2
gr77			PFb		9.0	16.2	26.3	30.5	0.87	1.34	2.59	2.86	1.77	2.33	2.74	65	80	87	32.0	36.7	39.4
gr78			FL		7.2	12.5	18.1	26.4	0.62	1.23	1.86	2.41	1.36	1.89	2.24	60	70	80	22.5	35.4	38.3

表 6.5.9　　　　　　碾压混凝土性能试验结果（大地中热水泥）

编号	级配	水胶比	掺合料品种	掺量/%	抗压强度/MPa 7d	28d	90d	180d	劈拉强度/MPa 7d	28d	90d	180d	轴拉强度/MPa 28d	90d	180d	极限拉伸值(×10⁻⁶) 28d	90d	180d	抗压弹模/GPa 28d	90d	180d
gr210			F		8.4	18.4	26.9	32.2	1.02	1.64	2.38	2.80	1.59	2.30	2.89	69	84	93	27.3	38.1	40.4
gr211			Fb		7.2	15.8	24.7	30.4	0.83	1.52	2.20	2.63	1.46	2.10	2.51	66	78	88	29.8	37.3	43.4
gr212	三	0.50	PF	55	9.6	18.1	27.9	35.5	0.89	1.70	2.72	3.02	1.84	2.60	3.02	68	88	96	31.1	39.4	42.3
gr213			PFb		9.1	16.5	27.5	33.7	0.66	1.75	2.80	2.97	1.88	2.61	2.88	63	82	90	33.0	36.2	40.1
gr214			FL		7.7	12.9	18.5	27.9	0.64	1.16	1.61	2.18	1.40	1.95	2.52	64	77	85	27.3	36.1	39.7
gr215			F		7.4	14.3	24.2	30.2	0.76	1.23	2.11	2.39	1.22	1.81	2.09	63	74	83	24.9	33.1	36.9
gr216			Fb		5.7	12.5	20.6	27.1	0.59	1.18	2.16	2.45	0.97	1.59	2.01	59	70	77	24.0	36.8	37.5
gr217	三	0.50	PF	65	6.9	15.1	22.9	28.6	0.78	1.38	2.33	2.61	1.65	1.82	2.18	61	78	83	26.5	31.7	35.7
gr218			PFb		6.0	13.6	23.0	29.5	0.68	1.38	2.04	2.43	1.80	2.00	2.35	61	74	81	27.5	33.8	35.5
gr219			FL		5.7	9.2	13.2	21.8	0.50	0.79	1.33	1.95	1.01	1.69	2.01	55	66	74	20.5	28.5	36.3
gr220			F		8.9	18.5	28.0	33.8	1.09	1.96	2.52	2.98	1.77	2.87	3.22	71	86	95	29.1	35.5	41.7
gr221			Fb		7.7	16.1	27.7	33.0	1.04	1.75	2.58	2.89	1.81	2.58	2.98	63	79	88	32.1	40.8	43.7
gr222	二	0.50	PF	55	10.1	18.9	28.0	33.3	1.05	1.87	2.85	3.13	2.07	2.83	3.28	76	86	96	30.2	38.8	42.5
gr223			PFb		9.4	16.8	27.4	31.7	0.90	1.39	2.69	2.97	1.84	2.42	2.85	68	83	90	33.3	38.2	41.0
gr224			FL		7.5	13.0	18.8	27.5	0.64	1.28	1.93	2.52	1.41	1.97	2.33	62	73	83	23.4	36.8	39.8

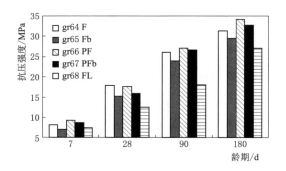

图 6.5.3　三级配碾压混凝土抗压强度柱状图
（水胶比 0.50，掺合料 55％）

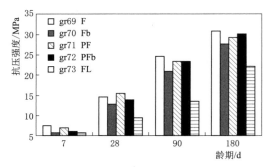

图 6.5.4　三级配碾压混凝土抗压强度柱状图
（水胶比 0.50，掺合料 65％）

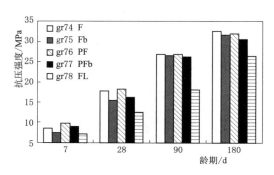

图 6.5.5　二级配碾压混凝土抗压强度柱状图
（水胶比 0.50，掺合料 55％）

试验结果表明：

（1）除掺合料 FL 外，其他碾压混凝土抗压强度能够满足设计要求。三级配碾压混凝土中，编号为 gr68、gr73，复掺 FL 的混凝土抗压强度未达到 $C_{90}20$、$C_{180}20$ 配制强度 23.4MPa 的要求；二级配碾压混凝土中，编号为 gr78，掺 FL 的混凝土抗压强度未达到 $C_{90}20$ 的 23.4MPa 配制要求。其他编号的二级、三级配碾压混凝土的抗压强度均能够满足设计要求，且有一定的富余。

（2）掺合料品种对碾压混凝土强度的影响。5 组掺合料中，掺 FL 的碾压混凝土抗压强度、劈拉强度和轴拉强度皆最低，其次是掺 Fb 的，掺其他三种掺合料（F、PF、PFb）的强度相当。因此，采用掺合料 Fb 时，复掺磷渣粉（P）是提高混凝土强度（尤其在后期）的有效手段。

（3）掺 FL、Fb 的碾压混凝土 90d 龄期极限拉伸值未达到设计要求。掺 FL、Fb 的碾压混凝土 90d 龄期极限拉伸值未达到 80×10^{-6} 的设计要求，但 180d 龄期极限拉伸值达到 80×10^{-6} 的设计要求。其他配合比的碾压混凝土极限拉伸值均满足要求，并有一定的富余。

3. 干缩变形性能

碾压混凝土干缩曲线图见图 6.5.6。试验结果表明，与掺其他掺合料相比，掺 Fb 的碾压混凝土干缩率略大，这是因为水胶比同为 0.50，而掺 Fb 的混凝土单位用水量最大，即胶凝材料用量最多的关系。因此，在工程实际应用中，采用 Fb 作为掺合料在混凝土干缩性能上不利。

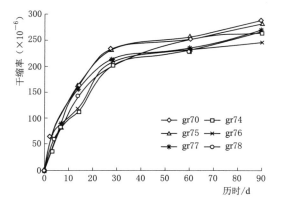

图 6.5.6　碾压混凝土干缩曲线图

4. 热学性能

碾压混凝土热学性能参数试验结果见表 6.5.10，绝热温升双曲线表达式见表 6.5.11，碾压混凝土绝热温升发展曲线见图 6.5.7。

表 6.5.10　　　　　　　　　　碾压混凝土热学性能参数试验结果

编号	水胶比	级配	掺合料/%			导温系数 a /(m²/h)	比热 C /[kJ/(kg·K)]	导热系数 k /[kJ/(m·h·℃)]	线膨胀系数 /(10⁻⁶/℃)
			粉煤灰	磷渣粉	石粉				
gr70	0.50	三	65（Fb）	0	0	0.003144	0.980	7.78	5.1
gr74	0.50	二	55（F）	0	0	0.003024	0.921	7.13	4.8
gr75	0.50	二	55（Fb）	0	0	0.003007	0.841	6.52	4.8
gr76	0.50	二	27.5（F）	27.5	0	0.002962	0.842	6.41	4.7
gr77	0.50	二	27.5（Fb）	27.5	0	0.003021	0.833	6.62	4.6
gr78	0.50	二	27.5（F）	0	27.5	0.003118	0.842	6.73	5.1

表 6.5.11　　　　　　　　　　碾压混凝土绝热温升双曲线表达式

编号	级配	掺 合 料/%			双曲线表达式	相关系数
		粉煤灰	磷渣粉	石粉		
gr70	三	65（Fb）	0	0	$y=16.22t/(2.20+t)$	0.998
gr74	二	55（F）	0	0	$y=20.51t/(2.19+t)$	0.998
gr75	二	55（Fb）	0	0	$y=21.43t/(1.88+t)$	0.998
gr76	二	27.5（F）	27.5	0	$y=21.65t/(3.23+t)$	0.996
gr77	二	27.5（Fb）	27.5	0	$y=22.78t/(3.75+t)$	0.989
gr78	二	27.5（F）	0	27.5	$y=20.59t/(2.45+t)$	0.995

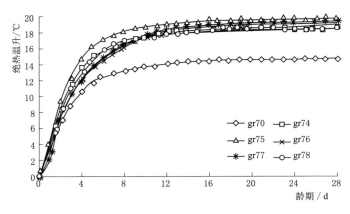

图 6.5.7　碾压混凝土热学温升发展曲线

试验结果表明：

（1）三级配与二级配碾压混凝土相比，导温系数和膨胀系数接近，导热系数和比热略大；不同掺合料的碾压混凝土热学参数接近。

（2）掺合料品种相同时，三级配碾压混凝土（gr70）28d 龄期的最终绝热温升值比二级配碾压混凝土（gr75）低 5℃，有利于温控防裂；由于磷渣粉有缓凝作用，复掺磷渣粉的碾压混凝土（gr76、gr77）早期绝热温升略低于单掺粉煤灰的（gr74、gr75），随着水化的进行，7d 左右以后，和掺其他掺合料混凝土的绝热温升相当。

5. 自生体积变形

碾压混凝土自生体积变形曲线见图 6.5.8。自生体积变形试验共进行了 6 组，其变形曲线的发展规律均十分相似（除编号为 gr77 试件），早期收缩且收缩值逐渐增大，28d 后收缩值开始减小，直到后期（大约 100d 后）发展为微收缩或膨胀，变形趋于稳定。掺合料品种对自生体积变形大小有一定影响，但不改变自生体积变形的整体发展规律。后期收缩值减小并趋于膨胀，这是因为水泥中 MgO 含量略高（3.92%），MgO 的缓慢水化产生了延滞性膨胀的关系。延滞性膨胀可以部分补偿后期温降收缩应力，减少裂缝发生的概率，提高混凝土的抗裂能力。

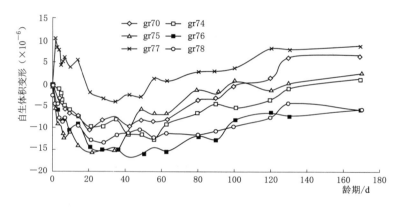

图 6.5.8　碾压混凝土自生体积变形曲线

6. 耐久性能

三级配碾压混凝土的抗渗与抗冻等级分别达到 W6 和 F100，二级配碾压混凝土分别达到 W8 和 F100，均满足设计要求，且有较大富余。

6.5.4　变态混凝土配合比试验

6.5.4.1　技术要求及配制强度

观音岩水电站变态混凝土配制强度见表 6.5.12。

表 6.5.12　　　　　　　　　　观音岩水电站变态混凝土配制强度

强度等级	级配	强度保证率 /%	概率度系数 t	强度标准差 /MPa	配制强度 /MPa
$C_{90}20$	二	80%	0.84	4.0	23.4

6.5.4.2　配合比设计

室内试验采用的方法是在碾压混凝土出机口时加入浆液，然后翻拌均匀，装模后在振动台上振动成型。变态混凝土浆液的水胶比比母体小 0.05，粉煤灰掺量降低 5%，减水剂掺量与母体相同，浆液中不掺引气剂。一般要求，加浆量应该使变态混凝土的坍落度达到 20~30mm，虽然浆液中不掺引气剂，变态混凝土的含气量会比碾压混凝土母体的含气量增加。

变态混凝土试验时，首先选择 3 个加浆量（体积比 4%、6% 和 8%）进行变态混凝土拌和物的性能试验，根据加浆量与坍落度、加浆量与含气量的关系曲线，确定符合要求的加浆量，然后进行变态混凝土的全性能试验。试验对 3 个加浆量都进行全性能试验。

6.5.4.3 变态混凝土性能试验

变态混凝土采用的母体混凝土配合比及拌和物性能见表 6.5.13，浆液性能见表 6.5.14。变态混凝土配合比及拌和物性能见表 6.5.15，变态混凝土性能试验结果见表 6.5.16，变态混凝土抗压强度柱状图见图 6.5.9，不同掺合料的变态混凝土抗压强度柱状图（加浆量 6%）见图 6.5.10。

表 6.5.13　　　　　　　　　　母体混凝土配合比及拌和物性能

| 编号 | 级配 | 水胶比 | 掺合料 | | 外加剂/% | | 砂率/% | 用水量/(kg/m³) | 拌和物性能 | |
			品种	掺量/%	JM-Ⅱ（R1)	GYQ			VC 值/s	含气量/%
gr74	二	0.50	F	55	0.7	0.07	38	91	4.0	4.0
gr75			Fb					93	5.7	3.6
gr76			PF					90	4.5	4.0
gr78			FL					89	5.0	3.0

表 6.5.14　　　　　　　　　　变态混凝土用浆液性能

| 浆液编号 | 母体编号 | 浆液配合比参数 | | | JM-Ⅱ（R1)/% | 浆体性能 | | | | | | | |
| | | 水胶比 | 掺合料 | | | 凝结时间/h | | 全析水时间/h | 析水率/% | 抗压强度/MPa | | 抗折强度/MPa | |
			品种	掺量/%		初凝	终凝			7d	28d	7d	28d
1	gr74	0.45	F	50	0.7	48	97	8	6.25	3.5	6.2	0.85	1.04
2	gr75		Fb			45	94	7	10.6	5.1	8.0	1.18	1.38
3	gr76		FP			60	103	10	12.5	2.5	5.1	0.25	0.95
4	gr78		FL			43	90	7	8.47	6.5	9.1	1.79	2.03

表 6.5.15　　　　　　　　　　变态混凝土配合比及拌和物性能

| 配合比编号 | 母体编号 | 级配 | 浆液配合比参数 | | | 加浆量/% | 用水量/(kg/m³) | 变态混凝土拌和物性能 | | |
			水胶比	掺合料	JM-Ⅱ（R1)/%			坍落度/mm	含气量/%	振实密度/(kg/m³)
gr79	gr74	二	0.45	F（50%）	0.7	4	21.9	5	4.3	2387
gr83						6	32.9	27	4.8	2384
gr87						8	43.8	44	5.3	2380

配合比编号	母体编号	级配	浆液配合比参数			加浆量/%	用水量/(kg/m³)	变态混凝土拌和物性能		
			水胶比	掺合料	JM-II(R1)/%			坍落度/mm	含气量/%	振实密度/(kg/m³)
gr80	gr75	二	0.45	Fb (50%)	0.7	4	21.5	7	3.7	2388
gr84						6	32.3	23	3.9	2381
gr88						8	43.1	36	4.4	2382
gr81	gr76	二	0.45	PF (50%)	0.7	4	22.5	9	4.4	2392
gr85						6	33.8	28	4.8	2388
gr89						8	45.1	38	5.0	2382
gr82	gr78	二	0.45	FL (50%)	0.7	4	22.5	5	3.5	2394
gr86						6	33.5	25	4.4	2390
gr90						8	44.6	37	5.0	2385

表 6.5.16 变态混凝土性能试验结果

变态配合比	母体配合比	掺合料	加浆量/%	抗压强度/MPa				劈拉强度/MPa				轴拉强度/MPa		极限拉伸值(×10⁻⁶)		静压弹模/GPa		抗渗等级	抗冻等级
				7d	28d	90d	180d	7d	28d	90d	180d	90d	180d	90d	180d	90d	180d		
gr79	gr74	F	4	9.8	18.5	28.7	34.2	1.19	1.93	2.64	3.01	2.68	2.95	83	92	34.4	39.5	≥W8	F100
gr83			6	11.2	20.7	29.2	36.1	1.20	2.09	2.73	3.10	2.85	3.04	90	93	33.6	38.3	≥W8	F100
gr87			8	14.7	23.2	32.6	36.9	1.72	2.15	2.92	3.23	2.93	3.31	91	99	33.1	40.2	≥W8	F100
gr80	gr75	Fb	4	10.8	17.8	32.0	32.1	1.30	1.64	3.05	3.02	2.86	3.12	80	85	32.7	37.7	≥W8	F100
gr84			6	11.0	19.5	29.0	32.9	1.18	1.75	2.86	3.14	2.93	3.23	85	90	35.9	40.3	≥W8	F100
gr88			8	15.9	22.3	31.6	35.4	1.45	2.16	3.14	3.33	2.92	3.33	90	94	35.0	41.4	≥W8	F100
gr81	gr76	PF	4	11.5	21.1	29.5	33.5	1.05	1.56	2.81	3.22	3.07	3.42	94	96	32.9	37.2	≥W8	F100
gr85			6	12.3	21.9	31.7	36.1	1.12	2.07	2.85	3.3	3.10	3.44	100	103	34.3	38.8	≥W8	F100
gr89			8	15.6	24.8	32.2	37.8	1.43	2.23	3.17	3.57	3.35	3.57	102	106	35.4	41.1	≥W8	F100
gr82	gr78	FL	4	6.4	16.1	23.5	27.2	0.83	1.23	1.95	2.48	2.00	2.38	77	82	27.9	35.5	≥W8	F100
gr86			6	7.3	17.4	24.4	29.8	0.96	1.73	2.04	2.57	2.11	2.45	79	85	30.8	37.6	≥W8	F100
gr90			8	8.1	18.8	25.4	30.5	1.28	1.82	2.34	2.72	2.42	2.72	85	90	31.1	38.8	≥W8	F100

试验结果表明：

（1）加浆量为6%时，变态混凝土拌和物性能符合设计指标。对于变态混凝土拌和物坍落度20~30mm、含气量3.5%~4.5%的设计指标（表6.5.2），当混凝土加浆量为6%时，可以满足以上设计要求，而加浆量为4%或8%，难以完全满足以上指标。

（2）变态混凝土抗压强度能够满足设计要求，且有一定的富余。加浆量在4%~6%时，12组变态混凝土的抗压强度在90d龄期均超过23.4MPa，达到 C₉₀20 配制强度的要求，且有一定的富余；随着加浆量的增加，混凝土抗压强度逐渐提高。

4种掺合料中，掺FL的变态混凝土抗压强度、劈拉强度和轴拉强度皆最低，掺其他

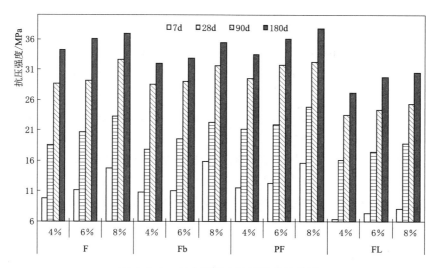

图 6.5.9　变态混凝土抗压强度柱状图

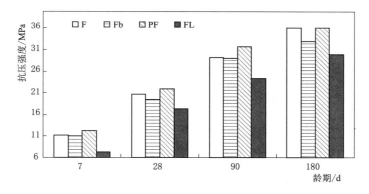

图 6.5.10　不同掺合料的变态混凝土抗压强度柱状图（加浆量 6%）

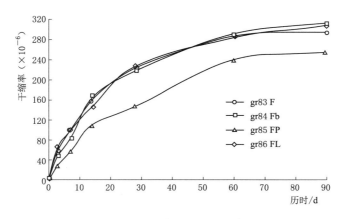

图 6.5.11　变态混凝土干缩曲线

3 种掺合料（F、PF、Fb）的强度相当。

（3）极限拉伸值。加浆量为 4％时，只有掺 PF 的变态混凝土在 90d 龄期极限拉伸值能够满足 85×10^{-6} 的设计要求；加浆量为 6％时，除掺 FL 的变态混凝土外，其他的配合比的极限拉伸值能够满足要求；加浆量为 8％时，4 种掺合料的变态混凝土极限拉伸值均满足要求。

（4）抗渗、抗冻性能均满足设计要求。12 组变态混凝土的抗渗和抗冻等级分别满足 W8 和 F100 的耐久性要求，且有较大富余。

（5）干缩性能。图 6.5.11 为变态混凝土干缩率曲线。结果表明，掺 PF 的变态混凝土干缩率最小。因此，在工程实际应用中，采用 PF 作为掺合料在干缩性能上是有利的；在 90d 龄期时，掺各种掺合料的变态混凝土干缩曲线的发展已趋于平稳。

6.5.5　推荐配合比

根据混凝土试验结果及分析，推荐了观音岩水电站碾压混凝土和变态混凝土的配合比，可作为业主和监理审查批准施工配合比的参考依据。推荐的配合比的主要期望技术指标和配制强度，与表 6.5.17 碾压混凝土主要设计指标中 3 个部位的强度等级和表 6.5.18 的变态混凝土 $C_{90}20$ 保持一致。推荐配合比见表 6.5.18。

表 6.5.17　　　　　　　观音岩水电站碾压及变态混凝土推荐配合比

混凝土种类	工程部位	强度等级	级配	水胶比	掺合料品种	掺量/％	砂率/％	JM-Ⅱ(R1)/％	GYQ/％	用水量/(kg/m³)	VC 值/s	含气量/％
碾压	坝体内部（1070m 以下）	$C_{90}20$	三	0.50	F	55	33	0.7	0.075	78	1~3	3.0~4.0
					Fb	55	33	0.7	0.075	81	1~3	3.0~4.0
	坝体内部（1070m 以下）	$C_{180}20$	三	0.50	F	65	33	0.7	0.08	79	1~3	3.0~4.0
					Fb	65	33	0.7	0.08	82	1~3	3.0~4.0
	上游防渗层	$C_{90}20$	二	0.50	F	55	37	0.7	0.07	91	1~3	3.0~4.0
					Fb	55	37	0.7	0.07	93	1~3	3.0~4.0
变态	上游防渗层	$C_{90}20$	二级配母体	0.50	F	55	37	0.7	0.07	91	1~3	3.0~4.0
			浆液（6％）	0.45	F	50	0	0.7	0	21.9	—	—
			二级配母体	0.50	Fb	55	37	0.7	0.07	93	1~3	3.0~4.0
			浆液（6％）	0.45	Fb	50	0	0.7	0	32.3	—	—

注　1. 推荐配合比参数是使用特定的原材料，通过室内试验确定的，实际施工时应根据工地原材料的变化和现场施工试验，对配合比进行适当调整。

2. 骨料用量以饱和面干计；砂子中石粉含量控制在 16％~20％，其中小于 0.080mm 的微粒含量不少于 8％；石子级配：二级配中石：小石＝55：45，三级配大石：中石：小石＝30：40：30。

3. 掺灰坝灰（Fb）混凝土用水量略高，实际应用时可适当增加减水剂用量；表中的外加剂也可采用性价比高的其他品种。

4. 碾压混凝土机口 VC 值控制 1~3s；仓面 VC 值控制 3~7s；引气剂掺量以使机口混凝土含气量达到 3.0％~4.0％为准。

表 6.5.18   三峡工程三期上游横向围堰碾压混凝土配合比推荐表

设计标号	级配	水胶比	粉煤灰掺量/%	砂率/%	外加剂		每立方米混凝土材料用量/kg					预期性能						
					ZB-1A/%	DH9(1/万)	水	水泥	粉煤灰	砂	石	抗压强度/MPa		抗冻标号	抗渗标号	极限拉伸值(×10⁻⁶)	
												28d	90d			28d	90d
R₉₀150，D50，S4	三	0.53	60	32	0.7	3.5	75	57	85	722	1510	15	20	D50	S6	60	70
R₉₀200，D50，S8	二	0.50	50	36	0.7	3.0	90	90	90	756	1385	18	25	D100	S8	65	75
	三	0.50	50	32	0.7	3.0	75	75	75	699	1531	18	25	D100	S8	65	75
R₂₈150，D50，S8	三	0.50	40	32	0.7	3.0	75	90	60	701	1535	20	28	D100	S8	65	75
R₂₈200，D50，S8	二	0.45	40	35	0.7	3.0	90	120	80	731	1398	25	33	D150	S8	70	80
	三	0.45	40	31	0.7	3.0	75	100	67	674	1545	25	33	D150	S8	70	80

（1）推荐采用丽江水泥厂生产的 42.5 中热硅酸盐水泥；江苏博特减水剂 JM-Ⅱ（R1）和江苏博特引气剂 GYQ，掺量分别见表 6.5.17；龙洞石灰岩人工骨料、碾压混凝土专用砂（石粉含量为 18% 左右，细度模数为 2.74），三级配粗骨料组合比为大石：中石：小石=30：40：30；二级配粗骨料组合比为中石：小石=55：45。

碾压混凝土掺合料推荐两种组合：宣威分选Ⅱ级粉煤灰 F 或攀钢灰坝磨细Ⅱ级粉煤灰 Fb；变态混凝土掺合料推荐两种组合：宣威分选Ⅱ级粉煤灰 F 或 Fb 磨细粉煤灰。

（2）对于 C₉₀20 三级配坝体内部（1070m 以下）碾压混凝土：推荐采用 0.50 水胶比、55% 掺合料掺量和 33% 的砂率，掺合料品种可以选用宣威Ⅱ级粉煤灰 F 或 Fb 磨细粉煤灰，可以满足各项指标的设计要求。但用 Fb 做掺合料时，需加强早期养护或降低掺量，以保证极限拉伸值指标。

（3）对于 C₁₈₀20 三级配坝体内部（1070m 以下）碾压混凝土：推荐采用 0.50 水胶比、65% 掺合料掺量和 33% 的砂率，掺合料品种可以选用宣威Ⅱ级粉煤灰 F 或 Fb 磨细粉煤灰，可以满足各项指标的设计要求。但用 Fb 做掺合料时，需加强早期养护或降低掺量，以保证极限拉伸值指标。

（4）对于 C₉₀20 二级配坝体上游防渗层碾压混凝土：推荐采用 0.50 水胶比、55% 掺合料掺量和 37% 的砂率，掺合料品种可以选用宣威Ⅱ级粉煤灰 F 或 Fb 磨细粉煤灰，可以满足各项指标的设计要求。但用 Fb 做掺合料时，需加强早期养护或降低掺量，以保证极限拉伸值指标。

（5）对于 C₉₀20 变态混凝土：母体混凝土推荐采用 0.50 水胶比、55% 掺合料掺量和 37% 砂率的二级配碾压混凝土，掺合料品种可以选用宣威Ⅱ级粉煤灰 F 或 Fb 磨细粉煤灰；采用 6% 加浆量，浆液的水胶比比母体小 0.05，掺合料掺量降低 5%，减水剂掺量与母体相同，浆液中不掺引气剂。

6.6 典型工程碾压混凝土配合比列举

6.6.1 三峡水电站

长江三峡水利枢纽是开发和治理长江的关键性骨干工程,具有防洪、发电、航运等综合效益。三峡工程坝址位于湖北省宜昌市三斗坪,下距葛洲坝水利枢纽 38km,控制流域面积 100 万 km^2,多年平均径流量 4510 亿 m^3。设计正常蓄水位 175m,总库容 392 亿 m^3,防洪库容 221.5 亿 m^5。电站装机总容量 18200MW,年平均发电量 846.8 亿 kW·h。三峡主要建筑物由大坝、电站厂房、永久船闸及升船机等组成。大坝为混凝土重力坝,由泄洪坝段、左右岸厂房坝段及左右岸非溢流坝段组成,坝轴线全长 2309.5m,坝顶高程 185m,最大坝高 183m。

三峡工程三期上游横向围堰将全断面采用碾压混凝土施工,碾压混凝土方量约 120 万 m^3,最大月浇注强度达 39.8 万 m^3,为当时世界最高水平。三峡工程三期上游横向碾压混凝土围堰虽然为临时工程,但担负着保护右岸基坑和临时挡水发电的任务,作用十分重要。为了合理选择三期围堰碾压混凝土设计和施工的各项参数,中国长江三峡工程开发总公司试验中心联合长江科学院进行了一系列的试验研究。三峡三期围堰碾压混凝土主要技术指标见表 6.6.1,设计标号 $R_{90}200$、$R_{28}150$ 碾压混凝土的强度保证率分别不小于 85%、80%,离差系数不大于 0.18。

表 6.6.1 三峡三期围堰碾压混凝土主要技术指标

标号	级配	抗冻标号	抗渗标号	极限拉伸值 (×10⁻⁶)		层面结合强度	
				28d	90d	f'	c'/MPa
$R_{90}150$	三	D50	S4	≥60	≥65	≥1.0	≥1.0
$R_{90}200$	二、三	D50	S8	≥65	≥70	≥1.0	≥1.0
$R_{28}150$	三	D50	S8	≥60	—	≥1.0	≥1.0
$R_{28}200$	二、三	D50	S8	≥65	—	≥1.0	≥1.0

试验原材料包括葛洲坝 52.5 中热硅酸盐水泥、湖北阳逻电厂 Ⅰ 级粉煤灰、三峡工程下岸溪料场花岗岩人工骨料、ZB-1A 缓凝高效减水剂和 DH9 引气剂等。根据试验结果,推荐三峡工程三期上游横向围堰碾压混凝土配合比。其中,二级配小石:中石=45:55;三级配小石:中石:大石=30:40:30。VC 值控制在 3～7s,含气量控制在 2.5%～3.5%。

6.6.2 龙滩水电站

龙滩水电站是红水河梯级开发中的骨干工程,位于广西壮族自治区天峨县境内的红水河上,坝址以上流域面积 98500km²,占红水河流域面积的 71%。工程以发电为主,兼有防洪、航运等综合效益。龙滩水电站枢纽由碾压混凝土重力坝、地下厂房及引水系统、泄洪建筑物、通航建筑物二级提升垂直升船机等 4 大部分组成。大坝混凝土总量 575.6 万 m³,其中碾压混凝土工程量 378.8 万 m³,占混凝土总方量的 65.8%。工程按正常蓄水位

400m 设计，初期按 375m 建设，电站装机容量分别为 6300MW 与 4900MW；初期安装 7 台水轮发电机组，预留 2 台机后期安装。按照工程总进度安排，于 2001 年 7 月 1 日正式开工，2003 年 11 月大江截流，2006 年 11 月下闸蓄水，2007 年 7 月首台机组发电，2009 年年底全部完工。龙滩大坝从坝高、碾压混凝土工程量及技术要求、高温季节施工（全年施工）工艺、温控要求及温控设施等方面来看均居世界前列。

龙滩水电站大坝碾压混凝土的设计技术指标列于表 6.6.2。

表 6.6.2　　　　　　　　龙滩水电站大坝碾压混凝土的设计技术指标

混凝土类型	级配	设计强度等级		配制强度/MPa		抗渗等级	抗冻等级	极限拉伸值（×10⁻⁴）	极限水胶比	最大粉煤灰掺量/%
		28d	90d	28d	90d					
坝下 RⅠ	三	C18	C₉₀25	23.8	27.9	W6	F100	0.80	<0.50	65
坝中 RⅡ	三	C15	C₉₀20	20.8	22.9	W6	F100	0.75	<0.50	65
坝上 RⅢ	三	C10	C₉₀15	15.8	17.9	W4	F50	0.70	<0.50	65
坝面 RⅣ	二	C18	C₉₀25	23.8	27.9	W12	F150	0.80	<0.45	65

试验用原材料包括 42.5 中热硅酸盐水泥、F 类 Ⅰ 级粉煤灰、灰岩人工砂石料、缓凝高效减水剂、引气剂。控制 VC 值达到 3～7s，含气量达到 3%～4%。龙滩水电站碾压混凝土试验配合比见表 6.6.3。

表 6.6.3　　　　　　　　龙滩水电站碾压混凝土试验配合比

配合比类型	水胶比	粉煤灰掺量/%	砂率/%	VC 值/s	混凝土材料用量/(kg/m³)						
					水	水泥	粉煤灰	砂	大石	中石	小石
坝下 RⅠ	0.41	56	34	5±2	79	86	109	743	437	583	437
坝中 RⅡ	0.45	60	33	5±2	78	70	105	727	448	597	448
坝上 RⅢ	0.48	65	34	5±2	77	56	104	755	445	593	445
坝面 RⅣ	0.40	55	38	5±2	87	99	121	812	—	670	670

6.6.3　阿海水电站

阿海水电站位于云南省丽江市玉龙县与宁蒗彝族自治县交界的金沙江中游河段，是金沙江中游河段规划一库八级开发方案中的第四个梯级，上游与梨园水电站相衔接，下游为金安桥水电站。阿海水电站枢纽建筑物主要由混凝土重力坝、左岸溢流表孔及消力池、左岸泄洪中孔、右岸排沙底孔、坝后发电厂房等组成，电站装机容量 2000MW，最大坝高 138m，坝顶长 482m；工程混凝土总量约 368 万 m³，其中碾压混凝土 144 万 m³。

阿海水电站大坝碾压混凝土技术要求见表 6.6.4。

表6.6.4 阿海水电站大坝碾压混凝土技术要求

坝体部位	坝体内部（1430m以上）	坝体内部（1430m以下）	上游面	变态混凝土
设计强度等级（90d）	$C_{90}15$	$C_{90}20$	$C_{90}20$	
强度保证率/%	80	80	80	
抗渗等级（90d）	W6	W6	W8	
抗冻等级（90d）	F100	F100	F150	
极限拉伸值（90d）（$\times10^{-6}$）	75	80	80	上游面变态混凝土极限拉伸值85×10^{-6}，其他指标同本体混凝土；其他部位按设计文件要求
最大水胶比	0.55	0.50	0.50	
密度/（kg/m³）	≥2400	≥2400	≥2400	
掺合料最大掺量/%	65	65	65	
级配	三	三	二	
VC值（机口值）	3~5s	3~5s	3~5s	
配制强度/MPa	17.9	23.4	23.4	

碾压混凝土试验选用金山、剑川、三德共三种42.5普通硅酸盐水泥、阳宗海F类Ⅱ级粉煤灰、灰岩人工砂石骨料、江苏博特外加剂（碾压型缓凝高效减水剂和GYQ引气剂）进行试验。碾压混凝土的VC值控制在3~7s，引气剂掺量应以混凝土含气量达到3.5%~4.5%为准。三级配碾压混凝土大石：中石：小石＝30：40：30，二级配碾压混凝土和常态混凝土中石：小石＝50：50。根据混凝土配合比设计、性能试验及配合比复核成果，推荐的阿海水电站碾压混凝土配合比见表6.6.5和表6.6.6。

表6.6.5 阿海水电站碾压混凝土推荐配合比
（金山水泥/三德水泥＋攀枝花粉煤灰＋博特外加剂）

使用部位		设计强度等级	级配	水胶比	砂率/%	粉煤灰掺量/%	减水剂 品种	减水剂 掺量/%	引气剂 品种	引气剂 掺量/%	水	水泥	粉煤灰	砂	大石	中石	小石
坝体内部 RⅠ（1430m以上）		$C_{90}15W6F100$	三	0.54	32	60	JM-Ⅱ	0.8	GYQ	0.08	92	68	102	702	454	605	454
坝体内部 RⅡ（1430m以下）		$C_{90}20W6F100$	三	0.50	32	55	JM-Ⅱ	0.8	GYQ	0.08	92	83	101	698	452	602	452
上游面 RⅢ		$C_{90}20W8F150$	二	0.50	36	50	JM-Ⅱ	0.8	GYQ	0.08	104	104	104	766		691	691
变态混凝土	本体	$C_{90}20W8F150$	二	0.50	36	50	JM-Ⅱ	0.8	GYQ	0.08	104	104	104	766		691	691
	浆液		一	0.45		45	JM-Ⅱ	0.8			538	658	538				

表 6.6.6　　　　　　　　　　**阿海水电站碾压混凝土推荐配合比**

（金山水泥/三德水泥＋阳宗海粉煤灰＋博特外加剂）

使用部位	设计强度等级	级配	水胶比	砂率/%	粉煤灰掺量/%	减水剂		引气剂		混凝土材料用量/(kg/m³)						
						品种	掺量/%	品种	掺量/%	水	水泥	粉煤灰	砂	大石	中石	小石
坝体内部 RⅠ（1430m 以上）	$C_{90}15W6F100$	三	0.49	32	60	JM-Ⅱ	0.8	GYQ	0.08	87	71	107	704	455	607	455
坝体内部 RⅡ（1430m 以下）	$C_{90}20W6F100$	三	0.47	32	50	JM-Ⅱ	0.8	GYQ	0.08	87	93	93	703	455	606	455
上游面 RⅢ	$C_{90}20W8F150$	二	0.46	36	50	JM-Ⅱ	0.8	GYQ	0.08	99	108	108	768		693	693
变态混凝土 本体	$C_{90}20W8F150$	二	0.46	36	50	JM-Ⅱ	0.8	GYQ	0.08	99	108	108	768		693	693
变态混凝土 浆液		一	0.41		45	JM-Ⅱ	0.8			540	689	564				

6.6.4　索风营水电站

索风营水电站位于贵州省修文县与黔西市交界的乌江六广河段，电站控制流域面积为2186km²，水库正常蓄水位837m，死水位817m，总库容2.012亿m³，死库容0.84亿m³，电站总装机容量600MW。电站枢纽由碾压混凝土重力坝、坝顶溢流表孔、坝身冲沙孔、左岸引水系统、右岸地下发电厂房组成，属Ⅱ等工程。主要建筑物，如大坝、泄洪系统和引水发电系统为二级建筑物。

索风营水电站大坝碾压混凝土的技术要求见表6.6.7。

表 6.6.7　　　　　　　　　　**索风营水电站大坝碾压混凝土的技术要求**

工程部位	强度等级	强度保证率/%	骨料级配	抗冻等级	抗渗等级	28d 极限拉伸值（×10⁻⁴）	28d 抗压弹性模量/GPa	28d 自生体积变形（×10⁻⁶）
坝体大体积碾压混凝土	$C_{90}15$	80	三	F50	W4	≥0.70	<30	>60
上游防渗层碾压混凝土	$C_{90}20$	80	二	F100	W8	≥0.70	<32	>60
上游坝面变态混凝土	$C_{90}20$	80	二	F100	W8	≥0.70	<32	>60
下游坝面变态混凝土	$C_{90}15$	80	三	F50	W6	≥0.70	<30	>60
台阶溢流面变态混凝土	$C_{90}20$	80	二	F100	W6	≥0.70	<32	>60

碾压混凝土配合比设计及性能试验采用的原材料包括乌江42.5普通硅酸盐水泥、贵州凯里电厂粉煤灰、灰岩人工砂石料、QH-R20缓凝高效减水剂、DH9引气剂和轻烧MgO膨胀剂等。控制拌和物VC值5～10s，含气量3.5%～4.0%，根据试验结果与分析，推荐的碾压混凝土配合比见表6.6.8。

表 6.6.8 　　　　　　　索风营水电站大坝碾压混凝土配合比推荐表

工程部位及设计等级	级配	水胶比	粉煤灰掺量/%	磷渣掺量/%	MgO掺量/%	砂率/%	外加剂 减水剂	外加剂 引气剂	混凝土材料用量/(kg/m³) 水	水泥	粉煤灰	磷渣	MgO	砂	石
坝体碾压混凝土 C₉₀15	三	0.50	60	0	3	34	QH-R20 0.6%	DH9 12.0/万	77	57	92	0	4.6	767	1489
			30	30	3	34			77	57	46	46	4.6	771	1497
			0	60	3	34			81	60	0	97	4.9	769	1493
防渗层碾压混凝土 C₉₀20	二	0.50	45	0	3	38	QH-R20 0.6%	DH9 12.0/万	87	91	78	0	5	837	1366
			22.5	22.5	3	38			87	91	39	39	5	838	1368
			0	45	3	38			91	95	0	82	5.4	838	1367
C₉₀15 坝体碾压混凝土变态净浆		0.45	60	0	3		QH-R20 0.6%		529	435	706	0	35		
			30	30	3				553	454	368	368	37		
			0	60	3				573	471	0	764			
C₉₀20 防渗层碾压混凝土变态净浆		0.45	45	0	3		QH-R20 0.6%		545	630	545	0	36		
			22.5	22.5	3				560	647	280	280	37		
			0	45	3				576	666	0	576	38		

注 表中选用 MgO 膨胀剂各部位混凝土均有自生体积变形的设计要求，因此应选择合适的 MgO 膨胀剂品种，并通过进一步试验验证以满足混凝土的设计要求应用于工程。

6.6.5 沙沱水电站

　　沙沱水电站位于贵州省沿河土家族自治县县城上游约 7km 处，是乌江干流的第九级水电站，上游为思林水电站，下游为彭水水电站。沙沱水电站以发电为主，其次为航运，兼有防洪、灌溉等综合效益。水库正常蓄水位 365m，总库容 9.1 亿 m³。电站装机容量 1120MW（4×280MW）。枢纽由碾压混凝土重力坝、坝顶溢流表孔、左岸坝后式厂房及右岸通航建筑物等组成。沙沱水电站主体建筑物混凝土方量为 295 万 m³，其中碾压混凝土为 154 万 m³，为降低碾压混凝土的水化热温升，简化温控措施，加快碾压混凝土筑坝施工进度，开展四级配碾压混凝土的试验研究工作。

　　沙沱水电站碾压及变态混凝土初步技术指标见表 6.6.9。

表 6.6.9 　　　　　　　沙沱水电站碾压及变态混凝土初步技术指标

混凝土种类	工程部位	强度等级	级配	抗渗等级	抗冻等级	抗压弹模/GPa	容重/(kg/m³)	极限拉伸值 28d (10⁻⁶)
碾压	迎水面防渗层	C₉₀20	三	W8	F100	<30	≥2350	≥75
	坝体内部	C₉₀15	四	W6	F50	<30	≥2350	≥75
变态	RCC 上游坝面	C₉₀20	三	W8	F100	<32	≥2350	≥75
	RCC 下游坝面	C₉₀15	四	W6	F100	<30	≥2350	≥75

　　碾压混凝土配合比设计与性能试验采用重庆三磊 42.5 普通硅酸盐水泥、贵州大龙电厂Ⅱ级粉煤灰、瓮福磷渣粉、HLC-NAF 缓凝高效减水剂、AE 引气剂及灰岩人工骨料。

骨料最大粒径采用 120mm，石子组合比为 2∶3∶3∶2。碾压及变态混凝土推荐配合比列于表 6.6.10。表 6.6.11 为碾压混凝土层面结合所用砂浆及净浆推荐配合比。

表 6.6.10　　　　　　　　沙沱水电站碾压及变态混凝土推荐配合比

混凝土种类	工程部位	强度等级	级配	水胶比	粉煤灰掺量/%	磷渣粉掺量/%	砂率/%	减水剂HLC-NAF/%	引气剂AE/%	材料用量/(kg/m³)						VC值/s	含气量/%
										水	水泥	粉煤灰	磷渣粉	砂	石		
碾压混凝土	迎水面防渗层	$C_{90}20$	三	0.50	50	0	33	0.7	0.05	80	80	80		738	1503	3～5	3.5～4.5
	坝体内部	$C_{90}15$	四	0.50	60	0	30	0.7	0.05	71	57	85		686	1607	1～3	3.5～4.5
				0.50	30	30	30	0.7	0.05	70	56	42	42	688	1617	1～3	3.5～4.5
变态混凝土	RCC上游坝面	$C_{90}20$	三级配母体	0.50	50	0	33	0.7	0.05	80	80	80		738	1503	3～5	3.5～4.5
			浆液（6%）	0.45	45	0	0	0.7	0	33	40	33	0	0	0		
	RCC下游坝面	$C_{90}15$	四级配母体	0.50	60	0	30	0.7	0.05	71	57	85		686	1607	1～3	3.5～4.5
				0.50	30	30	30	0.7	0.05	70	56	42	42	688	1617	1～3	3.5～4.5
			浆液（6%）	0.45	55	0	0	0.7	0	32.5	32.5	39.5	0	0	0		

表 6.6.11　　　　　　碾压混凝土层面结合所用砂浆及净浆推荐配合比

种类	水胶比	砂率/%	粉煤灰掺量/%	材料用量/(kg/m³)					
				水	水泥	粉煤灰	砂	HLC-NAF	AE
$M_{90}20$	0.45	100	50	214	238	238	1545	1.904	0.1904
$M_{90}20$	0.45		45	550	672	550		3.67	
$M_{90}15$	0.45	100	60	212	188	283	1542	1.884	0.1884
$M_{90}15$	0.45		55	542	542	662		3.61	

注　$M_{90}20$ 的砂浆及净浆用于 $C_{90}20W8F100$ 迎水面防渗碾压混凝土的结合层面；$M_{90}15$ 的砂浆及净浆用于 $C_{90}15W6F50$ 坝体内部碾压混凝土的结合层面。

参　考　文　献

［1］ 杨华全，李文伟. 水工混凝土研究与应用 ［M］. 北京：中国水利水电出版社，2005.

［2］ 石妍. 碾压混凝土性能研究 ［D］. 武汉：武汉大学，2007.

［3］ 国际大坝委员会技术公报. 碾压混凝土坝发展水平和工程实例 ［M］. 贾金生，陈改新，马锋玲，等，译，北京：中国水利水电出版社，2006.

［4］ 方坤河. 碾压混凝土材料、结构与性能 ［M］. 武汉：武汉大学出版社，2004.

［5］ ACI 207.5R-11，Report on Roller-Compacted Mass Concrete ［R］. ACI Committee，2011-7-1.

［6］ Dunstan M R H. Latest developments in RCC dams，PIS on RCCD ［C］. April 21-25，1999，

Chengdu China.

[7]　长江水利委员会长江科学院. 三峡水利枢纽三期围堰碾压混凝土试验研究报告 [R]. 武汉：长江水利委员会长江科学院，2002.

[8]　长江水利委员会长江科学院. 龙滩水电站大坝及厂房混凝土第三次配合比试验 [R]. 武汉：长江水利委员会长江科学院，2005.

[9]　长江水利委员会长江科学院. 金沙江中游河段阿海水电站大坝混凝土施工配合比试验（最终成果报告）[R]. 武汉：长江水利委员会长江科学院，2010.

[10]　长江水利委员会长江科学院. 索风营水电站大坝混凝土配合比验证试验研究 [R]. 武汉：长江水利委员会长江科学院，2005.

[11]　长江水利委员会长江科学院. 乌江沙沱水电站四级配碾压混凝土材料、组成与性能试验研究报告 [R]. 武汉：长江水利委员会长江科学院，2009.

第 7 章

新拌碾压混凝土的性能

7.1 工作性

7.1.1 工作性的定义

碾压混凝土的各组成材料（水泥、掺合料、粗细骨料、外加剂、水等）按一定比例拌制而成的尚未凝结硬化的材料，称为新拌碾压混凝土。

新拌碾压混凝土的性能非常重要，因为它影响拌和物制备及振碾设备的选择，还影响混凝土硬化后的性质。新拌碾压混凝土是否适于施工操作的性能称为工作性。

碾压混凝土拌和物是一种干硬性拌和物，不具有流动性，其工作性包括工作度、可塑性、稳定性和易密性等。工作性好的碾压混凝土拌和物应具有与施工设备及施工环境条件（如气温、相对湿度等）相适应的工作度；较好的可塑性，在一定外力作用下能产生适当的塑性变形；较好的稳定性，在施工过程中拌和物不易发生分离；较好的易密性，在振动碾等施工压实机械作用下易于密实并充满模板。

从工程施工应用的意义上讲，工作性是衡量混凝土在搅拌、运输、浇筑和振碾过程中操作的难易程度，并保证混凝土拌和物质量均匀、不产生离析的性能。因此，碾压混凝土的工作性是由上述一系列作业有关的施工特性所决定的，而不是表示混凝土本身物质特性，不存在直接表示这些性质的数值及测定方法。判断这些性质的标准按照建筑物的种类和施工条件的不同而不同。然而在实际中有必要用某些方法将新拌碾压混凝土拌和物的工作性用数值表示出来。一般情况下，为了判断新拌混凝土的工作性，需要有关外力作用时的流动特性及对材料抵抗离析的资料，但用数值来表示材料抵抗离析的性能，除了泌水这样的特殊现象外是很困难的。所以在多数情况下，依据稠度试验而得到有关流动性的资料。而对材料抵抗离析和可塑性等，大多是通过观察来加以判断。

7.1.2 工作度及其测定方法

关于混凝土的工作性，至今还没有能直接测量符合上述定义的工作性的适宜试验方法。虽然许多学者做了很多尝试，试图建立和易性与某些容易测定的物理量的关系，但没有一种方法是完全令人满意的。

对于干硬性混凝土拌和物，常采用维勃稠度试验表征混凝土的和易性。维勃稠度试验是将混凝土拌和物按标准方法装入维勃稠度仪容量筒中的坍落度筒中，缓慢垂直提起坍落度筒，将透明圆盘置于拌和物的锥体顶面，启动振动台，用秒表测出拌和物被摊平、振实、出浆所需的时间（以 s 计），即为维勃稠度，也称工作度。维勃稠度代表拌和物振实所需的能量，时间越短，拌和物越容易被振实。它能较好地反映混凝土拌和物在振动作用下便于施工的性能。维勃稠度值评定新拌混凝土和易性方法适用范围为维勃稠度值在 5～30s。

但碾压混凝土拌和物是一种超干硬的拌和物，不具有流动性，坍落度为 0，用标准的 VB 试验法，出浆时间较长且难于准确判断，必须供给辅助力量，才能使其完成液化过程。通常的办法是施加压重。试验表明，只要增加压重质量，出浆时间就会明显缩短，而且出浆时间随压重质量的增加逐渐趋于稳定。因此目前国内外多采用改良 VB 值或 VC 值，即用固定振动频率及振幅、固定压强条件下，拌和物从开始振动至表面泛浆所需时间的秒数表示碾压混凝土拌和物的工作度。在中国和日本等国称 "VC 试验"，在英美称 "Camon 试验"。

碾压混凝土拌和物受振动产生液化，除了压力以外，还取决于振动参数——频率和振幅。对同一拌和物采用不同频率、不同振幅（或加速度），测得临界液化（出浆）时间不同。图 7.1.1 的试验结果说明，碾压混凝土振动液化临界时间随振幅增大而降低。图 7.1.2 的试验结果说明，碾压混凝土的振动液化临界时间随振动加速度的增加而降低，加速度在 $5g$～$10g$ 范围内变化平稳。加速度小于 $5g$ 时，振动液化临界时间随加速度减小而急剧增加。因此 VC 值的测定应选择适宜的振动参数。

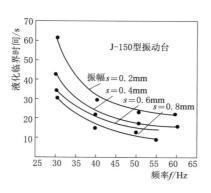

图 7.1.1　不同振幅下频率与振动
液化临界时间的关系

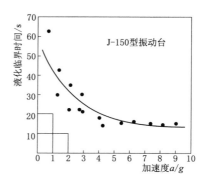

图 7.1.2　加速度与振动液化
临界时间的关系

我国按碾压混凝土拌和物工作度（VC 值）试验方法进行测定。图 7.1.3 是混凝土拌和物维勃稠度测定仪。VC 值试验是用固定频率（50Hz）及振幅（0.5mm）的振动台，将碾压混凝土拌和物按规定分两层装入容量筒中，容量筒内径为 240 mm，内高 200mm，在规定表面压强（总质量为 17.75kg），振至表面泛浆所需的时间（以 s 计）。VC 值代表拌和物振实所需的能量，时间越短，拌和物越容易被振实。在实际施工中，将 VC 值作为衡量碾压混凝土拌和物工作度和可施工性的一个指标。其他国家的试验方法在装料方法和表面压强上有部分差异，表 7.1.1 是几个国家 VC 值测试方法比较。

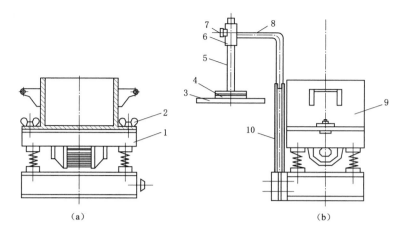

图 7.1.3 混凝土拌和物维勃稠度测定仪

1—振动台；2—元宝螺丝；3—圆盘；4—配重砝码；5—滑杆；6—套筒；7—螺栓；
8—旋转架；9—容量筒；10—支柱

表 7.1.1 　　　　　　　　　　　　几个国家 *VC* 值测定方法比较

国别		振动台特性		配重砝码质量/kg	容量筒规格/mm	测试方法概要
		频率/(r/min)	振幅/mm			
中国		3000	0.5	17.5	$\phi40\times200$	筛除拌和物中大于 40mm 粒径的骨料，分两层装入容量筒，每层插捣 25 次，刮平表面，放上透明圆盘压板及配重砝码，振至圆盘周边全部出浆所需的时间
日本	大型	4000	0.3~0.1	20	骨料最大粒径 150mm 时 $\phi480\times200$	将拌和物分两层装入筒中，每层插捣 35 次，装至距离筒口 0~3cm 为止，刮平，放上透明圆盘及配重砝码，振动至表面全部出浆所需的时间（小型时筛除大于 40mm 粒径骨料）
	小型	3000	0.5	20	骨料最大粒径 80mm 时 $\phi240\times200$	
美国	ACI	3000	0.5	12.5	$\phi240\times200$	将质量为 29 磅的拌和物装入容量筒中，刮平，放上配重砝码后振至表面全部出浆所需的时间
	TVA	3600	E2496 土壤试验仪	0	骨料最大粒径 76mm 时 0.5 立方码	分三层装入容量筒，刮平表面，振至最大表观密度时所需的时间
				0	骨料最大粒径 38mm 时 0.25 立方码	

注 1 立方码为 0.76m³，1 磅约为 0.45kg。

7.1.3　影响新拌碾压混凝土工作性的因素

7.1.3.1　用水量和水胶比

水在混凝土中的作用：①满足水泥水化所需的水分，一般在水泥水化过程中只要 23％的水；②为了达到混凝土工作性要求的水分。水是影响拌和物工作性的主要因素。水是混凝土拌和物中唯一的流动相，它与水泥、掺合料等构成的胶凝材料浆填充骨料空隙。拌和物受振时，当浆体数量较多、稠度较稀时，显然易于出浆。在水胶比一定的情况下，单位用浆量的多少实际就是单位胶凝材料用量和单位用水量的多少。这也反映了胶凝材料浆填充细骨料空隙的富余系数 α 的大小。它同样反映了灰骨比的大小。随着单位用浆量的增大，拌和物中骨料颗粒周围浆层增厚，游离浆体增多，拌和物的 VC 值减小。

在单位胶凝材料用量一定的情况下，水胶比的大小实际上是单位用水量的多少。美国田纳西流域管理局（TVA）碾压混凝土施工规范指出，当拌和物太干时，不改变胶凝材料用量，而用增大水胶比的办法减少 VC 值，这实际上也是增加单位用水量。

若其他条件不变，随着水胶比的增大，即仅仅用水量的增加，拌和物中胶凝材料浆黏聚力减小，黏度系数降低。骨料与浆体界面处的黏附力下降，临界浆层厚度变薄；此外，随着水胶比的增大，单位体积拌和物中浆的体积增大，拌和物游离浆体增多，因此拌和物在受振情况下易出浆，即 VC 值随水胶比的增大而降低。

当混凝土骨料最大粒径和砂率不变时，如果单位用水量不变，水胶比的变化实际上是胶凝材料用量的变化，水胶比在常用范围内（0.4～0.8）变化对拌和物流动性的影响不大。即只要单位用水量不变，在一定范围内改变水胶比可拌制出 VC 值大体相同的碾压混凝土。也就是说，在通过调整单位用水量达到要求稠度的前提下，调整胶凝材料用量和水胶比，可配制出各种性能的碾压混凝土，满足不同的工程需要。

7.1.3.2　水泥品种和水泥用量

在决定工作性方面，水泥的性质没有骨料的性质重要。采用标准稠度用水量大的水泥品种，如火山灰质水泥，当用水量一定时，这种水泥浆的流动性低，混凝土工作性也小。又如采用保水性差的水泥品种，由于泌水，会降低混凝土拌和物的和易性。这种水泥以矿渣硅酸盐水泥较为明显。水泥的细度增加，说明水泥颗粒总表面积增大，润湿和润滑水泥颗粒的水量加大，若用水量一定，混凝土 VC 值会增大。水泥用量较大，在用水量相同时，水泥浆较稠，拌和物的黏聚性较好，但 VC 值较大；反之，水泥用量较小，在用水量相同时，水泥浆较稀，拌和物流动性较大，但黏聚性较差，泌水较多。在工程中，当满足工作性、强度和耐久性要求下，应尽可能减少水泥用量。

7.1.3.3　掺合料的影响

1. 粉煤灰

混凝土大都掺用粉煤灰等掺合料，如果掺用Ⅰ级粉煤灰，因其含有较多的球形颗粒，能有效地减少用水量，改善新拌混凝土的工作性。如果粉煤灰的需水量比较大，反而会降低混凝土拌和物的工作度。因此，在条件允许时，应尽量掺用Ⅰ级粉煤灰。

碾压混凝土所掺的掺合料，其品种、质量及特性各不相同，都对 VC 值有较大的影响。目前大部分水利水电工程采用粉煤灰作为碾压混凝土掺合料。由于种种原因，粉煤灰品质相差很大，其形貌特征可能有较大的差异．颗粒球形度、表面光滑度、球体密实度、各类颗粒所占的比例、粉煤灰的粗细程度、含碳量及粉煤灰掺量等这些因素都影响粉煤灰的需水性，进而影响拌和物的工作度。

掺用粉煤灰对新拌混凝土的明显好处是增大了浆体的体积。用粉煤灰取代等质量的水泥，粉煤灰的体积要比水泥大 30%，胶凝材料的体积含量随之增大，因此浆体与骨料的体积比也增加。大量的浆体填充了骨料间空隙，包裹并润滑了骨料颗粒，从而使混凝土拌和物具有更好的黏聚性和可塑性。粉煤灰可以减少浆体-骨料界面的摩擦，从而改善新拌混凝土的工作性。粉煤灰的掺入还可以补偿细骨料中微粒含量的不足，中断砂浆基体中泌水通道的连续性。

粉煤灰减水作用是由形态效应和微集料效应决定的。粉煤灰中的玻璃微珠能使水泥砂浆黏度和颗粒之间的摩擦力降低，使水泥颗粒均匀分散，在相同稠度条件下降低用水量；另外，粉煤灰的颗粒较细，可以改善胶凝材料的颗粒级配，使填充胶凝材料这部分孔隙的水量减少，因而也降低用水量。

粉煤灰对碾压混凝土拌和物 VC 值的影响决定于粉煤灰的形态效应。一般情况下，粉煤灰越细、表面粗糙、多孔、疏松颗粒越多，含碳量越大，其需水性越大；当粉煤灰中含有较多的球形微珠时，在混凝土中起"滚珠"作用，则使需水量减少。在粉煤灰掺量及水胶比一定的情况下，粉煤灰需水量越大则胶凝材料浆体越稠。拌和物中骨料周围的临界浆层厚度越大，相应游离浆体体积越小，拌和物的 VC 值越大。根据《水工混凝土掺用粉煤灰技术规范》（DL/T 5055—2007），只有Ⅰ级灰需水量比不大于 95%，Ⅱ级灰和Ⅲ级灰需水量比均大于 100%，掺入Ⅱ级灰和Ⅲ级灰将使碾压混凝土 VC 值增大。研究表明，颗粒较粗及含有较多多孔颗粒、黏聚颗粒的粉煤灰经磨细后，需水量比原状粉煤灰小，此时使用磨细粉煤灰，碾压混凝土的工作性较好，VC 值可降低。

若水胶比和胶凝材料用量一定，增大粉煤灰掺量，浆体的黏聚力略有增加（因我国多数粉煤灰需水量较大），因此，拌和物的 VC 值有所增加；而当粉煤灰掺量超过一定值以后，随着粉煤灰掺量的增大，胶凝材料浆体积的增加对 VC 值的影响占主导地位，这时拌和物的 VC 值反而降低。若使用的粉煤灰是需水量比小于 100% 的优质粉煤灰如Ⅰ级灰，则随粉煤灰掺量的增大，拌和物的 VC 值降低。

2. 磷渣粉

磷渣粉能改善碾压混凝土的工作性，降低用水量，减少 VC 值损失，并具有一定的缓凝效应，有益于碾压混凝土施工。比水泥颗粒细的磷渣粉，改善了混凝土材料从粉体（掺合料、水泥）至骨料（砂、石子）的固体填充性。磷渣粉属玻璃体结构，表面不吸水，可填充在水泥粒子间隙和絮凝结构中，占据充水空间，把絮凝结构的水分释放出来，使浆体流动性提高。此外，磷渣粉粒子吸附高效减水剂分子，表面形成双电层，絮凝结构破坏，使超细粉粒子能进入水泥浆体空隙中，发挥其微观填充效应；同时，磷渣粉还与水泥粒子间产生静电斥力，增大浆体粒子的分散效果，使工作性得到改善。

磷渣粉的需水量比与细度、粒形和杂质含量相关，不宜过大，以免影响碾压混凝土用水量。试验结果表明，磷渣粉的需水量比一般不大于 105%。

3. 石灰石粉

石灰石粉作为掺合料应用于混凝土，不仅可以节约水泥、降低混凝土的水化热温升、简化混凝土的温控措施，而且能够在一定程度上改善混凝土的和易性、抗渗性和抗裂性等性能。

不同细度石灰石粉的需水量比和抗压强度比见表 7.1.2。试验结果表明，比表面积为 $350\sim760\text{m}^2/\text{kg}$ 时，石灰石粉的抗压强度比相差不大，石灰石粉细度只改变了粉体材料内部的颗粒级配，起到了改善流变性能的作用。有资料表明，石灰石粉细度对活性有较大影响，石粉越细，其活性越强。日本 JIS TR A 0015：2002 *Crushed stone powder for concrete* 中规定石灰石粉的细度（75μm 筛筛余）小于 5.0%。根据石灰石粉粉磨加工试验及性能试验结果，规范《水工混凝土掺用石灰石粉技术规范》（DL/T 5304—2013）规定，石灰石粉比表面积大于等于 $350\text{m}^2/\text{kg}$。

表 7.1.2　　　　　　　　不同细度石灰石粉的需水量比和抗压强度比

石灰石粉比表面积/(m²/kg)	石粉掺量/%	抗压强度/MPa		抗折强度/MPa		28d 抗压强度比/%	需水量比/%
		28d	90d	28d	90d		
	0	43.3	57.1	8.3	9.7	—（纯水泥）	—
357	30	29.6	34.8	5.8	7.4	68.4	102
557	30	29.7	36.1	5.9	7.6	68.6	97
762	30	30.2	36.3	6.1	7.6	69.7	98
1000	30	32.6	43.0	7.6	8.6	75.4	92

石灰石粉比表面积对混凝土的用水量、抗压强度、干缩等均有影响。石灰石粉比表面积与混凝土用水量的关系见图 7.1.4。由图 7.1.4 可知，石灰石粉掺量相同时，随着石灰石粉比表面积的增大，混凝土用水量逐渐降低。除比表面积外，石灰石粉的需水量比还与其杂质含量有关，试验结果表明，基本不含杂质的石灰石粉的需水量比为 92%～102%。

黏土、高岭土等杂质掺入混凝土中，可能会对混凝土的性能产生影响，石灰石在开采和加工过程中易混入黏土质材料，为了保证石灰石粉的成分和质量稳定，必须限定石灰石

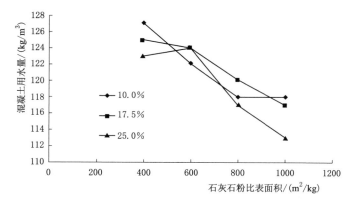

图 7.1.4　石灰石粉比表面积与混凝土用水量的关系

粉中的黏土质材料含量。由于亚甲基蓝具有优先被黏土、有机质和氢氧化铁吸附的特性，因此国内外的许多标准采用亚甲基蓝吸附值来表征材料中的黏土质材料含量，并对其进行限定。法国标准 NF P 18－508－2012《水工混凝土用石灰石质掺合料》规定，A 类石灰石粉亚甲基蓝吸附值不得大于 3g/kg，B 类石灰石粉亚甲基蓝吸附值不得大于 10g/kg。日本工业协会标准 *Crushed stone powder for concrete*（JIS TR A 0015－2002）规定石灰石粉亚甲基蓝吸附量不得大于 10mg/g，但是最新版的日本工业协会标准 *Crushed stone powder for concrete*（JIS A 5041－2009）已取消了石灰石粉的亚甲基蓝吸附值规定。对石灰石粉的黏土质材料含量与亚甲基蓝吸附值的关系进行了试验，试验结果见表 7.1.3，从表 7.1.3 可以看到当石粉中的黏土含量为 1%～2% 时，亚甲基蓝吸附值在 1.0g/kg 左右。根据试验结果，规范 DL/T 5304—2013 对石灰石粉的亚甲基蓝吸附值进行了限定，规定其不得大于 1.0g/kg。

表 7.1.3   **石灰石粉、黏土质材料含量与亚甲基蓝吸附值的关系**

黏土	黏土质材料掺量 /g	石灰石粉用量 /g	黏土质材料含量 /%	亚甲基蓝溶液滴 定量/mL	亚甲基蓝吸附值 /(g/kg)
1 号	1	199	0.5	12	0.60
	2	198	1	15	0.75
	5	195	2.5	29	1.45
	10	190	5	37	1.85
	15	185	7.5	61	3.05
	20	180	10	100	5.0
2 号	1	199	0.5	12	0.60
	2	198	1	15	0.75
	5	195	2.5	30	1.50
	10	190	5	40	2.00
	15	185	7.5	65	3.25
	20	180	10	92	4.60
3 号	1	199	0.5	12	0.60
	2	198	1	15	0.75
	5	195	2.5	26	1.30
	10	190	5	32	1.60
	15	185	7.5	50	2.50
	20	180	10	95	4.75

4. 天然火山灰

天然火山灰质材料是指经过磨细加工的火山灰、凝灰岩、浮石、沸石岩、硅藻土等具有火山灰活性的天然矿物质粉体材料。美国垦务局在 19 世纪初期开展了天然火山灰质材料作为混凝土掺合料的应用研究，用于控制大坝混凝土胶凝材料的放热量，改善混凝土的抗硫酸盐侵蚀性能，抑制骨料碱活性反应。近年来，天然火山灰质材料作为混凝土掺合料在我国水电工程中得到了成功的应用，并制定了电力行业标准《水工混凝土掺用天然火山灰质材料技术规范》（DL/T 5273—2012）。

天然火山灰质材料的需水量比直接影响到混凝土的用水量，不宜过高。使用高需水量比的天然火山灰质材料将增加混凝土单位用水量，增大混凝土孔隙率，降低混凝土的密实性。采用合适的需水量比指标，在不影响其他性能的前提下，可扩大天然火山灰质材料的利用率。天然火山灰质材料微粉的性能试验结果见表 7.1.4。研究表明，天然火山灰质材料的需水量比与细度、矿物组成、粒形和杂质含量相关，在 25％的细度范围内，需水量比一般不大于 115％。DL/T 5273—2012 规定天然火山灰质材料需水量比不得大于 115％，大于Ⅱ级粉煤灰需水量比不超过 105％的限值。

天然火山灰质材料经磨细后，易受潮结块，降低活性，且会影响混凝土拌和物的均匀性。DL/T 5273—2012 规定天然火山灰质材料的含水量不大于 1.0％。

表 7.1.4　　　　　　　　　　天然火山灰质材料微粉的性能试验结果　　　　　　　　　　　%

品种	产地	细度	需水量比	烧失量	含水量	碱含量	28d 强度比（掺量 20％）	28d 强度比（掺量 30％）
浮石	保山	9.0	100	1.51	0.69	3.84	80	70
浮石	保山	0.8	112	8.70	1.65	4.32	93	87
凝灰岩	团田	9.4	98	0.53	1.28	5.32	78	67
凝灰岩	团田	24.8	106	1.34	1.28	6.30	77	61
气孔状安山岩	腾冲	8.2	93	1.12	1.13	4.43	74	67
辉石安山岩	芒棒	10.2	100	0.27	0.69	4.98	—	58
气孔状玄武岩	中和	7.8	100	10.2	0.39	2.39	80	67
火山碎屑岩	团田	7.9	97	3.16	5.83	4.09	73	58
硅藻土	团田	8.4	120	0.01	5.92	5.41	—	55
硅藻土	团田	24.4	120	9.07	—	4.57	84	80

7.1.3.4　细骨料的品质及用量

细骨料的特性（包括表面状态、粗细程度、微粒含量、吸水性等）和用量（用砂率或 β 表示）显著影响拌和物的工作度。人工砂表面粗糙，浆体与砂的黏附力大，临界浆层厚度增大，拌和物中游离浆体减少，因而拌和物的屈服应力增大，与相同条件的天然砂相比 VC 值较大。细骨料的级配好、中等及粗颗粒稍多，则其比表面积小、空隙率小。这时包裹砂粒及填充空隙所需的浆量少，相应游离浆体多，拌和物的 VC 值小。

由于碾压混凝土拌和物中单位浆量较少，砂中微细颗粒减小了砂的空隙，相当于增加了用浆量。因此，在一定范围内随着砂中微细粒含量的增加，拌和物的 VC 值减小。

通过工程实践和试验证明，人工砂中适当的石粉含量，能显著改善砂浆及混凝土的和易性、保水性，提高混凝土的匀质性、密实性、抗渗性、力学及断裂韧性。因此，合理控制人工砂石粉含量，是提高碾压混凝土质量的重要措施之一。掺加石粉含量 17.6％的石灰岩人工砂、石粉含量 15％的花岗岩人工砂、石粉含量 20％的白云岩人工砂，碾压混凝土的各项性能均较优，说明不同岩性人工砂的石粉较佳含量有差异，从通用性看，碾压混凝土石粉含量宜控制在 12%～22%。不同工程使用的人工砂的最佳石粉含量应通过试验确定。

研究证实，石粉中小于 0.08 的微粒有一定的减水作用，岩滩工程试验结果认为，当人工砂中石粉含量由 3% 增至 12.5% 时，可使拌和物的 VC 值减少 12s，相当于减少了用水量 $8kg/m^3$。

石粉中的微粒同时可促进水泥的水化且有一定的活性。在实际生产中小于 0.08mm 的微粒含量难以超过 10%，根据龙滩、百色、大朝山等工程的生产实际，石粉中小于 0.08mm 的微粒含量可达到 5% 以上，因此《水工碾压混凝土施工规范》（DL/T 5112—2009）规定，石粉中小于 0.08mm 的微粒含量不宜小于 5%。

浆砂比 PV 是碾压混凝土中的灰浆（水＋水泥＋掺合料＋0.08mm 石粉）体积与砂浆体积的比值。浆砂比是碾压混凝土配合比中涉及石粉的关键参数，浆砂比大小对碾压混凝土的可碾性影响很大，碾压混凝土的浆砂比一般不小于 0.42。百色工程由于辉绿岩特性，人工砂石粉含量大，石粉含量为 20%～24%，其中 0.08mm 以下微粒含量高达 40%～60%，这对提高碾压混凝土浆砂比作用十分明显，经计算实际浆砂比在 0.45～0.47。由于百色主坝碾压混凝土采用准三级配，骨料最大粒径 60mm，人工砂石粉含量高，碾压混凝土拌和物 VC 值小，浆砂比大，黏聚性好，骨料分布均匀，液化泛浆快，可碾性好且无泌水，表明仓面泛浆充分，反映了碾压混凝土具有良好的层面结合质量。

砂的吸水性改变了浆体与砂颗粒界面的黏附力，因而改变了浆层的临界厚度。吸水性小的砂拌制的拌和物 VC 值较小。

所谓合理砂率，是在水灰比及水泥用量一定的条件下，能使混凝土拌和物在保持黏聚性和保水性良好的前提下，获得最低 VC 值的砂率。也即在水灰比一定的条件下，但混凝土拌和物达到要求的 VC 值而且具有良好的黏聚性及保水性时，水泥用量最省的砂率。

试验证明，砂率对混凝土拌和物的工作性有很大影响。混凝土中的砂浆应填满石子空隙，并把石子颗粒包裹起来，砂浆在混凝土拌和物中起着润滑的作用，减少了粗骨料之间的摩擦阻力。在水胶比和胶凝材料用量不变的条件下，砂率过大，粗骨料含量相对较少，骨料的空隙率及总表面积都较大，实际上是减少了游离浆体的量，混凝土拌和物显得干稠。砂率过小，砂浆量不足，不能在粗骨料周围足够的砂浆润滑层，拌和物很粗涩，内摩擦力大，因此 VC 值也大，将降低混凝土拌和物的工作性。因此，混凝土的砂率既不能过大，也不能过小，应取合理砂率。

7.1.3.5 粗骨料品质

混凝土拌和物在一个结构层次上可以看成是由砂浆和粗骨料组成的，在砂浆配合比一定的条件下，粗骨料用量多，砂浆用量相对减少。粗骨料之间的接触面相对增大，在相同的振动能量下，液化出浆困难，VC 值增大。当粗骨料多到砂浆不足以填充其空隙时，将根本无法碾压密实，也就发生骨料架空现象。

粗骨料的特性（粗骨料种类、级配、颗粒形状、表面状态、最大粒径、吸水性等）影响黏附力及空隙率的大小，因而影响拌和物的 VC 值。天然骨料由于表面光滑，总比表面积小，所需包裹的水泥浆量少，在相同用水量时，其 VC 值较低。如果使用这种骨料在大水灰比时，可能会造成骨料分离。对于人工骨料，由于表面粗糙、多棱角，且表面积大，故界面黏附力大，临界浆层厚度增加，造成拌和物中游离浆体减少。另外碎石的空隙率一般较大，因此增大了拌和物的屈服应力。故用碎石代替卵石一般均使拌和物的 VC 值增大。级配好的骨料空隙少，在相同水泥浆量的条件下，工作性好。骨料孔隙多，吸水率大的，也使混凝土拌和物的流动性降低；骨料级配不良，空隙率大的，会使混凝土拌和物工作度变差。骨料的最大粒径越大，其表面积越小，获得相同 VC 值的混凝土拌和物所需的用水量越少。从表 7.1.5 的对比试验结果可以看出这一点。若骨料中针片状颗粒含量多、或级配不好，则空隙率大、比表面积也大，拌和物中游离浆体减少，VC 值增大。

表 7.1.5　　　　　　　　　　　卵石与碎石碾压混凝土性能比较

粗骨料种类	水胶比	混凝土胶材用量 /(kg/m³)		砂率 /%	混凝土抗压强度 /MPa		VC 值 /s
		水泥	粉煤灰		28d	90d	
卵石	0.7	135	25	30	9.5	15.4	18
碎石	0.7	135	25	36	15.9	20.0	30

另外，在实际试验工作中拌和物经过湿筛去掉较粗的骨料，这实际上是在 α 不变的情况下增大 β 值，也即增大了灰骨比，实际砂浆量和灰浆量相对增加，故经湿筛后的拌和物测得的 VC 值较未湿筛时小。粗骨料的最大粒径越大，液化出浆所需振动能量越大，因而 VC 值越大。

7.1.3.6　外加剂品种及其掺量

在碾压混凝土拌和物中掺加适量的外加剂，能够改善拌和物的工作性。由于外加剂的掺入影响了浆体的黏聚力，因而影响临界浆层厚度和游离浆体体积，进而影响拌和物的 VC 值。一般地说，掺入减水剂和引气剂，可以使拌和物的 VC 值降低。

外加剂对碾压混凝土工作度影响的程度随外加剂的品种、品质及掺量而不同。混凝土单位用水量相同，选用不同种类的外加剂，混凝土间的 VC 值相差不大，但掺入外加剂的碾压混凝土拌和物较不掺外加剂的碾压混凝土可较大幅度地降低单位用水量且 VC 值较小。

此外，需要注意一些外加剂与水泥、掺合料的适应性问题，详见第 4 章。

7.1.3.7　施工环境的影响

新拌混凝土会随时间的增长而逐渐变稠是一种正常现象，在常态混凝土中称为坍落度损失。随着拌和物停置时间的延长，拌和物中胶凝材料不断水化和吸收水分，拌和物水分蒸发，拌和物的坍落度减小，对碾压混凝土而言，表现为 VC 值的增大。结果表明，碾压混凝土拌和物出机后、随时间延长 VC 值增加的速度很快，停放仅 2h，VC 值可增大两三倍。这不仅将增加施工的难度，而且会显著影响混凝土层间结合质量及混凝土的某些性能。了解 VC 值的这一变化规律对于保证碾压混凝土的施工质量，特别是层间结合质量至关重要。

由于碾压混凝土施工配合比是在规程要求的温度和湿度标准条件下进行的，但施工现场情况千差万别，气候条件（环境的温度、湿度、风速）对 VC 值随时间变化的影响很大。温度高、空气干燥、风速大的地方或季节 VC 值随时间增大的速度越快。一般地，为了保证碾压混凝土在高温或干燥蒸发量大等不利自然气候条件下的施工，采取的技术措施有 3 个：①保持配合比参数不变，适当调整缓凝高效减水剂的掺量，达到延缓初凝时间和降低 VC 值的目的；②通过喷雾和碾辊洒水等措施改善仓面小气候，达到降温、保持碾压混凝土表面湿度和减少 VC 值损失的作用，这样有效地保证了碾压混凝土拌和物黏聚性、液化泛浆和可碾性，提高了碾压混凝土的层间结合、防渗性能和整体性能；③要尽可能提高施工速度，缩短混凝土拌和物的停置时间，在下层混凝土初凝之前完成上一层的碾压工序。一些国家规定碾压混凝土拌和物的停置时间如下：中国以不超过 2h 为宜；日本控制为不大于 4h；英国为 1～2h；美国的控制较宽松，为 6h 甚至更长。实际工作中需根据工程的具体气候条件、环境因素及碾压混凝土所用的原材料（特别是掺合料和外加剂）和配合比等情况来确定拌和物的允许停置时间。

7.2　新拌碾压混凝土的流变特性

7.2.1　流变学概况

新拌混凝土可以看成是一种由水和分散粒子组成的体系，它具有弹性、黏性和塑性等特性。目前一些学者应用流变学理论研究新拌混凝土的各种特性，把新拌混凝土的和易性等施工特性与流变参数加以联系，了解其变形的本质。

流变学创始于 1928 年，当时在美国 Bingham 教授的倡议下，美国成立了流变学会，因而于 1929 年 12 月在华盛顿召开了流变学会的第一次学术会议。英国 1940 年成立了流变学家俱乐部，以后连续出版流变学期刊。近年来随着材料科学的发展，流变学日益被人们重视，成为材料科学中不可缺少的一门基础学科，并且已用于各种金属和非金属、各种有机和无机材料、各种复合的和人工合成的材料中。

流变学是研究物体中的质点因相对运动而产生流动和变形的科学，它以时间为基因综合地研究物体弹性应变，塑性变形和黏性流动。例如：对于水泥浆、砂浆和新拌混凝土来说，要研究它的黏性、塑性、弹性的演变及硬化混凝土的徐变和应力松弛等，因为流变学能够表达材料的内部结构和宏观力学特性之间的关系。

物体在一定的外力作用下产生流动如变形的性能称为该物体的流变性。流动是在不变外力作用下随时间产生的连续变形。因此，流动可认为是特殊形式的变形。通过研究流动和变形与应力随时间变化的规律，从而了解和掌握物体的弹性变形、塑性变形和黏性流动。对于新拌混凝土来说，研究其流变性能就是掌握其弹性、塑性和黏性的演变过程。

研究材料的流变特性，主要任务在于建立材料的本构方程。这种本构方程应能表达所给定的力及材料的变形与时间的关系。为使本构方程概况在一个尽可能简单的数学形式中，必然导致理想化的基本物体。理想的弹性固体（胡克体）、理想的黏性液体（牛顿体）和理想的塑性材料（圣维南体）都是这样的流变力学的基本物体。

7.2.2　流变基本模型元件

7.2.2.1　理想胡克（Hook）固体模型（H-模型）

理想胡克固体模型用弹簧表示，见图 7.2.1。它表示具有弹性的理想材料，如以 σ 表

示拉力（或 τ 表示剪应力），ε 表示伸长（或 γ 表示剪应变），则

$$\sigma = E\varepsilon \tag{7.2.1}$$

$$\tau = \mu\gamma \tag{7.2.2}$$

式中：E、μ 为与弹性有关的常数。

由以上两式可见，σ、τ 与 ε、γ 一一对应，如果 σ、τ 保持一定，则 ε、γ 也将保持一定，反之亦然。胡克固体具有弹性和强度，但没有黏性。

7.2.2.2　牛顿（Newton）液体模型（N-模型）

牛顿液体模型用黏壶表示，见图 7.2.2，以它表示具有黏性的理想材料，它的流变方程为

$$\sigma = k\,\dot{\varepsilon} = k\,\frac{\mathrm{d}\varepsilon}{\mathrm{d}t} \tag{7.2.3}$$

或

$$\tau = \eta\,\dot{\gamma} \tag{7.2.4}$$

式中：k 为拉伸压缩时的黏度系数；η 为剪切时黏度系数，通常称为黏度。

对于黏性元件，σ 与 $\dot{\varepsilon}$ 具有一一对应关系，但 σ 与 ε 并无直接关系，对于一定的 σ、ε 与时间 t 有关，黏性元件没有瞬时变形，力除去后没有恢复变形的能力，保留残余变形。牛顿液体没有弹性和强度。

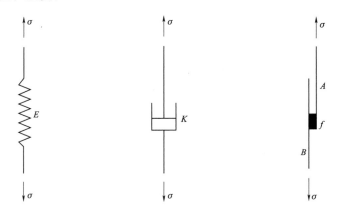

图 7.2.1　理想胡克　　　图 7.2.2　牛顿液体模型　　　图 7.2.3　圣维南
固体模型　　　　　　　　　　　　　　　　　　　　　固体模型

7.2.2.3　圣维南（St. Venat）固体模型（StV-模型）

圣维南固体模型表示超过屈服点后只有塑性变形的理想材料，如图 7.2.3 所示。固结于杆 A 的滑块，与杆 B 之间有摩擦力，其最大值为 f，当拉力小于 f 时，伸长 $\varepsilon = 0$；当 σ 达到 f 时，ε 可为任意值，这样，只要塑性元件发生变形，总有

$$\sigma = f \tag{7.2.5}$$

圣维南固体具有弹性、塑性，没有黏性。

从上述 3 种理想材料来看，理想材料分别具有不同的流变性质。胡克固体具弹性，但没有黏性。牛顿液体只有黏性，而无弹性。圣维南体具有弹性和塑性，而无黏性。因此，弹性、塑性、黏性是 3 个基本流变性能。严格来说，以上 3 种理想材料并不存在，大量的

物体是介于弹性、塑性和黏性体之间。也就是说，大量的物体都具有弹性、塑性、黏性性质，只不过它们之间存在程度上的差别。因此，各种材料的流变性质可用具有不同的弹性模量 E，黏性系数 η 和表示塑性的屈服应力 τ_y 的元件以不同的形式组合成的流变模型来研究。

7.2.3　混凝土的流变模型

严格地说，理想材料是不存在的。大量的物体是介于弹性、理性、黏性体之间。因此，实际材料同时具有弹性、塑性、黏性及强度等 4 种流变性质，只是在程度上有差异。因此各种实际材料的流变性质可以将上述 3 种模型基元以不同的形式组合成流变模型加以研究。最简单的流变模型可由流变元件串联或并联而成，若用 H、N、StV 分别表示上述三种流变元件，用符号"｜"表示并联，用"—"表示串联，则可用不同的符号表示出各种流变模型的结构式。

混凝土具有徐变和松弛等特性，可用不同的流变基本模型元件组合，反应混凝土的应力、应变及时间关系。

7.2.3.1　麦克斯韦（Maxwell）模型

麦克斯韦模型（图 7.2.4）由弹性元件和黏性元件串联组成，它是最简单的串联模型，它表示在恒定变形下的应力变化过程。

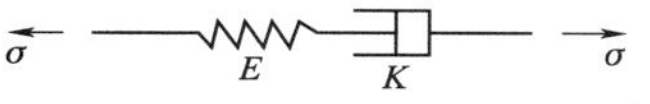

麦克斯韦模型的流变方程式为

图 7.2.4　麦克斯韦模型

$$\frac{\sigma}{k} + \frac{\dot{\sigma}}{E} = \dot{\varepsilon} \tag{7.2.6}$$

现在来研究麦克斯韦体的徐变和松弛现象。

1. 徐变

当应力 σ 保持不变时，应变 ε 随时间逐渐增长的现象称为徐变，令式（7.2.6）中 σ 为常量，则积分可得

$$\varepsilon = \frac{\sigma_0}{E} + \frac{\sigma_0}{k} t \tag{7.2.7}$$

式中 $\frac{\sigma_0}{E}$ 为 $t=0$ 时的变形，一般称为瞬时变形。如果加载以后到某时刻 t_1 卸载，则弹性应变部分 $\frac{\sigma_0}{E}$ 立即消失，而保留了第二部分由黏性流动所产生的塑性变形 $\frac{\sigma_0}{k} t_1$。

2. 应力松弛

当变形 ε 保持不变，应力 σ 随时间 t 的增长而减小的现象称为应力松弛，令式（7.2.6）中 $\varepsilon = \varepsilon_0 =$ 常量，则积分后得

$$\sigma = \sigma_0 e^{-\frac{E}{k} t} \tag{7.2.8}$$

式（7.2.8）称为麦克斯韦体的松弛方程。

麦克斯韦体由弹簧与黏壶串联组成，同时具有弹性和黏性，由于黏壶是串联的，在任何微小的外力作用下，变形将无限增加，因此麦克斯韦体在本质上是液体。

混凝土在应力很小时并不发生徐变，只有当应力超过塑变值时才会发生徐变，徐变进行的

速度随时间的增长而减小，而根据式（7.2.8）不论应力多么小，应变总是随时间 t 而增长，而且 ε 是时间 t 的线性函数，因此用麦克斯韦模型描述混凝土的徐变与实际情况相差较大。

7.2.3.2　开尔文（Kelvin）模型

将一个弹性元件和一个黏壶并联，就得到开尔文模型，它是最简单的并联模型，表示

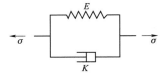

图 7.2.5　开尔文模型

在恒定应力下的变形过程，如图 7.2.5 所示，开尔文模型的流变方程为

$$\sigma = E\varepsilon + k\dot{\varepsilon} \tag{7.2.9}$$

现在来研究开尔文体的徐变和松弛等特性。

1. 徐变

为了表示瞬时加荷，可引用一个单位阶梯函数 $\Delta(t)$，其定义为

$$\Delta(t) = \begin{cases} 0 & t < 0 \\ 1 & t > 0 \end{cases} \tag{7.2.10}$$

这样，可得从 $t = 0^+$ 开始作用的不变应力 $\sigma = \sigma_0$（$t = 0$，$\sigma = 0$）表示为

$$\sigma = \sigma_0 \Delta(t) \tag{7.2.11}$$

由式（7.2.9）得

$$\varepsilon = \frac{\sigma_0}{E}\left(1 - e^{-\frac{E}{k}t}\right) \tag{7.2.12}$$

得出式（7.2.12）的初始条件为：$t = 0^+$ 时，应力为 σ_0，应变 $\varepsilon = 0$，在紧接加载后的瞬时应变 $\varepsilon = 0$，这是因为黏壶不产生瞬时变形。

在应力不变时，应变随时间变化的曲线如图 7.2.6 所示，应变的特点是开始为 0，经过极长时间以后到达 $\frac{\sigma_0}{E}$。

尽管开尔文体有徐变，但相对应于一定的应力，它的应变有极限值 $\frac{\sigma_0}{E}$。如果应力很小，这个极限值也

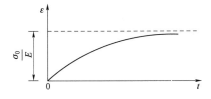

图 7.2.6　开尔文体的徐变曲线

就很小，不能无限增加，因此，开尔文体在本质上属于固体而不是液体。

2. 应力松弛

当保持应变 $\varepsilon = \varepsilon_0 =$ 常量，由 $\dot{\varepsilon} = 0$，由流变方程（7.2.9）知，此时 $\sigma = E\varepsilon_0 =$ 常量，而且无逐渐减小现象，这与混凝土的实际情况不相符合。

7.2.3.3　伯格斯（Burgers）模型

把一个麦克斯韦模型和一个开尔文模型串联，如图 7.2.7 所示，称为伯格斯模型，由于元件增多，应力和应变的关系有更多特色，能比较广泛地代表某些较复杂的黏弹性材料的流变性质。

现在来推导伯格斯模型的流变方程。设麦克斯韦模型和开尔文模型的伸长分别为 ε_1、ε_2，它们的和就是伯格斯模型的伸长 ε，由于串联，三者的总拉力都是 σ。

$$\left.\begin{array}{c} \dfrac{\sigma}{k_1}+\dfrac{\dot{\sigma}}{E_1}=\dot{\varepsilon} \\[2mm] \sigma=E_2\varepsilon_2+k_2\dot{\varepsilon}_2 \\[2mm] \varepsilon=\varepsilon_1+\varepsilon_2 \end{array}\right\} \qquad (7.2.13)$$

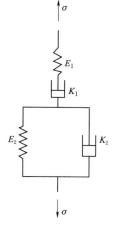

图 7.2.7　伯格斯模型

由式（7.2.13）中消去 ε_1、ε_2，即可得伯格斯模型的流变方程：

$$\sigma+P_1\dot{\sigma}+P_2\ddot{\sigma}=q_1\dot{\varepsilon}+q_2\ddot{\varepsilon} \qquad (7.2.14)$$

其中各系数为

$$\left.\begin{array}{l} P_1=\dfrac{k_1}{E_1}+\dfrac{k_1+k_2}{E_2} \\[3mm] P_2=\dfrac{k_1k_2}{E_1E_2} \\[3mm] q_1=k_1 \\[3mm] q_2=\dfrac{k_1k_2}{E_2} \end{array}\right\} \qquad (7.2.15)$$

现在来研究伯格斯体的徐变和应力松弛。

1. 徐变

在不变应力 $\sigma=\sigma_0\Delta(t)$ 作用下，式（7.2.14）的解为

$$\varepsilon=\frac{\sigma}{E_1}+\frac{\sigma}{E_2}(1-\mathrm{e}^{\frac{E_2}{k_2}t})+\frac{\sigma}{k_1}t \qquad (7.2.16)$$

伯格斯体的徐变曲线如图 7.2.8 所示。

2. 应力松弛

在不变应变 $\varepsilon=\varepsilon_0\Delta(t)$ 条件下，式（7.2.14）的解为

$$\sigma=\frac{\varepsilon_0}{\sqrt{P_1^2-4P_2}}\left[(-q_1+q_2\alpha)\mathrm{e}^{-\alpha t}+(q_1-q_2\beta)\mathrm{e}^{-\beta t}\right] \qquad (7.2.17)$$

其中，α、β 为常量，计算公式为

$$\alpha=\frac{1}{2P_2}(P_1+\sqrt{P_1^2-4P_2})$$

$$\beta=\frac{1}{2P_2}(P_1-\sqrt{P_1^2-4P_2})$$

伯格斯体的松弛曲线如图 7.2.9 所示。

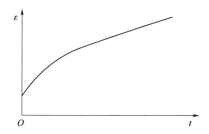

图 7.2.8　伯格斯体的徐变曲线

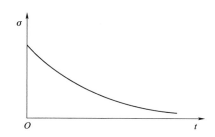

图 7.2.9　伯格斯体的松弛曲线

如果伯格斯体的应力按下列规律变化：

$$\sigma = \begin{cases} 0 & t < 0 \\ \sigma_0 & 0 < t < t_1 \\ 0 & t > t_1 \end{cases}$$

现在来研究 ε 的变化规律。

当时 $0 < t < t_1$ 时，ε 可按式（7.2.16）计算：

$$\varepsilon = \varepsilon_0 \left[\frac{1}{E_1} + \frac{t}{k_1} + \frac{1}{E_2}(1 - e^{-\frac{k_2}{E_2}t}) \right] \tag{7.2.18}$$

当 $t = 0^+$ 时，

$$\varepsilon(0^+) = \frac{\sigma_0}{E_1}$$

当 $t = t_1$ 时，

$$\varepsilon(t_1) = \sigma_0 \left[\frac{1}{E_1} + \frac{t_1}{k_1} + \frac{1}{E_2}(1 - e^{-\frac{E_2}{k_2}t_1}) \right] \tag{7.2.19}$$

当 $t > t_1$ 时，$\sigma = 0$，$\dot\sigma = 0$，$\ddot\sigma = 0$，这时，式（7.2.14）成为

$$k_1 \dot\varepsilon + \frac{k_1 k_2}{E_2} \ddot\varepsilon = 0 \tag{7.2.20}$$

此方程的解为

$$\varepsilon = A + B e^{-\frac{E_2}{k_2}t} \tag{7.2.21}$$

积分常量 A、B 分别为

$$A = \frac{\sigma_0 t_1}{k_1}$$

$$B = \frac{\sigma_0}{E_2}(e^{\frac{E_2}{k_2}t_1} - 1)$$

代入式（7.2.20）得

$$\varepsilon = \sigma_0 \left[\frac{t_1}{k_1} + \frac{1}{E_2}(1 - e^{-\frac{E_2}{k_2}t_1}) e^{-(\frac{E_2}{k_2})(t - t_1)} \right] \tag{7.2.22}$$

伯格斯体应力 σ 及应变 ε 随时间的变化规律如图 7.2.10 所示。由图 7.2.10 可以看出，应变可分为三个部分：瞬时应变、推迟弹性应变、黏性应变。这样，硬化混凝土的徐变特性可以近似地用伯格斯模型来描述。

7.2.3.4　宾汉姆（Bingham）模型体

将弹性元件、塑性元件及黏性元件用并联和串联的方式组成图 7.2.11 所示的宾汉姆模型体。

这个模型体与前面讨论过的模型体的区别，在于存在塑性元件，塑性元件的特点是当应力小于屈服值 f 时，不产生塑性流动。因而，与它并联的黏性元件随它保持原长。这时模型只有弹性变形。即：

$\sigma \leqslant f$ 时，$\sigma = E\varepsilon$；

当 $\sigma > f$ 时，$(\sigma - f)$ 这一部分就能使黏壶发生形变。

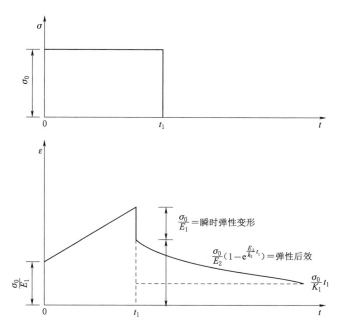

图 7.2.10　伯格斯体应力 σ 及应变 ε 随时间的变化规律

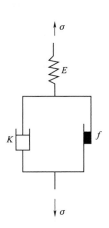

现在推导宾汉姆体的流变方程，设弹性元件的应变为 ε_1，黏性元件应变为 ε_2，模型的总应变为 ε，则有

$$\sigma = E\varepsilon_1$$
$$\sigma - f = k\varepsilon_2$$
$$\varepsilon = \varepsilon_1 + \varepsilon_2 \qquad (7.2.23)$$

用直接代入法或拉氏变换，从式（7.2.23）可得 $\sigma > f$ 时宾汉姆体的流变方程为

$$\sigma + \frac{k}{E}\dot{\sigma} = f + k\dot{\varepsilon} \qquad (7.2.24)$$

现在来研究宾汉姆体的徐变和松弛，在应力 $\sigma = \sigma_0\Delta(t)(\sigma_0 > f)$ 作用下，式（7.2.24）变为

$$\sigma_0 = f + k\dot{\varepsilon} \qquad (7.2.25)$$

图 7.2.11　宾汉姆模型体

其解为

$$\varepsilon = \varepsilon_0 + \frac{\sigma_0 - f}{k}t \qquad (7.2.26)$$

式（7.2.26）中 ε_0 为 $t = 0^+$ 时模型的瞬时应变。显然它等于弹性元件的伸长 $\frac{\sigma_0}{E}$，因此，宾汉姆体的徐变方程为

$$\varepsilon = \frac{\sigma_0}{E} + \frac{\sigma_0 - f}{k}t \qquad (7.2.27)$$

在应变 $\varepsilon = \varepsilon_0\Delta(t)$ 作用下，式（7.2.23）变为

$$(\sigma - f) + \frac{k}{E}\dot{\sigma} = 0 \tag{7.2.28}$$

其解为

$$\sigma = f + (\sigma_0 - f)e^{-\frac{E}{k}t} \tag{7.2.29}$$

式 (7.2.28) 为宾汉姆体的松弛方程。经过极长时间以后，应力趋向屈服值 f。

宾汉姆体的徐变与松弛曲线如图 7.2.12 所示。从图 7.2.12 上看出，当应力 $\sigma < f$ 时，宾汉姆体呈现弹性固体的性质。当应力 $\sigma > f$ 时发生流动，其徐变、应力松弛规律与麦克斯韦尔体相似，呈现出液体的性质。

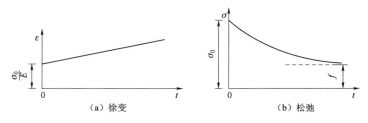

图 7.2.12　宾汉姆体的徐变与松弛曲线

从物体具有黏弹塑性的性能来看，图 7.2.11 系统作为模型体更合适一些。但如果考虑弹性变形比黏塑性变形小得多，可以忽略不计时，图 7.2.11 模型就退化为图 7.2.13 所示的模型。这就是早在 1919 年，宾汉姆发现油漆是同时具有塑性和黏性物质时，所提出的模型体。其流变方程式为

当 $\sigma < f$ 时：

$$\varepsilon = 0 \tag{7.2.30}$$

当 $\sigma > f$ 时：

$$\sigma = f + k\dot{\varepsilon} \tag{7.2.31}$$

在应力 $\sigma = \sigma_0 \Delta(t)$ 作用下，其流变方程为

$$\sigma_0 = f + k\dot{\varepsilon} \tag{7.2.32}$$

与图 7.2.11 所示模型体的流变方程相同，但积分时的初始条件不同，因此，积分结果差一个常量。因图 7.2.13 模型 $t = 0^+$ 时 $\varepsilon_0 = 0$，故其徐变方程为

$$\varepsilon = \frac{\sigma_0 - f}{k}t \tag{7.2.33}$$

与式 (7.2.27) 相比，二者相差 $\frac{\sigma_0}{E}$（弹性变形），如不计弹性变形，两个系统的徐变情况就完全相同。

某些材料，从流动性方面来看似乎是黏性液体，但这些物体必须克服一定的剪应力之后才产生流动，又具有固体性质，如油漆、水泥净浆、水泥砂浆及新拌混凝土。

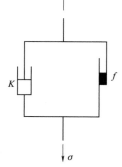

图 7.2.13　宾汉姆体另一形式

7.2.4 新拌混凝土的流变模型

混凝土拌和物在外力作用下发生弹性变形和流动。当应力小时发生弹性变形，当应力大于某一限度（屈服值）时发生流动。混凝土拌和物的流变性质可以用宾汉姆模型体来研究。新拌混凝土流变方程可用式（7.2.34）表示：

$$\tau = \tau_0 + \eta \frac{\mathrm{d}r}{\mathrm{d}t} \tag{7.2.34}$$

式中：τ 为总剪切应力；τ_0 为屈服剪切应力；η 为塑性黏度系数；$\frac{\mathrm{d}r}{\mathrm{d}t}$ 为剪切速率即速度梯度。

由式（7.2.34）可知，当塑性黏度系数 η 为常数时，剪切速率 $\frac{\mathrm{d}r}{\mathrm{d}t}$ 和切剪应力 τ 的关系为直线关系。

从新拌混凝土的流变方程还可知，屈服剪切应力 τ_0 和黏度系数 η 是新拌混凝土的两个重要参数。屈服剪切应力 τ_0 是阻止新拌混凝土塑性变形的最大应力，称为塑性强度。如果在外力作用下产生的剪切应力小于屈服剪切应力 τ_0 时，新拌混凝土不会发生流动，或者是在事先处于流动状态也会因其剪切应力小于屈服剪切应力而停止流动。相反，如果由外力作用而产生的剪切应力大于屈服应力时，新拌混凝土才会发生流动。

塑性黏度系数 η 是液体内部结构阻碍流动的一种性能。它是由于液体在流动过程中，相互平行的流动层间，产生与流动相反的黏性阻力的结果。对于新拌混凝土来说，其塑性黏度系数会因配合比不同而异。

新拌砂浆和混凝土的流变参数可以用同轴圆筒黏度计进行测定。

同轴圆筒黏度计也是测定黏度的基本仪器。它比较适合于低黏度液体、水泥浆、水泥砂浆、新拌混凝土、聚合物溶液等的黏度测定。

物料被装填在两个圆筒间的环形空间内，其内筒（半径为 R_1）用扭转的弹簧丝或弹簧吊着，在外筒（半径为 R_2）以角速度 Ω 旋转时，带动内外筒之间的物料发生分层的转动。与外筒相接触的那层物料，角速度即为外筒的角速度 Ω，与内筒相接触的物料静止不动，角速度为 0。在运转稳定以后，各层物料对旋转轴的动量矩都保持不变（动平衡）。因此，外筒对物料作用的力偶，各层物料间相互作用的力偶，以及物料对内筒作用的力偶都相等。这个力偶 M 的数值，可以从悬杆的扭转角 θ 大小来定出，如果以 α 表示扭转弹簧的扭曲常数，则 $M = \alpha\theta$。同轴圆筒回转式黏度计示意图见图 7.2.14。

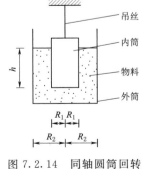

图 7.2.14 同轴圆筒回转
式黏度计示意图

如图 7.2.15 所示，内筒静止，外筒的角速度为 Ω 时，用 ω 表示距离中心 r 处物料的角速度，因而距离中心轴为 r 的液面上的剪应变速度为

$$\dot{\gamma} = \frac{\mathrm{d}v}{\mathrm{d}r} = r\frac{\mathrm{d}\omega}{\mathrm{d}r} \tag{7.2.35}$$

对于牛顿体，剪应力与剪应变速度之间的关系为

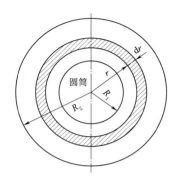

图 7.2.15　回转黏度计中物料的运动示意图

$$\tau = \eta \dot{\gamma} = \eta r \frac{\mathrm{d}\omega}{\mathrm{d}r} \qquad (7.2.36)$$

在半径为 r 处，外层物料作用于内层物料上的剪应力对轴心构成一个力偶，这个力偶矩也是内筒所受到的扭矩，其值为

$$M = 2\pi r h \tau r = 2\pi h \eta r^2 \frac{\mathrm{d}\omega}{\mathrm{d}r} \qquad (7.2.37)$$

式中：h 为内筒浸没高度。

由式（7.2.37）得

$$\mathrm{d}\omega = \frac{M}{2\pi \eta h} \frac{\mathrm{d}r}{r^3}$$

积分，利用 $r = R_1$ 时，$\omega = 0$ 条件得

$$\omega = \frac{M}{4\pi \eta h} \left(\frac{1}{R_1^2} - \frac{1}{r^2} \right)$$

再利用 $r = R_2$ 时，$\omega = \Omega$，代入上式得

$$\Omega = \frac{M}{2\pi \eta D_1} \left(\frac{1}{R_1^2} - \frac{1}{R_2^2} \right) \qquad (7.2.38)$$

式（7.2.38）亦称马格列斯（Margules）公式，做一次试验，测出 M 和 Ω，按式（7.2.38）即可算出黏度系数 η。为了提高 η 值的准确度，用改变 Ω 的办法多做几次测试，并以内筒边缘处的剪应力

$$\tau = \frac{M}{2\pi h R_1^2}$$

为横坐标，而以内筒边缘处物料的剪应变率

$$\dot{\gamma}_1 = R_1 \frac{\mathrm{d}\omega}{\mathrm{d}r} = \frac{\dfrac{2\Omega}{R_1^2}}{\dfrac{1}{R_1^2} - \dfrac{1}{R_2^2}}$$

为纵坐标作图得各测试点，各测试点连线的斜率即为物料黏度系数 $\dfrac{1}{\eta}$。

如果物料属于宾汉姆体，当剪应力 τ 大于极限剪应力 f 时，本构方程为

$$\tau = f + \eta \dot{\gamma} \qquad (7.2.39)$$

将式（7.2.34）代入式（7.2.36）得

$$\tau = f + \eta r \frac{\mathrm{d}\omega}{\mathrm{d}r} \qquad (7.2.40)$$

由平衡条件，力偶矩 M 为

$$M = 2\pi r h \tau r = 2\pi h r^2 \left(f + \eta r \frac{\mathrm{d}\omega}{\mathrm{d}r} \right) \qquad (7.2.41)$$

由式（7.2.41）得

$$\mathrm{d}\omega = \left(\frac{M}{2\pi h \eta r^3} - \frac{r}{\eta r} \right) \mathrm{d}r \qquad (7.2.42)$$

积分，从内筒到外筒有

$$\int_0^\Omega \mathrm{d}\omega = \int_{R_1}^{R_2} \left(\frac{M}{2\pi h \eta r^3} - \frac{f}{\eta r} \right) \mathrm{d}r \tag{7.2.43}$$

其结果为

$$\Omega = \frac{1}{4\pi h \eta} \left(\frac{1}{R_1^2} - \frac{1}{R_2^2} \right) - \frac{f}{\eta} \ln \frac{R_2}{R_1} \tag{7.1.44}$$

式（7.2.42）称为雷诺（Reiner）-李乌林（Riwlin）公式。用式（7.1.44）来确定宾汉姆体的黏性系数 η 及极限屈服值时，可做若干次试验，测得外筒的角速度 Ω 和加到内筒上的旋转力矩 M 的许多组数值后，以角速度 Ω 为纵坐标，旋转力矩 M 为横坐标，由各试验点得一曲线。

在式（7.2.42）中，把内筒表面处的剪应力 $\tau_1 = \dfrac{M}{2\pi R_1^2 h}$ 代入，并设内外圆筒的半径 $\dfrac{R_2}{R_1} = a$，将其加以整理，式（7.2.44）即成为

$$\frac{2\Omega}{1 - \frac{1}{a^2}} = \frac{\tau_1}{\eta} - \frac{2f}{\left(1 - \frac{1}{a^2}\right)\eta} \ln a \tag{7.2.45}$$

和前面一样，取 $\dot{\gamma}_1 = \dfrac{2\Omega}{1 - \frac{1}{a^2}}$ 为纵坐标，$\tau_1 = \dfrac{M}{2\pi R_1^2 h}$ 为横坐标作图。从式（7.2.45）可知，该直线的斜率为 $\dfrac{1}{\eta}$，所以能直接求出 η。又将该直线延长后在 τ_1 轴上的交点用 $[\tau_1]$ $\dot{\gamma}_1 = 0$ 表示，这样极限屈服值计算公式为

$$f = \frac{1}{2\ln a} \left(1 - \frac{1}{a^2} \right) [\tau]_{\dot{\gamma}=0}$$

上述测出的结果均是在物料间的剪应力 τ 都大于极限剪应力 f 的假定下进行的。如果 M 较小，不满足此假定，则情况要复杂一些。由于各层物料间的力偶矩相同，因而越靠近内筒 τ 越大，而越靠近外筒 τ 越小。若靠内筒处的 $\tau_1 = \dfrac{M}{2\pi h R_1^2} < f$，亦即 $M < 2\pi h R_1^2 f$，则各层物料的 τ 都小于 f，全部物料都不发生流动。若靠外筒处的 $\tau_2 = \dfrac{M}{2\pi h R_2^2} > f$，即 $M > 2\pi h R_2^2 f$，则各层物料都发生流动。若在二者中间 $\tau_1 > f > \tau_2$，即 $2\pi h R_1^2 f < M < 2\pi R_2^2 h f$，则有一部分物料与外筒一起做整体运动，而靠内筒部分物料发生流动。

7.2.5　新拌碾压混凝土的流变特性

7.2.5.1　碾压混凝土拌和物的流变性能

混凝土拌和物的流变性能可用其屈服应力 τ_y 和塑性黏度系数 η_{pl} 两个流变参数来反映。拌和物的屈服应力决定于组成材料各颗粒间的黏聚力和摩擦力，可用下式表示：

$$\tau_y = \tau_{y0} + p\tan\varphi$$

式中：τ_{y0} 为黏附力；φ 为摩擦角；p 为垂直压力。

　　骨料与浆体界面处的黏附力是浆体与骨料间的物理吸附、机械咬合和化学键三种作用的结果。这三种作用使骨料周围形成一个接触层。该接触层的结构形态决定了界面处黏附力的大小。接触层的结构与浆体的黏聚力或黏度、骨料的性质（如亲水性等）及骨料表面特征有关。

　　混凝土拌和物的塑性黏度系数 η_{pl} 由浆体黏度、骨料的形状、尺寸及骨料比例决定。浆体的黏度越大，骨料的棱角越多，颗粒尺寸越小，所占比例越高，则拌和物的塑性黏度系数也越大。

　　碾压混凝土拌和物与常态混凝土比较，骨料所占比例一般较大，相应浆体所占比例较小，游离状态的浆体少，因而屈服应力较大。至于塑性黏度系数，则较为复杂。一方面由于骨料所占比例较大，η_{pl} 可能较大，另一方面由于浆体中水泥用量较少且掺用一定量的粉煤灰，因此在相同水胶比的情况下其浆体的黏度系数较常态混凝土拌和物的水泥浆黏度系数小。一般而言，碾压混凝土拌和物的 η_{pl} 较常态混凝土拌和物大，但拌和物浆体的黏度较小。

7.2.5.2　碾压混凝土拌和物组成对流变参数的影响

　　前面已经提到，混凝土拌和物的屈服应力取决于组成材料各颗粒之间的黏聚力和摩擦力；塑性黏度系数取决于浆体的黏度、骨料的特征及骨料所占的比例。当其他条件不变时，增大骨料的比例，浆体的比例必然减小，这就增大了拌和物的咬合力，拌和物的屈服应力也增大。此外，拌和物的塑性黏度系数也增大，因此拌和物难于增实。换句话说，要使拌和物得到增实必须消耗更大的能量。相反，增大拌和物中浆体的比例，则屈服应力和塑性黏度系数均减小，拌和物易于增实。当拌和物中胶凝材料用量一定时，增大水胶比，则浆体的黏度系数降低，浆体与骨料间的黏聚力减小，临界浆层厚度变薄，游离浆体增多。拌和物的屈服应力和塑性黏度系数均变小，拌和物易于振动增实。

7.3　新拌碾压混凝土的易密性

7.3.1　碾压混凝土易密性的含义

　　碾压混凝土的特征是无流动性，它的易密性主要取决于作用在其上的振动碾的振动压力和频率。在振动力作用下粗骨料移位受到粗骨料之间和粗骨料与水泥砂浆之间摩擦阻力的影响，粗骨料克服摩擦阻力占据空间形成骨架，其空隙被水泥砂浆填充，形成密实体。

　　碾压混凝土拌和物的易密性是指获得密实混凝土所需耗费的能量大小。不同配合比的碾压混凝土拌和物，从松散状态不断吸收能量到获得致密的混凝土所需的能量是不同的。碾压混凝土拌和物 VC 值的测定是在不断向拌和物提供能量的过程中进行的。VC 值实际上代表碾压混凝土"液化"（出现表面泛浆）的临界时间。混凝土拌和物表面泛浆说明混凝土拌和物已基本密实。因此，VC 值的大小在一定程度上反映了拌和物的易密性。

　　实际工程中，碾压混凝土的密实性是用相对密实度来控制的。混凝土的相对密实度一般表示为

$$D = \frac{\gamma_{实测}}{\gamma_{理论}} \times 100\%$$

式中：D 为混凝土相对密实度（称为密实度），%；$\gamma_{实测}$ 为混凝土的实测表观密度，kg/m^3；$\gamma_{理论}$ 为混凝土的理论密实表观密度（指绝对密实时的单位体积质量，一般用实测最大密实表观密度代替），kg/m^3。

美国混凝土学会（ACI）要求碾压混凝土密实度达到 98% 以上。在柳溪坝施工时，实测碾压混凝土密实度达到 98%～99%。混凝土的高密实度是其获得设计强度和耐久性的基础。试验室目前多用直接法测定碾压混凝土拌和物的表观密度校核设计表观密度，而现场多用核子水分密度仪测试碾压混凝土的表观密度对混凝土的施工质量进行控制。

7.3.2 碾压混凝土拌和物振动增实

1. 振动增实过程及实质

碾压混凝土拌和物的增实在现场使用的是振动碾。振动碾把振动波传给混凝土的同时施加动压力，因而拌和物得到逐步增实。在试验室用振动台（或表面振动器）给拌和物提供振动波，在拌和物表面施加压强以模拟动压力。从试验中观察到：在施加振压初期拌和物快速沉落。这主要是在振动和压力作用下拌和物内部的架空部位得到填充。这一过程很短。随后，拌和物中的骨料发生颤振运动，并借助于重力和振压作用克服摩擦阻力移位。浆体在振动作用下发生液化。拌和物各组分逐步挤压了各自周围的空气所占的空间，空气逐渐排出。因此拌和物逐步得到增实。振动停止后拌和物各组分相对位置基本上不再发生变化。

从流变学的角度来看，在振动波的作用下混凝土拌和物的骨料和浆体发生振颤运动，胶凝材料浆体在振动波的作用中黏度系数降低；骨料颗粒周围的临界浆层厚度变薄，相应游离浆体增多。因而拌和物的屈服应力和塑性黏度系数均降低。骨料在颤动过程中进行了重新排列。浆体充填了骨料间的空隙，内部空气逐渐排出。

2. 振动液化现象及影响因素

碾压混凝土拌和物的流动性以黏聚力和摩擦阻力来度量。黏聚力来自水泥浆基体和骨料间的黏聚力；摩擦阻力来自骨料颗粒的移动或转动所发生的摩擦力，取决于骨料颗粒的形状和质地。

拌和物的屈服应力取决于组成材料各颗粒间的黏聚力和摩擦力。在振动作用下混凝土拌和物的摩擦力显著减小，Hermite 和 Tournon 的试验指出：振动下的混凝土摩擦力只有静止堆积体的 5%。所以，混凝土堆积体将失去稳定状态而流动，这种现象称为液化。从流变学的角度看，在振动波的作用下混凝土拌和物的骨料及浆体发生颤振运动，胶凝材料浆体在振动情况下黏度系数减小，骨料颗粒周围的临界浆层厚度变薄，相应的游离浆体增多，因而塑性黏度系数降低。液化后的混凝土拌和物处于重液流体状态。骨料颗粒在重力及振压作用下滑动，重新排列紧密构成骨架，骨架间的空隙被胶凝材料浆体所填满，内部空气逐渐排出，形成密实的混凝土体。

碾压混凝土受振液化与振源（振动轮）的振幅、频率、振动加速度，以及混凝土原材料、配合比等有关，还和振动压力波在混凝土中的传递、衰减规律有关。

7.3.3 不同施工条件对拌和物增实速度及增实效果的影响

碾压混凝土的增实效果一般用密实度来表示。在混凝土原材料及配合比不变的条件下，增实效果的优劣既表现在压实表现密度的大小，也直接影响混凝土强度的高低。碾压混凝土在不同施工条件下碾压增实的速度是不同的。它可以用拌和物在振碾作用下的出浆快慢加以衡量。出浆快，说明增实快，反之则慢。影响振碾增实速度和效果的因素有振动轮输出的能量、振动频率及振幅、振动压力、振动碾的行走速度。

1. 振动轮输出的能量

一般认为，振动轮的输出能量，能在一定程度上综合表达其振动特性。试验资料表明：振动能量与密实度之间有较好的相关性，碾压密实度有随碾压能量增加而直线增加的趋势。根据要求达到的密实度和碾压层厚度，可算出需要的压实能量即振动轮输出能量。

2. 振动频率及振幅

碾压混凝土拌和物在振动作用下增实过程是振动波在拌和物中传播的结果。

设有一余弦振动波在拌和物中持续传播，取波传播的方向为 X，在某点 x 处的位移为 ξ，设振幅为 A，振动角速度为 ω，波在拌和物中的传播速度为 v，则

$$\xi = A\cos\omega\left(t - \frac{x}{v}\right)$$

在 $X = x$ 处，位移梯度为

$$\frac{\partial \xi}{\partial x} = \frac{A\omega}{v}\sin\omega\left(t - \frac{x}{v}\right)$$

假设振动波对混凝土拌和物液化作用的大小用 L 表示，因振动频率 $f = \frac{\omega}{2\pi}$，则

$$L \propto f \times \left(\frac{\partial \xi}{\partial x}\right)_{\max}$$

即位移梯度越大、振动次数越多，液化作用越强，因此

$$L \propto f \times \frac{A\omega}{v} = \frac{2\pi A f^2}{v}$$

因为加速度 $a = \frac{\partial^2 \xi}{\partial t^2} = -A\omega^2\cos\omega\left(t - \frac{x}{v}\right)$，故

$$a_{\max} = A\omega^2 = 4\pi A f^2$$

$$L \propto \frac{2\pi A f^2}{v} = \frac{a_{\max}}{2\pi v}$$

也就是说，混凝土拌和物的振动液化作用与振动波的振幅 A 成正比，与振动频率 f 的平方成正比；与振动加速度的最大值成正比，与振动波在拌和物中的传播速度 v 成反比。

在混凝土配合比、碾压厚度、碾压遍数及碾压行走速度一定的条件下，一般认为，振动频率为 $1500\sim3000$ r/min 时，压实效果最好。实际上，目前多数自行式振动碾的频率在此范围内。在适用范围内，改变频率，压实曲线变化平缓，但在上述频率范围内加大振幅，能显著加大压实效果和压实深度。也就是说，振幅对增实效果的影响更大一些。在碾

压混凝土多因素室内试验中也发现，在相同的条件下，振动台振幅从 0.3mm 增加到 0.6mm 时，对混凝土的强度影响极为显著，这间接说明振幅对碾压混凝土密实度的影响很大。

实际混凝土拌和物的颗粒大小不一致，配合比也不同，振幅和频率应相互协调。振幅过小则粗颗粒振不动，使增实变弱甚至无法获得密实的混凝土。振幅过大会使振动转变为跳跃，振实效果差，拌和物易出现分层，并且跳跃使混凝土拌和物吸入空气，密实度变差。频率过小振动衰减大，采用高频振动可使胶凝材料颗粒产生较大的相对运动，使其凝聚结构解体。这对提高碾压混凝土的密实度是有利的。

试验表明，在振幅保持一定的情况下，随着振动频率的增大，拌和物受振出浆所需时间减少。随着振动加速度的增大，拌和物受振出浆所需的时间减少。

3. 振动压力

振动碾在工作时对混凝土表面产生一定静态和动态压力使混凝土层内部产生一定的压应力。在振动设备的频率和振幅及其他参数一定的情况下，振动时施加于拌和物的表面压强对混凝土拌和物振动出浆时间（增实速度）的影响见表 7.3.1。这是因为碾压混凝土拌和物是一种松散物，随着表面压强的增大，散粒体更易于聚集在一起，便于振动波的传播。

表 7.3.1　　　　表面压强对碾压混凝土拌和物振动出浆时间的影响

表面压强/MPa		1.304	2.618	3.923	6.973	8.227	10.896
出浆时间 /s	下层	43	30	25	21	11	10
	上层	25	25	14	9	8	7

4. 施工铺层厚度

现场碾压混凝土增实过程是靠振动碾完成的。振动碾通过振动轮把固定频率及振幅的振动波传给混凝土拌和物并自上而下传播。由于拌和物中各种组成材料比例的不同，拌和物工作度不同，所以传播的速度及沿深度的衰减程度也是不同的。拌和物铺层越厚，铺层下部拌和物获得的振动能量就越少。要使拌和物均匀密实所需的振动时间就越长。如果铺层过厚，即使增加振碾时间、下部拌和物也无法达到所要求的密实度。相反，由于过多增加振碾时间（或碾压遍数）使表层拌和物过碾时发生剪切破坏或出现"波浪状"而无法继续增实。合理的铺层厚度应根据所用碾压机具的性能及实际混凝土拌和物经过试验确定，以达到高效率施工和混凝土质量均匀密实的目的。碾压混凝土的铺层厚度不应使混凝土的压实厚度小于最大骨料粒径的 3 倍，否则会影响压实度。

5. 振动碾的行走速度

在碾压混凝土施工中，振动碾的行走速度决定振动碾压作用时间的长短。当施工铺层厚度不变时，传递至受振混凝土的能量与碾压次数成正比，与行走速度成反比。当行走速度增加时，碾压次数也要增加才能达到相同的碾压效果。一般碾压机总有一个最佳的碾压行走速度，在该速度下可达到最佳的生产效率。当行走速度超过 3km/h 时，生产效率增加缓慢。在大型工程的碾压混凝土施工中，最佳的振动碾行走速度应通过压实试验来确定。一般情况下，为了获得高密实度的碾压混凝土，宜采用较低的碾压行走速度。国内碾压混凝土施工中多采用 1～2km/h 的行走速度。

7.4　碾压混凝土拌和物的抗分离性

7.4.1　碾压混凝土拌和物分离的含义及分离方式

混凝土是由液体和粒状固体组成的混合物，固体颗粒的大小从几微米到十几厘米的范围，水、水泥、骨料的密度各不相同，在施工过程中和浇筑后由于各种力的作用，造成拌和物各组成材料的不均匀和失去连续性，这种现象称为材料离析。混凝土离析容易导致蜂窝、麻面、薄弱夹层、乳皮、裂缝等缺陷。因此，在混凝土施工中应当尽量减少材料的离析。实际混凝土拌和物中各种粒子大小及密度必然存在差异，离析是不可避免的，但适当的配合比和合理的施工操作却可以减少离析现象的发生。

混凝土拌和物的离析通常有两种形式：一种是粗骨料从拌和物中分离出来，因为它们比细骨料更易沿着斜面下滑或在模内下沉，这种现象习惯上称为"骨料分离"现象；另一种离析是稀浆或水从拌和物中淌出，习惯上称为"泌水"。碾压混凝土拌和物中胶凝材料用量较少，且掺有一定量的掺合料，因此，拌和物的黏聚性较小，拌和物几乎呈松散状态，无流动性。碾压使混凝土拌和物不可能出现胶凝材料浆体从拌和物中淌出的离析形式（除非拌和物水胶比较大，如大于 0.75 的情况），而容易出现粗骨料颗粒从拌和物中分离出来的倾向。但拌和物经振动增实以后各组分基本稳定，很少出现（甚至不出现）像常态混凝土那样各组分在振动停止以后再发生相对位移的现象。因此，碾压混凝土拌和物的骨料分离主要发生在卸料和转运过程中。

目前还没有能够测定碾压混凝土骨料离析的方法。一般通过对拌和物目测及对硬化混凝土钻孔取芯样评价来判定是否离析或可能的危害。《水工碾压混凝土施工规范》（DL/T 5112—2021）规定了通过芯样外观描述来评定碾压混凝土的均质性和密实性的标准，可以部分反映碾压混凝土的浇筑质量及拌和物骨料分布情况。

7.4.2　碾压混凝土拌和物离析的原因

7.4.2.1　碾压混凝土拌和物骨料分离的原因

完全处于均匀分布状态的颗粒群，如果其中某一颗粒同其周围的另一颗粒间产生错动时，那么颗粒分布必然形成不均匀状态。如混凝土从斜溜槽向下流动时或由高处下落而堆积时粗颗粒骨料的运动就是这样。

混凝土在运输、浇筑过程中，由于组成混凝土的大小不同的颗粒之间发生相对运动而产生位移。大的颗粒由于质量大而保持的动能也大，同时由于表面摩擦力相对较小，故大的颗粒容易离析。对于骨料最大粒径较大的混凝土，为了减少离析，砂率不宜过小，水灰比不宜过大，必要时应当掺用引气剂、粉煤灰等以改善混凝土拌和物的抗离析性。

混凝土沿溜槽下滑时，对于非干硬性混凝土，靠近表面的混凝土比靠近溜槽壁的混凝土流得快。但对于碾压混凝土则是沿槽面滑动，形成整体移动，因为所有颗粒之间的相对位置不变，所以不易发生离析。这种移动方式是当混凝土屈服值比溜槽面上的抗剪力大时才发生，混凝土的屈服值大，所以能保持在塑性状态的范围内。因此 VC 值越大的碾压混凝土，对离析的抵抗性能越好。

混凝土从高处落下时，因为骨料颗粒的质量不同，下落速度也不同，在颗粒之间产生垂直方向的相对位移；停止的时候，因为不同质量的颗粒速度不同，停止的位置也不同，故引起材料离析。

运动中的混凝土迅速停止时，骨料颗粒对于混凝土拌和物的相对速度为 v_0，假设颗粒为球形，周围的混凝土为黏性体，那么颗粒所承受的黏性阻力 f 按照斯托克斯（Stokes）定律为

$$f = 6\pi r \eta v \tag{7.4.1}$$

式中：r 为颗粒的半径，cm；η 为混凝土的黏度系数，N·s/cm^2；v 为颗粒与周围混凝土的相对速度，cm/s。

设颗粒的密度作为 ρ，颗粒的运动方程式为

$$\frac{4}{3}\pi\gamma^3\rho\,\frac{\mathrm{d}v}{\mathrm{d}t} = f \tag{7.4.2}$$

将式（7.4.1）代入式（7.4.2）得

$$\frac{\mathrm{d}v}{\mathrm{d}t} + \frac{9\eta}{2\rho\gamma^2}v = 0$$

积分得

$$v = C\mathrm{e}^{-\frac{9\eta}{2\rho r^2}t}$$

由初始条件 $t=0$、$v=v_0$，则

$$v = v_0\mathrm{e}^{-\frac{9\eta}{2\rho r^2}t}$$

若假定位移为 x，进行积分得

$$v = \frac{\mathrm{d}x}{\mathrm{d}t} = v_0\mathrm{e}^{-\frac{9\eta}{2\rho r^2}t}$$

由初始条件 $t=0$、$x=0$，则

$$x = \frac{2\rho r^2 v_0}{9\eta}(1 - \mathrm{e}^{\frac{9\eta}{2\rho r^2}t})$$

当相对速度变为 0 时的位移 x_0 为

$$x_0 = [x]_{t=\infty} = \frac{2\rho\gamma^2 v_0}{9\eta} \tag{7.4.3}$$

即 x_0 与颗粒半径的平方成正比，与密度及初速度成正比，与黏性系数成反比。因此，黏度小的混凝土容易发生材料离析，重混凝土比普通混凝土容易离析。而且，在混凝土操作时，如果混凝土高速移动，也容易发生材料离析。

新拌混凝土，由于各种颗粒的下沉速度不同（有的甚至上浮），也会造成颗粒分布不均匀的现象。这时，作用在颗粒上的作用力来自混凝土黏性阻力、浮力以及颗粒的自重，则颗粒的运动方程式为

$$\frac{4}{3}\pi r^3\rho\,\frac{\mathrm{d}v}{\mathrm{d}t} = \frac{4}{3}\pi r^3\rho g - 6\pi r\eta v - \frac{4}{3}\pi r^3\rho_\mathrm{c}g \tag{7.4.4}$$

式中：ρ_c 为混凝土的密度，g/cm^3；ρ 为颗粒的密度，g/cm^3；g 为重力加速度，cm/s^2。

整理式（7.4.4）得

$$\frac{dv}{dt}+\frac{9\eta}{2\rho\gamma^2}v=g\left(1-\frac{\rho_c}{\rho}\right) \tag{7.4.5}$$

积分，并假定初始条件为：$t=0$、$v=0$，得

$$v=\frac{2r^2g(\rho-\rho_c)}{9\eta}(1-e^{-\frac{9\eta}{2\rho r^2}t})$$

设最终速度为 v 时，即

$$v=\frac{2r^2g(\rho-\rho_c)}{9\eta}$$

可见，颗粒的速度和粒径的平方成正比，和颗粒密度与混凝土拌和物密度的差成正比，和拌和物的黏度系数成反比。所以，材料离析主要是由于粗骨料分布的不均匀而产生的，黏度小、骨料最大粒径大、VC 值小、高速运动的碾压混凝土拌和物，易发生粗骨料分离。

7.4.2.2　碾压混凝土泌水的原因及危害

泌水主要是在碾压完成后，水泥及掺合料颗粒在骨料颗粒之间的空隙中下沉，水被排挤上升，从混凝土表面析出。泌水的危害在于：①使某一碾压层中上部水分增加，实际水胶比增大，混凝土强度较低，而下部正好相反，这样使同一层混凝土出现"上弱下强"的现象，且均匀性降低；②减弱上下层之间的层间黏结强度；③水的上升途径，将为渗透水提供连通孔隙，降低了结构的抗渗性；④在粗骨料下形成"水隙"，成为混凝土的薄弱区，容易形成渗水通道。

7.4.3　减少碾压混凝土分离和泌水的措施

从混凝土拌和物分离的原因可以看到，防止碾压混凝土拌和物发生分离的措施有以下两方面。

7.4.3.1　原材料及配合比设计

混凝土粗骨料中大颗粒数量过多、细颗粒含量太少（胶凝材料和细骨料用量太少或使用了级配不良的细骨料）常常是造成混凝土分离的原因。故减少离析和泌水，首先必须从原材料及配合比设计时予以控制，应选择合适的粗骨料最大粒径、合适的砂率、石粉含量及细颗粒较高的人工砂，保持适当的胶凝材料用量，特别是合理确定不同级配粗骨料比例、掺优质掺合料、掺用外加剂。因此，合理的配合比，可以满足工程设计的各项技术指标及施工性能，使拌和物质量均匀，在施工过程中不易发生粗骨料的分离。

7.4.3.2　施工

拌和、运输等施工方法不当也是使混凝土拌和物分离的重要原因，所以在施工方面应采取切实有效的防止或减少骨料分离及泌水的措施。

（1）严格按规定的配合比配料拌和，特别要严格控制拌和用水量，监控原材料中砂、石含水变化并及时调整实际加水量。加水量增加，水胶比增大，浆体黏聚力降低，拌和物泌水离析增大。基于以上原因，拌和设备宜配备砂石含水率快速测定装置，并应具有相应

的拌和水量自动调整功能。在调整拌和物用水量时，应保持水胶比不变。

（2）减少转运次数、降低卸料和料堆高度。在转运和卸料过程中，骨料落差越大，动能越大，分离就越易发生。料堆高度大，骨料易滚动而积于坡脚，造成大骨料集中。DL/T 5112—2009 规定卸料斗的出料口与运输工具之间的自由落差不宜大于 1.5m，超过 1.5m 时宜加设专用垂直溜管或转料漏斗。卸料应本着大批量集中落下，避免零零散散下卸。可采用真空溜槽（管）、专用垂直溜管、满管溜槽（管）等转运系统，这些转运系统具有好的抗分离效果；还可在自卸汽车尾部改装简易摊铺装置。其中在采用负压溜槽（管）运输混凝土时，应在负压溜槽（管）的出口设置垂直向下的弯头，溜槽（管）的坡度宜为 40°～50°，长度不宜大于 100m。

（3）采用防止或减少分离的铺料和平仓方法。采用大型摊铺机，或采用多层铺料，及时平仓避免堆积，再辅以人力，分散因分离而集中的骨料。

经验证明，施工中防止和减少碾压混凝土拌和物分离，对提高碾压混凝土拌和物的均匀性和提高碾压混凝土的质量是十分重要和有效的。

7.5　新拌碾压混凝土的凝结特性

7.5.1　新拌碾压混凝土的凝结与硬化过程

混凝土的凝结与硬化，是随水泥的水化作用而发展到水化物网络结构的一种过程。凝结是混凝土拌和物随着时间的延续逐渐丧失其流动性而过渡到固体的过程，简单说就是新拌混凝土刚性的开始。硬化是混凝土凝结成固体以后的强度增长过程。凝结和硬化的区别很不明显，凝结在硬化之前，并没有明确的物理或化学变化来区别它们。初凝大致相当于混凝土拌和物不再能正常操作和浇筑的时间，而终凝接近于硬化开始的时间。

水泥加水拌和后立即开始水化，水化过程因为含有反应和水化速度各不相同的矿物组成，所以是极其复杂的。通过测定水泥水化过程不同时期的放热速率（图 7.5.1），大致可以将水泥的凝结硬化过程分为 5 个阶段。

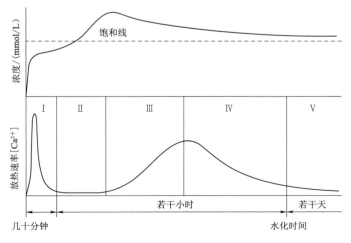

图 7.5.1　水泥混凝土的凝结硬化过程

第Ⅰ阶段为快速反应期，从加水拌和开始，大约持续 10~15min。在这个时期内，水泥颗粒表面大部分被硫铝酸钙的凝胶状水化产物所包裹，此后反应速度迅速减慢。

第Ⅱ阶段为潜伏期或诱导期，大约持续 30min 到 2h，这个时期内水泥颗粒表面的水化产物增加，水泥浆逐渐失去其流动性。

第Ⅲ阶段为加速期，潜伏期结束后，再次加速水化，在水泥颗粒之间形成网状结构。在加速期末达到最大反应速度，相应为最大放热速率。初凝、终凝就是在这个阶段发生的。初凝大致相当于第Ⅲ阶段的开始，终凝大致对应于第Ⅲ阶段的终点。

第Ⅳ阶段为减速期，网络结构的间隙为不断产生的水化产物所填充，强度增加，反应速度逐渐变慢，未水化的水泥颗粒持续缓慢地水化，进入稳定期。

第Ⅴ阶段为稳定期，反应速度很低，水化作用完全受到扩散速度的影响。

7.5.2　碾压混凝土凝结时间及测定

从水泥浆结构形成的动力学观点看，水泥浆的凝结过程伴随着其内部结构特性的变化，水泥浆的凝结时间应当相应于水泥浆结构特性的转变。初凝以前水泥浆的结构是凝聚结构，初凝标志着水泥浆开始由凝聚结构向结晶结构转变，终凝以后水泥浆的结构为结晶结构，终凝标志着水泥浆凝聚结构的结束。

不同学者对水泥浆凝结过程的这些研究结果说明，水泥浆凝结过程由凝聚结构向结晶结构转变时对外力的阻抗发生了明显的变化。可以利用这一特征判断水泥浆体的初凝时间。

粉煤灰的细度与水泥同属一个数量级，掺粉煤灰的水泥粉煤灰浆仍具有胶体性质。然而该浆体中的粉煤灰表面致密，不像水泥颗粒那样遇水即发生水化，而必须在水泥水化生成的水化产物 $Ca(OH)_2$ 溶液的较长时间作用下才与其发生反应生成具有胶凝性能的水化产物。因此，水泥粉煤灰浆与同稠度的水泥浆比较，其中的水泥粒子相距较远，水化产物浓度较小，凝聚结构维持时间放长，即初凝时间较长。增大浆体的水胶比，使浆体中胶粒距离增大，胶粒间作用力减小，延长了凝聚结构存在的时间，浆体的初凝时间增长。在胶凝材料浆体中掺入砂（细骨料），因砂粒表面吸附水分形成一定厚度的水膜层，使胶凝材料浆体实际水胶比下降。此外，砂子颗粒表面起着便于晶胚形成的基底作用，使水泥的水化产物在其上结晶，从而促进胶凝材料中水泥的水化。故此时砂浆的初凝时间比未加入砂子时的胶凝材料浆体的初凝时间短。但在实际工程中，砂浆的水胶比往往比净浆的水胶比大，故一般情况下砂浆的初凝时间大于净浆的初凝时间。

对水泥浆及不同工程使用的碾压混凝土砂浆进行的凝结过程性态特点的试验结果均表明，碾压混凝土拌和物在新浇和凝结状态下的性能和特征，与常态混凝土、水泥浆或砂浆类似，其凝结过程具有相同的特点，凝结过程伴随着其内部结构的变化，初凝标志着由凝聚状态开始转变为凝聚-结晶结构，电学的、声学的、力学的、热学的等方法均可用于感知碾压混凝土拌和物凝结过程中内部结构的变化，比较而言，力学方法即贯入阻力法是最便捷有效的方法。

《水工混凝土试验规程》（DL/T 5150—2017）规定，常态混凝土凝结时间以承压面积 $100mm^2$ 的测针贯入混凝土拌和物砂浆的阻力达到 3.5MPa 时的时间为准。这一初凝时间判定标准是由常态混凝土的施工工艺确定的。常态混凝土振捣规定，上层混凝土振捣时，振捣棒必须插入下层混凝土。层面未达初凝时间的标准，是振捣棒针振动和插入下层混凝土拔出时不留孔洞，相应的达到初凝时间的砂浆贯入阻力为 3.5MPa。碾压混凝土是干硬性混凝土，由振动碾压实，其施工工艺与常态混凝土完全不同。采用相类似的贯入阻力法测试凝结时间时，初始贯入阻力比常态混凝土大得多，如以贯入阻力达到 3.5MPa 来判断碾压混凝土的初凝时间，可能会导致错误的结论，因此无法参照常态混凝土，而是直接建立在混凝土砂浆在凝结过程由凝聚状态开始转变为凝聚-结晶结构时对外力阻抗存在着转折点这一理论基础上。

通过对贯入阻力的测定，以时间为横坐标，贯入阻力为纵坐标做试验曲线，将曲线初凝转折点附近的测试数据分为两部分，分别用线性方程进行拟合，两段直线的交点对应的时间即为碾压混凝土拌和物初凝时间，相应可以确定达到初凝时间的贯入阻力。

通常碾压混凝土的贯入阻力与历时关系曲线有 3 种典型类型，见图 7.5.2～图 7.5.4。图 7.5.2 中碾压混凝土在初凝后贯入阻力随时间增长较慢，经过一段时间后贯入阻力会随时间快速增长直至终凝。这种类型的贯入阻力与历时关系曲线有两个转折点，应仔细分辨，选择初凝转折点附近的数据作图时，应舍弃终凝点前贯入阻力随时间快速上升段的测点。图 7.5.3 这种类型的贯入阻力与历时关系曲线只有一个转折点，较易分辨。图 7.5.4 这种类型的贯入阻力与历时关系曲线没有明显的转折点。

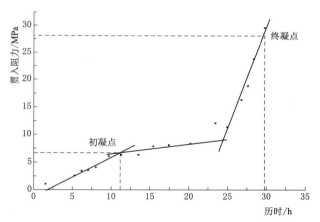

图 7.5.2　碾压混凝土贯入阻力与历时关系　　　　图 7.5.3　碾压混凝土贯入阻力与历时关系
　　　　　　（龙滩水电站工程）　　　　　　　　　　　　　　（天生桥水电站工程）

在某些情况下绘制的贯入阻力—历时曲线上的初凝转折点不明显（图 7.5.4），或初凝转折点对应的贯入阻力过大，影响初凝时间的判断，这时以 5MPa 左右的贯入阻力来确定初凝时间，可在很大程度上避免初凝时间确定的随意性。对碾压混凝土拌和物及其砂浆进行的不同历时下的加压振动翻浆试验，同时测定该时混凝土或砂浆的贯入阻力，试验结果见表 7.5.1。从试验结果可知，当贯入阻力大于 8.0MPa 时，无论是砂浆还是混凝土，均很难泛浆或不泛浆，甚至试块振裂，说明此时的碾压混凝土已不具有触变复原性能，明显已过初凝。

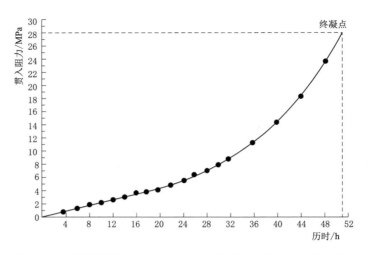

图 7.5.4　碾压混凝土贯入阻力与历时关系（大朝山水电站工程）

表 7.5.1　　　　　　　　　　混凝土的贯入阻力与泛浆时间

编号	混凝土类型	历时（h：min）	阻力/MPa	砂浆泛浆时间/s	混凝土泛浆时间/s
W1	碾压混凝土	11：00	5.8	6	20
		29：00	9.5	不泛浆	不泛浆
W2	碾压混凝土	15：30	7.8	8	14
		23：30	12	不泛浆	不泛浆
W3	碾压混凝土	11：18	7	21	25
		19：18	8.4	不泛浆	不泛浆
W4	碾压混凝土	34：20	6.5	20	28
		35：60	7.6	不泛浆	不泛浆
W5	常态混凝土	27：00	3.5	42	44
		32：40	4.7	不泛浆	不泛浆
W6	碾压混凝土	7：45	6.4	19	30
		12：15	7.2	22	不泛浆
		14：15	10.3	不泛浆	不泛浆

7.5.3　碾压混凝土凝结特性的影响因素

　　碾压混凝土的凝结特性直接影响其施工性能、硬化性能及层面结合性能，关系着坝体的施工质量和安全运行。影响碾压混凝土凝结特性的主要因素有配合比、施工环境。配合比不同的碾压混凝土，其凝结过程是不相同的。环境条件主要是温度、相对湿度及混凝土拌和物表面附近的风速等，它们对碾压混凝土拌和物的凝结过程有明显的影响。

　　（1）碾压混凝土配合比对其凝结特性的影响。配合比不同的碾压混凝土，其凝结过程是不相同的。配合比影响碾压混凝土凝结时间的主要因素有水胶比、掺合料品种及掺量、外加剂品种及掺量等。通常情况下，水胶比越大，凝结时间越长。外加剂已成为碾压混凝土的重要组成材料之一，由于碾压混凝土胶凝材料用量相对较少，且采用大面积连续铺筑，因此须掺入缓凝型减水剂，对夏季高温条件和特大仓面施工还应掺入超缓凝型减水剂，以延长其凝结时间，满足层间间隔的需要。目前，用于碾压混凝土中的掺合料主要有粉煤灰、磷渣粉、火山灰、石灰石粉等。一般粉煤灰、磷渣粉的掺入具有延长碾压混凝土凝结时间的作用，而火山灰、石灰石粉却可能显著缩短凝结时间。

（2）环境温度对碾压混凝土凝结特性的影响。环境温度是影响混凝土拌和物凝结时间的主要因素之一。环境温度的变化改变了混凝土温度，从而影响胶凝材料的水化速度，也影响混凝土拌和物与空气的湿度交换。当其他环境条件不变时，拌和物的初凝时间随环境温度的升高而缩短，混凝土拌和物的初凝时间与环境温度之间呈对数曲线关系。不同配合比混凝土拌和物的初凝时间-温度关系曲线基本保持平行，说明环境温度对不同配合比混凝土拌和物初凝时间的影响效果基本相同。

（3）环境相对湿度对碾压混凝土凝结特性的影响。环境的相对湿度也是影响混凝土凝结时间的主要因素之一。相对湿度较大时，混凝土拌和物中的水分蒸发损失量较小（甚至反过来得到补充），此时混凝土拌和物的凝结时间较长。相反，当拌和物周围相对湿度较低时，拌和物中所含水分蒸发较快，拌和物的凝结时间明显缩短。表7.5.2列出了不同相对湿度情况下混凝土初凝时间的测试结果。研究表明，混凝土拌和物的初凝时间与环境相对湿度之间呈线性关系，即随着环境相对湿度的增大，拌和物初凝时间成比例延长。环境相对湿度对不同配合比混凝土拌和物初凝时间的影响基本相同。

表 7.5.2　　　　　　　相对湿度对混凝土拌和物初凝时间的影响

混凝土编号	试验温度/℃	不同相对湿度下初凝时间/h					
		55%	60%	65%	75%	85%	95%
1	20	3.17	3.41	3.50			4.60
2	20	4.00	4.54	4.78			6.03
3	30				1.00	1.20	2.00
4	18.5					1.15	
	19.5	4.78					

（4）环境风速对碾压混凝土凝结特性的影响。混凝土拌和物表面附近的风速对拌和物初凝时间的影响主要在于风改变了混凝土拌和物表面附近的相对湿度和水分交换。此外，风速对混凝土拌和物表面温度也产生一定影响。当环境相对湿度较大（如大于90%）时，风速对拌和物初凝时间影响不大。但当相对湿度较小时，风速对拌和物初凝时间的影响显著。因为环境相对湿度与混凝土孔隙中空气的相对湿度相差不大时，风速大小对水分交换影响较小，但当环境相对湿度较小（即空气较干燥）时，风速大小可明显影响水分的交换速度，进而影响拌和物的初凝时间。在通常的相对湿度（如70%～85%）情况下，拌和物的初凝时间与风速呈线性关系，即风速大、拌和物的初凝时间短，相反则长。风速对不同配合比混凝土拌和物初凝时间的影响基本相同。

阳光的照射对混凝土拌和物初凝时间的影响也非常明显。但阳光照射主要反映在改变混凝土拌和物的温度及空气的相对湿度上。

7.6　碾压混凝土的层面结合

7.6.1　碾压混凝土的层面胶结机理

碾压混凝土由于采用了与常态混凝土不同的施工工艺，使得其具有特殊的结构特性。薄层摊铺、振动压实，使碾压混凝土坝具有为数众多的层面。黏结良好的层面具有大体积混凝土一样的性质（如抗拉、抗压、抗剪断等），但如果层面结合不好，层面间的抗拉强度和黏聚力会显著变小，甚至会形成渗漏通道。因此碾压混凝土的层面结合问题，一直是人们普遍关注的重要问题，层面结合的好坏，将直接影响到坝体的安全运行。确保层面结合的质量，主要是严格控制层面暴露时间和合理的层面处理方式。

为研究碾压混凝土层面的胶结机理及胶结强度，需要分析现场或室内抗剪断试验中试件的断裂面形貌。对于顺层剪断的试件，其断裂面往往比较光滑、擦痕明显、断裂面上的起伏差小；面对断裂发生在碾压混凝土本体上的试件，其断裂面上通常是凹凸不平、起伏差大。对试验成果进行整理，如图 7.6.1 所示的试件，通常用层面上的库仑抗剪断强度公式：

$$\tau = c' + f'\sigma_n \tag{7.6.1}$$

式中：τ 为层面上的平均剪应力，MPa；c' 为层面黏聚力，MPa；f' 为层面内摩擦系数，数值为 $\tan\varphi$，其中 φ 为内摩擦角；σ_n 为作用在试件上的正压力，MPa。

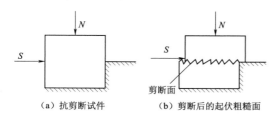

（a）抗剪断试件　　　　（b）剪断后的起伏粗糙面

图 7.6.1　抗剪断试验示意图

上述成果整理的方法，实际上是将断裂面看成是一种无起伏差的光滑面，这与实际情况有一定差异。混凝土依靠胶凝材料的胶结作用将砂石骨料胶结成一整体。研究表明，混凝土的宏观力学行为在很大程度上受骨料和水泥石间的界面物理力学特性所控制。该界面为混凝土的薄弱环节，混凝土的断裂往往沿该界面发生。因此实际的混凝土断裂面为一有高差起伏的粗糙面，如图 7.6.1（b）所示。因此，由式（7.6.1）所确定的抗剪断强度指标 c' 和 f' 并无确切的物理意义。将图 7.6.1（b）所示的真实混凝土断裂面的形貌进行 7.6.2 所示的理想化，并对其中的一微小突台 AOB 进行分析，如图 7.6.3 所示。

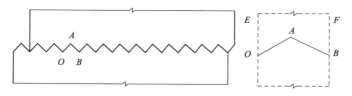

图 7.6.2　具有理想断裂形貌的抗剪断试件示意图

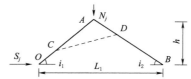

图 7.6.3　典型突台的受力条件示意图

　　在抗剪过程中，由于试件的上半部 $AOEFBA$ 在发生沿剪切力方向侧移外，还有竖直向位移。若近似认为与突台 OAB 相比，试件上半部 $AOEFBA$ 的刚度很大，则根据位移相容条件，对微小突台 OAB，其剪切破坏有两种可能：在试件的抗剪断试验过程中，若所施加的正应力水平较低，那么试件的抗剪断破坏形貌即为突台边缘 OAB，其中在 OA 边上为剪切破坏，而在边 AB 上为拉断破坏。

　　设水泥石与骨料间的内摩擦角为 φ_1，则考虑沿滑动面 OA 方向的力的平衡可得

$$\frac{h}{\sin i_1}c_1+\frac{h}{\sin i_2}\sigma_l+(S_j\sin i+N_j\cos i_1)\tan\varphi_1+N_j\sin i_1=S_j\cos i_1 \tag{7.6.2}$$

显然

$$\left.\begin{array}{r}\bar{\tau}=\dfrac{S_j}{h(\cot i_1+\cot i_2)}\\[3mm]\bar{\sigma}_n=\dfrac{N_j}{h(\cot i_1+\cot i_2)}\end{array}\right\} \tag{7.6.3}$$

则式（7.6.2）可进一步化简为

$$\tau=\frac{c_1\sin i_2+\sigma_l\sin i_1}{(\cos i_1-\sin i_1\tan\varphi_1)\sin(i_1+i_2)}+\sigma_n\tan(\varphi_1+i_1) \tag{7.6.4}$$

式中：c_1 为水泥浆结石与骨料间的黏聚力；σ_l 为水泥浆结石与骨料间的抗拉强度。

　　如果正应力 σ_n 足够大，那么骨料突台 OAB 可能会发生部分剪断，此时剪断面如 $OCDB$ 所示。此时，层面的抗剪断强度由 OC、CD 和 DB 三条边提供。若剪断面完全发生在骨料上，则式（7.6.2）可以改写为

$$\tau=\frac{c_2\sin i_2+\sigma_l\sin i_1'}{(\cos i_1'-\sin i_1'\tan\varphi_2)\sin(i_1'+i_2)}+\sigma_n\tan(\varphi_2+i_1') \tag{7.6.5}$$

式中：c_2、φ_2 分别为骨料岩石的内黏聚力、内摩擦角。

　　一般来说，内摩擦角 φ_2 与水泥浆结石和骨料间的内摩擦角 φ_1 相差不大，而岩石骨料的内黏聚力 c_2 则往往远大于水泥浆结石与骨料间的内黏聚力 c_1。因此，若断裂发生或部分发生在骨料中，则碾压混凝土的抗剪断强度可大大提高。在一般情况下，碾压混凝土的层面抗剪断强度应介于式（7.6.4）和式（7.6.5）所计算得到的值之间。在极限条件下，碾压混凝土的层面抗剪断强度可达到碾压混凝土的本体强度。另外，对一般情况，碾压混凝土试件在剪断试验中，剪断面还可能发生在水泥砂浆结石内部。故碾压混凝土层面抗剪断强度还与水泥浆结石的本身强度密切相关。

7.6.2　碾压混凝土层面结合性能的影响因素

7.6.2.1　VC值

　　合理的配合比，意味着 VC 值适当，而且拌和物易于碾压密实。VC 值的大小对碾压混凝土的性能影响显著。近年来的大量工程实践结果表明，现场 VC 值在 2～12s 比较适宜。根据试验和工程实践经验，在满足现场正常碾压的条件下，VC 值可采用低值。根据目前碾压混凝土筑坝技术的理念，碾压混凝土施工质量现场控制的重点就是 VC 值和初凝时间。VC 值是碾压混凝土可碾性和层面结合的关键，应根据气温条件的变化及时调整出机口 VC 值。汾河二库在夏季气温超过 25℃ 时 VC 值采用 2～4s；针对河西走廊气候干燥、

蒸发量大的特点，龙口工程 VC 值采用 0~5s；江垭、棉花滩、蔺河口、百色、龙滩等工程，当气温超过 25℃时 VC 值大都采用 1~5s，沙沱工程四级配碾压混凝土在夏季高温施工时出机口 VC 值采用 1~3s。

较小的 VC 值，使碾压混凝土入仓至碾压完毕有良好的可碾性，并且在上层碾压混凝土覆盖以前，下层碾压混凝土表面仍能保持良好塑性。VC 值的控制以碾压混凝土全面泛浆和具有弹性，经碾压能使上层骨料嵌入下层混凝土为宜。在上述条件下施工完成的碾压混凝土具有良好的层面结合性能。

7.6.2.2 胶凝材料用量

施工实践证明，碾压混凝土胶凝材料用量低于 120kg/m³时，碾压混凝土的浆砂比明显降低，可碾性、液化泛浆及层面结合等施工性能差，对硬化后的碾压混凝土性能尤其是层面结合性能影响较大。基于以上原因，DL/T 5112—2009 规定了碾压混凝土的单位胶凝材料用量不宜低于 130kg/m³，低于 130kg/m³时应专题试验论证。

7.6.2.3 层面处理

层面越凹凸不平、突台角越大，碾压混凝土的层面抗剪强度就越高。因此含初始起伏角的凹凸层面可有效提高碾压混凝土体的整体抗剪强度。

7.6.2.4 施工质量

碾压混凝土层面的养护、上层混凝土的碾压施工质量、汽车轮碾及层面上的骨料分离、仓面污染等因素，都可能影响层面结合质量。

7.6.2.5 施工环境

碾压混凝土施工过程中的温度、相对湿度、风速及太阳辐射等环境条件因素都对其层面结合质量有重要影响。这些环境条件因素主要是通过影响碾压混凝土的初凝时间、层面上已铺胶凝材料净浆、垫层混凝土的水胶比来影响层面结合强度。

7.6.3 碾压混凝土的层面处理技术

在碾压混凝土坝施工过程中，连续上升铺筑的碾压混凝土，层间间隔时间应控制在直接铺筑允许时间以内。超过直接铺筑允许时间的层面，应先在层面上铺垫层拌和物，再铺筑上一层碾压混凝土。超过了加垫层铺筑允许时间的层面即为冷缝。为了确保混凝土层间结合良好，必须控制施工层间间隔时间。层间间隔时间控制标准直接关系到层间结合质量的好坏。国内外各个工程的控制标准和具体做法都不尽相同，但究其实质都是在时间上做出限制。国内外许多工程事实上采用双重标准，一个用于控制直接铺筑，即直接铺筑允许时间；一个用于控制层面铺垫层的铺筑，即加垫层铺筑允许时间。施工实践表明，只要时间标准选择合适，这种做法完全可以满足层间结合质量和抗剪断指标的要求。由于直接铺筑法工序简单、效率高、层间结合质量好，所以在施工安排上应优先采用。鉴于问题的重要性和复杂性，直接铺筑允许时间和加垫层铺筑允许时间，应根据工程结构对层面抗剪能力和结合质量的要求，综合考虑拌和物特性、季节、天气、施工方法、上下游不同区域等因素经试验确定。中、小型工程也可类比同类工程确定。不同的坝标准不同，同一个坝在不同条件和不同部位下标准亦应有所区别。一般直接铺筑允许时间在正常天气条件下，可采用初凝时间或更短些的时间。江垭工程这两个时间分别规定为 6h 和 24h，施工中实际直接铺筑允许时间采用的是初凝时间，加垫层铺筑允许时间实测最长 22h，一般为 18～22h。

碾压混凝土筑坝中的施工缝及冷缝是薄弱环节，往往形成渗漏通道，影响抗滑稳定，必须进行认真处理。缝面处理可用刷毛、冲毛等方法，刷毛、冲毛的目的是清除混凝土表面的浮浆、污物和松动骨料，增大混凝土表面的粗糙度，以提高层面胶结能力。在处理好的层面上铺垫层拌和物，可保证上下层胶结良好。刷毛、冲毛时间随混凝土配合比、施工季节和机械性能的不同而变化。一般可在初凝以后、终凝之前进行。过早冲毛不仅造成混凝土损失，而且有损混凝土质量，故不得提前冲毛。

垫层拌和物可使用与碾压混凝土相适应的灰浆、砂浆或小骨料混凝土。根据国内外施工实践，采用上述的垫层拌和物都有成功的经验。灰浆的水胶比应与碾压混凝土相同，砂浆和小骨料混凝土应根据使用部位进行专门配合比设计，并比碾压混凝土强度高一个等级。施工缝和冷缝，经过毛面处理并冲洗干净后的缝面，表面比较粗糙，为了保证垫层能在表面充分填充并有相当的富裕度，应使用 1.0～1.5cm 厚的砂浆。垫层拌和物应与碾压混凝土一样逐条带摊铺，砂浆层铺完后紧接着摊铺混凝土，防止已铺的砂浆失水干燥或初凝。混凝土应在砂浆初凝前碾压完毕。

因施工计划的改变、降雨或其他原因造成碾压混凝土停止铺筑时，停止铺筑处的坡面应不陡于振动碾施工的最陡坡度（即 1∶4 的斜坡面），并应将斜坡上的混凝土碾压密实，坡脚处厚度小于 15cm 的尖角是难以碾压密实的部分应清除。根据施工实践，施工中断部位，具备施工条件重新恢复施工时，只要根据层间间隔时间规定进行层面处理，层间结合质量就有可靠的保证。对表层的扰动破坏，只要按规定及时采取修补措施，也可以保证层面结合质量。碾压混凝土一般强度增长缓慢，将层面放置，等待强度上升效果并不明显，所以为了提高施工效率，在具备条件后可立即恢复施工。

施工过程中，碾压混凝土的仓面应保持湿润。正在施工和刚碾压完毕的仓面，应防止外来水流入。在施工间歇期间，碾压混凝土终凝后即应开始洒水养护。对水平施工缝和冷缝，洒水养护应持续至上一层碾压混凝土开始铺筑为止；对永久暴露面，养护时间不宜少于 28d；台阶状表面的棱角应加强养护。有温控要求的碾压混凝土，应根据温控设计采取相应的防护措施。低温季节和寒潮易发期，应有专门防护措施。

在碾压混凝土坝的施工中，降雨强度可按 5～10min 内测得的降雨量换算值进行控制。在降雨强度小于 3mm/h 的条件下，可采取措施继续施工。当降雨强度达到或超过 3mm/h 时，应停止拌和，并迅速完成尚未进行的卸料、平仓和碾压作业。刚碾压完的仓面应采取防雨保护和排水措施。降雨停止后、恢复施工前，应严格处理已损失灰浆的碾压混凝土，并按照上述的有关规定进行层、缝面处理。

日平均气温高于 25℃ 时，应大幅度削减层间间隔时间，并采取防高温、防日晒和调节仓面局部小气候等措施。例如喷雾补偿水分，保持局部小环境范围湿润，以防止混凝土在运输、摊铺和碾压时表面水分迅速蒸发散失。同样，在大风条件下，混凝土表面水分散失迅速，为了保证碾压密实和良好的层间结合，也应采取喷雾补偿水分等措施，保持仓面湿润。此外，日平均气温低于 3℃ 或最低气温低于 −3℃ 时，应采取低温施工措施。

参　考　文　献

［1］　杨华全，李文伟. 水工混凝土研究与应用［M］. 北京：中国水利水电出版社，2005.

［2］　［加］西德尼·明德斯，［美］J·弗朗西斯·杨，［美］戴维·达尔文. 混凝土［M］. 吴科如，张雄，姚武，等，译. 北京：化学工业出版社，2005.

［3］　王迎春，苏英，周世华. 水泥混合材和混凝土掺合料［M］. 北京：化学工业出版社，2011.

［4］　方坤河. 碾压混凝土材料、结构与性能［M］. 武汉：武汉大学出版社，2004.

［5］　田育功. 碾压混凝土快速筑坝技术［M］. 北京：中国水利水电出版社，2010.

［6］　林育强. 磷渣在混凝土中的作用机理研究［D］. 武汉：长江科学院，2006.

［7］　长江水利委员会长江科学院. 碾压混凝土压实机理动力学分析及配合比参数优化研究［R］. 武汉：长江水利委员会长江科学院，2015.

［8］　长江水利委员会长江科学院. 乌江沙沱水电站混凝土材料及配合比设计试验研究报告［R］. 武汉：长江水利委员会长江科学院，2009.

［9］　长江水利委员会长江科学院. 乌江沙沱水电站四级配碾压混凝土材料、组成与性能试验研究报告［R］. 武汉：长江水利委员会长江科学院，2009.

［10］　长江水利委员会长江科学院. 乌江沙沱水电站四级配碾压混凝土工艺性试验研究报告［R］. 武汉：长江水利委员会长江科学院，2011.

第 8 章

硬化碾压混凝土的性能

8.1 强度

与常态混凝土相同，碾压混凝土是一种多相复合材料，内部结构非常复杂。宏观上，可以把碾压混凝土视为骨料分散在胶凝材料基材中的二相材料；微观上，碾压混凝土中硬化后的胶凝材料浆体是由凝胶、氢氧化钙晶体、未水化的水泥和掺合料颗粒、凝胶空隙、毛细孔及孔隙水等组成。胶凝材料尤其是掺合料的水化会延续很长时间，水分继续蒸发，留下空隙，内部收缩还会产生微细裂缝。碾压混凝土的破坏也是由于在外力作用下内部微裂缝的发生、延伸及扩张造成。

碾压混凝土的强度包括抗压强度、抗拉强度和抗剪强度，抗拉强度又分为劈拉强度和轴拉强度，抗剪强度又包括层间结合抗剪强度及碾压混凝土本体抗剪强度两类。一般而言，抗压强度高于抗剪强度和抗拉强度，轴拉强度略高于劈拉强度，碾压混凝土本体抗剪强度高于层间结合抗剪强度。

碾压混凝土早期强度发展慢于常态混凝土，28d 后强度的发展则快于常态混凝土。目前碾压混凝土结构设计与施工中，碾压混凝土强度评定方法基本与常态混凝土类似，但成型方法、配合比和组分比例等与常态混凝土有较大差别，因此，碾压混凝土的强度影响因素更复杂。

本章主要介绍碾压混凝土的抗压强度、抗拉强度和抗剪强度的测试方法及影响因素，阐明强度发展规律，特别论述了碾压混凝土层面的抗剪强度问题。

8.1.1 固体强度模型概述

材料是由无数原子或分子组成的物质，所以它的力学性能取决于这些粒子的结合状态。一般认为，在原子间起作用的是原子间距 r、引力 a/r^p 和斥力 b/r^q。原子间的结合力 F 用下式表示：

$$F = \frac{a}{r^p} - \frac{b}{r^q} \quad (q > p) \tag{8.1.1}$$

如原子间距为 r_0 时，$F = 0$，这时原子保持平衡状态。如图 8.1.1 所示，当 $r < r_0$ 时，斥力增加得很快；当 $r > r_0$ 时，则存在最大引力时的间距 r。

原子间的斥力是非常大的，所以固体的破坏基本上是拉力造成的。假定用拉力将其完全分开，就由作用在两个相邻原子间的原子力产生的抵抗力 F 承担。假定与拉力垂直的单位面积上的抵抗力为 σ，为简单起见，把 $r > r_0$ 这部分视为近似的正弦曲线，如图

8.1.2 所示，则

$$\sigma = K \sin \frac{\pi}{a}(r-r_0) \tag{8.1.2}$$

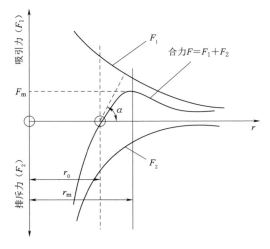

图 8.1.1　原子之间的引力　　　　　图 8.1.2　抵抗力与原子间距的关系

从 r_0 起，如 r 增加 dr 时，其应力增量为 $d\sigma$，应力与应变之比为 $\dfrac{d\sigma}{dr/r_0}$。

因为 $r=r_0$ 为平衡位置，当 $r \to r_0$ 时，$\dfrac{d\sigma}{dr/r_0}$ 就是这个物质的弹性模量 E_0，即

$$
\begin{aligned}
E &= \lim_{r \to r_0} \left\{ r_0 \left(\frac{d\sigma}{dr} \right) \right\} \\
&= \lim_{r \to r_0} \left\{ r_0 \frac{K\pi}{a} \cos \frac{\pi}{a}(r-r_0) \right\} \\
&= K\pi \left(\frac{r_0}{a} \right)
\end{aligned}
\tag{8.1.3}
$$

为了抵抗拉应力 $\sigma(r)$，使原子从 r_0 到 r_0+a 时所需要的单位面积的功为 W，则

$$
\begin{aligned}
W &= \int_{r_0}^{r_0+a} \sigma(r)dr = \int_{r_0}^{r_0+a} K \sin \frac{\pi}{a}(r-r_0)dr \\
&= \left[-\frac{aK}{\pi} \cos \frac{\pi}{a}(r-r_0) \right]_{r_0}^{r_0+a} \\
&= \frac{2aK}{\pi}
\end{aligned}
\tag{8.1.4}
$$

由于原子结合的破坏而形成的单位面积新表面所做的功（数量上等于表面能量）为 γ 时，W 就是造成两个新表面所需的功，所以

$$W = 2\gamma \tag{8.1.5}$$

由式（8.1.4）和式（8.1.5）得

$$\begin{cases} \dfrac{2aK}{\pi} = 2\gamma \\[2mm] a = \dfrac{\pi\gamma}{K} \end{cases} \tag{8.1.6}$$

由式（8.1.3）和式（8.1.6）得

$$K = \sqrt{\dfrac{E\gamma}{r_0}} \tag{8.1.7}$$

理论破坏应力 σ_m 取 σ 的最大值 σ_{max}，即 $\sigma_{max} = K$，则

$$\sigma_m = \sqrt{\dfrac{E\gamma}{r_0}} \tag{8.1.8}$$

σ_m 可粗略地估计为

$$\sigma_m \approx 0.1E$$

这样，普通混凝土的理论抗拉强度就可达到 1.0×10^3 MPa 的量级。但实际抗拉强度则远远低于这个理论值。根据格利菲斯（Griffith）理论，应力作用在材料上，材料就会产生应变，在一定的应力状态下，混凝土中的裂缝达到临界宽度后，处于不稳定状态，就会扩展，以致断裂。脆性材料在破坏前是一种不完全塑性变形的材料，混凝土虽然被称为脆性材料，但不是真正的脆性材料。脆性材料的强度取决于材料未施加应力前表面或内部的微裂缝的程度，比理论强度小得多。

弹性模量为 E 的薄板，在应力 σ 的作用下，裂开长度为 $2c$ 的扁平椭圆形的裂缝时（图 8.1.3），板内积蓄的应变能、单位厚度的能量相应地减少，即

$$W_1 = \dfrac{\pi c^2 \sigma^2}{E} \tag{8.1.9}$$

同时，由于形成了单位厚度为 $2c$ 的新表面，故单位厚度表面能相应增加，即

$$W_2 = 4c\gamma \tag{8.1.10}$$

所以，有裂缝的板比没有裂缝的板的表面能相应增加为

$$W = W_2 - W_1 = 4\gamma c - \dfrac{\pi \sigma^2 c^2}{E} = c\left(4\gamma - \dfrac{\pi \sigma^2}{E}c\right) \tag{8.1.11}$$

表面能与裂缝宽度的关系如图 8.1.4 所示。

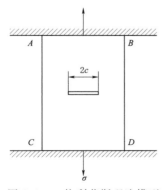

图 8.1.3　格利菲斯理论模型

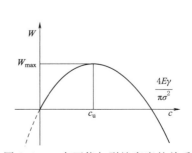

图 8.1.4　表面能与裂缝宽度的关系

因为当 $c=c_u$ 时，$\dfrac{\mathrm{d}W}{\mathrm{d}c}=0$，所以即使 c 变化，表面能并没变化。也就是说，即使系统外界不供给能量，裂缝仍可以增大，还是呈不稳定状态。

由于裂缝增大，材料断裂的条件为

$$\frac{\mathrm{d}W}{\mathrm{d}c}=0$$

如果以 $\dfrac{\mathrm{d}W}{\mathrm{d}c}=0$ 时的 c 作为 c_u，σ 作为 σ_u，则由式（8.1.11）得

$$\frac{\mathrm{d}W}{\mathrm{d}c}=4\gamma-\frac{2\pi\sigma^2 c}{E}=0$$

$$\sigma_u=\sqrt{\frac{2E\gamma}{\pi c}} \tag{8.1.12}$$

$$c_u=\frac{2E\gamma}{\pi\sigma^2} \tag{8.1.13}$$

式（8.1.2）为已知裂缝 c 的断裂应力，式（8.1.13）为在应力 σ 作用下不稳定裂缝的尺寸。

当板的厚度和裂缝长度比不能忽略时，设泊松比为 μ，则

$$\sigma_u=\sqrt{\frac{2E\gamma}{\pi c(1-\mu^2)}} \tag{8.1.14}$$

以上就是格利菲斯断裂理论。

式（8.1.14）可近似地写为

$$\sigma_u\approx\sqrt{\frac{E\gamma}{c}} \tag{8.1.15}$$

将 σ_u 与理论抗拉强度 σ_m 计算式对比，可求得

$$\frac{2\alpha K}{\pi}=2\gamma \tag{8.1.16}$$

这个结果也可以这样解释：裂缝在其两端引起了应力集中，将外加应力放大了 $\left(\dfrac{c}{r_0}\right)^{\frac{1}{2}}$ 倍，使裂缝尖端达到了理论强度，从而导致断裂。如 $r_0\approx2\times10^{-8}\mathrm{cm}$，则在材料中存在一个 c 为 $2\times10^{-4}\mathrm{cm}$ 的裂缝，就可以使断裂强度降为理论强度的百分之一。

格利菲斯理论不仅适用于拉力作用下的破坏，也可推广到双向、三向应力作用下以及轴向压力作用下的破坏。甚至当两个主应力均为压应力时，沿着微裂缝边缘的应力在某些点上也可能为拉应力，以致发生破坏。奥罗万（Orowan）在格利菲斯理论基础上研究了双向应力作用下的断裂条件，计算了与主应力轴相关的最危险方向的裂缝尖端处的最大拉应力，并把该拉应力作为二主应力 P 与 Q 的函数。其断裂标准如图 8.1.5 所示。图中 K 为中心受拉的抗拉强度。破坏是在 P 与 Q 的联合作用下发生的，即断裂点所代表的是穿过曲线在阴影边之外的应力状态。

由图 8.1.5 可以看出，轴向受压时可能产生断裂，在此情况下，标称抗压强度为 $8K$，即 8 倍于直接受拉试验确定的抗拉强度。这个数值与观测的混凝土抗压强度与抗拉

强度的比值十分符合。

不同应力下的混凝土断裂型式如图 8.1.6 所示。在单轴拉应力下，断裂面或多或少与荷载方向垂直。

单轴压应力下，裂缝大约平行于荷载方向，但也有裂缝与荷载方向呈一定的角度。平行的裂缝是由垂直压荷载的局部拉应力引起的，倾斜的裂缝是由剪切面破坏所致的。应注意，平行荷载方向的两个面上的裂缝将试件分解成柱状碎片 [图 8.1.6（b）]。

双轴压力下，破坏发生在平行荷载方向的一个面上，导致板状碎片的形成 [图 8.1.6（c）]。

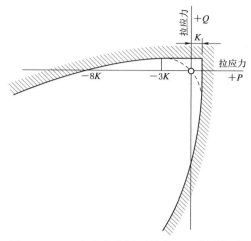

图 8.1.5　双向应力作用下的奥罗万断裂标准

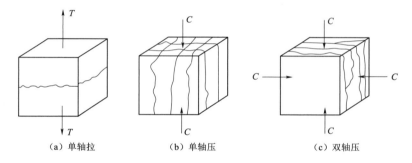

（a）单轴拉　　　　（b）单轴压　　　　（c）双轴压

图 8.1.6　不同应力下的混凝土断裂型式

实际上，在混凝土抗压试件观测到的开裂方向总是垂直于加荷方向，其破坏很可能是受泊松比引起的横向应变控制。当试件受压时，试验机的压板与试件承压面紧紧相压，产生横向摩擦力，对试件承压面及毗连部分的横向变形具有约束作用，这种摩擦力很难消除。但当试件的高径比（高宽比）大于 2 时，试件中部受端面摩擦力的影响就可忽略。这时，试件中部混凝土泊松比所产生的横向应变能够超过混凝土的极限拉应变。于是在垂直于加荷的方向产生劈裂破坏。

许多试验表明，决定静荷载下混凝土强度的不是极限应力而是极限应变，通常认为混凝土拉应变为 $100\times10^{-6}\sim200\times10^{-6}$，实际值与试验方法和混凝土强度等级有关，强度等级越高极限应变越低。压应变为 2×10^{-3}（混凝土强度 70MPa）$\sim4\times10^{-3}$（混凝土强度 14MPa），结构计算中常用值为 3.5×10^{-3}。

混凝土是由水泥浆和骨料组成的非匀质材料，硬化过程中，可能出现沉陷裂缝和塑性收缩裂缝。沉陷裂缝产生的主要原因包括混凝土沉陷时受到钢筋等物的约束；由于模板移动、基础沉陷等导致混凝土变形；由于浇注面不平使混凝土不均匀沉陷。塑性收缩裂缝主要是由于基础吸水、模板的吸水或漏水，或者蒸发等使未凝固混凝土脱水，引起与脱水体积大体相等的收缩，同时这种收缩又受到基础、模板、钢筋等的约束而引起拉应力，此时混凝土的抗拉强度几乎为零，而易于产生裂缝。

　　从材料角度来看，水泥浆和骨料不仅弹性模量不同，而且对于温度变化、湿度变化的变形性能也不同，因此在硬化过程中，两者界面上产生应力集中形成微裂缝。而且，由于泌水，骨料的下边产生了水隙。这样，混凝土在加荷前，骨料和水泥浆的界面上多数已出现裂缝，稍微施加点应力，这些裂缝就扩大。此时，由于应力较小，裂缝尖端处的塑性变形与微观结构的非均质性吸收能量，裂缝只能极其缓慢地发展。但当应力增大时，打破了应变能与裂缝的平衡，裂缝变为不稳定，逐步扩大，包括裂缝数量的增加和宽度增大。

　　以这个过程为界，混凝土无论在物理性质上还是力学性能上都是不连续体，此点称为不连续点。丧失了连续性的混凝土，即使稍微增加点应力，应变也要迅速增加，因而可以认为不连续点就相当于脆性材料的屈服点，是非均质材料独有的特点。

　　有研究建议把不连续点作为混凝土破坏的定义，因为在不连续点上，混凝土的体积应变停止减小，泊松比开始急剧增加，此时水泥石的裂缝开始扩展，裂缝开始出现不稳定，并且当持续荷载超过该点之后即产生破坏。在不连续点上横向拉伸应变取决于轴向抗压强度的大小，且混凝土强度越高，横向拉伸应变越大。也有研究认为，混凝土的破坏是一个逐渐积累的过程，不能把出现不连续点作为混凝土显著破坏的标志。在承受拉应力时，混凝土的非连续点比较典型地在高至极限强度的 70% 的应力水平出现。而且开裂只能改变裂缝的形状，使局部应力重分布，延迟结构的破坏。在承受压应力时，混凝土开裂一经引发，即将导致完全破坏。

　　混凝土在短期荷载作用下的应力—应变曲线如图 8.1.7 所示。从应力—应变曲线可以看出，随应力大小的不同可分为三个阶段。当应力小于（30%～50%）极限强度时，应力—应变曲线接近于直线，混凝土的变形主要是弹性变形，也有极少数的塑性变形，这部分塑性变形主要是由混凝土内原生的微裂缝被压闭合，在拉应力集中的局部各点上出现新的微裂缝引起的，在此阶段混凝土的连续性未被破坏。

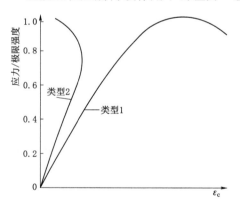

图 8.1.7　混凝土受压时的应力—应变曲线

　　当应力在（30%～50%）极限强度至（70%～90%）极限强度之间时，应力—应变曲线的曲率增大，此阶段混凝土内部的微裂缝稳定扩展，微裂缝的长度、宽度和数量都将增加，随后应变将以比应力更快的速度增加，微裂缝开展以及徐变使混凝土内产生应力重分布，使混凝土破坏延迟，若保持应力在某一水平不变，裂缝扩展到某一程度也会自行停止。由于混凝土内部微裂缝的扩展，混凝土的总变形中包括有较多的塑性变形，它是与混凝土内部的微裂缝发展相联系的，故称为假塑性。

　　当应力大于（70%～90%）极限强度时，混凝土内部出现不稳定裂缝扩展，在应力不变的条件下，裂缝的扩展也会自发进行。混凝土表面出现可见裂缝，并伴随着混凝土体积的膨胀，这时不管应力增加与否，均会导致混凝土的破坏。当然，如果应力水平增加，达到极限抗压强度，混凝土将迅速产生破坏。

混凝土在承受拉应力时的应力—应变曲线如图8.1.8所示。从图8.1.8可以看出，在应力水平较低时，拉伸应力—应变曲线接近于直线，当应力超过极限抗拉强度的70%左右时，应变的增加超过应力的增加，曲线明显弯曲，应力继续增加，随即产生破坏。

混凝土在重复荷载作用下，应力—应变曲线因作用应力大小的不同而有不同的形式。当重复应力小于极限强度的30%～50%时，应力—应变曲线如图8.1.9所示。从图中可以看出，每次卸荷都残留部分塑性变形，且随着荷载重复次数的增加，卸荷后残留的塑性变形增量逐渐减小，最后曲线趋于稳定，大致与初始切线平行。当重复应力大于极限强度的50%～70%时，随着荷载重复次数的增加，塑性应变将逐渐增加，最后导致疲劳破坏。

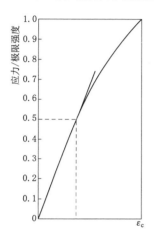 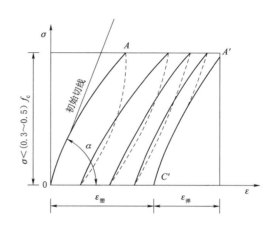

图8.1.8　混凝土受拉时的应力—应变曲线　　图8.1.9　混凝土在重复荷载作用下的应力—应变曲线

8.1.2　抗压强度与强度等级

碾压混凝土抗压强度是碾压混凝土结构设计的重要指标，是配合比设计的重要参数。在机口和仓面取样，测定抗压强度，可用于评价施工管理水平及施工质量验收。

目前，碾压混凝土抗压强度主要有立方体抗压强度、棱柱体抗压强度和圆柱体抗压强度三类。确定强度等级的试件有两种：一种为边长150mm的立方体试件，为我国、俄罗斯及部分欧洲国家常用；另一种为 $\phi150mm \times 300mm$ 的圆柱体试件，为美国、日本等国家常用。

碾压混凝土由于含浆量少，导致液化困难、粗骨料之间摩擦阻力大，形成了其超干硬性，仅通过加压对表观密度影响不大。要使表观密度变大，结构系统变得密实，就必须使粗颗粒克服摩擦阻力产生位移。在静力条件下，这种摩擦阻力很大，仅通过加压不能实现；但在动力条件下，细颗粒处于振动状态，通过加压，粗颗粒得以重新排列，形成稳定密实的结构，所以碾压混凝土须通过振动碾压才能成型。显然，碾压混凝土强度以及其他性能都与其压实特性相关，碾压混凝土达到结构设计要求的抗压强度，其先决条件是拌和物能在激振力作用下液化，达到密实。对碾压混凝土压实机理的研究表明：①碾压混凝土的强度随振动加速度的加大而加大，最大加速度增加至5g后，抗压强度的增长趋于稳定；②随碾压混凝土抗压强度随振动时间的延长而增加，振动时间延长至3倍VC值时，抗压强度的增长趋于稳定；③不论采用何种机具和手段成型，相同组分的碾压混凝土达到相同的密实度，其抗压强度没有明显差异。

碾压混凝土抗压强度成型采用的振动台与维勃试验振动台类似，各国的差异仅在试件尺寸、振动时间和表面压荷的大小的差异。我国《水工碾压混凝土试验规程》（DL/T 5433）规定的标准试件为边长150mm的立方体试件，根据试件最小尺寸大于骨料最大粒径3倍的原则，成型时要筛除粒径大于40mm的骨料。碾压混凝土抗压强度成型时，将拌和均匀的拌和物分2层装入试模，从试模周边呈螺旋形插捣25次，插捣上层时捣棒应插入下层1~2cm，每层插捣完毕用平刀顺模边插一遍。将模内拌和物表面整平。用振动台成型时，试模固定于振动台上，加上套模，放上承压板及压重块（按压强4900Pa计算），一次加压成型。成型后的带模试件用塑料薄膜遮盖，并移至养护室养护24~28h后拆模，拆模后的试件放入养护室中进行养护，直至试验龄期。

碾压混凝土抗压强度测试方法与常态混凝土相同。

碾压混凝土一般为大体积混凝土，设计强度等级一般较低，水工经常采用的碾压混凝土强度等级包括C10、C15、C20、C25，又由于碾压混凝土浇筑后经过较长时间后才承受设计荷载，其设计龄期经常采用90d或180d龄期，$C_{90}15$、$C_{90}20$等2个强度等级的碾压混凝土最为常用。

碾压混凝土的强度等级与常态混凝土类似，根据设计龄期，边长为200mm的标准立方体试件，在温度为（20±3）℃、相对湿度不小于95％的标准条件下养护，试件表面不涂油脂，所测得的抗压强度以R表示，单位为kgf/cm^2。

混凝土标号与强度等级之间的换算关系为

$$\alpha = \frac{\pi\gamma}{K} \tag{8.1.17}$$

由此可以得出R与C的换算关系，见表8.1.1。

表8.1.1　　　　　　　　　　　　　　R与C的换算关系表

混凝土标号$R/(kgf/cm^2)$	100	150	200	250
混凝土立方体抗压强度的变异系数δ_{fcu}	0.23	0.20	0.18	0.16
混凝土强度等级C（计算值）	9.24	14.20	19.21	24.33
混凝土强度等级C（取用值）	C9	C14	C19	C24

8.1.3　强度与孔隙率的关系

碾压混凝土压实后，其混凝土孔隙率和强度的关系与常态混凝土是一致的。

1. 孔隙率

新拌水泥浆是水泥颗粒分散在水中的塑性体系。但是水泥浆一旦凝结，其视体积或总体积就大致固定了。如第2章所述，浆体包括$Ca(OH)_2$和其他水泥水化产物，假设没有因泌水或蒸发而损失水分，那么所有水化产物的总体积应包括干水泥和拌和水的绝对体积。水化后，拌和水以三种形式存在：结合水、凝胶水和毛细孔水。

水泥水化前和水化过程中，水泥浆的体积组成比如图8.1.10所示。水化水泥或水泥凝胶，包括固体水化产物和水，这种水叫凝胶水，它们物理结合或吸附在水化产物的较大表面上，分布在固体水化产物之间的凝胶孔中，孔非常小（直径约 2nm）。研究表明，凝胶水的体积占水泥凝胶体积的 28%。

除了凝胶水，还有与水化产物化学或物理形式紧密结合的结合水。结合水的数量由非挥发水量确定❶，约占完全水化水泥质量的 23%。

现在，固体水化产物的体积小于最初干水泥（现在已水化）和拌和水的绝对体积之和，因此，在浆体总体积中有一个剩余空间。对于完全水化的水泥，不再需要多余的水，剩余空间约占最初水泥体积的

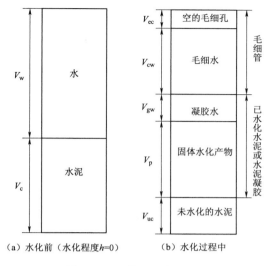

（a）水化前（水化程度h=0）　（b）水化过程中

图 8.1.10　体积比的图示

18.5%，以空隙或毛细孔形式存在，可能是空的或充满水，这取决于拌和水量和水化期间是否有水渗入有关。毛细孔（直径约 $1\mu m$）远大于凝胶孔。

如果拌和水量大于完全水化所必需的水。那么毛细孔的体积比将大于 18.5%，且孔内充满水。

假定新鲜水泥浆完全密实（图 8.1.10），来考虑水泥水化引起的体积变化。因结合水约占完全水化水泥 23% 的质量比，因此，如果以水化的水泥为例，即水化程度为 h，那么，水泥初始质量为 C 时，结合水的质量为 $0.23Ch$。

前面提到过，当完全水化的水泥体积为 V_c，那么形成空的毛细孔体积 $V_{ec}=0.185V_c$。若干水泥绝对密度为 3.15，则其固体质量为 $3.15V_c$。因此，水化程度为 h 时，空的毛细孔的体积为

$$V_{ec}=0.185V_c h=0.185\frac{c}{3.15}h=0.059Ch \tag{8.1.18}$$

显然，结合水的体积减去空毛细孔体积得

$$(0.23-0.059)Ch=0.171Ch$$

结合水和水化水泥体积之和，减去空的毛细孔体积，可得到固体水化产物的体积：

$$V_p=\frac{Ch}{3.15}+0.171Ch=0.488Ch \tag{8.1.19}$$

凝胶水约占水泥凝胶体体积的 28%，由此可获得凝胶水的体积 V_{gw}，那么，凝胶孔隙率为

$$P_g=0.28=\frac{V_{gw}}{V_p+V_{gw}} \tag{8.1.20}$$

---

❶　非蒸发水和蒸发水的界定通常是基于 105℃ 环境中水分的逸失。

由式（8.1.19）和式（8.1.20）得到

$$V_{gw} = 0.190Ch \tag{8.1.21}$$

现在，可以由图 8.1.10 推导凝胶水的体积 V_{cw}：

$$V_{cw} = V_c + V_w - (V_{uc} + V_p + V_{gw} + V_{ec}) \tag{8.1.22}$$

式中：V_c 为最初的水泥体积，为 $C/3.15$；V_{uc} 为未水化的水泥体积，即

$$V_{uc} = V_c(1-h) \tag{8.1.23}$$

V_p、V_{gw} 和 V_{ec} 分别由式（8.1.19）、式（8.1.21）和式（8.1.18）得到。

因此，式（8.1.22）转化为

$$V_{cw} = V_w - 0.419Ch \tag{8.1.24}$$

利用以上公式，可以估算不同水化状态下水泥浆的体积组成。水灰比对估算值的影响见图 8.1.11。图中的最小水灰比为水泥完全水化的最低限（质量比约 0.36），低于此值，水化产物的容纳空间将不足。这个情况适用于水养护下的水泥浆，也就是说，毛细管可吸收外部水分以促进内部的水泥水化。

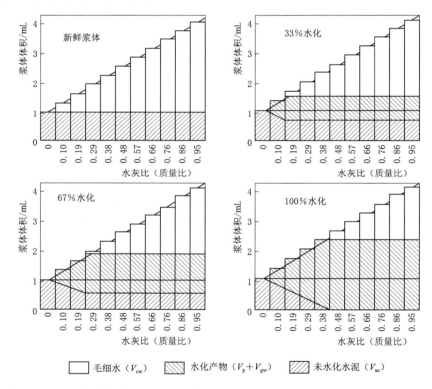

图 8.1.11　不同水化状态下的水泥浆组成（所示百分率仅适用于有足够充水空间容纳此水化状态下水化产物的浆体）

反之，当水化环境处于封闭状态，即不能获取外部水分，则完全水化需要的最小水灰比较高。这是因为继续水化的条件是，毛细孔内有足够水分以确保一个足够高的内部相对湿度，不仅仅是化学反应所需的用水量。

毛细孔或气孔的总体积是决定硬化混凝土性能的基础因素，此体积值由式（8.1.24）

和式（8.1.18）确定：

$$V_{cw}+V_{ec}=V_w-0.36Ch=\left(\frac{W}{C}-0.36h\right)C \tag{8.1.25}$$

式（8.1.25）是基于原始质量水灰比 W/C 的表达式。而通常是用硬化水泥浆总体积的百分比来表示毛细孔体积，称为毛细孔隙率 P_c，表达式如下：

$$P_c=\frac{\left(\frac{W}{C}-0.36h\right)C}{V_c+V_w} \quad 或 \quad P_c=\frac{\frac{W}{C}-0.36h}{0.317+\frac{W}{C}} \tag{8.1.26}$$

现在，可以计算水泥浆中总的孔隙率 P_t，即凝胶孔与毛细孔体积之和占水泥浆总体积的比例：

$$P_t=\frac{0.190Ch+\left(\frac{W}{C}-0.36h\right)C}{0.317+\frac{W}{C}}$$

也就是

$$P_t=\frac{\frac{W}{C}-0.17h}{0.317+\frac{W}{C}} \tag{8.1.27}$$

式（8.1.26）和式（8.1.27）说明了孔隙率取决于水灰比和水化程度。实际上，这些公式中分子项的 W/C 是影响孔隙率的最主要因素，如图 8.1.12 所示。从图中可看出，孔隙率随着水化程度的增加而降低。水灰比在正常范围时，孔隙率的变化仅在水泥浆处于"半固体"状态下进行。例如，水灰比为 0.6 时，孔隙总体积约为水泥浆体积的 $47\%\sim60\%$，具体取决于水化程度。

以上得到的孔隙率表达式均假设新鲜水泥浆完全密实，即内部没有偶然或带入的空气。如果存在空气或使用了引气剂，那么式（8.1.26）、式（8.1.27）分别转变为

$$C=\frac{\frac{W}{C}+\frac{a}{C}-0.36}{0.317+\frac{W}{C}+\frac{a}{C}} \tag{8.1.28}$$

$$P_t=\frac{\frac{W}{C}+\frac{a}{C}-0.17h}{0.317+\frac{W}{C}+\frac{a}{C}} \tag{8.1.29}$$

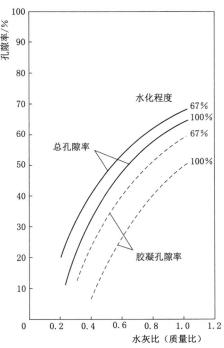

图 8.1.12 水泥浆中水灰比和水化程度对毛细孔和总孔隙率的影响［见式（8.1.26）和式（8.1.27）］

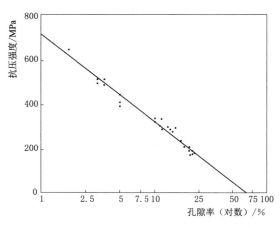

图 8.1.13　水泥浆抗压强度和孔隙率对数的关系

式中：a 为新鲜水泥浆中的空气体积。

现在，水灰比和硬化水泥浆中孔隙率之间的关系已明确了。孔隙率和强度之间也有相应的关系，这与毛细孔中是否保水无关。水泥浆抗压强度和孔隙率对数的关系见图 8.1.13，要获得超高强度，需通过高压使低水灰比水泥浆具备良好的密实度。

值得注意的是，抗压强度和孔隙率的关系不仅适用于混凝土，同样适用于金属和其他一些材料。

2. 胶孔比

另一个表达孔隙率的参数是胶孔比 χ，即水泥凝胶体体积占水泥凝胶和毛细孔体积之和的比值，计算式如下：

$$\chi = \frac{V_p + V_{gw}}{(V_p + V_{gw}) + (V_p + V_{ec})} \tag{8.1.30}$$

代入上述公式，式（8.1.30）转化为

$$\chi = \frac{0.678h}{0.318h + \dfrac{W}{C}} \tag{8.1.31}$$

如果有带入或者引入的空气，那么：

$$\chi = \frac{0.678h}{0.318h + \dfrac{W}{C} + \dfrac{a}{C}} \tag{8.1.32}$$

胶孔比可用于估算水泥凝胶体刚好占据可用空间，即 $\chi = 1$ 时的最小水灰比。例如，水化程度 h 为 33%、67% 和 100% 时，最小水灰比分别为 0.12、0.24 和 0.36，结果与图 8.1.11中的数据对应。

已证实，胶孔比与抗压强度 f_c 有关，关系式如下：

$$f_c = A\chi^b \tag{8.1.33}$$

式中：A 和 b 为常数，由水泥品种决定，关系图见图 8.1.14。常数 A 代表了针对所用水泥品种和试件类型条件下，凝胶固有的或最大的强度（$\chi = 1$）。换言之，水灰比为 0.36，常规的密实度情况下，完全水化的水泥浆可获得可能的最大强度。然而，这样的话，应用中胶孔比的概念是有局限的，正如前面提到的，低水胶比下部分水化的水泥浆要获得高强度，需通过高压以降低孔隙率。

3. 混凝土的总孔隙

以上计算了孔隙的总体积，即气孔和夹带或引入的空气体积，凝胶体中的孔隙率计算见式（8.1.29）。然而，混凝土中的孔隙率也很值得研究。

如果混凝土的配合比为 $C:A_{f}:A_{c}$（水泥、细骨料和粗骨料的质量比）●，水灰比为 W/C，引入气体的体积为 a。那么混凝土中孔隙总体积 V_{v} 为

$$V_{v}=V_{gw}+V_{cw}+V_{ec}+a$$

利用式（8.1.21）和式（8.1.25），可以得到

$$V_{v}=\left(\frac{W}{C}-0.17h\right)C+a \qquad (8.1.34)$$

现在，混凝土总体积为

$$V=\frac{C}{3.15}+\frac{A_{f}}{\rho_{f}}+\frac{A_{c}}{\rho_{c}}+W+a \qquad (8.1.35)$$

式中：ρ_{f} 和 ρ_{c} 分别为细骨料和粗骨料的比重。

同样假定未因泌水或离析而损失水分。如果骨料不吸水，那么式（8.1.35）中采用的均为绝对比重。如果骨料吸水且拌和时为饱和面干状态，那么式（8.1.35）中采用的是毛比重。然而，如果使用干燥的骨料，那么就要考虑它的吸水量，式（8.1.34）中也要使用混凝土的有效水灰比；这种情况下，采用骨料的表观比重（视比重）来计算混凝土的体积更合适。

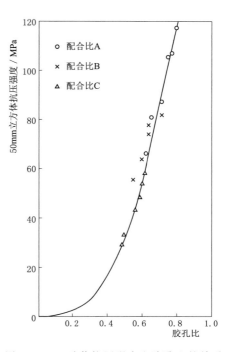

图 8.1.14 砂浆抗压强度和胶孔比的关系

从式（8.1.34）和式（8.1.35）可以导出混凝土总孔隙的比例，即混凝土孔隙率 P：

$$P=\frac{V_{v}}{V}=\frac{\dfrac{W}{C}-0.17h+\dfrac{a}{C}}{0.317+\dfrac{1}{\rho_{f}}\dfrac{A_{f}}{C}+\dfrac{1}{\rho_{c}}\dfrac{A_{c}}{C}+\dfrac{W}{C}+\dfrac{a}{C}} \qquad (8.1.36)$$

举一个具体的例子：如果混凝土配合比为 $1:2:4$，水灰比为 0.55，测定的混凝土中体积含气量为 2.3%，细骨料和粗骨料的比重为 2.60 和 2.65，那么，由式（8.1.35）计算单位质量水泥的含气量：

$$\frac{a}{V}=\frac{\dfrac{a}{C}}{\dfrac{1}{3.15}+\dfrac{2}{2.6}+\dfrac{4}{2.65}+0.55+\dfrac{a}{C}}=\frac{2.3}{100}$$

因此，单位质量水泥的夹带空气体积为 $\dfrac{a}{C}=0.074$。

如果水化程度为 0.7，那么由式（8.1.36）得到混凝土孔隙率 $P=15.7\%$。混凝土拌和后水化程度为 70%（$h=0.7$）时，各组成体积比见图 8.1.15，水化程度可通过式（8.1.18）、式（8.1.19）、式（8.1.21）～式（8.1.23）来计算。当配合比为 $1:4$ 和水

● 这是表达混凝土配合比的标准方式。如配合比 $1:2:4$，包括 1 份重量的水泥，2 份重量的细骨料和 4 份重量的粗骨料；而 $1:6$ 的配合比包括 1 份重量的水泥和 6 份重量的骨料。

灰比 0.4 时，混凝土体积比见图 8.1.16（a），配合比为 1∶6 和水灰比 0.55 的情况见图 8.1.16（b），而配合比为 1∶9 和水灰比 0.75 的情况见图 8.1.16（c）。以上情况，水化程度均为 $h=0.7$，骨料比重为 2.6。

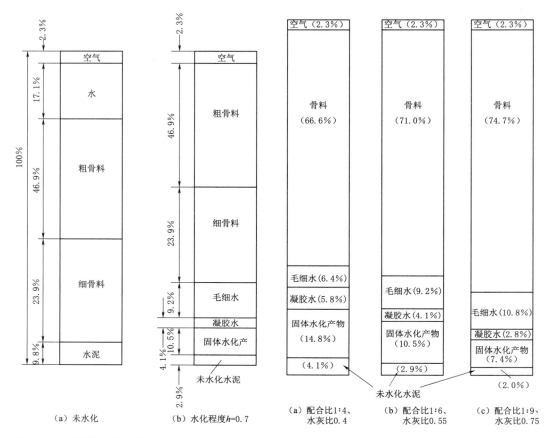

图 8.1.15　混凝土的体积比（配合比 1∶2∶4，水灰比 0.55，含气量 2.3%）

图 8.1.16　混凝土的体积比（水化程度 $h=0.7$，含气量 2.3%，骨料比重 2.6）

　　孔隙率是影响混凝土强度的一个基本参数。然而，不仅是孔隙总体积，而且孔隙的一些其他特征也非常重要，但是它们难以量化，以下将讨论到。

　　4. 孔隙尺寸及分布

　　虽然硬化水泥浆中孔隙尺寸有一个大致范围，但毛细孔比凝胶孔大很多。当浆体仅有部分水化时，毛细孔体系互相联通，其结果就是浆体的强度低、渗透性高、易受冻融和化学侵蚀破坏。这个弱点也取决于水灰比。

　　如果水化程度足够高，新生成的水泥凝胶体部分填充孔隙，以至于毛细孔体系被隔断，那么以上问题就可以避免。这种情况下，毛细孔仅通过许多不透水的小凝胶孔才能联通。毛细孔被隔断的水化程度及所需的最小养护龄期见表 8.1.2。然而，应该注意到，水灰比一定时，水泥越细，达到一定水化程度所需的养护时间越短。表 8.1.2 表明，为得到耐久性混凝土，水灰比越低，所需的养护时间越短，当然，拌和物孔隙率低则强度高。

表 8.1.2   **毛细孔被隔断的水化程度及所需的最小养护龄期**

水灰比	水化程度/%	最小养护龄期/d	水灰比	水化程度/%	最小养护龄期/d
0.40	50	3	0.60	92	180
0.45	60	7	0.70	100	360
0.50	70	14	>0.70	100	不可能

8.1.4 抗压强度的主要影响因素

孔隙率是影响碾压混凝土强度的主要指标，但因在工程实践中难以测试，或因水化程度不易测定而难以计算（假定水灰比已知），实践中影响碾压混凝土强度的主要因素是：水灰比、水泥品种与强度等级、掺合料品种及掺量、胶凝材料用量、砂率、养护方法、龄期和温度、外加剂、试验方法。然而，还有其他因素影响强度，如骨料/水泥比、骨料质量（级配、表面结构、形状、强度和硬度）、骨料最大粒径及过渡区。对于充分压实的碾压混凝土，影响混凝土抗压强度的因素很多，主要是水灰比；而压实不充分时，碾压混凝土的密实度就成为最主要的影响因素。

8.1.4.1 水胶比对抗压强度的影响

碾压混凝土与常态混凝土一样，在掺合料掺量一定的条件下，随水胶比的增大而降低，水胶比通过影响碾压混凝土孔隙率而影响混凝土强度，孔隙率是影响混凝土强度的基本因素，但孔隙率的测定比较困难，在工程实践中，常假定在龄期一定及养护温度一定的混凝土，强度主要取决于水灰比与密实度。对充分密实的混凝土（混凝土硬化后含有 1‰ 的气孔），法国人 Feret 在 19 世纪末发现混凝土的抗压强度与其中的水泥和空气的绝对体积有关，提出了混凝土抗压强度定则，这个定则对碾压混凝土一样适用，即

$$f_c = K \left(\frac{V_{cf}}{V_{cf} + V_w + a} \right)^2 \tag{8.1.37}$$

式中：f_c 为混凝土抗压强度；V_{cf} 为胶凝材料体积，指水泥和掺合料的体积之和，掺合料一般指活性掺合料，如粉煤灰、磷渣粉、矿渣粉等；V_w 为水的绝对体积；a 为空气的绝对体积；K 为常数。

在水泥水化过程中，水胶比决定了硬化水泥浆的孔隙率，因而水胶比与密实度两者都影响混凝土的空隙体积。严格地说，混凝土的强度是受混凝土中全部空隙体积的影响，即受夹带空气（孔）、毛细孔、凝胶孔及引气孔（如果存在的话）体积的影响。孔隙体积对强度的影响可以用幂函数的形式表达：

$$f_c = f_{c,0} (1 - P)^n \tag{8.1.38}$$

式中：f_c 为孔隙率为 P 时混凝土的强度；$f_{c,0}$ 为孔隙率为零时的混凝土强度；P 为混凝土的孔隙率；n 为系数，但不一定是常数。

对水泥浆进行高压和高温处理的结果证实了由超低孔隙率而获得极高强度的可能性。

1919 年，美国人阿布伦（D. A. Abrams）根据大量的混凝土试验，建立了混凝土抗压强度的水灰比定则，即当混凝土充分密实时，其强度与水灰比成反比，强度公式为

$$f_c = \frac{K_1}{(K_2)^{w/c}} \tag{8.1.39}$$

式中：f_c 为混凝土抗压强度；W/C 为水灰比；K_1、K_2 为经验系数。

混凝土抗压强度与水灰比的关系如图 8.1.17 所示。

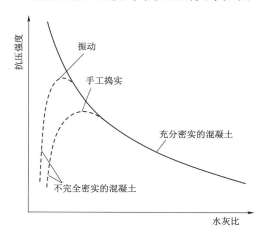

图 8.1.17　混凝土抗压强度与水灰比的关系

对碾压混凝土而言，由于大量使用掺合料，"水灰比定则"变化为"水胶比定则"即可适用。

随后，挪威人李斯（I. Lyse）和瑞士人保罗米（J. Bojomey）将混凝土抗压强度与水灰比的关系，改为抗压强度与灰水比的关系，认为混凝土的抗压强度与灰水比成正比关系，在碾压混凝土中，则表现为碾压混凝土抗压强度与胶水比成正比：

$$f_c = a\left(\frac{C}{W} - b\right) \qquad (8.1.40)$$

式中：f_c 为混凝土抗压强度；C/W 为胶水比；a、b 为试验系数。

目前，我国应用的碾压混凝土抗压强度与胶水比的经验公式为

$$f_c = af'_c\left(\frac{C}{W} - b\right) \qquad (8.1.41)$$

式中：f_c 为混凝土抗压强度；f'_c 为胶凝材料抗压强度；C/W 为混凝土胶水比；a、b 为试验系数。

系数 A、B 的值，随所用材料的品种、施工条件的不同而不同。因此，有条件时，应根据工程的实际情况进行系统的试验，建立强度与水胶比的关系曲线。无条件时，可参考有关的资料，根据设计要求选择合适的经验数值。一般而言，A、B 可以参考取以下值：对卵石，$A=0.733$，$B=0.789$；对碎石，$A=0.811$，$B=0.581$。

应当指出，混凝土抗压强度的"水灰比定则"在应用上是有条件的。它是在采用相同的混凝土原材料、混凝土充分密实条件获得的。从图 8.1.10 可知，目前，人们还不可能通过无限制地降低混凝土水灰比来获得最大的抗压强度。水灰比很低、水泥用量很高的混凝土，似乎表现出强度的衰退，特别是采用骨料最大粒径大的混凝土更是如此。因此在这类的混凝土中，低的水灰比在后期也不会得到高的强度，这一特性可能是由于水泥浆的收缩受到骨料的约束，引起水泥浆的开裂，使水泥浆与骨料的黏结力降低所致。

一般水电工程中使用的碾压混凝土的水胶比为 $0.45\sim0.70$，而水泥完全水化所需的化学结合水一般只占水泥质量的 23% 左右，在拌制混凝土时，为了获得必要的流动性，常需要较多的水，即采用较大的水灰比，这部分的水是作为混凝土的"润滑剂"，增加混凝土流动性。然而，混凝土中的多余水分对混凝土也会产生不利的一面，这就是在混凝土中存在游离水时，会使其内部残留一定的空隙，降低混凝土的密实性，同时多余的水分也会造成混凝土的泌水。增加混凝土中的微细裂缝，影响水泥石与骨料的黏结。因此水灰比越大，混凝土强度越低。

8.1.4.2　水泥品种、强度等级与掺合料的品种及掺量对抗压强度的影响

一般而言，配制高强度等级的混凝土，要用高强度等级的水泥，但高强度等级的水泥

也可配制低强度等级的混凝土。即使采用除水泥品种外相同的其他材料，不同品种水泥配制出的混凝土的强度发展规律也是不同的，这主要是因为水泥的矿物组成成分不同造成的。

在常温下，硅酸盐水泥、普通硅酸盐水泥、中热硅酸盐水泥比矿渣硅酸盐水泥、粉煤灰硅酸盐水泥、火山灰硅酸盐的水化要快，强度发展也快。在水灰比相同的条件下，用前三种水泥配制的混凝土的早期强度比用后三种水泥配制的混凝土的早期强度高，但其28d龄期的强度和90d龄期的强度则基本相同。

混凝土在凝结硬化过程中，由于水泥石的收缩受到骨料的约束，在水泥石中会出现拉应力，在水泥石与骨料的界面上以及水泥石中会形成微细裂缝，同时由于混凝土泌水，也会在骨料的下部形成水隙和裂缝。但混凝土在受荷载作用时，这些微细裂缝和裂隙将逐渐扩大、延长并连通起来，以致发生破坏。一般情况下，混凝土的破坏主要发生在水泥石与骨料的界面上以及水泥石中。而水泥石的强度及水泥石与骨料的界面黏结强度，在水灰比相同时，主要取决于水泥的强度等级，因此，用强度等级高的水泥配制的混凝土的强度也高。

碾压混凝土胶凝材料中掺用粉煤灰、磷渣粉、矿渣粉或其他火山灰掺合料，实际上相当于降低料胶凝材料的强度等级。但实际由于粉煤灰等掺合料品质的差异，其变化幅度并不一致。

碾压混凝土中掺入掺合料后，碾压混凝土早期强度较低，且发展缓慢，但后期强度发展较快，不同品种、不同品质的掺合料对碾压混凝土强度发展规律的影响是不一样的，优质掺合料对碾压混凝土早期强度影响要小，且强度发展也快。碾压混凝土的早期强度随掺合料掺量的增大而降低，而后期强度增长率随掺合料掺量增大而增大。增加掺合料掺量，虽然早期抗压强度有所降低，但对大体积混凝土而言并不重要，而掺合料能够改善碾压混凝土和易性，降低混凝土绝热温升和防止粗骨料分离都是非常重要的。

研究表明，当胶凝材料用量一定、粉煤灰掺量较低（一般低于30%）的情况下，对碾压混凝土抗压强度一般不会产生很大影响；但当粉煤灰掺量较高时，碾压混凝土抗压强度明显降低，这是因为粉煤灰掺量过多时，水泥用量减少，与粉煤灰进行二次反应的$Ca(CH)_2$浓度降低，从而影响了粉煤灰的水化反应程度，但其后期强度增长率仍明显高于纯水泥碾压混凝土的强度增长率。

由于近期我国基本建设工程规模大，作为掺合料首选的粉煤灰需求量巨大，结合考虑运距等经济因素，就地取材，开发新型的混凝土掺合料十分必要。近年来掺合料品种由原来常用的Ⅰ级粉煤灰、矿渣粉，扩展到Ⅱ级粉煤灰、磨细Ⅱ级粉煤灰、磷渣粉，石灰石粉作为一种惰性填料，有时也会被当作掺合料计算在胶凝材料用量内。

下面列举了不同水电站工程掺合料品种、掺量对碾压混凝土抗压强度的影响的实例。

1. 抗压强度与掺合料品种的关系

观音岩水电站碾压混凝土试验采用大地水泥厂生产的42.5中热硅酸盐水泥，掺合料为宣威Ⅱ级粉煤灰（以下简称F）、攀钢灰坝磨细Ⅱ级粉煤灰（以下简称Fb）、优选的磷渣和宣威Ⅱ级粉煤灰复掺料（以下简称PF）以及磷渣和攀钢灰坝磨细Ⅱ级粉煤灰复掺料（以下简称PFb）、优选的宣威Ⅱ级粉煤灰和石粉复掺料（以下简称FL），其中掺合料组合中两种掺合料复掺的比例均为50：50。

外加剂采用江苏博特JM-Ⅱ（R1）减水剂及GYQ引气剂；骨料采用龙洞石灰岩骨料，其中砂子为碾压混凝土专用砂，石粉含量为18%左右，细度模数为2.74，三级配碾压混凝土骨料组合为大石：中石：小石＝30：40：30，二级配为中石：小石＝55：45。试验中控制碾压混凝土拌和物VC值为5～7s，含气量为3%～4%。

碾压混凝土的早期强度发展较慢，后期增长较快；对分别掺入5种掺合料组合的三级配混凝土强度进行比较，除掺入石灰石粉的混凝土强度明显偏低外，掺其他掺合料组合的混凝土强度基本相当，掺入攀钢灰坝磨细Ⅱ级粉煤灰（Fb）的混凝土单位用水量最高，也就是增加了混凝土中胶凝材料的用量，因此，同等条件下其混凝土强度并没有明显降低。

水胶比、粉煤灰掺量相同时，二级配碾压混凝土强度比三级配碾压混凝土略高（表8.1.3和表8.1.4）。

表 8.1.3　碾压混凝土抗压强度与水胶比、掺合料品种及掺量的关系（二级配）

水胶比	掺 合 料		抗压强度/MPa			
	品种	掺量/%	7d	28d	90d	180d
0.45	F	45	12.6	21.8	30.9	35.0
0.50		45	10.7	18.9	28.7	31.7
0.55		45	9.1	16.5	23.5	26.3
0.45		55	11.7	20.1	26.2	32.8
0.50		55	8.8	16.2	23.2	30.9
0.55		55	6.4	13.3	20.7	25.6
0.45	Fb	45	12.9	22.0	31.8	34.0
0.50		45	11.1	19.1	28.8	30.5
0.55		45	9.6	17.9	26.1	27.4
0.45		55	11.9	18.0	31.1	32.7
0.50		55	9.3	15.5	27.9	29.5
0.55		55	7.2	13.4	24.0	26.4
0.45	PF	45	16.3	26.6	33.4	39.6
0.50		45	14.2	22.9	29.1	32.5
0.55		45	12.5	20.4	25.5	29.3
0.45		55	13.8	23.9	31.1	35.5
0.50		55	11.3	20.4	28.0	31.8
0.55		55	9.7	15.7	25.0	27.6
0.45	FL	45	10.8	15.9	23.6	26.2
0.50		45	9.3	13.2	20.7	22.5
0.55		45	8.1	11.0	18.6	20.4
0.45		55	9.8	14.3	21.3	22.6
0.50		55	7.9	12.5	18.8	20.3
0.55		55	6.2	10.4	16.4	18.7

续表

水胶比	掺 合 料		抗压强度/MPa			
	品种	掺量/%	7d	28d	90d	180d
0.45		45	15.4	24.6	31.6	33.9
0.50		45	13.7	22.7	28.2	30.1
0.55	PFb	45	11.3	20.2	25.3	27.5
0.45		55	12.2	23.9	31.2	33.2
0.50		55	10.0	20.1	27.8	29.4
0.55		55	9.2	16.9	25.4	26.1

表 8.1.4　碾压混凝土抗压强度与水胶比、掺合料品种及掺量的关系（三级配）

水胶比	掺 合 料		抗压强度/MPa			
	品种	掺量/%	7d	28d	90d	180d
0.45		55	11.2	22.0	27.0	32.9
0.50		55	9.6	17.1	25.2	31.6
0.55	F	55	7.7	13.9	22.1	29.7
0.45		65	9.2	17.5	26.1	31.8
0.50		65	8.2	13.7	24.3	30.2
0.55		65	6.7	11.4	22.1	28.2
0.45		45	11.3	21.4	27.3	31.2
0.50		45	8.7	15.8	25.4	29.5
0.55		45	6.6	11.3	23.8	26.2
0.45		55	9.7	18.4	26.2	30.4
0.50	Fb	55	7.2	14.5	25.3	28.9
0.55		55	5.9	11.8	22.0	23.1
0.45		65	7.4	14.2	23.8	27.0
0.50		65	5.4	11.6	21.2	25.3
0.55		65	4.5	9.5	18.6	22.6
0.45		55	9.3	19.6	29.5	33.9
0.50		55	9.7	17.5	26.9	31.5
0.55	PF	55	7.6	15.8	25.4	27.6
0.45		65	8.1	18.1	28.7	33.7
0.50		65	6.1	13.9	26.3	30.2
0.55		65	4.5	10.5	19.4	24.6
0.45		55	9.0	14.1	20.6	24.2
0.50		55	6.2	10.6	15.8	20.7
0.55	FL	55	5.9	8.7	14.0	18.3
0.45		65	6.9	11.4	19.8	23.0
0.50		65	5.5	9.3	16.3	19.1
0.55		65	5.2	8.4	13.8	17.9

续表

水胶比	掺合料		抗压强度/MPa			
	品种	掺量/%	7d	28d	90d	180d
0.45		55	8.2	18.1	29.7	35.6
0.50		55	7.8	16.4	26.4	33.6
0.55	PFb	55	7.5	14.1	24.6	31.4
0.45		65	8.5	14.5	28.7	33.6
0.50		65	6.0	11.2	20.0	28.8
0.55		65	5.5	9.2	18.5	23.6

2. 抗压强度与骨料品种关系

三峡工程三期围堰碾压混凝土试验采用葛洲坝水泥厂生产的525中热硅酸盐水泥（相当于现行标准的 P·M42.5），粉煤灰为武汉阳逻电厂生产的Ⅰ级粉煤灰，细骨料为三峡工程下岸溪料场的人工砂，应用古树岭石屑砂作对比试验。下岸溪人工砂的表观密度为2.62g/cm³，吸水率为0.99%，细度模数（F·M）为2.86，石粉含量为11.9%；古树岭石屑砂的表观密度为2.63g/cm³，吸水率为0.93%，细度模数（F·M）为2.92，石粉含量为6.1%，砂较粗。碎石为下岸溪料场的花岗岩人工碎石。碎石表观密度为2.71g/cm³，吸水率为0.5%。石子级配分别采用二级配、小三级配、三级配，二级配粗骨料比例为中石：小石＝45：55，小三级配、三级配粗骨料比例为大石：中石：小石＝30：40：30。

外加剂采用浙江龙游外加剂厂生产的 ZB-1A 缓凝高效减水剂，河北混凝土外加剂厂生产的 DH9 引气剂。

三峡工程三期围堰碾压混凝土的力学性能试验结果见表8.1.5，从试验结果可以看出：

（1）由于粉煤灰掺量较大，碾压混凝土后期强度增长较大。

（2）对于设计标号 $R_{90}200$ 的混凝土，粉煤灰掺量在40%～60%范围内其抗压强度均能满足设计要求，对于设计标号为 $R_{28}200$ 的混凝土，其粉煤灰掺量应限制在55%以内。

表 8.1.5　　　　　三峡工程三期围堰碾压混凝土的力学性能试验结果

水胶比	粉煤灰掺量/%	级配	VC值/s	含气量/%	抗压强度/MPa				
					1d	3d	7d	28d	90d
0.50	40		4.5	3.0	4.5	8.8	15.5	23.6	32.8
0.50	50		4.3	3.2	3.5	7.2	11.9	21.5	28.0
0.50	55	二下砂	4.0	3.6	2.9	6.3	9.3	19.9	25.5
0.50	60		3.0	4.1	2.3	5.7	7.8	15.9	22.9
0.50	65		3.8	3.8	1.3	4.8	5.8	11.3	20.8
0.50	40		4.5	3.1	4.0	8.3	11.6	21.6	29.8
0.50	50	二古砂	4.2	3.3	3.0	7.7	9.2	20.0	27.8
0.50	55		4.1	3.2	2.2	6.4	7.8	18.5	26.9

水胶比	粉煤灰掺量/%	级配	VC值/s	含气量/%	抗压强度/MPa				
					1d	3d	7d	28d	90d
0.50	40	小三级配下砂	4.1	3.3	4.7	9.4	14.0	24.5	34.6
0.50	50		4.1	3.6	3.8	7.5	12.5	21.4	27.9
0.50	55		4.0	3.7	2.7	5.3	9.2	19.6	24.3
0.50	60		4.2	3.6	2.2	5.2	8.3	16.9	23.5
0.50	65		5.0	3.2	1.4	5.2	6.9	13.2	22.5
0.50	40	三级配下砂	6.1	3.1	5.4	8.7	15.2	24.1	33.4
0.50	50		5.4	2.7	4.3	8.4	12.9	21.5	30.1
0.50	55		4.1	3.7	3.1	6.4	10.3	20.1	29.1
0.50	60		4.9	3.4	2.5	4.7	7.4	14.9	20.2
0.50	65		5.1	3.2	2.1	3.6	4.8	10.1	17.5
0.50	40	三级配古砂	6.5	3.0	5.5	9.1	12.4	21.8	30.2
0.50	50		6.2	3.2	4.2	7.1	9.2	18.9	28.2
0.50	55		6.0	3.6	3.5	5.0	6.8	14.0	27.7
0.50	60		5.0	3.5	2.9	5.2	6.5	13.5	27.0
0.50	65		5.2	3.4	3.0	5.4	6.8	12.9	26.5

3. 抗压强度与水泥品种、掺合料产地的关系

阿海水电站工程拟选用两个厂家生产的普通水泥，即永保金山水泥厂生产的42.5普通硅酸盐水泥（简称"金山普通水泥"）和三德水泥厂生产的42.5普通硅酸盐水泥（简称"三德普通水泥"）。

试验采用四川攀枝花电厂利源粉煤灰厂Ⅱ级粉煤灰（简称"攀枝花粉煤灰"）、阳宗海电厂Ⅱ级粉煤灰（简称"阳宗海粉煤灰"）；试验采用工程现场的新源沟料场灰岩人工砂、石骨料。其中人工砂细度模数为2.76，石粉含量为20.3%，吸水率为1.7%。

三级配碾压混凝土的可碾性，粗骨料级配大石、中石、小石比例选用30∶40∶30较好。

试验采用JM-Ⅱ缓凝高效减水剂、GYQ引气剂。胶凝材料品种、掺量与抗压强度的关系见表8.1.6。

表8.1.6　　　　　胶凝材料品种、掺量与抗压强度的关系

编号	级配	水胶比	水泥品种	粉煤灰		用水量/(kg/m³)	抗压强度/MPa				
				品种	掺量/%		7d	28d	90d	180d	360d
AF-1	二	0.48	金山	攀枝花	55	104	8.8	17.1	24.7	31.2	35.6
AF-2	二	0.44	金山	阳宗海	50	99	9.2	16.9	25.0	32.3	36.8
AF-15	三	0.54	金山	攀枝花	63	92	5.2	10.4	18.5	23.2	28.0

续表

编号	级配	水胶比	水泥品种	粉煤灰 品种	粉煤灰 掺量/%	用水量/(kg/m³)	抗压强度/MPa 7d	28d	90d	180d	360d
AF-20	三	0.49	金山	阳宗海	60	87	6.5	10.5	19.7	27.2	31.3
AF-16	三	0.50	金山	攀枝花	58	92	7.2	13.2	23.9	31.1	34.7
AF-17	三	0.45	金山	阳宗海	55	87	8.6	17.2	23.8	31.8	35.2
AF-18	三	0.50	三德	攀枝花	58	92	8.0	15.3	24.3	32.7	36.0
AF-19	三	0.45	三德	阳宗海	55	87	8.8	18.1	25.2	33.0	36.5

4. 抗压强度与粉煤灰掺量的关系

喀腊塑克水利枢纽碾压混凝土重力坝碾压混凝土试验采用新疆天山水泥股份有限公司生产的42.5普通硅酸盐水泥。掺合料使用玛纳斯电厂Ⅰ级粉煤灰。粗骨料为花岗岩人工骨料，细骨料为天然砂，细度模数为2.95，含泥量为3.1%，二级配石子组合采用中石：小石＝55：45，三级配采用30：40：30。试验还采用花岗岩石粉作为填料。石粉粒径大部分小于0.032mm，且90%的石粉粒径小于0.0158mm，其等效直径平均为8.236μm，与粉煤灰的粒径相当。缓凝高效减水剂采用PMS，引气剂采用PMS-NEA₃。试验结果见表8.1.7。

表8.1.7　　　　　　　　三级配碾压混凝土力学性能试验结果

编号	水胶比	粉煤灰掺量/%	级配	抗压强度/MPa 7d	28d	90d	180d
XK1		60		9.9	17.4	27.5	32.2
XK2	0.55	50	三	12.5	18.5	29.3	33.5
XK3		40		13.8	20.9	31.6	35.4
XK4		60		11.6	19.5	29.7	34.5
XK5	0.50	50	三	13.1	21.7	32.4	35.6
XK6		40		16.2	24.7	35.5	38.7
XK7		60		13.2	22.0	33.7	37.1
XK8	0.45	50	三	15.9	24.6	35.9	38.8
XK9		40		17.2	26.6	38.5	40.8
XK10		60		15.0	24.1	35.6	38.4
XK11	0.40	50	三	17.8	27.8	38.0	39.9
XK12		40		21.6	31.3	40.6	42.8

8.1.5　碾压混凝土抗压强度增长规律

碾压混凝土早期强度低，后期强度增长快、增长率高，不同胶凝材料体系和骨料品种对各龄期的增长率有一定影响。

1. 掺合料品种与掺量对碾压混凝土抗压强度增长率的影响

表 8.1.8 对比了粉煤灰、磷渣粉、石灰石粉等不同掺合料品种及掺量对碾压混凝土抗压强度增长率的影响。当水胶比在 0.45～0.55 范围内变化时，提高粉煤灰掺量可一定程度上降低其 7d 抗压强度增长率，但其 90d 和 180d 抗压强度增长率十分显著，掺量越高、强度增幅越大。粉煤灰掺量为 45％和 55％时，碾压混凝土的 180d 抗压强度增长率分别为 159％～180％和 163％～192％。

相同掺量下，继续增加粉煤灰的粉磨细度，对碾压混凝土的早期抗压强度增长有利但后期变化不大。粉煤灰与磷渣粉或者石灰石粉复掺，碾压混凝土的 7d 抗压强度增长明显，但是 180d 抗压强度增幅减小。

表 8.1.8　　　　　　　　观音岩水电站碾压混凝土抗压强度增长率
（灰岩人工骨料、中热水泥、粉煤灰）

水胶比	掺 合 料		抗压强度增长率/％			
	品种	掺量/％	7d	28d	90d	180d
0.45	粉煤灰	45	58	100	142	180
0.50		45	57	100	152	168
0.55		45	55	100	142	159
0.45		55	58	100	130	163
0.50		55	54	100	143	191
0.55		55	48	100	155	192
0.45	磨细粉煤灰	45	58	100	144	154
0.50		45	58	100	151	159
0.55		45	54	100	146	153
0.45		55	66	100	172	181
0.50		55	60	100	180	190
0.55		55	53	100	179	197
0.45	粉煤灰磷渣粉复掺	45	61	100	125	148
0.50		45	62	100	127	142
0.55		45	61	100	125	144
0.45		55	58	100	130	148
0.50		55	55	100	137	155
0.55		55	62	100	159	176
0.45	粉煤灰石灰石粉复掺	45	68	100	148	164
0.50		45	70	100	156	170
0.55		45	73	100	169	185
0.45		55	68	100	148	158
0.50		55	63	100	150	162
0.55		55	59	100	157	179

2. 水胶比对碾压混凝土抗压强度增长率的影响

喀腊塑克水利枢纽碾压混凝土重力坝碾压混凝土试验采用42.5普通硅酸盐水泥、玛纳斯电厂Ⅰ级粉煤灰。粗骨料为花岗岩人工骨料，细骨料为天然砂。水胶比从0.40增加至0.55，碾压混凝土的7d抗压强度增长率略有降低，90d和180d抗压强度增幅更加显著；粉煤灰掺量在40%～60%范围内时，水胶比0.40和0.55的碾压混凝土的180d抗压强度增长率分别达到137%～159%和169%～185%。即碾压混凝土增加水胶比有利于后期强度的增长。

表8.1.9　　　　　　　　喀腊塑克水利枢纽碾压混凝土抗压强度增长率

编号	水胶比	粉煤灰掺量/%	级配	含气量/%	VC值/s	抗压强度增长率/%			
						7d	28d	90d	180d
XK1		60		3.2	6.0	57	100	158	185
XK2	0.55	50	三	3.2	7.0	68	100	158	181
XK3		40		3.8	6.0	66	100	151	169
XK4		60		3.2	5.0	59	100	152	177
XK5	0.50	50	三	4.6	6.0	60	100	149	164
XK6		40		5.0	4.0	66	100	144	157
XK7		60		4.5	6.0	60	100	153	169
XK8	0.45	50	三	4.3	6.0	65	100	146	158
XK9		40		5.2	6.0	65	100	145	153
XK10		60		4.3	4.0	62	100	148	159
XK11	0.40	50	三	4.3	4.0	64	100	137	144
XK12		40		5.5	6.0	69	100	130	137

3. 骨料对碾压混凝土抗压强度增长率的影响

骨料对碾压混凝土强度的影响因素主要有骨料强度和吸水率、粒形和表面织构、粒径与级配。

混凝土的强度是由水泥石的强度、水泥石与骨料的界面黏结强度和骨料强度所决定的。一般来说，骨料的强度最高，孔隙率最小，但对碾压混凝土强度的影响则是次要的，常用的天然或人工粗骨料均可满足碾压混凝土对强度的要求，骨料强度并不会对碾压混凝土强度起到决定性作用。因此对碾压混凝土而言，骨料可不必要求很坚固，但要求碾压时不致破碎。对碾压混凝土来说，骨料并非越坚固越好，因为骨料抑制水泥石的膨胀与收缩，可能导致微裂缝的产生。骨料吸水后的体积变化不利于骨料与水泥石的黏结，可能造成骨料与水泥石界面处的缺陷。

与常态混凝土一样，混凝土在单向受压荷载作用下，当荷载达到50%～70%时，在内部开始出现垂直裂缝，裂缝形成时的应力大多取决于骨料的性质。用表面光滑的卵石配制的混凝土的开裂应力比用较粗糙多棱角的碎石配制的混凝土的低，这是因为水泥石与骨料的黏结，在很大程度上受到骨料的形状和表面结构的影响，表面粗糙并富有棱角的骨料与水泥石的黏结强度高，且骨料颗粒之间有嵌固作用，所配制的混凝土强度也高。骨料颗粒接近球形或立方体对提高混凝土强度有利，因为此时骨料比表面积和空隙率较小，不但可以节约水泥，而且可以减少混凝土的内部缺陷，而针状和片状的骨料在碾压过程中易于破碎，扁平骨料下方由空穴水形成质量薄弱区域，这些都对碾压混凝土强度造成不利影响。在同等条件下，一般碎石混凝土比卵石混凝土的强度高。

骨料形状影响混凝土开裂应力。其他条件相当时，光滑卵石的开裂应力比粗糙棱角的人工骨料低。其对压应力的影响也是如此，这源于人工骨料与砂浆的黏结性好、微裂缝少。针片状骨料比表面积和空隙率较大，和易性较差，不易振实，对碾压混凝土强度造成不利影响。

骨料级配良好、砂率适当时，由于组成了密实的骨架，亦能使碾压混凝土获得较高的强度。骨料最大粒径较大时，骨料间的空隙率和总比表面积相应减少，因而可减少水泥用量。在水泥用量不变时，可以提高碾压混凝土的强度。碾压混凝土的表观密度随骨料粒径的增大而增加，而碾压混凝土的强度一般随表观密度的增大而增加，故增大粗骨料粒径将使碾压混凝土强度提高。但骨料最大粒径较大时，容易造成拌和物中骨料的离析，降低碾压混凝土的均质性，而且，粗骨料与水泥石的界面黏结是碾压混凝土的薄弱环节，过渡区就是骨料和硬化水泥浆间的界面，其孔隙率很高，因此比远离骨料的硬化水泥浆结构薄弱。骨料表面覆盖 $Ca(OH)_2$ 薄层、$C-S-H$ 薄层，然后是水泥颗粒完全水化的相同水化产物的厚层。随着 $Ca(OH)_2$ 和火山灰（如粉煤灰）的二次水化反应，过渡层的强度不断提高。石灰石骨料和表面多孔轻骨料的过渡层结构致密。

混凝土粗骨料理想的级配应当是空隙率最小，表面积也最小，但这两者往往不能兼得，因此粗骨料不存在唯一的最优级配，粗骨料的级配应当是兼顾到孔隙率和表面积都较小的条件下，着重考虑其抗分离能力，使各分级骨料的比例差距不要过大。如果粗骨料产生分离，由于碾压混凝土在振碾过程中对粗骨料位移自行调整的能力较差，不可避免地将产生孔洞和空隙，严重影响混凝土的抗压强度和其他性能。

骨料吸水率较大，有害杂质过多且品质低劣时，混凝土的强度降低。因为骨料吸水后的体积变形及有害杂质不利于骨料与水泥石的黏结，可能使水泥石与骨料界面处形成缺陷，降低混凝土的强度。骨灰比对混凝土强度的影响如图 8.1.18 所示。研究表明，水灰比一定时，碾压混凝土强度高于常态混凝土。其主要影响因素还是混凝土的孔隙总体积。碾压混凝土中浆体的体积比越小，总孔隙率越低，所以强度就越高。以上分析均不考虑骨料孔隙，因为普通骨料的孔隙率极低。

4. 骨料中细粉含量对碾压混凝土抗压强度增长率的影响

在配合比不变的情况下，用石粉、粉煤灰等量替代部分砂子可使混凝土的强度提高。研究表明，用粉煤灰代砂拌制碾压混凝土，在拌和物 VC 值不变的条件下，碾压混凝土抗压强

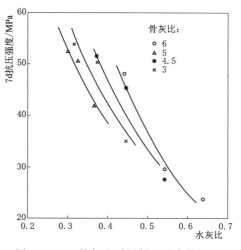

图 8.1.18 骨灰比对混凝土强度的影响

度会显著提高，这是因为粉煤灰的增加使砂粒间空隙减少，灰浆富余率相对增大，改善了混凝土的和易性。粉煤灰作为活性掺合料，通过与氢氧化钙的二次水化反应，生成水化硅酸钙凝胶，相当于降低了水胶比。没有水化的粉煤灰颗粒则通过填充空隙来增加混凝土的密实度。

在给定的原材料及配合比条件下，碾压混凝土的抗压强度还随砂中含粉量（石粉含量指砂中小于 0.16mm 的颗粒）的不同而变化，存在最佳含粉率。当砂中含粉量增加时，由于石粉颗粒较细，与粉煤灰相当，粉粒在砂浆中能够和胶凝材料及水一起起到填充空隙、包裹砂粒的作用，即相当于增加了胶凝材料浆体，使碾压混凝土空隙率减小，表观密度增大，强度提高。碾压混凝土石粉含量在 16%～18% 时，混凝土抗压强度值最高；对于常态混凝土而言，石粉含量在 10%～14% 时为最优含量，这是由碾压混凝土和常态混凝土中各材料组成比例的差异造成的。碾压混凝土石粉含量大于 18% 时，抗压强度随石粉含量的增加而呈下降趋势，一般而言，石粉含量以在 16% 左右为宜。

5. 养护条件与龄期

碾压混凝土拌和物用水量较少，在施工过程中需要保持施工层面湿润以保证层面的良好结合。在碾压混凝土硬化后，为了保证水泥的水化过程能正常进行，获得质量良好的混凝土，必须在适宜的环境中进行养护，包括控制环境的温度和湿度。养护不仅影响碾压混凝土的强度，也影响混凝土的耐久性。没有养护好的碾压混凝土质量低劣。

养护的目的就是要混凝土保持或尽可能地接近于饱和状态，直至新拌混凝土水泥浆中原始充水空间被水泥的水化产物填充到所要求的程度为止。养护的必要性是基于水泥的水化作用只有在充满水的毛细孔中进行这一事实，这就是为什么必须防止因蒸发而使毛细管失水。而且，内部的自干作用的失水亦应由外部水予以补充。因为在水泥水化过程中产生的水泥凝胶具有很大的比表面积，大量的自由水变为表面吸附水，这时如果不让水分进入水泥石内，则供水泥水化的水就会越来越少，在水灰比较小时会出现自干现象，使水泥水化不能进行。因此，在养护期内必须保持混凝土的饱水状态，或接近于饱水状态，只有在饱水状态，水泥的水化速度才是最大的。

湿度对碾压混凝土强度发展影响明显。由于碾压混凝土大量使用粉煤灰等掺合料，胶凝材料水化时间长，在干燥环境中养护的碾压混凝土，其强度的发展会随水分的逐渐蒸发而减慢或停止，在空气中养护一段时间后继续在水中养护，混凝土的强度会继续增长。图 8.1.19 为潮湿养护对混凝土强度的影响。

水泥浆体中的水只有一半能与水泥化合，甚至当总含水量低于化学结合所需的水量时也是如此。只要混凝土拌和物的含水量超过与水泥水化反应的用水量，则在混凝土硬化期间即使有小量的失水也不会对硬化过程和强度的增长产生有害的影响。必须强调的是，为了获得所要求的强度，并不需要全部水泥都水化，而且在实际工程中也很少能达到这样的程度。混凝土的质量主要取决于水泥石的胶空比。如果在新拌混凝土中被水充填的空间体积，大于水泥的水化产物可能填充的体积，则水泥的水化程度越充分，混凝土的强度就越高，抗渗性能就越好。混凝土在浇筑后的水分蒸发，与周围空气的温度和相对湿度有关，也与混凝土表面空气的流动速度有关。混凝土的温度与空气的温度差也对失水有影响。白天被水饱和的混凝土在较冷的夜晚会失水，在寒冷气候中浇注的混凝土即使在饱和空气中

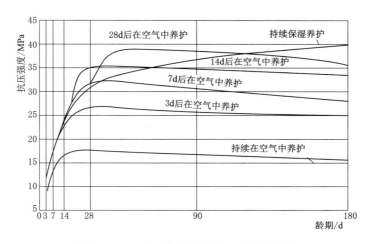

图 8.1.19 潮湿养护对混凝土强度的影响

也会失水。

碾压混凝土仓面面积一般较大，保湿和防止水分蒸发的措施有多种，如表面喷雾、湿织物覆盖等。

混凝土一旦凝结，就可通过与水保持接触而进行湿养护。养护手段有洒水或积水，以及用湿砂、土、锯末或稻草覆盖混凝土。可用周期性湿润的麻袋或棉垫，或其他可吸水覆盖物放置在混凝土表面。连续比间断供水更有效，图 8.1.20 比较了最初 24h 上表面积水和湿麻袋覆盖对混凝土圆柱体强度发展的影响，因低水灰比时自干燥发展快，所以养护方式的影响差别较大。

还有其他的养护方式，就是用防渗膜、防水强化纸或塑料卷材密封混凝土表面。完好的薄膜将有效阻止水分自混凝土蒸发，但外部水也难以进入补充自干燥的水分损失。液态薄膜主要组分是密封剂，靠人工或机械喷涂，喷涂时间在混凝土表面自由水完全消失，但内部孔隙干燥之前，因此可以吸收密封剂。薄膜可以是透明的、白色的或黑色的。不透明的成分可以为混凝土遮光，而浅色使混凝土的日晒吸热率低，显然温升也小。白色薄膜和白色半透明聚乙烯板的效果相当（通过混凝土强度检测）。在美国，ASTM C 309 规定了薄膜养护的组分，ASTM C 171 规定了养护用塑料和强化纸的原材料，而养护材料有效性的试验方法在 ASTM C 156 中明确列出。

与有效的湿养护相比，除了用于高水灰比的混凝土之外，密封膜是降低水化程度及速率的。然而，湿养护经常仅间歇使用，因此工程中密封膜可得到比其他方式更好的养

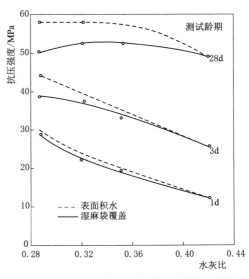

图 8.1.20 养护条件对圆柱体试件强度的影响

护效果。强化纸一旦拆除，混凝土的层间黏结性能不会受到影响，但是薄膜在这方面的影响有待确认。因为内侧水的不均匀冷凝，塑料卷材会引起变色或成斑。为防止此现象而导致失水，塑料卷材使用时必须紧贴混凝土表面。

碾压混凝土的养护温度对强度有很大影响，低温养护会使混凝土初期强度大幅下降，而且粉煤灰掺量越大，下降越厉害，同样持续低温对后期强度也有很大影响。养护温度对水泥净浆抗压强度的影响见图 8.1.21。图中表明，随着温度升高，净浆早期抗压强度较高，但 28d 抗压强度较低，其中试件的测试温度与养护温度保持一致。然而，当混凝土试件在测试前两小时调整至 20℃ 时，仅 65℃ 以上的试件强度会受到不利影响（图 8.1.22）。当然，测试时的温度值也会影响净浆强度。

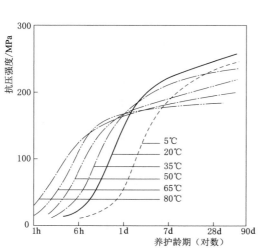

图 8.1.21　不同养护温度下水泥净浆抗压强度和养护时间的关系（测试温度与养护温度一致）

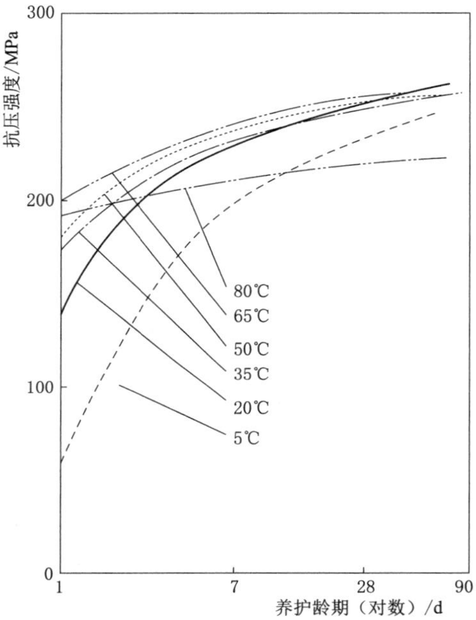

图 8.1.22　不同养护温度下水泥净浆抗压强度和养护时间的关系（试件温度在测试前两小时均速调整至 20℃）［水灰比＝0.14，普通硅酸盐水泥（Ⅰ类）］

图 8.1.21 和图 8.1.22 为普通硅酸盐水泥（Ⅰ类）净浆的结果。图 8.1.22 表明，高温下 1d 龄期强度较高，但 3～28d 龄期，情况发生根本性变化：每个龄期均存在一个最佳温度，最佳温度下混凝土可得到最高强度，但此最佳温度随养护时间的延长而降低。对于普通（Ⅰ类）或改性硅酸盐水泥（Ⅱ类），得到 28d 最高强度的最佳温度约为 13℃。对于快硬硅酸盐水泥（Ⅲ类），相应最佳温度低一些。有趣的是，混凝土甚至可在 4℃ 浇筑，在低于冰点而难以水化的温度下养护也能水化（图 8.1.23）。

以上均是室内试验结果的分析，高温气候下现场情况可能不一样。现场还有其他影响因素：绝对湿度、阳光直射、风速和养护方法。碾压混凝土质量取决于自身温度，而不是环境气温，这与水化温升有关，因此混凝土构件尺寸也是一个影响因素。相反，在开放的环境进行水养护，因蒸发会导致热量损失，以至于混凝土温度较低，显然比用密封剂的构件强度要高。高水灰比拌和物浇筑后立即蒸发也会利于强度发展，因为水逸出混凝土会促进毛细管收缩，以至于降低有效水灰比和孔隙率。然而，如果蒸发引起混凝土表面干燥，可能导致塑性收缩和开裂。

然而，一般情况下，混凝土配合比相同时，夏季浇筑和养护的强度预计低于冬季。

养护温度对混凝土强度与对净浆强度的影响具有相似的规律。图 8.1.24 为混凝土在不同温度的水中养护时的强度发展规律。图 8.1.25 为在不同温度的水中养护28d，然后在温度为 23℃、相对湿度为

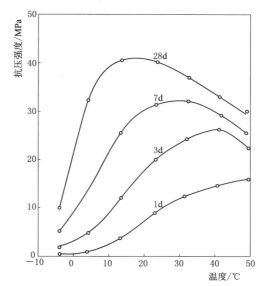

图 8.1.23　浇筑和养护温度对混凝土强度的影响
（混凝土浇筑温度为 4℃，自 1d 龄期的养护温度为－4℃）

100%的条件下继续养护混凝土的强度发展规律。由图可以看出，养护温度高时，混凝土的强度也高。一般来说，养护温度高时加速了水泥的水化反应，混凝土的早期强度发展较快，但对后期强度影响不大。如果混凝土在浇注和凝结硬化期间的养护温度较高，虽然可以提高很早期的强度，但对 7d 以后的强度会产生不利影响。这是因为水泥初期的快速水化，形成了大多是多孔结构、大部分孔隙仍保持未被填充状态，凝胶结构发育不良的水化产物，必将引起混凝土强度的下降。早期高温养护，由于初期水化速度的加快，减缓了后期的水化速度，水泥浆体内产生了不均匀分布的水化产物。在初始水化速率较高的情况

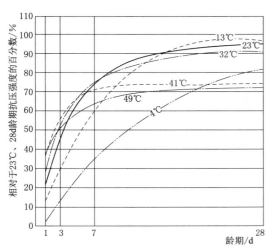

图 8.1.24　养护温度对混凝土强度
的影响

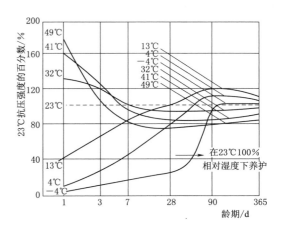

图 8.1.25　前 28d 的养护温度对混凝土
后期强度的影响

下，已经离开水泥颗粒的水化产物来不及扩散，也没有足够的时间使其在内部空间均匀沉淀。因此，正在水化的水泥颗粒周围聚集了高浓度的水化产物，这样就减缓了此后的水化速率，对混凝土的后期强度不利。对混凝土的早期养护期，存在着一个最佳养护温度，在此情况下可获得最高的强度。在试验室条件下，硅酸盐水泥的最佳养护温度为 13℃，而快硬硅酸盐水泥的最佳养护温度为 4℃。一般认为，夏季浇注的混凝土的强度要低于冬季浇注的混凝土的强度。当然，混凝土浇筑现场的影响因素更为复杂，如环境温度、湿度、光照、风速以及养护方法等均对混凝土强度产生影响。

在正常养护条件下，混凝土的强度在早期发展较快，后期发展逐渐放慢。如果能长期保持适当的温度和湿度，混凝土的强度增长可以持续数十年之久。

对碾压混凝土而言，持续低温对后期强度也有很大影响。坑口坝试验发现，10℃ 以下水中养护的 27 组试件，90d 龄期平均强度只有 12.3MPa；而同批试验室内标准养护强度则达到了 19.8MPa。

养护周期不能简单地限定，但是温度超过 10℃ 时，ACI 308.R-01 制定的最小养护周期为：快硬硅酸盐水泥（Ⅲ类）3d，普通硅酸盐水泥（Ⅰ类）7d，低热硅酸盐水泥（Ⅳ类）14d。然而，温度也会影响养护周期，BS 8110-1：1997 制定了不同水泥品种和养护条件下的最小养护周期，见表 8.1.10。当温度降至 5℃ 以下，必须采取特殊的预防措施。ACI 308-01 标准也提供了关于养护的广泛信息。1977 年，英国建筑工业研究和信息协会（CIRIA）出版的 Report 67，提供了模板的拆除时间。

表 8.1.10　　　　　　　　不同水泥品种和养护条件下混凝土的最小养护
周期（BS 8110-1：1997）

养 护 条 件	水 泥 品 种	混凝土平均表面温度下最小养护周期/d	
		5～10℃	任意温度，t 介于 10～25℃
良好：潮湿和受保护（相对湿度大于 80%，不受日晒风吹）	任何品种	无特殊要求	
一般：结语良好和差之间	42.5 或 52.5 硅酸盐和 42.5 抗硫酸盐水泥	4	$60/(t+10)$
	其他品种	6	$80/(t+10)$
差：干燥或不受保护（相对湿度小于 50%，日晒风吹）	42.5 或 52.5 硅酸盐和 42.5 抗硫酸盐水泥	6	$80/(t+10)$
	其他品种	10	$140/(t+10)$

注　t 为最小养护周期计算公式中的温度，℃。

混凝土的强度随龄期的延长而增大，但增长率随水泥品种及养护温度、掺合料的品种及掺量的不同而不同。一般来说，硅酸盐水泥的早期强度增长率大，后期强度增长率小；矿渣硅酸盐水泥的早期强度增长率小，后期强度增长率大；掺粉煤灰混凝土的早期强度增长率小，后期强度增长率大，且粉煤灰掺量越大，早期的强度越低，后期强度增长率越大。

一般工业与民用建筑混凝土的设计龄期多采用 28d，水工混凝土由于施工期长，混凝土承受荷载的时间较晚，一般选用较长的设计龄期，如 90d 或 180d，以充分利用混凝土的后期强度，达到节约水泥的目的。但也不宜选取过长的设计龄期，造成早期强度偏低，给施工带来困难。应根据建筑物的型式、环境气候条件以及开始承受荷载的时间合理选用设计龄期。

为获得高质量的混凝土，必须在合适的环境下，对浇筑后的拌和物进行早期养护。养护促进水泥水化，也促进混凝土的强度发展。养护过程受温度和混凝土内外湿度变迁的控制，湿度不仅影响强度还影响耐久性。本节涉及不同的养护方法，包括常温和高温养护，后者将提高水化反应和强度发展的速率。然而，应注意，早期高温养护对后期强度会产生不利影响。因此，必须认真考虑温度的影响。

6. 外加剂

外加剂可显著改善新拌混凝土的工作性能，提高混凝土的强度。一般来说，早强剂可以提高混凝土的早期强度，但会降低混凝土的后期强度。相反，缓凝剂由于缓凝作用会降低混凝土的早期强度，但可能会提高混凝土的后期强度。

减水剂能降低混凝土的用水量，在水泥用量不变的条件下，可以降低水灰比，提高混凝土各龄期的强度。

掺引气剂可减少混凝土的用水量，如保持水灰比不变，则可节约水泥用量，掺引气剂增加了混凝土的空隙体积，会降低混凝土的强度，但能提高碾压混凝土的抗冻性能，一般混凝土的含气量每增加 1%，强度下降约 5%。因此，掺引气剂的混凝土应严格控制含气量，否则会因含气量过大，使强度过度下降。由于碾压混凝土为干贫混凝土，与常态混凝土相比，达到相同的含气量，碾压混凝土中引气剂掺量为常态混凝土的 5～10 倍。

7. 含水状态与温度

混凝土试件在干燥后再进行试验，抗压强度会增大。这是因为水泥凝胶的胶体粒子通过范德华力结合，结合力通过薄的水膜起作用，干燥后使水膜变薄或者消失，结合力增大，混凝土的强度也就高些。对水灰比大而空隙水多的水泥浆来说，干燥的影响是很大的。在干燥温度高时，结合水也要消失一部分，以致由于干燥的影响，强度增长就要减少。已经干燥的试件，由于内部及表面产生裂缝，如再浸入水中，则强度比干燥以前更小。

试验温度在 2～40℃时，一般对混凝土的强度影响较小。但到了 0℃以下，混凝土冻结时，内部的裂隙和空隙被冰填充，表观强度增大。特别是早龄期处在湿润状态时，强度增加显著。

8. 试件尺寸与形状

抗压强度是混凝土最常用的一种有代表性的重要指标。目前测定混凝土抗压强度的试件主要有两种：一种是立方体试件，包括中国、俄罗斯和一些欧洲国家；另一种是圆柱体试件，包括美国、日本等国家。由于各国的立方体试件和圆柱体试件的尺寸不尽相同，即使原材料和混凝土配合比完全相同的混凝土，也难得出强度相同的数值。这取决于采用的是立方体试件还是圆柱体试件，是用小尺寸的试件还是大尺寸的试件。试件的尺寸又取决于骨料最大粒径，一般来说，试件的边长至少是骨料最大粒径的 3～4 倍，以保证强度试验结果具有必要的均匀性。《水工混凝土结构设计规范》（DL/T 5057）规定混凝土标准试件为边长 150mm 的立方体试件。试验证明，混凝土的抗压强度随试件尺寸的增大而降低。这是因为试件大时，试件内存在缺陷的可能性要大些，抗压强度要低些。由于立方体试件受压时上下端面受到压板的摩擦力作用，测得的强度偏高，为了消除端面摩擦力的影响，美国等国采用高度等于 2 倍直径的圆柱体试件，使试件中部形成纯压状态，我国称之为轴心抗压强度，也称棱柱体或圆柱体抗压强度。一般圆柱体试件的抗压强度比立方体试件的抗压强度低，圆柱体试件的抗压强度是立方体试件抗压强度的 0.8 倍。

8.1.6　抗拉强度

同抗压强度相比，混凝土的抗拉强度比较低。常态混凝土的拉压比中，劈拉强度与抗压强度的比值变化范围大约是 1/8～1/13，轴拉强度与抗压强度的比值变化范围大约是 1/6～1/15，而碾压混凝土由于胶凝材料用量较少，抗压强度相同时，抗拉强度更低，所以拉压比则更低一些。

同类型的混凝土，强度低时，拉压比的值要大一些，强度高的混凝土拉压比的值要小一些，因为抗拉强度的增长比抗压强度慢。为了防止或减少混凝土裂缝，希望尽可能提高它的抗拉强度。对于某些工程，在提出抗压强度要求的同时，还应提出抗拉强度的要求。

测定混凝土抗拉强度的试验方法，有轴心抗拉法和劈裂法两种。这两种方法各有其特点。轴心抗拉法试验使混凝土单纯承受拉力，受力条件简单，但试件的体积较大，试件的缺陷或加荷的偏心对试验结果影响较大，致使试验结果的离散性较大。劈裂试验方法简单，试件体积小，工作量少，与普通抗压强度的试验条件相似，除了简单的夹具或垫条外，无须增加其他设备，但试件的断面上并不完全是拉力，在受拉的同时还产生一定的压应力，此外还受到加荷条件的影响。

基于混凝土是由固相、液相和气相组成的材料，人们通常把它视为一种弹塑性体。混

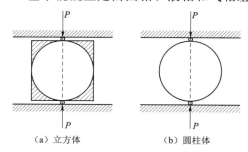

（a）立方体　　　　（b）圆柱体

图 8.1.26　立方体与圆柱体试件的
劈裂抗拉试验图

凝土在受压力时，不同方向上会产生不同的破坏性状。巴西人费尔南多－卡尼罗（Fernando Carneiro）和日本人根据弹性力学的观点，分别独立地采用混凝土圆柱体试件进行劈裂抗拉强度试验，如图 8.1.26 所示。该方法的基本原理是沿着混凝土圆柱体试件的母线方向施加径向集中荷载时，从应力分布上看，在加荷断面上的每个单元会产生竖向压应力和水平拉应力，如图 8.1.27 所示。

由图 8.1.27 可知，竖向压应力大小是随受力单元与加荷点的距离而变化的，其值为

$$\sigma_y = -\frac{2P}{\pi DL}\left[\frac{D^2}{r(D-r)}-1\right] \tag{8.1.42}$$

式中：σ_y 为压应力；P 为垂直荷载；D 为圆柱体直径；r 为距荷载作用点的距离；L 为试件长度。

受力单元的水平拉应力则不随距离而变，是均匀的水平拉应力，其大小为

$$\sigma_x = \frac{2P}{\pi DL} \tag{8.1.43}$$

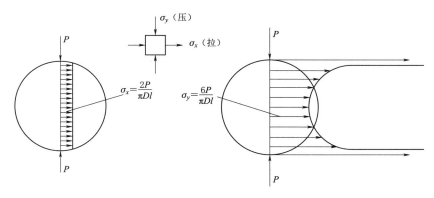

图 8.1.27　劈裂法试验圆柱体的应力分布图

式中：σ_x 为拉应力。

混凝土立方体试件在集中荷载作用下产生的劈拉破坏性状，通过光测弹性力学方法试验证明，它与圆柱体试件劈拉破坏性状是基本一致的，应力分布十分相似。在断面尺寸相同的立方体和圆柱体试件上，试验测得两者劈裂抗拉强度十分接近，相差值在试验允许误差范围之内。因此，混凝土立方体试件劈裂抗拉强度计算公式为

$$f_{ts} = \frac{2P}{\pi a^2} \tag{8.1.44}$$

式中：f_{ts} 为混凝土劈裂抗拉强度；a 为试件边长。

影响碾压混凝土抗压强度的因素同样是影响抗拉强度的因素，只在影响程度上存在差异。这些因素主要有水胶比、粉煤灰掺量、骨料组分及平均粒径、砂浆表观密度、龄期及层面等。碾压混凝土抗拉强度影响实例分析如下。

1. 水胶比和掺合料品种掺量的影响

碾压混凝土由于设计龄期较长，水胶比较大，掺合料大量使用，水胶比和掺合料品种及掺量对抗拉强度有较明显的影响。下面以观音岩水电站碾压混凝土实例分析水胶比、掺合料品种及掺量对抗拉强度的影响，试验结果见表 8.1.11。

观音岩水电站采用大地水泥厂生产的 42.5 中热硅酸盐水泥，掺合料为宣威分选 Ⅱ 级粉煤灰（以下简称 F）、攀钢灰坝磨细 Ⅱ 级粉煤灰（以下简称 Fb）、优选的磷渣和宣威 Ⅱ 级粉煤灰复掺料（以下简称 PF）以及磷渣和攀钢灰坝磨细 Ⅱ 级粉煤灰复掺料（以下简称 PFb）、优选的宣威 Ⅱ 级粉煤灰和石粉复掺料（以下简称 FL），其中掺合料组合中两种掺合料复掺的比例均为 50：50，下同。

外加剂采用江苏博特 JM - Ⅱ（R1）减水剂及 GYQ 引气剂；采用龙洞石灰岩骨料，其中砂子为碾压混凝土专用砂（石粉含量为 18% 左右，细度模数为 2.74），三级配碾压混凝土的水胶比为 0.45～0.55 时，砂率为 33%～35%，水胶比每增加 0.05，砂率上调 1%；骨料组合为大石：中石：小石＝30：40：30。试验中控制碾压混凝土拌和物 VC 值为 5～7s，含气量为 3%～4%。

相同的掺合料品种及掺量，轴拉强度皆随水胶比的增大而减小。水胶比相同时，随掺合料掺量的增加，碾压混凝土轴拉强度降低，水胶比较小时降低的比率比水胶比大时低。

对于不同的掺合料品种，活性掺合料粉煤灰和磷渣粉复掺能够获得较高的抗拉强度，掺合料掺量在较大水胶比时对抗拉强度有一定影响，掺合料掺量超过55％，抗拉强度会有明显下降，现代碾压混凝土掺合料掺量一般可提高至65％，掺石粉替代水泥时，碾压混凝土的抗拉强度会较明显下降。

表 8.1.11　　　　　三级配碾压混凝土性能试验结果（大地中热水泥）

水胶比	掺　合　料		劈拉强度/MPa			轴拉强度/MPa	
	品种	掺量/％	28d	90d	180d	28d	90d
0.45		55	1.47	2.26	2.82	1.86	2.51
0.50		55	1.41	2.12	2.72	1.72	2.26
0.55		55	1.26	1.87	2.56	1.48	2.03
0.45	F	65	1.40	2.23	2.76	1.42	2.50
0.50		65	1.32	2.10	2.63	1.40	2.24
0.55		65	0.87	1.78	2.38	1.18	2.23
0.45		45	1.35	2.68	2.90	2.01	2.60
0.50		45	1.30	2.59	2.80	1.74	2.47
0.55		45	1.11	2.46	2.51	1.68	2.36
0.45		55	1.31	2.66	2.88	1.91	2.45
0.50	Fb	55	1.27	2.41	2.65	1.63	2.39
0.55		55	1.16	2.20	2.43	1.40	2.16
0.45		65	1.22	2.45	2.58	1.49	2.33
0.50		65	1.17	2.21	2.43	1.30	1.89
0.55		65	0.83	2.01	2.22	1.21	1.52
0.45		55	1.37	2.85	3.16	2.42	3.16
0.50		55	1.24	2.67	2.97	1.94	2.22
0.55	PF	55	1.14	2.51	2.60	1.55	2.16
0.45		65	1.25	2.73	3.11	2.12	2.45
0.50		65	1.21	2.29	2.67	1.73	2.36
0.55		65	1.10	2.06	2.41	1.41	2.28
0.45		55	1.28	1.88	2.19	1.85	2.43
0.50		55	1.02	1.65	2.01	1.36	2.09
0.55	FL	55	0.81	1.49	1.79	0.96	1.80
0.45		65	0.89	1.86	2.11	1.71	2.35
0.50		65	0.82	1.70	1.85	1.29	1.81
0.55		65	0.76	1.46	1.75	0.93	1.59
0.45		55	1.36	2.91	3.34	2.16	2.74
0.50		55	1.26	2.62	3.17	1.83	2.32
0.55	PFb	55	1.10	2.43	2.96	1.57	2.09
0.45		65	1.26	2.87	3.19	1.81	2.24
0.50		65	1.17	2.49	2.85	1.52	2.20
0.55		65	1.05	2.29	2.62	1.28	2.06

2. 骨料组分及平均粒径的影响

当水泥浆体积一定时，随着骨料体积含量由 0 增至 20%，抗拉强度逐渐降低，自此后随骨料体积含量的增加，抗拉强度开始增加。碾压混凝土的灰浆量为 15%～20%，骨料体积含量达到了 80%～85%，从这一点来说，碾压混凝土的抗拉强度应该大于常态混凝土。但是对碾压混凝土而言，随着粗骨料最大粒径的增加，骨料体积组分随之增加，但抗拉强度却下降了。其主要原因是粗骨料的界面结合随骨料粒径的增大，因泌水、振碾不实产生的薄弱面增加了，因而降低了抗拉强度。

碾压混凝土砂率比常态混凝土大，骨料平均粒径小，在骨料最大粒径及其他条件相同的情况下，碾压混凝土抗拉能力比常态混凝土大。

3. 密实度对抗拉强度的影响

碾压混凝土的密实度对抗拉强度的影响甚于对抗压强度的影响，有的资料曾提到，因贫混凝土的不密实，密实度降低了 2.5%，而抗拉强度降低了 28%，也就是说，密实度每降低 1%，抗拉强度降低 11%。对于碾压混凝土质量的优劣，注意力往往集中在粗骨料之间有无空隙，对于砂浆因灰浆不足未能填满空隙却不太重视，实际上二者皆不容忽视。

4. 龄期对抗拉强度的影响

碾压混凝土抗拉强度随龄期的增长与常态混凝土有相似的规律，随龄期的延长而增加。活性掺合料掺量越大，抗拉强度早期发展越慢，而后期发展越快。碾压混凝土后期的抗拉强度增长率高于抗压强度增长率（表 8.1.11）。不掺活性掺合料的碾压混凝土龄期 28d 后，轴拉强度增长缓慢；而掺活性掺合料（如粉煤灰、磷渣粉、矿渣粉）时，后期增长速率较快，有可能超过不掺活性掺合料的碾压混凝土。这是因为活性掺合料水化缓慢，28d 龄期后才开始有凝胶状的水化产物出现，90d 龄期大量生成水化硅酸钙，它们相互交叉连接，形成很高的黏结强度，增强了浆体与骨料的黏结过渡区，使碾压混凝土后期的抗拉强度有较显著提高。

碾压混凝土轴拉强度与龄期的关系可用下列经验方程表示：

$$\frac{R_{t,t}}{R_{t,28}} = 1 + K \ln\left(\frac{t}{28}\right) \tag{8.1.45}$$

式中：$R_{t,t}$ 为 t 龄期的轴拉强度；$R_{t,28}$ 为 28d 龄期的轴拉强度；t 为龄期，d；K 为试验常数；

5. 层面对抗拉强度的影响

碾压混凝土层面是碾压的薄弱面，层面对抗拉强度的影响比对抗压强度大。在抗拉强度试验中，试件的破坏部位一般为最薄弱部位，在有层面存在时，试件破坏多数为层面。因此碾压混凝土在下层混凝土初凝前及时上升，并对层面进行必要处理，对提高层面抗拉强度十分必要。层面的处理随间隔时间不同可采取不同的方式，一般而言采用砂浆对层面进行处理优于采用净浆。

8.1.7 抗剪强度

碾压混凝土层面胶结强度常用抗剪断强度指标来衡量。对碾压混凝土大坝来说，有时抗剪强度比抗压强度更为设计者所重视，因为它与大坝的抗滑稳定直接相关。但是抗剪强度的测试方法比较复杂，测得的数值波动幅度比较大。影响抗拉强度和抗压强度的因素，同样影响抗剪强度。

针对混凝土的抗剪强度，许多学者提出多种测试方案及计算式，现有的混凝土抗剪强度数值波动较大，也与此有一定的关系。《水工碾压混凝土试验规程》（DL/T 5433）中对碾压混凝土的抗剪强度试验方法作了规定。

8.1.7.1　室内抗剪强度试验

试验目的是测定碾压混凝土及层面的抗剪强度。试验采用直剪仪，包括法向和剪切向的加荷设备，如图8.1.28所示。试验步骤如下：

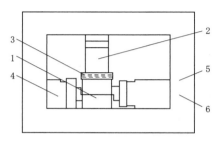

图8.1.28　混凝土剪切试验仪简图

1—剪力盒；2—法向加荷装置；3—滚轴排；
4—传力板；5—刚性架；6—剪力加荷装置

（1）试件成型。碾压混凝土抗剪强度试验试件尺寸为150mm×150mm×150mm，以15个试件为一组。本体抗剪强度试件一次装模成型养护至要求龄期后进行抗剪强度试验。用于层间结合的抗剪试件分两次成型。取试件1/2高度所需要的拌和物装入试模，振实后拌和物应保持水平，高度应为试模深度的1/2。放入养护室养护至要求的间隔时间后，取出试模，按要求进行层面处理，再成型上半部，养护至试验要求龄期。

（2）将试件置于剪力盒中，放上传力板和滚轴排。安装法向和剪切向的加荷系统时，应保证法向力和剪切力的合力通过剪切面的中点。

（3）安装测量法向和剪切向位移的仪表，测杆的支点应设置在剪切变形影响范围之外，测杆和表架应具有足够的刚度。

（4）施加试验法向荷载（试验法向应力按最大法向应力均分为5级，每级试验3个试件），并测读法向位移，当前后两次法向位移读数差不超过1‰时，开始施加剪切荷载。在试件剪切过程中，应使法向应力保持恒定。开始施加剪切荷载的速率为0.4MPa/min，选择合适的荷载间隔测读并记录剪切应变值。当所加剪切荷载引起的水平变形为前一荷载变形的1.5倍以上时（或视具体情况确定），荷载施加速率减半，减小测读间隔，直至剪断，记录剪切破坏荷载。

（5）试件剪断后，在相同法向应力下继续施加剪切荷载，测读在大致相等的剪应力作用下不断发生大位移的残余剪切荷载。

（6）卸除法向应力，对剪切面进行描述，测定剪切面起伏差、骨料及界面破坏情况，绘制剪切方向的断面高度变化曲线，量测剪断面积。

（7）将剪断的上下试件对齐置于剪力盒中，在相同的法向应力下进行摩擦试验，测读在大致相等的剪应力作用下不断发生大位移的摩擦阻力。必要时可改变法向应力进行单点摩擦试验。

需要指出的是，抗剪强度试验的边界条件对结果影响较大。两向应力条件下的剪切试验，应该是在两侧无摩擦阻力的条件下进行的。试件在剪力盒中，在法向应力和水平推力的作用下，加力板与上、下底板接触会产生摩擦阻力，从而产生水平方向的约束。由于滚轴的摩擦系数很小，试件上端（或下端）加上滚轴排后可以认为未对试件产生水平轴向约束。

表8.1.12是不同上、下边界条件下碾压混凝土抗剪试验结果。从表中可以看出，不同边界条件对碾压混凝土的抗剪强度试验结果有较大影响。当只在试件上端加滚轴排而下端不加时，可以看成试件上端不受水平约束，下端轴向有水平约束。试件无水平方向推力，这正与重力坝设计单位长度坝体的两向受力情况相似。同时，试验结果表明其抗剪强度也居于另外两边界条件的抗剪强度之间，说明上端加滚轴排、下端不加滚轴排的模拟方法是正确的。

表8.1.12   **不同上、下边界条件下碾压混凝土抗剪强度**

90d 抗压强度/MPa	90d 劈拉强度/MPa	上、下边界条件	90d 抗剪强度	
			C'/MPa	f'
20.9	1.9	上端加滚轴排	3.30	1.19
		上、下端均不加滚轴排	3.51	1.39
		上、下端均加滚轴排	3.00	1.41

抗剪试验中加于试件上的最大法向荷载应满足大坝设计要求。法向荷载可按4～5级施加，坝高100m级重力坝最大法向应力不低于3MPa，200m级重力坝不低于6MPa。试验时应尽量综合利用一块试件得到更多的资料（获得残余剪切参数、摩擦参数等）。

8.1.7.2　原位抗剪试验

现场浇筑的碾压混凝土原位抗剪特性参数用原位抗剪法测定。试验目的是检测碾压混凝土坝体部位抵抗剪切的性能，以评价碾压混凝土的碾压质量和层面结合情况，提供校核坝体抗滑稳定的参数。适用于坝体碾压混凝土自身、层间结合及混凝土与岩体接触面的原位抗剪强度试验。

试验宜在碾压施工试验段或坝体上选择有代表性的部位与层面进行，试验区的面积应不小于3m×9m，试体应布置在同一层面上，数量不少于5块。每块试体的剪切面积应不小于500mm×500mm，试体间净距应不少于试体最小边长的1.5倍。剪切面以上试体的高度为碾压层厚度。进行试验布置时，施加于试体面上的水平推力方向，应与结构受力方向一致。试验区开挖时混凝土的龄期应不少于21d。挖凿试验区内试体外围混凝土，挖凿深度应至试验层面以下，留有安装千斤顶的足够空间，挖凿时应避免试体扰动。试体开挖后的尺寸误差不宜大于±20mm，试件顶部用与试块强度相近的水泥砂浆抹平，在剪切面以下周边留10mm宽的剪切缝。完成试体与试验区开挖后，预埋用于固定法向加荷系统的锚固件，向试坑充水或回填湿砂，做好试体养护与保护，直至规定试验龄期前，开始仪器设备安装时，再行清除。同时应保持试体及其剪切面处于水饱和状态。

试验采用液压千斤顶或液压枕施加法向和剪切向荷载，最大额定出力宜按结构面的性质选用。试验步骤如下：

（1）设备率定及参数测定。试验前应先对液压千斤顶或液压枕进行率定，测定滚轴排摩擦系数。

（2）仪器设备安装。先安装法向加荷系统，后安装剪切向加荷系统。法向荷载与剪切荷载的合力作用点应通过剪切面中心。

1）法向加荷系统安装。在试体顶部，依次安放钢垫板、滚轴排、垫板、千斤顶或液压枕、垫板及传力横梁，垫板应平行于预定剪切面。整个法向加荷系统所有部件应保持在加载方向的同一轴线上，并垂直于预定剪切面。安装完毕后，启动千斤顶或液压枕施加接触压力使整个法向荷载系统接触紧密，千斤顶活塞应预留足够的行程。

2）剪切加荷系统安装。试体受推力作用面上依次安装加荷头和千斤顶或液压枕，加荷头应对准预定剪切面；剪切荷载应平行于剪切面，且与剪切面距离不应大于剪切方向试体边长的 5%。

3）千分表安装。在试体两侧靠近剪切面的四个角点处粘贴测标；将测量切向和法向位移的千分表安装在支座上，千分表支座应在试体变形影响范围以外，千分表测杆与测标接触。

（3）加荷。对每个试体分别施加不同的法向荷载，其值为最大法向荷载的等差值。

1）法向加荷。法向荷载宜分 3～5 级施加，每隔 5min 施加一级，并测读法向位移。在最后一级法向荷载作用下法向位移应相对稳定（稳定标准：对硬性结构面，每隔 5min 测读一次，连续两次读数之差不超过 0.01mm；对软弱结构面，每隔 10min 测读一次，连续两次读数之差不超过 0.03mm）后再施加剪切荷载。

2）水平加荷。剪切荷载按预估的最大值等分 8～12 级施加，当剪切位移增量为前级位移增量的 1.5 倍时，宜将级差减半。峰值前不得少于 10 组读数。剪切过程中法向荷载应始终保持恒定。

3）剪切荷载测定。试体被剪断时，测读剪切荷载峰值。根据需要可继续施加剪切荷载，至剪切位移达到 15mm。将剪切荷载缓慢退至零的过程中，法向应力应保持为常数，测读试体回弹位移读数。

4）摩擦系数测定。将试体恢复原位，调整设备和位移测表，进行摩擦试验。根据需要，可在不同法向荷载下进行重复摩擦试验，即单点摩擦试验。

（4）结果处理。试验结果按 8.1.7.3 小节的步骤处理。

试验结束后，翻转试体，测量实际剪切面面积，详细描述剪切面的破坏情况、擦痕的分布、方向和长度、结构面性质与厚度，测定剪切面的起伏差，绘制沿剪切方向剪断面起伏差变化的曲线。

应收集剪切面混凝土的配合比、拌和物质量和振实质量，施工层厚、铺筑方式、设备型号、振实工艺，层面处理、间歇时间、入仓温度、施工日期、气候，以及试验区布置图、剪切面描述图、试验装置及典型剪切面破坏状况照片等。

8.1.7.3 抗剪特性参数计算

（1）按式（8.1.46）、式（8.1.47）和式（8.1.48）计算各级法向荷载下的极限抗剪强度、残余抗剪强度、摩擦抗剪强度：

$$\tau = \frac{Q}{A} \tag{8.1.46}$$

$$\tau_{残} = \frac{Q_{残}}{A} \tag{8.1.47}$$

$$\tau_\text{摩} = \frac{Q_\text{摩}}{A} \tag{8.1.48}$$

式中：τ、$\tau_\text{残}$、$\tau_\text{摩}$ 分别为极限抗剪强度、残余抗剪强度、摩擦抗剪强度，MPa；Q、$Q_\text{残}$、$Q_\text{摩}$ 分别为极限剪切荷载、残余剪切荷载、摩擦阻力，N；A 为剪切面面积，mm^2。

（2）取 3 个试件测值的平均值作为该组试件的试验结果。

（3）根据各级法向应力下的极限抗剪强度、残余抗剪强度、摩擦抗剪强度，在坐标图上作 σ-τ 关系图，并用最小二乘法或作图法求得式（8.1.49）～式（8.1.51）中的 f' 和 c' 值：

$$\tau = \sigma f' + c' \tag{8.1.49}$$
$$\tau_\text{c} = \sigma f'_\text{c} + c'_\text{c} \tag{8.1.50}$$
$$\tau_\text{m} = \sigma f'_\text{m} + c'_\text{m} \tag{8.1.51}$$

式中：σ 为法向应力，MPa；f'、f'_c、f'_m 分别为极限抗剪摩擦系数、残余抗剪摩擦系数、摩擦抗剪摩擦系数；c'、c'_c、c'_m 分别为极限抗剪黏聚力、残余抗剪黏聚力、摩擦抗剪黏聚力，MPa。

8.2 弹性模量

任何材料在受到外力作用时都会产生变形，在一定条件下，外力作用下的变形取决于荷载的大小、加荷速度、荷载持续的时间等。物体在移开作用荷载后恢复到原料尺寸的性能叫作弹性。许多材料在一定的应力范围内应力与应变的比值是不变的，这个比值叫作弹性模量。不同的材料其应力—应变关系曲线是不同的。

混凝土在单轴受压时的应力—应变曲线如图 8.2.1 所示。从图可以看出，当应力在 30%～50% 以内时，应力—应变曲线可以近似地看成是直线，混凝土的变形主要是弹性变形，也有极少量的塑性变形。

当应力在（30%～50%）极限强度至（70%～90%）极限强度之间时，应力—应变曲线的曲率增大，由于混凝土内部微裂缝的扩展，混凝土的总变形中包括有较多的塑性变形。

当应力达到极限应力的 70%～90%，裂缝进一步扩展，互相连通，混凝土极限强度开始下降，应力—应变曲线转而下降。

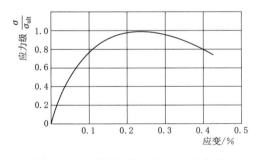

图 8.2.1 混凝土的应力—应变曲线

混凝土应力—应变曲线的这种特性与内部微细裂缝的增加密切相关。混凝土的变形为骨料颗粒及水泥石的弹性变形和由内部微裂缝扩展产生的非恢复性变形两方面构成。当应力—应变曲线水平接近，卸去应力后，留下较大的永久变形，这是混凝土内部微裂缝扩展积累的结果，并不是由于水泥石的塑性变形。从微观上看，混凝土的变形特性是属于脆性的，体积随应力的增加而减小，达到某点时体积停止收缩而开始膨胀。

混凝土的实测应力—应变曲线的曲率与加荷速度有关，当加荷速度很快时，例如小于

0.01s 时，测得的应变值很小，应力—应变曲线的曲率极小。当加荷时间从 5s 增至 2min 左右时，则应变可增加 15％。但加荷时间在 2～10min（甚至 20min）时，应变的增加却很小。

严格地说，混凝土的应力—应变曲线是一条既没有直线部分也没有屈服点的光滑曲线。为此，混凝土的弹性模量就有多种定义，不同的弹性模量的定义如图 8.2.2 所示。

（1）初始弹性模量：

$$E_0 = \lim_{\substack{\sigma \to 01 \\ \varepsilon \varepsilon \to 01}} \left(\frac{\sigma}{\varepsilon} \right) = \lim_{\substack{\sigma \to 0 \\ \varepsilon \to 0}} \left(\frac{\mathrm{d}\sigma}{\mathrm{d}\varepsilon} \right) = \left(\frac{\mathrm{d}\sigma}{\mathrm{d}\varepsilon} \right)_{\sigma = \varepsilon = 0} \qquad (8.2.1)$$

式中：E_0 为应力—应变曲线原点的切线斜率，即初始弹性模量。

（2）弦弹性模量：

$$E_x = \frac{\sigma_2 - \sigma_1}{\varepsilon_2 - \varepsilon_1} \qquad (8.2.2)$$

式中：E_x 为应力—应变曲线两点间的直线斜率，即弦弹性模量。

（3）切线弹性模量：

$$E_q = \lim_{\substack{\sigma_2 \to \sigma_1 \\ \varepsilon_2 \to \varepsilon_1}} = \frac{\sigma_2 - \sigma_1}{\varepsilon_2 - \varepsilon_1} = \left(\frac{\mathrm{d}\sigma}{\mathrm{d}\varepsilon} \right)_{\sigma = \sigma_1, \varepsilon = \varepsilon_1} \qquad (8.2.3)$$

式中：E_q 为通过应力—应变曲线上已知点的切线斜率，即切线弹性模量。

（4）割线弹性模量：

弦弹性模量上假定 $\sigma_1 = 0$、$\varepsilon_1 = 0$ 时：

$$E_h = \frac{\sigma_2}{\varepsilon_2} \qquad (8.2.4)$$

式中：E_h 为应力—应变曲线上已知点与原点的直线斜率，即割线弹性模量。

初始切线弹性模量不易测准，弦弹性模量适用的荷载范围较广，切线弹性模量仅适用于很小的荷载变化范围，三者在实际中很少采用。割线弹性模量表示所选择点的实际变形，并且容易测量，在工程中被采用，通常所说的混凝土的弹性模量就是指割线弹性模量。我国《水工混凝土试验规程》（DL/T 5150）规定以轴心抗压强度 40％的作用应力测得的割线弹性模量作为混凝土的受压静力弹性模量，简称受压弹性模量。为了消除塑性变形的影响，试验时要反复加荷和卸荷几次，这样得到的应力—应变曲线接近于直线。以轴心抗拉强度 50％的作用应力下测得的割线弹性模量作为混凝土的受拉静力弹性模量，简称受拉弹性模量。混凝土的受压弹性模量的数值与受拉弹性模量的数值基本相当。

混凝土的弹性模量与龄期的关系，可用双曲线经验公式进行拟合：

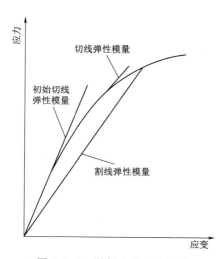

图 8.2.2　混凝土的弹性模量

$$E = \frac{E_0 t}{a + t} \qquad (8.2.5)$$

式中：E 为弹性模量，GPa；E_0 为最终弹性模量，GPa；t 为龄期，d；a 为常数。

混凝土的弹性模量与龄期的关系，也可用指数曲线经验公式进行拟合：

$$E = E_0(1 - \beta e^{-rt}) \tag{8.2.6}$$

式中：β、r 为常数。

混凝土的弹性模量与混凝土的强度密切相关。强度越高，弹性模量越大，且混凝土的弹性模量随养护温度的提高及龄期的延长而增大。混凝土的静力弹性模量与抗压强度之间的关系，可根据 $\dfrac{1}{E_h}$ 与 $\dfrac{1}{f_c}$ 为线性关系的假设，近似地用下式表示：

$$E_h = \frac{10^5}{2.2 + \dfrac{34.7}{f_c}} \tag{8.2.7}$$

式中：E_h 为混凝土的静力弹性模量，MPa；f_c 为混凝土 28d 龄期的立方体抗压强度，MPa。

一般而言，影响混凝土强度的因素同样影响混凝土的弹性模量，但并不完全相同。潮湿状态下混凝土的弹性模量比干燥状态下的高，而对强度的影响则恰恰相反。骨料的性质对混凝土的强度影响不大，但对混凝土的弹性模量却有影响，骨料弹性模量越高，其混凝土的弹性模量越大。粗骨料的形状及表面状态也可能影响混凝土的弹性模量及应力—应变曲线的曲率。

混凝土是由水泥石与骨料组成的，水泥石与骨料在单独受力时各自均表现出明显的线性应力—应变关系，而其复合材料混凝土的应力—应变关系却是曲线（图 8.2.3）。其主要原因在于水泥石与骨料的界面上存在微裂缝，由于应力的作用，使水泥石与骨料界面上的微裂缝进一步扩展，局部应力集中和应变数值进一步增大，于是应力—应变曲线不断地趋向弯曲，表现出假塑性的特征。混凝土的弹性模量还与配合比和试验龄期有关，因为骨料的弹性模量一般比水泥石的弹性模量高。混凝土的龄期越长，弹性模量越高，后期的弹性模量增长大于强度的增长。强度相同的混凝土，早期养护温度低的，弹性模量较高。

图 8.2.3　混凝土、水泥石、骨料的
应力—应变曲线

混凝土的抗剪弹性模量 G 为

$$G = \frac{\tau}{\gamma} \tag{8.2.8}$$

式中：τ 为剪应力；γ 为剪应变。

由于目前尚无适当的抗剪试验方法，不易通过试验求出抗剪弹性模量，可以根据抗压试验测得的静力弹性模量 E_h 和泊松比 μ 按下式求出抗剪弹性模量：

$$G = \frac{E_h}{2} \cdot \frac{1}{\mu + 1} \tag{8.2.9}$$

当 $\mu=1/6$ 时，$G=0.43E$。

用动力学方法（共振法、超声法）在很小的应力状态与周期性交变的动荷载下测定的弹性模量称为动弹性模量。由于试件受振动时承受的应力极小，所以动弹性模量几乎完全是弹性的。它近似地等于用静力测定的初始切线弹性模量，比割线弹性模量高。动弹性模量与静力弹性模量之间的差别，是由于混凝土的非均质性对两种弹性模量影响不同造成的。混凝土的强度越高，静力弹性模量与动弹性模量的比值就越大，对同一混凝土配合比，此比值还随龄期的延长而增加。

动弹性模量可用超声振动下波的脉冲传播速度来测定，脉冲速度与动弹性模量的关系如下：

$$E_{\mathrm{d}}=\rho v^2\,\frac{(1+\mu)(1-2\mu)}{1-\mu}\qquad(8.2.10)$$

式中：ρ 为混凝土的密度；v 为脉冲速度。

根据英国混凝土规范 CP100：1972 的规定，对于普通混凝土，静力弹性模量 E_{h} 与动弹性模量 E_{d} 的关系式为：

$$E_{\mathrm{h}}=1.25E_{\mathrm{d}}-19\qquad(8.2.11)$$

可以把混凝土看成是由匀质的各向同性的结合料和分散在其中的颗粒相所构成的二相材料，构成相的弹性模量和体积比，可用混凝土弹性模量的上、下限值表示。

假定颗粒相的弹性模量为 E_{p}，结合料相的弹性模量为 E_{m}，颗粒相的体积比为 V_{p}，结合料相的体积比为 V_{m}。当 $E_{\mathrm{m}}>E_{\mathrm{p}}$ 时，称为复合硬材料；当 $E_{\mathrm{m}}<E_{\mathrm{p}}$ 时，称为复合软材料。

以上表示的是复合效果的两个极端。$E_{\mathrm{m}}>E_{\mathrm{p}}$ 时，可以认为等于构成相的应变；$E_{\mathrm{m}}<E_{\mathrm{p}}$ 时，认为等于构成相的应力（图 8.2.4）。

假定泊松比为 0 时，此时复合材料的弹性模量 E 为

$$\begin{cases}E=V_{\mathrm{m}}E_{\mathrm{m}}+V_{\mathrm{p}}E_{\mathrm{p}} & (E_{\mathrm{m}}>E_{\mathrm{p}})\\[2mm]\dfrac{1}{E}=\dfrac{V_{\mathrm{m}}}{E_{\mathrm{m}}}+\dfrac{V_{\mathrm{p}}}{E_{\mathrm{p}}} & (E_{\mathrm{m}}<E_{\mathrm{p}})\end{cases}\qquad(8.2.12)$$

$$V_{\mathrm{m}}+V_{\mathrm{p}}=1\qquad(8.2.13)$$

对混凝土来说，是上述公式中的中间值，所以如图 8.2.5 那样，如以 $x:(1-x)$ 的比率将式（8.2.12）和式（8.2.13）相加，就成为

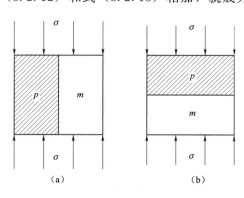

图 8.2.4　并联和串联模型

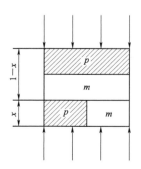

图 8.2.5　赫沙模型

$$\frac{1}{E} = \frac{\chi}{E_m V_m + E_p V_p} + (1-\chi)\left(\frac{V_m}{E_m} + \frac{V_p}{E_p}\right) \tag{8.2.14}$$

上式是当分散相为空隙时，即 $E_p = 0$ 时，$E = 0$，这并不合乎实际情况，所以可认为颗粒围绕着结合料呈复合体形式，在边长为 1 的立方体结合料的中心埋着边长为 d 的微粒单元，假定承受单轴压力 p，如果忽视各个分量的横向变形，那么 m_1 部分与 p 及 m_2 部分的应变就等于整体的应变，因此有

$$\frac{\sigma_2}{E_m}(1-d) + \frac{\sigma_2}{E_p}d = \frac{\sigma_1}{E_m} = \frac{1}{E} - \frac{P}{A} \tag{8.2.15}$$

而且，$P = \sigma_1(1-d^2) + \sigma_2 d^2$，$A = 1$，如图 8.2.6 所示。
由此消去 σ_1、σ_2，求 E，则得

$$E = E_m\left(1 + \frac{V_p}{\dfrac{E_p}{E_p - E_m} - \sqrt[3]{V_p}}\right) \tag{8.2.16}$$

在这种情况下，微粒为空隙时的弹性模量如 $E_p = 0$，则

$$E = E_m(1 - V_p^{\frac{2}{3}}) \tag{8.2.17}$$

式中：V_p 为空隙率。

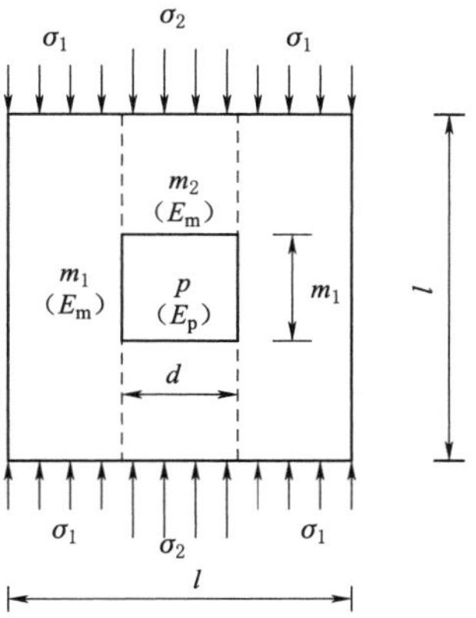

进一步假定球形微粒被结合料相充分包着时，那么用下式表示整体的弹性模量：

图 8.2.6 康脱模型

$$\frac{E}{1-2\mu} = \frac{E_m}{1-2\mu_m} \times \left\{\frac{\dfrac{\mu_m E_m}{1-2\mu_m} + \left[\dfrac{1+\mu_m}{2(1-2\mu)} + V_p\right]\dfrac{E_p}{1-\mu v_p}}{\left[1 + \dfrac{1+\mu_m}{2(1-2\mu_m)}V_p\right]\dfrac{E_m}{1-2\mu_m} + \left[\dfrac{1+\mu_m}{2(1-2\mu_m)}V_m\right]\dfrac{E_p}{1-2\mu_p}}\right\} \tag{8.2.18}$$

这里，假定 $V_m = V_p = 0.2$ 时，即成为

$$E = \frac{V_m E_m + (1+\mu_p)E_p}{(1+\mu_p)E_m + V_m E_p} \cdot E_m \tag{8.2.19}$$

在混凝土中因为水泥石的横向应变受到集料的限制，所以混凝土的泊松比小于水泥石的泊松比。

$$\mu = \mu_m(1-V_p)^n = \mu_m V_m^n \tag{8.2.20}$$

式中：μ 为混凝土的泊松比；μ_m 为水泥石的泊松比，常取值为 0.25；n 为常数，常取值为 0.42。

与常态混凝土一样，碾压混凝土弹性模量的大小主要与混凝土强度、骨料品种、掺合料品种及掺量有关。下面以观音岩水电站碾压混凝土为实例说明各种因素的影响。

如表 8.2.1 所示，水胶比增大，混凝土强度降低，碾压混凝土弹性模量，尤其是早龄期的弹性模量明显降低，随龄期的延长，弹性模量增长，弹性模量差别减少。掺合料掺量通过影响混凝土强度来影响混凝土弹性模量，掺合料掺量增大，混凝土早期强度降低，早期弹性模量低，中期弹性模量的增长比强度快，弹性模量差别减小，后期强度增长比弹性模量增长快，不同掺合料掺量的混凝土弹性模量趋于一致。

如表 8.2.2 所示，不同的掺合料品种因活性和水化速率不同，通过影响不同龄期的混

凝土强度来影响混凝土弹性模量，后期随强度的增长，抗压弹性模量趋于一致。

如表8.2.3所示，骨料品种是对碾压混凝土弹性模量影响最大的因素，骨料弹性模量大，混凝土弹性模量相应增大。一般地，灰岩、砂岩、玄武岩骨料碾压混凝土的弹性模量较大，而花岗岩、页岩碾压混凝土的弹性模量较小。

表8.2.1　水胶比和掺合料掺量对抗压弹性模量的影响（观音岩水电站三级配碾压混凝土）

水胶比	掺合料		极限拉伸值（×10⁻⁶）		抗压弹性模量/GPa	
	品种	掺量/%	28d	90d	28d	90d
0.45	粉煤灰（F）	55	77	90	28.7	35.6
0.50		55	72	84	26.5	35.0
0.55		55	68	81	20.8	32.0
0.45		65	72	82	20.5	34.9
0.50		65	65	75	22.2	33.3
0.55		65	62	70	16.7	24.6

表8.2.2　掺合料品种对抗压弹性模量的影响（观音岩水电站三级配碾压混凝土）

水胶比	掺合料		极限拉伸值（×10⁻⁶）		抗压弹性模量/GPa	
	品种	掺量/%	28d	90d	28d	90d
0.55	粉煤灰＋磷渣粉（PF）	55	69	80	27.3	36.4
0.55	粉煤灰＋石粉（FL）	55	65	78	22.1	32.7
0.55	磷渣＋磨细粉煤灰（PFb）	55	59	80	27.5	32.0

表8.2.3　骨料品种对抗压弹性模量的影响

水胶比	粉煤灰掺量/%	骨料品种	极限拉伸值（×10⁻⁶）		抗压弹性模量/GPa		
			28d	90d	7d	28d	90d
0.50	55	三峡工程花岗岩人工砂、花岗岩人工碎石	57	80	14.8	22.3	33.6
0.50	55	三峡工程花岗岩石屑砂、花岗岩人工碎石	65	69	13.3	25.4	31.3
0.50	55	观音岩工程灰岩人工砂、灰岩人工碎石	72	84	—	26.5	35.0

8.3　泊松比

混凝土试件在受压或受拉时，在产生纵向应变的同时，也同时产生横向应变，其横行应变与纵向应变的比值称为泊松比，即

$$\mu = \frac{\varepsilon_t}{\varepsilon_1} \qquad (8.3.1)$$

式中：ε_t为轴向应变；ε_1为横向应变。

混凝土的泊松比随应力水平的大小而变化，当用测量应变的方法测定时，泊松比介于0.15～0.20的范围内。

骨料品种、水胶比、掺合料掺量等配合比参数相同的条件下，碾压混凝土的泊松比略高于常态混凝土。

可用测定小梁的纵向振动的固有共振频率及脉冲速度的方法计算泊松比：

$$\left(\frac{v}{2nL}\right)^2 = \frac{1-\mu}{(1+\mu)(1-2\mu)} \qquad (8.3.2)$$

式中：v 为超声速度，mm/s；n 为共振频率，Hz；L 为梁的长度，mm。

8.4 极限拉伸值

我国现行《混凝土重力坝设计规范》（SL 319）对于混凝土坝的防裂问题制定的防裂标准指标为轴向拉伸的极限拉伸值与允许温差。根据混凝土的极限拉伸值就可导出施工时的允许温差。目前，国内外测定混凝土的极限拉伸值尚无统一的试验方法，有的用轴心受拉试件进行测定，有的用小梁弯曲的方法进行测定。而这两种方法又都可以用不同的标准确定极限变形能力。例如，可用试件断裂或接近断裂时的应变值作为混凝土的变形能力，也可用混凝土中微裂缝开始扩展时的应变值（称为初裂应变）作为混凝土的变形能力。用不同的测定方法，极限拉伸值可能相差很大。例如，用直接拉伸的方法测得的混凝土的极限拉伸值大多小于 1.0×10^{-6}，但如用小梁弯曲受拉时受拉侧边缘测得的极限拉伸值则可能达到 1.4×10^{-6}～2.4×10^{-6}，实际上可能包括很大一部分微裂缝的扩展变形。

我国目前大多以轴心受拉试件断裂时的极限应变值——极限拉伸值代表混凝土的变形能力。这种方法的优点是它能比较直观地反映混凝土拉伸时的情况；缺点是试件的对中比较困难，偏心对试验结果影响较大，试验结果的合格率低，离散性大。而用小梁弯曲的方法测定混凝土的变形能力，试验方法简单，试验工作量小。

一般情况下，混凝土出现微裂缝时与轴心受拉断裂时的极限拉伸值还是比较接近的。对于不同的混凝土结构，不同的受力状态，究竟以什么方法和标准取定极限拉伸值，仍然是值得探讨的问题。

影响碾压混凝土极限拉伸值的因素主要如下：

（1）水泥品种。采用强度等级高的水泥配制的混凝土的极限拉伸值较大，水泥中铁铝酸四钙较高，早期强度且后期强度增长率大的中热硅酸盐水泥、硅酸盐水泥配制的混凝土的极限拉伸值一般较大。

（2）水胶比。水胶比小的混凝土，强度等级高，极限拉伸值也大。

（3）骨料种类。采用弹性模量低、黏结力好的骨料配制的混凝土的极限拉伸值也大，采用人工骨料配制的混凝土比用天然骨料配制的混凝土的极限拉伸值大，采用灰岩配制的混凝土的极限拉伸值比用花岗岩骨料配制的混凝土的极限拉伸值大。

（4）掺合料。混凝土中掺入适量的优质粉煤灰、磷渣或硅粉，水灰比随之减小，可提高混凝土的极限拉伸值。

（5）龄期。混凝土的极限拉伸值随龄期的增长而增大，但在 28d 龄期以前增长较快，

28d 龄期以后增长较慢。

总之，影响混凝土极限拉伸值的因素很多，目前尚未找到提高混凝土极限拉伸值的经济有效的途径。必须指出，混凝土的抗裂性并不完全取决于极限拉伸值，还需通过考虑混凝土的干缩、徐变、自生体积变形、水化热等因素，才能获得抗裂性最好的混凝土。

下面以观音岩水电站碾压混凝土为例说明各种因素的影响。

如表 8.4.1 所示，水胶比增大，混凝土强度降低，碾压混凝土极限拉伸值略有降低。掺合料掺量通过影响混凝土强度来影响混凝土极限拉伸值，掺合料掺量增大，混凝土极限拉伸值下降。

表 8.4.1　　　　　　　　水胶比和掺合料掺量对极限拉伸值的影响

水胶比	掺　合　料		极限拉伸值（×10⁻⁶）	
	品种	掺量/%	28d	90d
0.45	粉煤灰	55	77	90
0.50		55	72	84
0.55		55	68	81
0.45		65	72	82
0.50		65	65	75
0.55		65	62	70

如表 8.4.2 所示，不同的掺合料品种因活性和水化速率不同，通过影响不同龄期的混凝土强度来影响混凝土极限拉伸值，后期随强度的增长，极限拉伸值趋于一致，石灰石粉虽为非活性掺合料，但其后期极限拉伸值并未明显降低。

表 8.4.2　　　　　　　　掺合料品种对极限拉伸值的影响

水胶比	掺　合　料		极限拉伸值（×10⁻⁶）	
	品种	掺量/%	28d	90d
0.55	磷渣粉＋粉煤灰	55	69	80
0.55	粉煤灰＋石灰石粉	55	65	78
0.55	磷渣粉＋磨细粉煤灰	55	59	80

如表 8.4.3 所示，骨料品种对碾压混凝土极限拉伸值有明显影响，骨料弹性模量大，混凝土变形能力减小，灰岩骨料虽然普遍弹性模量相对较高，但灰岩骨料混凝土的过渡区比其他骨料更为致密，其极限拉伸值往往比其他弹性模量低的骨料配置的混凝土高。

表 8.4.3　　　　　　　　骨料品种对抗压弹模的影响

水胶比	粉煤灰掺量/%	骨　料　品　种	极限拉伸值（×10⁻⁶）	
			28d	90d
0.50	55	三峡工程花岗岩人工砂、花岗岩人工碎石	57	80
0.50	55	三峡工程花岗岩石屑砂、花岗岩人工碎石	65	69
0.50	55	观音岩工程灰岩人工砂、灰岩人工碎石	72	84

8.5　干缩

混凝土的干缩和湿胀是由于混凝土内部的水分变化引起的。当混凝土长期在水中养护时，会产生微小的膨胀；当混凝土在空气中养护时，由于水分的蒸发，混凝土产生收缩。已干燥的混凝土再次吸水变湿时，原有的干缩变形大部分会消失，也有一部分是不能消失的。

混凝土干缩变形的大小用干缩率表示。干缩试验一般采用 $100\text{mm}\times100\text{mm}\times500\text{mm}$ 的试件，两端埋设金属测头，在温度为（20 ± 3）℃、相对湿度为 $55\%\sim65\%$ 的干燥室中，干缩至规定龄期，测量试件干缩前后的长度变化，以试件单位长度变化率来表示：

$$\varepsilon_t=\frac{L_t-L_0}{L_0-2\Delta}\tag{8.5.1}$$

式中：ε_t 为 t 龄期时干缩率，mm/mm，通常以 10^{-6} 表示；L_t 为 t 龄期时试件的长度，mm；L_0 为试件的基准长度，mm；Δ 为金属测头的长度，mm。

液体和其蒸气平衡时的蒸气压力称为饱和蒸气压，当液面上的蒸气压低于饱和蒸气压时，液体就会蒸发；当液面上的蒸气压高于饱和蒸气压时，蒸气就会凝结。

自由状态水的饱和蒸气压主要取决于温度。硬化水泥石中的毛细孔及凝胶孔中的水，由于水面成曲面，饱和蒸气压低，难以蒸发。水泥凝胶体表面的吸附水，由于凝胶与水分子之间的引力作用，蒸发更难。

水面的曲率半径与饱和蒸气压之间的关系，可用下面的热力学平衡关系式表示：

$$\ln\frac{p}{p_0}=-\frac{2\sigma m}{RT\rho r}\tag{8.5.2}$$

式中：p 为蒸气压力；p_0 为饱和蒸气压；σ 为水的表面张力；m 为水的分子量；R 为气体常数；T 为温度；ρ 为水的密度；r 为水面的曲率半径。

如果把有关的参数代入式（8.5.1），则

0℃时，　　　　　　　　　　$\ln\dfrac{p}{p_0}=\dfrac{5.01\times10^{-6}}{r}$

20℃时，　　　　　　　　　$\ln\dfrac{p}{p_0}=\dfrac{4.67\times10^{-6}}{r}$

固体表面吸附的水量，与周围的水蒸气的压力和温度有关。在一定的温度下，蒸气压力与吸附量之间的关系用等温吸附式表示：

$$U=\frac{U_\mathrm{m}Kp}{(p-p_0)\left[1+(K-1)\dfrac{p}{p_0}\right]}$$

$$=\frac{U_\mathrm{m}K\dfrac{p}{p_0}}{\left(\dfrac{p}{p_0}-1\right)\left[1+(K-1)\dfrac{p}{p_0}\right]}\tag{8.5.3}$$

式中：U 为压力为 p 时的吸附量，mol/L；U_m 为在单分子层吸附的饱和吸附量，mol/L；p 为蒸气压力，Pa；p_0 为饱和蒸气压，Pa；K 为常数。

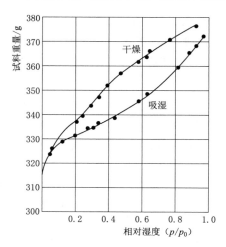

图 8.5.1　湿度与水泥石中含水量的关系（温度为 25℃）

当饱和蒸气压高于蒸气压力时就进行吸附，低于蒸气压力时，吸附着的一部分水分子就发生解吸，直至达到新的平衡。因此，水泥石中存在着对应于不同蒸气压的水，水泥石的含水量就根据周围空气的湿度和温度变化。在一定温度下，湿度与含水量的关系如图 8.5.1 所示。

混凝土中水与空气温度处于平衡状态时，如果空气的湿度降低，温度升高，混凝土就会干燥；反之，如果空气的湿度增加，温度降低，就会吸湿。在干燥和吸湿过程中，对于同样的湿度，其含水量是不同的。如果反复干燥和吸湿，差距会逐渐减小，而接近于可逆过程。

水泥浆或混凝土自浇注之后继续在水中养护，则出现体积的膨胀（湿胀）和质量的增加。这种膨胀是由于水泥凝胶体吸水引起的，水分子进入水泥凝胶体颗粒之间，破坏了凝胶体之间的凝聚力，迫使凝胶体粒子进一步分离，从而形成膨胀压力。此外，水的侵入使凝胶体的表面张力减小，因而也产生微小的膨胀。

水泥净浆的线膨胀典型数值（以浇注后 24h 的长度为基准）：100d 龄期为 1300×10^{-6}，1000d 龄期为 2000×10^{-6}，2000d 龄期为 2200×10^{-6}。

混凝土的线膨胀值则小得多，如水泥用量为 $300 \mathrm{kg/m^3}$ 的混凝土，在水中养护 6～12 个月，线膨胀值为 100×10^{-6}～150×10^{-6}，6～12 个月后膨胀增加很小。

混凝土湿胀的同时，质量也同时增加，质量增加的值可达 1％。可见，混凝土质量的增加远大于体积的增大，这是由于侵入的水有相当一部分占据了水泥水化作用而引起的体积减缩所形成的孔隙。

混凝土干燥时的体积变化，并不等于失去的水的体积。因为最初失去的自由水几乎不引起收缩。

水中养护后的水泥石在相对湿度为 50％ 的空气中干燥，其收缩值一般为 2000×10^{-6}～3000×10^{-6}，完全干燥时的收缩值一般为 5000×10^{-6}～6000×10^{-6}。混凝土由于骨料的用量大，水泥石的含量相对较少，加之骨料对收缩的限制作用，干缩要小得多。水中养护的混凝土完全干燥时的收缩值一般为 600×10^{-6}～900×10^{-6}。

如果将已经干燥的混凝土又放入水中或相对湿度较高的环境中养护，混凝土就会重新发生湿胀。然而并非全部初始干缩都能恢复。即使长期置于水中养护也不能完全恢复。对于普通混凝土，不可逆收缩一般为干缩的 30％～60％。这种不可逆的收缩，是由于一部分接触较紧密的凝胶体颗粒，在干燥期间失去吸附水膜后，发生新的化学结合，这种结合，即使再吸水时也不会破坏。但随着水泥水化程度的提高，凝胶体的这种由于干燥出现更紧密结构的作用就会减小。

混凝土在连续进行干湿循环后，干缩与湿胀的绝对值会变小，这是因为混凝土在保水期间进一步水化，水泥石的强度越来越高的缘故。

混凝土的干缩变形与内部水的存在形式有关。一般将内部水划分为可蒸发水和不可蒸发水两类。

不可蒸发水（非蒸发水）包括水泥水化后形成的凝胶中所含的水，即凝胶和水化物晶格组成的化学结合水（即晶格结合水）。

可蒸发水分为：①毛细孔水，指的是直径小于 $0.1\mu m$ 毛细孔中存在的水；②吸附水是由凝胶颗粒的表面力而吸附的水；③层间水为在晶体中一定平面间所吸收的水，又称沸石水；④游离水存在于大毛细管和空隙中的水。

混凝土干燥的体积变化并不等于散失的水的体积。混凝土中游离水失去几乎不引起收缩增加。当毛细孔水、吸附水和层间水散失能引起干缩。

必须指出，干缩变形中有一小部分是不可逆的变形，这就是当混凝土重新放在饱和的水蒸气或水中，这一小部分变形是不能恢复的。

混凝土失水引起干缩变形有两种观点：一种为毛细张力学说，认为毛细孔水迁出引起表面张力使毛细管壁受压，水泥石体积收缩；另一种为吸附学说，认为吸附水脱离水泥凝胶，表面张力增大，胶体颗粒受到压缩。无论哪一种学说，混凝土的干缩变形都是由于毛细孔水或吸附水或层间水失去后，表面张力增大，导致水泥体积收缩的结果。从水泥石颗粒的毛细孔隙来看，在孔径和润湿角一定时，随着毛细孔隙的内外压力差增大，表面张力随之增加。如拉普拉斯（Laplace）方程所示：

$$\Delta\rho=\frac{2\sigma\cos\theta}{r} \tag{8.5.4}$$

或

$$\sigma=\frac{\Delta\rho\cdot r}{2\cdot\cos\theta}$$

即

$$\sigma=\left(\frac{r}{2\cdot\cos\theta}\right)\cdot\Delta\rho \tag{8.5.5}$$

式中：ρ 为水泥石颗粒孔隙中气体与水的界面张力（表面张力）；$\Delta\rho$ 为水泥石的毛细孔隙内外压力差，即 $\Delta\rho=\rho_{内压}-\rho_{外压}$；$r$ 为孔隙半径；θ 为润湿角，即水泥石颗粒与水润湿后，液相与固相的接触点处液-固界面和液态表面切线的夹角，通常用在液相内部的角度来表示（图 8.5.2）。

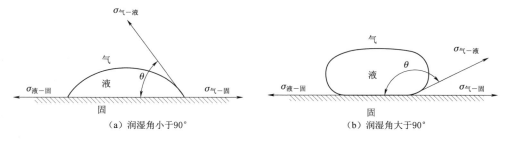

（a）润湿角小于90°　　　　　　　　（b）润湿角大于90°

图 8.5.2　固-液界面润湿角示意图

由式（8.5.4）可知，当外部大气相对湿度低于水泥石毛细孔隙内的蒸汽压时，产生内外压差，压差越大，表面张力越大，引起的干缩变形越大。

混凝土的干缩率通常在 $200 \times 10^{-6} \sim 1000 \times 10^{-6}$ 范围内。引起混凝土干缩的原因主要是水分的蒸发，这种蒸发、干燥过程总由表及里，逐步发展。因而湿度总是不均匀的，干缩变形也是不均匀的。混凝土内部的湿度变化和温度一样服从扩散方程，但蒸发干燥过程比降温冷却过程要慢得多，蒸发干燥的速度只有降温冷却速度的千分之一。例如，对于大体积混凝土，干燥深度达到 6cm 时，需要一个月时间，同样的时间，温度的传播深度可达到 6m；干燥深度达到 70cm 时，约需十年时间，此时温度的传播深度可达 70m，因此对大体积混凝土内部显然不存在干缩问题。虽然干缩仅发生在混凝土的表层很浅的地方，但干缩引起的表面裂缝有可能发展成为更严重的裂缝，因此，大体积混凝土也不能忽视它的干缩问题。显然，干缩对于混凝土薄壁结构的影响深度相对较大，当然不能和大体积混凝土同样看待，尤其应当引起重视。

影响碾压混凝土干缩的因素与常态混凝土相似，主要包括以下内容：

1. 水泥品种与混合材料

水泥品种与混合材料对碾压混凝土的干缩影响较大，在重要的工程中，希望使用干缩较小的水泥与混合材料。水泥净浆的干缩主要取决于它的矿物成分、SO_3 和细度等。一般来说，水泥中 C_3A 含量较大、碱含量较高、细度较细的水泥干缩较大。石膏掺量对水泥净浆的干缩也有较大的影响，对不同品种的水泥，如果将石膏掺量调整到最优水平，则可使 C_3A、碱含量和细度对干缩的影响大为减小。

就水泥而言，由于火山灰水泥需水量大，用火山灰水泥拌制的混凝土要比普通水泥碾压混凝土干缩大。根据一些资料介绍，用不同的水泥品种拌制的砂浆试验结果，干缩从大到小的顺序依次为火山灰水泥、矿渣水泥、普通水泥、早强水泥、中热水泥。

混合材料比表面积的大小是影响水泥干缩的主要因素，某些火山灰质混合材料具有很大的比表面积和吸附水的能力，掺入水泥中使水泥标准稠度用水量增大，水泥石中毛细管增多，故一般干缩较大。优质的粉煤灰，由于含有大量的球形颗粒，需水量比较小，掺入水泥中能减少水泥的准稠度用水量，故干缩较小。掺入磨细磷渣粉、矿渣粉，碾压混凝土干缩值会增加，而石粉掺量超过一定范围也会增加碾压混凝土的干缩值。

2. 配合比

在原材料一定的情况下，碾压混凝土配合比，主要是单位用水量、胶凝材料用量和砂率对干缩有较大的影响。混凝土的单位用水量大，胶凝材料用量多，碾压混凝土的干缩就大，而且单位用水量的影响比胶凝材料影响更大。一般地，混凝土的用水量每增加 1%，干缩可增大 2%～3%。在用水量一定的条件下，干缩随胶凝材料用量的增多而增大，胶凝材料用量少的贫混凝土的干缩比胶凝材料用量高的富混凝土的干缩小。混凝土的砂率越大，干缩就越大。

3. 骨料

骨料对碾压混凝土的干缩有重要影响，骨料可约束水泥石的干缩。骨料最大粒径越大，级配越好，混凝土用水量越低，水泥浆含量越少，因而，碾压混凝土的干缩就越小。

不同岩性骨料的弹性模量、吸水率和硬度不同，对干缩的影响也不同。质地坚硬、弹模高、吸水率小的骨料，对干缩变形起着限制作用，可减少混凝土干缩；反之，将会增加干缩。用天然骨料拌制的混凝土比用轻质骨料拌制的混凝土干缩要小得多。不同骨料种类混凝土的干缩如图 8.5.3 所示。

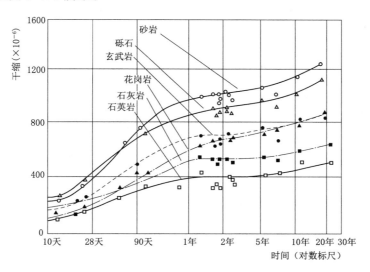

图 8.5.3 不同骨料种类混凝土的干缩

4. 外加剂

掺加减水剂可以降低碾压混凝土的用水量，因此可以减小混凝土的干缩。

5. 养护条件和养护龄期

空气相对湿度和龄期对混凝土干缩的影响如图 8.5.4 所示。在相对湿度为 100％时，混凝土膨胀；当相对湿度降为 70％时，混凝土收缩。相对湿度越小，收缩越大。

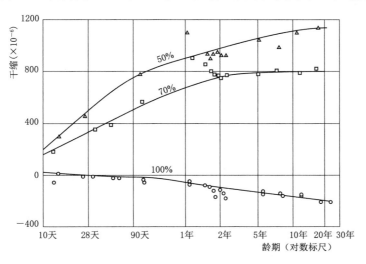

图 8.5.4 空气相对湿度和龄期对混凝土干缩的影响

延长养护时间可推迟干缩的发生与发展，但对最终的干缩并无显著的影响。

混凝土的干缩可以持续很长的时间，但干缩的速度则随龄期的增长而迅速减慢。例如，混凝土 20 年收缩量的 14％～34％发生在 2 周内，20 年收缩量的 40％～80％发生在 3

个月内，20 年收缩量的 66%～85% 发生在 1 年内。

碾压混凝土干缩率与龄期的关系可以用双曲线型表达式来描述：

$$\varepsilon_{n,t} = \frac{mt}{n+t} \tag{8.5.6}$$

式中：$\varepsilon_{n,t}$ 为混凝土 t 龄期时的干缩率，$\times 10^{-6}$；m、n 为试验常数，m 为最终干缩率，n 为混凝土干缩率达到最终干缩率一半时的龄期；t 为龄期，d。

总之，碾压混凝土由于单位用水量小、胶凝材料用量少、骨料用量大，其干缩值一般比常态混凝土小。

表 8.5.1 说明即使同样是灰岩骨料，产地不同、岩性不同、胶凝材料用量不同，碾压混凝土的干缩值差别也较大。表 8.5.2 说明，水泥品种厂家和粉煤灰产地不同，对碾压混凝土干缩值有一定影响。

表 8.5.1　　　　　　观音岩水电站碾压混凝土干缩值（灰岩人工骨料）

级配	水胶比	掺合料		干缩率（$\times 10^{-6}$）						
		品种	掺量/%	3d	7d	14d	28d	60d	90d	180d
三	0.50	磨细粉煤灰	65	64	106	165	234	256	287	301
二	0.50	粉煤灰	55	37	82	113	201	230	256	286
		磨细粉煤灰	55	39	99	162	232	252	281	312
		磷渣粉＋粉煤灰	55	66	91	120	209	230	246	275
		磷渣粉＋磨细粉煤灰	55	69	107	156	216	234	270	308
		粉煤灰＋石灰石粉	55	52	82	143	201	251	265	299

表 8.5.2　　　　　　阿海水电站碾压混凝土干缩值（灰岩人工骨料）

级配	水胶比	水泥品种	粉煤灰		外加剂	干缩率（$\times 10^{-6}$）						
			产地	掺量/%		3d	7d	14d	28d	60d	90d	180d
三	0.48	剑川	阳宗海	60	博特	73	136	211	287	337	365	377
三	0.46	剑川	阳宗海	50	博特	82	159	225	300	359	388	405
二	0.46	剑川	阳宗海	50	博特	83	150	210	295	355	376	392
二	0.46	金山	攀枝花	50	博特	91	160	210	287	337	359	371
二	0.46	金山	阳宗海	50	博特	80	116	222	305	348	377	392
二	0.46	三德	攀枝花	50	博特	84	138	203	291	346	370	385
二	0.46	三德	阳宗海	50	博特	72	133	197	295	353	393	410
二	0.46	金山	阳宗海	50	龙游	83	147	210	295	348	381	397
二	0.46	三德	攀枝花	50	龙游	57	110	241	282	340	373	392

8.6　热学性能

混凝土的水化放热特性对混凝土结构开裂敏感性的影响越来越得到人们的重视。水工混凝土建筑物结构设计中，混凝土的热学性能是分析混凝土内的温度、温度应力和温度变形以及采取有效温控措施的主要依据。混凝土热学性能的主要指标有胶凝材料的水化热、混凝土的绝热温升、比热、导温系数、导热系数和热膨胀系数。

碾压混凝土与常态混凝土相比，性态更加干硬，通常还掺有较大比例的粉煤灰和缓凝减水剂，可以减少坝体内的发热量，温升低，但是由于水泥水化热的作用，在不分缝而实行整体浇筑的碾压混凝土坝内仍可积蓄一定的热量，有可能导致结构内产生温度应力，以及在运行期间由环境温度荷载引起的坝体温度应力。因此，为了大坝的安全，必须对大坝碾压混凝土进行热学性能研究，以便为温控设计和降温防裂措施提供依据。

8.6.1　胶凝材料的水化热

水泥是碾压混凝土中主要胶凝材料之一。混凝土加水拌和时，其中的水泥即开始与水反应，水化过程中释放的热量称为水泥的水化热。实际工程应用时，工程人员首先关心的是水化放热速率，其次才是水化热总量。水化热的释放速率与水泥的矿物组成有关，不同熟料矿物的水化热和放热速率大致为：$C_3A>C_3S>C_4AF>C_2S$。当水泥中 C_3S 和 C_3A 含量较高时，水泥的水化放热速率快，水化热较大。美国材料试验学会在中热波特兰水泥标准中规定 $(C_3S+C_3A)<53\%$。因此，要尽量减少水泥中 C_3S 和 C_3A 的含量，以降低水泥的水化放热速率和水化热。水泥细度和水化时的温度也会显著影响水化放热速率。水泥颗粒较细或水化时温度较高，则水化放热速率较大。水泥的水化热随龄期的延长而增长，通常 7d 之内可以释放 75% 的水化热。

水泥的总水化热是给定温度下水泥完全水化释放出的热量。目前我国现行规范测定水泥水化热的方法有直接法和溶解热法两种。直接法是在等温条件下根据量热计内水泥胶砂的温度变化来计算水泥水化 7d 的水化热，但难以根据实测资料准确推算水泥的总水化热。溶解热法可以测定任意水化龄期水泥的水化热，但局限于长龄期测量精度的敏感性，难以准确测量水泥的总的水化热，一般根据实测资料推算出。

粉煤灰是碾压混凝土中的另一种胶凝材料。碾压混凝土中，粉煤灰与水泥水化产物 $Ca(OH)_2$ 发生二次火山灰反应，生成具有胶结性能的水化硅酸钙和水化铝酸钙，释放出一定的水化热。胶凝材料中粉煤灰的水化热主要采用间接法测得，即从实测水化热中扣除胶凝材料中水泥的水化热近似求得。实际上，粉煤灰的二次水化反应产生的水化热大小与粉煤灰的化学组成、品质及掺量、水胶比、水化龄期有关，此外还与胶凝材料中的水泥有关。尽管如此，根据对国内一些工程试验资料的统计，粉煤灰参与水化产生的水化热相当于纯水泥水化热的 40% 左右。

掺粉煤灰水泥胶凝体系的水化热特征曲线如图 8.6.1 所示。

胶凝材料的水化热测定是在规定条件下进行的，水化热测试结果只具有相对比较的意义。与水化热试验条件比较，实际工程碾压混凝土中胶凝材料的水胶比较大，温度不断发生变化，且掺有缓凝减水剂、砂

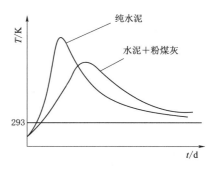

图 8.6.1　掺粉煤灰水泥胶凝体系的水化热特征曲线

灰比大，这些都影响胶凝材料的水化放热速率。因此，用室内试验获得的胶凝材料早期（7d 以前）水化热资料预测坝体碾压混凝土的温升或验证坝体的实测温升并不准确。

8.6.2　混凝土的绝热温升

混凝土的绝热温升是指混凝土在绝热条件下，由水泥的水化热引起的混凝土的温度升值。碾压混凝土因高掺粉煤灰，水化温升降低，温升速度减慢，但是由于碾压混凝土施工速度快，层面间歇时间短，热量散发少，容易在混凝土结构内部形成热量聚积。这会影响到混凝土的最高温度、基础温差和内外温差，容易引起温度应力和温度变形，从而产生温度裂缝，严重者将危及工程安全运行。因此绝热温升也是碾压混凝土温度控制的一个重要因素。

碾压混凝土的绝热温升前期较大，后期趋于平稳。国内多数工程碾压混凝土的最终绝热温升为 11~20℃，而常态混凝土的最终绝热温升一般为 16~27℃，这说明碾压混凝土的最终绝热温升值明显低于常态混凝土。影响碾压混凝土绝热温升的因素包括：水泥品种和用量、掺合料品种及用量、水灰比、混凝土浇筑温度等。水泥品种对绝热温升的影响主要是由于水泥矿物成分的不同，水泥熟料中 C_3S 和 C_3A 含量越高，混凝土绝热温升越高。水泥越细，发热速率越快，但水泥细度不影响最终发热量。一般来说，混凝土绝热温升随着水灰比增大而增大，随着水泥用量增加而呈直线上升。碾压混凝土通常高掺粉煤灰或磨细高炉矿渣，有利于大幅降低混凝土的绝热温升，掺粉煤灰的降热效果优于矿渣。碾压混凝土的浇筑温度（入仓温度）越高，混凝土绝热温升增长速度越快，反之则增长较慢，但浇筑温度不影响混凝土的最终绝热温升。

混凝土绝热温升及其历时函数关系是进行大体积混凝土温控设计的主要参数，但是目前由于设备条件的限制，只能通过室内模拟试验，模拟混凝土处在绝热条件下，测得混凝土早期（28d 龄期以内）由于胶凝材料水化产生的热量使混凝土内部温度随龄期增长而上升的规律，根据不同经验公式推断混凝土的后期或最终绝热温升值。国内部分工程绝热温升及其拟合公式见表 8.6.1 和表 8.6.2。绝热温升与龄期的常用经验公式有以下三种。

表 8.6.1　　　　　　　　　部分工程碾压混凝土绝热温升试验结果

工程名称	水胶比	粉煤灰掺量/%	级配	入仓温度/℃	各龄期绝热温升/℃																
					1d	2d	3d	4d	5d	6d	7d	8d	10d	12d	14d	16d	18d	20d	22d	25d	28d
官地水电站	0.47	50	三	12.0	2.4	6.5	9.6	12.4	13.9	15.1	15.8	16.5	17.0	17.2	17.4	17.5	17.6	17.7	17.8	17.9	17.9
	0.50	50	三	12.0	2.2	6.1	9.0	11.6	13.0	14.1	14.8	15.4	15.9	16.1	16.3	16.3	16.4	16.4	16.5	16.6	16.6
	0.55	55	三	12.0	2.0	5.6	8.9	10.6	11.8	12.8	13.5	14.0	14.5	14.7	14.9	15.0	15.0	15.1	15.2	15.2	15.2
	0.45	50	二	12.0	3.7	10.2	14.3	16.9	18.7	19.5	19.9	20.2	20.5	20.8	20.9	21.0	21.1	21.2	21.2	21.3	21.3
沙沱水电站	0.50	60	四	—	4.9	8.1	9.6	10.6	11.3	11.8	12.1	12.6	13.2	13.5	13.5	14.0	14.0	14.2	14.3	14.3	14.4
	0.50	30	四	—	3.4	7.1	9.1	10.3	11.1	11.7	12.1	12.5	13.1	13.6	13.95	14.0	14.1	14.2	14.2	14.2	14.2
	0.50	60	三	—	5.8	10	11.6	12.8	13.9	14.5	15.3	15.5	16.0	16.2	16.3	16.4	16.5	16.5	16.5	16.5	16.6
	0.50	50	三	—	5.7	10.8	13.0	14.5	15.6	16.4	16.9	17.3	17.7	18.0	18.2	18.3	18.4	18.4	18.5	18.6	18.6

工程名称	水胶比	粉煤灰掺量/%	级配	入仓温度/℃	各龄期绝热温升/℃																
					1d	2d	3d	4d	5d	6d	7d	8d	10d	12d	14d	16d	18d	20d	22d	25d	28d
彭水水电站	0.47	50	三	12.5	3.6	8.4	10.3	11.5	12.4	13.0	13.5	13.8	14.1	14.4	14.5	14.6	14.7	14.8	14.8	14.9	15.0
	0.50	50	三	12.5	2.7	7.2	9.3	11.0	12.1	12.8	13.3	13.7	14.1	14.4	14.6	14.7	14.8	14.9	14.9	15.0	15.0
	0.55	55	三	12.5	3.4	9.2	12.3	14.3	15.9	16.9	17.7	18.2	18.7	19.0	19.1	19.2	19.3	19.3	19.4	19.5	19.5

表 8.6.2　　　　　　　　　　　　部分工程碾压混凝土绝热温升拟合公式

工程名称	水胶比	粉煤灰掺量/%	级配	入仓温度/℃	指数经验公式		双曲线经验公式		复合指数经验公式	
					表达式	相关系数	表达式	相关系数	表达式	相关系数
官地水电站	0.47	50	三	12.0	$T=20.29[1-\exp(-0.066t)]$	0.733	$T=20.29t/(2.90+t)$	0.991	$T=20.29[1-\exp(-0.260t^{0.745})]$	0.853
	0.50	50	三	12.0	$T=18.76[1-\exp(-0.067t)]$	0.714	$T=18.76t/(2.80+t)$	0.991	$T=18.76[1-\exp(-0.263t^{0.748})]$	0.846
	0.55	55	三	12.0	$T=17.15[1-\exp(-0.067t)]$	0.729	$T=17.15t/(2.79+t)$	0.991	$T=17.16[1-\exp(-0.268t^{0.742})]$	0.844
	0.45	50	二	12.0	$T=23.02[1-\exp(-0.073t)]$	0.681	$T=23.02t/(1.76+t)$	0.995	$T=23.02[1-\exp(-0.40t^{0.671})]$	0.808
沙沱水电站	0.50	60	四	—	$T=15.41[1-\exp(-0.081t)]$	0.886	$T=15.41t/(t+1.80)$	0.999	$T=15.41[1-\exp(-0.50t^{0.555})]$	0.966
	0.50	30	四	—	$T=15.425[1-\exp(-0.078t)]$	0.844	$T=15.42t/(t+2.05)$	0.999	$T=15.42[1-\exp(-0.40t^{0.627})]$	0.924
	0.50	60	三	—	$T=17.45[1-\exp(-0.086t)]$	0.833	$T=17.45t/(t+1.34)$	0.999	$T=17.45[1-\exp(-0.574t^{0.553})]$	0.937
	0.50	50	三	—	$T=19.73[1-\exp(-0.082t)]$	0.793	$T=19.73t/(t+1.39)$	0.999	$T=19.73[1-\exp(-0.535t^{0.574})]$	0.909
彭水水电站	0.47	50	三	12.5	$T=15.96[1-\exp(-0.081t)]$	0.800	$T=15.96t/(1.64+t)$	0.9988	$T=15.96[1-\exp(-0.465t^{0.61})]$	0.882
	0.50	50	三	12.5	$T=16.48[1-\exp(-0.081t)]$	0.774	$T=16.48t/(2.15+t)$	0.9967	$T=16.48[1-\exp(-0.354t^{0.67})]$	0.867
	0.55	55	三	12.5	$T=21.32[1-\exp(-0.081t)]$	0.732	$T=21.32t/(2.02+t)$	0.9961	$T=21.32[1-\exp(-356t^{0.682})]$	0.851

1. 指数式

美国垦务局在 20 世纪 30 年代曾经提出混凝土绝热温升与龄期关系的指数经验公式：

$$T=T_0[1-\exp(-m_1t)] \tag{8.6.1}$$

式中：T 为混凝土绝热温升，℃；T_0 为混凝土的最终绝热温升；t 为龄期，d；m_1 为常数，随水泥品种、细度和浇筑温度而异。

由式（8.6.1）可以看出，当 $t\to\infty$ 时，$T\to T_0$，T_0 即为混凝土的最终绝热温升。将式（8.6.1）移项改写为

$$m_1t=-\ln(1-T/T_0) \tag{8.6.2}$$

$$m_1=-\lg(1-T/T_0)/(0.434t) \tag{8.6.3}$$

根据试验观测资料，待 $T-t$ 曲线趋于稳定后的 T 值即为混凝土的最终绝热温升近似值 T_0，然后以为纵坐标，时间 t 为横坐标，求直线的斜率并除以 0.434，即可求得 m_1。

2. 双曲线式

$$T = T_0 t / (m_2 + t) \tag{8.6.4}$$

式中：T_0、m_2 为常数。

将式（8.6.4）改写为

$$\frac{1}{T} = \frac{m_2}{T_0} \times \frac{1}{t} + \frac{1}{T_0} \tag{8.6.5}$$

作 $1/T \sim 1/t$ 直线，求直线的斜率和截距可求得 m_2 和 T_0。当 $T = T_0/2$ 时，$m_2 = t$，即 m_2 为混凝土绝热温升达到最终温升一半所需的时间，它可以说明混凝土绝热温升发展的速率。

3. 复合指数式

$$T = T_0 [1 - \exp(-m_3 t^n)] \tag{8.6.6}$$

式中：m_3、n 为试验常数。

可将式（8.6.6）改写为

$$\exp(-m_3 t^n) = 1 - T/T_0 \tag{8.6.7}$$

$$\lg[-\lg(1 - T/T_0)] = n\lg t + \lg(0.434 m_3) \tag{8.6.8}$$

由式（8.6.8）可知，$\lg[-\lg(1-T/T_0)]$-$\lg t$ 呈直线关系。若已知最终绝热温升 T_0 和混凝土早期绝热温升试验资料，便可以根据直线斜率和截距求得常数 m_3 和 n。

当 $t \to \infty$ 时，不论采用哪种经验公式，混凝土的最终绝热温升理论值 T 应该是相同的。以上提到的几种绝热温升表达式，仅考虑混凝土龄期的影响，而没有考虑混凝土温度和水化反应程度的影响。目前混凝土绝热温升公式多是根据初始养护温度在 15～20℃试验资料整理出来的，当混凝土实际浇筑温度高于 15～20℃时，混凝土的绝热温升上升速度较快，实际的混凝土绝热温升将高于计算值；反之，当混凝土浇筑温度低于 15～20℃时，实际的混凝土绝热温升将低于计算值。对于组成一定的混凝土来说，混凝土的绝热温升值主要由胶凝体系的水化程度决定，碾压混凝土中大幅掺入的粉煤灰将显著改变胶凝体系的水化特性，粉煤灰的掺入有利于促进胶凝体系化中水泥的水化程度，粉煤灰掺量越高，粉煤灰自身的反应程度越低，水泥的水化程度越高，即混凝土绝热温升特性与水泥、粉煤灰两者水化程度的时变特性相关。此外，混凝土配合比及其所用原材料组成与性能的变化也将导致混凝土的绝热温升特性随之变化，尤其是混凝土的早期发热量差异更是明显。所以在实际应用中进行温控防裂计算时，应以实测温升值为依据。

目前，碾压混凝土温控措施主要是通过降低混凝土入仓温度及后期通水冷却两种方式。降低混凝土入仓温度可以避免高温季节施工、骨料预冷、加冰或冰水拌和、仓面喷雾、仓面保温、斜层碾压等措施；通水冷却主要采用金属管或塑料管进行分期通水、削减温升，降低混凝土温度梯度。工程实例表明，降低混凝土入仓温度能有效控制温度裂缝，但是骨料预冷、加冰拌和等措施带来成本增加，同时在混凝土薄层碾压工艺条件下，混凝土在高温季节温度回升迅速，回升幅度可达 10℃。通水冷却技术成本较低，可以有效削减温升，同时有利于后期坝体内部散热，加快达到稳定温度。

8.6.3 比热

混凝土比热定义为单位质量的物质温度升高 1℃所需要的热量，其单位为 J/(kg·℃)。普通混凝土的比热一般在 840～1200J/(kg·℃) 范围内。影响混凝土比热的因素主要有混凝土的含水率、骨料用量和温度。

水的比热为 4200J/(kg·℃)，远高于混凝土和骨料的比热[714～840J/(kg·℃)]。因此，混凝土的含水率增大，混凝土的比热将大幅增加，两者呈线性关系。混凝土中骨料用量较大，一般约占体积的 70%～80%，骨料用量越大，混凝土比热越小；但骨料的岩性对混凝土比热影响不大。混凝土的比热小于水泥净浆和砂浆。混凝土的比热随温度增加而增大。

碾压混凝土的比热与常态混凝土差别不大。碾压混凝土的比热主要受用水量的影响。碾压混凝土中用水量虽然较少，但水的比热是水泥和骨料的 5～6 倍，所以碾压混凝土的比热随用水量的增加而增大。我国部分工程碾压混凝土的比热室内试验值介于 722～1005 J/(kg·℃)，平均值为 921J/(kg·℃)，比热相对比较集中，见图 8.6.2。

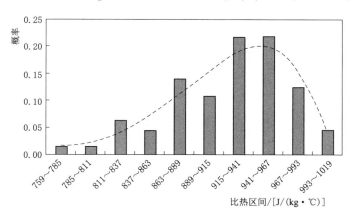

图 8.6.2　碾压混凝土比热直方图

8.6.4 导温系数

导温系数用于评价材料对热的扩散性能，它表明物体在受热或冷却时，物体各部分的温度趋向一致的能力。物体的导温系数越大，在同样的温差条件下，物体内各处温度越易达到均匀。混凝土的导温系数是对混凝土热量扩散起决定作用的特性参数，混凝土的导温系数越大，表明混凝土内部各点达到相同温度的速度就越快，越有利于混凝土热量的扩散。导温系数的数学表达式为

$$\alpha = \frac{\lambda}{c\rho} \tag{8.6.9}$$

式中：α 为混凝土的导温系数，m^2/h；λ 为混凝土的导热系数，$W/(m·K)$；c 为混凝土的比热，$kJ/(kg·℃)$；ρ 为混凝土的密度，kg/m^3。

由式（8.6.9）可见，混凝土的导温系数与导热系数成正比，而与比热和密度的乘积

成反比。

影响混凝土导温系数的主要因素有：骨料的种类和用量、含气量、混凝土的密度和温度等。混凝土中骨料用量越大，导温系数越大。骨料的种类对混凝土的导温系数有显著影响，导温系数与骨料岩石种类的关系见表8.6.3。由表8.6.3可知，石英岩、石灰岩和白云岩的导温系数明显高于花岗岩、流纹岩和玄武岩。由于骨料本身的不均匀性，即使是同一种岩石，其热学性质仍有较大的变化。碾压混凝土的导温系数随其密度和温度增加而减小。由于空气的导温性能差，所以混凝土中含气量增加会降低混凝土的导温系数。

表8.6.3 骨料对混凝土导温系数的影响

骨料种类	石英岩	石灰岩	白云岩	花岗岩	流纹岩	玄武岩
导温系数/($\times 10^{-3}\,\mathrm{m}^2/\mathrm{h}$)	5.4	4.7	4.6	4.0	3.3	3.0

我国部分工程碾压混凝土的导温系数的室内试验值介于$2.45\times10^{-3}\sim5.95\times10^{-3}\,\mathrm{m}^2/\mathrm{h}$，平均值为$3.82\times10^{-3}\,\mathrm{m}^2/\mathrm{h}$，见图8.6.3。由图8.6.3可知，我国碾压混凝土的导温系数主要在$3.0\times10^{-3}\sim4.0\times10^{-3}\,\mathrm{m}^2/\mathrm{h}$区间内。

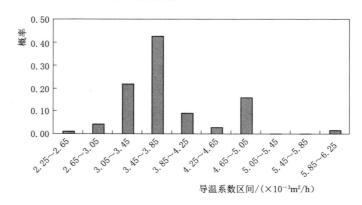

图8.6.3 碾压混凝土导温系数直方图

8.6.5 导热系数

导热系数定义为热流与温度梯度之比。混凝土的导热系数是反映混凝土传导热量能力的参数。导热系数的表达式为

$$\lambda = \frac{Qd}{\Delta T A t} \tag{8.6.10}$$

式中：λ为导热系数，W/(m·K)；Q为通过厚度为d混凝土块的热量，kJ；ΔT为温差，℃；A为混凝土面积，m^2；t为时间，h。

根据式（8.6.9）也可将导热系数表达为

$$\lambda = \alpha \times c \times \rho \tag{8.6.11}$$

普通混凝土的导热系数与其材料组成有关，影响混凝土导温系数和比热的因素均能影响混凝土的导热系数，主要包括：骨料种类和用量、含水量、含气量和混凝土的密度和温度等。骨料种类对混凝土的导热系数有很大的影响，与混凝土导温系数类似，采用石英岩配置的混凝土的导热系数最高，其次是石灰岩、白云岩和花岗岩配置的混凝土，采用流纹岩和玄武岩配置的混凝土的导热系数最小。石英岩配置混凝土的导热系数约为玄武岩混凝土的1.7倍。

　　混凝土中骨料用量越大，混凝土的导热系数越高，骨料来源相同的碾压混凝土和常态混凝土的导热系数十分接近。碾压混凝土的含水量越大、密度越大，导热系数越小。我国部分工程碾压混凝土导热系数室内试验值介于5.29～10.76W/(m・K)，平均值为8.32W/(m・K)，见图8.6.4。显而易见，我国碾压混凝土导热系数主要在7.40～8.60W/(m・K)区间内。

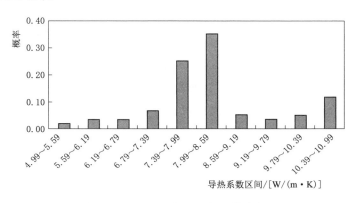

图8.6.4　碾压混凝土导热系数直方图

8.6.6　线膨胀系数

　　混凝土的线膨胀系数λ定义为混凝土随温度变化而发生的线性变化，单位是$1 \times 10^{-5}/℃$，线膨胀系数表达式为$\lambda = \dfrac{\varepsilon_2 - \varepsilon_1}{T_2 - T_1}$，式中$\varepsilon_1$为$T_1$温度时的应变，$\varepsilon_2$为$T_2$温度时的应变。

　　影响混凝土线膨胀系数的因素主要是配合比和温度变化时的含水状态。配合比的影响是因为混凝土的两个主要组成硬化水泥浆和骨料具有不同的线膨胀系数，混凝土的线膨胀系数是两者线膨胀系数的函数。骨料的线膨胀系数随骨料岩性种类不同而变化。普通岩石的线膨胀系数约在0.09×10^{-5}～$1.6 \times 10^{-5}/℃$范围内，但大多数岩石的线膨胀系数在0.5×10^{-5}～$1.3 \times 10^{-5}/℃$范围内。一般认为，石英岩骨料的线膨胀系数最大，其次是砂岩、花岗岩和玄武岩，石灰岩的线膨胀系数最小，不同岩石配置混凝土的线膨胀系数见表8.6.4。硬化水泥浆的线膨胀系数约为1.1×10^{-5}～$2.0 \times 10^{-5}/℃$，高于骨料的线膨胀系数。这两者线膨胀系数的差异在混凝土出现剧烈温度变化时将产生较大的膨胀变形，从而破坏水泥浆与骨料颗粒之间的黏结，形成不均匀受力，降低混凝土的抗冻性和耐久性。

　　试验资料表明，室内经过湿筛的碾压混凝土测得的线膨胀系数小于坝体混凝土的线膨胀系数。一般认为，骨料来源相同的碾压混凝土和常态混凝土的线膨胀系数十分相近，而龄期对碾压混凝土的线膨胀系数影响很小，可以忽略不计。

表 8.6.4　　　　　不同岩石配置混凝土的线膨胀系数（灰骨比为 1∶6）

骨料种类	线膨胀系数/($\times 10^{-5}$/℃)		
	空气中养护的混凝土	水中养护的混凝土	空气中湿养的混凝土
砾石	1.31	1.22	1.17
石英岩	1.28	1.22	1.17
砂岩	1.17	1.01	0.86
高炉矿渣	1.06	0.92	0.88
花岗岩	0.95	0.86	0.77
玄武岩	0.95	0.85	0.79
石灰岩	0.74	0.61	0.59

混凝土是多孔材料，混凝土的线膨胀系数不仅取决于水泥石和骨料，而且还取决于孔隙的含水状态。含水状态只影响混凝土中浆体的组成，随着温度的升高，硬化水泥浆体吸水的毛细管张力减小。水泥浆处于干燥状态时，毛细管不能为凝胶提供水分，也就不会发生膨胀；同样，当硬化水泥浆处于饱和状态时，不存在毛细管半月形液面，也不会有温度变化的影响，此时也不可能膨胀。只有当水泥浆发生自干燥时，其线膨胀系数较高，这是因为在温度变化后，没有足够的水分使毛细管和凝胶孔之间发生自由的湿度交换。在加热饱和水泥浆时，凝胶水含量一定，从凝胶孔向毛细孔的湿度扩散有一部分因凝胶孔失水产生收缩而抵消，产生线膨胀系数变化。相反，在冷却时，凝胶水含量一定时，由于湿度从毛细管向凝胶孔扩散产生的收缩，有一部分由凝胶孔吸水产生的膨胀所抵消，同样产生线膨胀系数变化。

8.7　自生体积变形

在恒温绝湿条件下，混凝土在硬化过程中由于胶凝材料水化作用引起的体积变形称为自生体积变形。自生体积变形主要取决于胶凝材料的性质，是在保证充分水化的条件下产生的。混凝土的自生体积变形与温度及湿度变形不同，只受化学反应和历程的影响，胶凝材料的水化反应是不可逆的，因此混凝土的自生体积变形过程是单调变化的。普通水泥混凝土中水泥水化生成物的体积相比反应前物质的总体积小，所以混凝土自生体积变形多为收缩型。当水泥中含有膨胀组分或在混凝土中掺入膨胀剂时，可使混凝土产生膨胀型的自生体积变形，从而抵消部分（或全部）的干缩及温降收缩变形。混凝土的自生体积变形一般为 $-50 \times 10^{-6} \sim 50 \times 10^{-6}$，以空气中湿养的玄武岩混凝土为例，混凝土线膨胀系数约为 0.79×10^{-5}/℃，相当于温度变化 12.6℃ 引起的变形。

相比常态混凝土，碾压混凝土的胶凝材料用量少，水胶比小，胶凝材料水化反应前后产生的收缩量相对较小，因此，碾压混凝土的自生体积变形明显小于常态混凝土。此外，碾压混凝土中一般掺有较多的粉煤灰，粉煤灰发生二次火山灰反应时，水泥已经水化到一定程度，形成的水化产物已经具有较高的胶结强度，这些后期水化产物的形成对混凝土自生体积变形影响较小，但是有利于减小混凝土的内应力。

近年来，随着外加剂在混凝土中的普及应用和水泥品种的不断更新发展，利用微膨胀型水泥和膨胀剂水化过程中产生的"体积微膨胀效应"来补偿混凝土的各种收缩越来越受到工程人员的重视。科研人员也开展了大量有益的研究，期望通过选用微膨胀水泥或掺入膨胀剂来控制和利用混凝土的自生体积变形，改善混凝土抗裂耐久性。因此混凝土的自生体积变形也成为了混凝土原材料选择和配合比设计考虑的一个指标。

8.7.1 影响因素

碾压混凝土自生体积变形的影响因素与常态混凝土类似，主要包括水泥品种、粉煤灰品种和等级、骨料种类和用量等。

1. 水泥

水泥加水拌和，生成的水化产物所占的体积大于未水化水泥的绝对体积，但小于干水泥和非蒸发水的总体积，比后者体积约小 0.254 倍。饱和状态的水化产物的相对密度平均值为 2.16。以 100g 水泥的水化为例，取干水泥的密度为 3.15，则未水化水泥的绝对体积为 100/3.15＝31.8mL，非蒸发水约为水泥质量的 23％，即 23mL。水化产物所占体积等于干水泥和水的总体积减去非蒸发水体积的 0.254 倍，即为 31.8＋23×（1－0.254）＝48.9mL。此时浆体的特征孔隙率约为 28％，因此，凝胶水的体积为 0.28×48.9/0.72＝19.0mL，水化水泥体积为 48.9＋19.0＝67.9mL。水泥与水反应前后减小的体积为 73.8－67.9＝5.9mL，即水泥水化后产生的体积收缩变形，或称为水泥的化学减缩为 5.9×100％/73.8＝8.0％（计算前提条件是水泥与水发生反应时与外界没有水分交换）。

水泥中四种主要矿物成分 C_3A、C_3S、C_2S 和 C_4AF 因水化作用均会引起不同程度的化学减缩，其中 C_3A 的水化减缩率最大，其次是 C_3S 和 C_2S，C_4AF 的化学减缩率最小。水泥水化后生成的托勃莫来石凝胶是化学减缩的主要贡献者，约占水泥收缩率的 2/3，剩下 1/3 收缩率由 C_3A 水化产物造成。因此，水泥用量越大、水泥越细以及水泥中 C_3A 含量越高，混凝土的自收缩越快。

除以上四种主要矿物成分外，水泥熟料中还含有少量的游离氧化钙、氧化镁和粉磨过程中掺入石膏带来的三氧化硫，这三种成分在水泥水化过程中将产生不同程度的体积膨胀。其中游离氧化钙与水反应生成 $Ca(OH)_2$，水化后总体积大于水化前的总体积，产生结晶膨胀。氧化镁与水反应生成水镁石 $Mg(OH)_2$，固相体积增大 2.2 倍。为了调节水泥的凝结时间，可在水泥中掺适量的石膏。水化时，铝酸三钙和石膏反应生成高硫型硫铝酸钙（也称钙矾石），因含有较多的结晶水而产生体积膨胀。由于主要矿物组成和微量成分含量的差异，导致不同厂家生产的同一品种水泥或者同一厂家生产的不同品种水泥配置混凝土的自生体积变形也不尽相同。部分工程采用不同品种水泥配制碾压混凝土的水泥化学分析及自生体积变形试验结果见表 8.7.1 和表 8.7.2。

2. 掺合料

为了改善新拌混凝土或硬化混凝土的性能，混凝土拌和过程中直接加入一部分"辅助"材料，这些材料即称为掺合料。混凝土中掺用掺合料可降低混凝土生产成本，尤其是近年来对生态环境的关注进一步推动了掺合料的应用，一方面取代水泥可降低开采矿石成本并减少温室气体的排放，另一方面大量工业废渣回收利用可实现固体废弃物资源化并保

表 8.7.1　　　　　　　　　　　　水 泥 的 化 学 成 分　　　　　　　　　　　　　%

水泥品种	CaO	SiO$_2$	Al$_2$O$_3$	Fe$_2$O$_3$	MgO	SO$_3$	K$_2$O	Na$_2$O	Loss	C$_3$S	C$_2$S	C$_3$A	C$_4$AF
金山普硅	58.14	20.10	5.79	4.46	3.45	1.96	0.50	0.23	4.25	53.95	17.68	7.02	14.56
剑川普硅	60.82	20.72	5.11	3.12	2.24	2.31	0.58	0.17	4.07	52.61	22.15	8.99	9.82
三德普硅	58.57	24.75	5.76	2.45	1.30	1.46	0.62	0.10	4.10	54.72	23.22	7.87	9.79
峨胜中热	59.72	20.92	3.05	5.50	4.36	2.03	0.39	0.09	3.31				
峨眉山中热	60.23	21.08	3.20	5.16	4.38	2.27	0.35	0.12	2.03				

表 8.7.2　　　　　　　　　　碾压混凝土自生体积变形试验结果

项目名称	级配	水胶比	水泥品种	粉煤灰掺量/%	各龄期混凝土自生体积变形（×10^{-6}）																	
					1d	3d	5d	6d	10d	14d	21d	28d	35d	49d	60d	90d	120d	150d	180d	210d	270d	360d
阿海水电站	三	0.48	42.5 剑川普硅	60	0	−6	−10	−13	−13	−22	−25	−29	−30	−30	−30	−27	−26	−28	−24	−22	−24	−27
	三	0.48	42.5 金山普硅	60	0	−16	−18	−20	−25	−25	−26	−24	−25	−22	−23	−22	−21	−23	−25	−23	−22	−23
	三	0.48	42.5 三德普硅	60	0	−10	−20	−21	−27	−30	−31	−32	−30	−28	−27	−26	−28	−25	−26	−24	−32	−31
雅砻江官地水电站	三	0.50	峨胜中热	50	0	−18	−28	−33	−38	−42	−55	−59	−61	−62	−64	−65	−66	−66	−68	−69	−70	−71
	三	0.50	峨眉山中热	50	0	−19	−30	−34	−38	−43	−59	−59	−62	−62	−63	−64	−66	−67	−67	−68	−68	−69

护环境。掺合料掺入混凝土中作用机理一般有三种：①自身具有水硬活性，能与水反应并提高混凝土的强度，如硅酸盐水泥熟料；②具有潜在水硬活性，能与水泥水化产物发生化学反应从而表现出水化活性，生成具有胶结性能的水化产物促进强度发展，如粉煤灰、磨细高炉矿渣、天然火山灰等；③基本上是化学惰性，但能促进结晶成核和提高水泥浆的密实度，或能改善新拌混凝土的工作度，起到物理填充和催化作用。

　　碾压混凝土配合比设计过程中，优先选用活性掺合料。部分碾压混凝土中粉煤灰掺量高达 60%~70%。常用的活性掺合料有粉煤灰、磷渣粉、火山灰质材料、粒化高炉矿渣等，经过试验论证，碾压混凝土中也可以掺用非活性掺合料。混凝土的自生体积变形一般表现为收缩变形，会在混凝土内产生拉应力，若多因素耦合作用下累积拉应力超过混凝土的极限抗拉强度，混凝土就会开裂，因此，应该尽量减小混凝土的收缩变形。

　　大量试验资料表明，混凝土中掺入粉煤灰，可以有效减小混凝土的自生体积收缩变形。表 8.7.3 是雅砻江官地水电站外掺粉煤灰与磷渣粉的碾压混凝土自生体积变形试验结果，从表中可以看出，掺合料的种类和掺量均对混凝土的自生体积变形有显著影响。随着粉煤灰和磷渣粉掺量的增加，碾压混凝土的自生体积变形减小，并且掺粉煤灰混凝土的自生体积变形小于掺磷渣粉混凝土，复掺粉煤灰和磷渣粉混凝土的自生体积变形介于两者之间。水胶比为 0.55、掺合料总量为 55% 时，单掺粉煤灰、单掺磷渣粉与复掺粉煤灰和磷渣粉混凝土的 1 年龄期自生体积收缩变形分别为 66 个、70 个、74 个微应变。李光伟等的研究还表明，粉煤灰自身的品质也会对混凝土的自生体积变形产生一定影响，即提高粉煤灰的品质等级有利于减小混凝土的自生体积变形。因此，碾压混凝土中掺用一定量的粉煤灰，特别是Ⅰ级粉煤灰，对减小水工混凝土收缩变形、提高水工混凝土抗裂性能是十分有益的。

表 8.7.3　　　　　　　　　　　碾压混凝土自生体积变形试验结果

编号	级配	水泥品种	水胶比	粉煤灰掺量/%	磷渣掺量/%	各龄期自生体积变形（×10⁻⁶）																
						1d	3d	5d	7d	10d	14d	28d	35d	40d	50d	60d	90d	100d	120d	150d	180d	200d	360d
1	三	峨胜中热	0.50	50	0	0	−18	−28	−33	−38	−42	−55	−59	−61	−62	−64	−65	−65	−66	−66	−68	−69	−71
2	三		0.55	55	0	0	−17	−26	−31	−36	−42	−53	−57	−56	−54	−56	−58	−58	−59	−62	−62	−64	−66
3	二		0.45	50	0	0	−20	−31	−34	−42	−46	−61	−65	−65	−68	−70	−70	−71	−72	−73	−74		−75
4	三	峨胜中热	0.50	25	25	0	−8	−20	−27	−34	−40	−56	−61	−64	−67	−69	−70	−72	−73	−72	−74	−74	−75
5	三		0.55	27.5	27.5	0	−7	−18	−25	−32	−41	−54	−59	−60	−65	−67	−68	−68	−69	−69			−70
6	二		0.45	25	25	0	−11	−22	−28	−38	−44	−62	−66	−69	−71	−73	−74	−76	−76	−78	−78	−79	−82
7	三	峨胜中热	0.50	0	50	0	−3	−16	−24	−32	−38	−57	−64	−66	−70	−72	−73	−74	−74	−75	−75		−79
8	三		0.55	0	55	0	−2	−14	−22	−30	−40	−55	−61	−63	−65	−67	−68	−68	−70	−71	−72	−72	−74
9	二		0.45	0	50	0	−6	−25	−36	−43		−64	−72	−74	−76	−77	−79	−80	−81	−80	−82		−83

值得注意的是，近年来国内外都推崇在混凝土中掺入部分填充性混合材，主要是石灰石粉，其掺量可高达 $20\%\sim35\%$。但唐明述院士指出，近几年研究证明，掺有石灰石粉的混凝土处于低温潮湿且存在硫酸盐腐蚀的环境中，可生成碳硫硅钙石〔thaumasite，$Ca_3Si(CO_3)(SO_4)(OH)_6 \cdot 12H_2O$〕，导致 C‐S‐H 凝胶彻底瓦解，混凝土强度显著降低，致使混凝土结构破坏。目前我国云南腾冲等地石灰石粉供应较多，水工建筑物拟用石灰石粉作掺合料时，应特别予以关注。

3. 骨料

骨料是混凝土的重要组成材料，在碾压混凝土中骨料一般占到总体积的 $70\%\sim80\%$，骨料的弹性模量、表面形态、颗粒大小及级配、热膨胀系数等均对混凝土的抗裂性能有显著影响，但是迄今为止有关骨料对大体积混凝土相关性能的研究却不够深入。一般而言，混凝土的自生体积变形主要取决于水泥石的性质，骨料自身不产生变形，但骨料对水泥石的自生体积变形起到约束作用，限制水泥石的体积变形。众多工程实践也表明，混凝土中骨料用量增加，骨料对水泥石自身体积变形的约束度也增加，混凝土的自生体积变形减小。由于骨料矿物组成不同、弹性模量有差异，不同骨料对水泥石体积变形的约束程度也不同。不同工程选用的骨料岩性不同，即使同一个工程，不同部位开挖得到的骨料性状差异也较大，因此，很难总结出骨料对碾压混凝土自生体积变形影响的普适性规律。

尽管如此，长江科学院开展的不同骨料品种对混凝土自生体积变形影响的试验结果表明（图 8.7.1），化学性质、矿物相比较稳定的骨料对自生体积变形影响甚微，影响主要源于骨料的孔隙率、孔径大小及分布引起的骨料长龄期吸水特性不同，从而导致不同品种骨料制备的混凝土自生体积变形的差异。有文献研究资料表明，花岗岩骨料吸水过程可以持续 1a 以上，与 1d 龄期相比，花岗岩砂、砾石和中石的吸水率增长幅度分别为 0.1%、0.38%、0.35%，如图 8.7.2 所示。

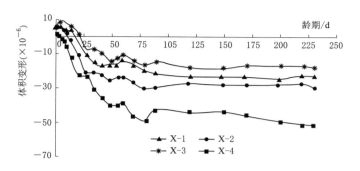

图 8.7.1　不同骨料制备混凝土的自生体积变形曲线

X-1—亭子口天然骨料；X-2—三峡工程人工花岗岩；X-3—水布垭人工灰岩；X-4—溪洛渡人工玄武岩

8.7.2　微膨胀型

一般水泥加水拌和后，生成的水化产物的体积要比未拌和时水泥和水的总体积小，但是当水泥中掺入一些膨胀组分后，能使其生成的水化产物体积大于水泥和水的总体积，这类水泥属于膨胀水泥。根据膨胀源可将其分为三大类，即 CSA 系列、MgO 系列和 CaO 系列，分别利用膨胀组分水化生成含有较多结合水的水化硫铝酸钙（钙矾石）、$Mg(OH)_2$ 和 $Ca(OH)_2$ 而产生体积膨胀。

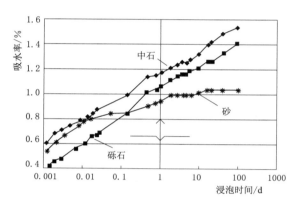

图 8.7.2　花岗岩长龄期吸水特性曲线

美国试验与材料协会 ASTM C845 定义了三种膨胀水泥：K 型膨胀水泥、M 型膨胀水泥和 S 型膨胀水泥，其中 K 型膨胀水泥主要以无水硫铝酸钙（$4CaO \cdot 3Al_2O_4 \cdot SO_3$）、硫酸钙（$CaSO_4$）和氧化钙（CaO）为膨胀源，M 型膨胀水泥以氯酸钙和硫酸钙为膨胀源，S 型膨胀水泥主要以铝酸三钙（C_3A）和硫酸钙为膨胀源。ASTM 规范规定，这三种膨胀水泥均适用于引起水泥混凝土早龄期膨胀。

但是，大体积混凝土中的水泥水化热主要发生在 3～7d 内，5d 左右达到最高温度，之后混凝土温度开始降低。因此，要求膨胀型混凝土的膨胀过程能与混凝土温降过程相匹配，最好能达到同步补偿的效果。然而，以上提到的诸多膨胀类水泥或膨胀剂掺入混凝土后，其膨胀主要发生在混凝土内部温度达到最高温度之前，与混凝土的降温过程不同步，起不到很好的补充收缩效果。氧化镁具有"延迟性微膨胀效应"，通过调控氧化镁的生产工艺可以实现氧化镁膨胀特性可控，生产出满足大体积水工混凝土补偿应力要求的氧化镁，有利于简化温控措施，提高混凝土的防裂抗裂能力。

外掺轻烧氧化镁膨胀补偿混凝土收缩不同于"内含"氧化镁水泥混凝土。规范规定后者水泥熟料中氧化镁含量不得超过 5%，但是水泥生产过程中经过 1450℃ 作用的高温，在这种煅烧制度下生成的方镁石结构十分致密，容易形成"死烧"，如果处理不当，还有可能产生膨胀时间过长、膨胀量过大，甚至安定性不合格等弊端。另外，因配料成分、烧成温度、冷却速度等生产条件的不同，氧化镁可以稳定地存在于水泥熟料的各种矿物成分中，存在于水泥熟料矿物中的这部分氧化镁和以玻璃相存在的氧化镁在水化过程中不会产生体积膨胀，只有游离态的氧化镁结晶体（即方镁石），才能产生有效的体积膨胀变形。唐明述等对水泥中氧化镁膨胀性能的研究结果表明，1450℃（熟料煅烧温度）下煅烧得到的氧化镁，在常温养护下水化作用是十分缓慢的，膨胀效应是很小的。工程应用也表明，不同厂家生产的内含氧化镁水泥膨胀效果也是不一样的，有的膨胀大，有的膨胀小，甚至没有膨胀。由此可见，采用该技术难以获得工程所需的膨胀值、膨胀速率和膨胀历程。补偿收缩时效性差，可调控的余地很小，因氧化镁生产受制于水泥生产，内含氧化镁混凝土技术难有更大突破。只是由于内含氧化镁水泥有成熟的压蒸安定性试验方法和评价指标，并经各国研究确定了相关标准，因而在国家标准的控制下大家都可以放心使用。

外掺轻烧氧化镁就是将氧化镁与水泥熟料一起放入磨机粉磨，再用这种水泥来拌制混凝土或将已磨好的氧化镁与水泥等原材料一起拌制微膨胀混凝土。通过调整菱镁矿煅烧温度和在窑中的停留时间可有效地改变轻烧氧化镁的膨胀速率、膨胀量和膨胀终止时间，生产出合乎大体积混凝土补偿温度收缩要求的膨胀剂，轻烧氧化镁适宜的煅烧温度为1100～1150℃。迄今为止，外掺氧化镁混凝土技术已经成功应用于东风、水口、飞来峡、普定、铜头、沙牌等十多个重力坝，同时外掺氧化镁混凝土不分横缝技术在长沙、沙老河、坝美、索风营、石河子和三江等十多个拱坝上也获得成功。在龙滩水电站围堰上也对氧化镁筑坝技术进行了中间试验。氧化镁混凝土技术大大简化了施工工艺，缩短了工期，具有重大的技术经济优势和应用发展前景。目前，国内多项大坝建设工程准备或正在采用此项技术。

氧化镁混凝土筑坝技术具有明显的技术优势，但仍存在诸多工程疑虑。氧化镁的水化发生在混凝土水化的后期，此时水泥石已具备一定的结构和强度，如果膨胀量过大或延迟时间过程，势必会造成混凝土破坏崩解；氧化镁水化产生膨胀量过小，起不到补偿收缩的效果。因此，如何实现氧化镁混凝土的膨胀可控、同步补偿混凝土温降收缩及保障掺氧化镁混凝土的均匀性，是氧化镁混凝土筑坝技术研究的关键点和难点之一。资料显示，石漫滩水库大坝工程基础混凝土采用了外掺氧化镁微膨胀混凝土，混凝土浇完后，除17号和18号坝段外，其余各坝段都陆续发现程度不同的裂缝，且大都贯穿至基岩。导致基础垫层混凝土产生裂缝的原因是多方面的，但主要原因是对补偿收缩混凝土的期望过高。此外，在氧化镁制备和应用关键技术上仍存在不少问题，比如煅烧设备简陋、工艺控制随意、缺乏科学的质量控制、无法生产出用于混凝土的具有膨胀特性的氧化镁，更不用说生产基于氧化镁微膨胀混凝土膨胀及收缩补偿时空效应模型的膨胀可控历程的氧化镁。在应用中，轻烧氧化镁膨胀材料水化膨胀机理还不完全清楚，掺氧化镁混凝土承荷前后微结构变化和表征手段的研究完全处于空白，掺氧化镁混凝土的抗裂性能和评价体系有待完善。

8.8　徐变

徐变是混凝土在荷载作用下随时间而增长的变形。混凝土的应力—应变关系是时间的函数，徐变也可视为持续应力下的应变增加。混凝土单位应力的徐变称为徐变度，或称比徐变。

在正常加载条件下，瞬时应变与加荷速度有关，因为瞬时应变不仅包含弹性应变，而且还包含一定的徐变，但是要将这两者区分开是很困难的。由于混凝土弹性模量随龄期增长而增加，所以弹性变形逐渐减小，因此，严格地说，徐变应该视为测定徐变时的超过弹性应变的那部分应变（图8.8.1）。为了简便起见，就把徐变看作是超过初始弹性应变的应变增量。转换后该定义在理论上并不十分精确，但是对于应用却十分方便。

混凝土的徐变在持续荷载作用下，其总变形等于瞬时弹性变形与徐变变形之和。若卸掉持续荷载，应变立即减小，一部分应变瞬时恢复，其恢复应变值等于给定龄期的弹性应变，通常要比刚加荷时的弹性应变小，称为弹性恢复；在瞬时恢复后，应变逐渐减小，称为徐变恢复；最后残留的部分不能恢复的变形称为残余变形。混凝土的徐变特性如图8.8.1所示。徐变恢复曲线的形状与徐变曲线类似，但当恢复接近其最大值时的速率却比徐变要快得多。徐变恢复是不完全的，而且徐变也并非简单的可逆现象，可能包括部分可逆的黏弹性位移，还可能包括部分不可逆的塑性变形。因此，对于任何持续加荷情况，即使在一天的某段时间加荷，也会产生残余变形。

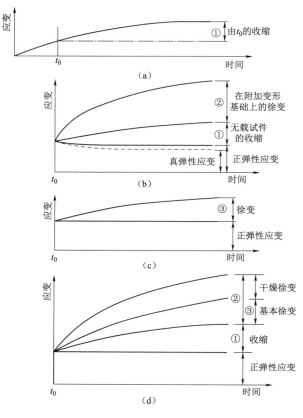

图 8.8.1 混凝土的徐变特性

以上讨论都是基于混凝土在既无收缩又无膨胀时的徐变，如果混凝土试件在干燥的同时又施加荷载，那么通常假定徐变和收缩是可以叠加的。因此，可将徐变视为加荷试件随时间而增长的总变形值与类似的无载试件在相同条件、经过相同时间的收缩值之差。事实上，收缩将增大混凝土的徐变，两者是不能应用简单叠加原理的，但是为了简便，往往将两者一并处理。因此，本章讨论的大部分内容都是将徐变视为变形超过收缩量的那部分变形。尤为值得注意的是，对于大体积混凝土，只有基本徐变时，叠加原理产生的误差在容许范围内；当存在干燥徐变时，应用叠加原理产生的误差较大，此时对徐变恢复往往估计过高。

8.8.1 徐变的本质

混凝土的徐变是由持续荷载作用下水泥浆的微观结构发生变化引起的，徐变大小主要取决于水泥浆的变形，而骨料只起到限制变形的作用。有关混凝土徐变现象的解释主要有黏弹性理论、渗流理论、黏性流理论等，这几种解释都是基于水泥浆内毛细孔吸附水、凝结微粒内的层间水与结晶水等在持续荷载作用下不同的运动方式提出的，准确的机理尚未明确。Clucklich 等的试验研究表明，混凝土中可蒸发水分全部失去后，实际上就不会产生徐变。但是，高温下混凝土徐变特性表明，在此阶段水分已经不起作用，而是由凝胶体本身来承受徐变变形。

大体积混凝土内部也会产生徐变。水化水泥浆的徐变与强度之间的关系可以间接佐证水泥胶凝体系内存在水分由吸附层通过内部渗透到毛细孔等现象发生，徐变可能与未填充空间也存在某种函数关系，而且可以推测，凝胶体中的空隙均会影响混凝土的强度和徐变。徐变-时间曲线的斜率随时间增长逐渐减小，这是否意味着徐变的机理其实是一个逐步变化的过程。即经过较长一段持荷龄期后，有部分徐变很可能不是由渗透造成的，该变形的发展仅仅是由于存在某些可蒸发的水分。这种机理解释与温度对徐变的影响一致，而且在很大程度上可以解释长期徐变的不可逆性。

周期性荷载作用下混凝土的徐变观测资料表明，在一个周期性应力作用下的徐变比在该周期应力平均值荷载作用下产生的徐变要大，增加的这部分徐变在很大程度上是不可恢复的，而且它是由加速徐变和增加的徐变两部分组成。因此，应用黏弹性理论、渗流理论或黏性理论来解释徐变机理都是不准确的，尚需进一步研究与探讨。

8.8.2 影响因素

混凝土在持续荷载作用下产生的徐变不仅与外部因素（如荷载大小、持荷时间、环境温湿度、试验龄期等）有关，还与混凝土自身性质（如水泥品种与用量、水灰比、骨料种类与含量、外加剂等）有关。

1. 水泥

水泥品种对徐变的影响主要体现在水泥对加载时的混凝土强度产生影响。因此，对于用不同水泥制成混凝土的徐变进行比较时，都应该考虑水泥品种对混凝土在加载龄期时的强度影响。混凝土拌和过程中，保持拌和物相同的水灰比和坍落度，需水量高的水泥品种制备混凝土的徐变大。按徐变从高到低排列的水泥品种依次为矿渣硅酸盐水泥、普通硅酸盐水泥、硅酸盐水泥、早强硅酸盐水泥。混凝土中水泥用量越高、水灰比越大，混凝土中水泥浆含量越高，游离的自由水量增多，混凝土徐变增大；反之，混凝土徐变减小。增大混凝土的水灰比，水泥石中毛细管孔隙增多，因此，早期加荷混凝土的徐变速率及徐变度都较大。加荷过程中由于水泥的继续水化，在毛细管孔隙及凝胶孔隙中，新的水化产物互相搭接生长，将不断降低空隙水，从而导致卸荷后水泥石剩余部分不可恢复的残留变形。因此，在恢复性的机理中产生的一部分变形，在卸掉荷载后非恢复性徐变比率增大。

不同胶凝体系浆体的徐变可能受其他因素的影响。浆体中掺加高炉矿渣会降低基础徐变，但会增大干燥徐变。不同胶凝材料的水化速率不同，因此，混凝土在加载时的强度增长速率也存在差异。

2. 骨料

混凝土在持续荷载作用下产生的徐变主要是由水泥浆引起的，骨料主要起到限制徐变的作用，普通骨料在混凝土处于受力状态时一般不易发生徐变。因此，徐变是混凝土中水泥浆体积含量的函数，但两者并非呈线性关系。Neville 等提出了混凝土徐变、骨料系统含量及未水化水泥体积之间的关系，见式（8.8.1）和式（8.8.2），该式既适用于普通混凝土，也适用于轻骨料混凝土。

$$\log(c_p/c)=\alpha\log[1/(1-g-\mu)] \tag{8.8.1}$$

$$\alpha=\frac{3(1-\mu)}{1+\mu+2(1-2\mu_a)\dfrac{E}{E_a}} \tag{8.8.2}$$

式中：c_p 为与混凝土中水泥浆性质相同的水泥净浆的徐变；μ_a 为骨料的泊松比；μ 为周围材料（混凝土）的泊松比；E 为骨料的弹性模量；E_a 为周围材料的弹性模量。

值得注意的是，大部分常用混凝土拌和物中，骨料含量变化较小，但当骨料体积含量由 65％增加至 75％时，混凝土徐变可能减小 10％。

骨料的级配、最大粒径和性质等对混凝土徐变的影响都是直接或间接由骨料含量影响所致。骨料的弹性模量越高，骨料对硬化水泥浆体潜在徐变的约束越大，混凝土徐变越小。骨料孔隙率对混凝土徐变的影响一方面是通过降低骨料弹性模量影响混凝土徐变；另一方面通过影响骨料的吸水率，即影响混凝土中水分迁移来影响混凝土的徐变。骨料由于矿物组成及岩性的差异，很难得到骨料种类对混凝土徐变影响的普适性规律。Troxell 与 Raphal 等研究发现，在相对湿度为 50％的环境中放置 20 年后，砂岩骨料混凝土的徐变是石灰岩骨料混凝土的 2 倍。有研究发现不同骨料混凝土之间的徐变差异更大，在相对湿度为 65％环境下加载 18 个月后，最大徐变值是最小徐变值的 5 倍，骨料按混凝土徐变从高到低依次排列为砂岩、花岗岩、大理石、砾石、石英岩和玄武岩。

由于轻骨料的弹性模量较低，所有轻骨料混凝土的徐变大于普通骨料混凝土。随着持荷时间延长，轻骨料混凝土的徐变减小速率比普通混凝土慢，但是轻骨料混凝土的徐变与弹性变形的比值更小。

3. 应力与强度

诸多试验均表明徐变与作用应力呈正比，但早期加载试件可能除外。徐变/应力之比没有下限，因为即使作用应力很小，也会出现徐变。该值在裂缝快速发展时达到上限，混凝土越不均匀，该上限值越低。混凝土的应力/强度比通常为 0.4～0.6，但有时下限可低至 0.3，上限可增至 0.75（适用于高强混凝土）。可以认为，在结构使用应力范围内，徐变与应力呈正比，徐变恢复也和施加的应力呈正比。若超过比例极限，徐变会以更快的速率随应力增加而增大。如果应力/强度比超过该比值，徐变随时间不断延长而导致混凝土破坏。

通常认为，混凝土徐变与加载时混凝土的强度呈反比（表 8.8.1），因此，可以把徐变表达成应力/强度比的线性函数，这一点也已得到证实。在工程实践中，要根据设计要求规定混凝土的强度，而且设计人员还需要计算出持续荷载作用所产生的应力，因此，利用该比例关系进行近似计算。值得注意的是，即使是观测龄期非常长的混凝土，也会产生徐变；Nasser 和 Neville 研究表明，混凝土养护 50 年后仍可观测到徐变增长。

表 8.8.1   不同强度混凝土的极限徐变度

混凝土抗压强度/MPa	极限徐变度/（×10⁻⁶/MPa）	徐变度×强度（×10⁻³）
14	203	2.8
28	116	3.2
41	80	3.3
55	58	3.2

4. 环境相对湿度

加载前和加载中混凝土含水状态的变化会对混凝土徐变产生影响。加载前先干燥，混凝土试件徐变减小；反之，加载中干燥，混凝土试件徐变增大。这是由于干燥引起了附加的干燥徐变。若混凝土试件加载前就已经与周围湿度达到平衡，则相对湿度的影响要小得多，甚至没有影响。因此，相对湿度实际上并不是影响徐变的因素，干燥过程才是影响徐变的因素，即产生干燥徐变。干燥徐变可能与混凝土试件外表面因约束收缩引起的拉应力有关。Bazant 和 Xi 认为，由水分在毛细孔与凝胶孔之间局部迁移引起的收缩是应力收缩，而非干燥收缩。混凝土徐变最小的状态就是将干燥后的混凝土封闭起来，不受外界水分的影响。徐变最大状态就是水中养护的混凝土干燥时同时承受应力。

值得注意的是，凡是收缩大的混凝土，一般徐变也大。但这绝不意味着两种现象是基于相同原因产生的，只是两者可能都与水化水泥浆的结构有关。

5. 尺寸

诸多试验都表明，徐变随试件尺寸的增大而减小。这可能归因于大尺寸试件骨料含量增多，限制了水泥石的徐变。尺寸影响最好采用混凝土构件体积/表面积的比值来表达，如图 8.8.2 所示。试件的尺寸对徐变的影响要远小于其对收缩的影响。另外，随着尺寸的增加，徐变的减小量要小于收缩的减小量，但徐变与收缩的增长速率相同。这表明收缩与徐变都是体积/表面积的函数。

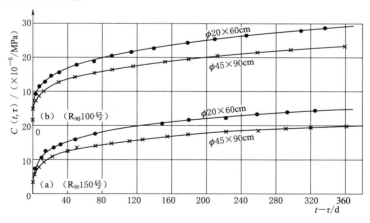

图 8.8.2 不同尺寸混凝土试件的徐变

6. 温度

温度对徐变的影响日益受到关注。加荷过程中，为了促进水泥的水化和徐变，温度可控制到 50～70℃，养护温度越高，徐变越大，对于水灰比为 1∶6 的拌和物，70℃时的徐变速率约为 21℃的 3.5 倍；但超过该温度后，徐变速率减小，70～96℃时，徐变速率降至 21℃的 1.7 倍。徐变特性的这种差异可理解为水分子从凝胶体表面解除吸附，凝胶体本身逐渐变成承受分子扩散和剪切流变的单项物质，致使徐变速率降低。加载时温度上升使徐变增加，部分可能是由高温导致混凝土强度降低引起。

对于低温情况，冻结使徐变初始速率增加，但很快降至零。当温度降低到 −30～−10℃时，徐变为 20℃时的一半。

8.8.3　徐变的影响

徐变对应变、挠度以及应力分布都有影响，但影响方式因具体结构型式而异。素混凝土的徐变本身不影响强度，虽然在极高的应力下徐变使发生破坏时的极限应变加速达到，这只适用于持续荷载超过快速作用的静力荷载的 85%～90%的情况。当持续应力较低时，混凝土的体积减小。

徐变对钢筋及预应力混凝土的性能和强度的影响不同于素混凝土。在钢筋混凝土柱中，徐变可能使荷载逐渐由混凝土转移至钢筋上，钢筋一旦发生屈服，荷载的增加将由混凝土承担。因此，在破坏之前钢筋与混凝土二者的强度都应得到充分的利用，但是当承受偏心荷载作用时，徐变使挠度增加，而且可能导致钢筋弯曲。在超静定结构中，徐变可以消除由于收缩、温度变化或支座移动引起的应力集中。在所有混凝土结构中，徐变都能使不均匀收缩引起的内应力减小，从而降低开裂风险。

对于大体积混凝土，自浇筑之初内部温升使混凝土产生内压应力，由于新浇筑混凝土弹性模量较小，所以压应力也很小，相对较大的徐变可以松弛部分压应力。当混凝土达到温峰进入温降冷却阶段时，压应力逐渐向拉应力过渡，由于此时徐变速率随龄期增长逐渐减小，徐变松弛的拉应力影响小，混凝土有可能在温降至略高于初始（浇筑）温度之前出现开裂。

8.9　抗渗性

混凝土的抗渗性是指混凝土抵抗各种介质渗透作用的能力。一般认为混凝土的抗渗性在很大程度上决定了耐久性，抗渗性也作为评价混凝土耐久性的重要指标之一。Mehta 提出混凝土受外界环境影响发生劣化的整体模型认为，混凝土遭受冻融破坏、钢筋锈蚀、碱-骨料反应或硫酸盐侵蚀时，渗透性起着决定性作用。

近年来，越来越多水电工程的大坝主体采用三级配混凝土，外部采用二级配碾压混凝土用作防渗挡水防水，有取代传统常态混凝土防渗层的趋势。而碾压混凝土中通常掺有较大比例的矿物掺合料，部分工程坝体内部碾压混凝土中掺合料比例甚至高达 70%，这样显著降低了混凝土的水泥用量，导致水化初期产生的 $Ca(OH)_2$ 量大幅减少，而且矿物掺合料水化需要消耗一部分 $Ca(OH)_2$，从而致使水化初期碾压混凝土内部原生孔隙较多。

此外，碾压混凝土施工过程中碾压不实也会留下部分余留孔。这两者效应叠加导致碾压混凝土早期的抗渗性较常态混凝土要差。一般工程设计阶段会提出具体的抗渗要求，防止碾压混凝土因抗渗不达标引起抗冻及抗侵蚀等性能下降，从而导致混凝土耐久性提前失效。

8.9.1 抗渗性影响因素

混凝土是一种多孔材料，孔隙通常包括凝胶孔（小于 $10\mu m$）、毛细孔（$10\sim100\mu m$）、沉降孔（$100\sim500\mu m$）等，还有施工振捣不密实残留的余留孔（大于 $25\mu m$）。孔隙之间连通形成渗水通道是造成混凝土出现渗水的主要原因。此外，水泥浆泌水形成的通道、骨料下部界面聚集的水隙以及温湿度变化和荷载产生裂缝等都会形成水分渗透的疏水通道。

大坝碾压混凝土的抗渗性能主要与其内部的孔隙尺寸、分布及孔隙连续性有关，混凝土的内部孔隙尺寸和分布又与混凝土的胶凝材料用量、含气量、密实度等密切相关。一般来说，胶凝材料用量较多、粉煤灰掺量较大、水胶比较小，混凝土内部原生孔隙就较少，同时掺用适量引气剂，改善混凝土的孔结构，有利于大幅提高碾压混凝土的抗渗性。如前所述，碾压混凝土的抗渗性还与碾压过程中未被碾实而留下的余留孔密切相关，总结以往经验认为，采用"最优用浆量原则"的富浆配合比设计方法，能有效减少碾压混凝土的余留孔。碾压混凝土一般掺有较大比例的矿物掺合料（如粉煤灰），矿物掺合料的火山灰活性要到后期才能体现出来。所以，碾压混凝土的早期强度较低，抗渗性也较差，但后期性能大大改善。

孔隙主要存在于水泥浆和骨料中，所以水泥浆和骨料的渗透性直接影响混凝土的渗透性。由于骨料颗粒被水泥浆包裹，所以在充分密实的混凝土中，水泥浆的渗透性对混凝土的渗透性影响最大。通常混凝土的孔隙体积约占混凝土总体积的 $1\%\sim10\%$。

但孔隙率与碾压混凝土的抗渗性并不直接相关。混凝土中有多种不同孔隙共存，当且仅当混凝土的孔隙率很高且孔隙连通时，混凝土的渗透性高；反之，若混凝土中孔隙不连续或流体无法在其中有效迁移，孔隙率再高，混凝土的渗透性也很低。硬化水泥浆中即使孔隙率较大，但由于其组织结构十分致密，孔隙与固相颗粒尺寸都很小，虽然数量多但是不易渗水。因此，水泥凝胶体孔隙率虽然达到 28%，但是其渗透系数仅为 $7\times10^{-6}\mathrm{m/s}$；而骨料中的孔隙数量虽少但孔径大，所以渗透性反而高。

混凝土拌和过程中用于水泥水化的用水量仅占水泥质量的 25% 左右，其余水分主要用于改善拌和物的工作性，混凝土硬化后形成毛细孔，因此，水灰比与混凝土孔隙率直接相关。尽可能降低水灰比可间接降低混凝土的渗透性，从而提高混凝土的耐久性，依此欧洲标准 ENV 206 对混凝土的最大水灰比作了限制规定。水灰比相对较低时，水泥颗粒间被水分填充，空间减小，随着水化程度的加深，低水灰比水泥浆内的毛细孔相比高水灰比浆体提早被隔断，而且还存在一个水灰比临界值，高于该水灰比时毛细孔就不能完全被隔断。此外，Powers 的研究表明，水灰比分别为 0.40、0.45 和 0.50 时，浆体内毛细孔被隔断所需的养护时间预计分别为 3d、1 周和 2 周。

水泥浆体的渗透性随水化龄期的发展不断减小，对于大体积碾压混凝土类贫混凝土，水化龄期对渗透性的影响比水泥用量更为显著。水灰比从 0.7 降至 0.3，渗透系数可减小至 10^{-3} 量级；但若保持水灰比 0.7 不变，龄期从 7d 增加至 1 年，渗透系数降低幅度相同。Sanjuan 对养护 20 年的 $0.2m^3$ 混凝土试块的空气渗透系数进行了研究，发现 2～12 年龄期内混凝土内的空气渗透系数与龄期的平方成正比，即空气主要靠扩散控制，并伴有内部水分干燥过程，这是造成混凝土空气渗透性增加的主要原因。

潮湿养护有利于水泥水化产物的生长，减少水泥石的孔隙体积，提高混凝土的抗渗性。然而有部分研究表明，混凝土养护时间过长也会产生不利影响。1943 年，美国垦务局在青山坝使用 28 种不同的水泥浇筑了 104 块试验面板，水泥的铝酸三钙、硅酸三钙含量较低，水泥细度较小且可溶性碱含量较低时，水泥混凝土经过 53 年后也没有劣化。而使用其他水泥的混凝土发生了开裂，长时间养护的板开裂更严重。Powers 的研究表明，养护不仅会因消除熟料颗粒而增大浆体的收缩，还会提高弹性模量，减小一定应力下的徐变，其结果是延长养护期，使浆体在严重的约束条件下更容易开裂。Neville 的研究表明，养护良好的混凝土，其徐变对收缩应力的松弛作用较小。而且，强度高的混凝土徐变能力小。这些参数变化产生的影响已经超过了良好养护混凝土抗拉强度的增幅，从而导致开裂。

8.9.2　抗渗性试验方法

目前用于定量表征混凝土抗渗性能的试验方法主要有：透水法、直流电导率法、交流阻抗法、水分传输法、离子扩散法等。

衡量混凝土渗透能力的典型测试方法即为透水法，即在一定水压作用下水流达到稳定状态时的水分质量传输率。从概念上看，该解释表述很直白，但是实际在试验过程中存在较大的难度。复现试验时试验结果离散型大，水化成熟度较高的混凝土（28d 龄期）的渗透系数通常为 10^{-12}～10^{-14} m/s 量级，混凝土中掺入其他辅助胶凝材料时该值可能更低。

采用直流电导率测定混凝土渗透性的试验方法有好几种，其中应用最广、最为熟悉的还是氯离子渗透试验方法。试验方法参照 ASTM C1202-97 规范，通过测定 6h 内通过厚 50mm、与 NaCl 和 Na_2SO_4 电解质溶液接触的饱和混凝土试块的总电通量来衡量混凝土的渗透性，试验过程中控制直流电为 60V。养护 28d 的混凝土试件的电通量为 1500～6000C，该值主要取决于水灰比。水灰比越小，测得的混凝土电通量更小，外掺其他辅助胶凝材料的混凝土更小。直流电导率十分方便用于衡量混凝土的渗透性，当混凝土孔隙溶液电导率可知或可预估时尤为如此。

大部分有关混凝土或水泥浆电特性的研究都用到了交流阻抗这一试验手段。Christensen 等对这一领域的相关研究和发展进行了总结。这一试验方法可对水泥浆的导电性进行更为复杂的评价，同时也为其他相关影响因素（如介电性和离子扩散性能等）的研究提供了参考。

ASTM 制定了材料水分传输标准试验方法（ASTM E96-00）。该标准试验方法并不是仅特别针对混凝土制定的，也并未考虑试件本身的水化成熟度，显然更适用于部分干燥的混凝土试件。另外还有一个类似但操作更灵活的 ISO 规范是特别针对建筑材料的，即 ISO 12572-2001E，其可以测定几种不同边界条件下的水分传输特性，规定试件养护条件的相对湿度为 50%。Nilsson 研究了水化十分成熟的长龄期混凝土试件的水分传输扩散系数，但其边界条件为相对湿度 65%～100%。研究发现，水分扩散系数与水灰比密切相关，掺入硅粉后混凝土的水分扩散系数显著降低，其中复掺硅粉与粉煤灰的混凝土试件试验值最低。

衡量混凝土渗透性的另外非常重要的一个方面即测定离子的扩散系数。有关某一离子的扩散系数，尤其是 Cl^- 扩散系数的研究已经进行了多年，主要用于评价钢筋混凝土抗氯离子锈蚀时混凝土保护层的具体作用时间。对于养护 28d 龄期混凝土的 Cl^- 扩散系数通常为 $2 \times 10^{-12} \sim 10 \times 10^{-12}$ 量级。显而易见，水灰比越小，混凝土的 Cl^- 扩散系数越低，外掺粉煤灰、硅粉和矿渣的混凝土的 Cl^- 扩散系数更低。Delagrave 指出，某一特定离子的扩散系数主要取决于具体采用的试验方法和计算过程。尽管如此，诸多研究均证实每种试验方法都与混凝土的微观结构密切相关。

以上提到的几种测定混凝土渗透性的方法都是基于试验而不是建模提出来的，但未来可逐步开展更加贴切混凝土实际的模型研究，充分考虑混凝土的微观结构，并进一步清晰地实现混凝土的三维结构可视化，包括混凝土内的水泥浆和孔隙等。

8.10　抗冻性

混凝土暴露于交替冻融循环作用下，其表面出现开裂和剥落并逐步深入至内部而导致混凝土整体瓦解，并最终丧失其性能，称为混凝土冰冻破坏。混凝土抵抗冰冻破坏的能力称为抗冻性。抗冻性也是评价混凝土耐久性的重要指标之一。

在冰冻温度下，毛细孔内可冻水结冰体积膨胀约为 9%，而过冷水发生迁移形成的渗透压也会造成混凝土体积膨胀，若这两者共同作用产生的膨胀应力大于混凝土的抗拉强度，则会产生局部裂缝或使混凝土内部微裂纹扩展。交替冻融循环会加剧裂缝扩展并导致混凝土结构的最终破坏。为了保证混凝土结构长期安全耐久运行，一般要求掺入优质引气剂或引气减水剂，在混凝土内部形成大量微小、稳定、分布均匀的封闭气泡，可以大大缓解孔隙水结冰时产生的膨胀压，且可以阻塞混凝土内部毛细孔与外界的通路，使外界水分不易浸入，减小混凝土的渗透性。

8.10.1　水胶比

水胶比增大，孔隙中的自由水量增多，孔隙液相浓度降低，溶液冰点上升，孔隙中可冻结水量增多。在反复快速冻融作用下，冷冻水结冰膨胀对孔隙壁产生膨胀压，使混凝土易遭受冻融破坏。研究表明，水结冰从最大孔开始，冰点随孔径增大而降低；水胶比增大，混凝土中大孔、连通孔数量增加，孔结构的最可几孔隙率向大孔方向移动，在反复冻融作用下，孔隙水更易结冰且形成的裂缝逐渐扩展易互相连通，会加剧混凝土试件快速破坏。对于非引气混凝土，要达到较好的抗冻性能，一般要求水胶比小于 0.30。

图 8.10.1 是水胶比与混凝土冻融性能的关系曲线。从图可以看出，含气量接近时，随着水胶比不断增大，混凝土的耐久性指数显著降低而质量损失逐渐增大；但是经过 300 次冻融循环后，各混凝土试件的耐久性指数均大于 60% 且质量损失远小于 5%。

8.10.2　粉煤灰掺量

粉煤灰对混凝土冻融耐久性的影响主要如下：一方面，快速冻融法是在试件养护 28d

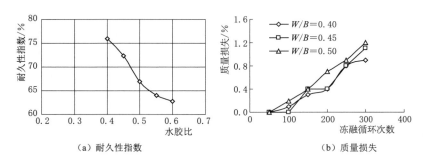

图 8.10.1　水胶比与混凝土冻融性能的关系曲线

后进行，掺入粉煤灰后混凝土的早期强度发展较慢，抵抗冻融膨胀的能力较低；另一方面，混凝土冻结时，孔隙水结冰体积膨胀 9%，将过冷水向附近孔隙排挤出去，以此会形成静水压力，其大小取决于过冷水迁移路径的长短、结冰孔隙与能容纳过冷水孔隙之间水泥浆的渗透性的大小。掺入粉煤灰后，孔结构得以改善，孔径细化，虽然有利于提高混凝土的抗渗透性能，但总孔隙率增加。根据 Fagenlund 建立的静水压力模型及推演的 Darcy 定理得到，静水压力与结冰量的增加速率和距空气气泡的距离的平方成正比，结冰量的增加速率又与毛细孔的含水量和降温速度成正比。掺入粉煤灰后孔径细化会增大水的渗透阻力，加剧毛细孔的曲折程度，从而延长过冷水向附近孔隙的迁移路径，这对混凝土的抗冻融性不利。

图 8.10.2 是粉煤灰掺量与混凝土冻融性能关系曲线。由图可知，粉煤灰掺量增加，相同冻融条件下混凝土的质量损失逐渐增大，掺量小于 50% 时，经过 300 次冻融循环混凝土的质量损失均小于 5%。相同水胶比条件下，混凝土耐久性指数随粉煤灰掺量增加逐渐减小，且水胶比越大，混凝土耐久性指数下降幅度越大。若以耐久性指数降至 60% 作为临界值，由图可知，随着水胶比的增大，混凝土抗冻融性基本满足要求时对应的粉煤灰掺量逐渐降低，即水胶比从 0.50 上升至 0.55 时，对应粉煤灰掺量从 30% 降至 20%。

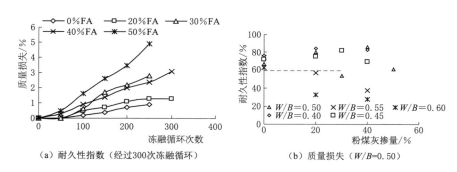

图 8.10.2　粉煤灰掺量与混凝土冻融性能关系曲线

水胶比 0.55、粉煤灰掺量 20% 时，经过 300 次冻融循环混凝土的耐久性指数已十分接近临界线，而质量损失（1.3%）仍在安全范围内（<5.0%）。所以，不能将耐久性指数或质量损失作为评价混凝土冻融性能的唯一指标，尤其是结构混凝土。

8.10.3 气泡特征参数

引入的气泡能在多大程度上改善混凝土的抗冻性能，取决于混凝土的配合比、矿物掺合料及其与其他外加剂的兼容性。有文献资料表明，掺入引气剂时，通过改变引入气泡的尺寸大小和间距参数来影响混凝土的冻融性能。因此，仅仅保证混凝土总的含气量还不够，更为重要的是要保证引入气泡的有效性，即必须限定毛细孔水逃离至附近充气孔的最远距离，实际就是要控制气泡的间距，即相邻气泡之间水泥浆的厚度。可以采用间距参数 $\overline{L}$（spacing factor）来判断一定水泥浆中引入的气泡是否充足，美国标准 ASTM C 457-90 给出了具体的测试方法。间距参数可以很好地表征水泥浆中任一点与附近气孔的最远间距。Powers 曾计算得到，为了充分防护混凝土不受冻害影响，气孔间的平均间距应为 $250\mu m$。一般引入气泡孔径为 $50\sim1270\mu m$，而根据吴中伟院士对混凝土孔隙的划分，即无害孔（小于 $0.02\mu m$）、少害孔（$0.02\sim0.05\mu m$）及有害孔（大于 $0.05\mu m$），引入气泡孔径均小于 $0.05\mu m$，但实际上引入的气泡是封闭、分布均匀的微小气泡，主要起到缓解膨胀压和割断渗水通道的作用，因此其对混凝土抗冻有利。

1. 气泡尺寸

混凝土气泡弦长、气泡半径与混凝土冻融性能的关系曲线如图 8.10.3 所示。由图 8.10.3 可知，混凝土中弦长大于 $50\mu m$ 气泡的量越多或气泡的平均半径越大，混凝土能经受的冻融循环次数越少，即混凝土中大尺寸气泡数量越多，混凝土抗冻融耐久性越差。弦长大于 $50\mu m$ 气泡的量小于 4.5% 时，混凝土的抗冻标号可以达到 D300 以上；且含量为 4.4% 时，混凝土抗冻标号达到 D400。当弦长大于 $50\mu m$ 气泡的量超过 6% 时，混凝土的抗冻标号显著降至 D250 左右；继续增加至 8% 时，混凝土抗冻标号降至 D100 以下，抗冻性能很差。以混凝土抗冻标号达到 D300 认为混凝土抗冻融性好，综合图 8.10.3 可知，应保证引入气泡的平均半径小于 $150\mu m$，且弦长大于 $50\mu m$ 气泡含量小于 4.5%。

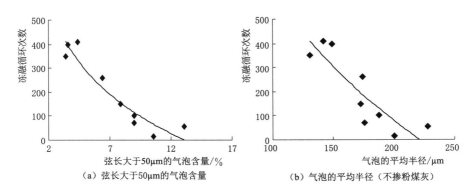

图 8.10.3　混凝土气泡尺寸与冻融耐久性的关系

经过拟合得到，混凝土的冻融循环次数与弦长大于 $50\mu m$ 的气泡含量及气泡平均半径均呈对数关系，相关性好。

冻融循环次数与弦长大于 $50\mu m$ 的气泡含量的拟合公式为

$$y = -305.29 \ln x + 785.82, \qquad r = 0.90 \qquad (8.10.1)$$

冻融循环次数与气泡平均半径的拟合公式为

$$y = -784.97 \ln x + 4237.8, \qquad r = 0.80 \qquad (8.10.2)$$

2. 气泡数量与混凝土冻融性能关系

混凝土的冻融耐久性不仅与引起气泡的尺寸有关，还与每立方米混凝土内的气泡数量有关。引入气泡的量过多、过少或不均匀均会影响混凝土的抗冻融性能。绘制混凝土冻融次数与每立方厘米混凝土中气泡数量之间的关系曲线，如图 8.10.4 所示。

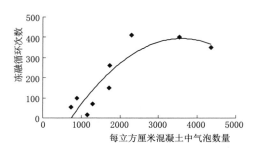

图 8.10.4　每立方厘米混凝土中气泡数量与冻融耐久性的关系

根据拟合得到，混凝土经受的冻融次数与每立方厘米混凝土中气泡数量呈抛物线曲线关系，即混凝土中引入的气泡数量存在一个最佳值，在 3500 左右。引入气泡数量太少，不足以缓解孔隙水结冰产生的膨胀压；引入气泡数量过多，将显著降低混凝土的强度，减小混凝土抵抗冻胀开裂的能力。因此，在保证引入气泡尺寸达到一定标准时，还应严格控制引入气泡的数量。

3. 气泡间距系数

绘制气泡间距系数与混凝土冻融次数曲线，如图 8.10.5 所示。从图可以看到，气泡间距系数低于 $250\mu m$ 时，混凝土的抗冻标号可以达到 D250 以上，特别是当气泡间距系数低到 $200\mu m$ 左右时，混凝土的抗冻标号可以达到 D350 以上。气泡间距系数大于 $250\mu m$ 后，混凝土的抗冻性明显降低，达不到高耐久性的要求。气泡间距系数大于 $300\mu m$ 后，混凝土的抗冻标号达不到 D100，混凝土的抗冻性已经很差。由此可见，一个有高冻融耐久性的混凝土，它的气泡间距系数应该低于 $250\mu m$。这一结果与 Powers 认为气泡之间的间距系数在 $250\mu m$ 左右时即可有效地提高混凝土抗冻性的研究结果是一致的。

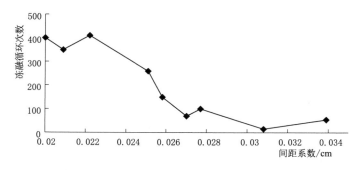

图 8.10.5　混凝土气泡间距系数与冻融耐久性的关系

8.11 抗侵蚀（抗溶蚀）

混凝土中水泥的水化产物包括 $Ca(OH)_2$、水化硅酸钙、水化铁酸钙、水化铝酸钙及水化硫铝酸钙等。这些水化产物都属碱性且都一定程度地溶于水。只有在液相中石灰含量超过水化产物各自的极限浓度的条件下，这些水化产物才稳定，不向水中溶解。相反，当液相中石灰含量低于水化产物稳定的极限浓度时，这些水化产物将依次发生溶解。水泥水化产物 $Ca(OH)_2$、$2CaO \cdot SiO_2 \cdot aq$、$3CaO \cdot SiO_2 \cdot aq$ 的极限溶解浓度最大，约为 $1.3g/L$。$3CaO \cdot 2SiO_2 \cdot aq$ 及 $CaCO_3$［$Ca(OH)_2$ 碳化生成］最小，分别为 $0.045g/L$ 和 $0.013g/L$。因此，最易溶解的水化产物是 $Ca(OH)_2$ 和 $2CaO \cdot SiO_2 \cdot aq$ 及 $3CaO \cdot SiO_2 \cdot aq$，而 $2CaO \cdot SiO_2 \cdot aq$ 和 $3CaO \cdot 2SiO_2 \cdot aq$ 水解分离出 CaO 后形成更稳定的低钙硅比的水化产物。碾压混凝土中掺用较大比例的粉煤灰，水化产物中 $Ca(OH)_2$ 较少，长期在高压水的作用下是否会发生渗透溶蚀破坏，是需要关注的问题。

8.11.1 混凝土渗透溶蚀影响因素及溶出物种类

影响混凝土渗透溶蚀的因素有：第一，是渗透水的石灰浓度及水中其他影响 $Ca(OH)_2$，溶解度的物质（离子）的含量。渗透水中 CaO 含量越多，水的暂时硬度（每 $1L$ 水中 CaO 含量为 $10mg$ 时称为 1 度）越高，渗透水对水化产物的溶蚀量就越小。水中有 Na_2SO_4 及 $NaCl$ 存在时，石灰的溶解度就会加大，当水中有钙盐（如 $CaSO_4$、$CaCl_2$ 等）时，将降低石灰的溶解度。因此，这些物质（离子）的存在也影响渗透溶蚀。第二，混凝土中含极限石灰浓度高的水化产物［如 $Ca(OH)_2$］量的多少也是影响渗透溶蚀的因素。用硅酸盐水泥配制的混凝土中，存在较多 $Ca(OH)_2$ 和高钙硅比的水化产物。使用掺混合材料水泥配制的混凝土或混凝土掺有掺合料时，混凝土中 $Ca(OH)_2$ 较少，低钙硅比的水化产物较多，因此混凝土的抗渗透溶蚀性能较好。第三，混凝土的密实性及不透水性。混凝土的渗透溶蚀是通过混凝土内部的孔隙进行的。渗透水在混凝土内部孔隙迁移的过程中，水泥的某些水化产物逐渐溶解进入渗透水。随着渗透水的迁移，渗透水的石灰浓度逐渐发生变化。假如混凝土密实、不透水，则渗透溶蚀不可能发生。混凝土的孔隙率越大，粗大的连通渗透通道越多，渗透溶蚀就可能越严重。

混凝土渗透溶出物的种类，与组成混凝土的材料及性质、混凝土配合比及龄期等有关。混凝土中凡能溶于水的物质均有可能随渗透过程而溶出。一些易溶于水的碱性氧化物（如 Na_2O、K_2O、CaO、MgO 等），当水渗入混凝土时，很快转变为 $NaOH$、KOH、$Ca(OH)_2$ 等。由于 $NaOH$ 和 KOH 的存在，$Ca(OH)_2$ 的溶解受到抑制，溶解度会降低。混凝土渗透初期，K、Na 的氢氧化物含量较高，但随时间的延长而减小。与此同时，$Ca(OH)_2$ 却随时间的延长有所增加，这一现象在掺粉煤灰较少的混凝土渗透液中明显地表现出来。在高掺粉煤灰的混凝土（如碾压混凝土）中则表现出相反的情况，即随渗透时间的延长，$Ca(OH)_2$ 逐渐减少，可溶性 SiO_2 逐渐增加。混凝土中还有一些可溶性的盐类，如氯化物（如 $NaCl$、KCl、$CaCl_2$ 等）、硫酸盐（如 Na_2SO_4、K_2SO_4 等）、碳酸盐（如 Na_2CO_3、K_2CO_3 等）、硅酸盐（如 $NaSiO_3$ 等）也会溶出。这已被渗透水化学成分的分析结果所证实。

8.11.2　混凝土渗透溶蚀与渗透时间的关系

渗透水经混凝土内部孔隙迁移并影响混凝土中水泥及其他胶凝材料的水化产物最终从压力小的一侧渗出来形成渗透液。随着渗透时间的延长，渗透液的成分发生规律性的变化。现就几个主要指标的变化研究混凝土渗透溶蚀与渗透时间的关系。

1. 渗透液的 pH

表 8.11.1 列出了不同混凝土渗透液 pH 随渗透历时 t 变化的测试结果。该试验结果表明，随着渗透时间的延长，混凝土渗透液的 pH 逐渐降低。渗透开始阶段 pH 降低较快，然后逐渐变慢，经过较长时间的渗透，渗透液的 pH 仍达 11 以上，且随渗透时间的延长逐渐趋于稳定。渗透液 pH 的高低与混凝土配合比有直接关系。粉煤灰掺量高的混凝土（如碾压混凝土）pH 较低，但经过较长时间的渗透后，渗透液 pH 的差距逐渐缩小。

应该指出的是，渗透液的 pH 一定程度上反映的是渗透水流经混凝土中连通的孔隙所溶解带出的碱的数量。混凝土的渗透性较大时，其渗透液的 pH 就较低，且随渗透历时的延长降低较快。相反，则渗透液的 pH 较高，且随渗透历时的延长降低较慢。混凝土中大量不连通的及封闭孔隙中的孔隙水的 pH 将会明显高于上述测试值。此外，随着混凝土龄期和渗透历时的延长，混凝土的渗透系数下降，渗透液的 pH 将逐渐稳定。

2. CaO 的溶出

混凝土中水泥的水化产物都属碱性且都一定程度地溶于水。渗透水对这些水化产物的溶蚀表现形式之一是这些水化产物失去 CaO，而逐渐转变为低钙硅比的水化产物。因此，随渗透液带出的 CaO 反映出混凝土的溶蚀情况。表 8.11.2 列出了部分混凝土渗透液累计溶出的 CaO 随渗透历时的变化。从表 8.11.2 可看出，对于粉煤灰掺量较少的混凝土，渗透水从混凝土中溶解出 CaO；对于粉煤灰掺量较大的碾压混凝土，渗透水不仅不能从混凝土中溶解出 CaO，相反地，混凝土从渗透水中吸收 CaO，而且粉煤灰掺量越大，吸收渗透水中 CaO 的量越多。

表 8.11.1　　　　　　不同混凝土渗透液 pH 随渗透历时的变化

渗透历时 t/d		1	2	3	4	5	6	7	8	9	10	11
pH	Sby3-2F	13.08	12.96	12.95	12.91	12.8	12.84	12.80	12.80	12.83	12.85	12.80
	LTRⅢ	12.15	12.04	12.04	12.00	11.94	11.88	11.71	11.53	11.40	11.45	11.43
	LTRⅣ		12.72	12.48	12.46	12.12	12.34	12.40	12.43	12.31	12.40	12.32
渗透历时 t/d		12	13	13.5	14	15	16	17	18	19	20	21
pH	Sby3-2F	12.80	12.75	12.70								
	LTRⅢ	11.39	11.42		11.37	11.24	11.30	11.27	11.26	11.26	11.22	11.17
	LTRⅣ	12.32	12.16		12.32	12.16	11.86	11.82	11.79	11.68		

注　Sby3-2F：$t_0=28\mathrm{d}$，$\sigma=1.2\sim2.8\mathrm{MPa}$，$\mathrm{pH}_{水}=7.88$，常态混凝土；LTRⅢ：$t_0=112\mathrm{d}$，$\sigma=1.2\sim3.6\mathrm{MPa}$，$\mathrm{pH}_{水}=8.32$，碾压混凝土；LTRⅣ：$t_0=90\mathrm{d}$，$\sigma=2.0\sim3.6\sim1.6\mathrm{MPa}$，$\mathrm{pH}_{水}=7.88$，碾压混凝土。

表 8.11.2　　　渗透液累计从混凝土溶出 CaO 的量随渗透历时的变化

渗透历时 t/d		0.5	1.0	1.5	2.0	3.0	3.5	4.0	4.5	5.0
累计溶出 CaO /mg	Sby3-2F	376.7	789.1	1166.5	1516.9	2123.0	2415.6	2861.2	3209.6	3553.6
	LTRⅢ		−27.0		−56.0	−92.7		−44.2		−63.7
	LTRⅣ					−1.6				

渗透历时 t/d		5.5	6.0	6.5	7.0	7.5	8.0	8.5	9.0	9.5
累计溶出 CaO /mg	Sby3-2F	3848.6	4116.0	4500.3	4839.5	5155.4	5446.8	5698.4	6050.1	6395.0
	LTRⅢ		−113.4		−133.4		−141.0		−158.5	
	LTRⅣ		−24.8			−32.9		−35.5		−30.4

渗透历时 t/d		10.0	10.5	11.0	11.5	12.0	12.5	13.0	13.5	14.0
累计溶出 CaO /mg	Sby3-2F	6696.0	6988.6	7273.9	7633.4	7970.1	8277.3	8581.2	8863.4	
	LTRⅢ	−232.5		−284.9		−231.6		−366.7		−358.4
	LTRⅣ		−29.7		−27.7		−32.6		−31.8	

渗透历时 t/d		14.5	15.0	15.5	16.0	16.5	17.0	17.5	18.0	18.5
累计溶出 CaO /mg	Sby3-2F									
	LTRⅢ		−444.6		−552.9		−685.7		−834.2	
	LTRⅣ	−41.3		−40.4		−37.0		−35.4		−59.9

渗透历时 t/d		19.0	19.5	20.0	20.5	21.0	21.5	22.5	23.5	24.5
累计溶出 CaO /mg	Sby3-2F									
	LTRⅢ	−1005.1		−1135.2		−1280.3				
	LTRⅣ		−81.7							

注　Sby3-2F：$t_0=28$d，$\sigma=1.2\sim2.8$MPa；LTRⅢ：$t_0=112$d，$\sigma=1.2\sim3.6$MPa；LTRⅣ：$t_0=90$d，$\sigma=2.0\sim3.6\sim1.6$MPa。

3. SiO₂ 的溶出

粉煤灰混凝土中，由于粉煤灰含有大量的 SiO_2，其中的一部分是可溶性的，在渗透水的作用下可能被溶解带出。此外，混凝土中的 CaO 也会与 SiO_2 起反应生成不同钙硅比的水化产物——水化硅酸钙。因此，渗透液中 SiO_2 含量的变化也在一定程度上反映了渗透水对混凝土的溶蚀情况。表 8.11.3 列出了两种碾压混凝土在 2.8MPa 的固定水压下，SiO_2 的溶出量随渗透历时的变化。从该表可看出，由于碾压混凝土中粉煤灰掺量较高，渗透水逐渐溶蚀混凝土中的 SiO_2，而且粉煤灰掺量较大的配合比碾压混凝土被溶蚀带出的 SiO_2 较多。

表 8.11.3　　　在 2.8MPa 水压下混凝土 SiO₂ 溶出量随渗透历时的变化

渗透历时 t/d		1	2	3	4	5	6	7	8	9	10	11	12~14	15	16
SiO₂ 溶出量 /(mg/d)	LTRⅢ	106.6	103.7	86.4	97.9	63.4	56.2	57.6	41.8	60.5	44.6	40.3	34.6	24.5	21.6
	LTRⅣ					44.6	29.0	13.5	19.4	14.5	23.4	12.9	12.6		

渗透历时 t/d		17 (15~17)	18	19	18~20	21~22	23~25	26~28	29~31	32~34	35~37	38~40	41~43	44~46	47~50
SiO₂ 溶出量 /(mg/d)	LTRⅢ	14.4	15.8	15.8											
	LTRⅣ	(11.5)			18.5	14.2	22.3	16.1	13.1	12.7	12.6	14.8	11.9	11.9	12.2

8.11.3　碾压混凝土的渗透溶蚀稳定性

如前所述，混凝土的溶蚀主要是渗透水溶解并带走混凝土中易被溶蚀的物质。对于不掺粉煤灰或粉煤灰掺量较低的混凝土，渗透水溶解并带走混凝土中的 CaO，而混凝土吸收水中的可溶性 SiO_2。试验结果分析表明，一般的水对正常使用的混凝土中 CaO［或 $Ca(OH)_2$］的渗透溶蚀量是有一定限度的。能溶出的 CaO 数量与混凝土中水泥品种及含量有关，也与混凝土的不透水性有关。掺用适量粉煤灰的密实、高抗渗性能混凝土，渗透溶蚀出的 CaO 较少。掺粉煤灰较多且抗渗等级较高的混凝土渗透溶蚀出的 CaO 极少。对于粉煤灰掺量较高的混凝土，渗透水溶解并带走混凝土中的可溶性 SiO_2，而混凝土吸收渗透水中的 CaO。一般的水对正常使用的碾压混凝土中 SiO_2 的渗透溶蚀也是有一定限度的。能溶出的 SiO_2 数量与碾压混凝土中粉煤灰品质及粉煤灰含量有关，也与混凝土的不透水性有关。掺用适量粉煤灰的密实、高抗渗等级碾压混凝土，渗透溶蚀出的可溶性 SiO_2 极少。

上述研究结果表明，水经混凝土渗透将使混凝土失去 CaO（或 SiO_2），且根据混凝土中胶凝材料组成的不同，混凝土可以吸收水中的 SiO_2（或 CaO）。对粉煤灰掺量较小的混凝土，渗透水从混凝土中溶解出 CaO，同时混凝土从渗透水中吸收 SiO_2。相反，对于粉煤灰掺量较大的混凝土，渗透水从混凝土中溶解出 SiO_2，同时混凝土从渗透水中吸收 CaO。根据试验结果分析可知，一般的水经碾压混凝土渗透，不会因溶蚀造成碾压混凝土的破坏。

8.12　碳化

混凝土的碳化是混凝土中水泥的水化产物 $Ca(OH)_2$ 与空气中的 CO_2 在有水存在的情况下反应生成碳酸钙和水的过程。混凝土的碳化问题日益引起人们的重视，特别是钢筋混凝土的碳化问题人们更为关注，因为它涉及混凝土中钢筋的锈蚀问题。碾压混凝土中一般都掺有较大比例的粉煤灰，粉煤灰对混凝土的抗碳化性能有明显的影响，故碾压混凝土的抗碳化性能也备受关注。

碾压混凝土的抗碳化性能，国内学者已开展了部分研究，但成果公开发表的不多。研究表明，随着粉煤灰掺量的增加，混凝土的碳化深度增大。表 8.12.1 是混凝土中粉煤灰掺量与抗碳化性能关系的试验结果。试验结果表明，粉煤灰掺量不大于 40% 时，经碳化后两种混凝土的抗压强度反而有所提高，但粉煤灰掺量过大，混凝土经碳化后抗压强度降低。从碳化深度看，碾压混凝土的碳化较深。从碳化对混凝土强度影响的角度看，碾压混凝土碳化后抗压强度损失似乎比常态混凝土小，而且粉煤灰掺量不大于 50% 时，碳化后碾压混凝土的抗压强度有所提高。

如前所述，混凝土碳化是混凝土中水泥的水化产物 $Ca(OH)_2$ 与空气中的 CO_2 在有水存在的情况下反应生成 $CaCO_3$ 和水的过程。因此，混凝土的碳化仅发生在混凝土的表面。过于干燥及含水过多的混凝土碳化较轻；密实的或含 $Ca(OH)_2$ 较多的混凝土碳化较浅。

因为密实的或含水过多的混凝土空气较难进入；干燥时 CO_2 和 $Ca(OH)_2$ 难以发生反应；空气中所含的 CO_2 是有限的，混凝土中 $Ca(OH)_2$ 含量多则碳化深度较小。碾压混凝土中粉煤灰掺量较大，水泥用量较少，水化产物 $Ca(OH)_2$ 较少，且与粉煤灰中的活性成分发生了反应，余下的 $Ca(OH)_2$ 不多，故碾压混凝土的碳化一般较常态混凝土深。随着混凝土碳化深度的增加，碳化速度减慢。碳化速度还取决于混凝土的含湿量和周围介质的相对湿度，试件的尺寸也是一个因素。因为 CO_2 与 $Ca(OH)_2$ 的化学反应所释放的水必定要向外扩散，以保持试件内部与大气之间的湿度平衡。如果扩散速度过慢，混凝土内孔隙的水蒸气压力升高达到饱和，则 CO_2 向混凝土内部的扩散实际上已经停止。

表 8.12.1　　　　　　　　　粉煤灰掺量与混凝土碳化的关系

编号		水胶比	胶材用量 /(kg/m³)	粉煤灰掺量 /%	28d 碳化深度/mm	90d 龄期抗压强度/MPa		碳化后强度增长 /%
						碳化前	碳化后	
碾压混凝土	1	0.44	170	0	23.7	35.5	48.5	37.0
	2	0.44	170	30	27.8	35.8	40.6	13.4
	3	0.44	170	40	32.0	30.5	34.5	13.1
	4	0.44	170	50	37.3	25.6	26.9	5.1
	5	0.44	170	60	43.9	22.7	21.5	−5.3
	6	0.44	170	70	100.0	18.5	13.5	−27.0
常态混凝土	1	0.52	218	0	11.8	47.4	52.9	12.0
	2	0.52	218	40	19.7	36.5	45.6	24.6
	3	0.51	218	50	21.8	33.6	30.9	−8.0
	4	0.48	218	60	28.6	30.9	29.6	−4.2
	5	0.46	218	70	32.4	29.6	20.1	−32.0

混凝土碳化后碱度降低，当碳化深入到钢筋处，将破坏钢筋周围的碱性膜层，使钢筋易锈蚀。锈蚀的钢筋体积膨胀，可能造成钢筋保护层混凝土开裂，从而加速钢筋的锈蚀。碳化后的混凝土略有收缩，可能使混凝土表面产生微细裂缝。由于 $Ca(OH)_2$ 的强度比碳化后的 $CaCO_3$ 强度低，因此经过碳化的混凝土未必一定降低强度。

20 世纪 50 年代初，美国混凝土学会就粉煤灰对钢筋锈蚀的影响问题进行了研究，并作出了是否使混凝土碱度降低的结论：粉煤灰混凝土能保持较高的碱度，粉煤灰与 $Ca(OH)_2$ 作用实质上并没有改变碱性条件。这个结论在 20 世纪 80 年代又通过长期试验和实际工程调研结果得到证实。近些年来的研究表明，不论是水泥浆体或是混凝土，硬化 2～3 年后，pH 值一般都在 12.5 以上。长期硬化的粉煤灰混凝土 pH 值会有所降低，若 pH 值从 12.5 降至 11.5，表示约 90% 的 $Ca(OH)_2$ 被粉煤灰所吸收；pH 值降至 10.5，则表示吸收了 99% 的 $Ca(OH)_2$；若降至 9.5，也即保护钢筋钝化作用的下限，那就有 99.9% 的 $Ca(OH)_2$ 被吸收。实际上粉煤灰与 $Ca(OH)_2$ 之间的反应达不到如此完全的程度。根据朱安民的研究，掺 40% 粉煤灰的普通硅酸盐水泥浆体或掺 30% 粉煤灰的矿渣硅酸盐水泥浆体自然养护一年，pH 的变化已基本稳定，一般可保持在 11.8 以上。原水利电力部水利水电建设总公司于 1982 年对三门峡工程应用粉煤灰的效果进行了实地调查。

结果表明，强度 32.5MPa 的矿渣水泥（当时的 400 号矿渣水泥）掺入 40％的粉煤灰（连同水泥中已掺入的 40％矿渣，实际掺合料占胶凝材料总量的 64％），浇筑的大坝混凝土经过 23 年后，1982 年芯样的平均抗压强度为 25.8MPa，相当于 90d 龄期抗压强度的 1.9倍。大坝混凝土中的钢筋保护完好，没有锈蚀的迹象。可见，只要混凝土施工密实，即使较高的粉煤灰掺量也不会导致钢筋的锈蚀破坏。

作为坝体内部混凝土的碾压混凝土中一般都掺有 50％以上的粉煤灰，混凝土中 $Ca(OH)_2$ 含量较少，因而较易碳化。然而，它处于坝体内部，实际上不存在碳化问题。对暴露于空气中的碾压混凝土，由于其中一般也不含钢筋，且粉煤灰掺量一般都控制在 50％以下，故碳化造成的危害较小。对钢筋较多部位使用的变态混凝土，只要控制粉煤灰掺量不超过 40％，施工过程中振捣密实并按规定留有足够厚度的保护层，钢筋锈蚀的危害是可以避免的。

8.13　抗裂性

8.13.1　混凝土的开裂

混凝土的开裂主要是由于混凝土内拉应力超过了抗拉强度，或者说由于拉伸应变达到或超过了极限拉伸值而引起的。

混凝土的干缩、降温冷缩及自生体积收缩等收缩变形，受到基础及周围环境的约束时（称此收缩为限制收缩），在混凝土内引起拉应力，可能引起混凝土裂缝。例如，配筋较多的大尺寸板梁结构、与基础嵌固很牢的路面或建筑物底板、在老混凝土间填充的新混凝土等，当混凝土发生干缩或降温收缩时，由于受到钢筋或环境的约束，会引起裂缝。混凝土内部温度升高或因膨胀剂作用，而使混凝土产生膨胀变形。当膨胀变形受到约束时（称此变形为限制膨胀），在混凝土内引起压应力，混凝土不会产生裂缝。当膨胀变形不受外界约束时（称此变形为自由膨胀），也会引起混凝土裂缝。

大体积混凝土发生裂缝的原因有干缩和温度应力，其中温度应力是最主要的因素。在混凝土浇筑初期，水泥水化放热，使混凝土内部温度升高，产生内表温差，在混凝土表面产生拉应力，导致表面裂缝，当气温骤降时，这种裂缝更易发生。在混凝土硬化后期，混凝土温度逐渐降低，混凝土发生收缩，此时混凝土受到基础或周围环境的约束，会产生深层裂缝。

为防止混凝土结构的裂缝，除应选择合理的结构型式及施工方法，以减小或消除引起裂缝的应力或应变之外，还应采用抗裂性较好的混凝土。

8.13.2　碾压混凝土抗裂性能的评价

混凝土作为多相不连续的脆性材料，尽管具有抗压强度高、抗拉强度低的特性，但用于不同工程部位的混凝土在性质上仍具有较大的差异，因而评定混凝土抗裂性能的方法也有所不同。目前，用于评价各种混凝土抗裂能力的指标已有十余种，但还没有很好评价碾压混凝土抗裂能力的方法。影响碾压混凝土抗裂的因素很多，主要有水泥品种、胶凝材料用量、掺合料种类及掺量、外加剂及骨料品种等。根据碾压混凝土抗裂性特点，武汉大学提出了用于评价碾压混凝土抗裂能力的指标——抗裂参数，其表达式为

$$\Phi=\frac{\varepsilon_p+R_1}{\alpha\Delta TE_1} \qquad (8.13.1)$$

式中：ε_p 为 n 天龄期时混凝土的极限拉伸值；R_1 为 n 天龄期时混凝土的抗拉强度，MPa；α 为混凝土的温度变形系数，1/℃；ΔT 为 n 天龄期时混凝土的温升，℃；E_1 为 n 天龄期时混凝土的抗拉弹性模量，MPa。

将抗裂参数 Φ 作为评价碾压混凝土抗裂指标的主要依据为碾压混凝土坝采用的碾压混凝土属高粉煤灰掺量、少胶凝材料用量的大体积混凝土。在早期，由于混凝土内部温升与环境温度之差，造成混凝土内外温差（此时的混凝土强度较小），易引起表面裂缝。因此，希望混凝土具有较大的极限拉伸值，以及较低的发热量和线膨胀（或变形）系数；到了后期，混凝土内部自最高温度降至稳定温度过程中，由于温度变化及其他荷载的作用会引起混凝土的深层裂缝，这时不仅希望混凝土的极限拉伸值大、温度变形小，还希望混凝土具有高抗拉强度和低弹性模量的特性。实际上，影响混凝土的抗裂性还有其他因素。只要抓住主要影响因素，综合考虑选择抗裂参数 Φ 作为评价碾压混凝土抗裂能力的指标，Φ 值越大、混凝土的抗裂性就越好。

8.13.3 碾压混凝土抗裂性能的时间效应

混凝土抗裂性能的时间效应是指混凝土抗裂性能随时间的变化规律。如前所述，混凝土的抗裂性能受多方面因素的影响。根据已建立的碾压混凝土抗裂参数 Φ 可知，影响碾压混凝土抗裂性能的主要因素有混凝土强度、极限拉伸值、弹性模量、绝热温升等，而这些因素都随混凝土龄期的变化而变化。因此，混凝土的抗裂性能也相应随时间发生变化。

混凝土的抗拉强度与抗压强度的关系有经验公式：

$$R_1(t)=0.23[R(t)]^{2/3} \qquad (8.13.2)$$

而正常养护条件下混凝土的抗压强度随龄期的增加不断增大，其关系有经验公式：

$$R_1(t)=R(28)\frac{\lg t}{\lg 28} \qquad (8.13.3)$$

因此有关系式：

$$R_1(t)=0.23\left[R(28)\frac{\lg t}{\lg 28}\right]^{2/3} \qquad (8.13.4)$$

混凝土的极限拉伸、弹性模量、绝热温升都随龄期的增加而增大，可分别用下列经验公式表示：

$$\varepsilon_p(t)=\varepsilon_p(28)\left(1+k\ln\frac{t}{28}\right) \qquad (8.13.5)$$

$$E_1(t)=E_1(\infty)(1-e^{-0.40t^{0.3t}}) \qquad (8.13.6)$$

$$T_r(t)=\frac{T_r(\infty)t}{n+t} \qquad (8.13.7)$$

式中：$R_1(t)$ 为龄期 t 时混凝土的抗拉强度，MPa；$R(28)$ 为龄期 28d 时混凝土的抗压强度，MPa；$E_1(t)$、$E_1(\infty)$ 分别为龄期 t 和无穷大时混凝土的抗拉弹性模量，MPa；

$\varepsilon_p(t)$、$\varepsilon_p(28)$ 分别为龄期 t 和 28d 时混凝土的极限拉伸值；$T_r(t)$、$T_r(\infty)$ 分别为龄期 t 和无穷大时混凝土的绝热温升；k、n 为经验常数。

根据沙牌碾压混凝土性能试验及计算结果绘制图 8.13.1。

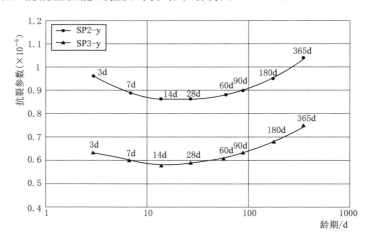

图 8.13.1　混凝土龄期与抗裂参数的关系

由图 8.13.1 可见，在正常养护条件下，碾压混凝土抗裂参数 Φ 是随混凝土龄期的变化而变化的。在 $7\sim60$d 以前，抗裂参数 Φ 随龄期的增加反而减小；过了 $7\sim60$d 以后，抗裂参数 Φ 随龄期的增加而增大，即混凝土的抗裂性能越来越好。约在 14d 时出现抗裂参数 Φ 最小值的情况，即混凝土出现裂缝的可能性最大。但应说明的是，以上计算情况是在正常养护条件下得到的，工程实际施工时受到各种因素影响是随时变化的，混凝土随时都有裂缝的可能。因此，加强施工期混凝土的养护，尤其是早期养护，是防止混凝土开裂的重要措施之一。

8.13.4　提高碾压混凝土抗裂能力的措施

提高碾压混凝土抗裂能力的措施主要从施工和材料两方面考虑，这里主要从原材料的选用及配合比设计进行分析。

1. 改善界面过渡区

混凝土作为一种不均质或不连续的多相复合材料，在其内部必然存在结构薄弱环节，其主要薄弱环节则为相对均质的骨料与水泥浆体之间的界面过渡区。尽管由于水泥水化可与骨料黏结在一起，但其黏结强度仍相对很低，混凝土的破坏主要沿其界面发生。

作为混凝土的内部结构，界面过渡区主要具有以下特征：水泥水化产生的 $Ca(OH)_2$ 和钙矾石在界面处生长有取向性，且晶体比水泥浆体中其他水化产物粗大；具有更大、更多的孔隙，且结构疏松；水泥浆体泌水明显，浆体中的水分向上部迁移，通过骨料后受阻，其下部形成水膜削弱了界面的黏结，形成过渡区的微裂缝。

在混凝土中掺入颗粒极细和活性极高的掺合料后可显著改善界面过渡区的微结构。高活性掺合料与富集在界面的 $Ca(OH)_2$ 反应生成 C－S－H 凝胶，使 $Ca(OH)_2$ 晶体、钙矾石和孔隙大量减少，C－S－H 凝胶相应增多。同时颗粒极细的掺合料的掺入可减少内部泌水，削除骨料下部的水膜，使界面过渡区的原生微裂缝大大减少、界面过渡区的厚度相应减小，其结构的密实度与水泥浆体的相同或接近，骨料与浆体的黏结力得到增强。因此，高活性掺合料的掺入不仅起到了增强的效果，而且由于改善了界面过渡区结构，消除或减少了界面处的原生微裂隙，使混凝土的抗裂能力得到提高。

2. 提高水泥石韧性

水泥石的韧性主要取决于水泥品种、龄期及水灰比等。常用脆性系数来表示水泥的韧性。脆性系数是指水泥胶砂抗压强度与抗折强度的比值。脆性系数随水泥水化龄期的增长而增大，并逐渐趋于稳定。水泥品种的不同主要是与水泥的矿物组成有关。水泥中主要矿物成分是 C_3S、C_2S、C_3A 和 C_4AF。C_2S 使水泥发热量低、干燥收缩小、后期强度高，C_4AF 发热量低、干燥收缩量小。目前的倾向性认识是四种矿物与水发生如下反应：

$$2C_3S + 6H_2O \Longrightarrow C_3S_2H_3 + 3Ca(OH)_2$$

$$2C_2S + 4H_2O \Longrightarrow C_3S_2H_3 + Ca(OH)_2$$

$$C_3A + 6H_2O \Longrightarrow C_3AH_6$$

$$C_4AF + 2Ca(OH)_2 + 10H_2O \Longrightarrow C_3AH_6 + C_3FH_6$$

水化物中的 C_3AH_6 与掺入水泥中的石膏起二次水化反应生成高硫型水化硫铝酸钙 $C_3A\overline{S}_3H_{31}$，当石膏完全耗尽后，$C_3A\overline{S}_3H_{31}$ 与 C_3A 反应转变为低硫型水化硫铝酸钙 $C_3A\overline{S}H_{12}$。

上述水化产物中 $C_3S_2H_3$、C_3FH_6 是凝胶（或者说是微晶结构），其余为结晶体，凝胶比晶体更具有韧性。C_3S 比 C_2S 产生的 CH 多，因此水泥中 C_3S 含量越多，水泥的脆性系数越大。C_4AF 的水化消耗了一定量的 CH，同时生成 C_3FH_6 凝胶，减少 C_3A 增加 C_4AF 对降低水泥的脆性系数有利。也就是说，为了提高水泥的韧性，降低其脆性，应尽量提高水泥中的 C_2S 和 C_4AF 含量而降低 C_3S 和 C_3A 含量。

3. 合理选用骨料

骨料在混凝土中占的比例最大，约为总体积的 $75\% \sim 80\%$，因此骨料自身的许多性能（如弹性模量、表面形态、颗粒大小、级配、线膨胀系数等）对混凝土的抗裂性能都有显著影响。

（1）骨料弹性模量的影响。从前面的试验结果可看到，混凝土的极限拉伸值大，抗拉弹性模量低，混凝土的抗裂能力就强。混凝土的弹性模量大小与混凝土的配合比、强度、龄期及骨料的弹性模量有关。可以把混凝土视为两相复合材料，是由均质的各向同性的基体相和分散在其中的骨料颗粒的分散相所构成。若混凝土（或砂浆）的弹性模量为 E_c，骨料的弹性模量为 E_G，基体相的弹性模量为 E_m，颗粒相的体积率为 V_G，基体相的体积率为 V_{Gm}，则 $V_G + V_m = 1$。对于普通混凝土，$E_m < E_G$ 称为软基复合材料，此时假定基体相和颗粒相在混凝土中承受相同的应力是合理的。Counto 把混凝土设想为颗粒相周围由基体相所包围的复合体，并取边长为单位长度的基体相立方体的中心埋放一边长为 d 的颗粒作为研究单元。经研究推导出混凝土的弹性模量 E_c、基体相的弹性模量 E_m、颗粒相的弹性模量 E_G 及颗粒相体积率 V_G 之间的关系：

$$E_c = E_m \times \frac{E_m + (E_c - E_m)V_G^{2/3}}{E_m + (E_G - E_m)V_G^{2/3}(1 - V_G^{1/3})} \tag{8.13.8}$$

上式可变换为

$$E_c = \frac{E_m}{1 - \dfrac{(E_G - E_m)V_G}{E_m + (E_G - E_m)V_G^{2/3}}}$$
(8.13.9)

而

$$\frac{E_m + (E_c - E_m)V_G^{2/3}}{(E_G - E_m)V_G} = V_G^{-1/3} + \frac{E_m}{(E_G - E_m)V_G}$$
(8.13.10)

由式（8.13.10）可见，当 E_G 或 V_G 增大时，式（8.13.10）两边的值变小，而其倒数增大。因此，式（8.13.9）右边的值增大，即 E_c 增大。相反，当降低 E_G 或 V_G 时，E_c 值也减小。也就是说，为了降低混凝土的弹性模量，可以选用弹性模量低的骨料，并适当降低混凝土中的骨料（特别是粗骨料）体积率，增大混凝土中胶凝材料浆体的体积率。

（2）骨料的外形及收缩的影响。混凝土的收缩主要由水泥浆体失水收缩引起。骨料起骨架及抑制作用。骨料的种类不同，其作用也有很大差异，表面粗糙的碎石比表面光滑的卵石，不仅可以提高混凝土的强度，同时有利于抗渗、抗冻及抗裂性能的提高，石灰岩和石英岩骨料配制的混凝土收缩小。因此，为防止或减小混凝土的收缩，避免裂缝的出现，应选择坚固性好、收缩小的骨料。

（3）骨料级配及有害杂质的影响。良好的骨料级配、粒径相对较大，且空隙率及表面积都较小，在其他条件相同的情况下能减小混凝土中水泥用量，降低发热量，减缓温度收缩，防止混凝土开裂，同时提高混凝土密实度，也相应有利于提高强度。

对骨料中的有害杂质（如骨料中的轻颗粒及粗细骨料中含有的一些黏土杂物等）都能增加混凝土的收缩，降低强度。尤其是骨料中的活性氧化物（如流纹岩、安山岩、凝灰岩、蛋白石、玉髓和鳞石英等）能与水泥中的碱发生碱-骨料反应，导致混凝土膨胀开裂。为了保证混凝土不开裂，骨料应坚固性好、级配优良、不含过多黏土杂物、软弱夹层颗粒及针片状颗粒，同时受潮或烘干时不会分解，也不含有可能引起碱-骨料反应的活性成分。

（4）合理选用外加剂。混凝土中外加剂的合理选用可调节和改善混凝土的结构性能，有效地减少或避免混凝土裂缝，常用的外加剂有缓凝剂、引气剂、减水剂以及有助于提高混凝土抗裂性能的外加剂——抗裂剂等。

掺入减水剂可减少水泥用量，推迟水化热峰值的出现并降低峰值，对抗裂有利。掺入引气剂能缓解冰冻产生的膨胀压力，也能消除或减少其他因素（膨胀、结晶）引起的应力，显著提高混凝土的抗渗、抗裂性等。复合掺用膨胀剂使混凝土在硬化过程中体积产生微膨胀，补偿体积收缩，减小干缩应力，达到防裂的目的。养护剂的使用，可以预防脱膜后混凝土的干缩裂缝。

参 考 文 献

［1］　杨华全，李文伟. 水工混凝土研究与应用 ［M］. 北京：中国水利水电出版社，2004.
［2］　POWERS T C. The non - evaporable water content of hardened Portland cement paste：its significance for concrete research and its method of determination ［R］. ASTM Bulletin，1949，(158)：68 - 76.
［3］　ROY D M，GOUDA G R. Porosity - strength relation in cementitious materials with very high

strengths [J]. Journal of America Ceramic Society, 1973, 53 (10): 549 – 550.

[4] POWERS T C. Structural and physical properties of hardened Portland cement [J]. Journal of America Ceramic Society, 1958, (41): 1 – 6.

[5] POWER T C, COPELAND L E, MANN H M. Capillary continuity or discontinuity in cement pastes [J]. Journal of Portland Cement Association. Research and Development Laboratories, 1959 (2): 38 – 48.

[6] SINGH B G. Specific surface of aggregates related to compressive and flexural strength of concrete [J]. Journal of America Concrete Institute, 1958 (54): 897 – 907.

[7] KLIEGER P. Early high strength concrete for prestressing [C]. Proceeding of World Conference on Prestressed Concrete, 1957, (A5) 1 – 14.

[8] NEVILLE A M. Properties of Concrete [M]. Pearson Education Limited, 1995, 199 – 204.

[9] KLIEGER P. Effect of mixing and curing temperature on concrete strength [J]. Journal of America Concrete Institute, 1958, (54): 1063 – 1081.

[10] 方坤河. 碾压混凝土材料、结构与性能 [M]. 武汉：武汉大学出版社，2004：45 – 48.

[11] 刘数华，方坤河，刘六宴. 水工碾压混凝土的抗裂性能 [M]. 北京：中国水利水电出版社，2006：98 – 102.

[12] PAGE C L, PAGE M M. Durability of concrete and cement [M]. Cambridge England, 2007：247 – 249.

[13] MEHTA P K, MONTEIRO P J M. Concrete：Microstructure, Properties and Materials [M]. McGraw – Hill Education, 2006：80 – 87.

[14] 曾力，方坤河，吴定燕，等. 碾压混凝土抗裂指标的研究 [J]. 水利水电技术，2000，31 (11)：3 – 5.

第 9 章

变 态 混 凝 土

9.1 概述

在铺筑完毕、未经压实的碾压混凝土中加入适量的浆体材料，使碾压混凝土中的灰浆含量达到低流动性混凝土的水平，然后用插入式振捣器振实，即为碾压混凝土的变态，相应的经加浆振实的碾压混凝土称为变态混凝土。变态混凝土施工技术来源于工程实践，最先应用于岩滩碾压混凝土围堰中，在靠近模板不便碾压处加水泥灰浆，以改善模板拆除后碾压混凝土的表面外观。此后相继经过荣地、普定、石漫滩、江垭、汾河二库和棉花滩等若干个工程的实践，应用范围也逐渐扩大到坝体模板周边、坝体内埋构件周边、岸坡岩坝结合部位、溢流面下卧层、常态混凝土过渡层等处。而龙滩碾压混凝土坝将变态混凝土作为大坝防渗结构的一部分，与二级配碾压混凝土共同构成高碾压混凝土坝的防渗结构。

变态混凝土既能增强层面结合又能改善混凝土的密实性，这一技术从实践摸索到逐步完善，以及应用范围的逐步扩展都是经历了多个工程实际应用效果的检验得来的，已成为当今碾压混凝土工程普遍采用的施工技术。《水工碾压混凝土施工规范》（DL/T 5112）纳入了变态混凝土浇筑的相关内容。《水工碾压混凝土试验规程》（DL/T 5433）也增加了变态混凝土室内拌和与成型方法的内容，便于变态混凝土的性能试验，促进和完善了变态混凝土的应用技术。

9.2 变态混凝土的配合比设计

9.2.1 浆液的性能要求

为使碾压混凝土变态，所加的浆体材料由水泥、掺合料、外加剂和水经机械搅拌而成，拌制好的加浆材料称为浆液。浆液的制备是变态混凝土的应用基础，浆液的质量决定变态混凝土的性能。对于不同工程，浆液的配合比可能相差甚远，浆液性能明显不同，相应的变态混凝土性能差异较大。经过优选的浆液应具有良好的流变性、体积稳定性和抗离析性，加浆后形成的变态混凝土的性能，应与碾压混凝土相当且具有良好的抗裂性和耐久性。

适宜的浆液流变性是保证变态混凝土质量的重要条件。常用的水泥浆液流变性能测试仪器有回转黏度计、漏斗黏度计、水泥净浆标准稠度仪、锥体流动度测定仪等，它们测量的参数和范围不同，使用条件各异。回转黏度计用于浆体黏度测试，测试范围较宽但技术复杂，不适合现场试验室进行浆液配合比研究及现场质量控制。水泥净浆标准稠度仪简单，由国家标准控制，但一般工程所用的变态浆液都较稀，超出了标准稠度测试范围。锥体流动度的测试方法很多，国内一般采用《混凝土外加剂匀质性试验方法》（GB/T 8077）中水泥净浆流动度测试方法，该方法可以较好地反映普通浆体水胶比与流动度的关系，既可用于配合比优化研究，也可用于工程质量控制。但对于掺高效减水剂时，当掺量达到和超过其饱和掺量，流动度与水胶比的关系在低水胶比时存在相关性。当水胶比大于 0.3 时，流动度趋于稳定，对用水量和材料品质的变化不敏感，不能真实反映变态浆液组分变化对流变性能的影响，而国内已建工程变态浆液的水胶比都大于 0.3，因此这一方法也不能用于现场质量控制。漏斗黏度计种类较多，如涂 4 杯、泥浆漏斗、Marsh 漏斗等，测试的范围较宽，其中 Marsh 漏斗较常见。

图 9.2.1 是 4 种浆液的流动度与用水量的关系。No.0 没有掺外加剂，No.1～No.3 掺不同外加剂。从试验结果可以看出，无论有没有掺加外加剂，浆液流动度（Marsh 流动度以流动时间按秒计）与用水量都存在一段较窄的相关性敏感区（440～500kg/m³），在该区域随着用水量的增加，流动度急剧降低。此后随着用水量的增加，浆液流动度降低很小。工程外部碾压混凝土的水胶比多为 0.40～0.50，按相关规程规定，变态浆液应采用与基准

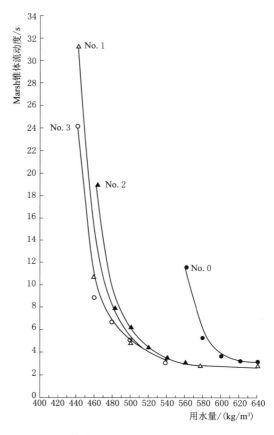

图 9.2.1　浆液的 Marsh 流动度与用水量的关系

碾压混凝土相同或略低的水胶比，此时浆液用水量为 500～600kg/m³，浆液流动度较低且变化较小。

9.2.2　变态混凝土的配合比计算

大量试验研究和工程实践表明，为使变态混凝土达到设计要求，在所用材料与碾压混凝土相同的条件下，变态浆液所使用的掺合料掺量不宜大于拟变态的碾压混凝土，可适当减小；变态浆液所使用的减水剂掺量应与拟变态的碾压混凝土相同，不掺引气剂；变态浆液所使用的水胶比不宜大于拟变态的碾压混凝土，可适当减小。一般来说，水胶比可比碾压混凝土母体小 0.05 左右，粉煤灰掺量降低 5％左右。

初步确定变态浆液的水胶比及掺合料掺量，在此基础上用绝对体积法计算用水量，以及胶凝材料用量、水泥用量和掺合料用量。

变态浆液的用水量按式（9.2.1）计算：

$$m_w = \frac{R\rho_w\rho_c\rho_p}{R\rho_c\rho_p + \left(1 - \dfrac{C_f}{100}\right)\rho_w\rho_p + \dfrac{C_f}{100}\rho_w\rho_c} \tag{9.2.1}$$

式中：m_w 为每平方米变态浆液用水量，kg；ρ_w 为水的密度，kg/m^3；ρ_c 为水泥的密度，kg/m^3；ρ_p 为掺合料的密度，kg/m^3；R 为水胶比；C_f 为掺合料掺量，%。

变态浆液的胶凝材料用量、水泥用量和掺合料用量分别按式（9.2.2）、式（9.2.3）、式（9.2.4）计算：

$$m_c + m_p = \frac{m_w}{R} \tag{9.2.2}$$

$$m_c = \left(1 - \frac{C_f}{100}\right)(m_c + m_p) \tag{9.2.3}$$

$$m_p = \frac{C_f}{100}(m_c + m_p) \tag{9.2.4}$$

式中：m_c 为每立方米变态浆液水泥用量，kg；m_p 为每立方米变态浆液掺合料用量，kg。

加浆率（即变态浆液加浆体积比率）与变态混凝土性能直接相关。浆液的流变性会影响变态混凝土的加浆率。浆液稀、流变性能好，则加浆率低，但浆液易泌水；浆液稠、流变性能差，则加浆率高，变态混凝土胶凝材料用量高，不利于混凝土的抗裂。可通过调整水胶比和掺合料掺量来调整浆液用水量和流变性。加浆率应根据具体要求经试验确定，与 VC 值有关，一般为变态混凝土体积量的 5%～7%，应该使变态混凝土的坍落度达到 20～30mm；虽然浆液中不掺引气剂，但变态混凝土的含气量会比碾压混凝土母体的含气量高。

进行变态混凝土试验时，可以首先选择 3 个不同体积加浆量进行变态混凝土拌和物的性能试验，根据加浆量与坍落度、加浆量与含气量的关系曲线确定符合要求的加浆量，然后进行变态混凝土的性能试验，这是最经济合理的试验方案。也可以对 3 个不同体积加浆量都进行混凝土性能试验，然后确定优选的加浆量。

以下结合计算实例具体计算变态混凝土的配合比。

某三级配碾压混凝土，水胶比为 0.50、粉煤灰掺量为 60%、减水剂掺量为 0.6%、引气剂掺量为 8/万，新拌碾压混凝土表观密度为 2500kg/m^3，水泥密度为 3.1g/cm^3，粉煤灰密度为 2.4g/cm^3。

计算分析：根据浆液的水胶比比母体小 0.05，粉煤灰掺量降低 5%，减水剂掺量与母体相同、浆液中不掺引气剂的一般原则，浆液水胶比为 0.45，水泥与粉煤灰的质量比为 55%，减水剂掺量为 0.6%。

在 1kg 浆液胶凝材料中，水泥用量为 0.45kg，粉煤灰用量为 0.55kg。

那么，1kg 胶凝材料配制的浆液体积为：

$$V_j = W/\rho_w + C/\rho_c + F/\rho_f = 0.45/1 + 0.45/3.1 + 0.55/2.4 = 0.824(L)$$

每 1m^3（1000L）浆液中各原材料用量为：

水：$1000/V_j \times 0.45 = 546$(kg)。

水泥：$1000/V_j \times 0.45 = 546$（kg）。

粉煤灰：$1000/V_j \times 0.55 = 667.5$（kg）。

减水剂：$(546+667.5) \times 0.6\% = 7.28$（kg）。

那么，生产1m³变态混凝土，按照体积加浆量4％、6％和8％计算，所需的碾压混凝土及浆液量见表9.2.1。

表 9.2.1　　每立方米变态混凝土所需的碾压混凝土及浆液量

体 积 比		原材料用量/（kg/m³）				
		浆 液				碾压混凝土
加浆量	碾压混凝土	水	水泥	粉煤灰	减水剂	
4％	96％	21.84	21.84	26.70	0.0291	2400
6％	94％	32.76	32.76	40.05	0.0437	2350
8％	92％	43.68	43.68	53.40	0.0582	2300

9.3　变态混凝土的试验方法

《水工碾压混凝土试验规程》（DL/T 5433）规定了变态混凝土的室内拌和与成型方法。

首先，进行变态浆液配制的准备工作。变态浆液所使用的原材料应与拟变态的碾压混凝土所使用的原材料相同。拌和间温度保持在20℃±5℃。用以拌制变态浆液的各种材料，其温度应与拌和间温度相同。

然后，按照本书9.2.2节变态混凝土的配合比设计与计算方法，计算变态浆液及拟变态的混凝土各材料用量。称取配制变态浆液所需各种材料，将水泥、掺合料、水和减水剂依次加入洗净的搅拌机内，搅拌2～3min。也可采用适当大小的容器人工拌制变态浆液至浆液充分混合均匀。同时，拌和拟变态的碾压混凝土拌和物，出机后，测量并记录碾压混凝土的VC值和含气量。

关于变态混凝土的室内成型方法，《水工碾压混凝土试验规程》（DL/T 5433）规定了两种。

第一种是振动台振动成型，将碾压混凝土拌和物在拌和钢板上摊铺成一定的厚度（100～150mm），根据变态混凝土加浆体积比率，计算并量取变态浆液，在碾压混凝土上均匀铺洒变态浆液，人工翻拌两次，装入试模，在振动台上成型试件，成型振动时间宜控制在2倍VC值左右。然后平模并编号。

第二种是插入式振捣器振实成型，先称取质量为m_b的碾压混凝土拌和物。m_b按公式（9.3.1）计算：

$$m_b = \frac{\rho_b V_0 \left(1 - \dfrac{P_v}{100}\right)}{1000} \tag{9.3.1}$$

式中：m_b为碾压混凝土拌和物试样质量，kg；ρ_b为拌和物的表观密度，kg/m³；V_0为试模容积，L；P_v 为变态混凝土加浆体积率，％。

将根据体积加浆率量取的变态浆液一次性铺筑于试模底部，一次性将称取的碾压混凝土拌和物装入试模和套模内，开动插入式振捣器，直至拌和物表面均匀泛浆，轻轻抽出振捣器。最后平模并编号。

在工程实际施工中，浆液的加入有多种方法，有的将浆液铺在底部，有的将浆液铺在碾压混凝土层的中间，有的在碾压混凝土中开沟加浆，然后用振动器振捣，使浆液渗入碾压混凝土中，使之成为变态混凝土。《水工碾压混凝土试验规程》（DL/T 5433）规定的两种变态混凝土室内成型方法：第一种方法简便易行、重复性好；第二种方法适用于大试件变态混凝土的成型。试验表明，与中间层加浆和造孔加浆相比，底层加浆方式更符合变态混凝土的振动扩散、液化密实过程，泛浆时间最短，浆液分布均匀。用这两种方法成型的变态混凝土试件的抗压强度见表 9.3.1。试验结果表明，第一种方法成型的变态混凝土试件的抗压强度比第二种方法成型的试件强度高 6％，考虑试件尺寸效应，高出不超过 10％是合理的。

表 9.3.1　　　振捣器成型大试件（300mm×300mm）和振动台成型小试件
（150mm×150mm）抗压强度对比

试验编号	加浆率/％	$R_{大试件}$ /MPa	$R_{小试件}$ /MPa	$\dfrac{R_{大试件}-R_{小试件}}{R_{大试件}}\times 100$
1	4	15.9	15.9	0
2	6	13.2	13.9	−5.3
3	8	13.8	14.3	−3.6
4	4	14.9	15.7	−5.4
5	5	14.8	15.6	−5.4
6	5	14.7	15.9	−8.1
7	5	13.3	13.4	0.8
8	5	12.3	14.7	−19.5

9.4　变态混凝土性能

变态混凝土的应用不但可以改进施工工艺，使碾压混凝土施工更简单，而且碾压混凝土的性能也得到较大的改善。某工程变态混凝土加浆量与拌和物性能的关系见图 9.4.1。可见，当加浆量为 6％时，变态混凝土的坍落度在 20～30mm，较适宜；含气量随加浆量的增加稍有提高。

几个工程的变态混凝土与母体碾压混凝土的性能对比见表 9.4.1。表 9.4.1 表明，变态混凝土可以明显提高碾压混凝土的力学和变形性能，且改善了混凝土的耐久性。实践表明，变态混凝土可接近或达到同水灰比常态混凝土的强度，抗渗性较高，能使两种混凝土界面及层间缝面的结合良好。变态混凝土的胶凝材料总量比碾压混凝土母体高，但低于相应级配的常态混凝土，因此其干缩及绝热温升介于二者之间。

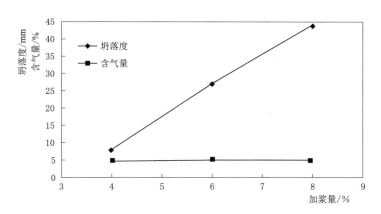

图 9.4.1 变态混凝土加浆量与拌和物性能的关系

表 9.4.1   **变态混凝土与母体碾压混凝土性能对比**

工程	类型	水灰比	抗压强度 /MPa	劈拉强度 /MPa	轴拉强度 /MPa	极限拉伸值 (×10⁻⁶)	抗压弹模 /GPa	抗渗等级	抗冻等级
观音岩	碾压	0.50	26.9	2.42	2.76	83	34.1	≥W8	F100
	变态	—	29.2	2.73	2.85	90	33.6	≥W8	>F100
阿海	碾压	0.46	25.0	1.98	2.02	86	35.3	>W8	>F100
	变态	—	25.5	2.26	2.25	90	28.8	≥W8	>F100
彭水	碾压	0.50	28.8	2.56	3.05	82	42.8	W10	F150
	变态	—	35.0	3.20	3.45	98	39.9	>W10	>F150
喀腊塑克	碾压	0.50	31.0	2.89	3.09	90	34.6	>W10	>300
	变态	—	33.7	3.22	3.60	94	34.6	>W10	—
官地	碾压	0.45	31.5	2.74	2.34	85	32.4	>W10	>F150
	变态	—	35.6	2.89	2.48	87	32.0	>W10	>F150

注 二级配混凝土，90d 龄期测试结果。

参 考 文 献

[1] 沈崇刚．碾压混凝土坝变态混凝土的应用与发展 [J]．水利水电快报，2001，22（20）：9－11.

[2] 黎思辛，魏志远．关于变态混凝土技术及其研究方向的讨论 [J]．水力发电，2002（1）：27－29.

[3] 董安建，刘六宴．变态混凝土在碾压混凝土坝中的应用 [J]．水力发电，2000（3）：40－42.

[4] 纪国晋，陈改新，姜福田．变态混凝土浆液的试验研究 [J]．水利水电科技进展，2005，25（6）：31－33.

[5] 水工碾压混凝土试验规程：DL/T 5433—2009 [S]．北京：中国电力出版社，2009.

第 10 章

碾 压 混 凝 土 施 工

10.1 骨料预处理

10.1.1 混凝土预冷措施

当混凝土自然拌和出机口温度高于混凝土温度控制要求的出机口温度时，应建立混凝土预冷系统，对混凝土原材料进行预冷。

混凝土预冷措施应根据混凝土的品种、温度控制要求、混凝土降温幅度，以及工程所在地的水文和气象条件、场区地形条件，经技术经济比较后确定。常用的混凝土预冷措施包括预冷骨料、加冷水拌和及加冰拌和混凝土。预冷骨料可采用骨料堆场降温、风冷骨料、水冷骨料的方式。预冷系统的预冷措施可采用上述一项或几项措施组合使用。夏季几种混凝土出机口温度下常采取的预冷措施见表 10.1.1。

表 10.1.1　　　　夏季几种混凝土出机口温度下常采取的预冷措施组合

混凝土出机口温度/℃	常用预冷措施组合
14	1. 骨料堆场降温，拌和楼料仓风冷粗骨料，加冰拌和混凝土，加冷水拌和混凝土。 2. 骨料堆场降温，地面骨料仓一次风冷粗骨料，拌和楼料仓二次风冷粗骨料，加冷水拌和混凝土
7、10、12	骨料堆场降温，地面骨料仓一次风冷粗骨料，拌和楼料仓二次风冷粗骨料，加冰拌和混凝土，加冷水拌和混凝土

在选用预冷措施时，应正确选择被冷却对象，合理分配预冷负荷。

10.1.2 预冷工艺及措施

在进行骨料预冷系统设计时应收集工程所在地区的多年逐月平均气温、水温，逐月最高和最低气温、水温，夏季室外计算干湿球温度、地温、空气平均相对湿度、大气压力、平均风速及最多风向、频率、太阳辐射照度等资料，必要时应有旬、日平均气温，最高气温发生时段及昼夜温差等资料。此外，还应收集典型参考混凝土级配、混凝土原材料物理热学性质、混凝土原材料常见温度范围等基础资料。

混凝土预冷系统应由预冷装置设施、制冷系统、供配电及控制系统、给水排水系统、系统隔热工程、消防、环保、其他辅助设施等组成。混凝土预冷系统的设计规模应以低温混凝土生产强度及混凝土出机口温度要求为依据，制冷容量应根据混凝土浇筑高峰年的最大热负荷确定。预冷系统主要技术指标一般应包括：低温混凝土出机口温度、低温混凝土生产强度、制冷系统折合为标准工况的制冷装机总容量，以及预冷系统用电总负荷、用水总量、占地面积、建筑面积等。

1. 骨料堆场自然降温

（1）骨料堆场应充分利用自然条件并采取延长集料存贮时间，适当增加砂、石堆场堆料高度，堆场上部搭盖遮阳棚、半地下式料场及地弄出料等简易措施，使出料温度稳定等于或略低于当地月平均气温。

（2）骨料堆场表面可喷水或喷雾覆盖骨料堆场表面，保持骨料湿润，减弱日照辐射和高气温影响，堆场喷雾宜配置部分移动或固定喷雾设备。骨料堆场采用喷水喷雾措施时需控制喷水量，保证骨料具有稳定的含水率。

2. 加冷水及片冰拌和

（1）混凝土拌和用冷水量应根据混凝土典型配合比用水量和骨料（砂）含水量确定。

（2）拌和冷水供水温度宜小于等于 7℃，一般需有专用贮水箱确保水温稳定。当采用片冰拌和时，拌和冷水系统应同时满足制冰用冷水需要。

（3）混凝土拌和加冰量应根据温控混凝土出机口温度、混凝土典型配合比用水量确定。

（4）混凝土拌和加冰系统配置应有以下组成部分：

1）片冰机制冰系统。

2）储冰库。

3）片冰输送。

4）小冰仓与称量组合。

5）给水排水。

6）供配电及控制。

7）保温隔热。

（5）制冰及配套系统均按 24h/d 连续生产运行条件设计。片冰质量要求冰面干燥，冰温宜低于−8℃，厚度为 1～3mm，粉状冰含量小于 1%。

（6）储冰库应能调节混凝土生产不均匀时的用冰量，调节连续制冰生产与间断输送片冰运行，确保进、出库片冰质量。储冰库内冰仓各点温度低于−10℃。

（7）片冰输送方案应设法从布置上缩小运距和高差，避免中途转料。片冰运输设备可用带式输送机、螺旋输送机、气力管道输送及其他运输设备。设计采用任何运输方式都应保障对小冰仓供给，应保持片冰松散且不得含粒径 30mm 以上结块冰，粉状冰小于 1%，小冰仓冰温应低于−5℃。片冰运输沿途应采用封闭式保温隔热，有效隔离周围高热气温与片冰接触，减少片冰冷量损失。

3. 水冷骨料

（1）当满足有较长输送骨料洞、当地地下水温低、出机口温度大于等于 10℃ 等条件时，可以适用水冷骨料。

（2）冷水预冷粗骨料有：骨料预冷罐内通循环冷却水预冷、骨料预冷罐内用冷水浸泡、骨料在通过冷却廊道的运输胶带上喷淋冷却水等三种方法。

（3）循环水预冷骨料在骨料预冷罐内，自下而上通等流量或变换流量的冷却水，把罐内骨料冷却到设计温度。

（4）冷水喷淋预冷骨料在冷却廊道运输骨料的胶带面上喷淋冷却水，骨料在运输过程中得到冷却。

（5）预冷骨料的冷却水均可回收，经过沉淀、净化处理，除去石屑、泥浆，净化成清水后再进制冷水池冷却成冷水，供重复使用，以节省冷量，提高制冷设备生产能力。

4. 风冷骨料

风冷骨料是以空气为冷媒的直接冷却方法。目前仓储式连续冷却分级粗骨料是水利水电工程预冷混凝土生产系统中最广泛采用的冷却方式。在高山峡谷地区施工场地狭窄的工程，占地面积小，出机口温度小于等于 7℃ 时适用风冷骨料。

（1）风冷骨料设计原则：

1）当设计要求骨料降温幅度较大时，为了合理控制冷风循环系统、空气冷却器的传热温差和制冷系统运行的稳定性，节约运行费用，应采用二次冷却设计方案。即骨料地面二次筛分调节料仓一次风冷，拌和楼料仓二次风冷。

2）应根据低温混凝土施工方案浇筑进度和混凝土预冷综合措施，合理确定设计参数、工艺流程、优化装备配置，并与混凝土生产系统，混凝土预热系统相协调。

3）利用拌和楼料仓兼作骨料冷却仓，是确定风冷骨料设计方案的关键环节，对选定拌和楼低温混凝土设计生产能力和系统运行的稳定性是至关重要的。应与拌和楼制造厂商协调，提出技术要求，合理配置料仓。

4）影响骨料降温速率和冷却效果的主要因素是传热温差、料层孔隙风速、骨料表面含水量和骨料粒度，要综合分析、合理选定。

（2）风冷骨料设计参数。

1）骨料初始温度的确定：成品堆场表面湿润、堆高保持在 6m 以上、地弄取料时，按当地月平均气温取值；在堆场顶加盖遮阳棚或喷水、相对温度较低时，可较当地月平均气温低 1～2℃；骨料经过一次风冷或水冷后，保温廊道胶带机上料入仓，二次风冷骨料计算初始温度应按上述冷却终温加 1～2℃ 取值。

2）应按所需低温混凝土出机口温度计算骨料冷却终温。

3）冷却仓进风温度取决于骨料初温、终温和冷却效率。

4）冷却仓出风温度，按连续冷却等温差确定。

5）空气冷却器进、出风温度和相对湿度的确定：在风机下置、没有新风补入和风管较短、保温效果好的情况下，冷却仓出风温度可视为空气冷却器进风计算温度，相对湿度 100%；当风机布置在空气冷却器出风管段上时，空气冷却器出风温度应按低于冷却仓进风温度取值，相对湿度 100%。

6）风冷骨料仓和空气冷却器冷风均是传热传质过程，在骨料表面含水量充分的条件下，料仓出风、空气冷却器进、出风含湿量均为饱和状态，相对湿度 100%。料仓进风相对湿度应按冷风通过风机升温后冷风状态参数确定。

7）混凝土预冷系统生产能力，应满足夏季高峰时段的混凝土浇筑强度，宜按气温最高月份低温混凝土浇筑强度计算。

8）应合理选配拌和楼，一般拌和楼低温混凝土最大小时产量可按常态混凝土小时生产能力的 70%～80%配置。

9）冷却区料层过流面积应按集态骨料孔隙率 40%～45%计算。其孔隙风速不宜大于 3m/s。

（3）风冷骨料设备选择。

1）空气冷却器型式，应为氨直接蒸发肋片管表面式冷却器，能适应传热传质、高湿、结霜工况运行和水冲霜条件；肋片管片距一般不宜小于 10mm，根据结霜状态分析，可以采用变片距组合方式。一般应采用"上进下出"供液方式。

2）鼓风机应根据实际安装条件，选用离心式、轴流式风机均可，一般不宜采用串联或并联的运行方式。鼓风机应能适应输送高湿度、高粉尘浓度、低温冷风的运行条件。拌和楼上用离心风机应有减震机座并装配减震器，机壳有排水孔；应按冷风循环系统最大计算阻力、风量选择风机型号和电动机功率，一般不设启动风门。

3）骨料冷却仓有效容积应为一次风冷料仓不小于 3h、拌和楼料仓不小于 2h 典型级配的低温混凝土设计小时产量的各级骨料用量。冷却仓应设内嵌格栅式进风道，格栅式出风口，进风口下置，接鼓风机，使仓内冷风循环处于正压状态。冷却仓应以进、出风格栅水平中心线为界自上而下合理分配进料区、冷却区和出料区的高度。

4）冷风循环系统的风管，宜采用厚度不小于 2.5mm 的钢板加肋板焊制，法兰连接。管内风速不宜大于 20m/s。与风机连接风管应采用软连接。

5）空气冷却器可兼制冷水供大坝冷却水，达到"一机多用"，节省设备投资。

10.1.3 制冷工艺设计

1. 制冷主机及辅助设备选择

水利水电工程施工制冷系统一般规模较大，综合性较强。以生产冷水、片冰、冷风为主，服务于预冷混凝土生产和坝体混凝土道通水冷却需要。普遍采用氨制冷系统。制冷系统设计应符合现行《采暖通风与空气调节设计规范》（GB 50019）和《冷库设计规范》（GB 50027）的有关规定。制冷厂设备装机总容量应根据各项生产环节冷却设备运行工况计算冷负荷，换算成标准工况冷负荷确定。水利水电工程混凝土预冷系统的设计应符合《水利水电工程混凝土预冷系统设计规范》（SL 512—2011）。

（1）制冷系统应按标准工况规模选择同系列、同型号制冷机（组）为宜，一般不小于两台，应满足各种不同蒸发温度设备冷负荷要求。制冷机应选择能进行能量调节的设备，制冷主机的运行参数不得超出制造厂规定的允许条件。一般不设备用机。

（2）制冷系统辅助设备（含水泵、冷却塔等）的选择，应与设备的制冷机设计运行工况总产冷量相适应。

（3）制冷系统设计参数应符合下列要求：

1）冷凝器。

a. 采用氨工质水冷式冷凝器，冷凝温度应高于冷却水进出口平均温度 4～6℃。冷却水进出口温差较大时取上限。

b. 冷凝器冷却水进出口温差宜按下列取值：立式冷凝器为 2～4℃；卧式和组合式冷

凝器为 4～8℃。

2）蒸发温度。

a. 采用卧式蒸发器制冷水，蒸发温度应按对数平均温差 5～6℃计算取值。

b. 采用螺旋管式和立管式蒸发器制冷水，蒸发温度一般应低于冷水出口温度4～6℃。

c. 采用氨直接蒸发表面式空气冷却器制冷风蒸发温度，应低于出口风温 6～8℃。

d. 片冰机制冰蒸发温度应按厂家技术文件取值，一般为 -18～-25℃。

（4）冷凝器型式的选择，应根据水量的充裕与缺乏、水质、水温、空气含湿量、设备布置和操作管理情况，综合分析，合理选择。

（5）蒸发器型式选择：供混凝土拌和冷水、制片冰冷水，因水温较低应采用螺旋管式或立管式蒸发器，也可采用冷水机组配合容量调节水箱使用。

（6）对于蒸发器下进上出供液系统，氨泵流量应满足蒸发量的 5～6 倍；对于蒸发器上进下出供液系统，氨泵流量应满足蒸发量的 7～8 倍。

（7）制冷系统辅助设备的选型计算，可按《冷库设计手册》《制冷工程设计手册》《冷藏库设计手册》和相关制冷技术书籍等计算选择。

2. 制冷设备布置

（1）设备间内的主要通道的宽度不应小于 1.5m，大型机组在 2.8m 以上；非主要通道的宽度不应小于 0.8m，大型机组在 1.5m 以上。机器间内主要操作通道的宽度应为 1.5～2.5m，压缩机突出部分到其他设备或分配站之间的距离不应小于 1.5m。两台压缩机突出部位之间的距离不应小于 1m，对活塞压缩机能有抽出曲轴的可能。非主要通道的宽度不小于 0.8m，压缩机基础应按设备技术文件要求设计，并符合《压缩机、风机、泵安装工程施工及验收规范》（GB 50275）等的相关规定。

（2）冷凝器的布置。壳管立式冷凝器应设置在室外，离机房出入口较近的地方。壳管卧式冷凝器应设置在机房内，外壳距墙不宜小于 0.5m，冷却水进出端距墙面不宜小于 1.2m，另一端应留有不小于管束长度的空间，以便于机械清洗和更换管子。蒸发式冷凝器应布置在开阔通风较好的地方，并防止水雾对变配电室和电器设备的危害。

（3）低压循环储液器的设置应靠近氨泵，氨泵泵体轴线的标高应低于低压循环储液器最低液面的标高，其高差 ΔH 应满足进液处压力有不小于 0.5m 液柱的裕度。

（4）制冷系统其他辅助设备布置，可参阅《制冷工程设计手册》和《冷藏库制冷设计手册》，并符合《冷库设计规范》（GB 50072）等相关规程规范要求。

3. 制冷系统管道设计

（1）管道选择要点。

1）制冷系统管道均应采用无缝钢管并符合《输送流体用无缝钢管》（GB/T 8163）的规定。

2）系统各主要部分管道内径，应根据液态或气态制冷剂的允许流速计算选定。

3）一般情况下，可依据各种辅助设备给定的各项管口和系统管道串联或并联的方式，按等截面积原则计算确定配管公称直径。

（2）管道布置要点。

1）管道布置必须满足工艺流程设计要求，以操作检修方便、运行可靠、介质流动阻力小等方面为前提，经济合理适当注意整齐美观。

2）氨压缩机的吸气管、排气管应从上面与总管连接，这样可避免润滑油和氨液积聚在不工作的管道中。

3）供液管应避免气囊，吸气管应避免液囊。

4）低压管道直线段超过 100m、高压管道直线段超过 50m 时，应采用补偿装置，例如伸缩弯等。

5）各种管道的安装坡度、坡向、允许偏差值及支吊点最大间距应符合《氨制冷系统安装工程施工及验收规范》（SBJ 12）等的有关规定。

6）为了合理解决一次风冷空气冷却器冲霜等借助于液位差自流排出氨液的问题，空气冷却器回气总管应有 0.1%～0.2% 坡度，坡向低压循环储液器。

4. 安全保护措施

（1）制冷设备及管道应设置下列安全保护装置：

1）制冷压缩机组应设排气压力过高、吸气压力过低、油压差不足和电动机过负荷等自动停机装置。

2）制冷压缩机组排气管出口处应设止逆阀，螺杆式压缩机吸气管处应增设止逆阀。

3）制冷压缩机组（油冷却器）和冷凝器应设断水报警装置。

4）低压循环贮液器、氨液分离器和中间冷却器应设超高液位报警装置及正常液位自控装置。低压贮液器应设超高液位报警装置。

5）氨泵应设断液自动停泵装置；在排液管上应设止逆阀；在排液总管上应设旁通泄压阀；在排液管应设压力表。

6）所有设备容器、加氨站集管及有管道与冷却设备相连的（液体的、气体的、融霜的）氨分配站集管上和不凝性气体分离器的回气管上，均应设压力表或真空压力表。

7）各种压力容器应设安全泄压装置，安全阀与容器之间应设常开的截止阀，安全管的直径不宜小于安全阀的公称直径，几个安全阀共用一根安全管时，总管的截面积不应小于各安全阀接管总面积的总和。安全管出口应接到室外并设防护罩，出口应高于周围 50m 内最高建筑物的屋脊 5m。

8）贮液器、中间冷却器、氨液分离器、低压循环贮液器、排液桶、集油器等均应设氨用液位指示器或防霜液位计（0℃以下的容器用防霜液位计）。

9）制冷系统宜装设紧急泄氨器，在紧急情况下，可将系统中的氨液溶于水中（每 1kg/min 的氨至少应提供 17L/min 的水），排至经有关部门批准的贮罐、水池。

（2）制冷机车间应设氨气浓度探测超标报警装置。

10.1.4 制冷系统布置

1. 制冷系统总布置

（1）应靠近生产预冷混凝土的拌和楼。

（2）一次风冷或水冷骨料制冷设备，应合理利用地形、骨料地面二次筛分位置、储运条件，分散布置或阶梯布置，并力争紧凑；二次风冷骨料和制片冰制冷设施，宜设制冷楼，采用集中布置方案。

（3）主要生产车间选址应注意风向、防火、防爆、卫生、交通、供配电和给排水等方面的要求。

（4）各种管道在技术允许的条件下，应采用共沟、共架布置，水管可地面敷设或直埋地下，电缆与管道不宜共沟，氨管严禁直埋地下。

2. 制冷车间布置

制冷厂总体布置设计应体现水利水电工程制冷系统规模大、综合性强、使用期限短的特点，在满足工艺流程要求的前提下，应充分利用地形条件，因地制宜，优化设计方案。

（1）制冷车间设计的防火要求，应符合现行规范《建筑设计防火规范》（GB 50016）、《工业企业设计卫生标准》（GBZ1）等的有关规定。

（2）车间的跨度、开间、高层等，应根据设备布置、安装、操作、检修等的要求确定。应设不相邻的出口至少两个，门窗必须向外开，并设固定排风扇。

（3）采用制冷楼多层集中布置时，氨高压系统应尽量布置在一楼，楼梯应设在楼体外上风向侧，宜采用双跑梯形式。

（4）车间的净高（室内地面至屋架下弦）应根据设备、管道、设置条件而定。对于氨压缩式制冷系统，一般不宜低于 4.5m。

（5）车间内地坪应高于室外地面不小于 0.2m，一般宜采用水泥地坪，并有便于排水的坡度和排水明沟。

（6）车间内应充分利用自然采光，窗孔投光面积应适当。人工照明照度应参照相关技术资料确定。

（7）制冷系统的低压配电柜、自动控制柜，一般均应设在操作值班室内，应与机房分开，用轻质材料隔音处理，并设固定玻璃观察窗和值班电话。

10.1.5　龙滩水电站骨料预冷系统

龙滩工程 308.5m、360m 两大混凝土生产系统位于大坝的右岸下游，每个生产系统均有两座拌和楼，龙滩水电站 10 月至次年 4 月混凝土采用自然入仓，5—9 月碾压混凝土出机口温度为 12℃，常态混凝土出机口温度为 10℃。四座拌和楼均采用一、二次风冷骨料、加片冰和冷水拌制新工艺生产 12～14℃ 温控混凝土，主要供应大坝混凝土施工。每年的 5—9 月生产 10～16℃ 温控混凝土，冬季生产常温混凝土。2005 年、2006 年是大坝混凝土施工的高峰期，308.5m、360m 两个混凝土生产系统在 2005 年度累计生产混凝土接近 300 万 m³，其中温控混凝土将近 180 万 m³。大坝浇筑对混凝土的温度要求比较严格，大多要求供应 12℃ 混凝土，以减少混凝土裂缝，提高结构的耐久性。308.5m、360m 两个混凝土生产系统在夏季混凝土生产过程中，围绕混凝土出机口温度要求，对系统制冷设备进行合理调配，以便满足混凝土的温控要求。

10.1.5.1　混凝土温控制冷工艺

1. 制冷设计技术参数

308.5m、360m 两个生产系统混凝土温控制冷工艺，总制冷容量配置为 450 万 kcal/h（标准工况），设计制冷系统按预冷混凝土生产能力：2×6.0m³ 双卧轴强制式搅拌楼预冷碾压混凝土 220m³/h，预冷常态混凝土 180m³/h，4×3.0m³ 的自落式搅拌楼预冷常态混凝土 150m³/h。

实际上，360m、308.5m 混凝土生产系统因影响环节甚多，在环境温度较高的情况下，设计预冷混凝土生产能力是很难达到的。2×6.0m³ 双卧轴强制式搅拌楼预冷碾压混凝土大概在 150～180m³/h；4×3.0m³ 的自落式搅拌楼预冷常态混凝土大概在 130～150m³/h。

2. 制冰设备的配置

(1) 308.5m 混凝土生产系统。两座 2×6.0m³ 强制式搅拌楼生产的常态混凝土加冰量为每立方米混凝土 30kg，对应搅拌楼供料线的片冰生产能力 10t/h。配备片冰机 8 台，单台生产能力为 30t/d。冰库两座，单个贮冰量为 50t。气力输送装置两套，单台输送能力为 10t/h。制冰设备配备总制冷容量为 200 万 kcal/h。

(2) 360m 混凝土生产系统。2×6.0m³ 强制式搅拌楼生产的常态混凝土加冰量为每立方米混凝土 30kg，对应搅拌楼供料线的片冰生产能力 5t/h。配备普陀片冰机 4 台，单台生产能力为 30t/d。冰库一座，贮冰量为 50t。气力输送装置一套，输送能力为 10t/h。

4×3.0m³ 自落式搅拌楼生产的常态混凝土加冰量为每立方米混凝土 50kg，对应搅拌楼供料线的片冰生产能力 6.25t/h。配备普陀片冰机 5 台，单台生产能力为 30t/d。冰库一座，贮冰量为 50t。气力输送装置一套，输送能力为 10t/h。制冰设备配备总制冷容量为 250 万 kcal/h。

加冰混凝土的拌和时间应延长 30s，拌和完毕的混凝土拌和物中不得有冰块或冰屑。

3. 风冷工艺布置

风冷骨料通常是在骨料储仓内进行，其骨料的含水量在冷却过程中会有明显下降，风冷骨料是理想的降温措施，它可以将骨料温度降到 0℃ 以下，与加冰加冷水相组合是最常用的冷却措施。

风冷骨料有连续和倒仓两种方式。连续冷却时冷风自下而上（或水平方向）通过骨料，骨料按用料速度自上而下流动，边进料、边冷却、边出料。连续冷却料仓分为进料区、冷却区和使用区，骨料要保持一定的料层厚度，进风口采用鼠笼式百叶窗式格栅水平方向进风，进风口以下要留有一定的料位以防止冷风下漏，上部配有回风窗。倒仓法是每种骨料占用两个仓，一仓冷却，另一仓供料，交替进行。两种方式工艺基本相同。

风冷骨料一般采用冷风机供冷风，冷风机由鼓风机和空气冷却器组成，冷风通过肋片管束外壁进行热交换。

龙滩工程拌和系统采用的是二次风冷骨料工艺，此工艺在三峡工程使用是成功的，达到了世界先进水平。碾压混凝土和常态混凝土的风冷骨料工艺基本相同，均采用二次风冷工艺，只是二次风冷后的骨料终温有所不同。风冷骨料分别在骨料调节料仓及搅拌楼粗骨料仓内进行。

龙滩水电站风冷工艺骨料预冷的技术要求见表 10.1.2。

表 10.1.2　　　　　　　　　龙滩水电站风冷工艺骨料预冷的技术要求

项　　目		特大石	大石	中石	小石
一次风冷	吸气压力/MPa	≤0.20	≤0.20	≤0.20	≤0.20
	进口风温/℃	≤−4.0	≤−4.0	≤−4.0	≤1.0
	骨料表面温度/℃	≤8.0	≤8.0	≤8.0	≤8.0
二次风冷	吸气压力/MPa	≤0.13	≤0.13	≤0.13	≤0.13
	进口风温/℃	≤−8.0	≤−8.0	≤−8.0	≤−8.0
	骨料表面温度/℃	≤−1.0	≤−1.0	≤0.5	≤1.5

4. 360m 混凝土生产系统的风冷骨料工艺

（1）一次风冷。一次风冷由 2 组骨料调节料仓、空气冷却器、离心风机及制冷车间等组成。$2×6.0m^3$ 强制式搅拌楼预冷仓的单仓容量为 5m×6m×11m（长×宽×高）300m^3；$4×3.0m^3$ 自落式搅拌楼预冷仓的单仓容量为 4m×6m×10m（长×宽×高）240m^3。两条生产线的一次风冷骨料工艺完全相同。成品骨料罐内的粗骨料按混凝土配比混合放料，经带式输送机送至筛洗脱水车间，筛洗脱水、分级后进入骨料调节料仓进行一次风冷。每座搅拌楼供料线配置 1 组骨料调节料仓，每组骨料调节料仓按粗骨料级配分为 4 个分料仓，特大石、大石、中石、小石各用 1 个仓。每个料仓自上而下分为进料区、冷却区、贮料区。在冷却区内设有配风、导料装置，使冷风在冷却区均匀扩散和骨料排放。冷风由冷却区底部送入，进行逆流闭式循环，冷风穿过该区骨料层吸热升温后，由冷却区上部出来进入空气冷却器进行冷却，冷却后的冷风由鼓风机压入冷却仓进行下次冷却循环，骨料在冷风不断循环冷却下降到所需终温进入贮料区。空气冷却器、离心风机与各分料仓一对一配置，组成各自独立的冷风循环系统。骨料在料仓内自上而下流动，冷风在料仓内自下而上流动，与骨料进行逆流式热交换，将骨料由初温冷却至小于等于 8℃。空气冷却器冷源均由一次风冷车间提供。

一次风冷骨料空气冷却器配置：$2×6.0m^3$ 强制式搅拌楼，特大石、大石为 $LF2900m^2$ 冷却器 2 台，中石、小石为 $LF2600m^2$ 冷却器 2 台；$4×3.0m^3$ 自落式搅拌楼，特大石、大石为 $LF2600m^2$ 冷却器 2 台，中石、小石为 $LF1800m^2$ 冷却器 2 台；总冷却面积 $19800m^2$，设计骨料初温为 27℃，冷却时间为 55min，骨料冷却后终温为 8℃，所须冷源均由一次风冷车间提供。配置制冷量为 1164kW（$100×10^4$kcal/h，标准工况）的螺杆式制冷压缩机 3 台、制冷量为 580kW（$50×10^4$kcal/h，标准工况）的螺杆式制冷压缩机 1 台，制冷装机总容量为 4072kW（$450×10^4$kcal/h，标准工况）。

（2）二次风冷。二次风冷由两座搅拌楼的粗骨料仓、空气冷却器（附壁式冷风机）、轴流风机及相应的制冷设施等组成。空气冷却器、轴流风机与搅拌楼粗骨料仓一对一配置，组成各自独立的冷风循环系统。搅拌楼的 4 个骨料仓与调节料仓一一对应，每个仓同样分为 3 个区域，冷风循环回路与一次风冷基本相同。粗骨料在骨料调节料仓中一次风冷后，分别经保温廊道由带式输送机送至搅拌楼料仓，进行二次风冷，将粗骨料冷却至所需的温度，排入称量器后再卸入搅拌楼集中料斗中。空气冷却器冷源均由制冷楼提供。$2×6.0m^3$ 强制式搅拌楼和 $4×3.0m^3$ 自落式搅拌楼两条生产线的二次风冷骨料工艺完全相同。

二次风冷所需的空气冷却器、轴流风机由搅拌楼随楼配置，配置制冷量为 1164kW（100×10⁴kcal/h，标准工况）的螺杆式制冷压缩机 3 台、制冷量为 580kW（50× 10⁴kcal/h，标准工况）的螺杆式制冷压缩机 2 台，制冷装机总容量为 4652kW（400× 10⁴kcal/h，标准工况）。

二次风冷工艺配置：4×3.0m³ 自落式搅拌楼将骨料由初温 9℃冷却至小于等于 1～ 5℃，其中特大石、大石 1～5℃，中石、小石 3～5℃；配备 GKL1750 空气冷却器 2 台， GKL1400 空气冷却器 2 台。2×6.0m³ 强制式搅拌楼将骨料由初温 9℃冷却至小于等于 0～2℃，其中特大石、大石 0～1℃，中石、小石 1～2℃；配备 GKL2300 空气冷却器 2 台，GKL1600 空气冷却器 2 台。

5. 308.5m 混凝土生产系统的风冷骨料工艺

一、二次风冷骨料工艺流程与 360m 混凝土生产系统相同。一次风冷的空气冷却器配置与 2×6.0m³ 强制式搅拌楼相同，冷源由一次风冷车间提供，配置制冷量为 1164kW（100×10⁴kcal/h，标准工况）的螺杆式制冷压缩机 4 台、制冷量为 580kW （50×10⁴kcal/h，标准工况）的螺杆式制冷压缩机 3 台，制冷装机总容量为 6396kW （550×10⁴kcal/h，标准工况）。

二次风冷的空气冷却器冷源由制冷楼提供。配置制冷量为 1164kW（100×10⁴kcal/h， 标准工况）的螺杆式制冷压缩机 4 台、制冷量为 580kW（50×10⁴kcal/h，标准工况）的螺杆式制冷压缩机 1 台，制冷装机总容量为 5236kW（450×10⁴kcal/h，标准工况）。2× 6.0m³ 强制式搅拌楼将骨料由初温 9℃冷却至小于等于 0～2℃，其中特大石、大石 0～ 1℃，中石、小石 1～2℃；配备 GKL2300 空气冷却器 2 台，GKL1600 空气冷却器 2 台。

10.1.5.2 混凝土加冷水拌和

混凝土加冷水拌和是控制混凝土温升的措施不可少的重要环节，根据龙滩地区历年 7—9 月平均水温资料，水温为 24～25℃，因此，必须加冷水拌和才能保证出机口温度。

冷水生产的方法有多种：①立管式和螺旋管式蒸发冷水箱制冷水；②套管式蒸发器制冷水；③冷水机组制冷水。蒸发冷水箱制冷水是常规制冷水方法，规模大，热容量大、稳定可靠，可以制温度较低的冷水，适合大规模冷水厂，但占地面积大；冷水机组制冷水比较方便，占地面积小，适用于小型冷水系统。

冷水在水电建设上作用很重要：①混凝土加冷水拌和可控制混凝土温升；②大坝冷却帷幕灌浆；③对骨料冷却等。

龙滩生产系统采用的是约克（无锡）空调制冷设备有限公司生产的冷水机组，功率为 203kW，单机制冷量为 1048kW，单台生产 5℃冷水 35m³/h，主要用于拌和楼用水和片冰生产用水。大坝冷却采用的是移动组合式冷水站。

10.1.5.3 温控措施

1. 出机口混凝土温控措施

(1) 在高温天气浇筑混凝土须采取预冷措施拌制低温混凝土，施工单位应根据设计要求、气温气象及现场温控措施是否到位等实际情况进行分析计算，再提出出机口温度要求。

(2) 大体积脱离约束区部位在 3 月、11 月局部气温较高时段可考虑采用 16℃出机口混凝土。

（3）出机口温度满足要求的频率应不小于 85％，且不超过 2～3℃。

（4）检查方法和数量。混凝土出机口温度测量采用率定合格的温度计，在拌和机机口取样量测混凝土表面下 3～5cm 深处的温度。每 1～3h 测量一次（白天为 1～2h，夜间为 3h）。

（5）出机口温度控制。出机口温度由施工单位、运行单位、实验室、现场监理统一协调，且采取各种有效措施，保证混凝土的出机口温度满足要求。

2. 拌和楼的混凝土温控措施

（1）一次、二次风冷的风温、风量及料层高度基本按每小时一次的频率进行检测，以保证粗骨料材料仓得到充分预冷，要定期检查，防止风口被堵、风量不足、风机开度不够等，使粗骨料冷却不符合要求的现象存在。

（2）根据混凝土级配、强度等级和出机口温度要求（可为 7℃、12℃、14℃），在其合格率达 85％以上的条件下，确定相应的加水量。每种混凝土每小时测定一次温度，并根据机口实测温度及时调整加水量和风冷力度，对出机温度进行动态控制。

龙滩水电工程采用二次风冷骨料预冷的新工艺有以下优点：

1）降温效果好，可以将骨料温度降至设计要求。

2）占地面积少。

3）骨料含水率低，有利于充分加冰、冷水。

4）操作简单。

5）设备台套少，有利于生产管理。

6）运行成本低。

7）骨料干燥，拌和楼灰尘少。

10.1.6　黄登水电站梅冲河混凝土生产系统骨料预冷系统

黄登水电站大坝工程梅冲河混凝土生产系统布置于坝址上游梅冲河出口附近，配置两座 HL320 - 2S4500L 型搅拌楼。单座搅拌楼常态混凝土铭牌生产能力为 320m³/h，预冷混凝土铭牌生产能力为 250m³/h。梅冲河混凝土生产系统主要供应主体混凝土浇筑，以碾压、常态三级配预冷混凝土为主，部分为二级配混凝土。

混凝土生产系统两座 HL320 - 2S4500 强制式搅拌楼配置预冷设施，要求预冷碾压混凝土生产能力为 420m³/h，出机口温度为 12℃；预冷常态混凝土生产能力为 360m³/h，出机口温度为 10℃。每座楼预冷碾压混凝土按 210m³/h 计，每座楼预冷常态混凝土按 180m³/h 计，按级配比例取大值，系统设计制冷量（标准工况）为 7773kW，考虑设备维修及极端气温的出现，备用制冷容量为 1822kW，总计制冷量（标准工况）为 9595kW。

1. 预冷系统设计条件

根据黄登水电站坝址气温、水温资料，参考典型混凝土级配、混凝土原材料物理热学性质、混凝土原材料温度资料，多年月平均气温 7 月最高，为 23.5℃，多年月平均水温 7 月最高，为 19.5℃，以 7 月为设计控制月进行计算。

2. 预冷系统设计要求

梅冲河混凝土生产系统预冷混凝土的生产强度为 420m³/h，生产三级配碾压预冷混凝土的出机口温度为 12℃，常态预冷混凝土的出机口温度为 10℃。由于黄登水电站坝址全年气温较高，经过计算各月自然出机口温控要求值，每年 3—11 月生产有温控的混凝土。

3. 预冷系统设计原则

（1）梅冲河混凝土生产系统是黄登大坝工程最关键附属工厂设施之一，所承担的任务是混凝土浇筑工程量较大，工期紧张，技术难度大，而预冷混凝土是保证质量和工期的关键措施。为确保工程施工进度和工程质量，预冷系统设计方案遵循确保生产工艺技术先进、操作运行可靠、技术经济指标优良、出机口温度满足标书要求、预冷混凝土生产能力满足工程需要的原则。

（2）预冷系统的设置按照工艺布局合理、紧凑、尽量减少占地面积的原则，避免相邻工程施工的干扰。系统设计应便于快速安装与拆除。

（3）为提高混凝土预冷系统长期运行的稳定性和可靠性，选用技术领先、质量可靠的，并通过其他水电工地使用长期运行考验的先进设备。

4. 混凝土温控措施

当日平均气温高于允许浇筑温度时，采取以下有效措施进行混凝土的温度控制。

（1）降低混凝土浇筑温度：①采用加冷水和片冰拌和混凝土；②采用加冷水和片冰拌和混凝土，二次风冷骨料；③采用加冷水和片冰拌和混凝土，一次风冷、二次风冷骨料；④运输混凝土工具采用隔热遮阳措施，缩短混凝土暴晒时间；⑤采用喷水雾等措施降低仓面的气温。

（2）降低混凝土的水化热温升：①选用水化热低的中热水泥；②在满足施工图纸要求的混凝土强度、耐久性和和易性的前提下，改善混凝土骨料级配，加优质的掺合料和外加剂以适当减少单位水泥用量。

5. 预冷方案的确定

梅冲河混凝土生产系统以三级配混凝土为主，部分为二级配，且每年 3—11 月生产有温控的混凝土，兼顾三级配、二级配统筹考虑，依据设计条件及温控计算，最不利月 7 月碾压混凝土自然出机口温度为 26.5℃，要求出机口温度为 12℃，降温幅度为 14.5℃；常态混凝土自然出机口温度为 26.7℃，要求出机口温度为 10℃，降温幅度为 16.7℃。拟定预冷措施：方案一，冷水＋搅拌楼风冷骨料＋一次风冷骨料；方案二，冷水＋片冰＋搅拌楼风冷骨料＋一次风冷骨料。

（1）方案一。通过温控计算，对于三级配碾压预冷混凝土，加冷水拌和混凝土，同时骨料在一次风冷料仓冷却，搅拌楼料仓二次冷却时骨料大石、中石、小石分别需降温到 −2℃、−1℃、1℃。对于三级配常态预冷混凝土，搅拌楼料仓二次冷却时骨料大石、中石、小石分别需降温到 −6℃、−5℃、−3℃。小石含水率按 1%，中石含水率按 0.5%，在一次风冷料仓吹 0℃以下冷风，易产生冻仓现象。

（2）方案二。根据混凝土参考配合比，碾压三级配混凝土每立方米用水量为 75kg，碾压二级配混凝土每立方米用水量为 85kg，小石含水率按 1%、中石含水率按 0.5%、大石含水率按 0.3%计，扣除骨料的含水量（一般为 54～60kg），剩余水量为 21～15kg；常态三级配混凝土每立方米用水量为 95kg，常态二级配混凝土每立方米用水量为 115kg，扣除骨料的含水量（约 48～58kg），剩余水量为 47～57kg。通过温控计算，对于每立方米碾压混凝土加 10kg 片冰，同时骨料在一次风冷料仓冷却，搅拌楼料仓二次冷却时骨料大石、中石、小石分别需降温到 0℃、1℃、4℃。在一次风冷料仓，小石吹 0℃ 的风即可满足一次降温需要。对于常态混凝土加 25kg 片冰，同时骨料在一次风冷料仓冷却，搅拌楼料仓二次冷却时骨料大石、中石、小石分别需降温到 0℃、1℃、3℃。在一次风冷料仓，小石吹 0℃ 的风即可满足一次降温需要。

通过比较，方案一，理论计算预冷碾压混凝土可满足出机口温度要求，若骨料含水率控制好，可以避免冻仓现象发生，但对预冷常态混凝土骨料降温要求难以实现。方案二，对于三级配预冷碾压混凝土、预冷常态混凝土均可满足出机口温度要求，加冰量还可加大 5kg，出机口温度调整比较灵活。因此，本系统选择方案二为预冷方案。

对于骨料预冷持续时间较长，一次风冷骨料仓、上楼大栈桥做好保温，降低一次风冷后骨料温度回升，节约冷量。

6. 预冷系统的规模

按施工进度及混凝土温控要求，梅冲河混凝土生产系统两座搅拌楼均配备相应的预冷设施。

预冷混凝土设计生产能力：预冷碾压混凝土 $2 \times 210 \mathrm{m}^3/\mathrm{h}$，出机口温度 12℃；常态混凝土 $2 \times 180 \mathrm{m}^3/\mathrm{h}$，出机口温度 10℃。

制冷装机容量 9595kW（标准工况），其中，一次风冷 3489kW（标准工况 300 万 kcal/h）；二次风冷 3489kW（标准工况 300 万 kcal/h）；片冰生产 2326kW（标准工况 200 万 kcal/h）；制冷水 290kW（标准工况 25 万 kcal/h，折合名义制冷量 527kW）。

片冰生产能力：210t/d。

冷水生产能力：设计工况蒸发温度 $t_0 = -1℃$，冷凝温度 $t_k = 35℃$，进水温度 19.5℃，出水温度 4℃ 时，产水量 $26\mathrm{m}^3/\mathrm{h}$。

7. 预冷的工艺流程及设备配置

（1）一冷及冰楼、一冷低循间。一冷及冰楼共五层钢结构，总高 25.7m，平面尺寸为 $15\mathrm{m} \times 12\mathrm{m}$，建筑面积 $900\mathrm{m}^2$。紧邻两座搅拌楼布置于系统 1622m 高程平台。一层为 NO.2 搅拌楼行车道及仓储间，二层为片冰气力输送及配电，三层为冰库及冰库冷风系统，四层为片冰机，五层为一冷车间主机及辅机冷凝器、高压贮液器。

一冷低循间结构为单层车间，平面尺寸为 $9\mathrm{m} \times 12\mathrm{m}$，建筑面积 $108\mathrm{m}^2$，布置于系统 1648m 高程平台西侧，内布 3 台 ZDX10W 型低压循环桶、8 台 CNF-40-200 型氨泵、3 台离心水泵，屋顶及边坡布置 2 台 DBNL3-700 型冷却塔。

一次风冷系统由一冷冷源、冷风机、风冷料仓、冷风循环系统组成。经计算，一次风冷需对三种粗骨料进行冷却，一次风冷将在布置于 1648m 高程平台的风冷料仓中进行，冷源配备的（标准工况）制冷量为 3489kW（300 万 kcal/h）。1 台 KA25CBM、2 台 LG25BMZ 螺杆制冷压缩机、3 台 WN420G 冷凝器、3 台 ZA5.0 高压贮液器布置于一冷及冰楼的第五层内。

一次风冷料仓一字排开，每组风冷料仓分设 3 个小仓，分别装 G2、G3、G4 骨料。

冷风机相应地布置在风冷料仓内侧（山体侧），各仓对应配备 GKL（LFL）-2500、GKL（LFL）-2500、GKL（LFL）-1400 型冷风机。冷媒通过氨泵强制式循环向冷风机供液，生产冷风；每个料仓自上而下分为进料区、冷却区、贮料区。在冷却区内设有配风、导料装置，使冷风在冷却区向上均匀扩散，冷透了的骨料在贮料区的下部排放。冷风由冷却区底部送入，逆骨料流向穿过该区骨料层吸热升温后，由冷却区上部出来进入空气冷却器进行冷却，冷却后的冷风由离心鼓风机压入风冷料仓进行下次冷却循环，骨料在冷风不断循环冷却下降到所需终温进入贮料区。空气冷却器、离心鼓风机与各分料仓一对一配置，组成各自独立的冷风循环系统。骨料在料仓内自上而下流动，冷风在料仓内自下而上流动，与骨料进行逆流式热交换，骨料冷却为连续风冷，冷风为闭路循环，设计要求冷却区料位不低于风冷区，以防冷风短路而影响骨料冷却效果。

（2）二冷楼。二冷楼为两层钢结构，总高 10m，一层分主车间及辅车间，主车间在东，辅车间在西。平面尺寸：主车间一层为 28m×9m，辅车间一层为 28m×3m，二层为 28m×9m，建筑面积 588m²。二冷楼布置于搅拌楼的东侧 1622m 高程平台场地的中部，布置紧凑，充分利用了空间。

二冷楼为二次风冷、制冰、冷水冷源，标准工况总制冷容量为 6105kW，其中，二次风冷 3489kW，片冰生产 2326kW，制冷水 290kW。一层布置的主机为 5 台 KZA25CBM 型螺杆制冷压缩机及 1 台 LSLGF580M 型螺杆式冷水机组；辅机为 3 台 ZA8.0 型高压贮氨器、12 台 CNF-40-200 型氨泵及主机和部分辅机控制柜；水系统共有 6 台离心泵及冷冻水箱等。二层布置 5 台 WN420G 型卧式冷凝器及 5 台 ZDX10W 型卧式低压循环贮氨器。屋顶布置 1 组 NGP-600T×4 型组合式冷却塔。

二次风冷由两座搅拌楼的粗骨料仓、空气冷却器、离心鼓风机及相应的制冷设施等组成。二次风冷也需对三种粗骨料进行冷却，在搅拌楼料仓中进行。楼上 G1、G3 仓装 G3 料，G2 仓装 G2 料，G4 仓装 G4 料。每座 HL320-2S4500L 搅拌楼冷风机配置，G2 料为 1 台 GKL（LFL）-1400，G3 料为 2 台 GKL（LFL）-1000，G4 料为 1 台 GKL（LFL）-1000。二次风冷工艺形式与一次风冷相同。

冷冻水系统采用 1 台 LSLGF580 型螺杆式冷水机组生产冷水，最不利工况蒸发温度为 -1℃ 左右时，冷水产量为 25m³/h。该机组与循环水箱、循环水泵形成独立系统运行，保证生产冷水温度稳定。混凝土设计采用 4℃ 冷水拌和。系统配置冷水箱与冷水机组蒸发器之间通过 2 台立式离心泵循环降温，确保冷冻水出口温度低于 4℃。冷冻水温达到要求后，再分别通过 2 台立式离心泵分别送往一冷及冰楼片冰机水箱、搅拌楼水箱。

片冰的生产、贮存、输送在一冷及冰楼中进行。一冷及冰楼四层布置 2 台 F600S 型、2 台 F450S 型片冰机，所需制冷量为 2326kW，日生产片冰 210t；三层布置 1 座 AIS100 型冰库；二层布置配电及 2 套气力输冰装置，可向 2 座搅拌楼输冰，单侧输冰量 15t/h，可交替向 2 座搅拌楼输冰，冰库冷风、气力输送冷风所用冷源由冰库厂家提供。

（3）在气温较低的月份，冷水机组可停运，或同时停运部分冷风机。

8. 保温工程

系统设备、氨管道、通风管道保温采用阻燃橡塑海绵保温材料，一次风冷料仓采用 10cm 厚夹芯聚苯乙烯保温板（单侧彩钢板），顶层上铺 4mm 厚钢板。胶带机栈桥采用

10cm 厚夹芯聚苯乙烯保温板。

保温隔热层必须按照有关制冷规范要求和防火安全要求施工，所有保温材料具有耐燃性能和防潮性能的数据和使用说明书，采用不燃性或阻燃性材料。

9. 主要技术指标

（1）预冷系统指标。

1）预冷系统总装机容量（标准工况）：9595kW。

2）配备搅拌楼型号：HL320 - 2S4500L，2 座。

3）低温碾压、常态混凝土产量：420m³/h、360m³/h。

4）混凝土出机口温度：12℃/10℃。

5）电机总功率：5439kW。

6）冷却水最大循环量：3800m³/h。

（2）一次风冷骨料。

1）制冷机装机容量（标准工况）：3489kW。

2）冷风蒸发温度：-11℃。

3）骨料冷却终温：G2、G3 为 8℃；G4 为 10℃。

4）冷风循环量：39 万 m³/h。

5）料仓冷风进风温度：-1～2℃。

6）骨料平均冷却时间：0～69min。

7）冷却水最大循环量：1400m³/h。

（3）搅拌楼风冷骨料。

1）制冷机装机容量（标准工况）：3489kW。

2）冷风蒸发温度：-18℃。

3）骨料冷却终温：G2 为 0℃；G3 为 1℃；G4 为 3℃。

4）冷风循环量：36 万 m³/h。

5）料仓冷风进风温度：-6～-8℃。

6）骨料平均冷却时间：0～58min。

7）冷却水最大循环量：2400m³/h（含制冰、冷冻水制冷冷却）。

（4）加冰及冷冻水。

1）制冷机装机容量（标准工况）：2617kW。

2）冷水蒸发温度：-1℃。

3）冷水温：4℃。

4）冷水量：25m³/h。

5）片冰产量：210t/d。

6）片冰出冰库温度：-10℃。

7）每立方米混凝土最大加冰量（碾压/常态）：10kg/25kg。

10. 消防与氨泄漏处理措施

（1）预冷系统车间消防。预冷系统车间消防按建筑设计防火规范设置消防措施，消防水量 5～10L/s，消防水压按临时高压制供给，消防水源由室外供水管网提供。

（2）氨泄漏处理措施。在一冷及冰楼、一冷低循间、二冷楼内各安装两台紧急泄氨器，一旦发生严重氨泄漏可及时对预冷系统进行放空处理。在一冷及冰楼、一冷低循间、二冷楼安装氨气报警器，测试氨气浓度，当浓度超出设定范围时，氨气报警器自动报警，及时打开排气扇通风。

在一冷及冰楼、一冷低循间、二冷楼围护结构上安装有防爆型排气扇，车间内配备移动式排气扇，加快车间内的氨气排放。

在一冷及冰楼、一冷低循间、二冷楼内配备足够的防毒面具、氧气呼吸器以及消防器具，保证出现氨泄漏事故的情况下，工作人员能够及时进入现场进行抢修处理。

在预冷系统运行、检修过程中加强对系统设备、阀件、管路的检查和维护，确保系统的正常。在任何情况下预冷系统车间内都要保证有人值班。

11. 混凝土预冷系统生产质量控制

（1）混凝土预冷系统全部投入运行，如生产其他温度的预冷混凝土，可根据实际生产需要采用冷水＋加冰、冷水＋加冰＋搅拌楼料仓风冷、冷水＋加冰＋搅拌楼料仓风冷＋一次风冷任意一种组合。

（2）一次风冷料仓、搅拌楼料仓进料连续均匀进行，保证仓内料位超过回风道顶部1m以上，防止浅仓运行，确保骨料预冷效果。当生产三级配混凝土时，将搅拌楼特大石仓调作中石仓用，即中石用两个仓。进一次风冷料仓的骨料冲洗干净，使骨料粉尘含量减少到最低限度。

（3）空气冷却器定期冲霜，至少每一个运行台班冲一次霜，确保空气冷却器的降温效果。

（4）氨预冷系统运行参数见表 10.1.3。

（5）在二次风冷进、回风管上安装数字化温度巡测仪随时检测进、回风温度，仪器终端设备安装在预冷系统车间控制室内，由工作人员随时对进、回风温度进行监控。当进、回风温度超过设定限值时报警，必要时进行调控。设定限值根据实际运行情况给定。

表 10.1.3　氨预冷系统运行参数表

系统名称	一次风冷	搅拌楼料仓风冷
蒸发温度/℃	−11	−18
冷凝温度/℃	35	35

12. 主要设备选型与配置

黄登水电站梅冲河混凝土预冷系统主要设备见表 10.1.4。

表 10.1.4　　黄登水电站梅冲河混凝土预冷系统主要设备表

序号	名　称	规　格	单位	数量	功率/kW	备注
一	一冷及冰楼					
1	螺杆制冷压缩机	KA25CBM	台	1	450	$V=10kV$
2	螺杆制冷压缩机	LG25BMZ	台	2	450×2	
3	高压贮氨器	ZA5.0	台	3		
4	冷凝器	WN420G	台	3		
5	集油器	JY325	台	1		

续表

序号	名　称	规　格	单位	数量	功率/kW	备注
6	空气分离器	KF159	台	1		
7	紧急泄氨器	JXA159	台	1		
8	空气冷却器	GKL（LFL）- 2500	台	4		
9	空气冷却器	GKL（LFL）- 1400	台	2		
10	离心鼓风机	4 - 79 - 12E，左 90°	台	2	55×2	
11	离心鼓风机	4 - 79 - 12E，左 90°	台	2	75×2	
12	离心鼓风机	4 - 79 - 10E，左 90°	台	2	55×2	
13	冰库	AIS100	台	1	27.6	
14	片冰机	F450S	台	2	2.6×2	
15	片冰机	F600S	台	2	2.6×2	
16	气力输送装置	15t/h	台	2	90×2	
17	排气扇	$P=5.4\sim8.3mmH_2O$	台	20	0.37×20	
18	移动式排气扇		台	1	3	
	小计				1948	
二	一冷低循车间					
1	低压循环贮液器	ZDX10W	台	3		
2	氨泵	CNF - 40 - 200	台	8	6.5×8	
3	集油器	JY325	台	1		
4	紧急泄氨器	JXA159	台	1		
5	冷却塔	DBNL3 - 700	台	2	18.5×2	
6	离心水泵	$Q=600m^3/h$；$H=28m$	台	3	75×3	
7	排气扇	$P=5.4\sim8.3mmH_2O$	台	4	0.37×4	
	小计				315	
三	二冷楼					
1	螺杆制冷压缩机	ZKA25CBM	台	5	450×5	$V=10kV$
2	螺杆式冷水机组	LSLGF580M	台	1	125	
3	冷凝器	WN420G	台	5		
4	低压循环贮液器	ZDX10W	台	5		
5	高压贮氨器	ZA8.0	台	3		
6	氨泵	CNF - 40 - 200	台	12	6.5×12	
7	集油器	JY325	台	2		
8	空气分离器	KF159	台	1		
9	紧急泄氨器	JXA159	台	2		
10	空气冷却器	GKL（LFL）- 1400	台	2		
11	空气冷却器	GKL（LFL）- 1000	台	6		

续表

序号	名　称	规　格	单位	数量	功率/kW	备注
12	离心鼓风机	4-79-12E，右180°	台	2	55×2	
13	离心鼓风机	4-79-10E，左180°	台	2	37×2	
14	离心鼓风机	4-79-10E，右180°	台	2	37×2	
15	离心鼓风机	4-79-10E，左180°	台	2	37×2	
16	组合式冷却塔	600m²	台	4	15×4	
17	卧式离心水泵	$Q=720m^3/h$；$H=28m$	台	4	75×4	
18	立式离心泵	$Q=21.6m^3/h$；$H=24m$	台	2	3×2	
19	立式离心泵	$Q=25m^3/h$；$H=35m$	台	2	5.5×2	
20	立式离心泵	$Q=22.3m^3/h$；$H=16m$	台	2	2×2	
21	排气扇	$P=5.4\sim8.3mmH_2O$	台	20	0.37×20	
22	移动式排气扇		台	1	3	
	小计				3176	

10.2　混凝土生产系统

10.2.1　混凝土生产系统的组成

混凝土生产系统一般由拌和楼、混凝土原材料储运、二次筛分、骨料冷却及其他配套辅助设施组成。以混凝土为主体的大、中型水利水电工程，混凝土工程量大，施工强度高，对混凝土质量和环境保护等有着严格的要求。因此，必须实行混凝土生产工厂化，同时积极实行采用新技术、新工艺和新设备，以确保工程的顺利实施。

随着现代水利水电工程施工技术的发展，大、中型水利水电工程施工中，大型混凝土拌和楼被广泛采用，混凝土骨料二次筛分技术及制冷工艺日趋成熟，混凝土骨料的储运、配料自动化、混凝土拌和质量控制等方面，实现了生产过程的全面监控，并积累了丰富的实践经验。

通常混凝土生产系统由拌和楼、骨料储运设施、胶凝材料储运设备、外加剂车间、冲洗筛分车间、预冷车间、空压机房、试验室和其他辅助车间组成。但因工程所在地的地形地貌、坝型、混凝土工程量、混凝土级配、施工强度等差异较大，因此，其布置也不尽相同。

1. 拌和楼

拌和楼是混凝土生产系统的主要关键设备，它的选型，直接影响到工程投资成本、施工工期、混凝土质量要求和生产系统其他设备的布置。设计时，一般根据混凝土浇筑强度、混凝土品种、质量和运输设备等要求进行选择。

2. 混凝土骨料储运设备

混凝土骨料储运设备，是按照拌和楼生产的要求，向其输送各种质量良好的粗细骨料的设备。骨料的供料点至拌和楼的输送距离一般宜在 300m 左右,当运距较大时,可设置调节料堆或采用胶带机等其他设备进行运输。粗骨料调节料堆的容积一般为拌和系统生产高峰日平均 2～3d 的需要量,细骨料调节料堆不宜小于 3d 需用量。调节料堆按堆放方式分为料堆和料仓储料。对于混凝土工程量较小、生产周期短的工程采用前者,堆高一般为 5～8m;对于混凝土工程量较大、生产周期长、环境要求高、混凝土月浇筑强度大的工程,宜采用料仓储料。如水口工程采用 14 个 $\phi14m \times 20m$ 圆形混凝土结构料罐,其中设置 4 个砂罐;三峡二期工程混凝土生产系统均采用圆形钢结构料罐,其中高程 90m、79m 混凝土生产系统采用 $\phi16m \times 16m$ 钢结构料罐。

3. 胶凝材料储运

胶凝材料一般包括水泥和粉煤灰等。目前大中型水利水电工程主要采用散装水泥,在混凝土生产系统附近(不宜大于 200m 范围)设置一定数量的散装水泥罐。而粉煤灰供应因不确定因素较多,灰源不稳定,质量差异较大,为有利于混凝土质量控制,粉煤灰储罐的设置应不少于 2 个。

4. 二次冲洗筛分

由于骨料在运输和转储过程中,易发生破碎和再次污染,为确保骨料的质量要求,一般在混凝土生产系统中设置二次冲洗筛分设施,其目的是控制骨料的超逊径含量和排除骨料表面石粉。

5. 试验室

试验室的设置目的主要是对混凝土所用原材料、拌和质量进行检测和监控,一般混凝土生产系统试验室的建筑面积可根据混凝土工程量来计算,即每 1 万 m^3 混凝土试验室建筑面积不宜小于 $1m^2$,且不宜小于 $250m^2$。

6. 外加剂车间

外加剂一般以浓缩或固体成品的形式运送到工地仓库,并设置专门的外加剂车间。使用时,通过在外加剂车间拆包、溶解、按比例稀释、匀化稳定后,通过提升泵输送到拌和楼贮液罐内,外加剂贮液罐应设置回液管回至外加剂车间。

7. 其他辅助车间

混凝土生产系统还可设置汽车停车场、冲洗间、修理间、仓库、油库、调度控制室、配电所等辅助生产设施,还可根据需要,设置其他辅助设施与设备。

10.2.2　混凝土生产系统的布置要点

水利水电工程混凝土系统生产能力,应能满足浇筑部位各个时段混凝土施工强度,当有多个供料对象时,生产能力按浇筑强度和浇筑机械设备生产、运输能力共同确定。

在配备拌和楼时,要根据混凝土浇筑强度、混凝土骨料最大粒径、混凝土品种、强度等级、混凝土运输和浇筑设备等其他要求,选择合适的拌和楼容量。

(1)拌和楼尽可能靠近浇筑部位。据统计,我国大中型水利水电工程混凝土生产系统到坝址的距离一般为 500m 左右,爆破安全距离不宜小于 300m,拌和楼与浇筑部位宜布置在同一侧。

(2)有利于混凝土运输出线顺畅,运距按混凝土出线到入仓,时间不宜超过 60min,

夏季不宜超过 30min。

（3）当采用汽车运输混凝土时，拌和楼位置和浇筑仓位运输距离一般不宜超过 3km，且高差不宜过大，进入浇筑部位的道路条件良好、弯道少，坡度宜控制在 5%～8%，以提高运输能力和缩短运输时间。

（4）拌和系统选择的地形应较为平缓、地质良好，拌和楼布置应紧凑，要尽量设置在地基稳固的基岩上。在山区峡谷地带，拌和系统顺应地形，一般采用台阶布置，以减少土建工程量。

（5）为避免水库蓄水后对混凝土生产系统的影响，拌和系统一般布置在大坝下游。如大坝上游有建筑物或为加快进度需要在上、下游同时浇筑时，方案经过综合比较后，也可选择在大坝的上游布置。

（6）在进行拌和系统各车间的工艺布置时，应首先根据混凝土运输方式和运输线路，首先选定拌和楼位置，并以此为中心，根据各个车间的物流、气流、车流、给排水、供配电等工艺，布置拌和系统辅助车间，同时各车间应按国家有关部门的规定，满足安全生产、劳动保护等的要求。

（7）拌和系统的主要建筑物地面高程应高于工程 20 年一遇的洪水位，当系统设置在沟口时，要保证不受山洪或泥石流的威胁。受料坑、地弄等地下建筑物一般应在地下水位以上。从陡坡上开挖出来的系统区域，应特别注意高边坡的稳定和危石处理。

（8）系统布置的位置与高程要满足混凝土浇筑方案的要求。

10.2.3 龙滩水电站混凝土生产系统

10.2.3.1 大坝混凝土施工设备能力配置要求

根据龙滩水电工程施工总进度计划 2007 年 7 月首台机组发电的目标要求，大坝混凝土的施工时段安排在 2004 年 3 月至 2008 年 12 月底。分年的浇筑量为：2004 年 60 万 m³，2005 年 280 万 m³，2006 年 220 万 m³，2007 年 80 万 m³，2008 年 18.8 万 m³。高峰施工时段发生在 2004 年 10 月至 2005 年 4 月和 2005 年 10 月，预估最高的月浇筑强度为 35 万 m³。为便于施工管理，混凝土生产和运输系统在布置方面尽可能地保持两个标段的独立性。

10.2.3.2 施工设备的组成

龙滩水电工程的施工设备主要由 3 个系统的设备组成，即人工骨料砂石系统、混凝土生产系统、大坝混凝土垂直和水平运输系统的设备组成。

人工骨料砂石系统包含大法坪砂石系统和麻村砂石系统。混凝土拌和系统按照左右岸布置，其中右岸由高程 308.5m 混凝土生产系统和高程 360m 混凝土生产系统组成，主要为Ⅲ-1 标提供混凝土；4km 长距离胶带机连接大法坪砂石系统和右岸混凝土生产系统，使之组成一体。左岸由高程 382m 混凝土生产系统和高程 345m 混凝土生产系统组成，主要为Ⅲ-2 标提供混凝土。大坝垂直和水平运输系统包括直接向上游围堰和右岸坝段输送混凝土入仓的供料线系统、塔（顶）带机系统和 2 台缆机、2 台塔机以及根据施工组织设计要求布置的门机等设备。

10.2.3.3　右岸混凝土生产系统

右岸混凝土生产系统布置于右岸坝线下游约 350m 处（直线距离），共布置了 2 个混凝土生产系统。高程 308.3m 混凝土生产系统布置在高程 308.5m 通航坝段上，高程 360m 混凝土生产系统布置在高程 360～403m 右岸边坡开挖形成的各级平台上。根据工艺流程设计要求，右岸混凝土生产系统由混凝土骨料输送系统、高程 360m 混凝土生产系统和高程 308.5m 混凝土生产系统 3 大部分组成。2 个混凝土生产系统又分别由混凝土搅拌楼、骨料储运系统、水泥和粉煤灰储运系统、混凝土预冷系统、废水处理设施及其他辅助设施组成。右岸 2 个混凝土生产系统均于 2004 年底投产运行。

高程 308.5m 混凝土生产系统设计生产能力为 660m³/h（碾压混凝土）。配备两座 2×6.0m³ 双卧轴强制式搅拌楼，主要用于生产碾压混凝土，同时也可生产常态混凝土（设计生产能力：常态混凝土为 2×360m³/h，碾压混凝土为 2×330m³/h，12℃ 三级配碾压混凝土为 2×230m³/h，12℃ 二级配碾压混凝土为 2×170m³/h，12℃ 四级配常态混凝土为 2×230m³/h）。

高程 360m 混凝土生产系统设计生产能力为 570m³/h（其中碾压混凝土 330m³/h，常态混凝土 240m³/h）。配备一座 2×6.0m³ 双卧轴强制式搅拌楼和一座 4×3.0m³ 自落式搅拌楼。强制式搅拌楼主要生产碾压混凝土（设计生产能力为 330m³/h），同时也可生产常态混凝土（设计生产能力为 360m³/h），自落式搅拌楼主要生产常态混凝土（设计生产能力为 240m³/h）。

10.2.3.4　右岸混凝土预冷系统

根据混凝土温控要求，右岸 2 个混凝土生产系统均配备相应的预冷系统。混凝土预冷系统是按照高温季节生产出机口温度 12℃ 的碾压混凝土（三级配为主）和出机口温度 10℃ 的常态混凝土（四级配为主）进行设计的。2 个混凝土生产系统的工艺流程及温控标准相同，仅在布置上有所区别。预冷系统由骨料调节料仓一次风冷、搅拌楼料仓二次风冷、制冰、储冰、输冰等设施及相应的制冷系统组成。右岸混凝土预冷系统于 2004 年 6 月中旬完工并投产。

高程 360m 混凝土生产系统配备的预冷系统的一次风冷布置在搅拌楼右下侧的高程 388m 平台上，二次风冷（含制冰、制冰水）紧邻两座搅拌楼布置在高程 360m、高程 363m 平台上。制冷楼分 5 层布置制冷设备。

高程 308.5m 混凝土生产系统配备的预冷系统的一次风冷布置在搅拌楼下侧的高程 308.5m 和高程 315m 平台上，二次风冷（含制冰、制冰水）紧邻搅拌楼布置在高程 308.5m 平台上。制冷楼分 5 层布置制冷设备。

10.2.3.5　左岸混凝土系统

左岸的高程 382m 混凝土生产系统布置在高程 382～425m 左岸平台上，选取两座 HL120-3F1500L 自落式搅拌楼，设计生产能力为常态混凝土 220m³/h、碾压混凝土 170m³/h。

左岸的高程 345m 混凝土生产系统是根据左岸工程施工强度需要，在 2005 年新增的一个拌和系统，其布置在左岸高程 345m 11 号和 13 号公路交叉处，选取一个 HL120-2S1500L 强制式搅拌楼。

10.2.4 黄登水电站大坝主体工程混凝土生产系统

根据黄登水电站大坝主体工程施工部位、混凝土生产浇筑进度及强度要求，黄登水电站大坝主体工程配置梅冲河混凝土生产系统和甸尾混凝土生产系统两套系统，上述混凝土生产系统主要使用时段为 2015 年 3 月至 2018 年底。

梅冲河混凝土生产系统与甸尾混凝土生产系统共同承担坝体主体（除电站进水口 16～20 号坝段高程 1557m 以上混凝土、20 号坝段基础处理）混凝土浇筑、灌浆等土建工程，水垫塘混凝土浇筑、灌浆等土建工程，缆机基础二期开挖支护及缆机基础地梁混凝土工程，导流洞下闸、封堵，大坝工程其他附属建筑物。梅冲河混凝土生产系统主要承担本工程常态混凝土约 38 万 m³、碾压混凝土约 27 万 m³ 混凝土生产任务，甸尾混凝土生产系统主要承担本工程常态混凝土约 51 万 m³、碾压混凝土约 235 万 m³ 混凝土生产任务，每年 3—11 月生产有温控的混凝土。因甸尾混凝土生产系统与梅冲河混凝土生产系统设计原理和生产要求大致相同，本章主要介绍梅冲河混凝土生产系统（图 10.2.1）。

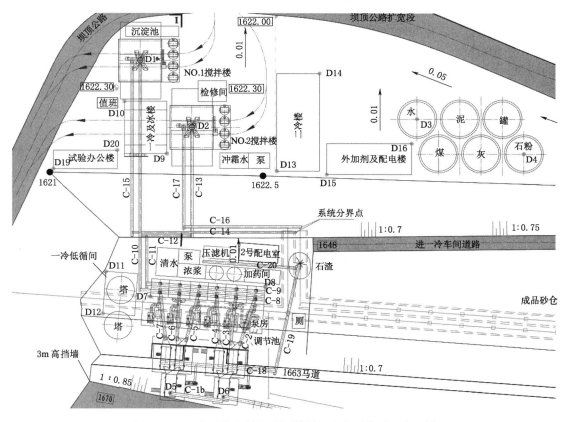

图 10.2.1 黄登水电站梅冲河混凝土生产系统平面布置图

梅冲河混凝土生产系统位于坝址上游梅冲河出口附近，场地高程 1622～1663m。由于混凝土浇筑强度高，碾压、常态混凝土均以三级配为主，部分为二级配混凝土的特点，工艺设计要需灵活调整，满足混凝土浇筑的需要。

根据骨料储运环节多、线路长和要求对其进行二次冲洗筛分的特点，工艺设计要确保骨料的质量和供应，为系统可靠生产打下良好基础。系统配置两座 HL320 - 2S4500L 型强制式搅拌楼，布置在 1622m 高程平台，它们之间既有独立性又有一定的调剂性。每年 3—11 月生产有温控的混凝土，要求生产出机口温度为 12℃的碾压混凝土、10℃的常态混凝土，需要对粗骨料进行二次冲洗筛分及两次风冷，并在混凝土原材料中加片冰和冷水。根据招标文件要求，废水需回收利用。该系统于 2015 年 5 月投入运行。

10.2.4.1　混凝土系统主要工艺设备

1. 混凝土搅拌设备

由于混凝土生产量大，场地狭小，既要生产预冷碾压混凝土，又要生产预冷常态混凝土，不可能布置过多数量的搅拌楼，必须优先选择大容量的搅拌楼。搅拌设备是混凝土生产系统的核心设备，对其类型的选择和数量的配置直接关系到整个生产系统的性能、质量和可靠性。结合预冷混凝土的强度要求，同时响应招标文件，配置两座 HL320 - 2S4500L 型强制式搅拌楼，汽车运输时双车道出料。

2. 骨料储运设施

粗、细骨料均由梅冲河骨料仓供给，接点在料仓地弄出口，该混凝土生产系统负责接点以后胶带机送料设计。

3. 二次筛分设备

系统所处的位置气温高，主体在每年 3—11 月生产有温控的混凝土，为保证骨料质量，控制超逊径含量及粉尘含量，提高预冷效果，设置冲洗及二次筛分设施。两座二次筛分车间的骨料筛洗能力均为 450t/h，各配备 2YKR2460 双层圆振动筛 1 台、2YKR2060 双层圆振动筛 1 台、ZKR2060 直线振动筛 1 台、WCD - 914 螺旋洗砂机 1 台。

4. 胶凝材料储运设施

水泥、掺合料储量保证混凝土连续浇筑所需用量，水泥及掺合料均按散装考虑，系统设 6 座直径为 10m、储量 1800t 的胶凝材料罐。满足高峰月混凝土浇筑强度 7d 用量。为了保护环境，每个罐顶各设 1 台 72 袋袋式除尘器。考虑到仓泵的布置形式，罐底各设 1 台 8.0m³ 上引式仓泵。为了缩短建设工期，在保证安全、质量的前提下，选用大型金属储罐。水泥、粉煤灰全部采用气力输送。

5. 空压机房设备

由于用风点相对集中而固定，系统采用集中供风，设固定空压机房。

考虑同时卸两辆车，水泥、掺合料同时输送，搅拌楼用气、外加剂搅拌用气、仓泵仪表用气，共配置 200m³/min 的风量，足以保证系统的生产需求。

为了提高供电质量，降低运行成本，优先采用 10kV 直接供电的 5 台 40m³/min 空压机。

为了降低压缩空气的含水率，保证气压稳定，供风系统配套相应的冷干机、储气罐、高效除油过滤器。

6. 外加剂设备

考虑到外加剂的腐蚀作用，外加剂泵选用 3 台耐酸化工泵。

在每个外加剂池上架 1 台搅拌器，同时在池内布压缩空气管，进行气力搅拌，充分使外加剂搅拌均匀。

外加剂车间按能够同时生产 3 种外加剂设计，共设 6 个外加剂池，减水剂池 2 个，容积 50m³×2；引气剂池 2 个，容积 15m³×2；缓凝剂池 2 个，容积 15m³×2。

黄登水电站梅冲河混凝土生产系统主要设备配置情况见表 10.2.1。

表 10.2.1　　　　　黄登水电站梅冲河混凝土生产系统主要设备配置情况

序号	名　称	规　格	单位	数量	功率/kW	备注
一	搅拌楼					
1	搅拌楼	HL320-2S4500L	台	2	715×2	
	小计				1430	
二	空压机房					
1	螺杆空压机	LGD-40/8	台	5	250×5	$V=10\text{kV}$
2	储气罐	C-40/0.8	台	5		
3	高效除油器	0.6m³	台	5		
4	冷干机	R1400W	台	5	6.5×5	
5	离心泵	$Q=150\text{m}^3/\text{h}$；$H=28\text{m}$	台	2	22×2	
6	冷却塔	DBNL₃-250	台	1	7.5	
	小计				1334	
三	二次筛分车间					
1	双层圆振动筛	2YKR2460	台	2	37×2	
2	双层圆振动筛	2YKR2060	台	2	30×2	
3	单层直线振动筛	ZKR2060	台	2	15×2×2	
4	螺旋洗砂机	WCD-914	台	2	11×2	
	小计				216	
四	胶凝材料罐					
1	罐体	ϕ10m，1800t	台	6		
2	上引式仓泵	LCD-8	台	6		
3	袋式除尘器	CMC-72	台	6		
五	一次风冷料仓					
1	变频给料机	GZG1000×1600	台	12	1.1×2×12	
	小计				26.4	
六	外加剂车间					
1	化工流程泵	$Q=10\text{m}^3/\text{h}$；$H=36\text{m}$	台	3	5.5×3	
2	立式搅拌机		台	6	3×6	
	小计				34.5	
七	胶带机		条	21		

10.2.4.2　混凝土生产系统设施组成及布置

梅冲河混凝土生产系统由搅拌楼、胶凝材料罐、二次筛分车间、一冷及冰楼、一次风冷料仓、二冷楼、空压机房、外加剂级配电楼、废水处理设施、试验办公楼、检修间、变配电等设施组成。

系统场地南高、北低，分两个大平台，即 1622m 高程、1648m 高程平台，用于系统布置的场地除两个平台外，1663m 高程马道也可利用。厂区占地面积为 2.0 万 m² (不含料仓)，工艺设计要根据地形特点进行布置。

为保证搅拌楼、胶凝材料罐、制冷楼等大型建筑物的基础稳定可靠，尽量将这些建筑物布置在原始地形内，避让开较深的回填区域，以降低基础处理工程量，保证建筑物的稳定。

1. 搅拌楼

HL320 - 2S4500L 强制式搅拌楼布置于原始地形 1622.3m 高程范围内，搅拌楼高 36.8m，平面柱中心尺寸为 15m×11m。楼下为汽车出料双车道，两个下料口并列设置，间距 4m。

2. 二次筛分及一次风冷料仓

二次筛分车间为钢结构，共三层，总高度 14m，布置在 1663m 高程马道及后边坡、成品料仓的西侧，设 2 座二次筛分车间。

成品粗骨料按生产混凝土的配比混合连续供料，经胶带机送入二次筛分车间，对其进行二次筛洗脱水，分级脱水后的粗骨料由胶带机送入一次风冷料仓相应的仓位，然后由变频给料机放料，胶带机送入搅拌楼。

二次筛分骨料筛洗能力为 2×450t/h，每座筛分车间分三层，二阶式"品"字形布置。一次风冷料仓共设 6 个仓，总长 32m，宽 5m，料仓总高度 12m，设计总容量为 1638m³。大石、小石单仓横断面为 5m×5m，中石单仓横断面为 5m×6m；料仓高度直段 9.1m，锥段高度 2.9m。每种骨料设 2 个仓，一字排开。料仓布置于系统南侧，1648m 高程平台。

根据混凝土预冷强度要求，系统对 2 座 HL320 - 2S4500L 型强制式搅拌楼进行预冷配置。一次风冷料仓底部设 2 条出料胶带机，每个料仓在廊道顶部各设 2 个下料口，下料口尺寸为 800mm×800mm，共设置 GZG1000 - 1600 型变频给料机 12 台，廊道内设 2 条 B1000mm 胶带机用于出料，3 种粗骨料阶段性依次放料至出料胶带机后输送至搅拌楼料仓再进行二次风冷。一次风冷料仓兼作调节料仓，料仓设计为钢结构，料仓与二次筛分车间相对应。骨料通过设在仓底的变频给料机可将料放入平行布置的 2 条出料胶带机上。预冷骨料由胶带机运输，各级骨料按序轮换向搅拌楼料仓供料，一次风冷料仓与胶带机栈桥均设有保温设施。

3. 胶凝材料贮存及输送

系统共设 6 座直径为 10m 的胶凝材料罐，存量为 9450t。胶凝材料罐布置 1622m 高程平台，外加剂级配电楼与空压机房中间，分两行布置，罐中心行间距 10m，列间距 12m，错位布置。

4. 空压机房

空压机房总供风量为 200m³/min，结构为单层厂房，平面尺寸为 9m×24m，建筑面积为 216m²。空压机房布置于系统 1622m 高程平台，胶凝材料罐东侧。

根据风量，空压机房配置 5 台 LGD－40/8 空压机，供风对象为系统胶凝材料卸车、输送，2 座搅拌楼控制用气及外加剂拌制用气。

5. 外加剂

外加剂车间结构为双层厂房，平面尺寸为 9m×24m，建筑面积 432m²。布置在 1622m 高程平台，胶凝材料罐西侧。

外加剂车间由拌制池、贮液池堆存区组成，车间共设 6 池，其中，2 池容积 50m³。4 池容积 15m³。为使溶液搅拌均匀，在每个池上架 1 台搅拌器，并在池内接压缩空气梅花孔管。

10.2.4.3　混凝土生产系统主要技术指标

黄登水电站梅冲河混凝土生产系统主要技术指标见表 10.2.2。

表 10.2.2　　　　　　　黄登水电站梅冲河混凝土生产系统主要技术指标

序号	项目		单位	数量	备注
1	混凝土生产能力	常态（铭牌）	m³/h	640	
		预冷（设计）	m³/h	420/360	碾压 12℃/常态 10℃
2	水泥		t	5400	高峰月浇筑强度 7d 用量
3	粉煤灰		t	2700	高峰月浇筑强度 7d 用量
4	石粉		t	1350	高峰月浇筑强度 7d 用量
5	二次筛分车间生产能力		t/h	900	
6	空压机房供风能力		m³/min	200	
7	片冰生产能力		t/d	210	
8	高峰期供水能力		t/h	400	
9	废水处理能力		t/h	400	不含沉淀池
10	电		kW	10068	其中不同时使用 440kW
11	冷（标准工况）		kW	9595	
12	工作班制		班/d	3	
13	定员		人	160	
14	建筑面积		m²	2659	
15	占地面积		万 m²	2.0	不含料仓

10.3　拌和

10.3.1　拌和设备

拌制碾压混凝土宜选用强制式搅拌设备，也可采用自落式等其他类型搅拌设备。强制式搅拌机适于拌和干硬性混凝土。根据大量的工程施工实践，用强制式搅拌机拌和碾压混凝土,不仅质量好,而且拌和时间短。近年来,国内大坝碾压混凝土采用强制式搅拌设备的为多,比如龙首、江垭、蔺河口、龙滩、光照、金安桥、官地、黄登、大华桥等许多工程。自落式或强制连续式搅拌机也可拌和出质量好的碾压混凝土,比如自落式搅拌机在三峡三期围堰、百色等工程成功使用。另外连续式搅拌机已在沙牌、索风营、招徕河、喀腊塑克、松深水库等多个工程使用。

连续强制式碾压混凝土搅拌设备,是对传统碾压混凝土拌和生产的一个突破创新。该搅拌设备具有土建工程量小、体积小、重量轻、安装拆除快捷方便等特点。比如中国水利水电第八工程局与清华大学合作的 MY-BOX 连续强制式搅拌系统,在沙牌碾压混凝土拱坝成功应用,质量控制和所取芯样试验结果显示,其各种物理力学指标满足设计要求。在招徕河、喀腊塑克、新松水库等大型碾压混凝土施工中,选用广州多为机械投资有限公司生产的 150m³/h 连续强制式搅拌机,其性能满足设计以及碾压混凝土施工规范要求,混凝土质量良好。但连续强制式搅拌机也存在一定的问题,其性能类似混凝土搅拌车的情况。每次开停机时,料头料尾混凝土拌和物匀质性稍差,由于离心作用,料头主要问题是粗骨料多,浆体包裹不充分,尾部粗骨料少、砂浆较多,拌和物 VC 值波动大,解决办法是将各种组分出料时间差调整到最佳时刻。

现在的拌和系统已经全部采用计算机控制,同时由于碾压混凝土拌和物性能的改变,不论是强制式搅拌机、自落式搅拌机还是连续式搅拌机均可以生产质量优良的新拌碾压混凝土,而且完全可以达到精确拌和的质量要求,国内部分工程碾压混凝土搅拌设备见表 10.3.1。

表 10.3.1　　　　国内部分工程碾压混凝土搅拌设备

序号	工程名称	拌和楼	产品及型号	规格及容量/m³	数量/座	拌和生产能力
1	汾河二库	强制式	JS1500	2×1.5	2	拌和生产能力 185m³/h
2	大朝山	自落式（869号）		4×3.0	2	碾压混凝土 324m³/h 或常态混凝土 480m³/h+
		自落式		3×1.5	1	75m³/h
3	龙首	强制式	HZS75~1500	3×1.5	3	3×75m³/h
		强制式	方圆牌	1×1.0	1	1×10m³/h
4	沙牌	连续强制式			1	连续式 200m³/h, 自落式 60m³/h
		自落式	郑州楼		1	
5	蔺河口	强制式		1×3.0		315m³/h
		强制式		2×1.5	2	
6	百色	自落式（1号）		4×3.0	1	碾压混凝土 470m³/h, 常态混凝土 200m³/h
		强制式（2号）		2×4.5	1	
		强制式（3号）		2×3.0	1	
7	索风营	强制式（双卧轴）	HZ300-2S4000L	2×4.0	1	强制式 250m³/h, 连续式 200m³/h
		连续强制式			1	

续表

序号	工程名称	拌和楼	产品及型号	规格及容量/m³	数量/座	拌和生产能力
8	三峡三期围堰	自落式（低线）		4×3.0	2	低线 240m³/h，高线 360m³/h
		自落式（高线）		4×4.5	2	
9	彭水	自落式（右岸）		4×4.5	2	右岸 280m³/h＋180m³/h，左岸 240m³/h
		强制式		2×3.0	1	
		自落式（左岸）			1	
10	龙滩	强制式		2×6	3	3×300m³/h＋180m³/h
		自落式		4×3	1	
11	光照	强制式（左岸）		2×4.5	2	左岸 660m³/h，右岸 180m³/h
		强制式（左岸）		2×3.0	1	
		自落式（右岸）		4×3.0	1	
12	戈兰滩	强制式				常态混凝土 1020m³/h，碾压混凝土 860m³/h，制冷混凝土 660m³/h
		强制式				
13	金安桥	强制式（左岸）				
		强制式（右岸）				
		自落式（右岸）				
14	喀腊塑克	强制式		2×4.5	2	
		强制式		2×3.0	1	
		自落式	DW		1	
15	功果桥	强制式	HL 320－2S4500L	2×4.5	1	常态混凝土 560m³/h，碾压混凝土 460m³/h，制冷混凝土 400m³/h
		强制式	HL 240－2S3000L	2×3.0	1	
16	官地	强制式（低线）	HL 360－2S6000L	2×6	2	低线 2×300m³/h，高线 480m³/h
		强制式（高线）		2×6.0	1	
		自落式（高线）		4×3.0	1	
17	黄登	强制式（梅冲河）	HL320－2S4500L	2×4.5	2	碾压混凝土 640m³/h，制冷混凝土 420/360m³/h，碾压混凝土 680m³/h，制冷混凝土 480/390m³/h
		强制式（甸尾）	HL320－2S4500L	2×4.5	1	
			HL400－2S6000L	2×6.0	1	

搅拌设备的称量系统应灵敏、精确、可靠并应定期检定，保证在混凝土生产过程中满足称量精确要求。搅拌设备宜配备细骨料的含水率快速测定装置，并应具有相应的拌和水量自动调整功能。卸料斗的出料口与运输工具之间的自落差不宜大于 1.5m。

10.3.2　投料顺序与拌和时间

碾压混凝土的投料顺序、拌和时间、拌和量，都应通过现场碾压混凝土拌和工艺试验确定。实践表明，不同的搅拌机，如强制式、自落式或连续式搅拌机，其投料顺序和搅拌时间是不同的，碾压混凝土拌和状态及性能的好坏，与原材料投料顺序及拌和时间以及搅拌设备直接有关。所以，投料顺序与拌和时间需要通过试验选择最合理的投料顺序和最佳的拌和时间。

碾压混凝土拌和工艺试验十分重要。碾压混凝土拌和工艺试验在混凝土施工之前进行，以便取得碾压混凝土拌和所需的各项技术参数，为大坝碾压混凝土的生产质量控制提供有效的参数。拌和工艺试验的主要内容是确定碾压混凝土的最佳投料顺序及最少拌和时间两个参数，以达到充分保证碾压混凝土拌和物均匀和节约经济的目的。所以，大坝碾压混凝土施工之前，需要开展生产性的拌和工艺试验。合理的拌和工艺既能使拌制的混凝土均匀性好，又能加快混凝土生产速度。

不同投料顺序对拌和物均匀性有较大的影响，不同的拌和机种类拌和时间也存在较大差异。采用强制式拌和机拌制混凝土，其拌和时间小于自落式的拌和机，强制式搅拌机拌和时间一般为 80~90s，而自落式拌和机的拌和时间一般为 150~180s。

砂浆和灰浆的配料精度及拌和质量与混凝土拌制质量要求相同。灰浆应由机械拌制，大型工程宜设置集中制浆站，并配有维持浆体均质的装置。

10.3.3　拌和容量与均匀性

单盘拌和容量需经过试验确定。根据拌和设备的最大拌和容量、投料顺序、最佳搅拌时间、碾压混凝土级配选择 3~5 个拌和容量进行试验验证，检测砂浆密度、骨料含量，评价拌和容量对拌和均匀性的影响。

在确定的最佳搅拌容量情况下，进行投料顺序与搅拌时间以及级配之间组合的拌和均匀性试验。碾压混凝土均匀性主要通过骨料含量和砂浆密度指标衡量，骨料含量一般采用水洗分析法测定，要求两样品差值小于 10%；采用砂浆密度分析法测定砂浆密度时，要求两样品差值不大于 30kg/m³。碾压混凝土均匀性试验在配合比或拌和工艺改变、拌和楼投产或检修后等情况下分别开展一次。

10.4　运输

10.4.1　入仓方式

碾压混凝土入仓运输历来是制约快速施工的关键因素之一。大量的工程施工实践证明，汽车直接入仓是快速施工最有效的方式，可以极大地减少中间环节，减少混凝土温度回升倒灌。一般拌和楼距大坝仓面运距时间多在 15~30min，自卸车厢顶部设置自动苫布进行遮阳防晒保护，碾压混凝土入仓温度回升一般不超过 1℃。

由于大坝修建在高山峡谷中，上坝道路的高差很大，汽车将无法直接入仓，碾压混凝土中间环节垂直运输采用了多种运输设备，先后经历了负压（真空）溜管、塔带机、缆机、塔机及骨料斗周转等多种入仓方式。

碾压混凝土运输入仓主要采用自卸汽车、皮带运输机、负压溜槽（管）、专用垂直溜管、满管溜槽（管）等方法，缆机、门机、塔机也可作为辅助运输机具。近年来，中低坝及高坝下部一般以汽车直接入仓为主，中上部垂直运输大都采用真空溜管等组合方式。随着高坝建设的发展，陡坡和垂直运输设备也得到发展和应用，真空溜管的输送技术又有了新的发展。在大朝山、沙牌、蔺河口、黄登等工程采用了百米级负压（真空）溜管，其中大朝山电站左右岸各布置了两条真空溜管，其中左岸真空溜管的最大高差为86.6m，槽身长120m，是当时国内输送高度最大的真空溜管，真空溜管的输送能力为220m³/h。百米级真空溜管是解决高山峡谷地区、高落差条件下碾压混凝土垂直运输的一种简单经济的有效手段，大大提高了碾压混凝土的施工进度，使碾压混凝土快速施工技术优势得到了充分的发挥。

10.4.2　黄登水电站入仓方式新技术应用

黄登水电站根据工程特点，碾压混凝土入仓方式采用多种入仓方式组合的形式进行，主要有：自卸汽车直接入仓浇筑、自卸汽车运输→满管溜槽→自卸车仓内倒运、供料皮带运输→满管溜槽→自卸汽车仓内倒运、自卸汽车运输→满管溜槽→皮带转运→满管溜槽＋自卸汽车仓内倒运、自卸汽车运输→宽溜槽→自卸汽车仓内倒运、自卸汽车运输→皮带运输→布料机等方式。

（1）自卸汽车直接入仓浇筑（图10.4.1）。在入仓口仓外设洗车平台和脱水路段，入仓口仓内采用常态混凝土提前浇筑入仓道路，自卸汽车载碾压混凝土依次通过洗车平台、脱水路段、入仓路至碾压仓内卸料，自卸汽车入仓口设置在坝体下游，入仓道路在碾压仓浇筑完成备仓间歇期间填筑，不断加高至自卸汽车爬坡极限坡度。

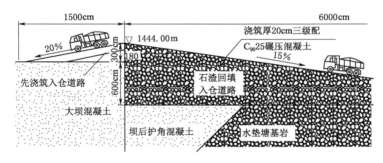

图10.4.1　黄登水电站自卸汽车直接入仓示意图

（2）自卸汽车从下游或跨横缝应用入仓道路直接入仓。在黄登水电站创新性地应用了自卸汽车从下游或跨横缝直接入仓的方式，局部采用钢栈桥等辅助入仓的方式进行碾压混凝土入仓浇筑，如图10.4.2所示。根据黄登水电站大坝混凝土施工总体布置及分区、分块、分层规划，为保证混凝土施工质量，采用自卸汽车下游或跨横缝直接入仓的方式，局部采用钢栈桥等辅助入仓方式进行碾压混凝土入仓浇筑，满足了进度和质量的需求。

入仓道路随碾压仓同时浇筑，该方式是在相邻坝段横缝处预留入仓通道，入仓道路采用斜层施工并随所浇筑碾压仓位的浇筑同时上升，纵坡坡比不大于20％。该方式施工简便，不占备仓的直线工期。

自卸汽车下游或跨横缝直接入仓道路采用常态混凝土浇筑，其宽度控制在9m，坡度不大于20％的道路，该方法的优点是道路的施工不占仓位施工的直线工期，备仓过程中即可施工，在碾压混凝土浇筑的同时可将仓位一次浇筑完成，方便、快捷、可靠。

图 10.4.2　黄登水电站自卸汽车跨横缝直接入仓图

自卸汽车下游或跨横缝应用入仓道路直接入仓方式的采用，具有以下两点优点：

1）合理的分并仓与入仓道路的规划，缩短碾压混凝土层间间歇时间是提高碾压混凝土层间结合质量的有效措施。

2）有效地缩短入仓时间，把 VC 值和温度的损失降到最小，同时不同条件下入仓口的灵活运用成功解决了碾压混凝土的高效、连续上升的问题，减少了施工干扰，加快了施工速度。

（3）自卸汽车运输→满管溜槽→自卸车仓内倒运。由于黄登水电站位于高山峡谷，混凝土运输道路难以布置，且工程量较大，为减小投资加快施工进度，借鉴其他工程新的工艺，结合工程自然特性，对大坝混凝土入仓方式进行布置、规划，经研究讨论确定大坝碾压混凝土施工采取架设缓角度（45°～90°）满管溜槽进行碾压混凝土垂直运输、自卸车仓内倒运的入仓方案。拟规划布置 8 套满管溜槽以满足施工需求，并制定碾压混凝土满管溜槽入仓施工措施方案，以保证施工质量。

满管溜槽采用矩形和圆形两种截面形式，根据坝基两岸施工道路分别布置在左岸高程 1500.00m、1560.00m、1625.00m 平台，右岸 6 坝段高程 1528.00m、1560.00m 平台、2 号坝段高程 1623.00m 平台。每个平台布置 2 组以上满管溜槽，以满足浇筑强度需求和交替检修需求。根据实际使用经验，圆形截面满管溜槽较矩形截面满管溜槽效率高、故障频率小。

满管溜槽安装技术。满管溜槽的布置倾角在 45°～90°，选择出料口中心线距离岩体应大于等于 4m，距离大坝边界距离应大于等于 2m，布置落差以 20～60m 比较合适，如图 10.4.3 所示。受料斗壁安装振捣器，防止堵塞和堵管现象。出料口采用下弯管，减小下料对满管溜槽和车辆的冲击。VC 值控制在 3～5s，有效降低缓角度满管溜槽的混凝土卸料的难度。满管溜槽截面尺寸宜为 600mm×600mm～1000mm×1000mm。满管进料口受料斗容积按照仓面的接料运输车载的 1.5～2.0 倍确定，保证满管卸料的连续性及溜管中始终处于满料状态。混凝土在溜管内的存放时间应控制在 1h 以内（常态为 30min 以内）。

总体而言，自卸汽车运输→满管溜槽→自卸车仓内倒运方式补充了混凝土施工垂直输送施工技术，可以在保证各种技术质量指标的前提下，提高碾压混凝土入仓强度，加快碾压混凝土施工速度，缩短施工工期。

图 10.4.3　黄登水电站满管溜槽布置图

（4）满管溜槽与皮带机结合应用方式（图 10.4.4）。黄登水电站大坝工程从下游甸尾混凝土生产系统布置两条混凝土皮带机供料线，单条皮带机供料线理论输送能力为 $380m^3/h$，两条综合理论输送能力为 $760m^3/h$，与混凝土生产系统生产能力相匹配，既能保证大坝碾压仓面小时强度要求（混凝土供料线施工碾压混凝土最大仓面面积为 $6429m^2$，施工时段在高温季节，按 4h 覆盖一层计算，小时需供料强度为 $6429×0.3/4＝482m^3/h$），同时满足了混凝土搅拌楼最大生产能力要求。

结合现场实际情况，进水口坝段后边坡陡峻、垂直距离大，并充分考虑混凝土运输经济距离和相邻工程施工等因素的影响，进水口坝段混凝土施工决定采用满管溜槽与皮带机相结合的入仓方式。通过布置在甸尾拌和站皮带机输送洞的皮带机将混凝土传送至高程 1560m 马道上满管溜槽集料斗内，再通过满管溜槽将混凝土传送至工作面。大坝进水口坝段采用满管溜槽与皮带机相结合的入仓方式进行混凝土浇筑，满管溜槽长约 56m，该条满管溜槽自投入使用后共完成混凝土约 5.8 万 m^3。

图 10.4.4　黄登水电站满管溜槽与皮带机结合应用

实践证明，采用满管溜槽与皮带机相结合的入仓方式在黄登水电站的应用十分成功，其主要优点为：①设备及材料投入成本低，整套下料系统结构简单安装简便，运行费用低，施工管理简单；②适应输送各级配的混凝土；③输送强度大。在施工过程中设专人负责检查下料系统各构件的完好率，如有破损应及时更换。因此，在具有较大高差部位的混凝土施工中，满管溜槽与皮带机相结合使用是一种技术简单、经济节省的混凝土输送工具，值得借鉴和推广应用。

从 20 世纪 90 年代后期的小浪底、三峡工程开始，由于塔带机（顶带机）和胎带机的引进和开发应用，将混凝土水平运输和垂直运输合二为一。龙滩水电工程中实现碾压混凝土水平和垂直运输一体化，采用高速供料线＋塔（顶）带机浇筑混凝土，其浇筑强度成倍地提高。因此，对浇筑仓面各项资源配置无论是质量还是数量都会有明显增加，对仓面组织管理水平的要求也将显著提高。塔带机（顶带机）和胎带机的应用，使皮带运输机得到广泛应用，实现了对碾压混凝土运输传统方式的变革。

10.4.3　长距离带式输送机

因龙滩水电工程的成品砂石料供应强度较高，大发坪砂石生产系统和混凝土生产系统距离较远，加之运输道路和地方道路为一条共用公路，很难满足高强度混凝土浇筑需要，故决定采用长距离带式输送机。

该带式输送机布置在高低起伏的地形上，穿 3 个隧洞，跨越龙滩沟、那边沟明段。从尾部起下运，下运高差为 50m，中部为水平运行，然后为上运，上运高差为 30m。设计输送能力 3000t/h，单机长度 3945.419m，$V＝4m/s$，带宽 $B＝1200mm$，主驱动方式为头部双滚筒三驱动，驱动装置采用鼠笼电机＋CST 可控起动装置，电机功率为 $3×560kW$，电压 10kV，采用液压自动张紧装置。带式输送机由供配电系统、驱动装置、滚筒组、托辊组、拉紧装置、胶带、导料槽、除水装置、清扫器、制动器、各种保护装置及机架和支腿等主要部件组成。带式输送机运转可采用手动和自动两种方式，安装有跑偏、打滑、堵塞、防撕裂及急停（拉绳）开关等防护报警装置。

该带式输送机的布置使右岸两大系统连成一体，彻底解决了骨料输送问题，这也是在中国水电史上首次成功采用长距离带式输送机的范例。

10.4.4　大坝混凝土垂直和水平运输系统

龙滩水电工程大坝混凝土输送系统的设备主要由拌和楼出料皮带机和系统连接皮带机、3 条高速皮带机供料线、3 条负压溜槽、2 台塔式布料机、1 台移动式塔式起重机、1 台固定式塔式起重机及 2 台缆索式起重机等设备组成。

10.4.5　缆机、塔机输送系统

1. 缆机

2 台 20/25t 平移式缆索式起重机布置在同一平台上，主塔布置在右岸高程 450m 平台上，副塔布置在左岸高程 480m 平台上，缆机最低控制高程为 425m，主塔高 45m，副塔高 10m，主索控制范围为 0−20.00~0＋122.5，主要用于通航坝段、溢流坝段的溢流面、闸墩及部分基础常规混凝土的浇筑。混凝土由自卸汽车从 360m 混凝土生产系统的 4m×3m 拌和楼接料运至坝头高程 320m 平台，卸入 6m³ 混凝土卧罐，由缆机吊运混凝土立罐入仓。同时缆机还承担辅助设备的吊装工作。

2. 塔机

龙滩水电工程在左岸进水口坝段布置了两台 POTAIN 公司生产的大型塔机，一台为

MD1800 移动式塔机（图 10.4.5），一台为 MD2200 固定式塔机（图 10.4.6）。主要负责左岸进水口坝段的混凝土浇筑、金结安装等工作。为满足混凝土浇筑强度要求，在左岸增加了两台门机和一台 CC200 型胎带机。

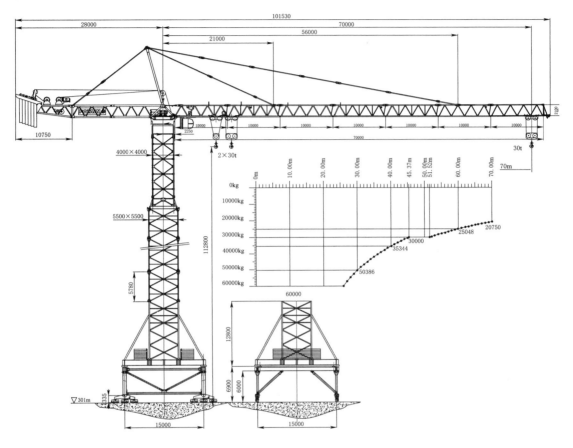

图 10.4.5 MD1800 移动式塔机简图

MD1800 移动式塔机布置在进水口坝段上游侧的高程 301m 平台上，轨道长度 140m，可基本覆盖进水口坝段。MD2200 固定式塔机布置在 24 号坝段靠 23 号坝段一侧，塔身布置在坝内，随着大坝的升高其部分塔身被埋在坝内，可覆盖 22～26 号坝段。混凝土由左岸高程 382m 混凝土生产系统和高程 345m 混凝土生产系统供应。

10.4.6 供料线、塔（顶）带机输送系统

如图 10.4.6 所示，在 3 座 2×6.0m³ 强制式拌和楼的出料口分别布置一条出料皮带机，通过对拌和楼出料皮带机和系统连接皮带机的调控，可分别由 1 号、2 号、3 号拌和楼为 1 号、2 号供料线供料（上游围堰碾压混凝土浇筑及 TB1、TB2 塔式布料机浇筑）；由 3 号拌和楼给 3 号供料线供料（初期给负压溜槽供料，后期转自卸汽车入仓）。供料线、塔（顶）带机输送系统的设计输送能力为 330m³/h。

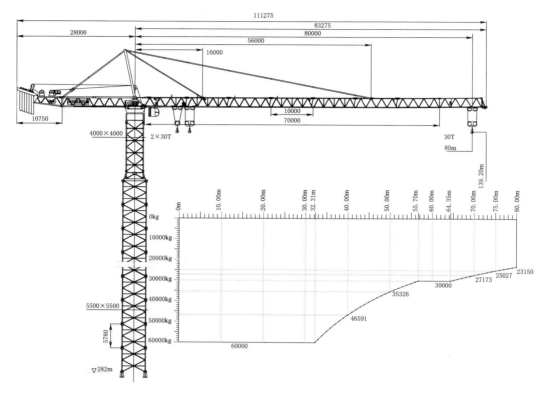

图 10.4.6　MD2200 固定式塔机简图

1. 皮带机供料线

拌和楼出料皮带机分别由 J1、J2、J3 皮带机组成，它是整个高速皮带机供料线系统的供料设备。出料皮带机为可左右移动的上下两条皮带机组成的伸缩式皮带机，通过控制皮带机的伸缩，可以使拌和楼的一个或两个出料口直接向汽车供料，或者控制出料皮带机下一级的受料对象。系统连接皮带机由 L1、L3、L5、L6 和两套回转分料装置组成，与出料皮带机配合使用可实现 3 座拌和楼与 3 条供料线之间的相互连接、切换及互补的功能：1 号拌和楼及 2 号拌和楼通过出料皮带机 J1-1、J1-2 的前后移动可分别向系统连接皮带机 L5、L6 供料，再经 L5、L6 分别向 1 号、2 号供料线供料；3 号拌和楼通过 J3 皮带机向系统连接皮带机 L1 供料，再经 L1 向 3 号供料线供料；或者通过皮带机 L1 机头的回转分料装置向皮带机 L3 供料，经 L3 皮带机的回转分料装置可分别向 L5、L6 供料，由此实现对 1 号、2 号供料线供料。

工程前期布置两条皮带机供料线，即 1 号、2 号围堰供料线，采用"一柱两挂"形式，共用部分立柱，为上游碾压混凝土围堰输送混凝土。围堰浇筑完成后，围堰供料线拆除转移至大坝，用于大坝混凝土浇筑，为布置在 19 号、12 号底孔坝段的两台塔式布料机 TB1、TB2 供料。3 号供料线向布置在右岸坝肩的负压溜槽供料，承担右岸非溢流坝段和右岸底孔坝段部分碾压混凝土的入仓任务，控制浇筑高程 230～290m，当坝体上升到 290m 以后，3 号供料线可自升，转自卸汽车入仓。

围堰 RCC 供料线总重约 1710t。桁架梁水平投影总长约 890m。2004 年 3 月 18 日全部安装调试完成，并投入 RCC 围堰混凝土输送。6 月 1 日完成 RCC 围堰混凝土输送后，开始设备的拆除工作，拆除的工程量为 1090t。大坝供料线总重约为 1770t，3 条大坝供料线的总长度为 975m（水平投影）。

供料线的出料皮带机和系统连接皮带机由 J1、J2、J3、L1、L3、L5 和 L6 共 7 条皮带机组成，由国内设计制造；其余供料线是利用美国 ROTEC 公司制造的在三峡工程使用过的转让设备。围堰和大坝供料线的一个共同特点是均可随着围堰和坝体上升而自行爬升，正是这个特点使混凝土的连续输送得以实现。

2. 塔（顶）带机（塔式布料机）

塔（顶）带机是将输送皮带与塔式起重机相结合而组成的"塔式布料机"。两台塔式布料机一台是美国 ROTEC 公司生产的，另一台是龙滩公司为工程新采购的 POTAIN 公司生产的 MD2200 - TB30 顶带机。这两台设备和大坝 1 号、2 号供料线配合使用，可以将拌和楼生产的混凝土连续不断地直接送入仓内。

TC2400 塔带机布置在左底孔坝段，共安装 20 节标准节，初次安装 9 节，以后顶升 11 节；MD2200 顶带机布置在右底孔坝段，共安装 31 节标准节，初次安装 12 节，以后顶升 19 节。两台设备负责 9～21 号坝段的混凝土输送。

10.4.7　入仓及卸料的影响因素

自卸汽车运输碾压混凝土直接入仓，入仓口的数量、结构和封仓施工方法对施工质量和施工速度有很大影响，车轮夹带的污物、泥土等将影响混凝土层面的胶结质量，水分的带入将改变混凝土的工作性和水胶比，影响混凝土的质量，汽车急刹车和急转弯将破坏混凝土表面，为确保进入仓口坝体部位的结构形体，需要对入仓口采取跨越模板的技术措施，在仓面行驶的车辆应避免急刹车、急转弯等有害混凝土层面质量的操作。

运输混凝土的汽车应为专用车，在承担混凝土运输期间不得兼作他用。运输两种以上标号的混凝土时，运输车辆上应设置标识，且应保持标识清楚，以避免取错料。装载混凝土的厚度不应小于 40cm，车厢应平滑、密闭、不漏浆，砂浆损失率不得大于 1%。每次卸料应卸净，每班清洗车厢 1～2 次，以免混凝土黏附，尽量缩短混凝土运输及等待卸料时间。

目前，对于碾压混凝土入仓路线的布置，坝体下部大都进行回填，直接形成汽车直接入仓通道，不论是坝前还是坝后，自卸汽车直接入仓浇筑，一是要注意保持道路坡比不陡于 12.5%，二是自卸汽车直接入仓跨越模板的方式必须采用钢栈桥，确保坝面不受损坏。

碾压混凝土运输设备上（如自卸汽车、皮带机等）应设置遮阳、防雨措施，可以减少外界环境对碾压混凝土拌和物性能的影响。皮带输转运时容易造成骨料分离，应在出料端部设防分离装置；同时在皮带机卸料时，安装刮刀和清扫装置，控制灰浆损失。

拌和楼卸料口、负压（真空）溜管、满管溜槽、布料机等设备在使用中，出口处混凝土速度可达 5～10m/s，直接卸于自卸车上，会造成严重的冲击和骨料分离。拌和楼出口弧门下面应设置缓降性能好的橡胶卸料口。对现场仓面溜管（槽）应设垂直向下的弯头和橡胶卸料口，可以大幅度减缓出口速度，并有混合和改善均匀性作用，可有效地防止冲击和骨料分离。采用特制的橡胶软管和其他特殊结构的溜管可以有效地防止骨料分离。连续式搅拌机应配制足够的贮料斗容积，可以保证连续式设备的连续运行。负压溜槽（管）盖带的局部破坏处，应及时修补，盖带破损到一定程度时应及时更换。负压溜槽（管）的坡度宜为 40°～50°，长度不宜大于 100m，防分离措施应通过现场试验确定。

专用垂直溜管应具有抗分离的功能，必要时可设置防止堵塞的控制装置。输送灰浆应有防止浆液沉淀和泌水的措施，确保现场的浆液均匀。砂浆运输可采用混凝土运输机具，也可采用专门的砂浆运输机具。

各种运输机具在转运或卸料时，出口处混凝土自由落差均不宜大于 1.5m，超过 1.5m 宜加设专用垂直溜管或转料漏斗。连续运输机具与分批运输机具联合运用时，应在转料处设置容积足够的储料斗。使用转料漏斗时应有解决混凝土起拱的措施。从搅拌设备到仓面的连续封闭式运输线路，应设置弃料及清洗废水出口。

夏季运输时，车厢上应设置防晒、保温和防雨作用的遮阳篷，并设专人负责收放；空车返回拌和楼等候装料时要对车体喷雾降温。

雨天运输时，汽车车厢无积水时方可进入拌和楼取料，如有积水应先举厢倒空积水，汽车在运料和空载时都必须打开防雨篷，汽车运输的混凝土被雨水严重冲刷时不得入仓。

10.4.8　塔带机输送存在的不足和问题

以塔带机为手段浇筑碾压混凝土是集水平运输、垂直运输和仓面布料于一体，可实现混凝土从拌和楼到浇筑仓面的一条龙作业，具有速度快、效率高、覆盖面大、连续供料和直接布料等优点，具有显著的优越性。但高速塔带机、胎带机和深槽皮带机在碾压混凝土输送过程中，也暴露了存在的不足和问题。

一个最为突出的问题是产生骨料分离，如果处理不当，会严重影响碾压混凝土的施工质量。碾压混凝土拌和物经过皮带运输一定距离后，由于皮带机下部托辊等的运动作用带来的振动，大骨料逐渐上浮，细骨料逐渐下沉，致使砂浆与骨料初步分离，碾压混凝土拌和物以一定速度到达下料皮带顶端卸料时，由于惯性规律，粗骨料前移速度快，粗细骨料就存在分离现象。塔带机下料入仓较快，在生产过程中往往是塔带机运行操作，滞后于仓面停止下料或移动下料的指令，使仓内与混凝土坯层超厚、局部堆高或凌乱，易造成骨料分离。

采用塔带机浇筑碾压混凝土时，其温度回升较大。由于拌和物从出机口经供料运输到浇筑仓内，混凝土薄层在皮带上，与空气接触面积大，冷热交换快，同时供料线接转次数多。根据三峡实测资料，在高温时段，当气温在 25～32℃时，可使出机口 12～14℃预冷混凝土温度回升 4～6℃，远远高于汽车直接入仓的温度回升。

采用塔带机浇筑碾压混凝土时，不合格处理具有滞后性。碾压混凝土施工过程中，拌和楼偶尔生产出不合格料属正常现象。采用塔带机浇筑碾压混凝土，要经过长距离的皮带机输送，当不合格料到达仓面时，几百米的皮带机上可能都有不合格料。如果拌和物运送过程中发生设备故障或停电等，导致供料线不能正常运转，则不但使仓面停仓，还会使供料线皮带上的混凝土料处理起来十分困难。因此对设备维护、保养和运行管理也提出了更高的要求。

10.5　浇筑

10.5.1　铺筑前准备

为保证混凝土施工质量，必须针对不同的浇筑高程、气象条件、浇筑设备能力、不同坝段的形象面貌要求等合理地划分浇筑仓，并在混凝土浇筑之前，对浇筑仓号进行仓面工艺设计。

对碾压混凝土而言，仓面划分得大，既有利于仓面设备效率的发挥，又有利于减少坝段之间的模板使用数量，同时，也有利于仓面管理。但是，仓面过大也有不利的一面，由于层间间歇时间、温控、大坝基础固结灌浆等原因，导致碾压混凝土不能连续上升，间歇期浇筑设备闲置会影响设备效率的发挥，进而影响施工进度；另外，仓面过大时一旦遇到特殊情况，当层间间隔时间超过初凝时间时，容易影响碾压混凝土层间结合质量。黄登水电站碾压混凝土典型仓面设计如下：

黄登水电站碾压混凝土仓面设计内容包括施工分区、条带划分、浇筑资源配置、浇筑方法、应急措施等内容。黄登大坝碾压混凝土施工典型仓面设计如图 10.5.1 所示。

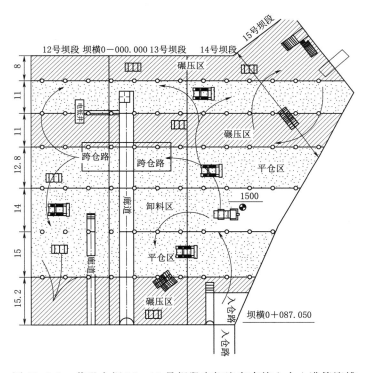

图 10.5.1　黄登大坝 12～15 号坝段自卸汽车直接入仓＋满管溜槽
入仓浇筑典型碾压仓面设计（单位：m）

在施工资源充分、混凝土入仓强度有一定富余度的情况下采用平层法施工。碾压混凝土平层法施工浇筑仓号历时短，有利于整体施工进度控制，混凝土从拌和到碾压完成控制在 2h 内，混凝土生产、运输、浇筑各环节运行紧凑，对整体施工组织水平要求高，各环节必须保证高效运行。

浇筑仓号资源投入集中，对施工组织和专业化水平要求高，浇筑仓号要做到分区、分专业施工，避免施工资源跨区、跨专业施工造成顾此失彼。浇筑仓号施工机械密集，自卸汽车、平仓机、振动碾、振捣臂、切缝机等大型设备同仓作业，仓号协调指挥工作尤为重要，施工人员专业及岗位分工要具体、详细、单一。指挥协调按照指挥长→区长→班长→施工人员的程序下达落实指令，避免多个信息来源造成矛盾指令、施工不畅，混凝土铺料顺序根据来料点，采取由远而近、上游防渗区优先的原则。平层法浇筑仓面面积大、混凝土种类多，不同标号混凝土同时入仓浇筑，若管理不善易造成混乱。为确保浇筑仓面运输流畅、卸料位置准确，采取了以下管理措施：在仓面与拌和楼设置专人要料、所有拉运混凝土车辆均在明显位置挂混凝土标识牌、在入仓口和每个作业区安排车辆指挥专员与仓面要料员对接。冷却水管铺设比较集中且大面占据作业面积，对浇筑影响较大，需安排专人负责此项工作，提前筹划，协调好作业区域，避免浇筑仓面交通不畅造成无法及时覆盖，影响混凝土施工质量。变态混凝土是施工质量控制的重点，工程采用插孔、注浆、振捣的施工工艺，为确保施工质量，制作了插孔器、限位器、定量量杯等专用工具，有效地控制了变态混凝土的施工质量。

为了保证碾压混凝土浇筑正常、连续、快速进行，还应做到以下内容：

（1）在混凝土开仓浇筑前，根据施工技术措施及仓面设计制定详细的施工方法，由仓面总指挥对有关人员进行交底，使现场施工有序进行。龙滩水电站同时浇筑 2 个约 10000m² 仓面时配备的设备见表 10.5.1。

表 10.5.1　　　　　　　　　　　仓面主要配套设备表

序号	设备名称	规格型号	单位	数量	单台生产效率
1	振动碾	BW202AD-2	台	13	70～80m³/h
2	小型振动碾	BW75S-2	台	3	
3	小型振动碾	SW200	台	3	
4	平仓机	CATD3GLGP	台	3	130～150m³/h
5	平仓机	SD16L	台	5	100～120m³/h
6	履带式切缝机	R130LC-5	台	2	
7	振捣机	EX60	台	2	
8	高压水冲毛机	GCHJ50B	台	15	50m²/h
9	车载高压水冲毛机	WLQ90/50	辆	1	50m²/h
10	喷雾机	HW35	台	16	
11	风动搅拌储浆车		辆	1	
12	油动搅拌储浆车		辆	1	
13	仓面吊	8t、16t、25t	辆	10	
14	核子密度仪	MC-3	台	4	

注　可用高压水冲毛机进行仓面喷雾。

（2）应对砂石料生产及贮存系统，原材料供应，混凝土制备、运输、铺筑、碾压和检测等设备的能力、工况以及施工措施等，结合现场碾压试验进行检查，符合有关技术文件要求后，方能开始施工，并对施工人员进行技术培训。

（3）基础块铺筑前，应在基岩面上先铺砂浆，再浇筑垫层混凝土或变态混凝土，也可在基岩面上直接铺筑小骨料混凝土或富砂浆混凝土。除有专门要求外，其厚度以找平后便于碾压作业为原则。

（4）模板、止水、钢筋、埋件、孔洞、进出仓口等准备工作，应满足快速和连续铺筑施工要求，必要时需进行专门设计。

（5）施工过程中拌和厂按照试验室签发的配料单和水工混凝土施工规范要求的衡量精度进行生产配料，对配料过程质量负责。试验室对配料单负责，并对设定称量的准确性、衡量精度、拌和容量、拌和时间、投料顺序等负责监督检查。

（6）运输能力应与混凝土拌和、浇筑能力和仓面具体情况相适应，安排混凝土浇筑仓位应做到统一平衡，以确保混凝土质量和充分发挥机械设备效率。运输车辆必须挂牌，标明混凝土种类、级配、来源，便于仓面管理。供料线运输前将仓内混凝土种类、各种混凝土的位置、浇筑顺序、布料方向等内容给供料线人员进行交底，使操作人员和仓面指挥人员均做到心中有数。

（7）在仓面用红油漆画出分区线、碾压层厚、收仓线等，使仓内浇筑人员一目了然。

（8）施工管理部对混凝土拌和、运输、仓面施工一条龙负责组织协调。各管理部门及有关领导对仓面施工的意见通过仓面总指挥贯彻执行。

10.5.2 卸料和平仓

碾压混凝土的摊铺直接关系到混凝土的碾压质量，如果处理不当将影响坝体质量匀质性，甚至导致坝体渗漏。碾压混凝土施工时间越短越好，所以可利用仓面上的轮式装载机铲斗将砂浆快速抹摊开，但不允许碰伤老混凝土面。然后由人工再进一步摊均、揉搓。对止排水及预埋件附近要格外认真作业。经验表明，止排水及预埋件部位，混凝土骨料容易产生分离，施工操作也较困难。止排水渗漏多数由于骨料分离集中所致。止排水及预埋件部位多铺一些砂浆，以预防骨料分离集中产生的砂浆不足问题。

为了加快施工进度，减少层面处理工作量，碾压混凝土施工方法采用大仓面薄层铺料、碾压，短间歇连续上升的施工方法。高温季节升程高度 1.5～3m，低温季节升程高度 3～6m，压实层厚 30cm，铺筑方式采用平层铺筑法和斜层平推法。铺筑面积应与铺筑强度及碾压混凝土允许层间间隔时间相适应。采用斜层平推法铺筑时，层面不得倾向下游，坡度不应陡于 1∶10，坡脚部位应避免形成薄层尖角。施工缝面在铺浆（砂浆、灰浆或小骨料混凝土）前应严格清除二次污染物，铺浆后应立即覆盖碾压混凝土。碾压混凝土铺筑层应以固定方向逐条带铺筑，坝体迎水面 3～5m 范围内，平仓方向应与坝轴线方向平行。

采用自卸式汽车直接进仓卸料时，宜卸在已摊铺而未碾压的层面上再平仓，应控制料堆高度。卸料的分离骨料应在平仓过程中均匀散布到混凝土内。当压实厚度为 300mm 左右时，可一次平仓铺筑。为了改善分离状态或压实厚度较大时，可分 2～3 次铺筑。平仓后混凝土表面应平整，碾压厚度应均匀。

不合格的混凝土拌和物不得进仓，对已进仓的应作处理。

黄登水电站碾压混凝土卸料、平仓作业如图 10.5.2 和图 10.5.3 所示。

图 10.5.2　黄登水电站碾压混凝土　　　　　图 10.5.3　黄登水电站碾压混凝土 850G
自卸汽车卸料作业　　　　　　　　　　平仓机平仓作业

龙滩水电工程在碾压混凝土的施工工艺方面进行了研究，积累了丰富的经验。

1. 平层浇筑方式的铺料及平仓

2004 年 12 月至 2007 年 2 月，两台塔带机共浇筑碾压混凝土约 300 万 m^3，浇筑最大仓面 9480m^2 时（位于高程 230.00m 处的溢流坝段，按 3 个坝段分为 1 仓），碾压混凝土层间（30cm）允许间隔时间以 6h 计（常温季节），平均小时入仓强度 500m^3/h，取单台塔带机的生产率 250m^3/h，即需要两台塔带机同时浇筑 1 仓。

按碾压条带平仓，平仓方向与坝轴线平行，卸料线则需与坝轴线垂直，两台合浇 1 仓，采用 4 台 D75A-1 推土机平仓。碾压混凝土摊铺作业应避免造成骨料分离，并做到使碾压混凝土层面平整、厚度均匀，使碾压混凝土获得最佳压实效果。施工过程中采取如下措施防止碾压混凝土骨料分离：

（1）塔带机与自卸汽车在直接入仓卸料时，为避免干扰，也需对条带中部分料采用退铺法依次卸料，铺筑方向与坝轴线平行。

（2）避免直接卸料在同层已碾压好的层面上，汽车卸料时可以卸在摊铺混凝土的边缘外，采用边卸料边平仓的方法，减少粗骨料的分离。

（3）卸料堆若出现骨料分离现象，应由人工配装载机将其均匀摊铺在混凝土面上。

（4）采用大仓面平层连续铺筑，铺筑厚度为 34cm（经现场碾压试验确定）。

（5）每仓约取 20 个条带，条带宽约 8m、长 60m，按 3 个条带为一循环，即铺料平仓带、碾压带、质检带。

2. 斜层浇筑方式的铺料及平仓

为便于比较，碾压混凝土斜层平推法铺筑的部位，仍以高程 230.00m 的溢流坝段为例分析。采用斜层平推铺筑法浇筑碾压混凝土时，"平推"方向可以有两种：一种是垂直于坝轴线，即碾压层面倾向上游，混凝土浇筑从下游向上游推进；另一种是平行于坝轴线，即碾压层面从一岸到另一岸。由于高程 230.00m 处溢流坝段底宽大（约为 158m），第一种铺料方式有利于施工，同时施工层面倾向上游对坝体抗渗及层面抗剪更有好处，故按铺料方式垂直于坝轴线，碾压层面倾向上游。根据江垭及大朝山碾压混凝土坝的施工经验，斜层铺料坡度在 1：10～1：20 为宜。仍以浇筑最大仓面为 9480m² 时（3 个溢流坝段为一大仓），大层的浇筑高度取 1.5m，斜面坡度取 1：20，斜层小仓的仓面面积约为 1802m²，碾压混凝土层间（30cm）允许间隔时间以小于 3h 计（常温季节），平均小时入仓强度 250m³/h，即只需要 1 台履带式布料机浇筑 1 仓。另外，若以 6 个溢流坝段为一大仓，最大仓面为 18960m² 时，大层的浇筑高度及斜面坡度取值与前项同（取 1.5m、1：20），斜层小仓的仓面面积约为 3604m²，碾压混凝土层间（30cm）允许间隔时间以小于 3h 计（常温季节），平均小时入仓强度 500m³/h，需要两台塔带机合浇筑 1 仓，仍采用与平层布料相同的方式从中部下料，即可满足要求。

按碾压条带平仓，平仓方向与坝轴线垂直，卸料线则需与坝轴线平行，采取 1 台布料机直接入仓，仓面配两台 D75A-1 推土机平仓。碾压混凝土摊铺作业应避免造成骨料分离，并做到使碾压混凝土层面平整、厚度均匀，使碾压混凝土获得最佳压实效果。施工过程中除需采取与平层（2）～（4）相同的处理措施外，还需按照斜层的工艺流程采取如下措施防止碾压混凝土骨料分离：

（1）布料机直接入仓卸料时，采用退铺法依次卸料，铺筑方向与坝轴线垂直。

（2）为了防止坡脚处的碾压混凝土骨料被压碎而形成质量缺陷，施工中应采取预铺水平垫层的方法，并控制振动碾不得行驶到老混凝土面上去。

（3）每小仓约取 7 个条带，条带宽一般为 8～12m、长约 30m，按 3 个条带为一循环，即铺料平仓带、碾压带、质检带。

斜层铺料方式如图 10.5.4 所示。

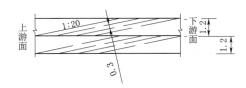

（a）垂直于坝轴线的斜层铺筑法（高程232～244m）

（每碾压一层0.3m需要2h左右，每升高1大层1.2m约需2d，
每升层1.2m或1.5m后层间间歇7d）

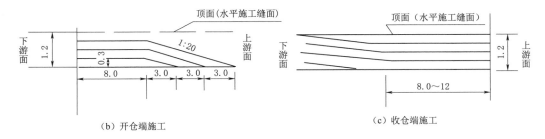

（b）开仓端施工　　　　　　　　　　　　（c）收仓端施工

图 10.5.4　斜层铺料方式示意图（单位：m）

10.6　碾压

10.6.1　碾压机械的选择

目前，碾压混凝土的压实机械均为通用的振动碾压机，简称振动碾。振动碾机型的选择，应考虑碾压效率、激振力、滚筒尺寸、振动频率、振幅、行走速度、维护要求和运行的可靠性。选用振动碾的原则如下：

（1）有足够的输出振动能量，这种能量应以所要压实的碾压混凝土在规定深处所需的压实能量为标准。

（2）要有合适的压实效率，对于有较高压实强度的工程，应选择行驶速度较低的振动碾。

（3）监测仪表尽可能齐全，同时要考虑操作简单、灵活。

碾压混凝土坝施工多采用自行式振动碾，典型的自行式振动碾有以下两种：

1．串联振动碾

这种振动碾有两个大小相同、前后排列的光面滚筒，一个为驱动滚筒，另一个为被拖动的振动滚筒；也有前后滚筒都是既驱动又振动的结构，根据转向方式的不同，串联振动碾又可分为铰接转向和滚筒转向两种；有的两滚筒均可转向，在碾压施工中可实现斜行，以形成更宽的压实带。

2．轮胎驱动振动碾

这种振动碾的牵引单元为单轴轮胎牵引车，振动单元为装有液压振动器的光面碾，二者通过铰连接。由于采用轮胎驱动，与串联振动碾相比，具有更好的驱动性能。但在作业时，振动压实单元在前，驱动轮胎单元在后，因此振动滚筒受到的阻力很大。国内碾压混凝土工程施工使用的振动碾及性能参数见表 10.6.1。

表 10.6.1　国内碾压混凝土工程施工使用的振动碾及性能参数

型号	BW-200E	YZJ-10A	YZJ-10P	YZS-60A	BW-75S	CC42	BW-201AD	YZJ-10B	YZS-60B	DA-50	BW-90S	BW-217D	BW-202AD
自重/kg	7000	10000	10000	8000	950	9075	9430	1200		10020	1300	17200	10624
频率/Hz	43	30	41	48	55	42	45	32		40		29/35	30/45
振幅/mm	0.86	1.18	0.5		0.49	0.8	0.65	0.4		0.41~0.91		1.6~0.8	0.74/0.35
功率/[kW/(r·min)]	41.2/2300	73.6/1500	73.6/1500	3.7/2700	6.3/2700	98/-	68/-			86/-		123/-	70/-
起振力/kN	320	172	180	12	40		290	200		117.4		272.3/196.5	
生产地	德国	中国洛阳	中国洛阳	中国洛阳	德国	瑞典	德国	中国洛阳	中国洛阳	美国	德国	德国	德国

10.6.2　碾压工艺

1. 碾压遍数

碾压遍数应根据不同的工程特点、摊铺厚度和压实机械的激振力，通过碾压工艺试验确定。通常是先无振碾压2遍，再有振碾压4～6遍，最后无振碾压1～2遍。

2. 碾压方向与条带搭接

碾压方向应垂直于流水方向，从而可避免因条带搭接不良形成渗水通道。相邻条带之间的横向搭接宽度不宜小于20cm，纵向搭接长度应为1～3m。

3. 振动碾的行走速度

振动碾的行走速度一般控制在1.0～1.5km/h范围内，行走速度的快慢直接影响到碾压效率和压实质量。若行走速度过快，激振力还未传递到碾压层底部，振动碾就已离开，从而影响压实质量。

4. 碾压层间隔时间

碾压混凝土允许层间间隔时间一般结合碾压混凝土的初凝时间通过碾压混凝土工艺性能试验验证后确定。

5. 仓面VC值控制

在碾压过程中，应根据现场的气温、昼夜、阴暗、湿度等气候条件，适当调整出机口VC值，仓面VC值一般以5～10s为宜，以碾压完毕时混凝土层面达到全面泛浆、人在上面行走有微弹性、仓面没有骨料集中等作为标准。如果由于气温、风力等因素的影响，碾压层面因水分蒸发而导致VC值太大，发生久压不泛浆的情况时，应采取有效措施补碾，使碾压表面充分泛浆。

10.6.3　碾压作业

《水工碾压混凝土施工规范》（DL/T 5112—2009）规定，振动碾的行走速度应控制在1.0～1.5km/h。碾压施工时振动碾的行走速度直接影响碾压效率及压实质量，行走速度过快，压实效果差；行走速度过慢，振动碾易陷碾并降低施工强度。近年来，由于碾压混凝土拌和物性能的改变，振动碾的行走速度明显提高，施工实践证明，当采用斜坡碾压工艺时，振动碾的上坡速度已经超过了1.5km/h。建筑物周边部位，宜采用与仓内相同型号的振动碾，靠近模板碾压无法靠近的部位。采用小型振动碾压时，其允许压实厚度和碾压遍数应经试验确定。施工中采用的碾压厚度及碾压遍数宜经过试验确定，并与铺筑的综合生产能力等因素一并考虑。根据气候、铺筑方法等条件，可选用不同的碾压厚度。碾压厚度不宜小于混凝土最大骨料粒径的3倍。

坝体迎水面3～5m范围内，碾压方向应平行于坝轴线方向，可避免碾压条带接触不良形成渗水通道。为了保证碾压条带相互搭接的压实质量，当多台振动碾同时工作时，应采取措施以避免漏碾。碾压条带间搭接宽度为100～200mm，端头部位搭接宽度宜为1m左右。端头部位搭接的长度，应保证振动碾的前后轮都能进入搭接范围，可根据选用的振动碾轴距来决定搭接长度。在搭接区域应采用小型振动碾补碾。

每个碾压条带作业结束后，应及时按网格布点检测混凝土的表观密度，低于规定指标时应立即重复检测，必要时可增加测点，并查找原因，采取处理措施。表观密度的检测结果是碾压混凝土是否压实的主要标志。当测值低于规定指标时，需要增加碾压遍数；仍达不到规定指标时应分析原因，采取相应措施。需作为水平施工缝停歇的层面，达到规定的碾压遍数及表观密度后，宜进行 1～2 遍的无振碾压。各种设备在碾压完毕的混凝土层面上行走时，应避免损坏已成型的层面。已造成损坏的部位应及时采取修补措施。

碾压混凝土入仓后应尽快完成平仓和碾压，从拌和加水到碾压完毕的最长允许历时，应根据不同季节、天气条件及 VC 值变化规律，经过试验或类比其他工程实例来确定，不宜超过 2h。对于碾压层内铺筑条带边缘，斜层平推法的坡脚边缘，碾压时应预留 200～300mm 宽度与下一条带同时碾压，这些部位最终完成碾压的时间控制在直接铺筑允许时间内。

及时碾压、缩短间歇时间的目的是避免因为拌和物放置时间过长而引起混凝土可碾性差、层间结合不好的质量问题。国内的三峡、百色、龙滩、光照、金安桥、彭水、官地、观音岩、黄登、大华桥等许多工程实践证明，碾压混凝土从拌和开始至仓面 2～3h 内完成碾压，则碾压混凝土层面液化泛浆快、可碾性好，有效提高了层间结合质量。

黄登水电站碾压混凝土施工碾压作业如图 10.6.1 所示。

图 10.6.1　黄登水电站碾压混凝土施工碾压作业

10.7　养护

为了确保碾压混凝土质量，施工期间，碾压混凝土终凝后即可以开始养护。碾压混凝土单位用水量较少，矿物掺合料掺量较大，早期强度较低，为防护裂缝发生，养护时间须比常态混凝土长。碾压混凝土是干硬性混凝土，受外界影响很大，为减小 VC 值损失，在施工过程中，仓面应保持湿润。正在施工和刚碾压完毕的仓面应防止外来水流入。对水平施工层面，养护工作应持续至上一层碾压混凝土开始浇筑为止。对永久暴露面，养护时间不宜少于 28d。所有的仓位均配备了专职养护队伍与人员，经过严格的培训，实行挂牌上岗。仓面作业时，记录由专职养护人员及时记载，并做到详细、真实。

碾压混凝土的养护还应注意：

（1）气温较高和日晒时，除对层面立即用保温被或塑料编织布覆盖，还应进行喷雾。待混凝土初凝后，对混凝土表面进行洒水或流水养护。低温季节和寒潮易发期，应有防护措施，应对混凝土长期暴露面（含施工层面）用保温被紧贴覆盖以防冷空气对流，减少坝体内外温差，降低混凝土表面温度梯度。有温控要求的碾压混凝土，应根据温控设计采取相应的防护措施。

（2）每升程的间歇时间内，仓面应进行洒水养护。

（3）对大坝上、下游已拆模的永久外露面应进行长期不定时的洒水养护。

（4）表面养护：混凝土表面散热是消减混凝土内部最高温度峰值的最有效方法之一。一般地，在混凝土初凝后即开始养护，主体工程可采用长期流水养护和仓面覆盖养护等养护措施。

长期流水养护方式主要为：①旋喷洒水养护，该方式主要适合于28d以内的较长间歇期仓位，方法是在仓面按一定的间距设置360°旋转式喷水嘴，保持喷水嘴不间断的旋转喷水；②喷淋管养护，该方式主要适合于正常上升块体四周垂直面或长间歇期仓位，方法为在模板上布置花管（管壁上均匀钻细孔），养护时，水从细孔喷出形成水雾，可长期养护。

仓面覆盖养护方式主要为：①覆盖保水养护，该方式适合大于28d长间歇期仓位，方法是将整个仓面覆盖养护材料，如隔热被、风化砂等，并浸水始终保持覆盖材料处于水饱和状态；②覆盖洒水养护，该方式适合于夏季正常上升的仓位，由于仓面蒸发快，仅洒水不能满足要求，因此对仓面进行覆盖及洒水养护效果较好。

黄登水电站碾压混凝土仓面覆盖保水养护如图10.7.1所示。

图10.7.1　黄登水电站碾压混凝土仓面覆盖保水养护

对于已浇筑到顶部的平面和长期停浇的部位，可采用覆盖养护。覆盖养护的材料根据实际情况可选用水、粒状材料和片状材料。粒状和片状材料不仅可以用于混凝土养护，而且也有隔热保温和保护混凝土表面的功效。近年来一般采用聚乙烯高发泡材料作为覆盖材料。

聚合物片材的种类从养护的功效区分，可分为闭孔和开孔结构材料。闭孔结构的材料为均厚的蜂窝壁，紧密相连没有空隙，因此，材料具有较好的保温隔湿的性能。开孔结构的材料，孔隙相连，吸水性强。根据两种材料的不同特性，闭孔材料在使用时，采用内贴方式，混凝土浇筑前，贴压在模板内侧，拆模后片材留在混凝土表面，和混凝土紧密相贴，可有效地防止混凝土水分蒸发；开孔结构的材料在使用时，采用外挂的方式，混凝土浇筑完毕拆模后，挂贴在混凝土表面，用水淋湿，在混凝土表面营造一个湿润的小环境，及时补充混凝土表面水分。聚合物片材成本较高，主要用作混凝土保温，结合混凝土养护使用。

模板也具有一定的保温隔湿的功效，在允许的情况下，混凝土浇筑完毕后，模板保留一段时间，对养护混凝土也是有利的。留模养护以木模板效果最佳。

大量工程实践证明，仓面喷雾保湿改变小气候效果明显，可以显著降低温度 4～6℃。金安桥工程观测资料表明，如果仓面喷雾保湿覆盖不及时或不进行，在高温时段或经太阳曝晒的碾压混凝土蓄热量很大，导致浇筑温度上升很快，严重超标。观测数据显示，超过浇筑温度的碾压混凝土坝内温度比低温时期或喷雾保湿后的碾压混凝土温度高出 3～5℃。

温度控制是碾压混凝土快速施工的关键因素之一，对碾压混凝土坝的温控标准、温控技术路线需要认真研究分析，使温控标准和快速施工有一个最佳结合点。

10.8　通水冷却

在坝体大体积混凝土内埋设冷却水管，当坝块浇筑完成后进行通水，是控制坝体温度的有效手段之一。通水冷却的目的主要有：

（1）削减混凝土浇筑初期水化热温升，降低越冬期间混凝土内部温度，以利于控制混凝土最高温度和基础温差，减小内外温差。

（2）将设有接缝、宽槽的坝体冷却到灌浆温度或封闭温度。

（3）改变坝体施工期温度分布状况。

为达到不同的冷却目的，通水冷却可分为初期通水、中期通水和后期通水。

初期通水主要是用来削减浇筑层的水化热温升。夏季高温季节浇筑混凝土时，即使对混凝土进行了预冷，但由于气温倒灌，浇筑块体仍可能超过设计允许的最高温度。为确保坝体最高温度控制在允许的范围值以内，需进行初期通水，削减水化热温升。初期通水一般采用 6～8℃的制冷水，收仓后 12h 内即可开始，通水时间一般 10～15d，单根水管通水流量不小于 18L/min。

中期通水主要用来降低坝体温度，减小坝体内外温差，一般每年 5—8 月、4 月和 9 月、10 月浇筑的大体积混凝土，应分别在当年 9 月、10 月、11 月中进行通水。通水采用河水进行，通水时间较长，一般为 1.5～2.5 个月，单根水管通水流量应不小于 18～25L/min。

有接缝灌浆要求的坝体，需进行后期通水冷却，使坝块冷却到设计接缝灌浆规定的温度。通水时，应视不同部位按设计要求及有关规定，采用通河水和制冷水或河水和制冷水相结合的形式进行，以满足坝体接缝灌浆的要求。

10.8.1　冷却水管布置

冷却水管在混凝土面上有规律弯曲，宛如蛇形，故称为蛇形水管。水管布置分纵向和横向，一般来说，采用纵向和横向均可，以尽量减少水管的弯头和长度为原则。

水管布置间距的大小应根据混凝土降温的要求而定，通常布置间距按 1.5m、2.0m、2.5m、3.0m，超过 3.0m 间距冷却效果较差。铺设作业时，水管接头应保证不漏水，各层水管的进出口应相对集中布置，便于通水管理。外部供水管的总管、分管、支管由橡胶管与坝内冷却水管连接，并形成循环回路，便于冷却水的回收与再利用，以降低冷却费用。

三峡工程通水冷却的部位主要采用黑铁管和 HTEP 高密聚乙烯塑料管。水管的布置方式为：基础约束区混凝土一般按 1.5m 的水平间距；脱离基础约束区混凝土浇筑层为 1.5m 时，按 2.0m 的水平间距布置，浇筑层为 2.0m 时，按 1.5m 的水平间距布置。混凝土浇筑时，为减少坝块间的高差，加快低块的上升速度，采用 3m 浇筑层厚时，冷却水管增加一层（即第一层铺设）黑铁水管，当块体浇筑至 1.5m 的厚度时，加铺一层 HTEP 高密聚乙烯塑料管，水平间距均为 1.5m。

龙滩水电站大坝碾压混凝土通水冷却方案如下：

1. 仓内冷却水管布置

仓内冷却水管为两个区布置：①在大坝上游侧约 40m 宽二级配碾压混凝土区域布置了两组冷却水管，每组长 250～300m，通过套管（每个坝段设置两根套管，套管中心距横缝 2m）向上或向下引入就近的廊道内，与廊道内冷却水供水系统连接。除进行初期通水冷却外，还需进行中期通水，以满足控制坝体最高温度、防止上游坝面出现裂缝的要求。②在大坝下游侧约 120m 宽三级配碾压混凝土区域布置 4 组冷却水管，每组长 250～300m，只考虑满足初期通水要求。每组冷却水管距大坝下游面 1m 垂直向上引出，采用仓内支管与干管并联的方式布置，干管与支管连接采用三通接头连接，仓内冷却水管干管通过套管引入大坝下游侧廊道内，与供水主管上的"水包"连接。冷却水管引出长度以满足初期通水需要为限（初期通水冷却时间按 30d 计，并根据混凝土内预埋温度计测温结果进行实时调整）。

仓内冷却水管采用外径 32mm 高密度聚乙烯管（壁厚 2.15mm），相邻冷却水管间距 1.5m×1.5m，并根据实际情况进行调整。各个坝段每组冷却水管均相互独立，冷却水管不得跨越横缝，所有管道均采用 $\phi 6$ U 形钢筋插入已浇筑混凝土内固定。各冷却水管垂直向上引，并分别采用钢筋加固，以防止位移。

2. 冷却水供水管布置

冷却水供水主管路采用 DN200mm 钢管，沿下游坝基布置。每两个坝段从主管设置 1 组供水分管，分管采用 DN80mm 钢管沿坝体上升到模板下端并设置"水包"，分管采用模板专用锚锥及模板拆除后的锚锥孔固定，并用 L100×8 角钢为"水包"制作一个操作平台。仓外供水主管、分管均采用 PVC 橡塑海绵保温材料进行保温。在进、回水管上增设 2 个倒向阀门使回水都回到了调压池。在低处增设了 1 个调压池，以保证冷却水无压力。采用加压泵把调压池中的水抽回冷水机组，将回水回收。

10.8.2　冷却水管事故处理

冷却水管埋设后，常因混凝土在浇筑过程中施工机械挤压碰撞及混凝土浇筑后基础固结灌浆钻孔和质量检查钻孔等因素，会使水管破损或断开，导致水泥浆进入管内，引起冷却水管通畅性差，甚至堵塞。因此，在中后期通水前应对冷却水管通畅情况进行检查，以便进行疏通处理。冷却水管通畅情况标准一般为：水压在 0.2MPa 时，流量大于 15L/min 为通畅，流量 8～15L/min 为半通畅，小于 8L/min 为微通畅。对于半通、微通和不通的冷却水管必须采取措施恢复其通畅性，或采取其他补救措施，确保坝体通水冷却顺利进行。

（1）对于所有不通、微通及半通的冷却水管应首先进行疏通。疏通时先用水浸泡 12～24h，再用风水逐级加压轮换冲洗，每 15min 加压一次，每次加压 0.1MPa，最高风压 0.4MPa，最高水压 0.8MPa，反复进行。

（2）对于经反复疏通处理仍然不通的冷却水管，一层不通者基本上可不作进一步处理；对于连续两层或两层以上不通者，一般在不通部位附近的廊道、竖井或其他可进行钻孔的位置，向水管不通部位打风钻孔，对于有埋件及孔深较大者可采用机钻孔，孔距一般为 2～3m，孔内插铸铁管作为内管，形成环形流水通道。通水冷却时水流流向一天倒向一次，通水流量适当加大至 30L/min。

（3）对于有基础固结灌浆孔穿过，需埋冷却水管部位，一般采取埋设双回路冷却水管，并详细标明水管埋设位置，便于固结灌浆钻孔时避开，或对固结灌浆孔采取引管措施。固结灌浆钻孔过程中发现打断冷却水管时，可在固结灌浆完成后，利用固结灌浆孔引管串联后作为通水冷却管道，并引至廊道，以便进行中后期通水冷却。

10.9　接缝灌浆

水利水电工程的混凝土大坝因施工、防裂等方面的要求，一般在大坝平行水流向将坝体分成若干个坝段进行浇筑，因此坝段间会形成一条永久缝，该缝称为伸缩横缝。大坝浇筑完成后，经过一段时间的冷却，使其充分收缩，缝面充分张开并稳定后，对其进行水泥灌浆，将缝面充填密实，使各坝段连接成整体挡水建筑物，此项工艺在水工上称为坝体接缝灌浆。

10.9.1　接缝灌浆的基本要求

1. 灌浆温度

坝体接缝灌浆前，缝面两侧的坝块要冷却到设计要求的灌浆温度，主要采取在坝段内埋设的冷却水管，通制冷水或河水的方式，使缝面两侧的坝块冷却、收缩，缝面张开。控制灌浆温度的目的是使坝体不再产生较大温度变化，使已灌浆的缝面产生收缩应力，导致已灌浆的接缝重新拉开，为此还应考虑灌浆层以上一定高度的混凝土块体（一般应有 9m 高的压重混凝土）也要同时冷却到与灌浆部位相同的温度。

2. 灌浆时间

灌浆时间应选择低温季节和灌区两侧坝块混凝土龄期大于 6 个月时进行，此时，坝体冷却、收缩已较充分，同时还需满足对于少数特殊灌区混凝土龄期小于 6 个月的，应采取补偿混凝土变形等措施，但混凝土龄期最低不得小于 4 个月。

施灌时，灌区和灌区以上 9m 高度的坝块也必须冷却到设计规定的接缝灌浆温度，待混凝土体积变化基本稳定，大坝挡水前，进行灌浆作业。

3. 接缝张开度

接缝张开度是决定灌区可灌性的重要指标，根据试验，水泥浆液要充满缝隙，缝面宽度至少要为水泥颗粒最大粒径的 3 倍，因此，工程中通常提出坝块冷却收缩基本稳定后，接缝张开度要大于 0.5mm 的要求。据工程经验，接缝张开度为 1～3mm 时，灌浆作业比较顺利，可获得较好的灌浆质量。如接缝张开度小于 0.5mm，一般称为细缝，灌浆作业较为困难，需采取专门的措施施灌，如湿磨水泥灌浆或化学灌浆等。

4. 灌浆区管道系统

灌浆区管道系统和缝面应保持通畅，灌区止浆片封闭完好。

10.9.2 接缝灌浆的次序

安排灌浆次序时，主要考虑到已灌部位水泥结石的受力条件和防止未灌邻缝挤压闭合等。水泥结石受力条件指的是已灌缝的水泥结石应具有一定的龄期和强度才允许灌注相邻或上下层灌区；防止邻缝挤压闭合是为了避免坝块累计变形而使后灌浆的灌区缝面宽度减小，给后续灌浆造成困难或恶化坝体应力。除此以外，应当结合坝形、灌浆施工能力等综合因素实施灌浆施工。控制灌浆次序的一般原则如下：

(1) 同一条接缝的灌区，应自基础层开始逐层顺次向上灌注。上层灌区的灌浆，应待下层和下层相邻灌区灌好后才能进行。同一条接缝，若灌区面积较小或因上下层灌区串通又难以解决时，在设备能力条件许可的情况下，可采用上下层同时灌注。但需严格控制灌区顶层压力。

(2) 为了避免各坝块沿同一方向灌注形成累计变形，影响后续灌缝张开度，一般情况下，不宜由一侧向另一侧推进，在较平整的基础上，横缝灌浆宜自河床中部分别向两岸推进或由两岸向河床中部推进。纵缝灌浆则考虑到灌浆的附加应力与蓄水后上游坝趾受拉应力的叠加，一般的灌浆次序宜自下游向上游推进。但有时为改善上游坝趾的应力状况，亦可先灌上游然后再灌下游。如果接缝所在的坝段处于倾斜的岩层或陡坡基础上，灌浆次序则应根据具体情况区别对待。

(3) 同一坝段，当同时有接触灌浆、纵缝灌浆和横缝灌浆时，为提高坝块的稳定性，避免基础纵、横缝灌浆时漏浆和可能产生的扬压力，一般应先进行接触灌浆，再进行纵缝灌浆和横缝灌浆。对于陡峭岩坡的坝段，同时有接触灌浆和接缝灌浆时，则宜安排在相邻纵缝或横缝接缝灌浆后进行，有利于提高坝块的稳定。

(4) 当条件具备时，同一坝段、同一高程的纵缝，或相邻坝段同一高程的横缝最好同时进行灌注。此外，对已查明张开度较小的接缝，应先行施灌。

(5) 纵缝与横缝灌浆先后次序，一般是先灌横缝、后灌纵缝。但有些工程考虑到坝体的侧向稳定，采取先灌纵缝、后灌横缝的方式。

（6）一般规定同一接缝的上、下层灌区的间歇时间应不少于 14d，同时要求下层已灌浆的缝面结石具有 70% 的强度，才能进行上层灌区的灌浆。同一高程的相邻纵缝或横缝灌浆后的间歇时间不应少于 7d。考虑到水泥结石受力条件，同一坝块，同一高程的纵、横缝间歇时间，如属于垂直键槽则横缝先灌，需待 7～10d 后再灌纵缝；如属于水平键槽则纵缝先灌，需待 14d 后方可灌注横缝。

（7）在靠近基础的灌区，当有中、高压帷幕灌浆时，原则上应将帷幕灌浆安排在接缝灌浆后进行。当灌区两侧的坝块存在架空、冷缝或裂缝等缺陷需要处理时，灌浆与补强的先后次序应视具体情况分别对待。

1）为避免坝体缺陷补强钻孔打断冷却水管，影响坝体通水冷却，有相当数量的接缝灌浆管需事先处理才能具备缝面冲洗条件时，应先进行接缝灌浆、后进行缺陷处理。

2）因坝块缺陷较为严重，且与坝体接缝串通，可采取灌浆与补强同时进行的措施。

3）因缺陷导致接缝灌浆时影响到坝块安全时，则必须先补强、后灌浆。

10.9.3　灌浆压力与灌浆材料

接缝灌浆时采用合适的压力与正确操作，将直接关系到灌浆质量和接缝两侧坝体的安全。适宜的灌浆压力，可使浆液在缝面循环、顺畅地流动，填充缝隙所有的角落，并使浆液泌水和压密，以获得良好的水泥结石。

1. 灌浆压力的选择

为了提高灌浆质量，特别是灌好细缝，必须尽可能地提高灌浆压力。最大允许压力值的确定，与坝块尺寸、灌区高度以及灌浆次序的安排等因素有关，必要时，应根据灌浆时缝内浆体或水的压力状况，验算相应坝块稳定和应力，据此确定设计压力。

根据经验，设计时可假定浆、水压力为直线分布，并附加一项阻力损失，其值为在缝内的浆、水流动的起点与终点压能（浆或水柱压力）的某一百分数，由此得相应水平压力的近似算式如下：

$$P_0 = P_1 + \gamma H + \varepsilon \gamma H$$

式中：P_1、P_0 分别为灌区顶层压力和底层压力，MPa；γ 为浆或水的容重，$1 \mathrm{kgf/m^3}$；H 为灌区高度，m；ε 为阻力损失系数。

灌浆压力以顶层排气槽压力作为控制值，以灌区底层进浆管口压力作为辅助控制值，在有压重情况下：灌区顶层排气槽压力为 0.2～0.25MPa；灌区底层进浆管口压力为 0.4～0.55MPa。

在纵缝附近有电梯井、廊道等较大的孔洞时，进浆管口压力控制在 0.35～0.4MPa，排气槽压力控制在 0.15～0.2MPa。

2. 灌浆压力的控制

灌浆压力的控制应以管口压力和接缝变形增开度作为综合控制条件，控制的管口压力必须能尽量反映缝内的实际压力状况。通常埋设的灌浆管系统中的排气槽与缝面直接连通，设置于排气槽两端的管口可较为真实地反映缝面压力。因此，工程中大多以设计规定的顶层压力换算成排气管口压力作为控制标准，但当排气槽（管）不能正常工作或采用特殊的灌浆方式时，则多以处于较高处的回浆管口压力作为控制标准。

灌浆过程中，还必须仔细观测跨缝千分表的读数，控制变形增开度不超过允许值。施灌时，与灌区高程相当的左右相邻灌区一般均进行通水平压，所以除了调整灌浆压力外，还需随时调整相邻灌区平压压力，使灌浆缝不至于过分挤压或超过允许变形的增开度。

3. 灌浆材料

接缝灌浆使用的水泥，一般采用 42.5 强度等级中热硅酸盐水泥或普通硅酸盐水泥，细度和灌浆水灰比按表 10.9.1 控制。

表 10.9.1　　　　　　　　　　细度和灌浆水灰比

接缝张开度 /mm	方孔网 /μm	筛余量 /%	参考浆液浓度	外加剂
>1.0	80	≤5	1:1、0.6:1	不掺
0.5~1.0	80	≤5	3:1、1:1、0.6:1	管道不畅灌区掺木钙
<0.5	按细缝要求处理			一般掺木钙

注　施灌时，经过论证后可适当调整浆液比级。

灌浆水泥必须符合质量标准，不得使用已受潮结块的水泥，灌浆水应符合拌制水工混凝土用水要求。浆液温度一般应为 5~15℃，最高不超过 20℃。为改善浆液的流动性和延长凝结时间，可掺入一定数量的外加剂，掺入量应通过试验确定。

10.9.4　接缝灌浆前的准备工作

1. 坝体温度及接缝张开度的检测

（1）坝体温度检测。为判明坝体是否达到灌浆温度，灌浆前应测定灌区两侧坝块与上部压重块的温度，一般可采取以下检测方法：

1）埋设温度计。在大坝施工过程中，可综合考虑混凝土浇筑、接缝灌浆温度观测和坝体应力观测的要求，选择少数有代表性的坝段，埋设温度计进行长期观测。对于不需作长期观测的坝块，亦可在施工时预埋温度计或必要时补钻风钻孔观测坝体温度。

2）闷管测温。即临时封闭坝内埋设的冷却水管，使水在管内停留一段时间，然后打开管口，在管口另一端注入压缩空气，使管中水缓慢流出，用温度计测水温并不断读数（每分钟读 5~6 次），取平均值即为坝体的平均温度。

（2）接缝张开度检测。接缝张开度的检测有多种方法，国内工程主要采用的方法如下：

1）厚薄规（一种塞尺）。采用厚薄规检测缝宽最小可测读 0.05mm。检测前，将接缝表面长 20~30cm、深 10~20cm 的混凝土凿除，插入厚薄规量测。

2）用刻度放大镜量测读数。其最小读数可达 0.01mm，放大 25~40 倍，较方法 1）实测精度高。检测时将测定部位表面混凝土凿除，使接缝清晰的暴露，然后用刻度放大镜检测。

3）在坝体施工时预埋测缝计，可检测出坝内接缝张开度，精度较高。

2. 通水检查

接缝灌浆前，进行预灌性压水检查及缝面浸泡和冲洗等工作，是灌浆前准备工作中必不可少的工序，是指导灌浆施工顺利进行的重要一环。通水检查的目的主要是弄清灌浆管路系统通畅情况，缝面是否堵塞，灌区有无外漏串区，判断坝体混凝土有无缺陷，为灌浆前的事故处理拟定灌浆技术要求提供依据。此外，还可预计灌浆水泥用量。通水检查步骤及要求如下：

（1）全面通水检查。其目的主要是鉴别接缝的可灌性，找出灌浆系统外漏、串区、串块、堵塞等需要处理的部位。主要采用敞开式、单开式和封闭式三种通水方式。

1）敞开式通水检查。分别从各个管口进水，敞开其他管口，与进水管直通的灌浆管一般先出水，出水后关闭，然后在进水管达到设计压力并稳定时，检测进水率，由此可大致判断管路通畅情况。

2）单开式通水检查。检查时分别从两进浆管进水，并将其他管口关闭，后依次放开管口，在进水管达到设计压力的 80% 时，测定各管口的单开出水率。通畅的标准是：进水量大于 70L/min，单开出水率大于 50L/min。若管口出水量大于 50L/min，可结束通水检查；否则应从该管口进水，测定其余管口出水量和关闭压力，以便查清管路及缝面通畅情况。

3）封闭式通水检查。选择一个较通畅的进浆管口进水，关闭其他管口，待排气管达到设计压力（或设计压力的 70%）时，测定接缝漏水量以及串层、串块漏水率并观察外漏部位，以查明灌区封闭情况。灌区封闭标准为：稳定漏水量应小于 15L/min（不为集中渗漏），串层、串块漏水量应小于 5L/min。

（2）接缝充水浸泡及冲洗。灌浆前必须对接缝进行浸泡与冲洗。工程实践证明，缝面被污物、杂质填充而梗塞情况较为常见，严重影响了接缝浆液在缝面的流动。采用通水浸泡可使缝内的污物疏松、软化。一般浸泡时间不少于 24h，浸泡后轮番从进浆管、排气管进风、进水，自下而上和自上而下反复冲洗，使风水通过管路、出浆盒、缝面带出接缝内的污水、杂质。缝面是否冲洗干净的标准是由进浆管压入洁净的水，排气管排出缝内的积水无任何沉淀物，可认为缝面基本冲洗干净。

（3）灌浆前预灌性压水。灌浆前必须进行预灌性压水，压水的压力等于灌浆压力，其目的是复核灌区的管路通畅情况，选择排气管与进、回浆管较为通畅的循环线路，核实接缝容积、各管口单开出水量与压力、缝面漏水量等数值，同时检查灌浆机的运行可靠性。以确定灌区的施灌条件，为下一步实施灌浆作好实战准备。

（4）其他准备工作。

1）灌浆机房的位置选择，应综合考虑操作方便、水泥的运输顺畅、与其他施工项目的干扰小等因素，一般距灌浆部位的最大距离不宜超过 50m。为便于缝面回浆，机房设置的高程应尽量接近灌区的层底或在层底上下 2m 范围内。

2）灌浆设备的选择：应根据缝面情况选择排浆量满足在 10~15min 之内完成整个灌区的灌浆；在超过最大设计压力的 1.5 倍的情况下设备运转正常；在压力变换的过程中，机械能处于良好的稳定状态；能灌注浓度较稠的水泥浆（不稀于 0.6:1 的浆体）；此外设备应轻便灵活、便于拆装迁移等。

3）机房和灌区附近应设置便于拆装的风管与水管，压力稳定，使用电源的电压稳定，配备专用对讲机。

4）观测使用的千分表、压力表使用前必须经过检查，并有一定数量的备用。备用的灌浆胶管及其他配件充足。对于灌浆用水泥，特别是加工磨细水泥，应随灌浆进度按计划分批进行，堆放在密闭的仓库内，并注意防潮。

10.9.5　灌区事故处理

灌区的通水检查，可基本判明灌区的事故部位及类型，并在灌浆前进行处理。事故类型及处理方法主要有以下内容。

1. 灌浆管路不通的处理

（1）进回浆管不通的处理。处理前，先将灌区充分浸泡 7d 左右，再用风和水轮换冲洗，风压限制在 0.2MPa，水压不超过 0.8MPa（逐级加压，每 0.05MPa 为一级）。轮换冲洗时应将所有的管口敞开，以免一旦疏通后缝面压力骤增。如堵塞部位距表面较近，可凿开表面混凝土，割除管路堵塞段，恢复进回浆管。当上述措施无效时，可视具体情况采用骑缝钻孔或斜穿钻孔代替进回浆管。

（2）排气管不通的处理。当排气管不互通或排气管与进回浆管不互通时，可初步判断为排气管不通（也有缝面不通的可能性），如经疏通无效，一般采用风钻孔或机钻孔，打穿灌区顶层替代原管路。一般排气至少布置 3 个风钻孔或 1 个机钻孔，风钻孔单孔出水量大于 25L/min，机钻孔单孔出水量大于 50L/min 时，可认为畅通。

2. 缝面不通的处理

当进回浆管互通，排气管本身也互通，但进回浆管与排气管之间不互通时，可判断为缝面不通。缝面不通的原因有三种可能：缝面被杂物堵塞、细缝或压缝。如系前者，可以用反复浸泡、风和水轮换冲洗的办法；如为压缝，则可打风钻孔或机钻孔代替出浆盒，用联孔形成新的灌浆系统；如为细缝，则只能采取细缝灌浆措施。

3. 止浆片失效引起外漏的处理

对于止浆片失效引起外漏，一般采用嵌缝堵漏的措施。根据外漏部位及漏量大小，可先沿外漏接缝凿槽，再用水泥砂浆、环氧砂浆或棉絮等材料嵌堵，能比较有效地阻止浆液外漏。

4. 特殊情况的灌浆方法

（1）灌区与混凝土内部缺陷串漏时的灌浆。当灌区与混凝土内部架空区互串时，由于漏量较大，灌浆时间必然延续较长。若管道及缝面又不太通畅，则不宜采取降压沉淀的方法，否则，缝面由下至上泌水，阻力增大，最终可能导致缝面梗塞。通常在变换至最终级浓浆、缝面起压正常后，保持 50%～70% 的设计压力灌注；当吸浆量急剧下降时，再升到设计压力灌注，直至达到正常标准时结束。

（2）止浆片失效引起外漏的灌浆。灌区由于止浆片失效而引起的外漏，一般先嵌缝堵漏，再进行灌浆。当灌浆过程中发现外漏严重时，如缝面处于充填初级浆液阶段可及时冲掉，嵌缝后再灌。如缝面处于充填中级或终级浆液时，可边嵌边灌，同时在灌浆工艺上采取间歇沉淀或降压循环的措施，迅速增大缝面浆液黏度，促使缝面尽早形成塑性状态，当吸浆率明显减少时，在设计压力下正常灌注至结束。

（3）止浆片失效引起相邻灌区串漏的灌浆。一般有两种处理方法：

1）先将表面外漏处嵌缝，然后多区同灌，每个灌区配备一台灌浆机，可灌性差或漏量大的灌区先进浆，以利于各灌区同时达到在设计压力下灌注。当某一灌区先具备结束条件时，须待串漏区的吸浆率在设计压力下明显减小，才能先行并浆，互串区先后结束间隔时间，一般控制不超过 3h。

2）当不允许互串灌区同灌时，也可采取下层灌浆、上层通水平压的措施，以防止下层浆液串入上层。上层通水时的层底压力，应与下层灌浆的层顶压力相等。

（4）进回浆管失效时的灌浆。进回浆管失效，如条件允许，可作骑缝钻孔代替进回浆管（孔距一般 3m），风钻孔代替排气管，灌浆方法与正常条件下的灌浆方法基本相同。如无条件布置骑缝机钻孔时，可采用风钻斜穿孔，一般 3～6m² 布置一孔，各孔均设内管（进浆管），孔口设回浆管，从灌区下层至上层将进回浆管分别并联成若干孔组，并留出排气孔。灌浆时，下层孔组进浆，上层孔组回浆，中层孔组放浆，灌至达到结束条件时为止。

（5）细缝灌浆。一般指冷却至灌浆温度后，张开度仅为 0.3～0.5mm 的灌区，在灌浆施工中，一般采取下列措施：

1）采用细度为通过 6400 孔/cm² 的筛余量在 2% 以下的 525 号硅酸盐细磨水泥。

2）在灌浆初始阶段，提高进浆管口压力，尽快使排气管口升压，有利于细缝张开，其张开度应严格控制在 0.5mm 以内。

3）采取四级水灰比，即 4∶1、2∶1、1∶1、0.6∶1 浆液灌注。先用 4∶1 浆液润滑管道与缝面，2∶1 浆液过渡，尽快以 1∶1 浆液灌注，尽可能按终级浆液结束，最后从排气管倒灌补填。浆液中可掺用塑化剂（掺量不超过水泥重量的 3‰ 为宜），以改善浆液流动性。

4）灌浆过程中，当变浆后排气管放出稀浆时，即从两侧进浆管同时进浆，或与排气管同时进浆，以改善缝面浆压分布（因缝面出浆盒有时局部阻塞）。

5）在经过论证的情况下，采用坝块超冷（即比灌浆温度低 2～4℃），力求改善缝面张开状况。

6）化学灌浆（使用不多），必须谨慎选用化学灌浆材料和施工工艺。

10.9.6　接缝灌浆施工工艺

1. 正常灌浆工艺

一般正常情况下应该是接缝张开度大于 0.5～1.0mm，进回浆管与排气管相互通畅，单开出水率大于 30L/min，无明显外漏，可实施正常灌浆。根据国内水电工程接缝灌浆工艺与方法，整个灌浆过程可大致分为三个阶段。

（1）初始阶段。正常的操作是将各管口开启，由进浆管按 3∶1 或 2∶1 灌入初始级浆液（当张开度大于 2mm，管道畅通，两排气管单开出水量大于 30L/min 时，也可直接采用 1∶1 或 0.6∶1 浆液进浆），主要目的是润滑灌浆管道和接缝面，使缝内的空气和水分排出缝外，按出浆的先后次序依次关闭各管口，调节注入缝内的进浆量，当排气管口出浆或循环到一定的时间后，可改灌 1∶1 中间级浆液。

（2）中间阶段。改灌 1∶1 浆液后，逐渐使排气管起压，并间歇性地开启排气管，以排出残留的空气、水分和稀浆，其他管口也间歇性开启放浆以防止堵塞。当排气管出浆浓度接近或等于进浆管浓度，或进浆量约等于接缝容积时，可换灌最终级 0.6∶1（或 0.5∶1）浆液。

（3）结束阶段。换灌最终级浆液后，一般须提高灌浆压力达设计最高值，当排气管出浆浓度达到进浆浓度，压力或缝面增开度达到设计规定的值，缝面浆液注入率等于零，或持续 20min 进浆量小于 0.4L/min 时可结束灌浆。结束时，应先关闭各管口阀门后才停机，闭浆时间不小于 8h。

灌浆过程中，当排气管出浆不畅或被堵塞时，可在增开度限值内提高进浆压力，力求达到结束标准。若仍无效，可采用最浓比级浆液倒灌的方式由两个排气管进浆，在设计规定的压力下，以缝面停止吸浆，持续 10min 结束。

必须严格控制灌浆压力和缝面增开度，灌浆压力应达到设计要求。若灌浆压力尚未满足设计要求，而增开度已达设计规定的值，则应控制灌浆压力。

2. 多区同时灌浆工艺

（1）同一高程的灌区相互串通时，可采用一区一机同时灌的方式进行灌浆，施灌过程同正常灌区。但应特别注意，必须保持各灌区的灌浆压力基本一致，协调各灌区浆液比级的变换。

（2）同一坝段上、下层灌区相互串通时，可采用一区一机同时灌浆的方法。灌浆时，必须对相邻缝的灌区进行通水平压，然后先对下层灌区施灌，待浆液串至上层灌区时，再开始进行上层灌区的灌浆。灌注过程中，以控制上层灌区的灌浆压力为主，同时注意调整下层灌区的压力，下层灌区的灌浆宜待上层灌区开始灌注最浓比级浆液后结束，上、下层灌区结束时间应控制在 1h 之内。3 个或 3 个以上的灌区相互串通需同时灌注时，应慎重从事。

3. 特殊情况下的灌浆

特殊情况下的灌浆主要是指灌区与混凝土内部架空串漏，止浆片失效引起的严重外漏和相邻灌区串漏，进、回浆管全部失效，接缝为细缝和压缝等。对这一类灌区的灌浆应根据具体情况，采用不同的灌浆工艺与方法。

10.9.7　接缝灌浆质量检查与评定

接缝灌浆质量检查与评定，应以分析灌浆资料为主，结合钻孔取样芯、槽检等质检成果，并从以下几个方面进行综合评定：

（1）灌浆时坝块混凝土温度。

（2）灌浆管路、接缝面通畅情况以及灌区封闭状况。

（3）灌浆施工情况。

（4）灌浆结束时排气管的出浆浓度和压力。

（5）灌浆过程中有无中断、串浆、漏浆和管路堵塞等情况。

（6）灌浆前后接缝张开度的大小及变化。

（7）灌浆材料的性能。

（8）缝面注浆量。

（9）钻孔取芯、缝面槽检和压水检查成果，孔内探缝、孔内电视等检测成果。

10.10　层面结合

10.10.1　层面抗剪强度

碾压混凝土由于其胶凝材料用量相对较少，在运输和铺筑过程中容易分离，使混凝土质量很难达到均匀，从整体上影响坝体的抗渗性。另外，由于碾压混凝土采用大面积薄层摊铺，用振动碾压实的施工工艺，层厚一般为 30～50cm，因此在坝体中形成较多的层面。这些层面的结合性能受到材料性质、混凝土配合比、施工工艺、施工管理水平以及施工现场气候条件等诸多因素的影响。这些层面如果间歇时间欠妥、处理不当，可能会成为碾压混凝土坝渗流集中通道和抗滑稳定的相对薄弱面。大量的室内外试验及已建工程的原型观测资料表明，配合比适当且施工精良的碾压混凝土透水性是很小的，与常规混凝土类似，碾压混凝土本身的渗透系数平均值约为 10^{-9} cm/s 数量级。然而由于碾压混凝土坝的施工特点，存在大量水平施工缝，如处理不当，层面将成为强透水层面，沿层面切线方向的渗透系数可达 10^{-2} cm/s，甚至更大。层面结合的好坏还决定着层面的力学参数，对坝体的安全运行有着极大的影响。根据国内有关碾压混凝土坝的试验资料，出现冷缝的层面抗剪强度约为混凝土本身强度的 40%～60% 左右。因此，碾压混凝土坝的层面结合是施工控制的关键。

碾压混凝土坝的性能主要由水平层面的性能确定。碾压混凝土层间结合强度主要取决于两个方面：胶凝材料之间的化学胶结力和新浇层混凝土骨料嵌入下层产生的骨料咬合力。当层面的暴露时间延长时，后一种结合力成为主要影响因素，因为骨料之间的咬合力随着层面暴露时间延长的衰减速度比胶结力的衰减快得多。这也决定了碾压混凝土的层面处理与常态混凝土相比有很大的差别。采取何种层面处理方式与很多因素有关，但主要取决于层面暴露时间，在层面上铺垫层料是改善层间结合性能的基本方法。

对碾压混凝土大坝而言，层面的抗剪断特性比其他力学性能更为设计所重视，因为它与大坝的抗滑稳定和渗流直接相关。碾压混凝土的层面抗剪强度室内试验装置及试验方法见第 8.1.7 节。

材料的抗剪强度可用库仑方程表示：

$$\tau = \sigma f' + c' \tag{10.10.1}$$

式中：τ 为抗剪强度；c' 为黏聚力；σ 为法向应力；f' 为抗剪摩擦系数。

因此，碾压混凝土层间黏聚力是抗剪强度的最关键指标。

碾压混凝土的黏聚力取决于配合比、灰浆量和水胶比以及龄期，其抗剪摩擦系数则主要取决于骨料种类与形状，一般不随配合比或龄期的变化而变化。层面的黏聚力主要取决于层面的状况，不同层面缝的黏聚力相差极大，最低可为 0，即无任何黏结强度，最高可接近于本体的黏聚力。

影响碾压混凝土层间结合强度的主要因素如下：

（1）层面状况。为保证良好的黏结强度，层面在施工过程中必须保持湿润，但又必须避免积水的存在。过多的水分将增大层面处砂浆的水灰比，降低黏结强度。然而层面处于完全干燥状态将会严重影响黏结强度，甚至黏结强度为零，比如说在产生施工冷缝的情况下。

（2）层面间隔时间。在下层混凝土初凝前浇筑上层碾压混凝土，通常会获得良好的层面结合强度。

（3）上层碾压混凝土的稠度。在下层碾压混凝土初凝以后再浇筑上层碾压混凝土时，层间结合强度决定于进入下层碾压混凝土表面孔隙中的上层碾压混凝土灰浆的数量。对于富浆碾压混凝土，其灰浆体积除可填充细骨料间的空隙外还有富余，因此相对于贫浆碾压混凝土而言，它可以提供更高的层间结合强度。

（4）上层碾压混凝土的压实效果。上层碾压混凝土的压实效果也是影响层间结合强度的一个因素。上层混凝土碾压密实将使层面处混凝土空隙率降低，形成良好黏结。当碾压不密实或在层面处产生骨料分离，将使层面处混凝土空隙率显著增大，导致层间结合强度降低。

显然，为了保证层面胶结质量，从材料的角度考虑，使用较多的胶凝材料用量是目前普遍的趋势。然而较多的胶凝材料将带来水化热温升的增加，从而影响施工速度，增加温控的投入，无限制地提高是不可取的，也失去了碾压混凝土固有的本性。此外，通过掺加缓凝高效减水剂尽可能延长层面的允许暴露时间也能改善层面胶结质量。另外，在大规模的工程施工中，往往很难避免层面暴露时间过长引起的层面结合质量问题，此时必须对层面进行合适处理以提高胶结质量，满足上层碾压混凝土的摊铺需要。如处理不当，将直接导致大坝层面的薄弱面，在不利条件下成为大坝的渗流通道，影响大坝的安全运行。

Kogan 和 Schrader 根据室内试验和现场试验的结果分析了提高层面结合质量的措施，包括：①对层面缝进行垫层处理；②延长混凝土拌和物的凝结时间；③提高胶凝材料用量。这些措施延长了层面允许暴露时间，提高了层面黏聚力。Hess 和 Hansen 等总结了美国碾压混凝土大坝芯样的层面抗剪强度研究数据，见表10.10.1。

表 10.10.1　　　　碾压混凝土大坝芯样的抗剪强度试验结果

大　坝	层面处理	c' /MPa	ϕ（$\tan\phi$）	c'/f_c'	c'/c_p	层面完好率 /%
Zintel Canyon $VC=14$s $C+F=74+0$（kg/m³） $MSA=64$mm 龄期1年	本体	2.00	56° (1.48)	0.19	1.00	—
	无垫层	0.59	56° (1.48)	0.06	0.29	38
	垫层	1.35	54° (1.38)	0.13	0.69	73
Cuchillo Negro $VC=10\sim20$s $C+F=77+59$（kg/m³） $MSA=76$mm 龄期大于2年	本体	2.51	50° (1.19)	0.14	1.00	—
	无垫层	0.85	63° (1.96)	0.05	0.34	20
	垫层	1.74	57° (1.54)	0.10	0.69	64

续表

大　坝	层面处理	c' /MPa	ϕ（$\tan\phi$）	c'/f_c'	c'/c_p	层面完好率 /%
Cache Creek $VC=17s$ $C+F=177+0$（kg/m^3） $MSA=38mm$ 龄期大于 1 年	本体	2.43	48° (1.11)	0.23	1.00	—
	无垫层	1.73	44° (0.97)	0.07	0.52	33
	垫层	2.27	43° (0.93)	0.10	0.72	66
Elk Creek $VC=17s$ $C+F=70+33$（kg/m^3） $MSA=76mm$ 龄期为 7~16 年	本体	2.36	67° (2.36)	0.15	1.00	—
	无垫层	0.81	39° (0.81)	0.06	0.44	37
	垫层	1.88	62° (1.88)	0.13	0.68	63
Victoria Replace $VC=15~20s$ $C+F=67+67$（kg/m^3） $MSA=76mm$ 龄期大于 1 年	本体	1.93	64° (2.05)	0.17	1.00	—
	无垫层	1.19	62° (1.88)	0.08	0.31	45
	垫层	1.59	69° (2.61)	0.12	0.72	71
平均	本体	—	—	—	1.00	—
	无垫层	—	—	—	0.34	35
	垫层	—	—	—	0.69	67

　　注　　c' 为层面黏结力；ϕ 为摩擦角；f_c' 为抗压强度；c_p 为 RCC 本体黏结力；C 为水泥用量；F 为粉煤灰用量。

　　显然，在有层面存在的情况下，无论是否使用垫层处理材料，其层间黏结力和内摩擦角均小于碾压混凝土本体，使用垫层材料能明显改善层间黏聚力，对摩擦系数的影响不大。几个工程未铺设砂浆垫层的层面层间黏聚力平均为碾压混凝土本体的 69%。一般来说，层面黏聚力与碾压混凝土抗压强度之间的关系很不可靠，不能作为层面结合质量的判断依据。

　　国内在经历了最初的几个实验性的碾压混凝土工程后，吸取了国内外的经验教训，逐渐重视碾压混凝土的层面质量的控制，开展了大量的试验研究，试图寻求影响层面结合质量的普遍规律，以获得质量良好的层面。

　　作为龙滩水电站这一世界最高的碾压混凝土工程的试验性前期工程，岩滩水电站在多项关键技术方面进行了探索，特别是层面结合质量的研究。为此，在岩滩水电站的围堰进行了不同施工条件下碾压混凝土层间原位抗剪断对比试验，取得的结果见表 10.10.2。

　　冯立生等通过室内试验模拟了 4 种工况下碾压混凝土层面的抗剪断特性，并考虑尺寸效应和坝体混凝土的保证率，以室内试验获得的 c' 和 f' 分别除以 1.35 和 1.24 作为各工况的层面抗剪断强度参数值，主要结果见图 10.10.1。结果表明，层面铺水泥净浆的效果最好，层面黏力为本体的 81%；层面铺水泥砂浆其次，黏结力为本体的 77%；铺细骨料混凝土的层面黏结力为本体的 69%；不处理的最差，为本体的 57%。

表 10.10.2 岩滩水电站碾压混凝土层面抗剪强度

气温 /℃	层面暴露时间 /h	层面处理	c' /MPa	f' ($\tan\phi$)	备 注
21～27	3～5	无	1.25	1.26	$R_{28}=17.4\text{MPa}$ $C+F=45+105$（kg/m^3） $W=85\text{kg/m}^3$ $MSA=80\text{mm}$
21～27	18～36	湿润	0.92	1.24	
30～35	3～4	无	0.54	0.90	
30～35	16	无	0.05	1.35	
30～35	16	湿润	0.37	1.15	
30～35	16	砂浆	1.42	1.35	

杨华全结合三峡三期碾压混凝土围堰工程研究了以不同强度的净浆和砂浆作为垫层处理材料对层面结合质量的影响，认为只要垫层材料的强度比碾压混凝土本体强度高一个等级即可取得明显效果，但更高强度的砂浆由于水化热温升过高将增加层面热裂缝的风险。

周群力对江垭大坝碾压混凝土芯样进行了抗剪试验，并与室内试验结果进行了对比，结论是室内试验结果偏大，室内芯样黏聚力 $c'=2.06$，室内芯样摩擦系数 $f'=1.06$，同时指出，由于试验数量偏少，结果的离散性较大。

韩晓凤研究了尺寸效应对碾压混凝土层面抗剪强度的影响，总的趋势是试件尺寸越大，抗剪断强度参数越小；并对 c' 和 f' 的尺寸效应进行了双曲线回归，并通过有限元计算进行了验证。尺寸效应如图 10.10.2 所示。

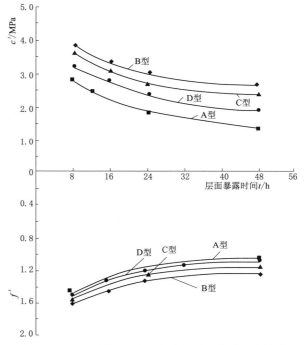

图 10.10.1 不同层面处理方式的层面抗剪强度参数

A 型—层面不作处理；B 型—层面刨毛铺水泥浆；

C 型—层面刨毛铺水泥砂浆；D 型—层面刨毛铺细骨料混凝土

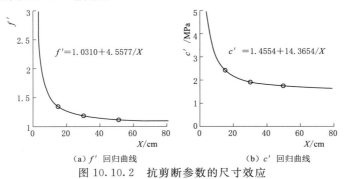

（a）f' 回归曲线   （b）c' 回归曲线

图 10.10.2 抗剪断参数的尺寸效应

碾压混凝土的筑坝技术逐渐趋向成熟，但在实际工程中常常面临复杂的技术细节，如原材料、混凝土配合比、施工时的环境条件（气温、湿度、日照及风速）、层间暴露时间、层间处理方式及施工工艺等都会影响碾压混凝土层面结合质量。针对碾压混凝土坝层面结合质量的重要性及复杂性，在工程施工中应引起重视。

10.10.2　层面及缝面处理措施

10.10.2.1　层面处理的目的

碾压混凝土坝施工中存在着许多碾压层面和水下施工缝面，而整个碾压混凝土块体必须浇筑得充分连续一致，使之成为一个整体，不出现层间薄弱面和渗水通道。为此，碾压混凝土层面、缝面必须进行必要的处理，以提高碾压混凝土层缝面结合质量。

（1）为了确保混凝土层间结合良好，应控制层间间隔时间。层间间隔时间控制标准直接关系到层间结合质量的好坏，各个工程的控制标准和具体做法都不尽相同，但都是在时间上做出限制。工程中有两种控制标准：一是用于控制直接铺筑，即直接铺筑允许时间；二是用于控制层面加垫层的铺筑，即加垫层铺筑允许时间。只要时间标准选择合适，可以满足层间结合质量和抗剪断指标的要求。由于直接铺筑工序简单、效率高，层间结合质量好，所以在施工安排上应优先采用。超过直接铺筑允许时间的层面，应在层面上铺垫层拌和物，再铺筑上一层碾压混凝土。超过了加垫层铺筑允许时间的层面应按施工缝处理。

（2）直接铺筑允许时间和加垫层铺筑允许时间，应根据工程结构对层面抗剪能力和结合质量的要求，综合考虑拌和物特性、季节、天气、施工方法、上下游不同区域等因素经试验确定。中、小型工程也可类比同类工程确定。直接铺筑允许时间应小于初凝时间。江垭工程这两个时间分别规定为 6h 和 24h，实际施工中直接铺筑允许时间采用初凝时间，加垫层铺筑允许时间实测最长 22h，一般为 18～22h。

（3）施工缝应进行缝面处理，缝面处理可用刷毛、冲毛等方法清除混凝土表面的浮浆及松动骨料，达到微露粗砂即可。冲毛、刷毛时间可根据施工季节、混凝土强度、设备性能等因素，经现场试验确定，不得过早冲毛。缝面处理完成并清洗干净，经验收合格后，及时铺垫层拌和物，然后铺筑上一层混凝土，并在垫层拌和物初凝前碾压完毕。

碾压混凝土筑坝中的施工缝是个薄弱环节，容易形成渗漏通道，影响抗滑稳定，应进行认真处理。刷毛、冲毛的目的是清除混凝土表面的浮浆、污染物和松动骨料，增大混凝土表面的粗糙度，以提高层面黏结能力。在处理好的层面上铺垫层拌和物，可保证上下层黏结良好。刷毛、冲毛时间随混凝土配合比、施工季节和机械性能的不同而变化，一般可在初凝以后、终凝之前进行。过早冲毛不仅造成混凝土损失，而且有损混凝土质量，所以碾压混凝土不得提前冲毛，施工缝层面的处理标准为微露粗砂。

（4）垫层拌和物可使用与碾压混凝土相适宜的灰浆、砂浆或小骨料混凝土。灰浆的水胶比应与碾压混凝土相同，采用砂浆和小骨料混凝土时应根据使用部位进行专门配合比设计，并比碾压混凝土强度高一个等级。垫层拌和物应与碾压混凝土一样逐条带摊铺，施工缝经过毛面处理并冲洗干净后，表面比较粗糙，为了保证垫层能在表面充分填充并有相当的富裕度，应铺筑 10～15mm 厚的砂浆，砂浆层铺完后即摊铺混凝土，防止已铺的砂浆失水干燥或初凝。

（5）因施工计划的变化、降雨或其他原因造成施工中断时，应及时对已摊铺的混凝土进行碾压。停止铺筑的混凝土面边缘宜碾压成不大于1：4的斜坡面，并应将斜坡上的混凝土碾压密实，并将坡脚处厚度小于150mm的部分切除。根据实践，施工中断部位，具备条件重新恢复施工时，只要根据层间间隔规定进行层面处理，层间结合质量就有可靠的保证。碾压混凝土一般强度增长缓慢，将层面放置等待强度上升效果并不明显，所以为了提高施工效率，在具备条件后可立即恢复施工。

10.10.2.2 层面处理方式

碾压混凝土层面处理的目的是要解决层间结合强度和层面抗渗问题，所以层面处理的主要衡量标准就是层面抗剪强度和抗渗指标。不同的层面状况、不同的层间间隔时间及质量要求需采用不同的层面处理力式，一般常用的层面处理方式如下：

（1）正常层面状况（即下层碾压混凝土在允许层间间隔时间之内浇筑上层碾压混凝土的层面）。

1）避免或改善层面碾压混凝土骨料分离状况，尽量不让大骨料集中在层面上，以免被压碎后形成层间薄弱面和渗漏通道。

2）如层面产生泌水现象，应采用适当的排水措施，并控制 VC 值。

3）如碾压完毕的层面被仓面施工机械扰动破坏，应立即整平处理并补碾密实。

4）对于采用上游二级配混凝土进行防渗的，其上游防渗区域的碾压混凝土层面应在铺筑上层碾压混凝土前铺一层水泥粉煤灰净浆或水泥净浆。

5）碾压混凝土层面保持清洁，如被机械油污染的应挖除被污染的碾压混凝土。

（2）超过初凝时间的，但未终凝的层面状况按正常层面状况处理：铺设5～15mm厚的垫层，如水泥砂浆、粉煤灰水泥砂浆或水泥净浆、水泥粉煤灰净浆。

（3）超过终凝时间的层面状况。超过终凝时间的碾压混凝土层称为冷缝，间隔时间在24h以内，仍以铺砂浆垫层的方式处理；间隔时间超过24h，视同冷缝，按施工缝面处理。

（4）为改善层面结合状况，还常常采用如下措施：

1）在铺筑面积既定情况下提高碾压混凝土的铺筑强度。

2）采用高效缓凝减水剂延长初凝时间。

3）在气温较高时采用斜层平推碾压铺筑方式，以缩短层间间隔时间。

4）缩短碾压混凝土的层间间隔时间，使上一层碾压混凝土骨料能够压入下一层，形成较强的结合面。

5）提高碾压混凝土拌和料的抗分离性，防止骨料分离及混入软弱颗粒。

6）防止外来水流入层面，并做好防雨工作。

7）冬季防冻，夏秋季防晒。

10.10.2.3 缝面处理方式

碾压混凝土缝面处理是指其水平施工缝和施工过程中出现的冷缝面的处理。碾压混凝土水平施工缝是指坝体施工完成一个碾压混凝土升程（例如3.0m高）后而做一定间歇（一般约3d）产生的碾压混凝土缝面。大坝碾压混凝土缝面是大坝的薄弱面，容易成为渗水通道，应认真严格处理，以确保缝面结合强度和提高抗渗能力。碾压混凝土缝面处理方法与常态混凝土相同，一般采用如下办法：

（1）用高压水（或风砂枪、机械刷）清除碾压混凝土表面乳皮，使之成为毛面（以露砂为准）。

（2）清扫缝面并冲洗干净，在新碾压混凝土浇筑覆盖之前应保持洁净，并使之处于湿润状态。

（3）在已处理好的施工缝面上按照条带均匀摊铺一层 1.5～2.0cm 厚的水泥砂浆垫层，然后再开始铺筑碾压混凝土。

10.10.2.4　检验碾压混凝土层面质量的方法

检验碾压混凝土层面质量的简易方法为钻孔取芯样（芯样直径一般为 150mm），对芯样获得率、层面折断率、密度、外观等质量进行评定。通过芯样试件的抗剪试验得到抗剪强度，通过孔内分段压水试验检验层、缝面的透水率。

10.10.3　现场原位抗剪试验

10.10.3.1　现场原位抗剪试验方法

图 10.10.3　原位抗剪试验设备

按《水工碾压混凝土试验规程》（DL/T 5433）中的要求，每组为 5～6 块试件，试件的尺寸为 50cm×50cm，高约 30cm，以层厚控制。试验方法按《水利水电工程岩石试验规程》（SL 264）的规定进行。采用平推法，推力方向与层面平行且与振动碾压方向垂直。试件剪断后继续进行残余强度试验。卸荷后，将试件复位，再施加相应的正压力，进行一次摩擦试验。

试验仪器设备及安装、试验步骤、资料整理及计算方法，详见本书第 8.1.7 节。现场试验典型照片见图 10.10.3～图 10.10.9。

图 10.10.4　原位抗剪试验试件表面铺细砂整平

图 10.10.5　原位抗剪试验仪器设备架设及安装

图 10.10.6 应力传感器等精密仪器安装及调试

图 10.10.7 法向应力加载及数值记录

图 10.10.8 部分试件剪切破坏后试件的侧面情况

图 10.10.9 破坏试块剪切面起伏差量测过程

10.10.3.2 龙滩水电站现场原位抗剪试验

龙滩水电站不同部位的碾压混凝土层面抗剪参数设计指标见表 10.10.3，抗剪参数的设计龄期为 180d，设计指标是按统计方法确定的。

表 10.10.3 龙滩水电站碾压混凝土抗剪参数设计指标

试验工况	f'	C'/MPa	保证率 P/%	备 注
R Ⅰ C$_{90}$25	1.0～1.1	1.9～1.7	80	
R Ⅱ C$_{90}$20	1.0～1.1	1.4～1.2	80	变异系数 $f=0.2$,
R Ⅲ C$_{90}$15	0.9～1.0	1.0	80	$c=0.3$
R Ⅳ	1.0	2.0	80	

龙滩水电站共进行了两次工艺试验，对两次工艺试验进行了现场原位抗剪试验。第一次工艺试验混凝土的浇筑时间为 2004 年 1 月 16—18 日，浇筑了 1 至 4 层及第 5 层的 Ⅰ、Ⅱ区，间歇 11d 后在 2004 年 2 月 8 日进行了层面铺砂浆的第 5 层 Ⅲ 区混凝土浇筑。90d 龄期的原位抗剪现场试验从 2004 年 5 月 6 日开始，至 2004 年 5 月 30 日结束，共进行了 11 组试验，剪切试件 56 块；180d 龄期从 2004 年 7 月 18 日开始，至 2004 年 8 月 13 日结束，共进行了的 19 组试验，剪切试件 95 块。

第二次工艺试验混凝土的浇筑时间于 2004 年 6 月 22 日至 7 月 1 日在上游碾压混凝土围堰上进行（记为 2～1，下同），2004 年 7 月 17—26 日在下游引航道 260 平台上进行（记为 2～2，下同）。在上游碾压混凝土围堰上主要进行了 R Ⅰ $C_{90}25$（三级配）碾压混凝土的招标文件推荐配合比与大坝联营体推荐施工配合比的比较，在下游引航道 260 平台主要进行大坝联营体 R Ⅰ $C_{90}25$、R Ⅱ $C_{90}20$、R Ⅲ $C_{90}15$ 施工配合比的高温碾压施工工艺试验。上游围堰 90d 龄期原位抗剪现场试验从 2004 年 9 月 22 日开始，至 2004 年 10 月 20 日结束，共进行了 16 组试验，剪切试件 80 块；180d 龄期的原位抗剪现场试验从 2004 年 12 月 10 日开始，至 2004 年 12 月 31 日结束，共进行了 16 组试验，剪切试件 80 块。下游引航道 260 平台 90d 龄期原位抗剪现场试验从 2004 年 11 月 3 日开始，至 2004 年 11 月 14 日结束，共进行了 11 组试验，剪切试件 55 块；180d 龄期的原位抗剪现场试验从 2005 年 1 月 7 日开始，至 2005 年 1 月 25 日结束，共进行了 18 组试验，剪切试件 90 块。

第一次碾压混凝土的工艺试验是检验常温下碾压混凝土的施工工艺和工法，碾压混凝土的配合比的可碾性、力学性能等。第二次碾压混凝土的工艺试验，以第一次碾压混凝土工艺性试验的有关成果为基础，着重模拟高温季节条件下碾压混凝土的施工工艺；研究改善混凝土层间结合的措施、VC 值控制；落实碾压混凝土在高温季节条件的温度控制措施（包括混凝土的预冷、高速皮带机运输线的防晒与遮阳以及仓面的喷雾等）；实测碾压混凝土的物理力学指标；评定碾压混凝土的强度、抗渗、抗冻、弹性模量、极限拉伸、抗剪断强度等特性；验证和确定高温季节条件下碾压混凝土的质量控制标准和措施。

有两种根据现场原位抗剪试验成果确定抗剪参数的方法，分别是小值平均值法和统计法。

小值平均值法是《混凝土重力坝设计规范》（DL/T 5108）中建议的方法。规范中认为，抗剪摩擦系数 f' 值和凝聚力 c' 系指野外试验测定的峰值的小值平均值或野外试验和室内试验的峰值的小值平均值，且每一工程地质单元的野外试验不得少于 4 组。这一方法的特点是计算简单，概念明确，易为设计人员所接受。但是，在一般工程上，在一个工程地质单元要做 4 组以上的抗剪断试验是很困难的，而且，如何分组又有一定的人为性，故其小值平均值也有一定的人为性。

统计法是涂传林教授提出的方法，它不需分组，直接对每个试验点进行统计，解答是唯一的，保证率为 $1-a/2$ 时 f'、c' 的值为

$$f' = f'(1 - t_{a/2, n-2} \cdot C_{v,f}) \tag{10.10.2}$$

$$c' = \hat{c}'(1 - t_{a/2, n-2} \cdot C_{v,c}) \tag{10.10.3}$$

其中
$$\hat{f}' = S_{\sigma\tau} / S_{\sigma\sigma}$$

$$\hat{c}' = \overline{\tau} - \overline{\sigma} f'$$

$$\overline{\tau} = \frac{1}{n} \sum_{i=1}^{n} \tau_i$$

$$\overline{\sigma} = \frac{1}{n} \sum_{i=1}^{n} \sigma_i$$

$$S_{\sigma\tau} = \sum_{i=1}^{n} (\sigma_i - \overline{\sigma})(\tau_i - \overline{\tau}) S$$

$$S_{\sigma\sigma} = \sum_{i=1}^{n} (\sigma_i - \overline{\sigma})^2$$

$$S_{\tau\tau} = \sum_{i=1}^{n} (\tau_i - \overline{\tau})^2$$

$$C_{v,f} = \sqrt{\frac{\hat{\sigma}_0^2}{S_{\sigma\sigma}}} / \hat{f}'$$

$$C_{v,c} = \sqrt{\hat{\sigma}_0^2 \left(\frac{1}{n} + \frac{\overline{\sigma}^2}{S_{\sigma\sigma}}\right)} / c'$$

$$\hat{\sigma}_0^2 = \frac{1}{n-2} (S_{\tau\tau} - \hat{f}^2 S_{\sigma\sigma})$$

式中：σ_i、τ_i 分别为第 i 点剪断时的正应力和剪应力；$\hat{f}'$、$\hat{c}'$ 分别为抗剪参数的平均值；$C_{v,f}$、$C_{v,c}$ 分别为 f'、c' 的离差系数；n 为试验总点数；t 为分布函数，近似地也可用正态分布代替。

　　第一次常温工艺试验共进行了 11 组 90d 龄期的现场原位抗剪试验、19 组 180d 龄期现场原位抗剪试验。第二次高温工艺试验共进行了 27 组 90d 龄期的现场原位抗剪试验、34 组 180d 龄期现场原位抗剪试验。

　　第一次常温工艺试验进行了 3 种设计强度等级 RⅠC$_{90}$25（胶凝材料用量 190kg/m^3）、RⅡC$_{90}$20、RⅢC$_{90}$15，4 种工况（间歇 6～8h、间歇 10～12h、间歇 18～20h、间歇 10d 加铺砂浆）组合。第二次高温工艺试验又分为上游围堰（2～1）和引航道（2～2）试验。在上游围堰（2～1）上进行了一种设计强度等级 RⅠC$_{90}$25（比较两种胶凝材料用量 200kg/m^3 和 190kg/m^3）、4 种工况（间歇 2～3h、间歇 4～5h、施工缝刷毛后铺砂浆、施工缝刷毛后铺一级配混凝土）组合试验；在引航道（2～2）上进行了 3 种设计强度等级 RⅠC$_{90}$25（胶凝材料用量 193kg/m^3）、RⅡC$_{90}$20、RⅢC$_{90}$15，4 种工况（间歇 2～3h、间歇 4～5h、施工缝刷毛后铺砂浆、施工缝刷毛后铺一级配混凝土）组合试验。

　　为了求证龙滩工程现场原位抗剪试验数据是否满足设计指标要求，分别用小值平均法和统计法，计算 53 组 180d 龄期现场原位抗剪试验数据，不同条件下小值平均法和统计法得出的 f'、c' 值，并求得相应的抗剪强度，一并列于表 10.10.4。根据涂传林教授的统计方法，得出龙滩工程碾压混凝土第一次、第二次工艺试验的 53 组 180d 龄期原位抗剪试验在不同保证率（80%、85%、90%、95%）时 f'、c' 值的统计值，列于表 10.10.6。表 10.10.4～表 10.10.6 的分组统计数据依据是以设计强度等级进行的，考虑到实际施工的变化情况，将试验中的不同工况综合统计是较合理的，较能反映将来的实际施工情况。同时，分别进行了高温、低温施工和不同胶凝材料用量的统计分析。不同工况的试验数据较少，小值平均值法要求的最少组数是 4 组，不适宜进行统计。

　　对 38 组 90d 龄期现场原位抗剪试验数据，分别用小值平均法和统计法计算，得出不同条件下 f'、c' 的小值平均值和统计值，并求得相应的抗剪强度，一并列于表 10.10.5。90d 龄期无设计指标要求，计算结果供参考。由表 10.10.4～表 10.10.6 可知：

表 10.10.4　　龙滩工程 180d 龄期原位抗剪试验数据统计分析结果

试验工况	组数	试件个数	平均值		小值平均法平均值		统计法保证率80%		抗剪强度/MPa	
			f'	c'	f'	c'	f'	c'	小值	统计
R I C$_{90}$25	32	160	1.40	2.48	1.38	1.96	1.36	2.37	8.16	8.49
R I C$_{90}$25 围堰 16 组	16	80	1.38	2.56	1.41	1.88	1.32	2.38	8.22	8.32
R I C$_{90}$25 围堰上 8 组	8	40	1.38	2.44	1.30	2.17	1.31	2.23	8.04	8.13
R I C$_{90}$25 围堰下 8 组	8	40	1.38	2.67	1.51	1.58	1.29	2.39	8.37	8.20
R I C$_{90}$25 引航道 16 组	16	80	1.41	2.41	1.34	1.99	1.36	2.26	8.03	8.38
R I C$_{90}$25 第二次引航道	8	40	1.50	2.54	1.57	1.92	1.45	2.38	8.98	8.91
R I C$_{90}$25 第一次引航道	8	40	1.25	2.35	1.39	1.54	1.26	2.09	7.82	7.76
R II C$_{90}$20	14	70	1.42	2.27	1.40	1.84	1.35	2.12	6.04	6.17
R II C$_{90}$20（第二次）	6	30	1.45	2.61	1.49	2.06	1.34	2.38	6.52	6.40
R II C$_{90}$20（第一次）	8	40	1.4	2.01	1.38	1.79	1.33	1.88	5.92	5.87
R III C$_{90}$15	7	35	1.4	1.68	1.26	1.48	1.3	1.48	5.27	5.38
R III C$_{90}$15（第二次）	4	20	1.59	1.56	1.60	1.09	1.45	1.27	5.90	5.62
R III C$_{90}$15（第一次）	3	15	1.15	1.85	1.14	1.63	1.06	1.67	5.06	4.83

注　表中 C$_{90}$25 的抗剪强度计算中 $\sigma=4.5$MPa；C$_{90}$20 、C$_{90}$15 的抗剪强度计算中 $\sigma=3.0$MPa。

表 10.10.5　　龙滩工程 90d 龄期原位抗剪试验数据统计分析结果

试验工况	组数	试件个数	平均值		小值平均法平均值		统计法保证率80%		抗剪强度/MPa	
			f'	c'/MPa	f'	c'/MPa	f'	c'/MPa	小值	统计
R I C$_{90}$25	24	120	1.35	2.02	1.21	1.58	1.29	1.86	7.03	7.67
R I C$_{90}$25 围堰 16 组	16	80	1.40	1.99	1.28	1.56	1.34	1.81	7.32	7.84
R I C$_{90}$25 围堰上 8 组	8	40	1.42	1.92	1.32	1.57	1.34	1.69	7.49	7.71
R I C$_{90}$25 围堰下 8 组	8	40	1.39	2.07	1.2	1.65	1.29	1.77	7.05	7.58
R I C$_{90}$25 引航道 16 组	8	40	1.23	2.08	1.13	1.58	1.13	1.78	6.66	6.87
R I C$_{90}$25 第二次引航道	4	20	1.31	2.65	1.37	2.02	1.23	2.43	8.19	7.98
R I C$_{90}$25 第一次引航道	4	20	1.15	1.51	1.05	1.28	1.07	1.27	6.02	6.09
R II C$_{90}$20	7	35	1.27	1.81	1.19	1.45	1.14	1.55	5.02	4.97
R II C$_{90}$20（第二次）	3	15	1.53	2.04	1.45	1.83	1.43	1.85	6.17	6.15
R II C$_{90}$20（第一次）	4	20	1.08	1.64	1.02	1.33	0.97	1.41	4.39	4.32
R III C$_{90}$15	7	35	1.078	1.942	1.1	1.27	0.95	1.70	4.57	4.56
R III C$_{90}$15（第二次）	4	20	1.17	2.11	1.12	1.63	1.03	1.84	4.99	4.93
R III C$_{90}$15（第一次）	3	15	0.96	1.718	1.25	0.71	0.77	1.38	4.46	3.74

注　表中 C$_{90}$25 的抗剪强度计算中 $\sigma=4.5$MPa；C$_{90}$20 、C$_{90}$15 的抗剪强度计算中 $\sigma=3.0$MPa。

表 10.10.6   龙滩工程碾压混凝土原位抗剪试验 f'、c' 值统计法结果（180d）

试验工况	组数	试件个数	平均值		保证率 80%		保证率 85%		保证率 90%		保证率 95%		$C_{v,f}$	$C_{v,c}$
			f'	c'	f'	c'	f'	c'	f'	c'	f'	c'		
R I C$_{90}$25	32	160	1.4	2.48	1.36	2.37	1.35	2.34	1.34	2.31	1.32	2.26	0.033	0.055
R I C$_{90}$25 围堰 16 组	16	80	1.38	2.56	1.32	2.38	1.31	2.34	1.29	2.29	1.26	2.21	0.051	0.082
R I C$_{90}$25 围堰上 8 组	8	40	1.38	2.44	1.31	2.23	1.29	2.18	1.27	2.12	1.24	2.03	0.061	0.103
R I C$_{90}$25 围堰下 8 组	8	40	1.38	2.67	1.29	2.39	1.27	2.32	1.24	2.24	1.2	2.11	0.081	0.126
R I C$_{90}$25 引航道 16 组	16	80	1.41	2.41	1.36	2.26	1.35	2.23	1.34	2.18	1.32	2.12	0.042	0.074
R I C$_{90}$25 第 2 次引航道	8	40	1.5	2.54	1.45	2.38	1.43	2.34	1.42	2.3	1.4	2.23	0.042	0.0738
R I C$_{90}$25 第 1 次引航道	8	40	1.4	2.35	1.26	2.09	1.24	2.04	1.23	1.99	1.2	1.9	0.059	0.102
R II C$_{90}$20	14	70	1.42	2.27	1.35	2.12	1.33	2.09	1.31	2.05	1.28	1.98	0.061	0.076
R II C$_{90}$20（第 2 次）	6	30	1.45	2.61	1.34	2.38	1.31	2.33	1.28	2.26	1.23	2.16	0.094	0.104
R II C$_{90}$20（第 1 次）	8	40	1.4	2.01	1.33	1.88	1.32	1.85	1.3	1.82	1.27	1.76	0.055	0.076
R III C$_{90}$15	7	35	1.4	1.68	1.3	1.48	1.27	1.43	1.24	1.37	1.2	1.28	0.088	0.146
R III C$_{90}$15（第 2 次）	4	20	1.59	1.56	1.45	1.27	1.41	1.21	1.37	1.12	1.31	1	0.108	0.219
R III C$_{90}$15（第 1 次）	3	15	1.15	1.85	1.06	1.67	1.03	1.62	1.01	1.57	0.97	1.49	0.094	0.116

（1）R I、R II、R III 3 种部位的碾压混凝土现场原位抗剪试验结果，经统计法分析后，保证率为 80% 时的 f'、c' 值均能达到设计指标要求。R IV 未进行现场原位抗剪试验。设计强度等级 R I C$_{90}$25 的配比（有 3 种胶凝材料用量分别为 200kg/m³、190kg/m³、193kg/m³）共进行了 32 组高温、低温不同工况现场原位抗剪试验，保证率为 80% 时，32 组 f'、c' 值统计值分别为 1.36MPa、2.37MPa。设计强度等级 R II C$_{90}$20 的配比共进行了 14 组高温、低温不同工况现场原位抗剪试验，保证率为 80% 时，14 组 f'、c' 值统计值分别为 1.35MPa、2.12MPa。设计强度等级 R III C$_{90}$15 的配比共进行了 7 组高温、低温不同工况现场原位抗剪试验，保证率为 80% 时，7 组 f'、c' 值统计值分别为 1.30MPa、1.48MPa。

（2）经小值平均法分析取得的 f'、c' 值均能达到设计指标要求。设计强度等级 R I C$_{90}$25 的配比（有 3 种胶凝材料用量分别为 200kg/m³、190kg/m³、193kg/m³）共进行了 32 组高温、低温不同工况现场原位抗剪试验，32 组 f'、c' 值的小值平均值分别为 1.38MPa、1.96MPa。设计强度等级 R II C$_{90}$20 的配比共进行了 14 组高温、低温不同工况现场原位抗剪试验，14 组 f'、c' 值的小值平均值分别为 1.40MPa、1.84MPa。设计强度等级 R III C$_{90}$15 的配比共进行了 7 组高温、低温不同工况现场原位抗剪试验，7 组 f'、c' 值的小值平均值分别为 1.26MPa、1.48MPa。

（3）小值平均法、统计法两者结果比较可知，f' 值小值法较统计法稍高，c' 值小值法较统计法稍低。根据 $\tau = f'\sigma + c'$ 用小值法和统计法得出的 f'、c' 值，分别计算出抗剪强度，两者抗剪强度计算结果差别不大。

（4）第一次工艺试验是常温时段进行的，第二次工艺试验是高温时段进行的，两次试验除了试验工况条件不同外，还因第一次工艺试验的施工工艺不够完善和认真，所以导致试验结果不是很理想。造成从试验结果看，高温施工的碾压混凝土原位抗剪强度和 f'、c' 值较常温施工的高。无论常温还是高温，关键是要把好施工质量关，能做到质量控制到位。

（5）高胶凝材料的碾压混凝土层面抗剪强度大于低胶凝材料的碾压混凝土层面的抗剪强度，如 RⅠ、RⅡ、RⅢ 之间的差别。但层面抗剪强度对胶凝材料用量不是特别敏感，如上游围堰的围上 8 组（胶凝材料用量 200kg/m³）和围下 8 组（胶凝材料用量 190kg/m³），两者的抗剪强度差不多。

影响碾压混凝土层面抗剪强度的主要因素是施工工艺、质量和材料，在材料质量相同或相近时，施工工艺和质量就变成主要决定的因素了。

第一次碾压混凝土工艺试验是在 2004 年早春进行的，第二次碾压混凝土工艺试验是在 2004 年夏季高温下进行的。原位抗剪的试验结果表明：

（1）RⅠ、RⅡ、RⅢ 3 种部位的碾压混凝土现场原位抗剪试验结果，经保证率为 80％的统计法和小值平均值法分析后，得出的 f'、c' 值均能达到设计指标要求。

（2）设计强度等级 RⅠC₉₀25 的配比（有 3 种胶凝材料用量分别为 200kg/m³、190kg/m³、193kg/m³）共进行了 32 组高温、低温不同工况现场原位抗剪试验，保证率为 80％时，32 组 f'、c' 值的统计值分别为 1.36MPa、2.37MPa；32 组 f'、c' 值的小值平均值分别为 1.38MPa、1.96MPa。

（3）设计强度等级 RⅡC₉₀20 的配比共进行了 14 组高温、低温不同工况现场原位抗剪试验，保证率为 80％时，14 组 f'、c' 值的统计值分别为 1.35MPa、2.12MPa；14 组 f'、c' 值的小值平均值分别为 1.40MPa、1.84MPa。

（4）设计强度等级 RⅢC₉₀15 的配比共进行了 7 组高温、低温不同工况现场原位抗剪试验，保证率为 80％时，7 组 f'、c' 值的统计值分别为 1.30MPa、1.48MPa；7 组 f'、c' 值的小值平均值分别为 1.26MPa、1.48MPa。

（5）随层面间歇时间的延长，混凝土层面抗剪强度呈下降趋势。间歇时间越长，碾压混凝土抗剪强度下降得越多，尤其是超过了碾压混凝土拌和物的初凝时间后。第一次工艺试验的结果可证明这一点。

（6）同种工况、同强度等级的碾压混凝土 f'、c' 值及层面抗剪强度，随龄期的增长而增长。180d 龄期的 f'、c' 值较 90d 龄期 f'、c' 值平均增长约为 10％、15％。与抗压强度增长规律一样，低强度等级混凝土的 f'、c' 值随时间的增长率大于同等条件下的高强度等级混凝土。

（7）高胶凝材料的碾压混凝土层面抗剪强度大于低胶凝材料的碾压混凝土层面的抗剪强度。如 RⅠ、RⅡ、RⅢ 之间的差别。但层面抗剪强度对胶凝材料用量不是特别敏感，如上游围堰的围上 8 组（胶凝材料用量 200kg/m³）和围下 8 组（胶凝材料用量 190kg/m³），两者的抗剪强度差不多。

（8）施工工艺和施工质量对抗剪强度有显著影响，如间歇时间、缝面清理质量、碾压质量（相对密实度）等。第一次工艺试验和第二次工艺试验抗剪结果的差别就证明了这一点。

（9）混凝土冲毛加铺砂浆或一级配混凝土，可提高层面的抗剪断强度，但铺一级配混凝土的抗剪断强度相当或稍低于铺砂浆。90d 龄期冲毛加铺砂浆的层面抗剪强度较形成冷缝后不铺砂浆约提高 7.5%；180d 龄期冲毛加铺砂浆的层面抗剪强度较形成冷缝后不铺砂浆约提高 14%。

（10）90d 龄期 60% 的试件的剪断面沿上层试件或下层试体剪断，40% 的试件的剪断面沿层面剪断。还有 23% 的试件在试验后出现不同程度的开裂或破碎，上游围堰约 5% 的试件局部有骨料堆积或蜂窝现象。

（11）180d 龄期 67% 的试件的剪断面沿上层试件或下层试体剪断，33% 的试件的剪断面沿层面剪断。还有 11% 的试件在试验后出现不同程度的开裂或破碎，上游围堰约 5% 的试件局部有骨料堆积或蜂窝现象。

（12）第一次工艺试验是常温时段进行的，第二次工艺试验是高温时段进行的，两次试验除了试验工况条件不同外，还因第一次工艺试验的施工工艺不够完善和认真，所以导致试验结果不是很理想。造成从试验结果看，高温施工的碾压混凝土原位抗剪强度和 f'、c' 值较常温施工的高。无论常温还是高温，关键是要把好施工质量关，能做到质量控制到位。

（13）碾压混凝土拌和物 VC 值和含气量是影响混凝土可碾性及混凝土耐久性的重要指标，从检测的数据看，其质量控制有待加强。

（14）高效缓凝剂是碾压混凝土高温施工时所必不可少的，其质量的波动，对碾压混凝土的 VC 值、凝结时间等重要指标的影响是不言而喻的。要加强碾压混凝土的层面结合性能，提高层面抗剪强度，就应加强外加剂——混凝土的第六成分的质量指标控制，品质指标检测合格后方能进入拌和楼。

（15）从抗压强度试验结果看，90d 龄期的抗压强度超标较多，较高的强度导致弹性模量的增长较快；而抗拉强度的增长是有限的，不利于碾压混凝土抗裂。建议适当增大引气量，适当降低抗压强度和弹性模量，以确保碾压混凝土的抗冻性能和提高其抗裂能力。

（16）碾压混凝土的质量好坏关键是层面质量控制，只要少数层面碾压质量不好，就会影响大局。因此，把好施工质量关是龙滩工程成败的关键，也是提高抗剪强度的关键。

10.11 特殊条件下碾压混凝土的施工

10.11.1 高温干燥季节施工

碾压混凝土开裂的影响因素很复杂，以前对碾压混凝土温控问题认识不足，随着工程建设的发展，温控问题日显重要。温控措施与碾压混凝土的性能、施工设备的配置及施工强度、浇筑温度、后期的养护与表面保护等因素有关，应综合考虑。

高温天气施工，保证施工质量的有效途径是缩短层间间隔时间，同时应采取控制表面蒸发和补偿水分的措施。

高温季节需采用制冷混凝土，为降低混凝土水化热温升，采用中（低）热水泥和缓凝高效减水剂等，效果较好。

拌和、运输、铺料、碾压等设备的生产能力要匹配，使得拌和后碾压混凝土能在最短时间内完成施工，采用斜层平推法施工可缩短层间间隔时间。仓面喷雾是降低仓面局部气温、保持湿度的有效措施，要注意雾化效果，不能形成水滴。必要时安排在早晚、夜间施工。

高温季节施工时，可采用冷却水管通水冷却，埋设时要注意相邻部位的过渡，避免由于通水而导致内部温差过大，冷却水管不得破损。

大风条件下，混凝土表面水分散失迅速，为了保证碾压密实和良好的层面结合，应采取喷雾补偿水分等措施，保持仓面湿润。

10.11.2　低温季节施工

引入气象标准，采用连续 5d 的日平均气温或最低气温，对科学合理地确定施工期较方便。

日平均气温可依据多年气温资料或预计 10～15d 日平均气温确定，按《水工混凝土施工规范》（DL/T 5144）规定，常态混凝土日平均气温−20℃以下不宜施工。考虑到碾压混凝土早期强度较低，且难以采用暖棚等保温措施施工，规定碾压混凝土气温−10℃以下不宜施工，否则要论证。

配合比设计、防冻材料选择等，根据试验资料和设计要求确定。保温材料应根据温度应力计算结果选择，保温材料要紧贴混凝土面，防止冷空气对流。可参照《水工混凝土施工规范》（DL/T 5144）采用保温模板、仓面覆盖、加热等蓄热措施。

10.11.3　雨季施工

降雨强度等级执行气象标准，见表 10.11.1。施工中降雨强度可按 5～10min 内现场测得的降雨量换算值进行控制。在雨季施工中，应事先准备好防雨设施，及时覆盖，同时碾压仓面应向上游倾斜。

表 10.11.1　　　　　　　　　　降 雨 等 级 表

降雨等级	现 象 描 述	降雨量/mm		
		一天内总量	半天内总量	小时总量
小雨	雨能使地面潮湿，但不泥泞	1～10	1～5	1～3
中雨	雨降到屋顶有碰撞声，凹地积水	10.1～25	5.1～15	3.1～10
大雨	降雨如倾盆，落地四溅，平地积水	25.1～50	15.1～30	10.1～20
暴雨	降雨比大雨还猛，能造成山洪暴发	50.1～100	30.1～70	＞20

10.12　变态混凝土施工

变态混凝土是在碾压混凝土摊铺施工中，铺洒灰浆而形成的富浆碾压混凝土，可以用振捣的方法密实，应随着碾压混凝土施工逐层进行。变态混凝土已获得广泛应用，效果都比较好。根据施工实践，铺洒灰浆的碾压混凝土的铺层厚度可以与平仓厚度相同，以减少人工作业量，提高施工效率。为保证变态混凝土的施工质量，可以通过人工辅助，两次铺料。加浆量应根据要求经试验确定，与 VC 值有关，一般为变态混凝土量的 5%～7%。

为了保证质量，应准确标定铺洒灰浆用具的计量和对应的铺洒面积，并精心组织施工。机械洒浆利于控制加浆量，确保加浆均匀。

变态混凝土施工在碾压前进行，并在碾压时搭接一定宽度才能保证变态区域和碾压区域的良好过度结合。强力振捣是保证变态混凝土均匀性、上下层结合以及与碾压区结合质量的必要措施，振捣器应插入下层混凝土 50mm 左右。目前，国内外变态混凝土施工方法主要为传统方法及现场加浆振捣法，近年来在黄登、大华桥水电站施工过程中引进了机制变态混凝土施工方法和研制应用了自动加浆一体机变态混凝土新技术，将变态混凝土插孔、加浆工序合二为一，采用数字化模块精准控制变态混凝土加浆量。自动加浆设备及技术移动灵活、注浆均匀、操作简单，提高了施工速度和质量，降低了工人劳动强度，适应各种工作场合的变态混凝土注浆施工，取得了良好的效果。

10.12.1　传统变态混凝土施工方法（现场加浆振捣法）

1. 变态混凝土的配合比

（1）变态混凝土中加浆浆体水胶比、粉煤灰掺量的选择。采用同种碾压混凝土水胶比、粉煤灰掺量。

（2）单位体积浆体各组分材料用量。采用绝对体积计算单位体积浆体中各组分材料用量。

浆体配合比按下式进行计算：

$$W + C/p_c + F/p_f = 1000$$

式中：W、C、F 分别为单位浆体用水量、水泥用量、粉煤灰用量，kg；p_c、p_f 分别为水泥、粉煤灰密度，g/cm^3。该工程中 $p_c = 3.07$g/cm^3、$p_f = 2.16$g/cm^3。

（3）浆体加浆量确定。变态混凝土的加浆量应保证其坍落度在 1～3cm，经试配，加浆量为 6%（体积比）。

2. 制浆

工程采用两台 0.35m^3 的制浆机及高速拌和机统一制备变态混凝土所用的灰浆，严格按照试验开出的配比进行制浆，制浆机放置在大坝左右岸现场制浆。沿岸坡设软管自流并均匀喷洒至仓面所用部位或装入胶轮车，然后人工推至变态混凝土的施工仓面，用固定容量的器具泼洒到仓面变态混凝土部位。

3. 碾压混凝土摊铺

在靠近建筑物周边、廊道、止水、岸坡、观测设备以及大坝渗漏排水管周围等部位，按照设计要求宽度铺筑碾压混凝土。由于在这些部位往往较狭窄，摊铺设备无法施工，因此，变态混凝土的摊铺施工靠人工分两层摊铺，两次加浆。摊铺面应比大仓面碾压混凝土略低或持平，但不能高出碾压混凝土仓面，以免灰浆外溢，不利于振捣作业。

4. 加浆与振捣

加浆在施工中采用两种方式：一种是分层加浆，即在中间和上层或下层分别加浆；另一种是沟槽法加浆，即在碾压混凝土中挖一深约 20cm 的小槽，填以灰浆，然后振捣，效果也较好。

（1）分层加浆法。

1）中间层加浆（中＋中）。即 10cm 厚碾压混凝土＋1/2 浆液＋10cm 厚碾压混凝土＋1/2 浆液＋15cm 厚碾压混凝土。可以看出，插入振捣器后 10s 浆液上浮，并迅速扩展。

2）底部＋中间层加浆。即底部铺 1/2 浆液＋15cm 厚碾压混凝土＋1/2 浆液＋20cm 后碾压混凝土。可以看出，插入振捣器 10～15s 泛出浆液，20s 左右浆液扩展，振后表面微露粗骨料且密实。

3）中间＋上部加浆。即底部 15cm 厚碾压混凝土＋1/2 浆液＋20cm 厚碾压混凝土＋1/2 浆液。可以看出，振捣器很容易插入，表面全部是浆液，很难辨别是否下部泛浆。

通过对比发现，在中间层和上层加浆时，往往上层加浆量过大，振捣后混凝土上表面出现过多浆液，形成浮浆层，并发生泌水与离析，在浮浆表面形成粉煤灰灰浆层，造成混凝土过软，底层相对较少，从而降低了层缝的抗拉强度和抗剪黏聚力，也易形成渗透通道；拆模后，易形成明显的分层痕迹，且由于上表面加浆过多，在每层的上部混凝土外表面易形成一层薄薄的灰浆而影响混凝土的外观质量；而且上层浆液过多，导致下部混凝土内的气泡不宜排出，易造成混凝土表面出现蜂窝现象。

在下层和中间层加浆时，通过振捣，浆液自下而上被提出后，周围混凝土的密实性更好，而且上下层结合良好，是一种很好的加浆方式。只是在振捣器插入时，由于上表面没有浆液，需用力插入，建议在振捣器上焊制脚踏板，用脚踩入混凝土内，提高作业速度。

（2）沟槽法加浆。即在碾压混凝土中挖一深约 20cm 的小槽，填以灰浆然后振捣，效果也较好。此方法适宜在较狭窄部位施工，不适宜大面积的变态混凝土施工。

现场加浆不易操作，浆液不易铺匀，导致混凝土的内在质量及外观质量不佳。

（3）加浆量对变态混凝土质量影响。浆液控制在 1％～3％时，混凝土振捣不易密实，而且外观质量不佳，多出现蜂窝、麻面现象；浆液控制在 4％～6％时，混凝土密实性、外观质量都很好；浆液控制在 7％～8％时，混凝土密实性很好，但混凝土仓面已形成多余灰浆层，在使用 D_{100} 型振捣器时，由于振捣力过强，易造成跑模，混凝土面易形成泪痕，从而影响混凝土的外观质量，而且加浆量多，直接造成变态混凝土的成本增加。

因此，变态混凝土施工时的加浆量宜控制在 4％～6％，既经济又能保证混凝土的质量，但一定要控制好浆液的浓度。

变态混凝土的加浆量应根据试验确定。棉花滩工程变态混凝土的加浆量为 4％～6％，采用顶部造孔加浆方式，采用 $\phi100mm$ 高频振捣器或 $\phi50mm$ 软轴式振捣器振捣密实。靠岸坡部位在铺筑混凝土前应先在基础面上喷洒一层水泥粉煤浆液，先施工碾压混凝土，后加浆浇筑振捣基础常态或变态混凝土，两种混凝土均应在 2h 内浇筑振捣完毕。根据现场情况，先变态后碾压或先碾压后变态的方式均可，在变态碾压混凝土与碾压混凝土交接处，用振捣器向碾压混凝土方向振捣，在搭接部位碾压后再用高频插入器垂直插入振捣，使两者互相融混密实或完成骑缝碾压。

棉花滩工程对于上游面 50cm 变态碾压混凝土区域，以及岸坡和廊道周边变态碾压混凝土用人工摊铺成稍低 10～15cm 左右的槽状，采用顶部加浆的方式，加浆量控制在 4％～6％，加浆 15min 左右之后进行振捣，振捣时间控制在 25～30s。对于变态混凝土与碾压混凝土搭接凸出部分，用大型振动碾把搭接部位碾平，该方法对于变态混凝土的加浆量控制及保证异种混凝土的结合具有良好的效果。

根据混凝土浇筑宽度，计算出每米的加浆量或一定长度范围内需要的加浆量，然后均匀泼洒。另外，变态混凝土加浆量随碾压混凝土 VC 值的变化而变化，加浆量控制范围为碾压混凝土体积的 4%～6%。根据碾压混凝土的级配调整加浆量，二级配比三级配灰浆用量应适当增加。施工时，操作人员不要随意换人，以便更好地控制加浆量。泼洒时，尽量靠近混凝土上表面，不要太高，以免浆液洒在模板或其他混凝土表面而浪费灰浆。洒在模板上的灰浆，干涸后，若不清理将导致混凝土出现麻面，从而影响外观质量。

灰浆洒后，停 10～15min，待灰浆渗入混凝土后开始进行振捣作业。施工中通过采用不同型号的振捣器进行振捣作业对比。该工程分别采用 D50（普通型振捣器）、D85 和 D100（高频振捣器）对不同的部位进行作业对比，结果表明，普通型振捣器作业速度慢，效果不是很理想；高频振捣器效果高，混凝土的密实性好，由于此种振捣器直径较大，在振捣器拔出时，应缓慢从变态混凝土拔出，尽量避免混凝土表面出现深坑。另外，振捣间距不宜过大，或用普通型振捣器在高频振捣器作业面后的深坑附近重振，保证混凝土内部密实和外表面平整。

图 10.12.1　现场加浆法变态混凝土施工作业

10.12.2　变态混凝土施工新技术应用

1. 传统变态混凝土施工方法存在的问题

（1）施工人员施工强度高，无法连续施工作业。

（2）变态混凝土加浆量无法精确控制，加浆量随意，浆液使用量大。

（3）浆液由制浆站输送至浇筑仓号后，集中存储在固定部位，然后由人工采用皮桶提至需加浆部位，由于变态混凝土用浆量大，但每次提浆量较少，增加了施工人员的劳动强度。

（4）插孔工具笨重，采用 $\phi48$ 的钢管或 $\phi28$ 的钢筋进行焊接制作，使用起来费时费力。

（5）变态混凝土除防渗区为二级配，其余部位全部为三级配，如插孔过程中遇大石，则需重新插孔，造成工作不便捷。

2. 机制变态混凝土施工方法

机制变态混凝土指在拌和楼生产碾压混凝土时，根据碾压混凝土拌制方量加入一定比例的灰浆所生产出的混凝土。机制变态混凝土的主要施工工艺如下：

（1）变态混凝土拌和。根据试验配合比的加浆量，在原二级配碾压混凝土的基础上，直接在拌和楼内拌制变态混凝土。

（2）变态混凝土运输、入仓及铺筑。用自卸汽车或装载机运至施工现场，一般采用平层铺筑法铺筑到仓面，铺筑厚度一般略大于碾压混凝土单层铺筑厚度。

（3）变态混凝土振捣。一般用 100 型插入式振捣器振捣，振捣棒间距 0.5m，至混凝土无气泡、水平面无显著下沉、出现泛浆、均匀为止。

（4）变态混凝土施工顺序。一般现场采取先碾压后变态的原则，先对碾压混凝土进行铺筑平仓，待碾压与变态结合部位静碾后，再在碾压混凝土面上卸入机制变态混凝土料，然后用平仓机推入相应区域后进行平仓、振捣，将变态混凝土与碾压混凝土结合部位人工加密，垂直插入振捣，最后用振动碾沿结合部位骑缝碾压两遍。

与传统人工加浆变态混凝土工艺相比，机制变态混凝土的优缺点如下：

机制变态混凝土的优点：机制变态混凝土加浆量稳定可靠，混凝土搅拌充分、均匀；与传统人工加浆变态混凝土相比，节省人工、施工方便、施工效率高；对人工插孔、加浆不便的区域（如钢筋密集区或小空间区域），采用机制变态混凝土，可加快施工进度，保证施工质量；变态混凝土一次性平仓到位，变态混凝土区域容易控制，仓面机械设备干扰较小。

机制变态混凝土的缺点：机制变态料和碾压料摊铺时需分别进行施工，机制变态料和碾压料摊铺时要分别施工存在相互干扰；人工变态插孔、加浆施工时需增加人工，且人工加浆量控制不均衡，施工缓慢，影响施工质量和整体施工进度；人工加浆变态浆液输送量不易控制，现场送浆管布置繁琐。

3. 自动加浆一体机的技术方法

黄登水电站大坝碾压混凝土施工过程中，为保证大坝混凝土施工质量达到设计及规范要求，及时有效地解决施工中存在的问题，建设单位以"变态混凝土快速、精确加浆"为研究课题，规范碾压混凝土快速施工过程中变态混凝土精确加浆施工工艺，邀请三峡大学科研团队来黄登水电站观摩施工，针对变态混凝土快速、精确加浆设计制造一种加浆设备，旨在改变黄登水电站及澜沧江流域碾压混凝土坝的变态混凝土施工工艺。经过与三峡大学近半年的共同研发，最终发明了变态混凝土成孔注浆一体化设备（简称加浆一体机），有效地解决了变态混凝土现状加浆工艺的弊端。

（1）自动加浆一体机简介。自动加浆一体机包括加浆中空钻杆（含钻机）、加浆量控制数字化模块、浆液储存装置等，将变态混凝土插孔、加浆工序合二为一，采用数字化模块精准控制变态混凝土加浆量。设备移动灵活，注浆均匀，操作简单，将提高施工速度和质量，降低工人劳动强度，适应各种工作场合的变态混凝土注浆施工。

（2）自动加浆一体机技术应用效果：一是加浆一体机插孔深度及间排距符合质量要求

图 10.12.2 变态混凝土成孔注浆一体化设备

的前提下，插孔时间较传统工艺插孔时间节省大于等于 50%，且操作简便，降低劳动力强度；二是精确控制变态混凝土每个孔内的加浆量，同时减少混凝土加浆时间小于等于 70% 以上。通过对加浆一体机的应用，保证了变态混凝土在施工过程中的迅速插孔及精准加浆质量，同时提高了施工速度和混凝土施工质量，降低工人劳动强度。

图 10.12.3 变态混凝土成孔注浆一体化设备的应用

10.12.3　变态混凝土与碾压混凝土的施工先后顺序

工程实践表明，先变态混凝土后碾压混凝土或先碾压混凝土后变态混凝土，两种施工方法各有优点。

（1）先变态混凝土后碾压混凝土施工。如果人员、机械设备不太充足，夏季施工或工期要求紧的情况下可考虑采用此方法施工，但应控制好现场变态混凝土的施工质量，此法进行碾压混凝土施工时容易对模板产生大的冲击，易造成"跑模"现象，导致外观质量不佳。

（2）先碾压混凝土后变态混凝土施工。在人员、机械充足的情况下，用此方法施工能够较好地控制碾压混凝土表面的平整度，且不会对周边的模板产生太大的冲击力，相比先变态混凝土后碾压混凝土施工的周期会稍长一些，但外观质量较好。

此外，因碾压混凝土是干硬性混凝土，随时间气候变化 VC 值损失明显，使得混凝土更加干硬，从而增加施工难度，施工质量更难保证。因此，尽量缩短层间覆盖时间是提高变态混凝土质量的关键。故变态混凝土同碾压混凝土施工一样都强调快速施工，即从拌和物加水到变态混凝土振捣完毕应控制在 24h 以内。

另外，加浆到振捣完毕应控制在 40min 内。若层面连续上升时，按常态混凝土振捣方式应插入下层变态混凝土内 5～10cm。

10.13　数字化大坝技术的应用

随着科学技术的发展，近年来大坝智能建造技术在水电工程施工中得到了快速发展和应用，特别是向家坝、溪洛渡、黄登、大华桥等水电站工程的全过程数字化建造系统的使用，极大地推动了大坝工程智能建造步伐。下面结合黄登水电站碾压混凝土数字化大坝技术的应用情况，简要介绍数字化大坝技术在碾压混凝土施工过程中的应用情况。

10.13.1　黄登数字化大坝技术简介

黄登数字化大坝系统是以黄登水电站大坝工程为依托，联合国内高校与科研单位共同开发，综合运用工程技术、计算机技术、无线网络技术、手持式数据采集技术、数据传感技术（物联网）、数据库技术等多方面技术，开发出一套基于 Windows 平台的混凝土大坝施工质量智能控制及管理信息化系统，实现大坝混凝土从原材料、生产、运输、浇筑到运行的全面质量监控。系统目前分为两部分：工程信息管理系统和施工过程智能监控及质量评价系统，并预留其他系统。

工程信息管理系统主要包括：勘测设计管理、施工计划管理、施工设备管理、备仓开仓管理、试验检测管理、质量评定管理、施工资料管理等。

施工质量控制及评价系统主要包括：混凝土施工工艺监控系统、混凝土温度控制系统、大坝安全监测管理系统。

10.13.2 黄登数字化大坝技术应用特点

（1）将原材料、混凝土生产、施工工艺质量控制、温度控制、决策支持等环节有机融合，形成综合性、闭环反馈的高度集成的信息化系统，智能监控各工序施工质量、验收以及评定情况，使各工序流程的规范性以及数据的真实性、准确性大大提高，避免人为误判，加快施工工序验收流转速度，减少人力物力，同时解决了水电工程因人员流动性大带来竣工档案整编困难的问题。

（2）对碾压混凝土施工过程在线控制，通过实时监控和反馈摊铺厚度、碾压遍数、碾压轨迹、碾压激振力、碾压机行走速度、热升层间隔时间等信息，形成标准化施工工艺流程，对施工过程质量结果进行数字化，提高管理质量和效率，减少设备无效工作时间，降低消耗。

（3）采用温度遥感及互联网等技术对混凝土原材料及拌和物温度智能监控和反馈，智能分析判断最佳温控措施，减少资源消耗，降低工程成本。

（4）实现对施工现场仓面小气候自动实时监控，自动采集分析仓面气候数据，并反馈给现场施工人员，及时采取处理措施，提高混凝土施工质量，降低废品率，减少处理工作量。

（5）实现碾压混凝土内部温度自动监控以及冷却通水自动换向和流量控制，系统智能调整冷却水流向及流量，保持混凝土内部温度梯度以及峰值满足设计要求，减少用水量，减少操作人员数量，降低成本。

（6）将数字信息化和智能化技术应用在工程施工中，搭建信息化平台，使碾压混凝土整个施工过程以数字化、可视化的界面展示出来，使管理人员和操作人员对施工过程的管理更直观、更有效，显著提高管理效率和施工水平。

10.13.3 黄登数字化大坝技术原理

在传统碾压混凝土重力坝施工方法的基础上，综合运用多种数字化监控管理技术，实现对碾压混凝土重力坝施工从原材料检测、仓面设计、备仓验收、浇筑过程监控、施工期监测等过程的可视化控制管理。

10.13.3.1 施工过程信息化

碾压混凝土施工过程形成资料主要包括原材料试验检测、仓面设计、仓面验收及施工监测数据资料。相关资料的填写、上报、审批工作涉及建设、设计、监理、施工等多家单位。资料填报复杂、审批流程繁琐，为规范施工及管理流程，专门开发了工程信息管理系统。

工程信息管理系统是以混凝土浇筑仓号为核心，对设计、施工、质量资料及流程进行双重管控，涵盖设计成果、施工计划、施工设计、备仓与开仓资料、试验检测、质量评定等各个环节。自动管理的施工过程包括：仓面设计流程、开仓申请管理流程、要料通知单管理流程、配料单管理流程、试验检测管理流程、工序验收流程等。通过计算机系统流程完成建设、监理、施工单位间的业务流转，并通过流程结点实现上下环节之间的约束和限制，及时完成单元工程的评定，从而全面规范施工资料管理过程。图10.13.1为系统流程中的仓面设计的流程图。

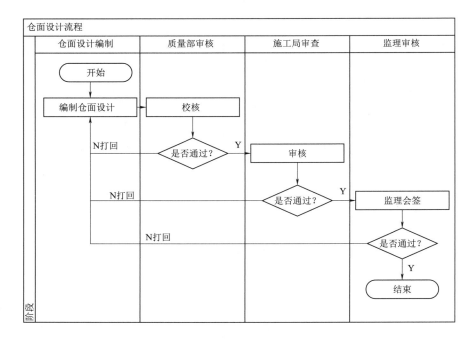

图 10.13.1 黄登数字化大坝技术仓面设计流程图

仓面设计的资料填写、审核工作均在计算机系统中进行，通过手机短信、软件弹窗进行操作。计算机系统提供完整的流程控制，对于每一个提交审核操作均有时刻记录，且关键操作步骤不允许更改，从时间和流程上保证整个施工资料审核工作的完整性和真实性。施工中的其他步骤如试验检测、质量评定等均采用类似的系统控制流程。

10.13.3.2 原材料检测控制

为降低大体积混凝土早期内部温升，需对混凝土原材料特别是骨料温度进行严格控制，为此专门开发了大坝混凝土温控智能监控系统。拌和物原材料预冷完成后，通过半自动采集方式将骨料温度采集进入计算机系统，系统通过对比分析确定是否延长骨料预冷时间。同时混凝土拌和完成后，结合人工将混凝土出机口温度实时采集，系统智能对比温度标准并结合现场气温等因素，自动计算出后续骨料预冷时间以及拌和加水加冰量，依此循环，直到当前浇筑仓拌和任务结束。

以混凝土骨料温度采集为例，测量系统由红外温度传感器、红外温度采集仪、掌上电脑（PDA）以及安装在 PDA 平台上的测试软件组成。检测人员确定测点后，红外温度传感器及温度采集仪可自动进行温度测量。安装在 PDA 平台上的软件通过蓝牙无线网络获取传感器测量的温度数据，并将其经无线网络传送到指定的数据库，计算机系统自动完成数据的记录和分析工作，并对骨料温度预冷情况做出反馈（图 10.13.2）。

10.13.3.3 碾压浇筑施工监控

1. 碾压过程实时监控

碾压过程实时监控技术采用卫星定位，通过在每一台平仓、碾压机械上安装 GPS 流

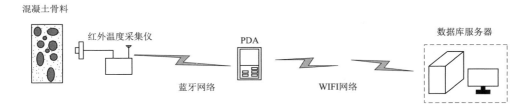

图 10.13.2　黄登数字化大坝技术骨料温度检测采集实现过程

动站，通过实时监控系统，动态监测仓面每一台平仓、碾压机械运行轨迹、行驶速度、振动状态，并在大坝仓面施工数字地图上可视化显示，实现对大坝碾压混凝土浇筑碾压施工过程的实时监控和可视化管理。

（1）管理人员在前方值班室实时关注大坝整体的碾压施工情况，系统自动监控混凝土碾压厚度、轨迹、激振力、碾压速度等，并在大坝仓面施工数字地图上可视化显示并及时反馈，发现异常情况报警显示。通过反馈机制对施工工艺和施工质量进行实时控制，规范碾压施工作业。图 10.13.3 为系统监控超速报警可视化界面。

图 10.13.3　黄登数字化大坝技术碾压超速报警可视化界面

（2）对于碾压完成的浇筑层，系统根据碾压机行走遍数、振动情况等实时参数自动生成碾压图形报告。通过图形报告可直接查看当前浇筑层各个部位的碾压遍数合格率，不合格的可有针对性地补碾，有效减少过度碾压和欠碾的情况。

2. 混凝土热升层监控

混凝土热升层监控采用卫星定位、实时动态差分、无线数据传输、平仓机平仓作业识别方法等, 对平仓机械、碾压机械施工过程实时控制反馈。对碾压混凝土热升层时间进行实时控制, 保证大坝碾压混凝土层间结合质量, 为现场施工和监理提供有效的管理控制平台。计算机系统自动监测混凝土摊铺、碾压过程的历时, 继而判定该层混凝土是否在规定热升层时间内浇筑完毕, 对于接近规定热升层时间的浇筑部位, 及时向现场管理人员发出提示, 从而达到实时控制层间覆盖时间的目的。

10.13.3.4　大坝混凝土温度智能控制

大坝混凝土温度控制主要利用大坝混凝土温控智能监控系统完成分析调控。系统收集骨料温度、出机口温度、入仓温度、浇筑温度, 混凝土内部温度过程、温度梯度、通水冷却进水水温、出水水温、通水流量等通过自动监测仪器获取。从数字系统总体平台数据库获取各仓浇筑信息(浇筑分仓、浇筑起始高程、部位、浇筑时间、浇筑方量、混凝土配合比、浇筑强度等)、天气预报信息等公共基础信息。

智能通水测控是大坝混凝土温控智能监控系统平台的重要组成部分, 主要由基础信息模块、理想温控曲线模块、通水规划预测模块、智能通水控制模块构成。基础信息模块中录入了碾压混凝土仓位信息。理想温控曲线模块是系统内预设的最佳温控冷却效果曲线。通水规划预测模块根据大坝的实际浇筑实测数据结合外部因素对坝体通水状况制定合理的规划。智能通水控制模块主要实现对冷却水流量及流向进行实时监测和自动调节。图 10.13.4 为智能温控监控系统构成及流程图。

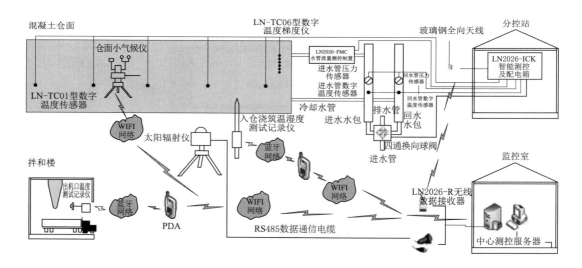

图 10.13.4　黄登数字化大坝技术智能温控监控系统构成及流程图

计算机系统根据设定的动态优化的理想温度过程, 实时监测内部温度、气象信息和通水冷却信息, 考虑每一仓混凝土实际的边界条件和初始条件, 利用大坝混凝土智能通水冷却参数预测模型, 自动评估计算出第二天将要采用的通水冷却指令, 并自动将此通水指令发送到每一个测控装置, 及时自动调整每一组水管的通水流量和流向, 达到准确、及时、无人工干预的自动控制大坝每一仓混凝土的通水冷却。图 10.13.5 为智能通水结果图。

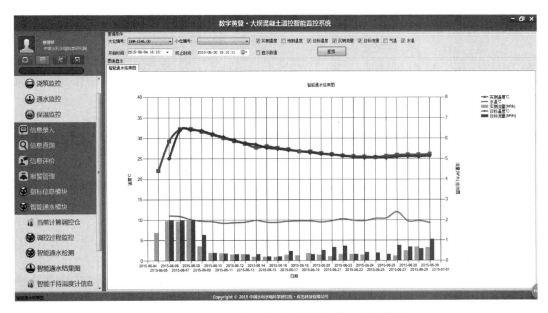

图 10.13.5　黄登数字化大坝技术智能通水结果图

参 考 文 献

［1］　杨华全，李文伟. 水工混凝土研究与应用［M］. 北京：中国水利水电出版社，2004.

［2］　水利水电工程混凝土预冷系统设计规范：SL 512—2011［S］. 北京：中国水利水电出版社，2011.

［3］　水工碾压混凝土施工规范：DL/T 5112—2009［S］. 北京：中国电力出版社，2009.

［4］　徐玉杰. 碾压混凝土坝施工技术与质量控制［M］. 郑州：黄河水利出版社，2008.

［5］　龙滩水电开发有限公司. 龙滩水电工程建设论文集［M］. 北京：中国水利水电出版社，2008.

［6］　顾志刚，张东城，罗红卫. 碾压混凝土坝施工技术［M］. 北京：中国电力出版社，2007.

［7］　顾辉. 寒冷地区碾压混凝土筑坝技术［M］. 北京：气象出版社，2005.

［8］　长江水利委员会长江科学院. 红水河龙滩水电站碾压混凝土现场原位层间接触面抗剪断强度试验研究总报告［R］. 2005.

［9］　孙恭尧，王三一，冯树荣. 高碾压混凝土重力坝［M］. 北京：中国电力出版社，2004.

［10］　张仲卿. 碾压混凝土拱坝［M］. 北京：中国水利水电出版社，2002.

［11］　杨华全，任旭华. 碾压混凝土的层面结合与渗流［M］. 北京：中国水利水电出版社，1999.

［12］　杨康宁. 碾压混凝土坝施工［M］. 北京：中国水利水电出版社，1997.

［13］　梅锦煜. 中国碾压混凝土筑坝技术 2008［M］. 北京：中国电力出版社，2008.

［14］　刘大功，王石连，赵文华. 龙滩水电站碾压混凝土大坝通水冷却施工［J］. 四川水力发电，2007，26（6）：37 - 39.

［15］　《水利水电工程施工手册》编委会. 水利水电工程施工手册（第 3 卷　混凝土工程）［M］. 北京：中国电力出版社，2002.

［16］　KOGAN E A，FEDOSSOV V E，Roller Compacted Concrete and horizontal construction joint strength［C］. Proceedings of the International Symposium on Roller Compacted Concrete，Spain，1995：209 - 217.

［17］　SCHRADER E K. RCC dam overview - development，current practices，controversies and options

　　　　［C］. Proceedings of the ICOLD Symposium on Reservoirs in river basin development，Vol 2. Oslo Norway，6 July 1995：433－452.

［18］冯立生，杨渝宜. 碾压混凝土筑坝的层面处理［J］. 红水河，1998，17（1）：9－12.

［19］杨华全，周守贤. 碾压混凝土的层面结合研究［J］. 人民长江，1997，28（8）：15－17.

［20］周群力. 江垭大坝碾压混凝土芯样抗剪断强度测试研究［J］. 人民长江，2000，31（3）：37－39.

［21］韩晓凤，张仲卿. 试件尺寸对碾压混凝土层面抗剪断强度的影响［J］. 人民长江，2002，33（7）：47－48.

［22］王迎春. 碾压混凝土层面结合特性和质量控制标准研究［D］. 杭州：浙江大学，2007.

［23］肖峰，欧红光，王红斌. 龙滩碾压混凝土重力坝设计［J］. 混凝土坝技术，2005（4）：41－43.

［24］陈文耀，李文伟. 混凝土极限拉伸值问题思考［J］. 中国三峡建设，2002（3）：6－7，47.

［25］涂传林，王光纶，黄松梅. 龙滩碾压混凝土芯样试件特性试验研究［J］. 红水河，1998（3）：1－4.

［26］田育功. 碾压混凝土快速筑坝技术［M］. 北京：中国水利水电出版社，2010.

［27］涂传林. 抗剪断参数计算方法的探讨［J］. 水利学报，1998（增刊）：26－29.

［28］中国水利水电第四工程局有限公司. 黄登水电站大坝综合施工技术研究成果报告［R］，2017.

［29］中国水利水电第四工程局有限公司. 黄登水电站大坝土建及金属结构安装工程施工组织设计［R］，2014.

［30］肖九庚，赵毅. 黄登水电站大坝碾压混凝土施工技术研究［J］. 水力发电，2019（6）：60－64.

［31］刘兴辉. 黄登水电站机制变态混凝土生产性试验及成果分析［J］. 水力发电，2019（6）：69－71，107.

［32］郭建文，陈锐，邓拥军. 黄登水电站建设管理中的数字系统研究与应用［J］. 水力发电，2019（6）：25－29.

第 11 章

碾压混凝土质量控制与评定

11.1 概述

碾压混凝土的质量控制是在碾压混凝土施工过程中和施工完成后所进行的与碾压混凝土质量直接相关的各项工作。碾压混凝土的使用性能、安全性能、耐久性能都与其质量密切相关。为确保碾压混凝土工程质量，提高碾压混凝土的生产水平，必须做好碾压混凝土的质量控制工作。

由于碾压混凝土是碾压混凝土大坝工程的一个中间产品，且具有一次性的特点，决定了碾压混凝土生产过程质量检测和控制的重要性。质量管理保证体系是进行质量检测和控制的重要保障，质量控制的关键是要有科学的控制程序和有效的质量保证运行体系。高质量管理必须形成科学化、规范化、制度化的管理，严格按照招标、投标合同文件条款、规程规范、设计要求进行控制检测，才能提高质量管理水平，保证碾压混凝土质量。

碾压混凝土的质量检测与控制包括原材料、拌和、运输、入仓、摊铺、碾压、喷雾保湿、覆盖养护等多道工序的质量控制。每一道施工工序都严格进行质量控制，任何一道工序出现问题，不仅影响本道工序，还会影响后续工序，以至影响整个碾压混凝土的质量。因此，必须对碾压混凝土的施工全过程进行有效的检测和质量控制。

碾压混凝土的质量控制按过程可划分为：初步控制、生产过程控制与产品质量控制。初步控制包括对组成材料的质量检验与控制和配合比的调整。生产过程控制包括材料的计量、拌和物的搅拌、运输、浇筑和养护等工序控制。产品质量控制是指混凝土及其制品的出厂检验、工程验收等，以保证产品的最终质量符合标准要求。

我国的碾压混凝土施工技术发展很快，筑坝技术水平迅速提高，许多新技术、新材料、新工艺和新设备得以广泛应用。为了适应碾压混凝土筑坝技术发展的要求，我国于2009 年修订了《水工碾压混凝土施工规范》（DL/T 5112），内容突出了水工碾压混凝土施工的质量和安全，反映了水工碾压混凝土施工的新水平。碾压混凝土质量控制主要依据《水工碾压混凝土施工规范》（DL/T 5112）、《水工混凝土施工规范》（DL/T 5144）等相关技术规范以及招标文件技术条款的有关规定执行。

碾压混凝土的质量评价，通常用抗压强度作为评定指标。因为混凝土抗压强度的波动，既能反映混凝土强度的变异，又能较好地反映混凝土质量的波动。

引起混凝土强度波动的因素主要有原材料质量整体的波动、配料误差、混凝土施工及养护制度的差异、试验误差等。

原材料质量波动是影响混凝土强度的最主要因素，如水泥强度等级的波动，水泥的储存条件及存放时间的长短等均会引起混凝土质量的波动。骨料的级配、超径和逊径、颗粒形状、砂的细度模数等会影响混凝土的和易性。骨料含水率的变化对混凝土的水胶比影响较大，从而影响混凝土的强度和耐久性。外加剂的品质、掺量及质量的波动均会对混凝土质量产生影响。

施工中材料称量误差，会引起混凝土配合比的变异，从而影响混凝土的质量。为了缩小称量误差，须校核衡器的精度，并应定期检定。

混凝土的拌和、运输、浇筑及养护工艺的变异，也会引起混凝土和易性、强度及耐久性的波动。为了保证混凝土的质量，应对混凝土施工工艺进行严格控制与管理，尽可能减小各种因素的变异。

试验误差也会影响混凝土质量的测试精度。试验误差由取样、成型、养护和试验等方面操作的差别影响混凝土质量的测试结果。

强度是混凝土最重要的性能之一，从工程结构设计的观点看，设计规定的混凝土强度是最低要求的强度。考虑到在生产中由于原材料质量和生产因素的波动，以及试件制作、养护和试验的差异，均要求设计混凝土配合比要有一定的强度富裕。换句话说，施工用的配合比的平均强度应当大于设计强度。这个施工平均强度称为配制强度，要根据配制强度（而不是设计强度）设计配合比，强度的富裕应该是多少，与质量控制水平有关。质量控制好，在生产过程中混凝土强度的变化范围小，强度富裕量可以小一些；如果质量控制差，生产过程中混凝土强度波动幅度大，必将相应地要求增加富余强度，这样就需要提高配制强度，增加水泥用量。从这里可以看出，加强质量控制，不仅能保证工程质量，也是一种有效的节约措施。

在碾压混凝土施工中，质量检测与控制的方法较多，碾压混凝土生产全过程、全面的质量检测与控制，可采用数理统计分析等方法，对碾压混凝土施工各工序中取得的质量数据进行数理统计分析。目前，随着信息化的发展，在碾压混凝土施工和质量控制过程中，已经采用信息化的施工和质量控制动态管理。

11.2　质量控制及检查

11.2.1　原材料的检测与控制

根据《水工碾压混凝土施工规范》（DL/T 5112）的规定，碾压混凝土的原材料现场检测项目和检测频率按表 11.2.1 进行。

应严格控制细骨料的含水量和级配。砂子细度模数允许偏差为 0.2，超过时应调整碾压混凝土的配合比。细骨料应有一定的脱水时间，拌和前含水率应小于 6%，含水率允许偏差为 0.5%，超过时应调整混凝土拌和用水量。

应严格控制各级粗骨料超、逊径含量。以原孔筛检验时，其标准控制为：超径小于 5%、逊径小于 10%；以超、逊径筛检验时，其控制标准为：超径为 0、逊径小于 2%。石子含水率的允许偏差为 0.2%。

外加剂需按品种、进厂日期分别存放，存放场所应通风干燥。检验合格的外加剂储存期超过 6 个月，使用前必须重新检验。使用时，外加剂必须配制成溶液并搅拌均匀，储存在室内容器中，避免污染。

表 11.2.1   原材料的检测项目和检测频率

名称		检测项目	取样地点	检测频率	检测目的
水泥		快速检定等级	拌和厂水泥库	必要时进行	验证水泥活性
		细度、安定性、标准稠度需水量、凝结时间、等级	水泥库	每 200～400t 一次①	检定出厂水泥质量
粉煤灰		密度、细度、需水量比、烧失量	仓库	每 200～400t 一次①	评定质量稳定性
		强度比		必要时进行	检定活性
细骨料		细度模数	拌和厂、筛分厂	每天一次	筛分厂控制生产、调整配合比
		级配	筛分厂	必要时进行	
		含水率	拌和厂	每 2h 一次或必要时	调整混凝土用水量
		含泥量、容重	拌和厂、筛分厂	必要时进行	
粗骨料	大石、中石、小石	超、逊径	拌和厂、筛分厂	每班一次	筛分厂控制生产、调整配合比
	小石	含水率	拌和厂	每班一次或必要时	调整混凝土用水量
	小石	黏土、淤泥、细屑含量	拌和厂、筛分厂	必要时进行	
外加剂		溶液浓度	拌和厂	每班一次	调整外加剂掺量

① 每批不足 200t 时，也应检测一次。

11.2.1.1 水泥

运到工地的水泥，应有生产厂家的出厂合格证和品质检验报告，根据国家和行业的有关规定，使用单位应按现行国家标准进行验收检验，即按每 200～400t 同厂家、同品种、同强度等级的水泥为一取样单位。如不足 200t，也作为一取样单位，必要时进行复验。可采用机械连续取样。

运到工地的水泥，应按标明的品种、强度等级、生产厂家和出厂批号，分别储存到有明显标志的储罐或仓库中，不得混装。

水泥在运输和储存过程中应防水防潮，已受潮结块的水泥应经处理并检验合格方可使用。罐储水泥宜一个月倒一次。水泥仓库应有排水、通风措施，保持干燥。堆放袋装水泥时，应设防潮层，距地面、边墙至少 30cm，堆放高度不超过 15 袋，并留出运输通道。散装水泥运至工地的入罐温度不宜高于 65℃。先出厂的水泥应先用。袋装水泥储运时间超过 3 个月，散装水泥超过 6 个月，使用前应重新检验。水泥的质量检测应按相应有关国家标准和行业标准进行。

11.2.1.2 掺合料

水工碾压混凝土中使用的掺合料品种一般有粉煤灰、矿渣微粉、火山灰、磷渣粉、石灰石粉等。

掺合料的品质应符合现行的国家和有关行业标准。掺合料每批产品出厂时应有产品合格证，主要内容包括：厂名、等级、出厂日期、批号、数量及品质检验结果等。施工单位对进场使用的掺合料应进行验收检验。粉煤灰、矿渣微粉、火山灰、磷渣粉、石灰石粉以连续供应 200t 为一批（不足 200t 按一批计）计算，必要时，施工单位应在拌和楼对掺合料的主要品质进行检验。各掺合料检验依据相应的国家和行业标准进行。

掺合料应储存在专用仓库或储罐内，在运输和储存过程中应注意防潮，不得混入杂物，并应有防尘措施。

11.2.1.3　骨料

《水工混凝土施工规范》（DL/T 5144）对骨料品质的要求见表 11.2.2 和表 11.2.3。

表 11.2.2　　　　　　　　　　　　细骨料（砂）的质量技术要求

项　　目		指　　标		备　　注
		天然砂	人工砂	
含泥量 /%	设计龄期混凝土抗压强度标准值大于等于 30MPa 和有抗冻要求的	≤3	—	
	设计龄期混凝土抗压强度小于 30MPa	≤5	—	
泥块含量		不允许	不允许	
有机质含量		浅于标准色	浅于标准色	如深于标准色，应进行混凝土强度对比试验
云母含量/%		≤2	≤2	
0.16mm 及以下颗粒含量/%		—	6～18	最佳含量通过试验确定；经试验论证可适当放宽
表观密度/（kg/m³）		≥2500	≥2500	—
细度模数		2.2～3.0	2.4～2.8	
坚固性 /%	有抗冻要求的混凝土	≤8	≤8	经试验论证，可适当调整
	无抗冻要求的混凝土	≤10	≤10	
硫化物及硫酸盐含量/%		≤1	≤1	折算成 SO₃ 含量，按质量计
轻物质含量/%		≤1	≤1	
轻物质含量/%		≤1	—	

表 11.2.3　　　　　　　　　　　　粗骨料的质量技术要求

项　　目		指　　标	备　　注
含泥量 /%	D_{20}、D_{40} 粒径级	≤1	
	D_{80}、D_{150}（或 D_{120}）粒径级	≤0.5	
泥块含量		不允许	
有机质含量		浅于标准色	如深于标准色，应进行混凝土强度对比试验，抗压强度比不应低于 0.95
坚固性/%	有抗冻要求的混凝土	≤5	经试验论证可适当放宽
	无抗冻要求的混凝土	≤12	
硫酸盐及硫化物含量/%		≤0.5	折算成 SO₃ 含量，按质量计

续表

项　　目		指标	备　　注
表观密度/(kg/m³)		≥2550	
吸水率/%		≤2.5	
针片状颗粒含量/%		≤15	经试验论证可以适当放宽
超径含量	原孔筛	<5%	
	超、逊径筛	0	
逊径含量	原孔筛	<10%	
	超、逊径筛	<2%	
各级粒径的中径筛余量		40%～70%	方孔筛检测

1. 骨料生产成品的品质检验

（1）骨料生产成品的品质，每8h检测1次。检测项目包括：细骨料的细度模数、石粉含量（人工砂）、含泥量和泥块含量；粗骨料的超径、逊径、含泥量和泥块含量。

（2）成品骨料出厂品质检测。细骨料应按同料源每600～1200t为一批，检测细度模数、石粉含量（人工砂）、含泥量、泥块含量和含水率；粗骨料应按同料源、同规格碎石每2000t为一批，卵石每1000t为一批，检测超径、逊径、针片状、含泥量、泥块含量和D_{20}粒级骨料的中径筛筛余量。

（3）每批产品出厂时，应有产品品质检验报告（内容应包括产地、类别、规格、数量、检验日期、检测项目及结果、结论等）。

（4）使用单位每月按表11.2.2和表11.2.3中的指标进行1～2次抽样检验。必要时应定期进行碱活性检验。

2. 在拌和楼抽样检测

（1）砂子、小石的含水量每4h检测1次，其含水率的变化应控制在±0.5%。雨雪后导致骨料含水量突变的特殊情况应2h检测1次。

（2）砂子的细度模数和人工砂的石粉含量、天然砂的含泥量每天检验1次。当砂子细度模数超出控制中值±0.2时，应调整配料单的砂率。粗骨料的超、逊径及含泥量每8h应检测1次。每月应在拌和楼取砂石骨料按表11.2.2和表11.2.3中所列项目进行一次检验。

3. 砂的含水率

砂的含水率及细度模数的波动将引起用水量和拌和物性能的变动，应严格控制砂的含水率和细度模数。砂约占碾压混凝土组成材料的1/3，混凝土中砂的用量为700～800kg/m³，当砂的含水率波动1%时，混凝土的含水量相应波动7～8kg/m³，可引起碾压混凝土VC值变化3～5s。所以，砂含水率是引起新拌碾压混凝土VC值变化的主要因素，应严格控制。

4. 石粉含量控制

大量的试验研究和工程实践证明，石粉已经成为碾压混凝土不可缺少的组成材料。优质的石粉可极大改善碾压混凝土的工作性和可碾性，有利于层面液化泛浆和层间结合质量的提高，增强碾压混凝土层面的胶结性能，同时，还可有效提高碾压混凝土的密实性、抗渗性和耐久性能。

由于骨料自身的特性，生产加工出来的人工砂石粉含量总是在波动，当石粉含量过低或采用天然砂时，需要采用外掺石粉代砂技术措施，可以有效提高碾压混凝土拌和物性能和施工性能。石粉每增减 1%，用水量相应增减 1.5% 左右，影响 VC 值约 $1s$。一般碾压混凝土石粉含量按照 $16\%\sim22\%$ 进行控制。当人工砂石粉含量在 $16\%\sim22\%$ 范围内波动时，用水量相应波动 $9\sim12kg/m^3$。由此可见，石粉含量变化将直接影响用水量和水胶比变化，进而影响拌和物性能稳定和硬化混凝土质量。所以，石粉含量需要按照规定范围进行控制。

11.2.1.4　外加剂

外加剂每批产品应有出厂检验报告和合格证，使用单位应进行验收。

外加剂的分批应以掺量划分。掺量大于或等于 1% 的外加剂以 $100t$ 为一批，掺量小于 1% 的外加剂以 $50t$ 为一批，掺量小于 0.01% 的外加剂以 $1\sim2t$ 为一批。一批进场的外加剂不足一个批号数量的，应视为一批进行检验。外加剂的检验按现行的国家标准和行业标准进行。

外加剂应存放在专用仓库或固定的场所妥善保管，不同品种外加剂应有标记，分别储存。粉状外加剂在运输过程中应注意防潮。当外加剂储存时间过长，对其品质有怀疑时，必须进行试验认定。

外加剂应配成溶液使用。配制溶液时应称量准确，并搅拌均匀。根据工程需要，外加剂可复合使用，但必须通过试验论证。有要求时应分别配制使用。

在施工过程中对配制外加剂溶液的浓度，每天检测 $1\sim2$ 次。必要时可采用水泥净浆（或砂浆）流动度检测减水剂溶液的减水率和引气剂溶液的表面张力。

11.2.1.5　拌和与养护用水

凡符合国家标准的饮用水，均可用于拌和与养护混凝土，未经处理的工业污水不得用于拌和与养护混凝土。

地表水、地下水和其他类型的水在首次用于拌和与养护混凝土时，需按现行有关标准，经检验合格后方可使用。检验项目和标准应符合以下要求：

（1）混凝土拌和、养护用水与标准饮用水试验所得的水泥初凝时间及终凝时间差不得大于 $30mm$。

（2）混凝土拌和、养护用水配制水泥砂浆 $28d$ 抗压强度不得低于用饮用水拌和的砂浆抗压强度的 90%。

（3）拌和、养护混凝土用水的 pH 值和水中的不溶物、可溶物、氯化物、硫酸盐的含量应符合《水工混凝土施工规范》（DL/T 5144）的要求，见表 11.2.4。

表 11.2.4　　　　　　　　　　　　　拌和与养护用水要求

项　目	钢筋混凝土	素混凝土	项　目	钢筋混凝土	素混凝土
pH 值	$\geqslant4.5$	$\geqslant4.5$	氯化物（以 Cl^- 计）/(mg/L)	$\leqslant1200$	$\leqslant3500$
不溶物/(mg/L)	$\leqslant2000$	$\leqslant5000$	硫酸盐（以 SO_4^{2-} 计）/(mg/L)	$\leqslant2700$	$\leqslant2700$
可溶物/(mg/L)	$\leqslant5000$	$\leqslant10000$			

拌和与养护混凝土用水，在水源改变或对水质有怀疑时，应随时进行检验。

11.2.1.6 温度检测

对碾压混凝土原材料进行温度检测，根据气候情况，每天抽检1～2次。

11.2.2 拌和物的检测与控制

碾压混凝土施工配合比必须通过试验，满足设计技术指标和施工要求，并经审批后方可使用。混凝土施工配料单必须经校核后签发，并严格按签发的混凝土施工配料单进行配料，严禁更改。

在碾压混凝土拌和生产中，应定期对碾压混凝土拌和物的均匀性、拌和时间和称量衡器的精度进行检验，如发现问题应立即处理。

搅拌机机型确定后，必须通过试验对碾压混凝土拌和物均匀性进行检验，以确定拌和时间和投料顺序。拌和楼投入运行后，应定期对碾压混凝土拌和物均匀性进行检测。碾压混凝土拌和物均匀性检测结果应符合下列规定：①用水洗分析法测定粗骨料含量时，两个样品的差值应小于10%；②用砂浆密度分析法测定砂浆密度时，两个样品的差值应不大于30kg/m³。

混凝土拌和楼站的计量器具应定期（每月不少于一次）检验校正，在必要时随时抽验。每班称量前，应对称量设备进行零点校验。

在混凝土拌和生产中，应对各种原材料的配料称量进行检查并记录，每8h不应少于2次。混凝土组成材料计量的允许偏差按表11.2.5控制。

表 11.2.5　　　　　　　　　　　　　配料称量检验标准

材料名称	水	水泥、粉煤灰	粗、细骨料	外加剂
允许偏差	1%	1%	2%	1%

碾压混凝土质量的检测，可在搅拌机口随机取样进行，检测项目和频率按表11.2.6规定执行。

表 11.2.6　　　　　　　　　机口碾压混凝土的检测项目和频率

检测项目	检测频率	检测目的
VC 值	每2h一次①	检测碾压混凝土的可碾性，控制工作度变化
含气量	使用引气剂时，每班1～2次	调整外加剂量
温度	每2～4h一次	温控要求
抗压强度	每300～500m³一次； 不足300m³，至少每班取样一次	检验碾压混凝土质量及施工质量

① 气候条件变化较大（大风、雨天、高温）时应适当增加检测次数。

碾压混凝土拌和物的VC值应根据气候及仓面施工状态实行动态控制。碾压混凝土拌和物VC值选定后，出机口的混凝土VC值每4h应检查1～2次，机口VC值偏差超出3s的控制界限时，应查找原因，修正拌和碾压混凝土的用水量，并保持水胶比不变。

由于碾压混凝土的拌和物与常规混凝土相比有着更高的要求，VC值随碾压混凝土放置时间的延长而增大，而且受气温、气象条件影响较大，因此，不同季节和天气情况，对

VC 值的要求应有所不同。一般情况下拌和物 VC 值按 5s±2s 控制。实际施工时，拌和物 VC 值应按实际情况选用不同的基准 VC 值，进行动态控制。

为了提高大坝混凝土的耐久性，混凝土中需要保持一定的含气量，抗冻等级成为碾压混凝土耐久性设计的必要指标。碾压混凝土由于掺加较大比例的掺合料，且拌和物为无坍落度的干硬性混凝土，引气比较困难。要达到与常态混凝土相同的含气量，就需要增加比常态混凝土高数倍的引气剂掺量。为了保证碾压混凝土施工质量和提高耐久性性能，掺加引气剂的碾压混凝土应严格控制含气量，每 4h 检测 1 次，允许的偏差范围为±1%。

新拌混凝土及混凝土施工期间，温度检查和控制十分重要。拌和物的温度、气温和原材料的温度每 4h 应检测 1 次。

拌和物的水胶比在必要时按《普通混凝土拌合物性能试验方法》（GBJ 80）和《水工混凝土试验规程》（DL/T 5150）进行检测。

11.2.3　现场质量检测与控制

11.2.3.1　现场铺筑及碾压检测项目

混凝土拌和物入仓后，应观察其均匀性与和易性，发现异常应及时处理。浇筑混凝土时，应有专人在仓内检查并对施工过程与出现的问题及其处理进行详细记录。混凝土拆模后，应检查其外观质量。有混凝土裂缝、蜂窝、麻面、错台和模板走样等质量问题或事故时应及时检查和处理。对混凝土强度或内部质量有怀疑时，可采用无损检测法（如回弹法、超声回弹综合法等）或钻孔取芯、压水试验等进行检查。

碾压混凝土铺筑时，现场检测应按表 11.2.7 的规定进行，并做好记录。

表 11.2.7　　　　　　碾压混凝土铺筑现场检测项目和标准

检 测 项 目	检 测 频 率	控 制 标 准
VC 值	每 2h 一次	现场 VC 值允许偏差 5s
抗压强度	相当于机口取样数量的 5%～10%	
压实容重	每铺筑 100～200 m² 至少 1 点，每一铺筑层仓面内应有 3 个以上检测点	每个铺筑层测得的容重应全部达到规定的相对密度指标
骨料分离情况	全过程控制	不允许出现骨料集中现象
两个碾压层间隔时间	全过程控制	由试验确定不同气温条件下的层间允许间隔时间，并按其判定
混凝土加水拌和至碾压完毕时间	全过程控制	小于 2h
入仓温度	2～4h 一次	

11.2.3.2　施工仓面质量控制具体要求

（1）为了保证碾压混凝土上下层的层面结合良好，层间允许间隔时间必须控制在设计要求的范围内，使层面结合质量满足抗剪强度和抗渗性能要求。层间允许间隔时间应根据不同气温和施工环境条件，通过试验确定。

（2）当不能保证层间的塑性结合时，应做施工缝处理。常用方法是对已经凝结硬化的碾压混凝土层面，在继续碾压施工之前，将层面处理干净，并在接缝垫层料摊开之后，尽快覆盖碾压混凝土拌和物，以确保良好的黏结性。目前多采用铺砂浆或灰浆做垫层。

（3）防止碾压层面的扰动破坏和污染。碾压混凝土大多采用汽车直接入仓，或汽车在仓面内分散倒运。应设专门清洗汽车的场地，入仓前将车轮冲洗干净，防止污物、淤泥带入仓内。仓内各种机械，应严格防止漏油。发现油污应予挖除。

（4）平仓机平仓时，不应在硬化中的碾压混凝土表面往返行走。履带对硬化碾压混凝土面破坏性很大。当出现外露的石子松动或破坏时，应当在清除干净后，先铺砂浆，再铺碾压混凝土。碾压面除应保持清洁、无污染外，还应保持湿润状态，直到覆盖上层碾压混凝土为止。防止层面干燥，可用喷雾或喷撒水的方法，并以不形成水滴为度。

（5）避免和改善骨料分离。碾压混凝土拌和物是以颗粒大小和密度各不相同的材料混合而成，在运输、卸料、平仓过程中发生骨料分离是难以避免的。改善骨料分离的办法可采用：

1）优选抗分离性好的碾压混凝土配合比。

2）减小卸料、装车时的跌落和堆料高度。

3）在拌和机口和各中间转运料斗的出口，设置缓冲设施。

实际施工中，仓面发现有少量骨料分离现象时，应采用人工方式将分离的部分均匀分散于未经碾压的拌和物中，然后再进行平仓、碾压施工。

11.2.3.3　表观密度检测

碾压表观密度检测采用核子水分密度仪或压实密度计。每铺筑 $100\sim200m^2$ 碾压混凝土至少应有一个检测点，每一铺筑层仓面内应有 3 个以上检测点。以碾压完毕 10min 后的核子水分密度仪测试结果作为压实容重判定依据。

核子水分密度仪应在使用前应用实际原材料配制的碾压混凝土进行标定。

相对密实度是评价碾压混凝土压实质量的指标。《水工碾压混凝土施工规范》（DL/T 5112）规定，对于建筑物的外部混凝土，相对密实度不得小于 98％；对于内部混凝土，相对密实度不得小于 97％。

核子水分密度仪是具有放射源的检测仪器，使用时应高度重视安全问题，应由经过专门培训的人员使用、维护保养，严禁擅自拆装仪器内部放射源，应严格按操作规程《核子水分密度仪现场测试规程》（SL 275）进行作业。

11.2.3.4　关键工序的时间控制

工程实践和试验表明，碾压混凝土的质量与以下工序的时间存在着密切的关系：

（1）碾压混凝土拌和时间：按照不同的搅拌设备确定最小拌和时间，强制式搅拌机一般不小于 90s。

（2）碾压混凝土拌和物从出机至碾压完毕的时间一般不超过 2h。

（3）碾压混凝土拌和物从入仓至开始碾压的时间一般不超过 60min。

（4）层缝面的垫层料（如砂浆），从摊铺到覆盖的时间一般不超过 15min。

11.2.4　特殊环境下的质量控制

11.2.4.1　高温期碾压混凝土施工质量控制特点

在高温期，碾压混凝土施工质量控制特点就是温度控制和出机口 VC 值的控制。VC

值的控制主要针对高温期碾压混凝土水分蒸发快的特点进行，一般控制在 3s 以下，以现场碾压不陷碾为原则，可以有效提高可碾性和层间结合质量。温度控制主要有两方面：一是碾压混凝土出机口温度；二是仓面温度。出机口的温度控制与常态混凝土相同，通过控制拌和物的温度，即通过降低骨料和拌和用水温度来实现。仓面温度控制主要从以下方面采取措施：

（1）运输设施保护。运输碾压混凝土的所有设备（如自卸车、皮带机等）加设遮阳棚。防止碾压混凝土在运输途中快速吸入外界热量，造成混凝土快速升温。

（2）降低仓面温度。通过仓面喷雾，营造仓面小气候，可使仓内温度较外界降温低 $4\sim6℃$，同时可使仓面保持 $60\%\sim80\%$ 的湿度。

（3）仓面及时覆盖。仓面采用塑料布或其他保水材料（湿麻袋等）进行覆盖，以防止碾压混凝土被阳光直射，隔离大气高温，防止混凝土快速吸热升温（通常称为温度倒灌）、水分蒸发。

11.2.4.2　低温环境下碾压混凝土施工质量控制特点

低温环境下碾压混凝土施工质量控制特点是如何提高出机口碾压混凝土的温度和控制浇筑温度，如何防止碾压混凝土受冻害。提高出机口的温度主要采取以下措施：

（1）骨料预热。在骨料仓和配料仓中，夏季用于通冷却水的排管中通蒸汽对骨料进行加温，对所有运输骨料的皮带机密封通暖气，防止运输中温度散失。

（2）热水拌和。碾压混凝土拌和用水通过蒸汽升温法（向水箱内冲蒸汽）提高拌和水温。

浇筑温度的控制主要采用蓄热法施工，主要采取以下措施：

（1）覆盖保温。在碾压混凝土运输途中加盖保温被，碾压混凝土平仓或碾压后及时覆盖保温被，模板拆除后挂保温被养护。

（2）采用保温模板在模板内侧（非永久面）或外侧贴 $3\sim5cm$ 厚的保温板，防止新浇碾压混凝土受冻害。

（3）仓面加热升温。自开仓至仓内收面的整个施工过程中，在仓内采用火炉加温，使得基础面（或老碾压混凝土面）温度保持在 0℃以上。

为了防止碾压混凝土受冻害，除采用以上的温度控制外，主要采取在碾压混凝土拌和时适量加入防冻剂。防冻剂对碾压混凝土后期强度影响较大（可通过调整配合比补偿），其掺量必须严格控制，使用前要经过试验论证。

例如，龙首工程坝址位于河西走廊，该地区属典型的内陆气候，夏季炎热、冬季寒冷、蒸发量大，夏季气温高达 35℃以上，冬季最低气温达 $-30℃$。由于工期十分紧张，为了保证进度计划，将原设计的混凝土心墙围堰改为碾压混凝土围堰，并研究了冬季碾压混凝土的施工方法。下游围堰于 2000 年 1 月 10 日开始施工，当时气温 $-5\sim15℃$。通过上述严格的质量控制和严寒气候条件的施工措施，保证碾压混凝土施工。后期经取芯检查，各项指标均达到了设计要求。

11.2.4.3　多雨环境下碾压混凝土施工质量控制特点

多雨天气对碾压混凝土的影响主要在质量和效率两个方面。在质量方面，降雨会造成碾压混凝土含水量的增大，降低层面强度，加剧不均匀性，同时造成层面灰浆损失，形成松散软弱层面，处理不得当，会成为质量隐患。在效率方面，降雨天气下机械效率降低，仓面复杂程度加剧，有时会使混凝土施工难以连续进行。

雨天施工必须在一定的降雨强度标准下进行。如果需要完全避免降雨的影响，必须采用主动的防御措施，如大规模的防雨棚。

采用被动防雨措施，首先是在超标准降雨时停止施工，我国规范降雨量在 3mm 以下可以连续施工。根据工程实际操作的情况来看，5～7mm 的降雨条件下是可以保证施工质量的。因为降雨对混凝土质量的影响实际上是进入混凝土中的水量，考虑到时间的因素，根据混凝土施工的速度，可以按进入混凝土中的实际水量来进行控制。其次是在超标准降雨结束后，迅速恢复施工，减少停工时间。

斜层平推铺筑法是多雨天气下的有效措施。由于层面倾斜，有利于排水，只要及时碾压，降雨可迅速排出，且灰浆损失仅限于表层很浅的范围和坡角部分。

若因超标准降雨停工，恢复施工时，若间歇时间短，立即在层间上铺稠砂浆补偿灰浆损失，并清除坡角；若间歇时间长，混凝土已达到初凝，可用高压水清除表面软弱层，层面铺砂浆，然后可恢复施工。若间歇时间过长，应清除未碾压的混凝土。

降雨天气施工时，应及时跟踪检测混凝土骨料的含水率，并调整拌和用水量，也是一个重要措施，但应用时有一定限度。

施工中还要特别注意及时碾压。降雨时，碾压越及时，对混凝土质量影响越小。

11.3 质量评定

11.3.1 建筑混凝土

11.3.1.1 一般规定

根据《混凝土强度检验评定标准》（GB/T 50107），混凝土强度等级采用符号 C 与立方体抗压强度标准值（MPa）表示。立方体抗压强度标准值系指对按标准方法制作和养护的边长为 150mm 的立方体试件，在 28d 龄期，用标准试验方法测得的抗压强度总体分布中的一个值，强度低于该值的百分率不超过 5%。也就是说，混凝土立方体抗压强度标准值具有不低于 95% 的保证率。

混凝土强度应分批进行检验评定。一个检验批的混凝土应由强度等级相同、龄期相同以及生产工艺条件和配合比基本相同的混凝土组成。对施工现场的现浇混凝土，应按单位工程的验收项目划分检验批。

采用现场集中搅拌混凝土的施工单位，应按标准规定的统计方法评定混凝土强度。对零星生产的混凝土或现场搅拌的批量不大的混凝土，可按标准规定的非统计方法评定。

为满足混凝土强度等级和混凝土强度评定的要求，应根据原材料、混凝土生产工艺及生产质量水平等具体条件，选择适当的混凝土施工配制强度。

采用现场集中搅拌混凝土的施工单位，应定期对混凝土强度进行统计分析，控制混凝土质量。

11.3.1.2 混凝土的取样及试件的制作、养护和试验

混凝土试样应在混凝土浇筑地点随机抽取，取样频率应符合以下规定：①每 100 盘，

但不超过 100m³ 的同配合比的混凝土，取样次数不得少于一次；②每一工作班拌制的同配合比的混凝土不足 100 盘时，其取样次数不得少于一次。

每组三个试件应在同一盘混凝土中取样制作。其强度代表值的确定，应符合以下规定：①取三个试件强度的算术平均值作为每组试件的强度代表值；②当一组试件中强度的最大值或最小值与中间值之差超过中间值的 15％时，取中间值作为该组试件的强度代表值；③当一组试件中强度的最大值和最小值与中间值之差均超过中间值的 15％时，该组试件的强度不应作为评定的依据。

每批混凝土试样应制作的试件总组数，除应考虑标准规定的混凝土强度评定所必需的组数外，还应考虑为检验结构或构件施工阶段混凝土强度所必需的试件组数。

检验评定混凝土强度用的混凝土试件，其标准成型方法、标准养护条件及强度试验方法均应符合现行国家标准《普通混凝土力学性能试验方法标准》（GB/T 50081）的规定。

当检验结构或构件拆模、出池、出厂、吊装、预应力筋张拉或放张，以及施工期间需短暂负荷的混凝土强度时，其试件的成型和养护条件应与施工中采用的成型方法和养护条件相同。

11.3.1.3　统计方法评定

1. 统计方法确定

当混凝土的生产条件在较长时间内能保持一致，且同一品种混凝土的强度变异性能保持稳定时，应由连续的三组试件组成一个检验批，其强度应同时满足下列要求：

$$m_{f_{cu}} \geq f_{cu,k} + 0.7\sigma_0 \tag{11.3.1}$$

$$f_{cu,min} \geq f_{cu,k} - 0.7\sigma_0 \tag{11.3.2}$$

当混凝土强度等级不高于 C20 时，其强度的最小值尚应满足下式要求：

$$f_{cu,min} \geq 0.85 f_{cu,k} \tag{11.3.3}$$

当混凝土强度等级高于 C20 时，其强度的最小值尚应满足下式要求：

$$f_{cu,min} \geq 0.90 f_{cu,k} \tag{11.3.4}$$

式中：$m_{f_{cu}}$ 为同一检验批混凝土立方体抗压强度的平均值，MPa；$f_{cu,k}$ 为混凝土立方体抗压强度标准值，MPa；σ_0 为检验批混凝土立方体抗压强度的标准差，MPa；$f_{cu,min}$ 为同一检验批混凝土立方体抗压强度的最小值，MPa。

检验批混凝土立方体抗压强度的标准差，应根据前一个检验期内同一品种混凝土试件的强度数据，按下式确定：

$$\sigma_0 = \frac{0.59}{m} \sum_{i=1}^{m} \Delta f_{cu,i} \tag{11.3.5}$$

式中：$\Delta f_{cu,i}$ 为第 i 批试件立方体抗压强度中最大值与最小值之差；m 为用以确定检验批混凝土立方体抗压强度标准差的总批数。

上述检验期不超过 3 个月，且在该期间内强度数据的总批数不得少于 15 批。

当混凝土的生产条件在较长时间内不能保持一致，且混凝土强度变异不能保持稳定时，或在前一个检验期内的同一品种混凝土没有足够的数据用以确定检验批混凝土立方体抗压强度的标准差时，应由不少于 10 组的试件组成一个检验批，其强度应同时满足下列公式的要求：

$$m_{f\text{cu}} - \lambda_1 s_{f\text{cu}} \geqslant f_{\text{cu,k}} \tag{11.3.6}$$

$$f_{\text{cu,min}} \geqslant \lambda_2 f_{\text{cu,k}} \tag{11.3.7}$$

式中：$s_{f\text{cu}}$ 为同一检验批混凝土立方体抗压强度的标准值，MPa，当 $s_{f\text{cu}}$ 的计算值小于 $0.06 f_{\text{cu,k}}$ 时，取 $s_{f\text{cu}} = 0.06 f_{\text{cu,k}}$；$\lambda_1$、$\lambda_2$ 为合格判定系数，按表 11.3.1 取用。

表 11.3.1 　　　　　　　　　　混凝土强度合格判定系数

试件组数	$10\sim14$	$15\sim19$	$\geqslant 20$
λ_1	1.15	1.05	0.95
λ_2	0.90	0.85	

混凝土立方体抗压强度的标准差 $s_{f\text{cu}}$ 可按下式计算：

$$s_{f\text{cu}} = \sqrt{\dfrac{\sum\limits_{i=1}^{n} f_{\text{cu},i}^2 - n m_{f\text{cu}}^2}{n-1}} \tag{11.3.8}$$

式中：$f_{\text{cu},i}$ 为第 i 组混凝土试件的立方体抗压强度值，MPa；n 为一个检验批混凝土试件的组数。

2. 非统计方法评定

按非统计方法评定混凝土强度时，其所保留强度应同时满足下列要求：

$$m_{f\text{cu}} \geqslant 1.15 f_{\text{cu,k}} \tag{11.3.9}$$

$$f_{\text{cu,min}} \geqslant 0.95 f_{\text{cu,k}} \tag{11.3.10}$$

3. 生产质量水平

《混凝土强度检验评定标准》（GB/T 50107）关于混凝土生产质量水平，可根据统计周期内混凝土强度标准差和试件强度不低于要求强度的百分率，按表 11.3.2 划分。

表 11.3.2 　　　　　　　　　　混凝土生产质量水平

评定指标	生产单位	生产质量水平					
		优良		一般		差	
		低于 C20	不低于 C20	低于 C20	不低于 C20	低于 C20	不低于 C20
混凝土强度标准差 σ/MPa	预拌混凝土厂和预制混凝土构件厂	$\leqslant 3.0$	$\leqslant 3.5$	$\leqslant 4.0$	$\leqslant 5.0$	> 4.0	> 5.0
	集中搅拌混凝土施工现场	$\leqslant 3.5$	$\leqslant 4.0$	$\leqslant 4.5$	$\leqslant 5.5$	> 4.5	> 5.5
强度不低于要求强度等级的百分率 p/%	预拌混凝土厂和预制混凝土构件厂及集中搅拌混凝土施工现场	$\geqslant 95$		> 85		$\leqslant 85$	

对预拌混凝土和预制混凝土构件厂，其统计周期可取一个月，对在现场集中搅拌混凝土的施工单位，其统计周期可根据实际情况确定。

在统计周期内混凝土强度标准差和不低于规定强度等级的百分率，可按下列公式计算：

$$\sigma = \sqrt{\dfrac{\displaystyle\sum_{i=1}^{N} f_{\mathrm{cu},i}^2 - N\mu_{f_{\mathrm{cu}}}^2}{N-1}} \tag{11.3.11}$$

$$p = \dfrac{N_0}{N} \times 100\% \tag{11.3.12}$$

式中：$f_{\mathrm{cu},i}$ 为统计周期内第 i 组混凝土试件的立方体抗压强度值，MPa；N 为统计周期内相同强度等级的混凝土试件组数；$\mu_{f_{\mathrm{cu}}}$ 为统计周期内 N 组混凝土试件立方体抗压强度的平均值，MPa；N_0 为统计周期内试件强度不低于要求强度等级的组数。

盘内混凝土强度的变异系数不宜大于 5%，其值可按下式计算：

$$\delta_{\mathrm{b}} = \dfrac{\sigma_{\mathrm{b}}}{\mu_{f_{\mathrm{cu}}}} \times 100\% \tag{11.3.13}$$

式中：δ_{b} 为盘内混凝土强度的变异系数；σ_{b} 为盘内混凝土强度的标准差，MPa。

盘内混凝土强度的标准差可按下列规定确定：

（1）在混凝土搅拌地点连续地从 15 盘混凝土中分别取样，每盘混凝土试样各成型一组试件，根据试件强度按下式计算：

$$\delta_{\mathrm{b}} = 0.04 \sum_{i=1}^{15} \Delta_{f_{\mathrm{cu}},i} \tag{11.3.14}$$

式中：$\Delta_{f_{\mathrm{cu}},i}$ 为第 i 组 3 个试件强度中最大值与最小值之差，MPa。

（2）当不能连续从 15 盘混凝土中取样时，盘内混凝土强度标准差可利用正常生产连续累计的强度资料进行统计，当试件组数不少于 30 组时，其值可按下式计算：

$$\delta_{\mathrm{b}} = \dfrac{0.59}{n} \sum_{i=1}^{n} \Delta_{f_{\mathrm{cu}},i} \tag{11.3.15}$$

式中：n 为试件组数。

11.3.2　水工混凝土

11.3.2.1　一般规定

根据《水工混凝土施工规范》（DL/T 5144）的规定，常态混凝土现场质量检验以抗压强度为主，并以 150mm 立方体试件的抗压强度为标准。

混凝土试件以机口随机取样为主，每组混凝土的 3 个试件应在同一储料斗或运输车箱内的混凝土中取样制作。浇筑地点试件取样数量宜为机口取样数量的 10%，并按下列规定确定其强度代表值。

（1）以每组 3 个试件的算数平均值为该组试件的强度代表值。

（2）当一组试件中强度的最大值或最小值与中间值之差超过 15% 时，取中间值作为该组试件的强度代表值。

（3）当一组试件中强度的最大值和最小值与中间值之差均超过 15% 时，该组试件的强度不应作为平定的依据。

11.3.2.2　混凝土的取样及试件的制作、养护和试验

同一强度等级混凝土试件取样数量应符合下列规定：

（1）抗压强度。大体积混凝土 28d 龄期每 500m³ 成型一组，设计龄期每 1000m³ 成型一组；非大体积混凝土 28d 龄期每 100m³ 成型一组，设计龄期每 200m³ 成型一组。

（2）抗拉强度。28d 龄期每 2000m³ 成型一组，设计龄期每 3000m³ 成型一组。

（3）抗冻、抗渗或其他主要特殊要求应在施工中适当取样检验，其数量可按每季度施工的主要部位取样成型 1～2 组。

（4）为预测混凝土的强度，宜采用快速测强法，或进行 7d 龄期强度试验。

（5）混凝土试件的成型、养护及试验，按《水工混凝土试验规程》（DL/T 5150）进行。

11.3.2.3 混凝土强度的检验评定

检验批混凝土强度平均值和最小值应同时满足下列要求：

$$m_{f_{cu}} \geqslant f_{cu,k} + Kt\sigma_0 \qquad (11.3.16)$$

$$f_{cu,min} \geqslant 0.85 f_{cu,k} \quad （混凝土强度等级不高于 C_{90}20） \qquad (11.3.17)$$

$$f_{cu,min} \geqslant 0.90 f_{cu,k} \quad （混凝土强度等级高于 C_{90}20） \qquad (11.3.18)$$

式中：$m_{f_{cu}}$ 为混凝土强度平均值，MPa；$f_{cu,k}$ 为混凝土设计龄期的强度标准值，MPa；K 为合格判定系数，根据检验批统计组数 n 值，按表 11.3.3 选取；t 为概率度系数，取用值见表 11.3.4；σ_0 为检验批混凝土强度的标准差，MPa；$f_{cu,min}$ 为 n 组强度中的最小值，MPa。

表 11.3.3　　　　　　　　　　　合 格 判 定 系 数 K 值

n	2	3	4	5	6～10	11～15	16～25	＞25
K	0.71	0.58	0.50	0.45	0.36	0.28	0.23	0.20

注　1. 同一检验批混凝土，应由强度标准相同、配合比和生产工艺基本相同的混凝土组成，对现浇混凝土宜按单位工程的验收项目或按月划分检验批。
　　2. 检验批混凝土强度标准差 σ_0 计算值小于 $0.06f_{cu,k}$ 时，应取 $\sigma_0 = 0.06f_{cu,k}$。

表 11.3.4　　　　　　　　　　　保 证 率 和 概 率 度 系 数 关 系

保证率 P /%	65.5	69.2	72.5	75.8	78.8	80.0	82.9	85.0	90.0	93.3	95.0	97.7	99.9
概率度系数 t	0.40	0.50	0.60	0.70	0.80	0.84	0.95	1.04	1.28	1.50	1.65	2.0	3.0

混凝土质量验收取用混凝土抗压强度的龄期应与设计龄期相一致。混凝土生产质量的过程控制应以标准养护 28d 试件抗压强度为准。混凝土不同龄期抗压强度比值由试验确定。

混凝土抗压强度试件的检测结果未满足 11.3.3 节合格标准要求或对混凝土试件强度的代表性有怀疑时，可从结构物中钻取混凝土芯样试件或采用无损检验方法，按有关标准规定对结构物的强度进行检测；如仍不符合要求，应对已完成的结构物，按实际条件验算结构的安全度，根据需要采取必要的补救措施或其他处理措施。

混凝土设计龄期抗冻检验的合格率不应低于 80%，混凝土设计龄期的抗渗检验应满足设计要求。

混凝土强度除应分期分批进行质量评定外，尚应对每一个统计周期内的同一强度标准和同一龄期的混凝土强度进行统计分析，统计计算混凝土强度平均值（$m_{f_{cu}}$）、标准差（σ）及保证率（P），并计算出不低于设计强度标准值的百分率（P_s）。

混凝土平均强度按下式计算：

$$m_{f_{cu}} = \frac{\sum\limits_{i=1}^{n} f_{cu,i}}{n} \qquad (11.3.19)$$

式中：$m_{f_{cu}}$ 为 n 组试件的强度平均值，MPa；$f_{cu,i}$ 为第 i 组试件的强度值，MPa；n 为试件的组数。

混凝土强度标准差按下式计算：

$$\sigma = \sqrt{\frac{\sum\limits_{i=1}^{n} f_{cu,i}^2 - n m_{f_{cu}}^2}{n-1}} \qquad (11.3.20)$$

式中：$f_{cu,i}$ 为统计周期内第 i 组混凝土试件强度值，MPa；n 为统计周期内相同强度标准值的混凝土试件组数。

强度不低于设计强度标准值的百分率按下式计算：

$$P_s = \frac{n_0}{n} \times 100\% \qquad (11.3.21)$$

式中：P_s 为强度不低于设计强度标准值的百分率；n_0 为统计周期内强度不低于设计强度标准值的试件组数。

检验批混凝土强度标准值 σ_0 的计算公式和 σ 计算公式相同。

在混凝土施工期间，各项试验结果应及时整理，并按月报主管部门。出现重要质量问题应及时上报。

已建成的混凝土建筑物，应适量地进行钻孔取芯和压水试验。大体积混凝土取芯和压水试验可按每万立方米混凝土钻孔 2～10m，具体钻孔取样部位、检验项目与压水试验的部位、吸水率的评定标准，应根据工程施工的具体情况确定。钢筋混凝土结构物应以无损检测为主，在必要时采取钻孔法检测混凝土。混凝土芯样的钻取、加工和试验，可按照《钻芯法检测混凝土强度技术规程》（CECS 03）进行。

11.3.2.4　生产质量水平

衡量混凝土生产质量水平以现场试 28d 龄期抗压强度标准差 σ 值表示，其评定标准见表 11.3.5。

表 11.3.5　　　　　　　　　　混凝土生产质量水平

评　定　指　标		质　量　等　级			
		优秀	良好	一般	差
不同强度等级下的混凝土强度标准差/MPa	$\leqslant C_{90} 20$	<3.0	$3.0\sim3.5$	$3.5\sim4.5$	>4.5
	$C_{90} 20\sim C_{90} 35$	<3.5	$3.5\sim4.0$	$4.0\sim5.0$	>5.0
	$>C_{90} 35$	<4.0	$4.0\sim4.5$	$4.5\sim5.5$	>5.5
强度不低于强度标准值的百分率 P_s/%		$\geqslant 90$		$\geqslant 80$	<80

衡量试验系统误差的盘内混凝土强度的变异系数（δ_b）不应大于 5%。当 $\delta_b > 5\%$ 时，应查明原因并采取改进措施。

盘内混凝土变异系数按下式计算：

$$\delta_b = \frac{\sigma_b}{m_{f_{cu}}} \tag{11.3.22}$$

式中：δ_b 为盘内混凝土强度的变异系数；σ_b 为盘内混凝土强度的标准差，MPa；$m_{f_{cu}}$ 为 n 组混凝土试件的强度平均值，MPa。

盘内混凝土强度均值及其标准差可利用正常生产连续累计的强度资料，按下式确定：

$$m_{f_{cu}} = \frac{\sum\limits_{i=1}^{n} f_{cu,i}}{n} \tag{11.3.23}$$

$$\delta_b = \frac{0.59}{n} \sum\limits_{i=1}^{n} \Delta_{f_{cu,i}} \tag{11.3.24}$$

式中：$m_{f_{cu}}$ 为 n 组混凝土试件的强度平均值，MPa；$f_{cu,i}$ 为第 i 组混凝土试件的强度值，MPa；n 为试件组数，该值不得小于 30 组；$\Delta_{f_{cu,i}}$ 为第 i 组三个试件中强度最大值与最小值之差，MPa。

用盘内混凝土强度变异系数（δ_b）评定试验水平等级，见表 11.3.6。

表 11.3.6　　　　　　　　　　　　试 验 水 平 等 级

试验水平		优秀	良好	一般	差
盘内变异系数 δ_b /%	现场	<4	4～5	5～6	>6
	室内	<3	3～4	4～5	>5

11.3.3　碾压混凝土

11.3.3.1　一般规定

根据《水工碾压混凝土施工规范》（DL/T 5112）的规定，碾压混凝土试件应在搅拌机机口取样成型。碾压混凝土生产质量控制以 15cm 标准立方体试件、标准养护 28d 的抗压强度为准。

11.3.3.2　碾压混凝土强度统计规律

碾压混凝土根据施工规范的要求，需要制作许多试件，得到许多抗压强度的数据。在正常施工条件下，同一种混凝土的抗压强度总是波动的。实践证明，混凝土强度的分布曲线服从正态分布的规律，如图 11.3.1 所示。其概率密度函数 $\varphi(f)$ 为

$$\varphi(f) = \frac{1}{\sigma\sqrt{2\pi}} e^{-\frac{(f-\overline{f})^2}{2\sigma^2}} \tag{11.3.25}$$

介于 f_1 与 f_2 之间的混凝土强度值出现的概率为 $P(f_1 \leqslant f \leqslant f_2)$，可用下式表示：

$$P(f_1 \leqslant f \leqslant f_2) = \int_{f_1}^{f_2} \varphi(f)\mathrm{d}f = \frac{1}{\sigma\sqrt{2\pi}} \int_{f_1}^{f_2} e^{-\frac{(f-\overline{f})^2}{2\sigma^2}} \mathrm{d}f \tag{11.3.26}$$

式中：f 为混凝土强度；$\overline{f}$ 为混凝土强度总体的平均值；σ 为混凝土强度总体的标准差。

令随机变量 $t = (f - \overline{f})/\sigma$，可将一般正态分布变换为标准正态分布，如图 11.3.2 所示。其概率密度函数及标准正态分布函数分别为

$$\varphi'(t)=\frac{1}{\sqrt{2\pi}}e^{-\frac{t^2}{2}} \tag{11.3.27}$$

$$\varphi(t)=\int_{-\infty}^{t_1}\varphi'(t)\,dt=\frac{1}{\sqrt{2\pi}}\int_{-\infty}^{t_1}e^{\frac{t^2}{2}}\,dt \tag{11.3.28}$$

式中：t 为概率度。

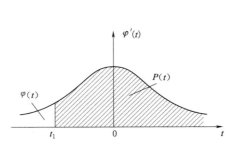

图 11.3.1　正态分布曲线图　　　　图 11.3.2　标准正态分布曲线

概率度 t 自 $t_1\sim+\infty$ 出现的概率 $P(t_1)=1-\varphi(t_1)$。不同的 t 值所对应的 $P(t)$ 值，可从有关的数理统计书中查得，现摘录部分列于表 11.3.7 中。

表 11.3.7　　　　　　　　　　　　不同 t 值的 $P(t)$ 值表

t	+3.00	+2.00	+1.00	0	−0.50	−0.84	−1.00	−1.04	−1.28	−1.645	−2.00	−3.00
$P(t)$	0.001	0.023	0.159	0.500	0.690	0.800	0.841	0.850	0.900	0.950	0.977	0.999

当混凝土强度总体的平均值 $\overline{f}$ 及标准差 σ 已知，混凝土的强度分布特征即可确定。对于指定的某一强度值，可算出概率度 t，则大于和等于此强度值出现的概率也可计算出来。

假定从混凝土总体中抽出部分混凝土制成试件，测得一批强度试验数据，则其强度的平均值（也称为样本均值）为

$$\overline{f}_n=\frac{1}{n}\sum_{i=1}^{n}f_i \tag{11.3.29}$$

均方差为

$$S_n=\sqrt{\frac{1}{n-1}\sum_{i=1}^{n}(f_i-\overline{f}_n)^2} \tag{11.3.30}$$

当样本数量较多时，可代表总体标准差 σ。

离差系数为

$$C_v=\frac{S_n}{\overline{f}_n} \tag{11.3.31}$$

混凝土强度标准差 σ（或均方差 S_n）及离差系数 C_v 是决定混凝土强度分布特征的重要参数。σ 值越大（或 C_v 越大），强度分布曲线越"矮胖"，强度离散性越大，质量越不均匀，如图 11.3.3 所示。从生产和使用的角度来说，希望混凝土的强度波动较小，质量均匀。故要求 σ（或 C_v）较小。反之，则表示混凝土质量较差。在混凝土施工质量控制

中，可用 σ（或 C_v）作为评定混凝土均匀性的指标。

混凝土强度中，等于和大于设计强度的强度值出现的概率 P（%），称为强度保证率。不同类型的工程对混凝土强度保证率的要求不同。

混凝土强度保证率的计算，可根据混凝土强度检验结果（f_i），按式（11.3.29）~式（11.3.31）算出平均值 $\overline{f_n}$、均方差 S_n 或离差系数 C_v，按下式计算概率度 t 值：

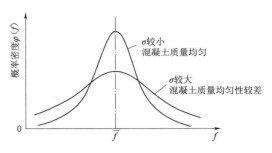

图 11.3.3　标准差不同的强度分布曲线

$$t=\frac{f-\overline{f_n}}{\sigma}=\frac{f-\overline{f_n}}{S_n}=\frac{f-\overline{f_n}}{C_v\overline{f_n}} \qquad (11.3.32)$$

式中：f 为设计强度值。

由 t 值查表 11.3.7 即可求得该混凝土的强度保证率。

为了使混凝土强度具有要求的保证率，必须使配制强度大于设计强度等级（或设计标号）。提高的强度的大小，除取决于强度保证率的要求外，还取决于混凝土强度的波动范围，即混凝土的标准差。当混凝土的设计强度等级和要求的保证率已知时，混凝土的配制强度可按下式计算：

$$f_{cu,o}=f_{cu,k}+t\sigma \qquad (11.3.33)$$

式中：$f_{cu,o}$ 为混凝土配制强度，MPa；$f_{cu,k}$ 为混凝土设计龄期的强度标准值，MPa；t 为概率度系数，由给定的保证率 P 选定；σ 为混凝土强度标准差，MPa。

根据《水工混凝土施工规范》（DL/T 5144）的规定，混凝土强度标准差（σ），宜按同品种混凝土强度统计资料确定。当没有近期的同品种混凝土强度资料时，σ 可参照表 11.3.8 取用。

表 11.3.8　　　　　　　　　　　　　　标　准　差　σ　值

混凝土强度标准差	$\leqslant C_{90}15$	$C_{90}20\sim C_{90}25$	$C_{90}30\sim C_{90}35$	$C_{90}40\sim C_{90}45$	$\geqslant C_{90}50$
σ（90d）/MPa	3.5	4.0	4.5	5.0	5.5

11.3.3.3　碾压混凝土质量评定

碾压混凝土质量验收取用混凝土抗压强度的龄期应与设计龄期（多为 90d 或 180d）相一致。混凝土生产质量的过程控制以标准养护 28d 试件抗压强度为宜。混凝土不同龄期抗压强度比值由试验确定。

（1）按抽样次数分大样本和小样本两种方法评定。

1）大样本。当混凝土连续取样大于 30 组时，用大样本评定，评定函数按下式计算：

$$F(X)=\overline{X}(1-tC_v)\geqslant R \qquad (11.3.34)$$

或

$$F(\overline{X}-tS)\geqslant S \qquad (11.3.35)$$

$$X_{min}=KS \qquad (11.3.36)$$

或
$$X_{\min} = R + BS \qquad (11.3.37)$$

式中：$F(X)$ 为评定函数；$\overline{X}$ 为 N 次试验抗压强度平均值，MPa；S 为 N 次试验抗压强度均方差，MPa；R 为混凝土强度等级（设计标号），MPa；t 为强度保证率系数，与试验次数 N 和保证率 $P(X)$ 有关，$N \geqslant 30$ 时见表 11.3.9；$X_{\min}$ 为 N 次试验中最低抗压强度，MPa；K、B 为与强度保证率和生产控制水平有关的系数，见表 11.3.9。

当 $F(X) \geqslant R$ 和 $X_{\min} \geqslant KR$ 或 $R + BS$ 时，碾压混凝土质量合格。

表 11.3.9　　　　　　　　　　碾压混凝土质量评定公式系数

强度保证率系数 t	$X \leqslant 20\text{MPa}$	$X > 20\text{MPa}$	
	K	B（给定 S 时）	BS（$S=4.3\text{MPa}$ 时）
0.84	0.73	-1.16	-4.98

2）小样本。当混凝土取样试验组数小于 6 组时，评定标准见表 11.3.10。

当 $\overline{X_i} \geqslant X_{\min}$ 时，碾压混凝土质量合格。

表 11.3.10　　　　　　　　小样本评定允许最低平均强度（$X_{\min}$）

求平均强度（$\overline{X_i}$）的连续抽样组数	$X \leqslant 20\text{MPa}$	$X > 20\text{MPa}$	
	$C_v = 0.19$	给定 S	$S = 4.3\text{MPa}$ 时
1	$0.73R$	$R - 1.16S$	$R - 4.98$
2	$0.87R$	$R - 0.57S$	$R - 2.46$
3	$0.92R$	$R - 0.31S$	$R - 1.35$
4	$0.96R$	$R - 0.16S$	$R - 0.68$
5	$0.98R$	$R - 0.05S$	$R - 0.23$
6	R	$R - 0.02S$	$R - 0.1$

（2）碾压混凝土生产质量管理水平衡量标准见表 11.3.11。抗压强度的均方差和变异系数应由一批（至少 30 组）连续机口取样的试验值求得。

表 11.3.11　　　　碾压混凝土生产质量管理水平衡量标准（龄期 28d）

评定项目	质 量 管 理 水 平			
	优	良	一般	差
变异系数 C_v	<0.15	$0.15 \sim 0.18$	$>0.18 \sim 0.22$	>0.22
均方差 S/MPa	<3.5	$3.5 \sim 4.0$	$>4.0 \sim 4.8$	>4.8

注　平均抗压强度：$X > 20\text{MPa}$，采用均方差 S 标准评定；$X \leqslant 20\text{MPa}$，采用变异系数 C_v 标准评定。

（3）衡量试验系统误差的盘内混凝土强度的变异系数（δ_b）不应大于 5%。当 $\delta_b > 5\%$ 时，应查明原因并采取改进措施。

盘内混凝土变异系数按下式计算：

$$\delta_b = \frac{\sigma_b}{m_{fcu}} \qquad (11.3.38)$$

式中：δ_b 为盘内混凝土强度的变异系数；σ_b 为盘内混凝土强度的标准差，MPa；m_{fcu} 为

n 组混凝土试件的强度平均值，MPa。

盘内混凝土强度均值及其标准差可利用正常生产连续累计的强度资料，按下式确定：

$$m_{f_{cu}} = \frac{\sum\limits_{i=1}^{n} f_{cu,i}}{n} \tag{11.3.39}$$

$$\delta_b = \frac{0.59}{n} \sum\limits_{i=1}^{n} \Delta_{f_{cu,i}} \tag{11.3.40}$$

式中：$m_{f_{cu}}$ 为 n 组混凝土试件的强度平均值，MPa；$f_{cu,i}$ 为第 i 组混凝土试件的强度值，MPa；n 为试件组数，该值不得小于 30 组；$\Delta_{f_{cu,i}}$ 为第 i 组三个试件中强度最大值与最小值之差，MPa。

用盘内混凝土强度变异系数（δ_b）评定试验水平等级，见表 11.3.12。

表 11.3.12 试 验 水 平 等 级

试验水平		优秀	良好	一般	差
盘内变异系数 δ_b /%	现场	<4	4～5	5～6	>6
	室内	<3	3～4	4～5	>5

（4）碾压混凝土抗冻、抗渗检验的合格率不应低于 80%。抗渗、抗冻或其他主要特殊要求应在施工中适当取样检验，其数量可按招标文件、设计要求或规范取样成型，一般每季度施工的主要部位取样成型 1～2 组。

11.3.3.4 碾压混凝土芯样强度检验与评定

混凝土抗压强度试件的检测结果未满足合格标准要求或对混凝土试件强度的代表性有怀疑时，可从结构物中钻取混凝土芯样试件或采用无损检验方法，按有关标准规定对结构物的强度进行检测；如仍不符合要求，应对已完成的结构物，按实际条件验算结构的安全度，根据需要采取必要的补救措施或其他处理措施。

已建成的混凝土建筑物，应适量地进行钻孔取芯和压水试验。大体积混凝土取芯和压水试验可按每万立方米混凝土钻孔 2～10m，具体钻孔取样部位、检验项目与压水试验的部位、吸水率的评定标准，应根据工程施工的具体情况确定。钢筋混凝土结构物应以无损检测为主，在必要时采取钻孔法检测混凝土。混凝土芯样的钻取、加工和试验，可按照《水工碾压混凝土施工规范》（DL/T 5112）进行。

钻孔取样是评定碾压混凝土质量的综合方法。钻孔取样可在碾压混凝土达到设计龄期后进行。钻孔的部位和数量应根据高程需要确定。

钻孔取样评定的内容如下：

（1）芯样获得率：评价碾压混凝土的均质性。

（2）压水试验：评定碾压混凝土抗渗性。

（3）芯样的物理力学性能试验：评定碾压混凝土的均质性和力学性能。

（4）芯样外观描述：评定碾压混凝土的均质性和密实性，评定标准见表 11.3.13。

测定抗压强度的芯样直径以 150～200mm 为宜。对于大型工程或混凝土的最大骨料粒径大于 80mm 的工程，宜采用直径 200mm 或更大直径的芯样。

表 11.3.13　　　　　　　　　　　碾压混凝土芯样外观评定标准

级别	表面光滑程度	表面致密程度	骨料分布均匀
优良	光滑	致密	均匀
一般	基本光滑	稍有孔	基本均匀
差	不光滑	有部分孔洞	不均匀

注　本表适用于金刚石钻头钻取的芯样。

以高径比为 2.0 的芯样试件为标准试件，高径比小于 1.5 的芯样试件不得用于测定抗压强度。不同高径比的芯样试件的抗压强度与高径比为 2.0 的标准试件抗压强度的比值见表 11.3.14。

表 11.3.14　　　　　　　　　　　抗 压 强 度 换 算 系 数

强度等级 /MPa	不同高径比试件抗压强度换算系数		强度等级 /MPa	不同高径比试件抗压强度换算系数	
	高径比			高径比	
	1.5	2.0		1.5	2.0
10～20	1.166	1.0	30～40	1.039	1.0
20～30	1.066	1.0	40～50	1.013	1.0

注　高径比为 1.5～2.0 的换算系数可用内插法求得。

11.3.4　混凝土质量控制图

11.3.4.1　$\overline{X} - R$ 控制图

在混凝土生产中，为了及时了解和掌握其生产质量，采用质量控制图能够快速、准确地发现生产过程中的异常情况，并采取相应的措施进行处理，恢复正常生产状况，应用质量控制图方法是简便又可靠的手段。

混凝土强度质量控制常采用 $\overline{X} - R$ 控制图，适用于将每天或每班生产的混凝土按一个批次进行控制。也就是说，把同一批次内的混凝土视为生产情况是相同的。同时，这种控制图不仅可用于混凝土强度控制，也可用于混凝土所用的原材料及混凝土拌和物性能的控制。$\overline{X} - R$ 控制图的画法步骤如下：

（1）收集数据 X，要求收集 50～100 个近期数据。

（2）将数据按时间顺序排列、分组、列表。

（3）计算每组平均值。

（4）计算各组的极差 R_i。

（5）计算各组平均值 $\overline{X}$ 的平均值 $\overline{\overline{X}}$ 和各组极差的 R_i 的平均值 $\overline{R_i}$。

（6）计算控制界限图。

（7）画出管理图。

（8）图上打点。

$\overline{X}$ 管理图：

$$CL = \overline{\overline{X}}$$

$$UCL = \overline{\overline{X}} + 3\sigma_n \quad \left(\sigma_n = \frac{\sigma}{\sqrt{n}}\right)$$

$$= \overline{\overline{X}} + 3\,\frac{1}{d\sqrt{n}}\overline{R} \quad \left(\sigma = \frac{\overline{R}}{d}\right)$$

$$= \overline{\overline{X}} + A_2\overline{R} \quad \left(A_2 = \frac{3}{d\sqrt{n}}\right)$$

$$LCL = \overline{\overline{X}} - 3\sigma_n$$

$$= \overline{\overline{X}} - A_2\overline{R}$$

$\overline{R}$ 管理图：

$$CL = \overline{R} + 3\sigma_R$$

$$UCL = \overline{R} + 3C\sigma \quad (\sigma_R = C\sigma)$$

$$= \overline{R} + 3\,\frac{C}{d}\overline{R} \quad \left(\sigma = \frac{\overline{R}}{d}\right)$$

$$= \left(1 + 3\,\frac{C}{d}\right)\overline{R}$$

$$= D_4\overline{R} \quad \left(D_4 = 1 + 3\,\frac{C}{d}\right)$$

$$LCL = \overline{R} - 3\sigma_R$$

$$= \left(1 - 3\,\frac{C}{d}\right)\overline{R}$$

$$= D_3\overline{R}\,(D_3 = 1 - 3\,\frac{C}{d}, \text{当 } n \leqslant 6 \text{ 时}, D_3 < 0, \text{故不考虑})$$

式中：CL 为控制中心线；UCL 为控制上界；LCL 为控制下界；σ_n 为容量大小为 n 的样本平均值的标准离差，且有 $\sigma_n = \frac{\sigma}{\sqrt{n}}$；$\sigma$ 为总体标准离差 $\left(\sigma = \frac{\overline{R}}{d}\right)$；$\sigma_R$ 为极差 R 的频率曲线的标准离差，σ_R 与总体标准离差 σ 之间，有一定的倍数关系，即 $\sigma_R = C\sigma$；X 为试验数据；$\overline{X}$ 为各组平均值；$\overline{\overline{X}}$ 为各组平均值的平均值；R 为极差，即一组数据中最大值与最小值的差值；$\overline{R}$ 为平均极差，即总极差除以批数；d 为极差系数，其值取决于一组内试件数 n（n 不大于 10）和组数 e（宜大于 20），可按表 11.3.15 选用。

通常，极差 R 在数据个数小于 10 个时直接使用，数据个数多时，可将 4～5 个数据分成一组，分别求出每组的极差。

表 11.3.15　　　　　　　　　　　　d 的 取 值

n	e										
	1	2	3	4	5	10	15	20	25	30	∞
2	1.41	1.28	1.23	1.21	1.19	1.16	1.15	1.14	1.14	1.14	1.128
3	1.91	1.81	1.77	1.75	1.74	1.72	1.71	1.70	1.70	1.70	1.693
4	2.24	2.15	2.12	2.11	2.10	2.08	2.07	2.06	2.06	2.06	2.059
5	2.48	2.40	2.38	2.37	2.36	2.34	2.33	2.33	2.33	2.33	2.326
6	2.67	2.60	2.58	2.57	2.56	2.55	2.54	2.54	2.54	2.54	2.534
7	2.83	2.77	2.75	2.74	2.73	2.72	2.71	2.71	2.71	2.71	2.704
8	2.96	2.91	2.89	2.88	2.87	2.86	2.85	2.85	2.85	2.85	2.847
9	3.03	3.02	3.01	3.00	2.99	2.98	2.98	2.98	2.97	2.98	2.970
10	3.18	3.13	3.11	3.10	3.10	3.09	3.08	3.08	3.08	3.08	3.078

将要控制的项目，按每次测试的数据分别点在坐标纸上，根据控制界线计算方法标定质量控制的上、下限，就可以清楚地看出该检验项目的质量水平。$\overline{X} - R$ 控制图如图 11.3.4 所示。

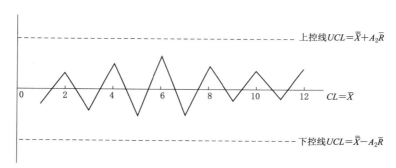

图 11.3.4　$\overline{X} - R$ 控制图

11.3.4.2　控制图的判定规则

1. 处在控制状态的判定

（1）连续 25 个点均在 3σ 控制上、下限内。

（2）连续 35 个点中只有 1 点落入 3σ 控制界限外。

（3）连续 100 个点中，不超过 2 个点落在控制界限外。

2. 处于失控状态的判定

（1）点在中控线一侧连续 5 次出现时，要注意工艺过程前方的动向；当有连续 6 个点出现在中控线一侧时，要开始调查原因；有连续 7 个点出现在中控线一侧时，就有异常原因，应采取措施。

（2）测定值在中控线一侧多次出现时，如连续 11 点中至少有 10 点，或者连续 14 点中至少有 12 点，或者连续 17 点中至少有 14 点，或者连续 20 点中至少有 16 点，应采取措施。

（3）点出现按顺序连续上升或下降 7 点或超过 7 点时，处于失控状态。

（4）超出内控制线而屡屡接近 3σ 控制界限时，连续 3 点中至少有 2 点，或连续 7 点中至少有 3 个点，或连续 10 点中至少有 4 点等，处于失控状态。

11.4　工程质量统计

11.4.1　三峡工程三期碾压混凝土质量统计

11.4.1.1　碾压混凝土拌和物性能检测

碾压混凝土拌和物性能检测结果见表 11.4.1～表 11.4.3。

表 11.4.1　　　　　　　　　混凝土含气量检测结果统计

统计时段	工程部位	拌和系统	抽检地点	控制标准/%	检测次数	最大值/%	最小值/%	平均值/%	合格率/%
2002 年 12 月 16 日至 2003 年 3 月 25 日	三期碾压混凝土围堰	高程 84	机口	3～5	79	5.0	2.9	4.1	99
				4～6	5	5.4	4.5	5.1	100
		高程 150	机口	3～5	108	5.0	2.3	4.2	98
				4～6	9	5.2	4.0	4.4	100
		高程 98.7	机口	3～5	1	5.7	5.7	5.7	0
			合计		202	5.7	2.3	4.2	98

表 11.4.2　　　　　　　　　混凝土 VC 值检测结果统计

统计时段	工程部位	拌和系统	抽检地点	控制标准/s	检测次数	最大值/s	最小值/s	平均值/s	合格率/%
2002 年 12 月 16 日至 2003 年 3 月 25 日	三期碾压混凝土围堰	高程 84m	机口	1～8	82	8.4	1.8	3.8	98
		高程 150m	机口	1～8	108	8.0	1.6	4.1	100
		高程 98.7m	机口	1～8	1	1.9	1.9	1.9	100
		机口取样小计		1～8	191	8.4	1.6	4.0	99
		仓面		1～10	74	9.7	1.0	4.4	100

表 11.4.3　　　　　　　　　混凝土出机温度检测结果统计

统计时段	工程部位	拌和系统	温控要求/℃	检测次数	最大值/℃	最小值/℃	平均值/℃	合格率/%
2002 年 12 月 16 日至 2003 年 3 月 25 日	三期碾压混凝土围堰	高程 84m	自然入仓	86	15.0	8.0	11.1	—
		高程 150m	自然入仓	117	14.0	2.0	10.2	—
		高程 98.7m	自然入仓	1	11.0	11.0	11.0	—
		仓面		77	16.5	4.0	11.2	—
		汇总	机口	281	15.0	2.0	10.8	—

11.4.1.2　混凝土性能

混凝土性能检测结果见表 11.4.4～表 11.4.6。

表 11.4.4

混凝土抗压强度检测结果统计

统计时段	工程部位	抽检地点	混凝土设计标号	水胶比	龄期/d	组数	最大值/MPa	最小值/MPa	平均值/MPa	s/MPa	C_v	保证率/%	不低于设计强度的百分率/%
2002 年 12 月 16 日 至 2003 年 3 月 25 日	三期碾压混凝土围堰工程	机口	$R_{90}150F50W8RCC$	0.50	28	56	26.9	12.9	18.6	3.4	0.183	—	—
				0.48	90	7	34.4	23.5	27.7	4.0	—	—	100
		仓面		0.50	28	1	23.2	23.2	23.2	—	—	—	—
		仓面	$R_{90}150F50W8$ 变态	0.50	28	2	14.7	14.5	14.6	—	—	—	—
					7	1	9.4	9.4	9.4	—	—	—	—
		仓面	$R_{90}150F50W8$ 净浆	0.50	28	1	17.2	17.2	17.2	—	—	—	—
					90	1	33.0	33.0	33.0	—	—	—	100
		仓面	$R_{90}200$ 砂浆	0.47	7	2	12.4	12.2	12.3	0.1	—	—	—
					28	4	35.7	23.9	27.8	5.5	—	—	—

注　因统计时段过长，这期间受原材料的波动、配合比的变化及存在拌和系统相互支援等因素的影响，导致 C_v 值偏大，以上计算的 C_v 值仅供参考。

表 11.4.5

混凝土劈裂抗拉强度及弹性模量检测结果

试件编号	取样日期	拌和系统	工程名称	工程部位	起始高程/m	终止高程/m	设计标号	水胶比	劈裂强度/MPa 7d	28d	90d	弹性模量/GPa 7d	28d	90d
J246	2002-12-27	仓面	三期碾压混凝土围堰	6 号堰块第 2 层	58.4	58.7	$R_{90}150F50W8$ 变态	0.50	—	1.10	1.84	—	—	28.2
J255	2003-01-13	高程 84		9~15 号堰块 48 层	—	—	$R_{90}150F50W8$	0.50	—	1.61	—	—	—	—
J270	2003-01-31	高程 84		6~15 号堰块	—	—	$R_{90}150F50W8$	0.50	—	1.51	—	—	—	—
Y17	2003-02-04	仓面		7 号堰块	69.8	90.2	$R_{90}150F50W8$	0.50	—	1.15	—	—	—	—
Y19	2003-02-05	高程 84		6~15 号堰块	69.8	90.2	$R_{90}150F50W8$	0.50	—	1.81	—	—	—	—
Y29	2003-02-14	仓面		6 号堰坝 A 条带	90.5	90.8	$R_{90}150F50W8$	0.50	—	1.06	—	—	—	—
Y31	2003-02-18	高程 150		6~15 号堰块	94.4	94.7	$R_{90}150F50W8$	0.50	—	1.07	—	—	—	—
J289	2003-02-20	高程 84		6~15 号堰块	95.6	96.2	$R_{90}150F50W8$	0.50	—	1.31	—	—	—	—
J295	2003-02-25	高程 84		6~15 号堰块第 169 层	100.4	100.7	$R_{90}150F50W8$	0.50	—	1.04	—	—	—	—

表 11.4.6　临时船闸及升船机混凝土抗冻检测结果

统计时段	工程部位	抽检地点	混凝土设计指标	水胶比	粉煤灰掺量/%	含气量/%	冻融循环次数	质量损失率/%	相对动弹性模量/%	抗冻标号(28d)
1997-07-19	临闸室右10段5层，高程68.90~71.50m；临闸室上游导墙1~2层，高程62.90~65.35m	高程98.7m拌和楼机口	$R_{90}200D50$	0.48	30	3.8	25	0	47.88	<D25
1997-07-21	左非1-7，临船闸右20-6	高程98.7m拌和楼机口	$R_{28}200D50$	0.48	30	4.0	25	0	31.49	<D25
1997-07-24	上导墙2-5，闸室左20-4	高程98.7m拌和楼机口	$R_{28}200D50$	0.48	30	5.4	300	5.18	67.46	D250
1997-07-31	升上左4-13，高程66.8~68.3m	高程98.7m拌和楼机口	$R_{90}250D150$	0.50	30	4.4	25	0	23.63	<D25
1997-08-04	升上左2-11，高程110.6~112.4m	高程98.7m拌和楼机口	$R_{90}200D100$	0.55	30	3.8	25	0	10.72	<D25
1997-08-12	升上右1-4，左非8-Ⅲ-8	高程98.7m拌和楼机口	$R_{90}200D100$	0.55	30	4.2	25	0.22	5.83	<D25
1997-10-03	升上左4-19	高程98.7m拌和楼机口	$R_{90}200D100S8$	0.55	30	6.9	150	3.12	96.11	>D150
1997-11-07	临时船闸靠船墩	高程98.7m拌和楼机口	$R_{28}200D100S6$	0.48	30	5.6	150	0.21	91.37	>D150
1998-03-31	升上右1-23	高程98.7m拌和楼机口	$R_{90}250D150S8$		30	2.7	200	2.53	63.34	D200
1997-11-25	左非8-Ⅱ-35	高程98.7m拌和楼机口	$R_{28}200D100$	0.48	30	7.3	150	0.35	88.89	>D150
1998-03-12	左非11-Ⅱ-7	高程98.7m拌和楼机口	$R_{90}200D100S8$		30	3.4	100	0.82	36.3	<D100
1998-08-06	左非15甲，高程115.2~116.7m	高程120m拌和楼机口	$R_{90}200D150S8$	0.50	35	3.4	100	1.29	63.5	D100

11.4.2　亭子口水利枢纽碾压混凝土质量统计

11.4.2.1　压实度检测

大坝工程碾压混凝土分两种标号，即坝体内部为 R_{90}150W6F50 三级配和上游防渗层为 R_{90}200W8F100 二级配，对现场压实度等进行检测，检测结果统计见表 11.4.7。

表 11.4.7　　　　　碾压混凝土压实度检测统计表

项目	含水/%		压实度比/%		湿容重/(kg/m³)	
	二级配	三级配	二级配	三级配	二级配	三级配
次数	955	14746	955	14746	955	14746
最大值	3.39	9.41	102.4	104.7	2488	2721
最小值	0.97	0.24	96.97	96.67	2239	2009
平均值	5.61	5.44	98.96	98.75	2358	2404

11.4.2.2　VC 值检测

对大坝工程碾压混凝土现场 VC 值情况进行检测，检测结果见表 11.4.8。

表 11.4.8　　　　　碾压混凝土 VC 值检测统计表

项　目		R_{90}150W6F50	R_{90}200W8F100
次数		1002	518
VC 值/s	最大值	5.4	6
	最小值	1	1
	平均值	3.22	2.88

11.4.2.3　浆液比重检测

对大坝工程碾压混凝土现场浆液比重情况进行检测，检测结果见表 11.4.9。

表 11.4.9　　　　　碾压混凝土浆液比重检测统计表

次数	浆液比重/(g/cm³)		
	最大值	最小值	平均值
1440	1.82	1.50	1.70

11.4.2.4　入仓温度检测

对大坝工程碾压混凝土现场入仓温度情况进行检测，检测结果见表 11.4.10。

表 11.4.10　　　　　碾压混凝土浆液比重检测统计表

次数	温度/℃		
	最大值	最小值	平均值
218	22	9	15.3

11.4.2.5　抗压强度检测

对大坝工程碾压混凝土抗压强度进行抽检检测，检测结果见表 11.4.11。

表 11.4.11　　　　碾压混凝土抗压强度检验结果统计

强度等级	组数	试验龄期/d	抗压强度/MPa				变异系数	保证率/%	与设计龄期比值/%	合格率/%
			最大值	最小值	平均值	标准差				
$R_{90}150W6F50$	2	28	18.0	16.4	17.2	—	—	—	—	—
$R_{90}150W6F50$	53	28	24.5	9.9	16.8	—	—	—	112.0	—
	342	90	45.4	15.1	24.2	4.432	0.183	98.1	—	100
$R_{90}200W8F100$	1	7	13.9	13.9	13.9	—	—	—	69.5	—
	45	28	30.3	12.7	20.3	—	—	—	101.5	—
$R_{90}200W8F100$	166	90	42.0	19.5	28.3	4.705	0.166	96.1	—	98.8
	1	180	33.1	33.1	33.1	—	—	—	174.2	—

参 考 文 献

[1]　杨华全，李文伟. 水工混凝土研究与应用 [M]. 北京：中国水利水电出版社，2004.

[2]　水工碾压混凝土施工规范：DL/T 5112—2009 [S]. 北京：中国电力出版社，2009.

[3]　徐玉杰. 碾压混凝土坝施工技术与质量控制 [M]. 郑州：黄河水利出版社，2008.

[4]　龙滩水电开发有限公司. 龙滩水电工程建设论文集 [M]. 北京：中国水利水电出版社，2008.

[5]　顾志刚，张东城，罗红卫. 碾压混凝土坝施工技术 [M]. 北京：中国电力出版社，2007.

[6]　长江水利委员会长江科学院. 亭子口水电站检测总报告 [R]，2016.